Pandas 数据分析

[美] 斯蒂芬妮·莫林　著

李　强　译

清華大學出版社

北　京

内 容 简 介

本书详细阐述了与 Pandas 数据分析相关的基本解决方案，主要包括数据分析导论、使用 Pandas DataFrame、使用 Pandas 进行数据整理、聚合 Pandas DataFrame、使用 Pandas 和 Matplotlib 可视化数据、使用 Seaborn 和自定义技术绘图、金融分析、基于规则的异常检测、Python 机器学习入门、做出更好的预测、机器学习异常检测等内容。此外，本书还提供了相应的示例、代码，以帮助读者进一步理解相关方案的实现过程。

本书适合作为高等院校计算机及相关专业的教材和教学参考书，也可作为相关开发人员的自学用书和参考手册。

北京市版权局著作权合同登记号 图字：01-2022-0473

图书在版编目（CIP）数据

Pandas 数据分析 /（美）斯蒂芬妮·莫林（Stefanie Molin）著；李强译．—北京：清华大学出版社，2023.6

书名原文：Hands-on Data Analysis with Pandas, Second Edition
ISBN 978-7-302-63135-4

Ⅰ．①P… Ⅱ．①斯… ②李… Ⅲ．①数据处理 Ⅳ．①TP274

中国国家版本馆 CIP 数据核字（2023）第 047810 号

责任编辑：贾小红
封面设计：刘　超
版式设计：文森时代
责任校对：马军令
责任印制：沈　露

出版发行：清华大学出版社
网　　址：http://www.tup.com.cn，http://www.wqbook.com
地　　址：北京清华大学学研大厦 A 座　　**邮　　编：**100084
社 总 机：010-83470000　　**邮　　购：**010-62786544
投稿与读者服务：010-62776969，c-service@tup.tsinghua.edu.cn
质量反馈：010-62772015，zhiliang@tup.tsinghua.edu.cn
印 装 者：三河市铭诚印务有限公司
经　　销：全国新华书店
开　　本：185mm×230mm　　**印　　张：**45.75　　**字　　数：**914 千字
版　　次：2023 年 6 月第 1 版　　**印　　次：**2023 年 6 月第 1 次印刷
定　　价：169.00 元

产品编号：095334-01

译　者　序

在信息时代，数据已成为人类社会一切经济活动和社会活动的基础。遍布社会各个触角的物联网，交投活跃的证券市场，蓬勃发展的电商物流，任何网友都可能成为互联网络的信息源，每时每刻都将产生数以亿计的数据。面对不断增长的大数据，如何将它们的价值提取出来，为科学决策提供事实参考，为正确预测提供信心支撑，这是数据分析和机器学习的关键任务，也是该行业发展的源动力。

本书从实用性出发，通过两条线讨论了 Python 和 Pandas 操作。第一条线是数据分析的一般流程，即收集数据、数据整理、探索性数据分析、得出结论和数据可视化。在收集数据部分，介绍了各种数据集格式，以及通过 API 抓取数据等操作；在数据整理部分，介绍了 Pandas 数据结构、创建 DataFrame、检查 DataFrame 对象、提取数据子集、添加和删除数据、数据清洗和转换、宽数据格式和长数据格式、处理缺失值、充实数据、处理时间序列数据等操作；在探索性数据分析部分，介绍了统计基础知识和聚合数据等操作；在数据可视化部分，介绍了 Matplotlib、pandas.plotting 和 Seaborn 等操作。在这条线上，还提供了金融分析和基于规则的异常检测应用示例（这也是本书作者擅长的领域），如果你对炒股感兴趣，那么金融工具的技术分析（如支撑位和阻力位等指标）可能会给你带来一些启发。

第二条线是机器学习工作流程，即拆分数据为训练集和测试集、预处理、构建模型、训练数据、在验证集上进行测试、在未见数据上评估模型。在这条线上，本书介绍了 scikit-learn 库，演示了如何在 Python 中轻松实现机器学习任务，包括聚类、分类和回归等；此外，本书还介绍了使用网格搜索调整超参数、特征工程、集成方法（包括 Boosting、Bagging 和 Stacking）以及有监督学习和无监督学习等。

在翻译本书的过程中，为了更好地帮助读者理解和学习，本书以中英文对照的形式保留了大量的原文术语。这样的安排不但方便读者理解书中的代码，而且也有助于读者通过网络查找和利用相关资源。

本书由李强翻译。此外，黄进青也参与了部分内容的翻译工作。由于译者水平有限，书中难免有疏漏和不妥之处，在此诚挚欢迎读者提出意见和建议。

译　者

第 1 版序

计算技术和人工智能的最新进展彻底改变了我们理解世界的方式。现代社会记录和分析数据的能力已经改变了众多行业并激发了社会的巨大变化。

本书不仅是对数据分析主题或 Pandas Python 库的介绍，还是帮助你深入地参与到这种转变中的指南。

本书不仅会教你使用 Python 收集、分析和理解数据的基础知识，还会让你了解成功所需的重要软件工程、统计和机器学习概念。

使用基于真实数据的示例，你将能够亲身体验如何应用这些技术挖掘数据价值。在此过程中，你将学习重要的软件开发技能，包括编写模拟登录代码、创建自己的 Python 包以及从 API 中收集数据等。

本书作者是一名专业的数据科学家和软件工程师，她从资深从业者的角度讨论了数据分析工作流的复杂性，以及如何在 Python 中正确有效地实现它。

你无论是对更多地了解数据分析感兴趣的 Python 程序开发人员，还是想要学习如何使用 Python 进行工作的数据科学家，本书都可以让你快速上手，并且立即开始处理自己的数据分析项目。

Felipe Moreno
纽约
2019 年 6 月 10 日

Felipe Moreno 在过去二十年里一直从事信息安全工作。他目前在纽约彭博有限合伙企业工作，领导首席信息安全办公室的安全数据科学团队，专注于将统计数据和机器学习应用于安全问题。

第 2 版序

作为教育工作者，我们倾向于通过最佳学习媒介进行教学。我个人在职业生涯早期就被视频内容所吸引。随着我制作的在线内容越来越多，令人惊讶的是，我收到的最常见问题之一是：对于刚开始接触数据科学的人，你会推荐什么书？

最初，我很困惑，为什么人们会在有这么多优秀的在线资源的情况下转向图书？然而，在阅读了本书之后，我对学习数据科学图书的看法发生了变化。

我喜欢本书的第一个原因是它的结构。这本书在合适的学习阶段提供了合适数量的信息，让读者以合适的速度进步。本书从数据分析和统计学基础知识开始，提供了大量的认知黏合剂，以帮助你将理论和实践轻松地结合在一起。

奠定基础后，你将开始认识节目的主角：Pandas。作者使用了一些实际示例（与你之前使用的旧数据集不同）使模块栩栩如生。我几乎每天都使用 Pandas，但我仍然从这些内容中学到了很多技巧。

作为一名软件工程师，本书作者充分理解文档质量的重要性。她在一个组织得井井有条的 GitHub 存储库中提供了本书涉及的所有数据和示例等。正是由于有了这些素材，本书才真正变成了实至名归的实用教程。

本书的后半部分让读者体验到在 Pandas 的强大功能基础上可以实现的目标。作者将带你深入了解更高级的机器学习概念。她提供了足够的信息，让你对在学习之旅中获得的进步感到兴奋，而不会用过多的专业术语将人淹没。

本书对于希望学习数据科学工具的人来说是一个很好的资源，我希望你能和我一样喜欢本书。对于那些让我推荐图书的人，我有一个简单的答案：本书。

Ken Jee
YouTube 视频制作者
夏威夷檀香山
2021 年 3 月 9 日

前　言

数据科学通常被认为是一个跨学科领域，涉及编程技能、统计知识和领域知识等。它已经迅速成为当今社会最热门的领域之一，而了解如何处理数据将使你在职业生涯中拥有很大的优势。无论是哪个行业、职位或项目，对数据技能的需求都很高，因此学习和掌握数据分析技能对于现代人来说至关重要。

数据科学领域涵盖许多不同方面：数据分析师更专注于提取业务见解，数据科学家重在将机器学习技术应用于业务问题，数据工程师专注于设计、构建和维护数据分析师和科学家使用的数据管道，机器学习工程师则拥有数据科学家的大部分技能，并且与数据工程师一样，都是熟练的软件工程师。

由此可见，数据科学涵盖许多领域，但对于它所涉及的领域而言，数据分析都是一个基本组成部分。你无论是要成为数据分析师、数据科学家、数据工程师，还是机器学习工程师，本书都可以为你提供基础技能。

数据科学中的传统技能包括了解如何从各种来源（如数据库和 API）收集数据并对其进行处理。Python 是一种流行的数据科学语言，它提供了收集和处理数据以及构建生产质量数据产品的方法。由于它是开源的，因此我们很容易通过利用其他人编写的库解决常见的数据任务和问题。

Pandas 是强大且流行的库，是 Python 中数据科学的代名词。本书将向你介绍如何使用 Pandas 对真实世界的数据集进行数据分析，如股市数据、模拟黑客攻击的数据、天气趋势、地震数据、葡萄酒数据和天文数据等。Pandas 使我们能够有效地处理表格数据，从而使数据整理和可视化变得更容易。

一旦学会了如何进行数据分析，就可以探索一些应用。我们将构建 Python 包，并借助常用于数据可视化、数据整理和机器学习的其他库（如 Matplotlib、Seaborn、NumPy 和 scikit-learn）。学习完本书之后，你将有能力用 Python 完成自己的数据科学项目。

本书读者

本书是为那些想要学习 Python 数据科学的具有不同经验水平的人编写的，如果你的知识背景与以下一项（或两项）相似，则可从本书中获得最大收益：

- 你之前拥有使用另一种语言（如 R、SAS 或 MATLAB）的数据科学经验，并且想要学习 Pandas 以便将你的工作流转移到 Python。
- 你拥有一些 Python 经验，并希望使用 Python 学习数据科学。

内容介绍

本书内容分为 5 篇共 12 章，具体介绍如下。

- 第 1 篇：Pandas 入门，包括第 1～2 章。
  - 第 1 章“数据分析导论”，阐释数据分析的基础知识、统计学基础知识，并指导你设置环境以在 Python 中处理数据和使用 Jupyter Notebook。
  - 第 2 章“使用 Pandas DataFrame”，详细介绍 Pandas 数据结构，并演示创建 Pandas DataFrame 和检查 DataFrame 对象的操作。
- 第 2 篇：使用 Pandas 进行数据分析，包括第 3～6 章。
  - 第 3 章“使用 Pandas 进行数据整理”，介绍数据整理的过程，展示如何探索 API 以收集数据，并指导你使用 Pandas 进行数据清理和重塑。
  - 第 4 章“聚合 Pandas DataFrame”，介绍如何查询和合并 DataFrame，如何对 DataFrame 执行复杂的操作（包括滚动计算和聚合），以及如何有效地处理时间序列数据。
  - 第 5 章“使用 Pandas 和 Matplotlib 可视化数据”，介绍如何在 Python 中创建数据可视化，首先使用 Matplotlib 库，然后直接从 Pandas 对象中创建绘图。
  - 第 6 章“使用 Seaborn 和自定义技术绘图”，继续介绍数据可视化，演示如何使用 Seaborn 库可视化长格式数据，并阐释自定义可视化所需的工具，使其可用于演示。
- 第 3 篇：使用 Pandas 进行实际应用分析，包括第 7～8 章。
  - 第 7 章“金融分析”，介绍构建 Python 包的操作，演示如何创建用于分析股票的 Python 包，并将其应用于金融应用程序。
  - 第 8 章“基于规则的异常检测”，介绍模拟登录尝试数据并执行探索性数据分析的操作，然后使用基于规则的方法实现黑客登录异常检测策略。
- 第 4 篇：scikit-learn 和机器学习，包括第 9～11 章。

- 第 9 章“Python 机器学习入门”，介绍机器学习和使用 scikit-learn 库构建模型，以执行聚类、回归和分类等任务。
- 第 10 章“做出更好的预测”，展示调整和提高机器学习模型性能的策略。
- 第 11 章“机器学习异常检测”，使用机器学习技术重新执行登录尝试数据的异常检测任务，演示无监督学习和有监督学习工作流。

- 第 5 篇：其他资源，包括第 12 章。

第 12 章“未来之路”，提供更多资源，以方便你继续数据科学探索之旅。

充分利用本书

你应该熟悉 Python，尤其是 Python 3 及更高版本。另外，你还应该知道如何用 Python 编写函数和基本脚本，了解变量、数据类型和控制流（if/else、for/while 循环）等标准编程概念，并能够使用 Python 作为函数式编程语言。掌握一些面向对象编程的基本知识可能对你会有所帮助，但不是必需的。如果你的 Python 实力还没有达到这个水平，则 Python 文档包含一个有用的教程，可帮助你快速上手：

https://docs.python.org/3/tutorial/index.html

本书随附的代码可以在 GitHub 上找到，其网址如下：

https://github.com/stefmolin/Hands-On-Data-Analysis-with-Pandas-2nd-edition

为了充分利用本书，可在 Jupyter Notebook 中进行操作（每章都提供了相应的笔记本）。在第 1 章“数据分析导论”中介绍了设置环境和获取这些文件的操作。本书还有一个 Python 入门笔记本提供了速成课程，其网址如下：

https://github.com/stefmolin/Hands-On-Data-Analysis-with-Pandas-2nd-edition/blob/master/ch_01/python_101.ipynb

最后，一定要认真完成每章末尾的练习。其中一些练习可能非常具有挑战性，但它们会使你对章节内容的理解变得更透彻。每章练习的答案可在以下网址中找到：

https://github.com/stefmolin/Hands-On-Data-Analysis-with-Pandas-2nd-edition/tree/master/solutions

下载彩色图像

我们还提供了一个 PDF 文件，其中包含本书中使用的屏幕截图/图表的彩色图像。你可通过以下地址下载：

https://static.packt-cdn.com/downloads/9781800563452_ColorImages.pdf

本书约定

本书中使用了许多文本约定。

（1）有关代码块的设置如下。代码行将以>>>开头，而该行的后续行将以...开头：

```
>>> df = pd.read_csv(
...     'data/fb_2018.csv', index_col='date', parse_dates=True
... )
>>> df.head()
```

任何前面没有>>>或...的代码都不是我们将要运行的，它们仅供参考：

```
try:
    del df['ones']
except KeyError:
    pass # 在此处理错误
```

（2）要突出代码块时，相关行将加粗显示：

```
>>> df.price.plot(
...     title='Price over Time', ylim=(0, None)
... )
```

（3）代码结果前不会显示任何内容：

```
>>> pd.Series(np.random.rand(2), name='random')
0 0.235793
1 0.257935
Name: random, dtype: float64
```

（4）任何命令行输入或输出都采用如下所示的粗体代码形式：

```
# Windows:
C:\path\of\your\choosing> mkdir pandas_exercises

# Linux, Mac, and shorthand:
$ mkdir pandas_exercises
```

（5）术语或重要单词采用中英文对照的形式给出，在括号内保留其英文原文。示例如下：

虽然箱形图是初步了解分布的好工具，但我们仍无法了解每个四分位数内的分布情况。为此，可以转向对离散（discrete）变量（如人数或书籍数量）使用直方图（histogram），而对连续（continuous）变量（如高度或时间）则使用核密度估计（kernel density estimates，KDE）。

（6）对于界面词汇或专有名词将保留其英文原文，在括号内添加其中文译名。示例如下：

在 File Browser（文件浏览器）窗格中，双击 ch_01 文件夹，其中应该已经包含我们将用于验证设置的 Jupyter Notebook。

（6）本书还使用了以下两个图标：

表示警告或重要的注意事项。

表示提示信息或操作技巧。

关 于 作 者

Stefanie Molin 是纽约彭博有限合伙企业（Bloomberg LP）的数据科学家和软件工程师，负责解决信息安全方面的棘手问题，特别是围绕异常检测、构建数据收集工具和知识共享等方面的工作。她在数据科学、设计异常检测解决方案以及在广告技术（AdTech）和金融科技（FinTech）行业中利用 R 和 Python 的机器学习方面拥有丰富的经验。

她拥有哥伦比亚大学傅氏基金工程和应用科学学院运筹学学士学位，辅修经济学、创业与创新。在闲暇时间，她喜欢环游世界、发明新食谱、学习人与计算机之间使用的新语言。

编写本书是一项艰巨的工作，但我也在这些经历中成长了很多，无论是写作、技术还是个人方面都获益良多。如果没有我的朋友、家人和同事的帮助，这是不可能实现的。诚挚感谢你们所有人。我要特别感谢 Aliki Mavromoustaki、Felipe Moreno、Suphannee Sivakorn、Lucy Hao、Javon Thompson 和 Ken Jee（完整致谢版本可以在本书配套的代码存储库中找到，本书前言中提供了该代码存储库的链接地址）。

关于审稿人

Aliki Mavromoustaki 是 Tasman Analytics 的首席数据科学家。她与直接面向消费者（direct-to-consumer，DTC）的公司合作，提供可扩展的基础设施并实现事件驱动的分析。此前，她曾在 Criteo 工作，这是一家 AdTech 公司，该公司可利用机器学习帮助数字商务公司瞄准有价值的客户。Aliki 致力于优化营销活动并设计 Criteo 产品比较的统计实验。

Aliki 拥有伦敦帝国理工学院流体动力学博士学位，曾任加州大学洛杉矶分校（UCLA）应用数学助理教授。

目　　录

第1篇　Pandas入门

第 2 篇 使用 Pandas 进行数据分析

第 3 篇　使用 Pandas 进行实际应用分析

第 4 篇　scikit-learn 和机器学习

第5篇　其他资源

第 1 篇

Pandas 入门

我们的旅程将从对数据分析和统计知识的介绍开始，这将为理解本书要探讨的概念奠定坚实的基础，然后，本篇将告诉你如何设置 Python 数据科学环境（其中包含完成本书示例所需的一切），并开始学习有关 Pandas 的基础知识。

本篇包括以下两章：

- 第 1 章，数据分析导论
- 第 2 章，使用 Pandas DataFrame

第 1 章　数据分析导论

在开始实际使用 Pandas 进行数据分析之前，不妨先了解有关数据分析的基础知识。那些曾经查看过软件库说明文档的人应该深有体会，你如果缺乏相关软件的基础知识，则将茫无头绪，根本不知道如何开始，也不理解其中的含义。因此，你如果是一个 Pandas 和数据分析方面的初学者，那么不仅要掌握编码知识，还需要了解数据分析所需的思维过程和工作流程，这些都对提高实际操作技能非常有用。

与其他科学方法类似，数据科学也有一些常见的工作流程。当我们想要进行数据分析并显示结果时，即可遵循这些流程。这个过程的支柱是统计（statistics），它为我们提供了描述数据、做出预测以及得出结论的方法。

由于本书并未将统计学的先验知识作为阅读本书的先决条件，因此为照顾部分缺乏此类基础知识的读者，本章将详细阐释一些本书需要使用的统计概念，以及一些将要深入探索的领域。

在介绍完基础知识之后，我们将为本书的其余部分设置 Python 环境。Python 是一种强大的语言，它的用途远不止数据科学，例如，它还可以构建 Web 应用程序、开发机器学习软件和进行 Web 爬取等。为了有效地跨项目工作，我们还需要学习如何创建虚拟环境（virtual environment），这样就可以隔离每个项目的依赖项。最后，本章还将学习如何使用 Jupyter Notebook 以跟随本书操作。

本章包含以下主题：

- 数据分析的基础知识。
- 统计基础知识。
- 设置虚拟环境。

1.1　章 节 材 料

本书的所有文件都位于 GitHub 上，其网址如下：

https://github.com/stefmolin/Hands-On-Data-Analysis-with-Pandas-2nd-edition

虽然阅读本书不需要 GitHub 账户，但如果你能创建一个 GitHub 账户，那显然是一个好主意，因为你可以将它作为任何数据/编码项目的配置文件。此外，使用 Git 将提供版本控制系统并使协作变得更容易。

提示：

有关 Git 的基础知识，你可以访问以下网址：

https://www.freecodecamp.org/news/learn-the-basics-of-git-inunder-10-minutes-da548267cc91/

为了获得文件的本地副本，可采用以下方式：

- ❑ 下载 ZIP 文件到本地并提取文件。
- ❑ 在不分叉的情况下克隆存储库。
- ❑ 分叉（fork）存储库，然后克隆（clone）它。

本书每章都包含一些练习，因此，对于那些想要在 GitHub 上保留其练习答案和原始内容的副本的人，强烈建议分叉存储库并克隆分叉后的版本。当我们分叉一个存储库（repository）时，GitHub 会在我们自己的配置文件下使用原始版本的最新版本创建一个存储库。然后，每当我们对版本进行更改时，都可以将更改推回原来的版本。请注意，如果只是简单地进行克隆，则不会获得此好处。

用于启动此过程的相关按钮（已经用圆圈标注）如图 1.1 所示。

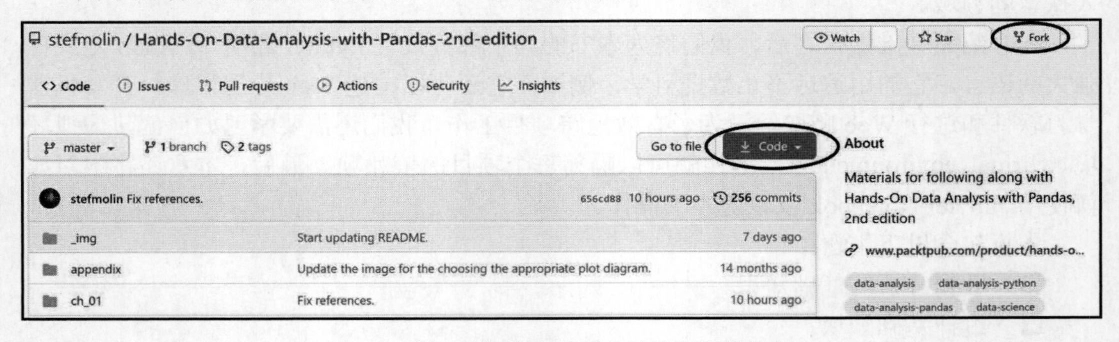

图 1.1　获取代码的本地副本以进行后续操作

注意：

克隆过程会将文件复制到一个名为 Hands-On-Data-Analysis-with-Pandas-2ndedition 的文件夹的当前工作目录中。

要创建一个文件夹放置这个存储库，需要使用以下命令：

```
mkdir my_folder && cd my_folder
```

这将创建一个名为 my_folder 的新文件夹（目录），然后将当前目录更改为该文件夹，之后就可以克隆存储库。

在两个命令之间添加&&即可将这两个命令（或任意数量的命令）链接在一起。

在本书配套的 GitHub 存储库中，每个章节都有相应的文件夹。本章的材料可在以下网址中找到：

https://github.com/stefmolin/Hands-On-Data-Analysis-with-Pandas-2nd-edition/tree/master/ch_01

虽然本章的大部分内容不涉及任何编码，但是你也可以在GitHub网站的Introduction_to_data_analysis.ipynb 笔记本中进行操作。到本章末尾设置虚拟环境时，你可以使用check_your_environment.ipynb 笔记本熟悉 Jupyter Notebook，并运行一些检查以确保为本书的后续章节正确地设置了所有内容。

由于用于在这些 Notebook 中生成内容的代码并不是本章的主要重点，因此大部分的代码都已划分到 visual_aids 包（用于创建可解释整本书概念的视觉效果）和 check_environment.py 文件中。如果你看到这些文件，请不要奇怪，本书将涵盖与数据科学相关的所有内容。

虽然每章都附有习题，但是仅本章有一个 exercise.ipynb 笔记本，其中包含生成一些初始数据的代码。完成这些练习需要具备基本的 Python 知识。想要复习这些基础知识的读者可以阅读本章材料中包含的 python_101.ipynb 笔记本，以获取快速入门课程。官方 Python 教程是一个更正式学习的好地方，其网址如下：

https://docs.python.org/3/tutorial/index.html

1.2　数据分析基础知识

数据分析是一个高度迭代的过程，涉及数据收集、数据准备（整理）、探索性数据分析（exploratory data analysis，EDA）和得出结论这些步骤。在分析过程中，还会经常重新审视这些步骤。图 1.2 描述了一个通用的工作流程。

接下来，我们将从数据收集开始简要介绍每个步骤。在实践中，这个过程严重偏向于数据准备方面。调查发现，尽管数据科学家最不喜欢数据准备方面的工作（因为它既无趣又耗时），但它却占了他们工作量的 80%左右。该项调查的详细数据网址如下：

https://www.forbes.com/sites/gilpress/2016/03/23/data-preparation-most-timeconsuming-least-enjoyable-data-science-task-survey-says/

当然，这个数据准备步骤正是 Pandas 发光发热的地方。

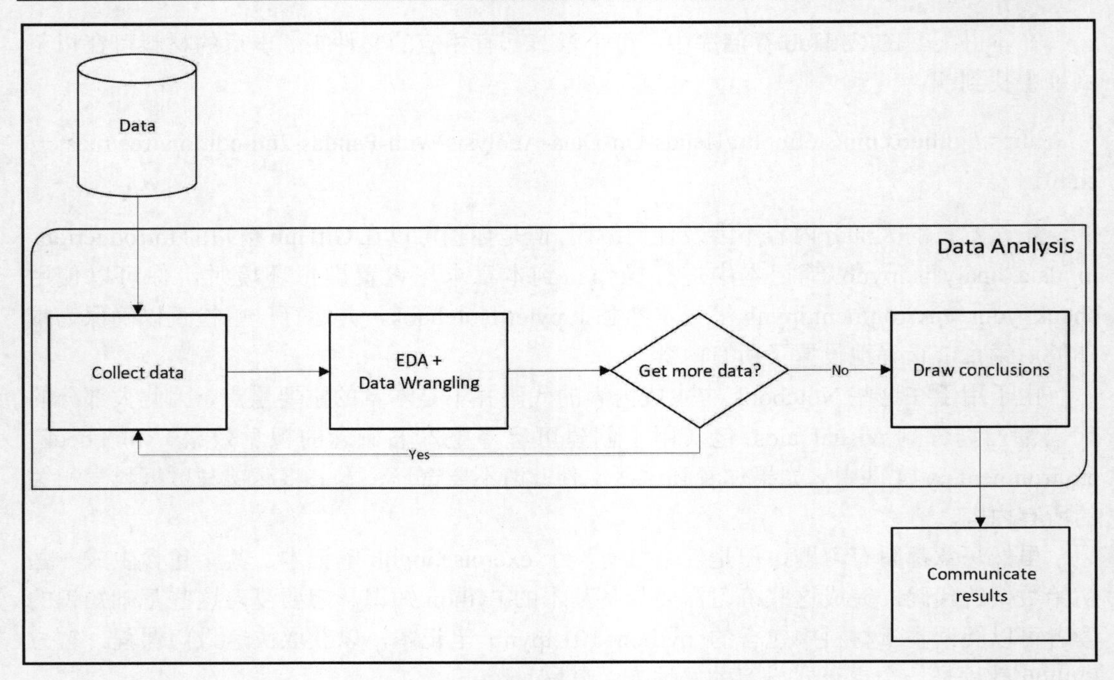

图 1.2　数据分析工作流程

原　　文	译　　文	原　　文	译　　文
Data	数据	Draw conclusions	得出结论
Data Analysis	数据分析	Communicate results	对结果进行沟通
Collect data	收集数据	Yes	是
EDA+Data Wrangling	探索性数据分析+数据整理	No	否
Get more data?	是否需要获取更多数据？		

1.2.1　数据收集

数据收集是任何数据分析项目都必须执行的第一步——所谓“巧妇难为无米之炊”，没有数据，分析人员将无用武之地。当然，分析工作也可以在我们拥有数据之前就开始。例如，在决定了要调查或分析的内容之后，即可开始考虑收集哪些数据对于我们的分析更加有用。虽然数据可以来自任何地方，但本书将探讨以下来源：

- 网页抓取。从网站的 HTML 代码中提取数据（这通常可以使用 Python 包完成，如 selenium、requests、scrapy 和 beautifulsoup）。
- Web 服务的应用程序编程接口（application programming interface，API）可以（使

用 cURL 或 requests Python 包）通过 HTTP 请求从 Web 服务中收集数据。

- 数据库（可以使用 SQL 或其他数据库查询语言提取数据）。
- 提供数据下载的 Internet 资源，如政府网站或 Yahoo!Finance 等专业网站。
- 日志文件。

提示：

第 2 章“使用 Pandas DataFrame”将介绍处理上述数据源所需的技能。第 12 章“未来之路”将提供大量用于查找数据源的资源。

现代社会已经被数据包围，所以可收集的数据和收集数据的途径几乎是无限的。然而，重要的是要确保我们收集到的数据将有助于得出结论。例如，我们如果试图确定当气温较低时热巧克力的销量是否更高，那么就应该收集有关每天的热巧克力销量和气温的数据。虽然调查人们为了购买热巧克力而走了多远可能会很有趣，但这与我们的分析无关。

在开始分析之前不要太担心数据不够完美的问题。一般来说，我们都需要从原始数据集中添加/删除某些内容、重新设置格式、与其他数据合并或以某种方式进行更改。这就是数据整理发挥作用的地方。

1.2.2 数据整理

数据整理（data wrangling）是准备数据并将其转换为可用于分析的格式的过程。一般来说，原始数据集都比较脏，这意味着它需要清洗（准备）才能使用。以下是我们在处理数据时可能会遇到的一些问题。

- 人为错误：数据记录（甚至收集）不正确，例如，本应该为 100 的值，错误地输入为 1000。此外，还可能会有录入不规范的情况，致使同一条目有多个版本，如“北京市”“北京”“京”。
- 计算机错误：计算机错误可能导致有一段时间没有记录条目（丢失数据）。
- 意外值：也许记录数据的人决定对数字列中的缺失值使用问号，因此现在该列中的所有条目都将被视为文本而不是数字值。
- 不完整的信息：在进行带有可选问题的调查时，不是每个人都会回答所有问题，因此会产生缺失数据，但这并不是由于计算机或人为错误而引起的。
- 分辨率问题：数据可能是按天收集的，而我们需要对每小时的数据进行分析。
- 字段的相关性：一般来说，数据是作为某个过程的产物收集或生成的，而并不只是仅用于数据分析。因此，为了使数据进入可用于分析的状态，必须对其进行清洗。

- ❑ 数据格式：数据可能以不利于分析的格式记录，这需要对其进行重塑。
- ❑ 数据记录过程中的错误配置：数据可能来自错误配置的跟踪器或网络钩子（webhook），导致数据可能缺少字段或以错误的顺序传递。

上述数据质量问题大多数都可以获得解决，但也有一些是无法解决的。例如，数据是按天收集的，而我们需要对每小时的数据进行分析。

分析人员有责任仔细检查数据并处理任何问题，以免分析结果被扭曲。第 3 章“使用 Pandas 进行数据整理”和第 4 章“聚合 Pandas DataFrame”将深入介绍该过程。

在对数据进行了初步清洗之后，即可执行探索性数据分析（EDA）。请注意，在 EDA 期间，也可能需要一些额外的数据整理操作，这两个步骤实际上是高度交织在一起的。

1.2.3 探索性数据分析

在 EDA 期间，可使用可视化和汇总统计以更好地理解数据。由于人脑擅长挑选视觉模式，因此数据可视化对于任何分析都是必不可少的。事实上，数据的某些特征只有在某些图形中才能更好地被观察到。

根据具体的数据情况，我们可以创建不同的绘图以查看感兴趣的变量如何随时间演变、比较属于每个类别的观察值、找出异常值、查看连续和离散变量的分布等。第 5 章“使用 Pandas 和 Matplotlib 可视化数据”和第 6 章“使用 Seaborn 和自定义技术绘图”将详细介绍如何为 EDA 和演示目的创建这些图形。

注意：

数据可视化固然非常强大，遗憾的是，它们常常具有误导性。一个常见的问题是 y 轴的比例，因为大多数绘图工具都会默认放大以更清晰地显示图案。软件很难知道每个可能的绘图的适当轴限制是什么，因此分析人员的工作是在显示结果之前正确调整轴。

有关绘图可能产生误导的更多方式，你可以访问以下网址：

https://venngage.com/blog/misleadinggraphs/

在我们之前看到的工作流程图（见图 1.2）中，EDA 和数据整理在同一个框内，这是因为它们紧密相连：

- ❑ 在 EDA 之前，需要先将数据准备好。
- ❑ 在 EDA 期间创建的可视化结果可能表明需要额外的数据清洗工作。
- ❑ 数据整理使用汇总统计来查找潜在的数据问题，而 EDA 则使用汇总统计来理解数据。当我们进行 EDA 时，不正确的清洗会扭曲结果。此外，要获取跨数据子集的汇总统计信息，还需要掌握数据整理技能。

在计算汇总统计数据时，我们必须牢记收集的数据类型。数据既可以是定量的（quantitative），也可以是定性的（qualitative）。所谓定量，就是指可测量的数量；而定性则是指可分类的（categorical），如描述、分组或类别等。在这些数据的类别中，我们可以进一步细分它们，这样我们就可以知道它们适合执行哪些类型的操作。

例如，分类数据可以是标称（nominal）的，类别的每个级别可分配一个数值，如

```
on = 1
off = 0
```

请注意，这里 on 大于 off 的事实是没有意义的，因为我们只是随意选择了这些数字代表 on 和 off 状态。

当类别之间有排名时，它们是有序（ordinal）的，这意味着可以对级别进行排序。例如，可以进行以下排序：

```
low < medium < high
```

定量数据可以使用区间标度（interval scale）或比率标度（ratio scale）。

- 区间标度包括诸如温度之类的东西。例如，可以用摄氏度来测量温度并比较两座城市的温度，但是说一座城市的温度是另一座城市的两倍并没有任何意义。因此，可以使用加法/减法而不是乘法/除法对区间标度值进行有意义的比较。
- 比率标度是那些可以使用比率（通过乘法和除法）进行有意义比较的值。比率标度的示例包括价格、大小和计数等。

完成 EDA 之后，下一步就可以得出结论。

1.2.4　得出结论

在收集数据、对其进行清洗并执行探索性数据分析之后，即可得出结论。可以通过以下方式总结 EDA 的发现并决定下一步：

- 在可视化数据时，是否发现了任何模式或关系？
- 看起来是否可以通过该数据做出准确的预测？转向数据建模有意义吗？
- 是否需要处理缺失的数据点？如果需要，那么应该如何处理？
- 数据是如何分布的？
- 该数据是否有助于回答我们的问题？
- 是否需要收集新的或额外的数据？

如果你决定对数据进行建模，那么这将进入机器学习和统计的范畴。虽然在技术上

这已经不属于数据分析，但它通常是其下一步的操作，因此，第 9 章“Python 机器学习入门”和第 10 章“做出更好的预测”将对此展开详细的讨论。

此外，第 11 章“机器学习异常检测”还将介绍上述整个过程在实践中的工作方式。本书附录的“机器学习工作流”部分还有一个工作流示意图，描述了从数据分析到机器学习的全过程。

第 7 章“金融分析”和第 8 章“基于规则的异常检测”将讨论如何从数据分析中得出结论，而不是建立模型。

接下来，我们将介绍有关统计的基础知识，你如果已经具备这方面的知识，则可以直接学习后面的设置虚拟环境部分。

1.3 统计基础知识

当我们对要分析的数据进行观察时，通常是以某种方式求助于统计技术。我们拥有的数据称为样本（sample），它是从总体（population）中观察到的。样本是总体的子集。

统计可分为 5 个大类，即描述性统计、推论统计、差异统计、关联统计和预测分析，其具体解释如下。

- 描述性统计（descriptive statistics，也称为描述统计）：这使企业能够大致了解有关数字的汇总信息，这些数字也被管理层视为商业智能过程中的一部分。
- 推论统计（inferential statistics，也称为推断统计）：这使企业能够理解数据的分布、变化和形状，使用样本统计来推断总体的某些信息，如潜在分布。
- 差异统计（differences statistics）：这使企业能够知道数据变化的方式或数据相同的原因。
- 关联统计（associative statistics）：这使企业能够了解数据中关联的强度和方向。
- 预测分析（predictive analytics）：这使企业能够做出与趋势和概率有关的预测。

注意：

样本统计常用作总体参数的估计量（estimator），这意味着我们必须量化它们的偏差（bias）和方差（variance）。有很多方法可以做到这一点。有些方法会对分布的形状（参数）做出假设，而另一些方法则不会（非参数）。这些都超出了本书的范围，但对此有一些基本的了解总是好的。

一般来说，分析的目标是为数据创建一个故事，但遗憾的是，人们也很容易滥用统计数据。有一句名言是这样说的：

"谎言分为三种：谎言、该死的谎言和统计数据。"

——本杰明·迪斯雷利

推论统计尤其如此，许多科学研究和论文都使用它来表明研究人员发现的重要性。当然，这是题外话，和本书的讨论无关。

本书并不是一本统计书籍，因此将仅简要介绍推论统计背后的一些工具和原则，感兴趣的读者可以自行做进一步的研究。此外，我们将专注于描述性统计，以帮助解释我们正在分析的数据。

1.3.1　采样

在尝试执行任何分析之前，需要记住一件很重要的事情是，你获得的样本必须是代表总体的随机样本（random sample）。这意味着必须在没有偏差的情况下对数据进行采样（例如，我们如果想要调查人们是否喜欢某支足球队，那么就不能只询问该支球队的球迷），并且（在理想情况下）样本中还应该拥有总体的所有不同分组的成员。例如，在调查是否喜欢某支足球队时，不能只询问男性。

当我们在第 9 章"Python 机器学习入门"中讨论机器学习时，我们需要对数据进行采样，这称为重采样（resampling）。根据我们获得的具体数据，可能需要选择不同的采样方法。通常最佳选择是简单随机样本（simple random sample），即使用随机数生成器随机选择行。当数据中有不同的组时，则可以选择分层随机样本（stratified random sample），这将保留数据中组的比例。

在某些情况下，我们可能没有足够的数据用于上述采样策略，因此可能会转向使用自举法（bootstrapping）。自举法是上述推论统计的一种方法。推论统计的假设是：从样本统计量可以推算总体统计量。因此，在样本不足的情况下，可以利用有限的样本经由多次重复抽样，重新建立起足以代表母体样本分布的新样本。这样的样本称为自举样本（bootstrap sample）。请注意，我们的基础样本必须是随机样本，否则可能会增加估计量的偏差。例如，我们可以更频繁地选择某些行，因为如果这是一个方便样本，那么这些行会更频繁地出现在数据中，而在真实总体中，这些行可能并不那么普遍。

第 8 章"基于规则的异常检测"将会讨论一个自举法示例。

注意：

对自举法背后的理论及其后果的全面讨论远远超出了本书的范围，感兴趣的读者可以观看以下视频：

https://www.youtube.com/watch?v=gcPIyeqymOU

有关采样方法及其优缺点的更多详细，你可以访问以下网址：

https://www.khanacademy.org/math/statistics-probability/design-studies/sampling-methods-stats/a/sampling-methods-review

1.3.2　描述性统计

我们将从单变量统计（univariate statistics）开始讨论描述性统计，单变量只是意味着这些统计数据是从一个变量计算出来的。所有单变量统计的内容都可以扩展到整个数据集，但统计数据将根据我们记录的每个变量进行计算（这意味着，我们如果有 100 个速度和距离对的观测值，则可以计算整个数据集的平均值，以获得平均速度和平均距离的统计）。

描述性统计用于描述和/或总结我们正在处理的数据。常见的数据汇总包括集中趋势的度量和散布（离散）的度量。

- 集中趋势（central tendency）的度量：描述了大多数数据的中心位置。
- 散布（spread）的度量：也称为离散（dispersion）的度量，它描述了值相距多远。

1.3.3　集中趋势的度量

集中趋势的度量描述了数据分布的中心。有 3 种常用的统计量可用作中心的度量：

- 均值（mean）。
- 中位数（median）。
- 众数（mode）。

以上每个指标都有自己的优势，具体取决于我们使用的数据。

1.3.4　均值

最常见的汇总数据的统计量也许就是均值（也称为平均值）。总体均值用 μ（希腊字母 mu，读作 miu）表示，样本均值写为 $\overline{x}$（x 上面有一条横杠，读作 X-bar）。样本均值是通过将所有值相加并除以值的计数来计算的。例如，数字 0、1、1、2 和 9 的平均值是 $(0 + 1 + 1 + 2 + 9)/5 = 2.6$。其公式表示如下：

$$\overline{x} = \frac{\sum_{1}^{n} x_i}{n}$$

其中，x_i 表示变量 X 的第 i 个观察值。请注意，该变量作为一个整体时将用大写字母表示，而具体观察值则用小写字母表示。

Σ（希腊大写字母 sigma）用于表示求和，它在均值公式中计算 1～n（n 是观察值的数量）的和。

关于均值需要注意的一件重要事情是，它对异常值（outlier，也称为离群值）非常敏感。异常值是由与我们的分布不同的生成过程创建的值。在上面的例子中，我们只拥有 5 个值，尽管如此，9 比其他数字大得多，并且将平均值拉得比 9 以外的所有数字都高。如果怀疑数据中存在异常值，则可以考虑使用中位数作为集中趋势的度量指标。

1.3.5　中位数

与均值不同，中位数（median，也称为中值）能有效排除异常值的影响。以我国人均收入为例，前 1%的人口远高于其他人口，因此这会使平均值偏高并扭曲对普通人收入的看法。然而，中位数将更能代表平均收入，因为它是数据中的第 50 个百分位数。这意味着有 50%的值大于中位数，50%的值小于中位数。

提示：

第 i 个百分位数是 i %的观察值小于该值的值，因此第 99 个百分位数就是 X 中 99%的 x 小于它的值。

中位数是通过从有序的值列表中取出中间值来计算的。在有偶数个值的情况下，则取中间两个值的平均值。仍以前面的数字序列 0、1、1、2 和 9 为例，该序列的中位数是 1。

注意，该数据集的均值和中位数是不同的；当然，根据具体数据的分布情况，它们也可能相同。

1.3.6　众数

众数（mode）是数据中最常见的值。仍以前面的数字序列 0、1、1、2 和 9 为例，该序列的众数就是 1。

在实践中，我们经常会听到诸如“分布是双峰或多峰”之类的说法，指的就是分布具有两个或多个最常见的值。这并不一定意味着它们中的每一个出现的次数相同，而是说它们比其他值更常见得多。如图 1.3 所示，单峰分布只有一个众数（在 0 处），双峰分布有两个众数（在−2 和 3 处），而多峰分布则有更多的众数（在−2、0.4 和 3 处）。

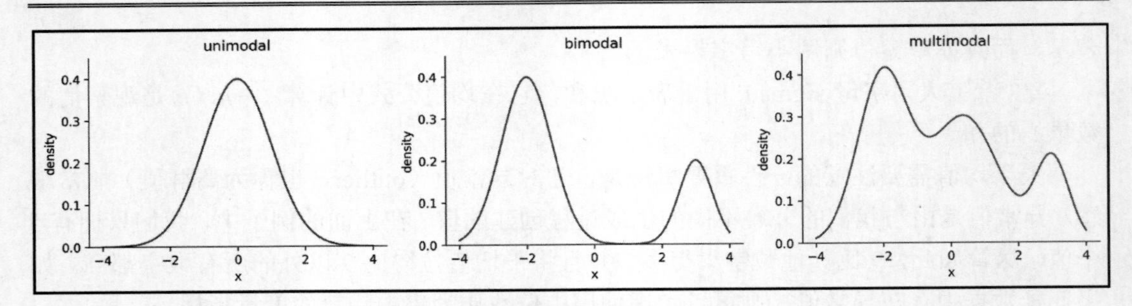

图 1.3　用连续数据可视化众数

原　文	译　文	原　文	译　文
unimodal	单峰	multimodal	多峰
bimodal	双峰	density	密度

在描述连续分布时，众数的概念就可以派上用场；当然，在大多数情况下，当我们描述连续数据时，都将使用均值或中位数作为集中趋势的度量。另外，在处理分类数据时，通常会使用众数。

1.3.7　数据散布的度量

知道分布的中心在哪里只能让我们部分地总结数据的分布，要全面了解数据，还需要知道值如何落在中心周围以及它们相距多远。

数据散布的度量将告诉我们数据是如何分散的。这将表明数据的分布有多窄（分散程度低）或多宽（非常分散）。与集中趋势的度量一样，也有若干种方法来描述数据的散布程度，具体如下：

- 全距（range）。
- 方差（variance）。
- 标准差（standard deviation）。
- 变异系数（coefficient of variation）。
- 四分位距（interquartile range）。
- 四分位离散系数（quartile coefficient of dispersion）。

究竟该选择哪种方法将取决于具体数据。

1.3.8　全距

全距（range）也称为极差，是最小值（minimum）和最大值（maximum）之间的距离。全距的单位将与数据的单位相同。因此，除非两个数据分布使用相同的单位并测量相同的事物，否则将无法比较它们的全距并说其中一个比另一个更分散。

全距的计算公式如下：

$$\text{range} = \max(X) - \min(X)$$

仅从全距的定义中，即可知道它并不总是衡量数据散布情况的最佳方式。它固然提供了数据内容的上限和下限；但是，如果数据中包含任何异常值，则该全距将变得毫无作用。

全距的另一个问题是，它没有告诉我们数据是如何围绕其中心分散的。它实际上只告诉了我们整个数据集的分散程度。因此，要更好地了解数据的散布情况，需要考虑使用方差。

1.3.9　方差

方差（variance）描述了观测值与其平均值（均值）之间的距离。总体方差记为 σ^2（读作西格玛平方），样本方差记为 s^2。它被计算为与平均值的平均平方距离。请注意，距离值必须是以平方计算的，以便低于均值的距离不会抵消高于均值的距离。

我们如果希望样本方差是总体方差的无偏估计量，则可以除以 $n-1$ 而不是 n 来说明使用的是样本均值而不是总体均值，这称为贝塞尔校正（Bessel's correction）。有关贝塞尔校正的详细信息，你可以访问以下网址：

https://en.wikipedia.org/wiki/Bessel%27s_correction

默认情况下，大多数统计工具都会提供样本方差，因为我们很少会拥有整个总体的数据，其计算公式如下：

$$S^2 = \frac{\sum_1^n (x_i - \overline{x})^2}{n-1}$$

方差提供的是平方单位的统计量。这意味着，如果我们以人民币（¥）的收入数据开始，则方差将以人民币平方（$¥^2$）为单位。当我们试图了解它如何描述数据时，这显然有点奇怪（难以想象人民币平方是一个什么样的概念）。因此，我们可以考虑使用幅度（大小）本身来查看事物的分布情况（即：大幅度的值=大范围的分布），但除此之外，我们仍需要使用与数据相同的单位来衡量分布。为此，我们可以考虑使用标准偏差。

1.3.10　标准差

标准差（standard deviation，也称为标准偏差）可用于查看数据点与均值数据点的平均距离。

简单来说，标准差就是一组数值从均值分散开来的程度的度量。一个较大的标准差，意味着大部分的数值和其平均值之间差异较大，这表示分散得很广；而一个较小的标准差，则意味着这些数值较接近平均值，这表示分散得很密。

标准差与我们对分布曲线的想象有关，如图 1.4 所示：标准差越小（0.5），曲线的峰值就越窄；标准偏差越大（2），曲线的峰值越宽。

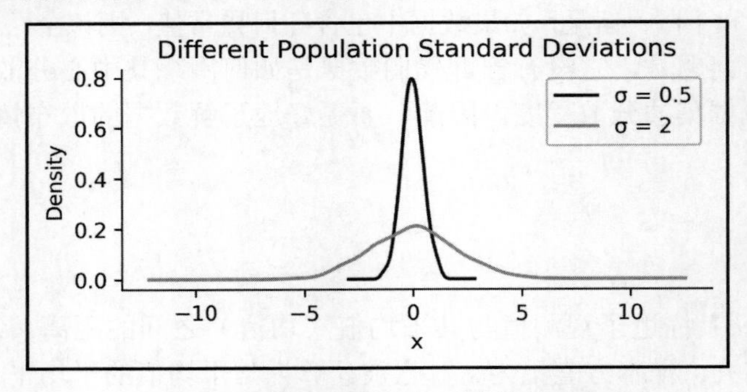

图 1.4　使用标准差来量化分布的散布程度

原　　文	译　　文
Different Population Standard Deviations	不同的总体标准差
Density	密度

在计算上，标准差其实就是方差的平方根。通过执行该操作，我们可得到一个有意义的单位的统计数据。例如，前面我们讲过“人民币平方”的概念无法理解，但是在开方之后，变成“人民币”就好理解了。

其计算公式如下：

$$s=\sqrt{\frac{\sum_1^n (x_i-\overline{x})^2}{n-1}}=\sqrt{s^2}$$

请注意，总体标准差用 σ 表示，样本标准差用 s 表示。

1.3.11　变异系数

当我们从方差转移到标准差时，希望找到有意义的单位；但是，我们如果随后想要比较一个数据集与另一个数据集的分散程度，则又一次要使用相同的单位。解决此问题的方法之一是计算无量纲的变异系数（coefficient of variation，CV）。

在概率论和统计学中，变异系数又称“离散系数”，也称为标准离差率，它是概率分布离散程度的一个归一化量度，其定义为标准差与平均值的比值：

$$CV = \frac{s}{\bar{x}}$$

在第 7 章“金融分析”中将使用该指标。由于 CV 是无量纲的，因此可以用它来比较不同资产的波动性。

1.3.12　四分位距

到目前为止，除了全距，我们讨论的都是基于均值的散布度量。现在，我们还可以看看如何用中位数作为集中趋势的度量来描述散布程度。

如前文所述，中位数是第 50 个百分位数（percentile）或第 2 四分位数（quartile，Q_2）。百分位数和四分位数都是分位数（quantile）——也就是将数据分成相等组的值，每个组包含相同百分比的总数据。百分位数将数据分为 100 个部分，而四分位数则将数据分为 4 个部分（25%、50%、75%和 100%）。

由于分位数巧妙地划分了数据，并且我们知道每个部分中有多少数据，因此它们是帮助量化数据分布的完美候选工具。分位数的一种常见度量是四分位距（interquartile range，IQR），即第 3 四分位数（Q_3）和第 1 四分位数（Q_1）之间的距离：

$$\text{IQR} = Q_3 - Q_1$$

IQR 提供了围绕中位数的数据分布，并量化了在分布的中间 50%处的分散程度。它在检查数据中是否有异常值时也很有用，第 8 章“基于规则的异常检测”将对此展开详细介绍。此外，IQR 还可用于计算无量纲的散布度量，这也是接下来我们将讨论的内容。

1.3.13　四分位离散系数

在使用均值作为集中趋势的度量时，可以计算无量纲的变异系数；同理，使用中位数作为集中趋势的度量时，也可以计算无量纲的四分位离散系数（quartile coefficient of dispersion）。

该统计量由于也是无量纲的，因此可用于比较数据集。它的计算方法是将半四分位距（semi-quartile range，即 IQR 的一半）除以中枢纽（midhinge，即第 1 四分位数和第 3 四分位数之间的中点）：

$$\text{QCD} = \frac{\frac{Q_3 - Q_1}{2}}{\frac{Q_1 + Q_3}{2}} = \frac{Q_3 - Q_1}{Q_3 + Q_1}$$

第 7 章“金融分析”将使用该指标评估股票波动性。

接下来，我们看看如何使用集中趋势和散布度量来汇总数据。

1.3.14 汇总数据

前文已经阐释了许多描述性统计的概念，现在可以使用它们并根据数据的集中趋势和散布程度来汇总数据。

在实践中，数据分析人员在深入研究上述其他指标之前，往往会查看五数概括法（five number summary）的结果并可视化分布，这已经被证明是很有用的第一步。顾名思义，五数概括法提供了 5 个描述性统计数据，用于汇总数据，如图 1.5 所示。

Quartile	Statistic	Percentile
1. Q_0	minimum	0th
2. Q_1	N/A	25th
3. Q_2	median	50th
4. Q_3	N/A	75th
5. Q_4	maximum	100th

图 1.5 五数概括法的 5 个数

原 文	译 文	原 文	译 文
Quartile	四分位数	minimum	最小值
Statistic	统计指标	median	中位数
Percentile	百分位数	maximum	最大值

如图 1.6 所示，箱形图（box plot）也称为盒须图（box and whisker plot），是五数概括法的直观表示。中位数用盒子（方框）中的粗线表示。盒子的顶部是 Q_3，盒子的底部是 Q_1。线条（也就是盒须图中所说的“胡须”）从盒子上下边界的两侧向最小值和最大值进行延伸。但是，根据绘图工具使用的约定，它们可能仅扩展到某个统计量；超出这些统计量的任何值都将被标记为异常值（使用点标记）。本书一般使用的须线下限为 $Q_1-1.5 * IQR$，上限为 $Q_3 + 1.5 * IQR$。

由于箱形图是由美国统计学家约翰·图基（John Tukey）于 1977 年发明的，因此它也被称为 Tukey 箱形图。

虽然箱形图是初步了解分布的好工具，但我们仍无法了解每个四分位数内的分布情况。为此，我们可以转向对离散（discrete）变量（如人数或书籍数量）使用直方图（histogram），而对连续（continuous）变量（如高度或时间）则使用核密度估计（kernel density estimates，KDE）。

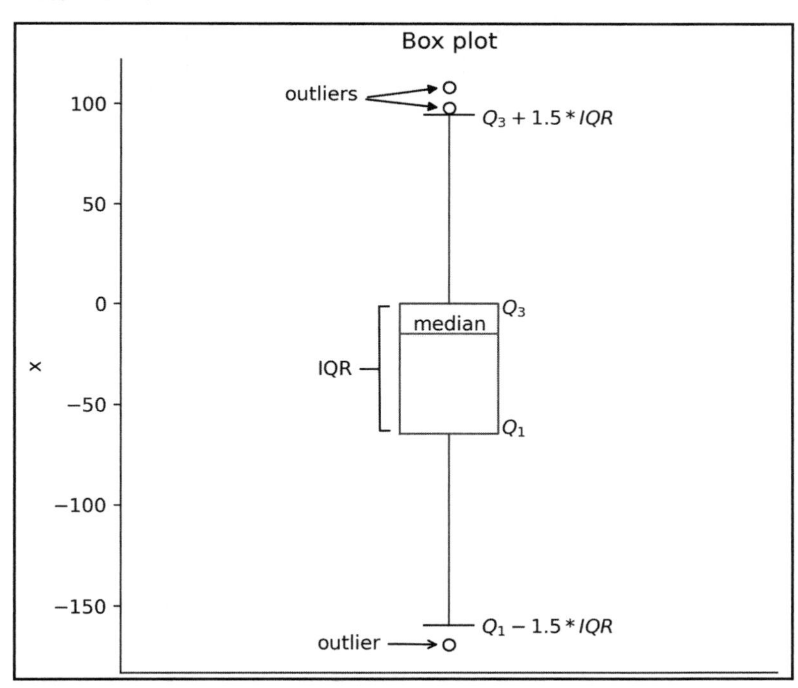

图 1.6　Tukey 箱形图

原　　文	译　　文	原　　文	译　　文
Box plot	箱形图	median	中位数
outliers	异常值	outlier	异常值

你可能会问，那我能在离散变量上使用核密度估计（KDE）吗？答案是没有规定说不能在离散变量上使用核密度估计，只不过这样做很容易让人产生混淆。

对于直方图来说，它同时适用于离散变量和连续变量，但要牢记的是，数据分箱（bin）的数量将很容易改变分布的形状。

为了制作直方图，需要创建一定数量的等宽分箱，然后添加与我们在每个分箱中拥有的值数量对应的高度条。图 1.7 绘制了一个包含 10 个分箱的直方图，它使用的数据和图 1.6 中箱形图的数据是一样的，但是现在可以看到这些数据每个分箱的 3 个集中趋势度量。

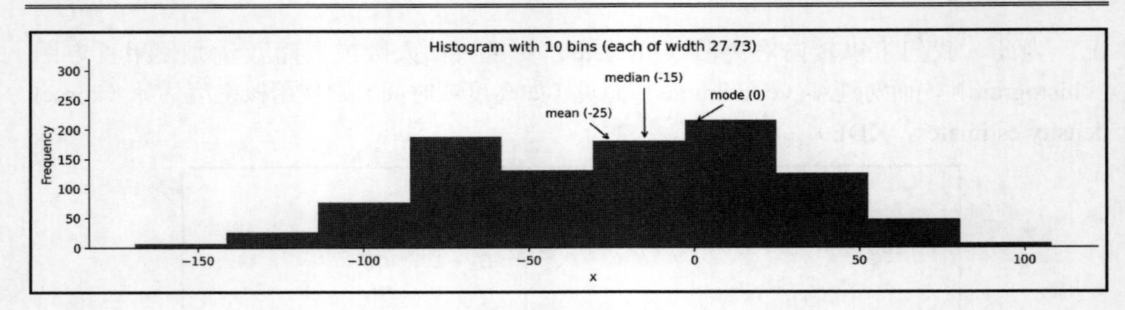

图 1.7　直方图示例

原　文	译　文
Histogram with 10 bins (each of width 27.73)	包含 10 个分箱的直方图（每个分箱宽度为 27.73）
Frequency	频率
mean	均值
median	中位数
mode	众数

注意：

在实践中，可能需要多次尝试分箱的数量来找到最佳值。但是，也需要小心处理，因为这可能会歪曲分布的形状。

核密度估计（KDE）类似于直方图，不同之处在于，它们不是为数据创建分箱，而是绘制平滑曲线，这是分布的概率密度函数（probability density function，PDF）的估计值。PDF 可用于连续变量并显示概率在值上的分布。PDF 的值越高表示可能性越大，如图 1.8 所示。

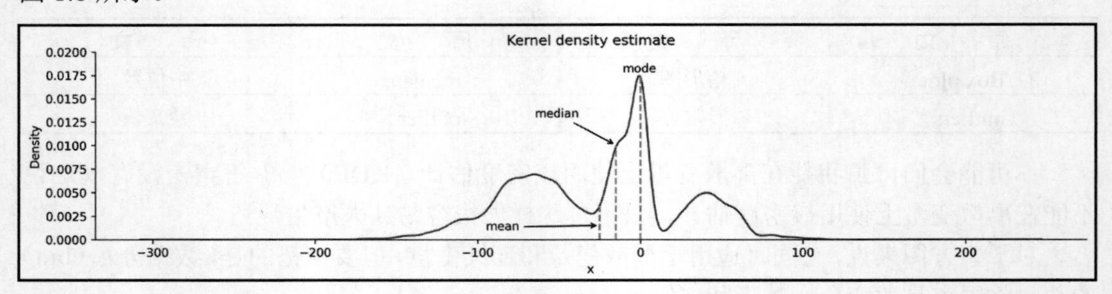

图 1.8　包含集中趋势度量的 KDE

原　文	译　文	原　文	译　文
Kernel density estimate	核密度估计	median	中位数
Density	密度	mode	众数
mean	均值		

当分布开始变得有点不平衡并且一侧有长尾时，中心的均值度量很容易被拉到那一侧。不对称的分布对它们来说将会产生一些偏斜（skew）。偏度（skewness）的值可以为正，也可以为负，甚至可以是无法定义的。

负偏态分布（negative skewed distribution）也称为左偏态分布，因为它在左侧有一条长尾；此时绝大多数的值（包括中位数在内）位于平均值的右侧。

正偏态分布（positive skewed distribution）也称为右偏态分布，因为它在右侧有一条长尾。这说明数据存在极大值，拉动均值向极值一方靠近，而众数和中位数是位置的代表值，不受极值的影响。

存在负偏态时，均值将小于中位数，而正偏态则相反，均值将大于中位数。当没有偏斜时，二者将相等，如图 1.9 所示。

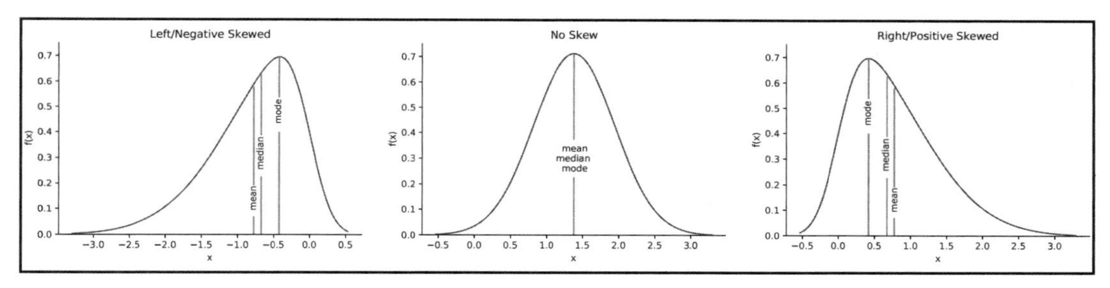

图 1.9 可视化倾斜

原 文	译 文	原 文	译 文
Left/Negative Skewed	左/负偏态	Right/Positive Skewed	右/正偏态
No Skew	无偏斜		

提示：

还有另一个称为峰度（kurtosis）的统计量，它可以将分布中心的密度与尾部的密度进行比较。偏度和峰度都可以使用 SciPy 包计算。

数据中的每一列都是一个随机变量（random variable），因为每次我们观察它时，都会根据底层分布得到一个值——它不是静态的。当我们对得到 x 或更小的值的概率感兴趣时，即可使用累积分布函数（cumulative distribution function，CDF），它是 PDF 的积分（即曲线下面积）：

$$\mathrm{CDF} = F(x) = \int_{-\infty}^{x} f(t)\mathrm{d}t$$

其中，$f(t)$是概率密度函数（PDF），并且

$$\int_{-\infty}^{\infty} f(t)\mathrm{d}t = 1$$

随机变量 X 小于或等于 x 特定值的概率记为 $P(X\leqslant x)$。对于连续变量，准确获得 x 的概率为 0。这是因为该概率将是从 x 到 x 的 PDF 的积分（宽度为零的曲线下的面积），即 0：

$$P(X=x)=\int_x^x f(t)\mathrm{d}t=0$$

为了可视化这一点，可以从样本中找到 CDF 的估计值，称为经验累积分布函数（empirical cumulative distribution function，ECDF）。由于这是累积的，在 x 轴上的值等于 x 的点上，y 值是 $P(X\leqslant x)$的累积概率。

让我们分别以 $P(X\leqslant 50)$、$P(X = 50)$和 $P(X > 50)$ 3 种情况的可视化为例，其结果如图 1.10 所示。

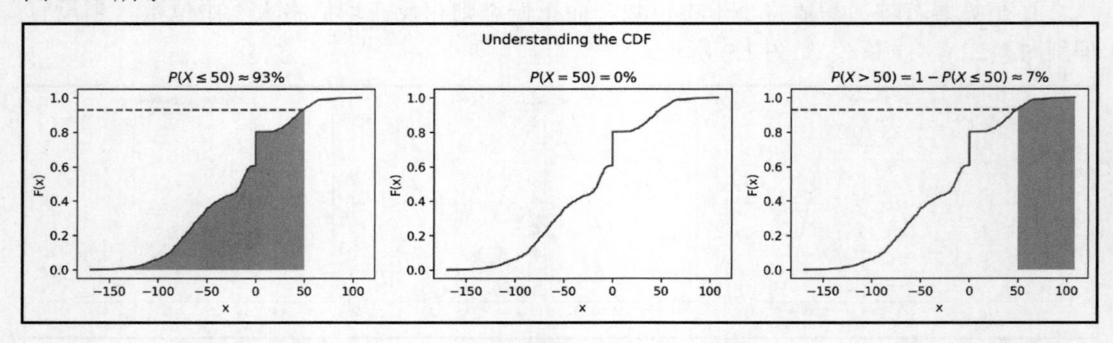

图 1.10　可视化累计分布函数（CDF）

原　文	译　文
Understanding the CDF	理解 CDF

除了检查数据的分布情况，你可能还会发现需要将概率分布用于诸如模拟（将在第 8 章“基于规则的异常检测”中讨论）或假设检验之类的用途，因此，接下来我们仔细看看可能会遇到的一些分布。

1.3.15　常见分布

虽然概率分布有很多，并且每一种分布都有特定的用例，但我们经常会遇到的其实只有其中一部分。

高斯分布（Gaussian distribution）也称为正态分布（normal distribution），其曲线看起来像钟形，它通过均值（μ）和标准差（σ）进行参数化。标准正态分布（standard normal distribution）的均值为 0，标准差为 1。自然界中的许多事物都恰好遵循正态分布，如人的身高。值得一提的是，测试某项分布是否为正态分布并非易事。你可以阅读 1.7 节“延伸阅读”中提供的资料，以了解更多信息。

泊松分布（Poisson distribution）是一种离散分布，通常用于对随机发生的事件进行建模。随机事件之间的时间可以用指数分布（exponential distribution）建模。二者都由它们的均值 lambda（λ）定义。

均匀分布（uniform distribution）可在其范围内对每个值放置相同的可能性。我们经常使用它来生成随机数。

当我们生成一个随机数来模拟单个成功/失败结果时，它被称为伯努利试验（Bernoulli trial）。这是由成功概率（p）参数化的。

当我们多次（n）运行相同的实验时，成功的总数就是一个二项式（binomial）随机变量。请注意，伯努利分布（Bernoulli distribution）和二项式分布（binomial distribution）都是离散分布。

离散分布和连续分布都可以进行可视化。当然，离散分布提供的是概率质量函数（probability mass function，PMF）而不是 PDF。

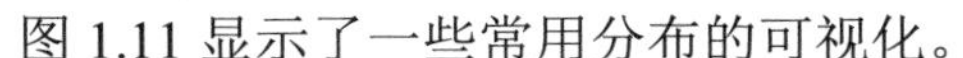
图 1.11 显示了一些常用分布的可视化。

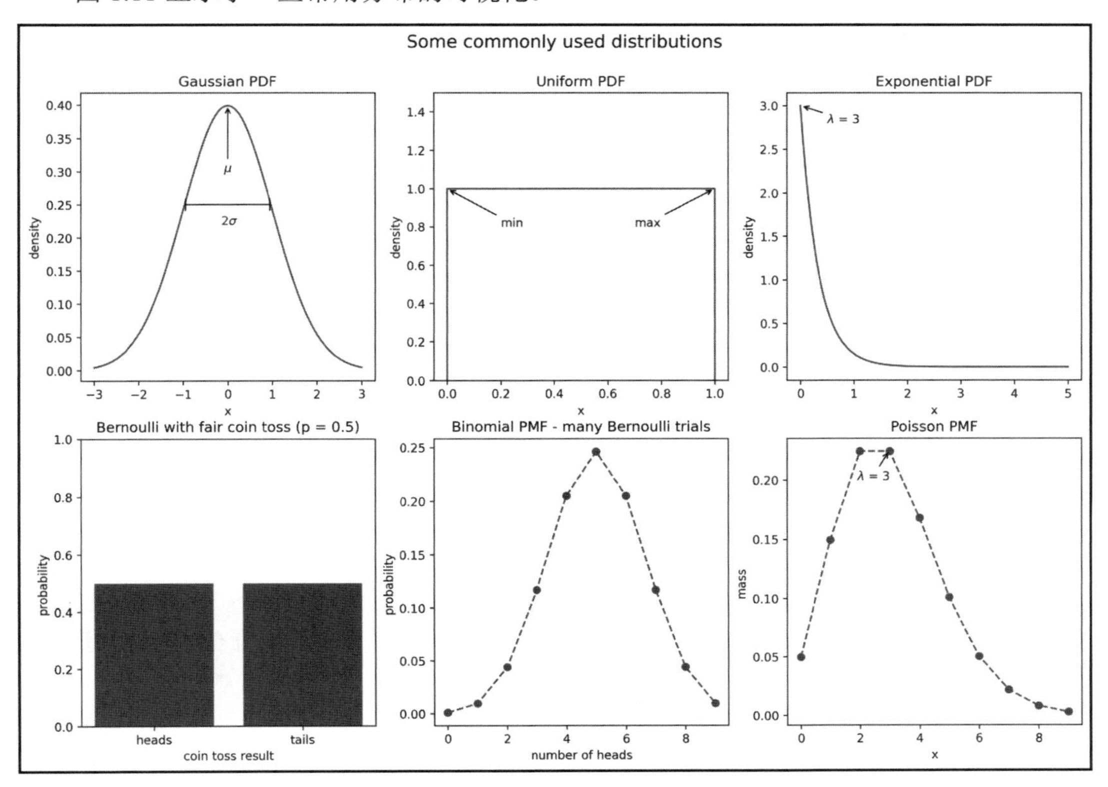

图 1.11　一些常用分布的可视化结果

原　文	译　文
Some commonly used distributions	一些常用的分布
Gaussian PDF	高斯 PDF
Uniform PDF	均匀 PDF
Exponential PDF	指数 PDF
Bernoulli with fair coin toss	伯努利与公平抛硬币
Binomial PMF - many Bernoulli trials	伯努利 PMF-多次伯努利试验
Poisson PMF	泊松 PMF
density	密度
probability	概率
mass	质量
coin toss result	抛硬币结果
number of heads	头数

在第 8 章“基于规则的异常检测”中，当我们模拟一些登录尝试数据以进行异常检测时，将使用其中的一些分布。

1.3.16 缩放数据

为了比较来自不同分布的变量，必须对数据进行缩放（scale），我们可以使用最小-最大缩放（min-max scaling）对全距进行缩放。

例如，可以取每个数据点，减去数据集的最小值，然后除以全距。这样可以使数据归一化（normalize），将其缩放到范围（[0, 1]）：

$$x_{\text{scaled}} = \frac{x - \min(X)}{\text{range}(X)}$$

这不是缩放数据的唯一方法，也可以使用均值和标准差执行类似操作。

例如，可以从每个观测值中减去平均值，然后除以标准差以标准化（standardize）数据。这样获得的就是所谓的 Z 分数（Z-score）：

$$z_i = \frac{x_i - \overline{x}}{s}$$

该方法可得到一个均值为 0 且标准差（和方差）为 1 的标准化分布。Z 分数将告诉我们每个观察值与均值的标准差是多少。均值的 Z 分数为 0，而低于均值 0.5 个标准差的观察值的 Z 分数为−0.5。

当然，还有其他方法也可以缩放数据，最终选择的方法将取决于具体数据的情况以及操作目的。牢记集中趋势的度量和分散的度量，你可以轻松地确定如何进行数据缩放。

1.3.17　量化变量之间的关系

在前面各小节的介绍中，处理的都是单变量统计，讨论的也是单个变量的情况。但是，通过多变量统计，我们也可以对变量之间的关系进行量化，并尝试对其未来行为进行预测。

协方差（covariance）就是这样一种可以量化变量之间关系的统计指标，它可以显示一个变量相对于另一个变量的变化：

$$\operatorname{cov}(X,Y)=E[(X-E[X])(Y-E[Y])]$$

提示：

$E[X]$对我们来说是一个新的符号，它被读作 X 的期望值（expected value）。$E[X]$是通过将 X 的所有可能值乘以它们的概率并求和来计算的——这是 X 的长期平均值。

协方差的大小不容易解释，但它的符号却可以告诉我们变量是正相关还是负相关的。当然，要量化变量之间的关系有多强，可考虑相关性。

相关性（correlation）告诉我们变量如何在方向（相同或相反）和幅度（关系强度）上一起变化。为了找到相关性，可以将协方差除以变量标准差的乘积来计算 Pearson 相关系数（Pearson correlation coefficient），它用 ρ（希腊字母 rho）表示：

$$\rho_{X,Y}=\frac{\operatorname{cov}(X,Y)}{s_X s_Y}$$

这会将协方差归一化，并导致统计量为−1～1，从而可以轻松地描述相关性的方向（符号）及其强度（幅度）。相关系数为 1 被认为是完全正（线性）相关的，而相关系数为−1 则是完全负相关的。相关系数值接近 0 表示不相关。

如果相关系数的绝对值接近 1，则称这些变量是强相关的；相应地，如果相关系数的绝对值接近 0.5，则称这些变量是弱相关的。

现在来看一些使用散点图的例子。

在图 1.12 最左侧的子图（$\rho=0.11$）中，可以看到变量之间没有相关性：它们似乎是没有模式的随机噪声。

自左起第二个图（$\rho=-0.52$）中有一个弱负相关：可以看到变量似乎随着 x 变量的增加而移动，同时 y 变量减少，但仍然有一些随机性。

在左起第三个图（$\rho=0.87$）中，存在很强的正相关性：x 和 y 一起增加。

最右侧图（$\rho=-0.99$）具有近乎完全负相关：随着 x 增加，y 减少。可以看到，这些点已经近似形成一条线。

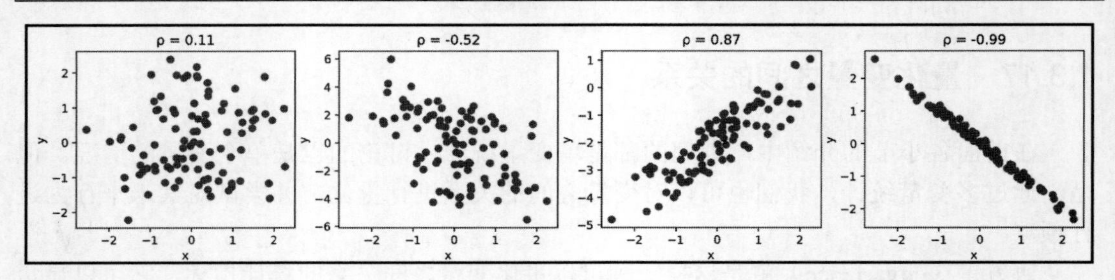

图 1.12　相关系数比较

为了快速观察两个变量之间关系的强度和方向（看看是否为 1），常使用散点图而不是计算确切的相关系数。这是出于以下几个原因：

- 在可视化结果中更容易找到模式，但通过查看数字和表格得出相同的结论则需要更多的工作。
- 变量可能看起来相关，但它们可能并不是线性相关的。查看可视化表示结果可以很容易地看出我们的数据实际上是二次函数、指数函数、对数函数或者其他一些非线性函数。

图 1.13 中的两个图形都描绘了具有强正相关性的数据，但在查看散点图时很明显可以看到它们不是线性的。左侧图形是对数的，而右侧图形则是指数的。

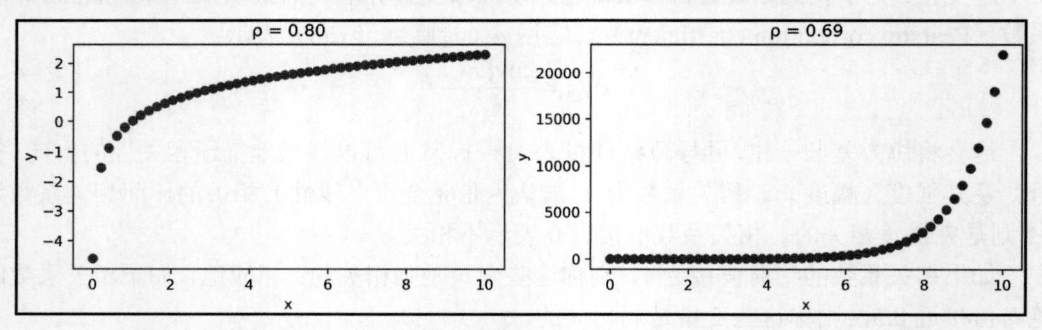

图 1.13　相关系数可能具有误导性

重要的是要记住，虽然我们可能会发现 X 和 Y 之间的相关性，但这并不必然意味着 X 导致 Y 或 Y 导致 X。也可能是有一些 Z 实际上导致了二者；也许是 X 导致了一些导致 Y 的中间事件，或者它纯粹只是一个巧合。请记住，我们通常没有足够的信息来报告因果关系——相关性并不意味着因果关系。

提示：

访问 Tyler Vigen 的博客 Spurious Correlations 可以看到一些有趣的相关性介绍。

https://www.tylervigen.com/spurious-correlations

1.3.18　汇总统计的陷阱

有一个非常有趣的数据集说明，当仅使用汇总统计指标和相关系数描述数据时必须多加小心。它还向我们证明，对数据进行可视化绘图是必须要做的，因为只有这样才能避免一些统计上的陷阱。

Anscombe's quartet 是 4 个不同数据集的集合，它们具有相同的汇总统计指标和相关系数，但在可视化绘图时，很明显它们并不相似，如图 1.14 所示。

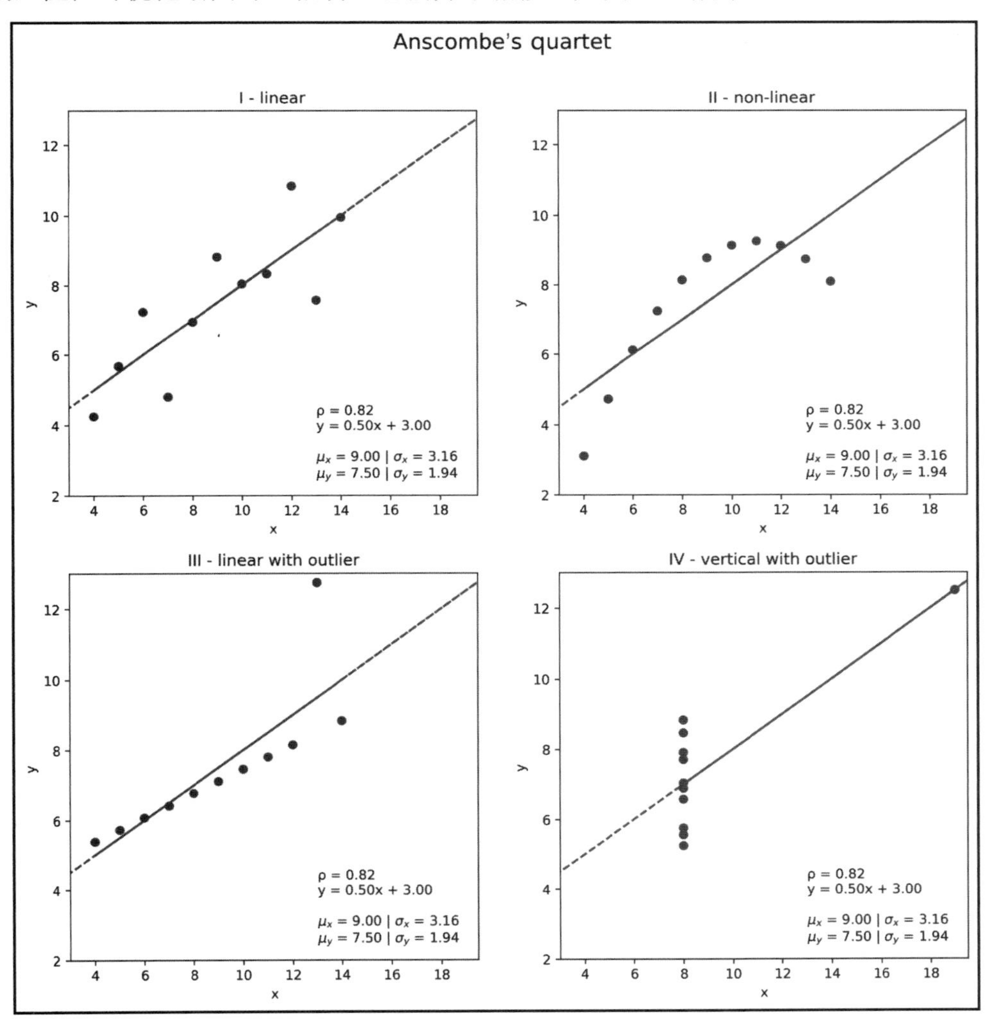

图 1.14　汇总统计数据可能会产生误导

原　文	译　文	原　文	译　文
linear	线性	linear with outlier	线性，包含异常值
non-linear	非线性	vertical with outlier	纵向，包含异常值

可以看到，图 1.14 中的每个图形都有一条相同的最佳拟合线，由方程 $y = 0.50x + 3.00$ 定义。接下来，我们将在更高层次上讨论这条线的创建方式及其含义。

注意：

当我们开始了解数据时，汇总统计非常有用，但要保持警惕，不可完全依赖它们。

请记住：统计数据可能具有误导性；在得出任何结论或继续分析之前，一定要绘制数据。

有关 Anscombe's quartet 的更多介绍，你可以访问以下网址：

https://en.wikipedia.org/wiki/Anscombe%27s_quartet

此外，你也可以看看 Datasaurus Dozen，它们是 13 个也具有相同汇总统计数据的数据集，网址如下：

https://www.autodeskresearch.com/publications/samestats

1.3.19　预测

假设某冰淇淋店要求我们帮助他们预测在某一天可以销售多少冰淇淋。他们确信室外温度对他们的销售有很大的影响，因此收集了在给定温度下销售的冰淇淋数量的数据。我们同意帮助他们，所做的第一件事就是制作他们收集的数据的散点图，如图 1.15 所示。

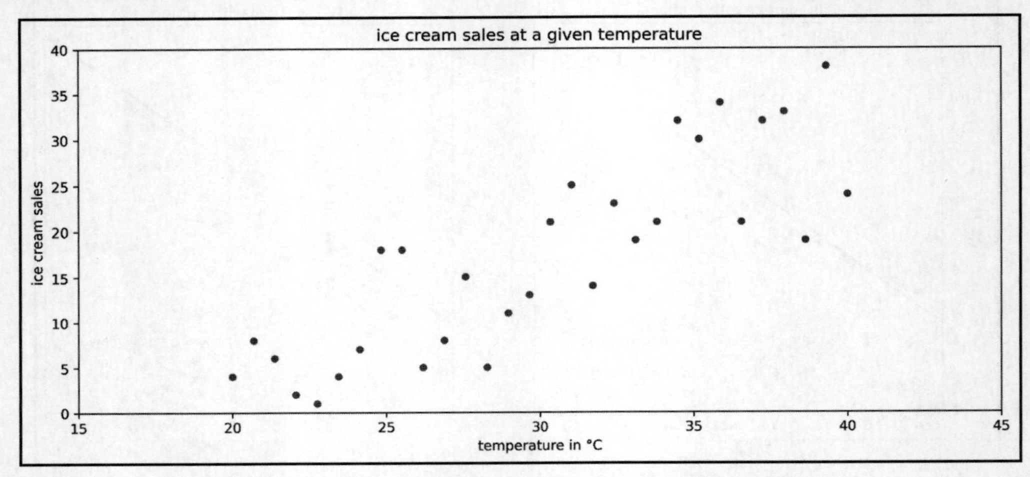

图 1.15　在不同室外温度下冰淇淋销量的观察结果

原　　文	译　　文
ice cream sales at a given temperature	给定温度下冰淇淋的销量
ice cream sales	冰淇淋销量
temperature in ℃	温度（单位：℃）

在图 1.15 的散点图中，确实可以观察到上升趋势：在更高的室外温度下销售的冰淇淋更多。但是，为了帮助冰淇淋店，我们还需要找到一种方法来根据这些数据进行预测。我们可以使用一种称为回归（regression）的技术，通过公式对温度和冰淇淋销量之间的关系进行建模。使用这个公式，我们可以预测给定温度下的冰淇淋销量。

注意：

请记住，相关性并不意味着因果关系。人们可能会在天气酷热难当时购买冰淇淋，但天气酷热并不必然导致人们购买冰淇淋。

第 9 章“Python 机器学习入门”将深入讨论回归，因此本次讨论将只是一个高层次的概述。有许多类型的回归会产生不同类型的方程，如线性回归（本示例将使用该类型）和逻辑回归。

我们要做的第一步是确定因变量（dependent variable），在本示例中，这其实就是我们想要预测的数量（冰淇淋销量），另外还要找到用来预测销量的变量，这些变量称为自变量（independent variable）。虽然可以有许多自变量，但在这个冰淇淋销售示例中，自变量只有一个：温度。因此，我们可使用简单的线性回归将关系建模为如图 1.16 所示的一条线。

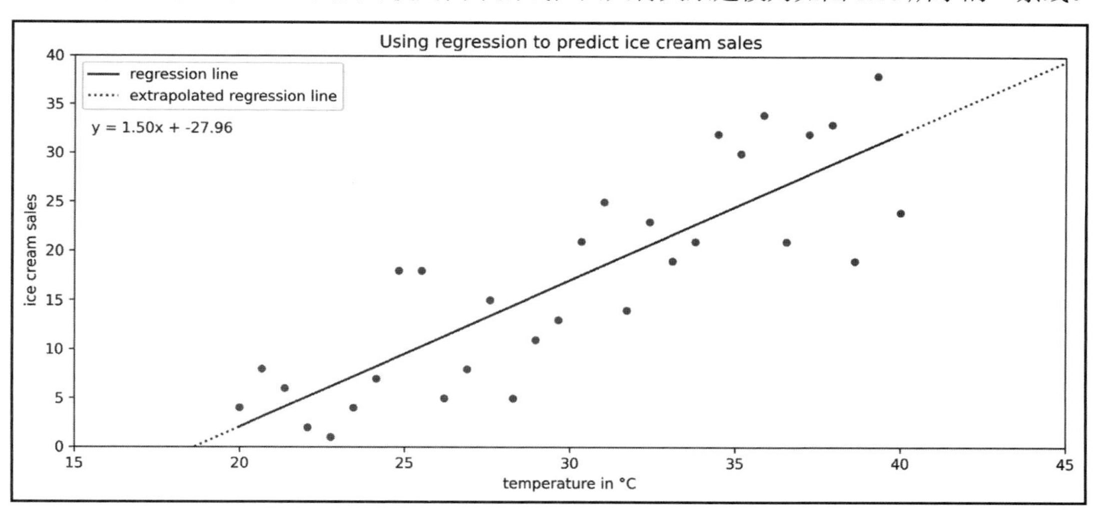

图 1.16　将一条线拟合到冰淇淋销售数据中

原　　文	译　　文
Using regression to predict ice cream sales	使用回归预测冰淇淋销量
ice cream sales	冰淇淋销量
temperature in ℃	温度（单位：℃）
regression line	回归线
extrapolated regression line	外推回归线

上述散点图中的回归线为关系生成以下公式：

$$冰淇淋销量 = 1.50\times温度-27.96$$

假设今天的温度是 35℃——可以将它代入上述公式中的温度。结果预测该冰淇淋店将售出 24.54 个冰淇淋。请注意，这个预测是沿着图 1.16 中的红色线条做出的。实际上，我们看到该冰淇淋店销售了更多的冰淇淋。

在将模型交给冰淇淋店之前，重要的是讨论我们获得的回归线的虚线部分和实线部分之间的区别。当使用直线的实线部分进行预测时，我们使用的是插值（interpolation），这意味着将根据创建回归的温度预测冰淇淋销量。另外，如果试图预测在 45℃时会售出多少冰淇淋，这称为外推法（extrapolation），也就是红色回归线的虚线部分，因为我们在运行回归时既有数据中尚无如此高的温度。这种推断可能非常危险，因为许多趋势不会无限期地持续下去。例如，当天气太热时，人们反而可能会选择不离开自己的房子。这意味着冰淇淋店不会售出预测中的 39.54 个冰淇淋，而是零销售。

在处理时间序列时，所使用的术语略有不同：我们经常希望根据过去值预测未来值。在英文中，通用的预测使用的术语是 prediction，而对于时间序列的预测，使用的术语是 forecast。如果你觉得难以分清，那么这里有一个简单的方法：你只要记住天气预报是 forecast 就可以明白它和时间序列关联。

当然，在尝试对时间序列建模之前，我们通常会使用称为时间序列分解（time series decomposition）的过程将时间序列分解为分量，这些分量可以通过加法或乘法方式组合，并可用作模型的一部分。

- 趋势分量（trend component）描述了时间序列的长期行为，不考虑季节性或周期性影响。使用趋势可以对长期（long term）的时间序列做出更广泛的陈述，例如“地球人口正在不断增加”或“股票价格停滞不前”之类。
- 季节性分量（seasonality component）解释了时间序列的系统性和与日历相关的变化。例如：城市街道上路边烤串摊的数量在夏天高涨，冬天则可能降到零；也许每年夏天路边烤串摊的实际数量不尽相同，但这种模式每年都会重复。
- 循环分量（cyclidal component）解释了时间序列中任何无法解释或不规则的情况；这可能是飓风等短期（short term）内导致冰淇淋车数量减少的原因，因为在外面不安全。由于其出乎意料的性质，该分量很难通过 forecast 进行预测。

我们可以使用 Python 将时间序列分解为趋势、季节性、噪声（noise）或残差（residual）。上面介绍的循环分量被捕获在噪声中（随机的、不可预测的数据）。在从时间序列中去除趋势和季节性后，剩下的就是残差，如图 1.17 所示。

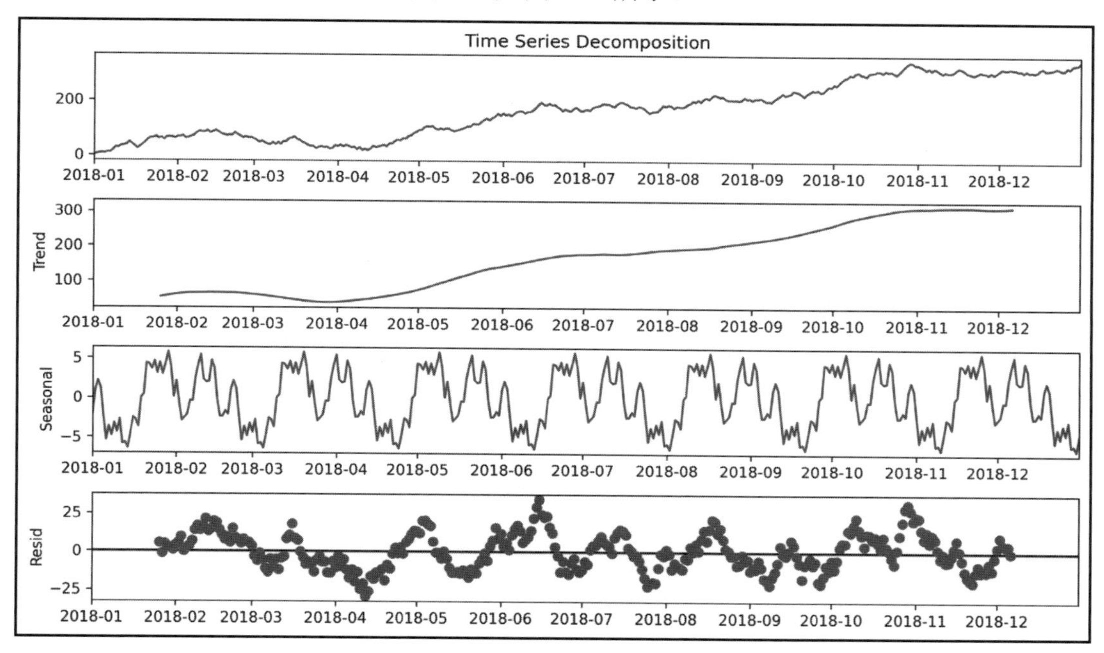

图 1.17　时间序列分解的一个示例

原　　文	译　　文	原　　文	译　　文
Time Series Decomposition	时间序列分解	Seasonal	季节性
Trend	趋势	Resid	残差

在构建模型来预测时间序列时，一些常见的方法包括指数平滑（exponential smoothing）和整合移动平均自回归（ARIMA）系列模型。

ARIMA 代表的是自回归（autoregressive，AR）、整合（integrated，I）、移动平均（moving average，MA）。

- 自回归（autoregressive）模型利用了这样一个事实，即在时间 t 的观察与之前的观察（例如，在时间 $t-1$）是相关的。第 5 章“使用 Pandas 和 Matplotlib 可视化数据”将研究一些技术来确定时间序列是否为自回归的。请注意，并非所有时间序列都是自回归的。

- 整合分量（integrated component）涉及差分（differenced）数据，或数据从一个时间到另一个时间的变化。例如，如果我们关注的滞后（lag，指时间之间的距离）为 1，则差分数据将是时间 t 的值减去时间 $t-1$ 的值。
- 移动平均分量（moving average）将使用滑动窗口平均最近 x 个观测值，其中，x 是滑动窗口的长度。例如，如果我们有一个 3 周期的移动平均线，当我们拥有时间 5 之前的所有数据时，移动平均线即可通过计算时间周期 3、4 和 5 来预测时间 6。在第 7 章“金融分析”中将构建 ARIMA 模型。

值得一提的是，移动平均线对参与计算的过去的每个时间段都赋予相同的权重。但在实践中，这并不总是符合数据的现实期望。有时，所有过去的值都很重要，但它们对未来数据点的影响各不相同。

对于这些情况，可以考虑使用指数平滑（exponential smoothing），这样就可以对最近的值施加更多的权重，而对远离预测的值则施加更少的权重。

请注意，预测并不仅限于数字；事实上，对于某些数据来说，预测也可能是进行分类的，例如，确定在特定日期哪种口味的冰淇淋销量最高，或者电子邮件是否为垃圾邮件。第 9 章“Python 机器学习入门”将对这种类型的预测展开更详细的讨论。

1.3.20 推论统计

如前文所述，推论统计就是从现有样本数据中推论或推断事物，以便描述总体。在陈述结论时，必须注意我们进行的是观察性研究还是实验。

- 对于观察性研究（observational study）来说，自变量不受研究人员的控制，因此我们只是在观察参与研究的人（以关于吸烟的研究为例，我们不能强迫人们吸烟）。无法控制自变量，这一事实意味着我们无法得出因果关系。
- 对于实验（experiment）来说，我们能够直接影响自变量并将受试者随机分配到对照组和测试组，如 A/B 测试。

  所谓“A/B 测试”，就是为 Web 或 App 界面或流程制作两个（A/B）或多个版本，在同一时间维度，分别让成分相同的访客群组（目标人群）随机访问这些版本，收集各群组的用户体验数据和业务数据，最后分析、评估出最好版本，正式采用。从网站设计到广告文案等，都可以进行 A/B 测试。

  在医药领域，对照组不接受治疗；他们可以服用安慰剂（这取决于研究内容）。对此的理想设置是双盲（double-blind），即进行治疗的研究人员不知道哪种治疗是安慰剂，也不知道哪个受试者属于哪个组。

注意：

我们经常可以找到有关贝叶斯推理（Bayesian inference）和频率论推理（frequentist inference）的参考资料。它们是基于两种不同的接近概率的方法。

频率统计侧重于事件的频率，通过大量独立实验将概率解释为统计均值（大数定律）；而贝叶斯统计在确定事件的概率时使用一定程度的置信度。当考虑的试验次数非常少时，贝叶斯方法的解释非常有用。

此外，贝叶斯理论将我们对于随机过程的先验知识也纳入考虑，当我们获得的数据越来越多时，这个先验的概率分布就会被更新到后验分布中。

第 11 章“机器学习异常检测”将讨论一个贝叶斯统计示例。

频率论和贝叶斯方法各有其优劣，有关它们的异同的更多信息，你可以访问以下网址：

https://www.probabilisticworld.com/frequentist-bayesianapproaches-inferential-statistics/

推论统计提供了很好的工具，可以将分析人员对样本数据的理解转化为关于总体的陈述。

我们知道，样本不能是总体 100%的复制品，至少会有微小的变化，甚至还会有很大的变化，那么，如何确定样本统计信息就一定适用于总体呢？为了回答这个问题，我们需要讨论置信区间（confidence interval）和置信水平（confidence level）。

任何测量的数据都会存在误差，即使实验条件再精确也无法完全避免随机干扰的影响，因此科学实验往往要经过多次测量或实验，用取平均值之类的手段取得结果。多次测量就是一个排除偶然因素的好办法，但再好的统计手段也不能把所有的偶然因素全部排除。因此，在科学实验中总是会在测量结果上加一个误差范围，这里的误差范围（区间）在统计概率中被称为置信区间。

换句话说，置信区间为我们提供了一系列可以预期总体统计信息的值。样本均值构造的置信区间包含在总体均值的概率中，称为置信水平。

在统计学中，有一个称为误差幅度（margin of error，也称为边际误差）的术语，它定义了在总体参数和样本统计之间的最大期望差。误差幅度通常是随机抽样误差的指标，表示为样本结果接近于假设可以计算总体统计值时所获得的值的可能性或概率。

以下是有关误差范围和置信区间知识的总结：

- 误差幅度是在进行了样本统计之后，你可以预期的总体统计值所在的范围。因此，你如果发现样本中某地区男子的平均身高为 1.71 m，误差幅度为 0.15 m，则可以说该地区男子平均身高的总体统计数据为 1.56～1.86 m。
- 置信区间告诉你，在 100 个样本中，你可以期望样本统计信息处于前面所述范围内（1.56～1.86 m）的样本有多少个。

一般来说：统计和其他目的中的置信水平将选择为95%（当然，选择为90%和99%的也不少）；置信水平越高，置信区间越宽。

假设检验（hypothesis test）用于确认或拒绝两个样本是否属于同一总体。*P* 值是确定两个样本是否为相同总体的概率（probability）。该概率是针对假设的证据度量。

请记住以下几点：

- 零假设始终要求样本 1 的均值等于样本 2 的均值（即 mean1 = mean2）。
- 假设检验的目的是拒绝零假设。

因此，较小的 *P* 值意味着你可以拒绝零假设，因为两个样本具有相似均值的概率（这表示两个样本来自同一总体）大大降低（0.05 = 5%概率）。

P 值越小，证据越有力。如果 *P* 值低于预定义的限制（0.05 是大多数软件中的默认值），则结果被认为具有统计学上的显著（significant）意义。

显著性水平（significance level）的符号为 α，指由假设检验做出推断结论时发生假阳性错误的概率，常取值为 0.05 或 0.01。

- 若 $P > \alpha$，则没有理由怀疑零假设（H_0）的真实性，结论为不拒绝零假设，不否定此样本是来自该总体的结论，即差别无显著意义。
- 若 $P \leqslant \alpha$，则拒绝零假设，接受备择假设（H_1），也就是这些统计量来自不同的总体，其差别不能仅由抽样误差来解释，结论为差别有显著意义。

当显著性水平（α）为 0.05 时，相应的置信水平为 95%。所以，显著性水平加上置信水平刚好为 1。

- 如果 *P* 值小于显著性水平（α），则假设检验在统计学上具有显著意义。
- 如果置信区间在置信的上限和下限之间不包含零假设值，则该结果在统计学上是有意义的（可以拒绝零假设值）。
- 如果 *P* 值小于显著性水平（α），则置信区间将不包含零假设值。
  - 置信水平 $+ \alpha = 1$。
  - 如果 *P* 值很低，则必须拒绝零假设。
  - 置信区间和 *P* 值将始终得出相同的结论。

假设检验最有价值的用法是解释在解决问题/执行项目时生成的其他统计数据的可靠性。

- 相关系数（correlation coefficient）：如果 *P* 值小于或等于 0.05，则可以得出结论，该相关实际上等于显示/计算的相关系数值；如果 *P* 值大于 0.05，则必须得出结论，该相关性是由于偶然/巧合产生的。

- 线性回归系数（linear regression coefficient）：如果 P 值小于或等于 0.05，则可以得出结论，该系数实际上等于显示/计算的值；如果 P 值大于 0.05，则必须得出结论，这些系数是由于偶然/巧合导致的。

注意：

在选择计算置信区间的方法或假设检验的适当检验统计量时，还必须注意很多事情，这超出了本书的讨论范围，读者可以通过查看 1.7 节“延伸阅读”中的链接获取更多信息。

此外，有关在假设检验中使用 P 值的一些注意事项，你可以访问以下网址：

https://en.wikipedia.org/wiki/Misuse_of_p-values

在对统计知识和数据分析都有了一个基础概念之后，现在就可以开始转移到 Python 部分了。让我们从设置虚拟环境开始。

1.4　设置虚拟环境

本书是基于 Python 3.7.3 版本编写的，但代码应该适用于 Python 3.7.1+，该版本适用于所有主要操作系统。

本节将介绍如何设置虚拟环境以跟随本书学习。如果你的计算机上尚未安装 Python，请先阅读以下有关虚拟环境的部分，然后决定是否安装 Anaconda，因为它也会安装 Python。

要在没有 Anaconda 的情况下安装 Python，请先从以下网址下载安装包：

https://wwwpython.org/downloads/

然后按照 1.4.2 节“使用 venv”中的介绍进行操作。

1.4.1　虚拟环境

大多数时候，当我们想在计算机上安装软件时，只需下载它即可，但是编程语言不同，它的性质是程序包会不断更新并依赖某些特定版本，这意味着可能会导致一些问题。例如，有一天我们可能正在处理一个项目，我们需要某个版本的 Python 包（假设是 0.9.1），但第二天要进行分析，我们需要同一包的最新版本（如 1.1.0）来访问一些较新的功能。听起来应该不会有问题，对吧？但是，如果此项更新导致我们项目中依赖于前一个版本 Python 包的项目中断或另一个包发生重大变化，那么会发生什么情况？这是一个很常见的问题，并且也已经出现了一个解决方案来防止它成为一个问题，那就是使用虚拟环境。

虚拟环境允许我们为每个项目创建单独的环境。每个环境都只会安装它需要的包。这使得与其他人共享我们的环境变得很容易，在机器上为不同的项目安装相同包的多个版本而不会相互干扰，并避免安装更新或依赖他人的包带来的意外副作用。因此，为项目创建专用的虚拟环境是一种很好的做法。

我们将讨论实现此设置的两种常用方法，你可以自行决定最适合自己的方法。请注意，本节中的所有代码都将在命令行上执行。

1.4.2 使用 venv

Python 3 带有 venv 模块，它将在我们选择的位置创建一个虚拟环境。搭建和使用开发环境的过程如下（安装 Python 后）：

（1）为项目创建一个文件夹。

（2）使用 venv 在该文件夹中创建环境。

（3）激活环境。

（4）使用 pip 在环境中安装 Python 包。

（5）完成后停用环境。

在实践中，我们将为每个项目创建单独的环境，因此第一步就是为项目文件创建一个目录。为此，可以使用 mkdir 命令。创建完成后，可使用 cd 命令将当前目录更改为新创建的目录。由于我们已经获得了项目文件（从 1.1 节“章节材料”的说明中获得），以下内容仅供参考。要创建一个新目录并移动到该目录，需要使用以下命令：

```
$ mkdir my_project && cd my_project
```

提示：

cd<path>命令可将当前目录更改为<path>中指定的路径，该路径可以是绝对路径，也可以是相对路径。

在继续之前，可使用 cd 命令导航到包含本书存储库的目录。请注意，这里的 path 路径将取决于你克隆/下载的位置：

```
$ cd path/to/Hands-On-Data-Analysis-with-Pandas-2nd-edition
```

由于余下的步骤在不同的操作系统中略有不同，因此我们将分别介绍 Windows 和 Linux/macOS 中的操作。请注意，你如果同时拥有 Python 2 和 Python 3，那么请确保在以下命令中使用 python3 而不是 python。

1.4.3　Windows 中的操作

为了创建本书所需环境，我们将使用标准库中的 venv 模块。请注意，这里必须为我们的环境提供一个名称（如 book_env）。

另外，如果你的 Windows 设置有与 Python 3 关联的 python，则可在以下命令中使用 python 而不是 python3：

```
C:\...> python3 -m venv book_env
```

现在，在之前克隆/下载的存储库文件夹中有一个名为 book_env 的虚拟环境文件夹。为了使用该环境，还需要激活它：

```
C:\...> %cd%\book_env\Scripts\activate.bat
```

提示：

Windows 会将%cd%替换为当前目录的路径。这样我们就不必输入 book_env 部分的完整路径。

请注意，在激活虚拟环境后，即可在命令行的提示符前面看到(book_env)，这表示我们已经在环境中：

```
(book_env) C:\...>
```

在使用完环境之后，记得停用它：

```
(book_env) C:\...> deactivate
```

在环境中安装的任何包都不会存在于环境之外。

在停用环境之后，在命令行的提示符前面不再有(book_env)。

有关 venv 的更多信息，你可以访问以下 Python 文档：

https://docs.python.org/3/library/venv.html

现在虚拟环境已创建完成，激活它之后即可前往 1.4.6 节“安装所需的 Python 包”进行下一步。

1.4.4　Linux/macOS 中的操作

为了创建本书所需环境，我们将使用标准库中的 venv 模块。请注意，和在 Windows 环境中一样，这里必须为环境提供一个名称（如 book_env）：

```
$ python3 -m venv book_env
```

在之前克隆/下载的存储库文件夹中有一个名为 book_env 的虚拟环境文件夹。为了使用该环境，还需要激活它：

```
$ source book_env/bin/activate
```

请注意，在激活虚拟环境后，即可在命令行的提示符前面看到(book_env)，这表示我们已经在环境中：

```
(book_env) $
```

使用完环境后，可使用以下命令停用它：

```
(book_env) $ deactivate
```

在环境中安装的任何包都不会存在于环境之外。

在停用环境之后，在命令行的提示符前面不再有(book_env)。

有关 venv 的更多信息，你可以访问以下 Python 文档：

https://docs.python.org/3/library/venv.html

现在虚拟环境已创建完成，激活它之后即可前往 1.4.6 节"安装所需的 Python 包"部分进行下一步。

1.4.5　使用 conda

Anaconda 针对数据科学专门提供了一种设置 Python 环境的方法。Anaconda 包括本书将要使用的一些包，以及本书未涵盖的任务可能需要的其他几个包（并且还将处理 Python 之外的依赖项，否则可能难以安装）。

Anaconda 使用 conda 作为环境和包管理器而不是 pip，当然，你也仍然可以使用 pip 安装包（只要调用 Anaconda 安装 pip 即可）。

请注意，某些包可能不适用于 conda，在这种情况下，我们将不得不使用 pip。

有关 conda、pip 和 venv 命令的比较，你可以访问以下网址：

https://conda.io/projects/conda/en/latest/commands.html#conda-vs-pip-vs-virtualenv-commands

注意：

Anaconda 的安装非常庞大（尽管 Miniconda 版本要简便得多）。那些将 Python 用于数据科学之外的目的人可能更喜欢我们之前讨论过的 venv 方法，以便更好地控制安装的内容。

Anaconda 还可以与 Spyder 集成开发环境（integrated development environment，IDE）

和 Jupyter Notebook 一起被打包（下文将会对此进行详细讨论）。注意，Jupyter 也可以与 venv 选项一起使用。

有关 Anaconda 以及安装方式的更多信息，你可以访问以下网址：

- Windows：

  https://docs.anaconda.com/anaconda/install/windows/

- macOS：

  https://docs.anaconda.com/anaconda/install/mac-os/

- Linux：

  https://docs.anaconda.com/anaconda/install/linux/

- 用户指南：

  https://docs.anaconda.com/anaconda/user-guide/

安装 Anaconda 或 Miniconda 后，通过在命令行上运行 conda -V 即可显示版本并确认它已正确安装。

请注意，在 Windows 系统上，所有 conda 命令都需要在 Anaconda 提示符而不是命令提示符中运行。

要为本书创建一个名为 book_env 的新 conda 环境，需要运行以下命令：

```
(base) $ conda create --name book_env
```

运行 conda env list 命令将显示系统上的所有 conda 环境，其中包括 book_env。当前活动环境旁边将有一个星号（*）——默认情况下，base 将处于活动状态，直到你激活了另一个环境。具体如下：

```
(base) $ conda env list
# conda environments:
#
base                    *   /miniconda3
book_env                    /miniconda3/envs/book_env
```

要激活 book_env 环境，需要运行以下命令：

```
(base) $ conda activate book_env
```

请注意，在激活虚拟环境后，即可在命令行的提示符前面看到(book_env)。这让我们知道已经在该环境中：

```
(book_env) $
```

使用完环境后，可通过以下命令对其进行停用：

```
(book_env) $ conda deactivate
```

环境中安装的任何包都不会存在于环境之外。

在停用环境之后，命令行的提示符前面不再有(book_env)。

有关如何使用 conda 管理虚拟环境的更多信息，你可以访问以下网址：

https://www.freecodecamp.org/news/why-you-need-python-environments-and-how-to-manage-them-with-conda-85f155f4353c/

接下来，我们将安装本书所需的 Python 包，因此请务必立即激活虚拟环境。

1.4.6 安装所需的 Python 包

虽然使用 Python 标准库即可做很多事情，但是，我们经常会发现需要安装和使用外部包来扩展功能。本书配套 GitHub 存储库中的 requirements.txt 文件包含我们完成本书学习所需安装的所有包。该文件应该已经在你当前的目录中，当然，你也可以在以下网址中找到它：

https://github.com/stefmolin/Hands-On-Data-Analysis-with-Pandas-2nd-edition/blob/master/requirements.txt

requirements.txt 文件可用于在调用 pip3 install 时使用 -r 标志一次性安装一堆包，并且具有易于共享的优点。

在安装任何东西之前，请务必激活你使用 venv 或 conda 创建的虚拟环境。请注意，如果环境在运行以下命令之前未被激活，则包将被安装在环境之外：

```
(book_env) $ pip3 install -r requirements.txt
```

提示：

你如果遇到任何问题，可通过以下网址进行提交：

https://github.com/stefmolin/Hands-On-Data-Analysis-with-Pandas-2ndedition/issues

1.4.7 关于 Pandas

谈到 Python 中的数据科学，那么 Pandas 库几乎是绕不开的话题。它建立在 NumPy 库的基础之上，这使分析人员能够高效地对单一类型数据的数组执行数学运算。Pandas

将其扩展为 DataFrame，它可以被视为数据表。第 2 章“使用 Pandas DataFrame”将更详细地介绍 DataFrame。

除了高效的操作，Pandas 还提供了围绕 matplotlib 绘图库的包装器（wrapper），使得创建各种绘图变得非常容易，而无须编写多行 matplotlib 代码。

使用 matplotlib 可以轻松调整绘图，而如果要快速可视化数据，则只需要在 Pandas 中编写一行代码即可。第 5 章“使用 Pandas 和 Matplotlib 可视化数据”和第 6 章“使用 Seaborn 和自定义技术绘图”将详细探讨此功能。

注意：

包装函数可以将来自另一个库的代码包装起来，这掩盖了它的一些复杂性，并为我们提供了一个更简单的接口来重复该功能。这是面向对象编程（object-oriented programming，OOP）的一个核心原则，称为抽象（abstraction），它降低了代码的复杂性和重复性。本书将会创建自己的包装函数。

除了 Pandas，本书还将使用 Jupyter Notebook。虽然你可以选择不使用它们，但熟悉 Jupyter Notebook 很重要，因为它们在数据分析的世界中非常普遍。接下来，我们将使用 Jupyter Notebook 来验证设置。

1.4.8　Jupyter Notebook

本书的每一章都包含 Jupyter Notebook 以供你跟随学习。Jupyter Notebook 在 Python 数据科学中无处不在，因为与编写程序相比，它使我们在更多发现环境中编写和测试代码变得非常容易。我们可以一次执行一个代码块，并将结果输出到 Notebook 上，这样结果就直接显示在生成它的代码下方。此外，Jupyter Notebook 还支持使用 Markdown 标记语言为我们的工作添加文本解释。

Jupyter Notebook 可以很容易地被打包并被共享。另外，Jupyter Notebook 还可以被推送到 GitHub（在那里它将被显示）、转换为 HTML 或 PDF、发送给其他人，或直接显示。

1.4.9　启动 JupyterLab

JupyterLab 是一个集成开发环境（IDE），它允许我们创建 Jupyter Notebook 和 Python 脚本、与终端交互、创建文本文档、引用文档，以及从本地机器简洁的 Web 界面上进行更多操作。在真正成为高级用户之前，你可能需要掌握大量的快捷键，但其界面非常直观。

当我们创建环境时，即已安装了运行 JupyterLab 所需的一切，因此可以快速浏览 IDE

并确保我们的环境设置正确。

首先，激活我们的环境，然后启动 JupyterLab：

```
(book_env) $ jupyter lab
```

这将在默认浏览器中使用 JupyterLab 启动一个窗口。此时你将看到 Launcher（启动器）选项卡和左侧的 File Browser（文件浏览器）窗格，如图 1.18 所示。

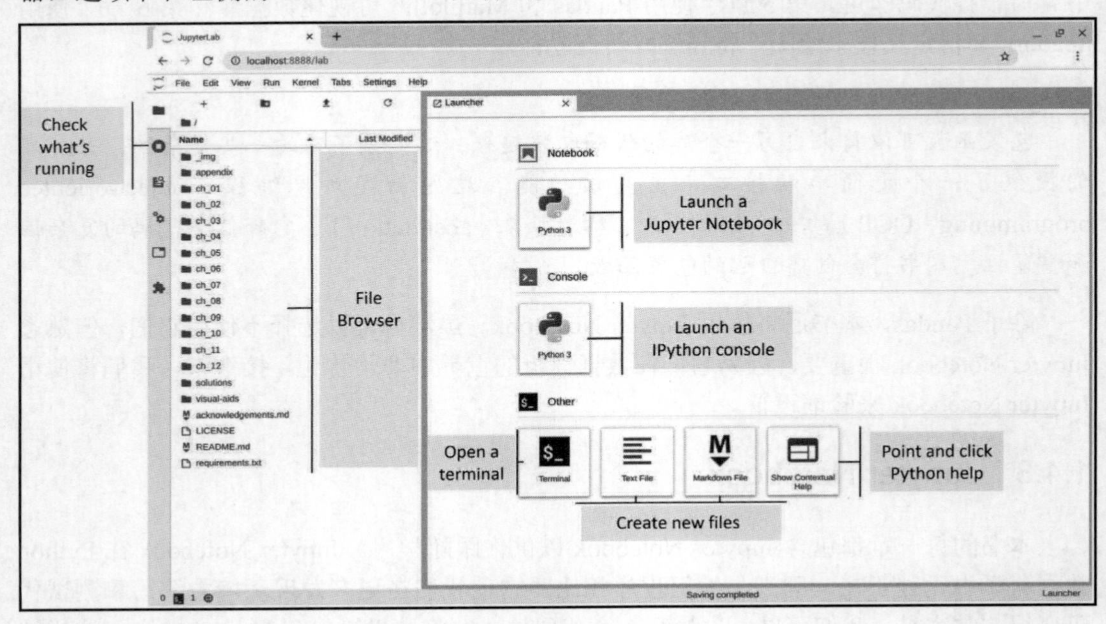

图 1.18　启动 JupyterLab

原　文	译　文
Check what's running	检查正在运行的东西
File Browser	文件浏览器
Launch a Jupyter Notebook	启动一个 Jupyter Notebook
Launch an IPython console	启动一个 IPython 控制台
Open a terminal	打开一个终端
Create new files	新建文件
Point and click Python help	指向并单击 Python 帮助

在 File Browser（文件浏览器）窗格中，双击 ch_01 文件夹，其中应该已经包含我们将用于验证设置的 Jupyter Notebook。

1.4.10　验证虚拟环境

打开 ch_01 文件夹中的 checking_your_setup.ipynb 笔记本，如图 1.19 所示。

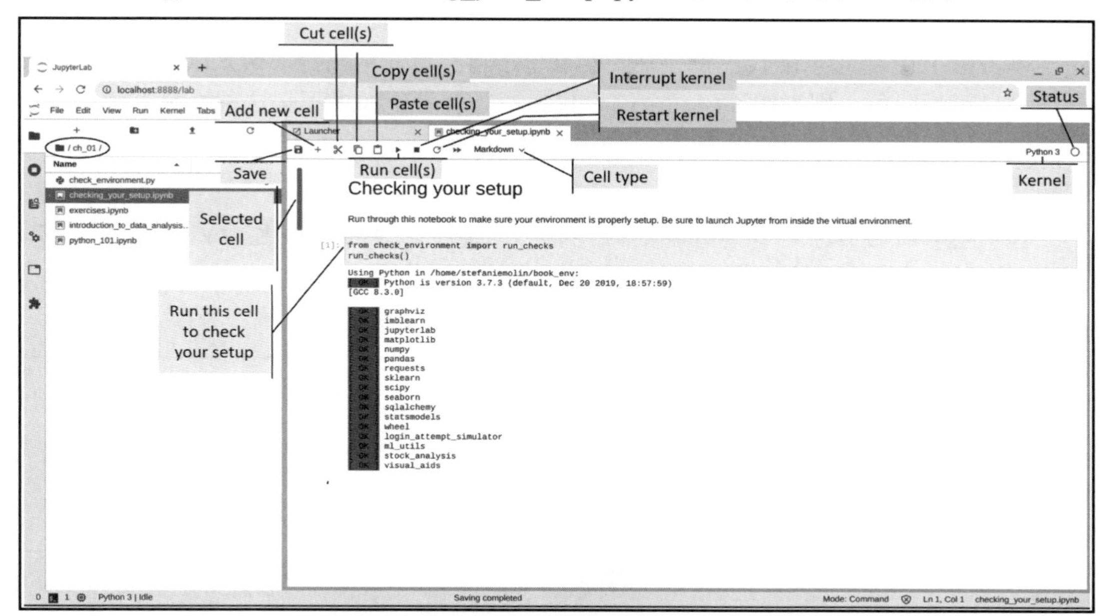

图 1.19　验证虚拟环境设置

原　　文	译　　文
Cut cell(s)	剪切单元格
Copy cell(s)	复制单元格
Paste cell(s)	粘贴单元格
Run cell(s)	运行单元格
Add new cell	添加新单元格
Save	保存
Selected cell	已选中的单元格
Run this cell to check your setup	运行该单元格以检查你的设置
Interrupt kernel	中断内核
Restart kernel	重启内核
Cell type	单元格类型
Kernel	内核
Status	状态

注意：

内核（kernel）是在 Jupyter Notebook 中运行和检查我们的代码的进程。请注意，我们不限于运行 Python——你也可以运行 R、Julia、Scala 和其他语言的内核。默认情况下，我们将使用 IPython 内核运行 Python。下文还将更多地介绍 IPython。

单击图 1.19 中指示的代码单元格，然后单击运行单元格按钮（▶）以运行它。如果一切都显示为绿色，则表明环境已全部设置完毕。但是，如果不是这种情况，则请从虚拟环境中运行以下命令以使用 book_env 虚拟环境创建一个特殊的内核，以便与 Jupyter 一起使用：

```
(book_env) $ ipython kernel install --user --name=book_env
```

这将在 Launcher（启动器）选项卡中添加一个额外的选项，现在可以从 Jupyter Notebook 切换到 book_env 内核，如图 1.20 所示。

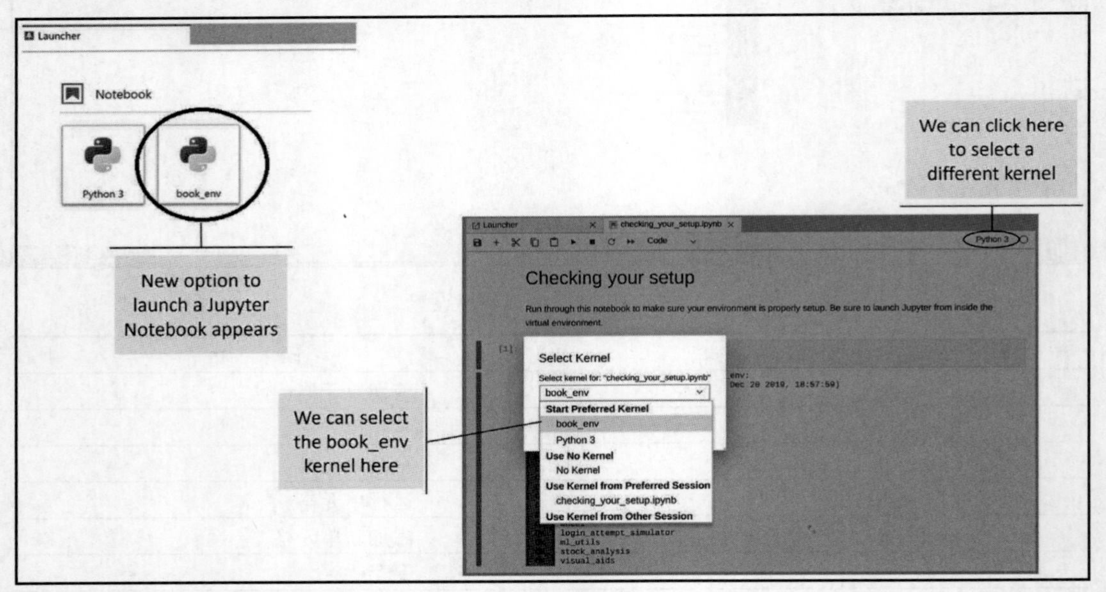

图 1.20　选择不同的内核

原　文	译　文
New option to launch a Jupyter Notebook appears	出现启动 Jupyter Notebook 的新选项
We can select the book_env kernel here	可以在此选择 book_env 内核
We can click here to select a different kernel	单击此处可选择不同的内核

需要注意的是，Jupyter Notebook 将保留在内核运行时分配给变量的值，并且在保存文件时将保存 Out[#]单元格中的结果。关闭文件并不会停止内核，也不会关闭浏览器中的 JupyterLab 选项卡。

1.4.11　关闭 JupyterLab

关闭包含 JupyterLab 的浏览器并不会停止 JupyterLab 或其正在运行的内核（也不会恢复命令行界面）。要完全关闭 JupyterLab，需要在终端中按 Ctrl+C 快捷键（这是一个键盘中断信号，让 JupyterLab 知道我们想要关闭它）几次，直至看到以下提示：

```
...
[I 17:36:53.166 LabApp] Interrupted...
[I 17:36:53.168 LabApp] Shutting down 1 kernel
[I 17:36:53.770 LabApp] Kernel shutdown: a38e1[...]b44f
(book_env) $
```

有关 Jupyter 的更多信息（包括教程），你可以访问以下网址：

http://jupyter.org/

有关 JupyterLab 的更多信息，你可以访问以下网址：

https://jupyterlab.readthedocs.io/en/stable/

1.5　小　　结

本章详细阐释了进行数据分析的主要过程，具体包括数据收集、数据整理、探索性数据分析（EDA）和得出结论。

本章着重介绍了有关描述性统计和推论统计的基础知识，并介绍了数据的集中趋势和散布程度的度量；使用五数概括法、箱形图、直方图和核密度估计等以数字和可视化方式对数据进行汇总的方法；缩放数据，以及量化数据集中变量之间的关系等的方法。

本章还介绍了预测和时间序列分析，并且对推论统计中的一些核心主题（如置信区间、置信水平、误差幅度、假设检验、*P* 值和显著性水平等）进行了非常简要的总结。掌握了本书的内容后还可以，我们这些主题进行深入探索。

请注意，虽然本章中的所有示例都仅涉及一个或两个变量，但现实生活中的数据往往是高维的。第 10 章“做出更好的预测”将涉及解决此问题的一些方法。

最后，我们还讨论了如何设置本书学习所需的虚拟环境，并简要介绍了如何使用Jupyter Notebook。

至此，我们已经为下一步的学习打下了坚实的基础，第 2 章将开始介绍如何在 Python 中处理数据。

1.6 练　　习

请运行 introduction_to_data_analysis.ipynb 笔记本以复习本章讨论过的内容，并简单复习 python_101.ipynb 笔记本（如有必要的话），然后完成以下练习，熟悉使用 JupyterLab 并在 Python 中计算汇总统计量。

（1）探索 JupyterLab 界面并查看一些可用的快捷键。不必担心记不住它们，你只要习惯使用 Jupyter Notebook，最终就会熟练掌握它们，并为自己节省很多时间。

（2）所有的数据都是正态分布的吗？如果是，请解释为什么；如果不是，也请解释为什么。

（3）什么时候使用中位数而不是均值来衡量数据中心更有意义？

（4）运行 exercise.ipynb 笔记本第一个单元格中的代码。它将为你提供一个包含 100 个值的列表，供你在本章的其余练习中使用。请务必将这些值视为样本总体。

（5）使用练习（4）中获得的数据，无须从标准库的 statistics 模块中导入任何内容，即可计算以下统计量，然后确认你的结果和使用 statistics 模块时获得的结果是一致的：

A．均值。

B．中位数。

C．众数。

D．样本方差。

E．样本标准差。

提示：

statistics 模块的网址如下：

https://docs.python.org/3/library/statistics.html

在计算众数时，可查看标准库中 collections 模块的 Counter 类，其网址如下：

https://docs.python.org/3/library/collections.html#collections.Counter

（6）使用练习（4）中获得的数据，在适当的情况下使用 statistics 模块中的函数计算以下统计数据：

A．全距。

B．变异系数。

C．四分位距。

D．四分位离散系数。

（7）使用以下策略缩放练习（4）中创建的数据：

A．最小-最大缩放（归一化）。

B．标准化。

（8）使用来自练习（7）的缩放数据，计算以下内容：

A．标准化数据和归一化数据之间的协方差。

B．标准化数据和归一化数据的 Pearson 相关系数（这个实际上是 1，但由于计算过程中的舍入，结果会稍微少一些）。

1.7 延伸阅读

以下是一些可用于熟悉 Jupyter 的资源。

- Jupyter Notebook Basics（Jupyter Notebook 基础）：

  https://nbviewer.jupyter.org/github/jupyter/notebook/blob/master/docs/source/examples/Notebook/Notebook%20Basics.ipynb

- JupyterLab introduction（JupyterLab 介绍）：

  https://blog.jupyter.org/jupyterlab-is-ready-for-users-5a6f039b8906

- Learning Markdown to make your Jupyter Notebooks presentation-ready（学习 Markdown 以使你的 Jupyter Notebook 方便演示）：

  https://medium.com/ibm-data-science-experience/markdown-for-jupyter-notebooks-cheatsheet-386c05aeebed

- 28 Jupyter Notebook Tips, Tricks, and Shortcuts（28 个 Jupyter Notebook 提示、技巧和快捷方式）：

  https://www.dataquest.io/blog/jupyter-notebook-tips-tricks-shortcuts/

以下资源可用于学习和研究更高级的统计概念（本书不会讨论它们）。

- A Gentle Introduction to Normality Tests in Python（Python 正态性测试简介）：
  https://machinelearningmastery.com/a-gentle-introduction-to-normality-tests-in-python/
- How Hypothesis Tests Work: Confidence Intervals and Confidence Levels（假设检验的工作原理：置信区间和置信水平）：
  https://statisticsbyjim.com/hypothesis-testing/hypothesis-tests-confidence-intervals-levels/
- Intro to Inferential Statistics (Making Predictions with Data) on Udacity（Udacity 上的推论统计介绍——使用数据进行预测）：
  https://www.udacity.com/course/intro-to-inferential-statistics--ud201
- Lesson 4: Confidence Intervals (Penn State Elementary Statistics)（第 4 课：置信区间——宾夕法尼亚州立大学基本统计）：
  https://online.stat.psu.edu/stat200/lesson/4
- Seeing Theory: A visual introduction to probability and statistics（Seeing Theory：概率和统计的可视化介绍）：
  https://seeing-theory.brown.edu/index.html
- Statistics Done Wrong: The Woefully Complete Guide by Alex Reinhart（统计会犯错：Alex Reinhart 编写的统计陷阱的完整指南）：
  https://www.statisticsdonewrong.com/
- Survey Sampling Methods（调查采样方法）：
  https://stattrek.com/survey-research/sampling-methods.aspx

第 2 章　使用 Pandas DataFrame

是时候展开我们的 Pandas 世界之旅了。本章将使我们熟悉在使用 Pandas 进行数据分析时要执行的一些基本（但却功能强大）的操作。

本章将首先介绍在使用 Pandas 时会遇到的主要数据结构。数据结构（data structure）为分析人员提供了一种用于组织、管理和存储数据的格式。当涉及故障排除或查找如何对数据执行操作时，Pandas 数据结构的知识将被证明是非常有用的。

请记住，这些数据结构与标准 Python 数据结构不同的原因是：它们是为特定的分析任务而创建的。给定的方法可能只适用于特定的数据结构，因此在解决具体问题之前，我们需要为该问题确定最佳数据结构。

接下来，我们可以将第一个数据集引入 Python。本章将介绍如何从 API 中收集数据、从 Python 的其他数据结构中创建 DataFrame 对象、读入文件以及与数据库交互。

初学者往往会奇怪，为什么我们需要从其他 Python 数据结构中创建 DataFrame 对象，但是，当他们逐渐熟悉了 Python 和 Pandas，并且想要快速测试某些东西、创建自己的数据、从 API 中提取数据或重新利用另一个项目的 Python 代码时，就会发现熟练掌握这些操作是多么重要。

最后，本章还将介绍检查、描述、过滤和汇总数据的方法。

本章包含以下主题：

- ❑ Pandas 数据结构。
- ❑ 从文件、API 请求、SQL 查询和其他 Python 对象中创建 DataFrame 对象。
- ❑ 检查 DataFrame 对象并计算汇总统计数据。
- ❑ 通过选择、切片、索引和过滤获取数据的子集。
- ❑ 添加和删除数据。

2.1　章节材料

本章使用的文件可以在本书配套的 GitHub 存储库中找到，其网址如下：

https://github.com/stefmolin/Hands-On-Data-Analysis-with-Pandas-2nd-edition/tree/master/ch_02

我们将使用 USGS API 和 CSV 文件处理来自美国地质调查局（US Geological Survey，USGS）的地震数据，这些文件可以在 data/目录中找到。

有 4 个 CSV 文件和一个 SQLite 数据库文件，这些文件都将在本章的不同小节中使用。earthquakes.csv 文件包含从 USGS API 中提取的 2018 年 9 月 18 日—2018 年 10 月 13 日的数据。

为了讨论数据结构，我们将使用 example_data.csv 文件，该文件包含 earthquakes.csv 文件中的 5 行和列的子集。

tsunamis.csv 文件是 earthquakes.csv 文件中数据的子集，它包含了上述日期范围内伴随海啸发生的所有地震。

quakes.db 文件包含一个 SQLite 数据库，其中包含一个海啸数据的表。我们将使用它来学习如何使用 Pandas 读取和写入数据库。

最后，还有一个 parsed.csv 文件将用于章末练习，本章将介绍它的创建过程。

本章随附的代码已分为 6 个 Jupyter Notebook，并且已按使用顺序编号。它们包含将在本章中运行的代码片段，以及相应命令的完整输出。

- 在 1-pandas_data_structures.ipynb 笔记本中，我们将开始讨论主要的 Pandas 数据结构。
- 在 2-creating_dataframes.ipynb 笔记本中，我们将讨论创建 DataFrame 对象的各种方法。
- 在 3-making_dataframes_from_api_requests.ipynb 笔记本中，我们将继续讨论有关创建 DataFrame 对象的主题，探索使用 USGS API 以收集用于 Pandas 的数据。
- 在 4-inspecting_dataframes.ipynb 笔记本中，我们将讨论如何进行探索性数据分析。
- 在 5-subsetting_data.ipynb 笔记本中，我们将讨论选择和过滤数据的各种方法。
- 在 6-adding_and_removing_data.ipynb 笔记本中，我们将介绍添加和删除数据操作。

让我们立即开始吧。

2.2 Pandas 数据结构

Python 中已经有多种数据结构，如元组、列表和字典。Pandas 提供了两种主要的结构——Series 和 DataFrame——以方便处理数据。

Series 和 DataFrame 数据结构都包含另一个 Pandas 数据结构 Index，这是我们必须注意的一点。当然，为了理解这些数据结构，不妨先来看看 NumPy。有关 NumPy 的详细信息，你可以访问以下网址：

https://numpy.org/doc/stable/

NumPy 最重要的一个特点是其 *n* 维数组对象，即 ndarray。ndarray 是一个通用的同构数据多维容器，其中的所有元素都必须是相同类型的。Pandas 的 *n* 维数组正是基于 NumPy 构建的。

无论是 Series、DataFrame 还是 Index，它们都被实现为 Python 类（class），当我们实际创建一个数据结构时，它们被称为对象（object）或实例（instance）。这是一个重要的区别，因为正如后面我们将看到的，一些操作可以使用对象本身（一种 method）来执行，而其他操作则需要我们将对象作为参数传递给某个函数（function）。

请注意，在 Python 中，类的名称传统上是用 CapWords 的形式编写的，而对象则是用 snake_case 的形式编写的。更多有关 Python 风格的指南可以访问以下网址：

https://www.python.org/dev/peps/pep-0008/

使用 Pandas 函数可将 CSV 文件读入 DataFrame 类的对象中，但对 DataFrame 对象执行操作（如删除列或计算汇总统计信息）时，则可以使用对象本身的方法。

使用 Pandas 时，我们经常需要访问正在使用的对象的属性（attribute）。这不会像方法或函数那样生成动作；相反，我们将获得有关 Pandas 对象的信息，如维度、列名称、数据类型以及它是否为空等。

注意：

在本书的其余部分，除非我们指的是类本身，否则会将 Index 对象称为“索引”。对于 DataFrame 对象和 Series 对象，有些中文资料将它们对应翻译为“数据帧”和“系列”。本书为凸显它们是 Pandas 中特有的数据结构，仍称为 DataFrame 和 Series。

本节将使用 1-pandas_data_structures.ipynb 笔记本。首先，我们可以导入 NumPy 并使用它将 example_data.csv 文件的内容读入 numpy.array 对象中。数据来自美国地质调查局地震 API，对应网址如下：

https://earthquake.usgs.gov/fdsnws/event/1/

请注意，这是我们唯一一次使用 NumPy 读取文件，并且仅用于说明目的。这里的重点是仔细看看用 NumPy 表示数据的方式：

```
>>> import numpy as np

>>> data = np.genfromtxt(
...     'data/example_data.csv', delimiter=';',
...     names=True, dtype=None, encoding='UTF'
... )
```

```
>>> data
array([('2018-10-13 11:10:23.560',
        '262km NW of Ozernovskiy, Russia',
        'mww', 6.7, 'green', 1),
       ('2018-10-13 04:34:15.580',
        '25km E of Bitung, Indonesia', 'mww', 5.2, 'green', 0),
       ('2018-10-13 00:13:46.220', '42km WNW of Sola, Vanuatu',
        'mww', 5.7, 'green', 0),
       ('2018-10-12 21:09:49.240',
        '13km E of Nueva Concepcion, Guatemala',
        'mww', 5.7, 'green', 0),
       ('2018-10-12 02:52:03.620',
        '128km SE of Kimbe, Papua New Guinea',
        'mww', 5.6, 'green', 1)],
      dtype=[('time', '<U23'), ('place', '<U37'),
             ('magType', '<U3'), ('mag', '<f8'),
             ('alert', '<U5'), ('tsunami', '<i8')])
```

现在数据已经保存在 NumPy 数组中。使用 shape 和 dtype 属性，可以分别收集有关数组维度及其包含的数据类型的信息，具体如下：

```
>>> data.shape
(5,)
>>> data.dtype
dtype([('time', '<U23'), ('place', '<U37'), ('magType', '<U3'),
       ('mag', '<f8'), ('alert', '<U5'), ('tsunami', '<i8')])
```

该数组中的每个条目都是 CSV 文件中的一行。NumPy 数组包含单一数据类型（与允许混合类型的列表不同），这使得它允许快速的矢量化操作。

当我们读入数据时，得到的是一个 numpy.void 对象数组，用于存储灵活类型。这是因为 NumPy 必须每行存储几种不同的数据类型：4 个字符串、一个浮点数和一个整数。遗憾的是，这意味着无法利用 NumPy 为单一数据类型对象提供的性能进行改进。

假设我们要找到最大地震幅度/震级（magnitude），则可以使用列表推导式（list comprehension）来选择每行的第三个索引，该索引表示为一个 numpy .void 对象。有关列表推导式的详细信息，你可以访问以下网址：

https://www.python.org/dev/peps/pep-0202/

该操作将生成一个列表，意味着我们可以使用 max()函数取最大值。

可以使用来自 IPython 的%%timeit 魔法命令（所谓“魔法命令”，就是指以%开头的特殊命令）以查看此实现需要多长时间（你的时间也许会和下面代码中显示的时间有所不同）：

```
>>> %%timeit
>>> max([row[3] for row in data])
9.74 μs ± 177 ns per loop
(mean ± std. dev. of 7 runs, 100000 loops each)
```

请注意，每当我们编写一个下面只有一行的 for 循环或想要对某个初始列表的成员进行运行操作时，都应该使用列表推导式。

上述命令是一个相当简单的列表推导式，但是也可以通过添加 if...else 语句使它们更复杂。列表推导式是我们武器库中的一个非常强大的工具，你可以访问以下网址提供的 Python 文档以了解更多信息：

https://docs.python.org/3/tutorial/datastructures.html#list-comprehensions

提示：

IPython 为 Python 提供了一个交互式 Shell。其网址如下：

https://ipython.readthedocs.io/en/stable/index.html

Jupyter Notebook 建立在 IPython 之上。因此，虽然本书不需要 IPython 知识，但熟悉它的一些功能会很有帮助。

IPython 在其文档中包含一个教程，网址如下：

https://ipython.readthedocs.io/en/stable/interactive/

如果我们为每一列创建一个 NumPy 数组，则此操作会更容易（也更有效）被执行。为此，可使用字典推导式（dictionary comprehension）制作一个字典，其中的键是列名称，值是数据的 NumPy 数组。有关字典推导式的详细信息，你可以访问以下网址：

https://www.python.org/dev/peps/pep-0274/

同样，这里的重点是仔细看看如何使用 NumPy 表示数据：

```
>>> array_dict = {
...     col: np.array([row[i] for row in data])
...     for i, col in enumerate(data.dtype.names)
... }
>>> array_dict
{'time': array(['2018-10-13 11:10:23.560',
        '2018-10-13 04:34:15.580', '2018-10-13 00:13:46.220',
        '2018-10-12 21:09:49.240', '2018-10-12 02:52:03.620'],
```

```
       dtype='<U23'),
'place': array(['262km NW of Ozernovskiy, Russia',
       '25km E of Bitung, Indonesia',
       '42km WNW of Sola, Vanuatu',
       '13km E of Nueva Concepcion, Guatemala',
       '128km SE of Kimbe, Papua New Guinea'], dtype='<U37'),
'magType': array(['mww', 'mww', 'mww', 'mww', 'mww'],
       dtype='<U3'),
'mag': array([6.7, 5.2, 5.7, 5.7, 5.6]),
'alert': array(['green', 'green', 'green', 'green', 'green'],
       dtype='<U5'),
'tsunami': array([1, 0, 0, 0, 1])}
```

现在要获取最大震级，只需选择 mag 键并在 NumPy 数组上调用 max()方法即可。当仅处理 5 个条目时，这比前面的列表推导式几乎要快两倍。想象一下，如果在大型数据集上，那么列表推导式的表现还会更加糟糕：

```
>>> %%timeit
>>> array_dict['mag'].max()
5.22 µs ± 100 ns per loop
(mean ± std. dev. of 7 runs, 100000 loops each)
```

当然，这种表示方式也有其他问题。假设我们想获取最大震级地震的所有信息，那么该怎么做？我们需要找到最大值的索引，然后针对字典中的每个键，获取该索引。现在的结果是一个 NumPy 字符串数组（数值被转换了），采用了我们之前看到的格式：

```
>>> np.array([
...     value[array_dict['mag'].argmax()]
...     for key, value in array_dict.items()
... ])
array(['2018-10-13 11:10:23.560',
       '262km NW of Ozernovskiy, Russia',
       'mww', '6.7', 'green', '1'], dtype='<U31')
```

考虑如何按震级从最小到最大对数据进行排序。在第一个表示中，我们必须通过检查第三个索引对行进行排序。对于第二种表示，我们必须确定 mag 列中索引的顺序，然后使用相同的索引对所有其他数组进行排序。显然，同时处理多个包含不同数据类型的 NumPy 数组有点麻烦。当然，Pandas 是建立在 NumPy 数组之上的，这会使得它更容易一些。

接下来，让我们从 Series 数据结构开始探索 Pandas。

2.2.1　Series

Series 类可为单一类型的数组提供数据结构，就像 NumPy 数组一样。当然，Series 类也带有一些附加功能。这种一维表示可以被认为是电子表格中的一列。该列有一个名称，保存在其中的数据属于相同类型（因为我们测量的是相同的变量）：

```
>>> import pandas as pd

>>> place = pd.Series(array_dict['place'], name='place')
>>> place
0          262km NW of Ozernovskiy, Russia
1                25km E of Bitung, Indonesia
2                 42km WNW of Sola, Vanuatu
3     13km E of Nueva Concepcion, Guatemala
4        128km SE of Kimbe, Papua New Guinea
Name: place, dtype: object
```

请注意结果左边的数字，这些数字对应于原始数据集中的行号（偏移 1，因为在 Python 中是从 0 开始计数的）。这些行号构成了索引（2.2.2 节将详细讨论）。

在行号旁边的，就是行的实际值。在本例中，它是一个字符串，指示地震发生的地方。

可以看到，在 Series 对象的名称旁边有 dtype: object，这告诉我们，place 的数据类型是 object，因为字符串将被归类为 Pandas 中的 object。

要访问 Series 对象的属性，需要使用<object>.<attribute_name>形式的属性符号。图 2.1 显示了分析人员会访问的一些常见属性。可以看到，dtype 和 shape 是可用的，就像在前面的 NumPy 数组中看到的一样。

属　性	返　回　值
name	Series 对象的名称
dtype	Series 对象的数据类型
shape	Series 对象的维度，返回值采用(行数,)元组形式
index	Index 对象，属于 Series 对象的一部分
values	Series 对象中的数据

图 2.1　常用的 Series 属性

注意：

在大多数情况下，Pandas 对象使用 NumPy 数组作为其内部数据表示。但是，对于某些数据类型，Pandas 将基于 NumPy 创建自己的数组，你可以访问以下网址了解更多信息：

https://pandas.pydata.org/pandasdocs/stable/reference/arrays.html

因此，根据不同的数据类型，values 可能返回 pandas.array 或 numpy.array 对象。所以，如果需要确保返回特定类型，则建议分别使用 array 属性或 to_numpy()方法，而不是 values。

请务必将以下 pandas.Series 文档加入书签以供日后参考：

https://pandas.pydata.org/pandas-docs/stable/reference/api/pandas.Series.html

pandas.Series 文档包含有关如何创建 Series 对象的更多信息、可用的属性和方法的完整列表，以及指向源代码的链接。

在掌握了 Series 类之后，接下来我们将介绍 Index 类。

2.2.2　Index

Index 类的添加使得 Series 类明显比 NumPy 数组更强大。Index 类为分析人员提供了行标签，允许他们按行进行选择。

根据数据类型，我们可以提供行号、日期甚至字符串来选择行。正如我们将在下文中看到的，它在识别数据中的条目方面起着关键作用，并可用于 Pandas 中的多种操作。

我们可以通过 index 属性访问索引：

```
>>> place_index = place.index
>>> place_index
RangeIndex(start=0, stop=5, step=1)
```

请注意，这是一个 RangeIndex 对象。该对象的值从 0 开始，到 4 结束。步长 1 表示索引都是 1，这意味着我们拥有该范围内的所有整数。

索引默认的类就是 RangeIndex，当然，你也可以更改索引，第 3 章“使用 Pandas 进行数据整理”将介绍该操作。

一般来说，可以使用行号或日期（时间）作为 Index 对象。

与 Series 对象一样，我们也可以通过 values 属性访问底层数据。请注意，此 Index 对象是建立在 NumPy 数组之上的：

```
>>> place_index.values
array([0, 1, 2, 3, 4], dtype=int64)
```

图 2.2 显示了 Index 对象的一些实用属性。

属　　性	返　回　值
name	Index 对象的名称
dtype	Index 对象的数据类型
shape	Index 对象的维度
values	Index 对象中的数据
is_unique	检查 Index 对象包含的是否全部是唯一值

图 2.2　常用的索引属性

NumPy 和 Pandas 都支持算术运算，这些运算将按逐个元素执行。为此，NumPy 将使用数组中的位置，示例如下：

```
>>> np.array([1, 1, 1]) + np.array([-1, 0, 1])
array([0, 1, 2])
```

对于 Pandas 来说，这种逐个元素的算术是在匹配索引值的基础上执行的。如果将一个索引为 0～4 的 Series 对象（存储在 x 中）和另一个索引为 1～5 的 Series 对象（存储在 y 中）进行相加，则只会得到索引对齐（1～4）的结果。示例如下：

```
>>> numbers = np.linspace(0, 10, num=5) # [0, 2.5, 5, 7.5, 10]
>>> x = pd.Series(numbers) # index is [0, 1, 2, 3, 4]
>>> y = pd.Series(numbers, index=pd.Index([1, 2, 3, 4, 5]))
>>> x + y
0     NaN
1     2.5
2     7.5
3    12.5
4    17.5
5     NaN
dtype: float64
```

第 3 章“使用 Pandas 进行数据整理”将讨论一些对齐索引的方法，以便可以在不丢失数据的情况下执行这些类型的操作。

有关 Index 类的更多信息，你可以访问以下网址：

https://pandas.pydata.org/pandas-docs/stable/reference/api/pandas.Index.html

现在我们已经掌握了 Series 和 Index 类，接下来将介绍 DataFrame 类。

2.2.3　DataFrame

Series 类基本上可被视为电子表格的列，所有数据都属于同一类型。DataFrame 类建立在 Series 类的基础上，它可以有许多列，并且每一列都有自己的数据类型；DataFrame 可以被视为代表整个电子表格。

以下命令可将从示例数据中构建的 NumPy 表示转换为 DataFrame 对象：

```
>>> df = pd.DataFrame(array_dict)
>>> df
```

其结果如图 2.3 所示。

	time	place	magType	mag	alert	tsunami
0	2018-10-13 11:10:23.560	262km NW of Ozernovskiy, Russia	mww	6.7	green	1
1	2018-10-13 04:34:15.580	25km E of Bitung, Indonesia	mww	5.2	green	0
2	2018-10-13 00:13:46.220	42km WNW of Sola, Vanuatu	mww	5.7	green	0
3	2018-10-12 21:09:49.240	13km E of Nueva Concepcion, Guatemala	mww	5.7	green	0
4	2018-10-12 02:52:03.620	128km SE of Kimbe, Papua New Guinea	mww	5.6	green	1

图 2.3　我们的第一个 DataFrame

可以看到，我们获得了包含 6 个 Series 的 DataFrame。注意 time 列之前的列，这是行的 Index 对象。创建 DataFrame 对象时，Pandas 会将所有 Series 与相同的索引对齐。在本示例中，它只是行号，但你也可以轻松地为此使用 time 列，这将启用一些额外的 Pandas 功能，第 4 章“聚合 Pandas DataFrame”将详细讨论该操作。

每一列都有一个单一的数据类型，但它们并不共享相同的数据类型：

```
>>> df.dtypes
time         object
place        object
magType      object
mag         float64
alert        object
tsunami       int64
dtype: object
```

该 DataFrame 的值看起来与初始 NumPy 表示非常相似：

```
>>> df.values
array([['2018-10-13 11:10:23.560',
        '262km NW of Ozernovskiy, Russia',
        'mww', 6.7, 'green', 1],
       ['2018-10-13 04:34:15.580',
        '25km E of Bitung, Indonesia', 'mww', 5.2, 'green', 0],
```

```
    ['2018-10-13 00:13:46.220', '42km WNW of Sola, Vanuatu',
     'mww', 5.7, 'green', 0],
    ['2018-10-12 21:09:49.240',
     '13km E of Nueva Concepcion, Guatemala',
     'mww', 5.7, 'green', 0],
    ['2018-10-12 02:52:03.620','128 km SE of Kimbe,
      Papua New Guinea', 'mww', 5.6, 'green', 1]],
   dtype=object)
```

我们可以通过 columns 属性访问列名称。请注意，它们实际上也存储在 Index 对象中：

```
>>> df.columns
Index(['time', 'place', 'magType', 'mag', 'alert', 'tsunami'],
      dtype='object')
```

图 2.4 显示了一些常用的 DataFrame 属性。

属　性	返　回　值
dtype	每一列的数据类型
shape	DataFrame 对象的维度，返回值采用(行数,列数)元组形式
index	DataFrame 对象的行的 Index 对象
columns	列的名称（作为 Index 对象）
values	DataFrame 对象中的数据
empty	检查 DataFrame 对象是否为空

图 2.4　常用的 DataFrame 属性

请注意，我们还可以对 DataFrame 执行算术运算。例如，可以将 df 和它自身进行相加，这将对数字列进行求和并连接字符串列：

```
>>> df + df
```

Pandas 只在索引和列都匹配时才执行操作。如图 2.5 所示，Pandas 将跨 DataFrame 连接字符串列（包括 time、place、magType 和 alert 列），并对数字列（包括 mag 和 tsunami 列）进行求和：

	time	place	magType	mag	alert	tsunami
0	2018-10-13 11:10:23.5602018-10-13 11:10:23.560	262km NW of Ozernovskiy, Russia262km NW of Oze...	mwwmww	13.4	greengreen	2
1	2018-10-13 04:34:15.5802018-10-13 04:34:15.580	25km E of Bitung, Indonesia25km E of Bitung, I...	mwwmww	10.4	greengreen	0
2	2018-10-13 00:13:46.2202018-10-13 00:13:46.220	42km WNW of Sola, Vanuatu42km WNW of Sola, Van...	mwwmww	11.4	greengreen	0
3	2018-10-12 21:09:49.2402018-10-12 21:09:49.240	13km E of Nueva Concepcion, Guatemala13km E of...	mwwmww	11.4	greengreen	0
4	2018-10-12 02:52:03.6202018-10-12 02:52:03.620	128km SE of Kimbe, Papua New Guinea128km SE of...	mwwmww	11.2	greengreen	2

图 2.5　对 DataFrame 执行加法运算

有关 DataFrame 对象以及可以直接对它执行的所有操作的更多信息，你可以访问以下网址：

https://pandas.pydata.org/pandas-docs/stable/reference/api/pandas.DataFrame.html

你可以将该网页加入书签以备将来参考。

接下来，我们看看如何从各种来源创建 DataFrame 对象。

2.3 创建 Pandas DataFrame

在熟悉了我们将使用的数据结构之后，现在可以讨论创建它们的不同方法。但是，在深入研究代码之前，了解如何直接从 Python 获得帮助也很重要。你如果发现自己不确定如何使用 Python 中的某些东西，则可以使用内置的 help()函数。只需运行 help()，传入你想要了解的包、模块、类、对象、方法或函数即可。当然，你也可以通过在线搜索查找文档。

假设我们首先运行以下语句：

```
import pandas as pd
```

此时我们可以运行 help(pd)来显示有关 pandas 包的信息。

help(pd.DataFrame)可用于获取 DataFrame 对象的所有方法和属性（注意，也可以传入一个 DataFrame 对象）的信息。

help(pd.read_csv)可了解有关用于将 CSV 文件读入 Python 中的 Pandas 函数以及如何使用该函数的更多信息。

我们还可以尝试使用 dir()函数和__dict__属性，这将分别为我们提供可用内容的列表或字典；不过，这些可能不如 help()函数有用。

此外，我们还可以使用?和??获得帮助。与 help()函数不同，由于 IPython 的存在（这是使 Jupyter Notebook 如此强大的部分原因），我们可以通过将问号放在想要了解的信息之后以对其进行使用，就好像在像 Python 提问一样。例如，pd.read_csv?和 pd.read_csv??。

这 3 种方式将产生略有不同的输出：

- help()函数将提供文档字符串（docstring）。docstring 是一种特殊类型的注释，通常将它放在一个函数或类定义之后，也可放在文件的开头，其功能是说明函数、类或者模块的具体用途。
- ?同样将给出文档字符串，另外还有一些附加信息，具体取决于查询的内容。
- ??将提供更多信息，如果可能，还会提供其背后的源代码。

现在我们转到下一个笔记本 2-creating_dataframes.ipynb，并导入在接下来的示例中需要的包。我们将使用 Python 标准库中的 datetime 以及第三方包 numpy 和 pandas：

```
>>> import datetime as dt
>>> import numpy as np
>>> import pandas as pd
```

注意：

可以看到，每个导入的包都有一个别名（alias）。例如，当我们指定 pd 时，实际上使用的就是 pandas 包，这是最常见的导入方式。事实上，我们只能将其称为 pd，因为那是导入命名空间中的内容。

包需要被导入才能使用。安装过程会将我们需要的文件放在计算机上，但是，出于节约内存的考虑，启动 Python 时，它并不会加载每个已安装的包，而仅加载我们告诉它的那些包。

现在已经可以开始使用 Pandas 了。首先，我们将介绍如何从其他 Python 对象中创建 Pandas 对象，然后介绍如何从 CSV 之类的文件、数据库中的表以及从 API 响应中获得数据。

2.3.1　从 Python 对象中创建 DataFrame

在介绍从 Python 对象中创建 DataFrame 对象的所有方法之前，不妨先来看看如何创建 Series 对象。请记住，Series 对象本质上是 DataFrame 对象中的一列，因此，一旦知道了如何创建 Series 对象，那么就应该很容易理解如何创建 DataFrame 对象。

假设我们想要创建一个 0～1 的 5 个随机数组成的序列，则可以使用 NumPy 生成随机数并作为一个数组，然后从该数组中创建 Series 对象。

提示：

NumPy 使生成数值数据变得非常容易。除了生成随机数，它还包括以下实用函数。

- np.linspace()函数：可获得一定范围内的均匀间隔数值序列。
- np.arange()函数：可返回一个有终点和起点的固定步长的排列。
- np.random.normal()函数：可生成正态分布的概率密度随机数。
- np.zeros()函数：可轻松地创建全零数组。
- np.ones()函数：可轻松创建全 1 数组。

本书将多次使用 NumPy。

为确保结果可重现，还需要设置一个种子。种子（seed）为伪随机数的生成提供了一个起点。所谓的随机数生成算法并不是真正随机的——它们是确定性的，因此通过设置这个起点，每次运行代码时生成的数字都将相同。这有利于测试，但并不适用于模拟（因为模拟时需要真正的随机性）。第 8 章“基于规则的异常检测”将展开讨论有关模拟的主题。

以这种方式，我们可以获得一个类似列表结构（如 NumPy 数组）的 Series 对象：

```
>>> np.random.seed(0) # set a seed for reproducibility
>>> pd.Series(np.random.rand(5), name='random')
0    0.548814
1    0.715189
2    0.602763
3    0.544883
4    0.423655
Name: random, dtype: float64
```

制作 DataFrame 对象只不过是制作 Series 对象的扩展；DataFrame 对象将由一个或多个 Series 对象组成，每个 Series 对象都会有明确的名称。这应该让我们想起 Python 中类似字典的结构：键是列名，而值则是列的内容。

值得一提的是，如果想要将单个 Series 对象转换为 DataFrame 对象，则可以使用其 to_frame()方法。

提示：

在计算机科学中，构造函数（constructor）是一段代码，用于初始化类的新实例，为使用做好准备。Python 类使用__init__()方法实现了这一点。例如，当我们运行 pd.Series()时，Python 将调用 pd.Series.__init__()，其中包含用于实例化新 Series 对象的指令。第 7 章“金融分析”将讨论更多有关__init__()方法的信息。

由于列可以是不同的数据类型（所有列都可以不同），因此我们不妨来做一个趣味练习。我们将创建一个包含 3 列的 DataFrame 对象，每列有 5 个观察值。

- random：0～1 的 5 个随机数，作为 NumPy 数组。
- text：5 个字符串的列表或 None。
- truth：5 个随机布尔值的列表。

我们还将使用 pd.date_range()函数创建一个 DatetimeIndex 对象。该索引将包含 5 个日期（periods = 5），都相隔一天（freq='1D'），至 2019 年 4 月 21 日结束（end），该索引将被称为 date。有关 pd.date_range()函数接收的频率值的更多信息，你可以访问以下网址：

https://pandas.pydata.org/pandas-docs/stable/user_guide/timeseries.html#offset-aliases

现在我们要做的是使用所需的列名称作为键将这些列打包到字典中，并在调用

pd.DataFrame()构造函数时将其传入。索引作为 index 参数传递：

```
>>> np.random.seed(0) # 设置种子，这样结果就是可重现的
>>> pd.DataFrame(
...     {
...         'random': np.random.rand(5),
...         'text': ['hot', 'warm', 'cool', 'cold', None],
...         'truth': [np.random.choice([True, False])
...                   for _ in range(5)]
...     },
...     index=pd.date_range(
...         end=dt.date(2019, 4, 21),
...         freq='1D', periods=5, name='date'
...     )
... )
```

注意：

按照惯例，我们使用了_将变量保存在我们并不关心的循环中。这里使用了 range()作为计数器，它的值并不重要。有关_在 Python 中扮演的角色的更多信息，你可以访问以下网址：

https://hackernoon.com/understanding-the-underscore-of-python-309d1a029edc

创建的 DataFrame 如图 2.6 所示。

date	random	text	truth
2019-04-17	0.548814	hot	False
2019-04-18	0.715189	warm	True
2019-04-19	0.602763	cool	True
2019-04-20	0.544883	cold	False
2019-04-21	0.423655	None	True

图 2.6　从字典中创建 DataFrame

在索引中包含日期使其轻松地按日期选择条目（甚至可以使用日期范围），第 3 章“使用 Pandas 进行数据整理”将再次讨论这一点。

在数据不是字典而是字典列表的情况下，仍然可以使用 pd.DataFrame()。这种格式的数据正是我们从 API 中使用时所期望的。列表中的每个条目都是一个字典，其中，字

典的键是列名，而字典的值则是该索引处该列的值：

```
>>> pd.DataFrame([
...     {'mag': 5.2, 'place': 'California'},
...     {'mag': 1.2, 'place': 'Alaska'},
...     {'mag': 0.2, 'place': 'California'},
... ])
```

这为我们提供了一个 3 行（列表中的每个条目一行）和 2 列（字典中的每个键一列）的 DataFrame，如图 2.7 所示。

	mag	place
0	5.2	California
1	1.2	Alaska
2	0.2	California

图 2.7　从字典的列表中创建 DataFrame

事实上，pd.DataFrame()也适用于元组列表。请注意，我们还可以通过 columns 参数将列名称作为列表进行传递：

```
>>> list_of_tuples = [(n, n**2, n**3) for n in range(5)]
>>> list_of_tuples
[(0, 0, 0), (1, 1, 1), (2, 4, 8), (3, 9, 27), (4, 16, 64)]

>>> pd.DataFrame(
...     list_of_tuples,
...     columns=['n', 'n_squared', 'n_cubed']
... )
```

每个元组都被视为一条记录，并成为 DataFrame 中的一行，如图 2.8 所示。

	n	n_squared	n_cubed
0	0	0	0
1	1	1	1
2	2	4	8
3	3	9	27
4	4	16	64

图 2.8　从元组的列表中创建 DataFrame

我们还可以选择将 pd.DataFrame()与 NumPy 数组一起使用：

```
>>> pd.DataFrame(
...     np.array([
...         [0, 0, 0],
...         [1, 1, 1],
...         [2, 4, 8],
...         [3, 9, 27],
...         [4, 16, 64]
...     ]), columns=['n', 'n_squared', 'n_cubed']
... )
```

这将具有将数组中的每个条目堆叠为 DataFrame 中的行的效果，从而得到与图 2.8 相同的结果。

2.3.2　从文件中创建 DataFrame

数据科学家要分析的数据通常来自 Python 之外。在很多情况下，我们可以从数据库或网站上获取数据转储（data dump）并将其带入 Python 中进行筛选。dump 这个单词在英文中有“倾倒（垃圾）”的意思，在计算机领域，它通常指将动态（易失）的数据保存为静态的数据（持久数据），例如当进程崩溃时，Windows 系统可能会自动创建 dump 文件。因此，“数据转储”这个术语本身就意味着它可能包含大量数据（可能在非常细粒度的级别），并且通常是原始的、未经任何处理的数据；也因为如此，这些数据可能包含各种问题，需要分析人员对其进行清洗和整理。

一般来说，这些数据转储将以文本文件（.txt）或 CSV 文件（.csv）的形式出现。Pandas 提供了多种读取不同类型文件的方法，因此这只是一个查找与我们的文件格式匹配的方法的问题。

例如，本章示例中的地震数据是一个 CSV 文件，因此，我们可以使用 pd.read_csv() 函数对其进行读入。

当然，在尝试读入文件之前，分析人员应该先检查文件的内容，这样才能知道在读入时是否需要传递额外的参数，例如使用 sep 指定分隔符，或使用 name 以在文件中没有标题行的情况下自己提供列名。

注意：

Windows 用户：根据你的系统设置，接下来几个代码块中的命令可能不起作用。你如果遇到问题，则可以查看笔记本中包含的替代方案。

由于有了 IPython，我们可以直接在 Jupyter Notebook 中检查文件，前提是在命令前加上!表示它们将作为 shell 命令运行。

首先应该检查文件有多大，包括行数和字节数。为了检查行数，可使用带有-l 标志的 wc 实用程序来计算行数——wc 表示字数统计（word count），l 则表示行（line）。本示例中的文件有 9333 行：

```
>>> !wc -l data/earthquakes.csv
9333 data/earthquakes.csv
```

现在再来检查文件的大小。对于此任务，可在 data 目录上使用 ls。这将显示该目录中的文件列表。可以添加-lh 标志，以人类可读的格式获取有关文件的信息。此外，还需要将此输出发送到 grep 实用程序，这有助于隔离所需的文件。可以看到，earthquakes.csv 文件的大小是 3.4 MB：

```
>>> !ls -lh data | grep earthquakes.csv
-rw-r--r-- 1 stefanie stefanie 3.4M ... earthquakes.csv
```

请注意，IPython 还允许在 Python 变量中捕获命令的结果，因此，你如果对管道（|）或 grep 不满意，则可以执行以下操作：

```
>>> files = !ls -lh data
>>> [file for file in files if 'earthquake' in file]
['-rw-r--r-- 1 stefanie stefanie 3.4M ... earthquakes.csv']
```

现在让我们看看前几行，检查文件是否带有标题。我们可以使用 head 实用程序并通过-n 标志指定行数。

结果告诉我们，该文件的第一行包含数据的标题，并且数据是用逗号分隔的（注意，仅因为文件具有.csv 扩展名并不意味着它是以逗号分隔的）：

```
>>> !head -n 2 data/earthquakes.csv
alert,cdi,code,detail,dmin,felt,gap,ids,mag,magType,mmi,
net,nst,place,rms,sig,sources,status,time,title,tsunami,
type,types,tz,updated,url
,,37389218,https://earthquake.usgs.gov/[...],0.008693,,85.0,",
ci37389218,",1.35,ml,,ci,26.0,"9km NE of Aguanga,
CA",0.19,28,",ci,",automatic,1539475168010,"M 1.4 -
9km NE of Aguanga, CA",0,earthquake,",geoserve,nearby-cities,
origin,phase-data,",-480.0,1539475395144,
https://earthquake.usgs.gov/earthquakes/eventpage/ci37389218
```

请注意，我们还应该检查文件末尾的行，以确保没有需要使用 tail 实用程序忽略的无关数据。本示例中的文件没有这个问题，因此就不复现结果了。当然，笔记本中是包含该结果的。

你还可能对查看数据中的列数感兴趣。我们虽然可以采用仅计算 head 结果的第一行中的字段的方式，但是也可以选择使用 awk 实用程序（用于模式扫描和处理）计算列数。-F 标志允许指定分隔符（在本示例中是逗号）。然后，我们指定要对文件中的每条记录执行的操作。这里可以选择输出 NF，它是一个预定义的变量，其值为当前记录中的字段数。在输出后立即使用 exit 退出，以便仅输出文件第一行中的字段数：

```
>>> !awk -F',' '{print NF; exit}' data/earthquakes.csv
26
```

我们由于已经知道文件的第一行包含标题并且文件是以逗号分隔的，因此还可以通过使用 head 获取标题并使用 Python 解析它们以计算列数：

```
>>> headers = !head -n 1 data/earthquakes.csv
>>> len(headers[0].split(','))
26
```

注意：

直接从 Jupyter Notebook 中运行 shell 命令的能力极大地简化了我们的工作流程。但是，你如果过去没有使用命令行的经验，那么最初学习这些命令可能会很复杂。IPython 在其文档中提供了一些有关运行 shell 命令的有用信息，其网址如下：

https://ipython.readthedocs.io/en/stable/interactive/reference.html#system-shell-access

总结一下，现在我们知道该文件的大小为 3.4 MB，以逗号分隔，有 26 列和 9333 行，第一行是标题。这意味着我们可以使用带有默认值的 pd.read_csv()函数读入数据：

```
>>> df = pd.read_csv('earthquakes.csv')
```

请注意，我们并不仅限于从本地计算机上的文件中读取数据，文件路径也可以是 URL。例如，可以从 GitHub 上读取同一个 CSV 文件：

```
>>> df = pd.read_csv(
...     'https://github.com/stefmolin/'
...     'Hands-On-Data-Analysis-with-Pandas-2nd-edition'
...     '/blob/master/ch_02/data/earthquakes.csv?raw=True'
... )
```

一般来说，Pandas 非常擅长根据输入数据确定使用哪些选项，因此分析人员通常不需要向此调用添加参数；当然，如果确有必要，则也有许多可用选项，其中一些参数如图 2.9 所示。

参　数	作　用
sep	指定分隔符
header	列名所在的行号；默认选项是让 Pandas 推断它们是否存在
names	用作标题的列名称的列表
index_col	用作索引的列
usecols	指定读入哪些列
dtype	指定列的数据类型
converters	指定函数以转换某些列中的数据
skiprows	要跳过的行
nrows	在某一时间要读取的行数，结合使用 skiprows 可以精确读取文件
parse_dates	自动解析包含日期的列为 datetime 对象
chunksize	将文件读入块（chunk）中
compression	读入压缩的文件而不预先提取
encoding	指定文件编码

图 2.9　从文件中读取数据时的有用参数

本书将使用 CSV 文件，但是，其他文件也是可以处理的。例如，我们可以使用 read_excel()函数读取 Excel 电子表格文件，使用 read_json()函数读取 JavaScript 对象表示法（JavaScript object notation，JSON）文件。

对于使用其他分隔符的文件，如制表符（\t），我们可以使用 read_csv()函数，其 sep 参数可指定使用的分隔符。

反过来，我们也可以将 Pandas DataFrame 保存到文件中，以便可以与他人共享数据。要将 DataFrame 写入 CSV 文件中，需要调用它的 to_csv()方法。

需要注意的是，如果 DataFrame 的索引只是行号，那么我们最好不要将其写入文件中（因为它对数据的使用者没有意义），但写入索引却是默认值。因此，我们可以通过传入 index=False 参数编写没有索引的数据：

```
>>> df.to_csv('output.csv', index=False)
```

与从文件中读取数据一样，Series 和 DataFrame 对象都具有将数据写入 Excel 和 JSON 文件中的方法，分别是 to_excel()方法和 to_json()方法。

请注意，读取数据时使用的是 Pandas 函数，但写入数据时则必须使用方法。也就是说，读取函数可创建我们将要使用的 Pandas 对象，而写入方法则是我们使用 Pandas 对象执行的一种操作。

提示：

在上述代码示例中，要读取和写入的文件路径是相对于当前目录的。当前目录是我们运行代码的地方。绝对路径则是文件的完整路径。例如，如果我们要处理的文件的绝对路径是/home/myuser/learning/hands_on_pandas/data.csv，而我们当前的目录是/home/myuser/learning/hands_on_pandas，则可以简单地使用相对路径 data.csv 作为文件路径。

Pandas 提供了从许多其他数据源读取和写入的能力，包括我们接下来将要讨论的数据库、pickle 文件（包含序列化的 Python 对象——要了解更多信息，你可以参阅 2.9 节“延伸阅读”部分提供的资料）和 HTML 页面等。有关完整的功能列表，你可以访问以下网址：

https://pandas.pydata.org/pandas-docs/stable/user_guide/io.html

2.3.3　从数据库中创建 DataFrame

Pandas 可以与 SQLite 数据库进行交互，而无须安装任何额外的包；但是，如果要与其他数据库进行交互，则需要安装 SQLAlchemy 包。

要与 SQLite 数据库进行交互，需要使用 Python 标准库中的 sqlite3 模块打开与数据库的连接，然后使用 pd.read_sql()函数查询数据库，或使用 DataFrame 对象上的 to_sql()方法将它写入数据库中。

在从数据库中读取数据之前，不妨先将一个 DataFrame 写入数据库中。这需要在 DataFrame 上调用 to_sql()方法，告诉它要写入哪个表中，要使用哪个数据库连接，以及如果该表已经存在，如何处理。

在本书配套的 GitHub 存储库中，对应本章的文件夹内已经有一个 SQLite 数据库：data/quakes.db。请注意，要创建一个新的数据库，可以将 data/quakes.db 更改为新数据库文件的路径。在这里，我们将 data/tsunamis.csv 文件中的 tsunami 数据写入数据库中名为 tsunamis 的表中，如果该表已存在，则替换该表：

```
>>> import sqlite3

>>> with sqlite3.connect('data/quakes.db') as connection:
...     pd.read_csv('data/tsunamis.csv').to_sql(
...         'tsunamis', connection, index=False,
...         if_exists='replace'
... )
```

查询数据库就像写入数据库一样简单。请注意，这需要了解结构化查询语言

（structured query language，SQL）。虽然本书并不需要 SQL，但我们仍将使用一些简单的 SQL 语句来说明某些概念。

有关 Pandas 与 SQL 对比的资源，你可以参阅 2.9 节“延伸阅读”部分提供的资料和第 4 章“聚合 Pandas DataFrame”，它们都提供了一些有关 Pandas 操作如何与 SQL 语句相关的一些示例。

现在可以查询数据库以获得完整的 tsunamis 表。当编写一个 SQL 查询时，首先需声明想要选择的列，在本示例中是所有的列，所以可以写为“SELECT *”。接下来，需声明想要从中选择数据的表，在本示例中是 tsunamis，因此添加上“FROM tsunamis”。这样就完成了查询语句的编写（当然，实际查询可以比本示例复杂得多）。为了实际查询数据库，可以使用 pd.read_sql()，传入我们的查询语句和数据库连接：

```
>>> import sqlite3

>>> with sqlite3.connect('data/quakes.db') as connection:
...     tsunamis = \
...         pd.read_sql('SELECT * FROM tsunamis', connection)

>>> tsunamis.head()
```

如图 2.10 所示，现在 DataFrame 中已经拥有了海啸数据。

	alert	type	title	place	magType	mag	time
0	None	earthquake	M 5.0 - 165km NNW of Flying Fish Cove, Christm...	165km NNW of Flying Fish Cove, Christmas Island	mww	5.0	1539459504090
1	green	earthquake	M 6.7 - 262km NW of Ozernovskiy, Russia	262km NW of Ozernovskiy, Russia	mww	6.7	1539429023560
2	green	earthquake	M 5.6 - 128km SE of Kimbe, Papua New Guinea	128km SE of Kimbe, Papua New Guinea	mww	5.6	1539312723620
3	green	earthquake	M 6.5 - 148km S of Severo-Kuril'sk, Russia	148km S of Severo-Kuril'sk, Russia	mww	6.5	1539213362130
4	green	earthquake	M 6.2 - 94km SW of Kokopo, Papua New Guinea	94km SW of Kokopo, Papua New Guinea	mww	6.2	1539208835130

图 2.10　从数据库中读取数据

注意：

在上述两个代码块中创建的 connection 对象是上下文管理器（context manager）的一个示例，当与 with 语句一起使用时，它会在块中的代码执行后自动处理清理工作（在本示例中也就是关闭连接）。这使清理变得容易，并确保释放资源。要使用 with 语句和上下文管理器，可查看标准库中的 contextlib 以了解更多信息。其网址如下：

https://docs.python.org/3/library/contextlib.html

2.3.4 从 API 中获取数据创建 DataFrame

现在你已经可以从 Python 对象、CSV 文件（或其他格式文件）和数据库中轻松获取数据创建 Series 和 DataFrame 对象，但是，如何从在线资源（如 API）中获取数据呢？

我们不能保证每个数据源都会以相同的格式提供数据，因此必须在获取数据的方法中保持灵活性，并能够轻松地检查数据源以找到合适的导入方法。本节将通过 USGS API 请求一些地震数据，并了解如何从返回的结果中生成 DataFrame。第 3 章“使用 Pandas 进行数据整理”将使用另一个 API 收集天气数据。

本节将使用 3-making_dataframes_from_api_ requests.ipynb 笔记本，因此我们必须再次导入所需的包。和之前的笔记本一样，我们需要 Pandas 和 datetime，另外还需要 requests 包来发出 API 请求：

```
>>> import datetime as dt
>>> import pandas as pd
>>> import requests
```

接下来，我们将通过指定 geojson 的格式向 USGS API 发出一个 GET 请求，以获取 JSON 有效负载（payload）——在该 JSON 有效负载中包含类似字典的响应，它是随请求或响应发送的数据。我们将要求获取过去 30 天的地震数据（可以使用 dt.timedelta 对 datetime 对象执行算术运算）。请注意，我们使用了 yesterday 作为日期范围的结束，这是因为该 API 还没有当天的完整信息：

```
>>> yesterday = dt.date.today() - dt.timedelta(days=1)
>>> api = 'https://earthquake.usgs.gov/fdsnws/event/1/query'
>>> payload = {
...     'format': 'geojson',
...     'starttime': yesterday - dt.timedelta(days=30),
...     'endtime': yesterday
... }
>>> response = requests.get(api, params=payload)
```

注意：

GET 是一种 HTTP 方法。该操作告诉服务器，我们想要读取一些数据。不同的 API 可能要求使用不同的方法获取数据；有些 API 需要一个 POST 请求，以便与服务器进行身份验证。

有关 API 请求和 HTTP 方法的更多信息，你可以访问以下网址：

https://nordicapis.com/ultimate-guide-to-all-9-standardhttp-methods/

在尝试从返回的数据中创建 DataFrame 之前，应该确保请求成功。这可以通过检查 response 对象的 status_code 属性来实现。状态代码列表及其含义可以在以下网址中找到：

https://en.wikipedia.org/wiki/List_of_HTTP_status_codes

例如，200 响应表明一切正常：

```
>>> response.status_code
200
```

请求成功之后，我们可以来看看得到的数据是什么样的。如前文所述，我们向 API 请求了一个 JSON 有效负载，它本质上是一个字典，因此我们可以在其上使用字典方法获取有关其结构的更多信息。这将包含大量数据，因此，不必仅仅为了检查 JSON 有效负载而将其输出到屏幕上。我们可以将 JSON 有效负载与 HTTP 响应（存储在 response 变量中）进行隔离，然后通过查看键（key）了解结果数据的主要部分：

```
>>> earthquake_json = response.json()
>>> earthquake_json.keys()
dict_keys(['type', 'metadata', 'features', 'bbox'])
```

在知道了键之后，我们还可以检查每个键的值都有些什么样的数据，看看哪个键中包含我们需要的数据。例如，在上面列出的 4 个键中，metadata 部分将告诉我们一些关于所请求的数据的信息。这虽然也很有用，但并不是我们现在所需要的：

```
>>> earthquake_json['metadata']
{'generated': 1604267813000,
 'url': 'https://earthquake.usgs.gov/fdsnws/event/1/query?
format=geojson&starttime=2020-10-01&endtime=2020-10-31',
 'title': 'USGS Earthquakes',
 'status': 200,
 'api': '1.10.3',
 'count': 13706
}
```

features 键看起来很有希望，如果它确实包含我们所需的数据，那么我们应该检查它是什么类型的，这样我们就不必将所有内容都输出到屏幕上：

```
>>> type(earthquake_json['features'])
list
```

可以看到，该键包含一个列表（list），所以我们还需要看其第一个条目，看看这是否就是我们想要的数据。请注意，随着有关地震的更多信息公开，USGS 数据可能会被更改或按以往的日期添加新记录，这意味着查询相同的日期范围可能会在以后产生不同数量的结果。

以下是 features 键的第一个条目：

```
>>> earthquake_json['features'][0]
{'type': 'Feature',
 'properties': {'mag': 1,
  'place': '50 km ENE of Susitna North, Alaska',
  'time': 1604102395919, 'updated': 1604103325550, 'tz': None,
  'url': 'https://earthquake.usgs.gov/earthquakes/eventpage/
ak020dz5f85a',
  'detail': 'https://earthquake.usgs.gov/fdsnws/event/1/
query?eventid=ak020dz5f85a&format=geojson',
  'felt': None, 'cdi': None, 'mmi': None, 'alert': None,
  'status': 'reviewed', 'tsunami': 0, 'sig': 15, 'net': 'ak',
  'code': '020dz5f85a', 'ids': ',ak020dz5f85a,',
  'sources': ',ak,', 'types': ',origin,phase-data,',
  'nst': None, 'dmin': None, 'rms': 1.36, 'gap': None,
  'magType': 'ml', 'type': 'earthquake',
  'title': 'M 1.0 - 50 km ENE of Susitna North, Alaska'},
 'geometry': {'type': 'Point', 'coordinates': [-148.9807,
62.3533, 5]},
 'id': 'ak020dz5f85a'}
```

毫无疑问，这正是我们所需要的数据，但是，需要所有这些数据吗？经过仔细检查后，我们发现，只有 properties 字典中的内容才是真正需要的。现在，我们遇到了一个问题，因为我们获得了一个字典的列表，但是只需要其中的特定键。如何提取这些信息来制作 DataFrame？我们可以使用列表推导式将 properties 部分与 features 列表中的每个字典隔离开来：

```
>>> earthquake_properties_data = [
...     quake['properties']
...     for quake in earthquake_json['features']
... ]
```

现在已经可以创建 DataFrame 了。Pandas 已经知道如何处理这种格式的数据（字典列表），所以我们要做的就是在调用 pd.DataFrame()时传入数据：

```
>>> df = pd.DataFrame(earthquake_properties_data)
```

在掌握了如何从各种来源创建 DataFrame 之后，我们就可以开始学习如何使用它们。

2.4　检查 DataFrame 对象

读入数据时，应该做的第一件事就是检查它。我们要确保 DataFrame 不为空并且各行看起来和预期的一致。我们的主要目标是验证它是否被正确读入并且所有数据都在其位。当然，初步检查也将为数据整理提供思路。本节将在 4-inspecting_dataframes.ipynb 笔记本中探索检查 DataFrame 的方法。

由于这是一个新笔记本，因此必须再次处理其设置。这一次，我们需要导入 Pandas 和 NumPy，并读取 CSV 文件中的地震数据：

```
>>> import numpy as np
>>> import pandas as pd

>>> df = pd.read_csv('data/earthquakes.csv')
```

2.4.1　检查数据

首先，要确保 DataFrame 中确实有数据，这可以通过检查 empty 属性来完成：

```
>>> df.empty
False
```

False 表示 DataFrame 不为空。

接下来，应该检查读入了多少数据，即了解拥有的观察数（行）和变量数（列）。对于该任务，我们可以使用 shape 属性来完成：

```
>>> df.shape
(9332, 26)
```

结果显示我们的数据包含 26 个变量的 9332 个观察值，这与我们对文件进行初始检查的结果是一致的。

现在使用 columns 属性查看数据集中列的名称：

```
>>> df.columns
Index(['alert', 'cdi', 'code', 'detail', 'dmin', 'felt', 'gap',
       'ids', 'mag', 'magType', 'mmi', 'net', 'nst', 'place',
       'rms', 'sig', 'sources', 'status', 'time', 'title',
       'tsunami', 'type', 'types', 'tz', 'updated', 'url'],
      dtype='object')
```

注意：

拥有一个列的列表并不一定意味着我们知道它们的含义，特别是在数据来自互联网的情况下。因此，在得出任何结论之前，一定要搞明白列的含义。有关 geojson 格式字段的信息，包括 JSON 有效负载中每个字段的含义（以及一些示例值），都可以在 USGS 网站上找到，其网址如下：

https://earthquake.usgs.gov/earthquakes/feed/v1.0/geojson.php

现在我们已经知道了数据的维度，那么它实际上是什么样子的呢？对于该任务，我们可以使用 head()和 tail()方法分别查看最前面的行和末尾的行。这两个方法默认均将显示 5 行，但是也可以通过向方法传递不同的数字来更改要显示的行数。

先来看看前 5 行：

```
>>> df.head()
```

图 2.11 显示了使用 head()方法得到的前 5 行。

	alert	...	dmin	felt	...	mag	magType	...	place	...	time	title	tsunami	...	updated	url
0	NaN	...	0.008693	NaN	...	1.35	ml	...	9km NE of Aguanga, CA	...	1539475168010	M 1.4 - 9km NE of Aguanga, CA	0	...	1539475395144	https...
1	NaN	...	0.020030	NaN	...	1.29	ml	...	9km NE of Aguanga, CA	...	1539475129610	M 1.3 - 9km NE of Aguanga, CA	0	...	1539475253925	https...
2	NaN	...	0.021370	28.0	...	3.42	ml	...	8km NE of Aguanga, CA	...	1539475062610	M 3.4 - 8km NE of Aguanga, CA	0	...	1539536756176	https...
3	NaN	...	0.026180	NaN	...	0.44	ml	...	9km NE of Aguanga, CA	...	1539474978070	M 0.4 - 9km NE of Aguanga, CA	0	...	1539475196167	https...
4	NaN	...	0.077990	NaN	...	2.16	md	...	10km NW of Avenal, CA	...	1539474716050	M 2.2 - 10km NW of Avenal, CA	0	...	1539477547926	https...

图 2.11　检查 DataFrame 的前 5 行

要查看最后两行，需要使用 tail()方法并传递 2 作为行数：

```
>>> df.tail(2)
```

结果如图 2.12 所示。

	alert	...	dmin	felt	...	mag	magType	...	place	...	time	title	tsunami	...	updated	url
9330	NaN	...	0.01865	NaN	...	1.10	ml	...	9km NE of Aguanga, CA	...	1537229545350	M 1.1 - 9km NE of Aguanga, CA	0	...	1537230211640	https...
9331	NaN	...	0.01698	NaN	...	0.66	ml	...	9km NE of Aguanga, CA	...	1537228864470	M 0.7 - 9km NE of Aguanga, CA	0	...	1537305830770	https...

图 2.12　检查 DataFrame 底部的两行

提示：

默认情况下，在 Jupyter Notebook 中输出具有多列的 DataFrame 时，只会显示其中的一个子集。这是因为 Pandas 对它显示的列数有限制。我们可以使用 pd.set_option('display.max_columns', <new_value>)修改此行为。

有关其他信息，你可以参阅以下文档的说明：

https://pandas.pydata.org/pandas-docs/stable/user_guide/options.html

该笔记本还包含一些示例命令。

我们可以使用 dtypes 属性查看列的数据类型，这样可以轻松地识别存储为错误类型的列（请记住，字符串将被存储为 object 类型）：

```
>>> df.dtypes
alert        object
...
mag         float64
magType      object
...
time          int64
title        object
tsunami       int64
...
tz          float64
updated       int64
url          object
dtype: object
```

可以看到，time 列被存储为整数（int64），第 3 章“使用 Pandas 进行数据整理”将详细讨论如何解决该问题。

最后，我们还可以使用 info()方法查看每列有多少非空条目并获取有关索引的信息。空（null）值是缺失值。在 Pandas 中，对象为空通常表示为 None，而 float（浮点数）或 integer（整数）列中的非数字值则表示为 NaN（not a number，非数字）：

```
>>> df.info()
<class 'pandas.core.frame.DataFrame'>
RangeIndex: 9332 entries, 0 to 9331
Data columns (total 26 columns):
 #   Column   Non-Null Count  Dtype
---  ------   --------------  -----
 0   alert    59 non-null     object
```

```
...
 8   mag      9331 non-null   float64
 9   magType  9331 non-null   object
...
 18  time     9332 non-null   int64
 19  title    9332 non-null   object
 20  tsunami  9332 non-null   int64
...
 23  tz       9331 non-null   float64
 24  updated  9332 non-null   int64
 25  url      9332 non-null   object
dtypes: float64(9), int64(4), object(13)
memory usage: 1.9+ MB
```

经过初步检查后，我们对数据的结构有了很多了解，现在可以开始尝试理解它了。

2.4.2　描述数据

到目前为止，我们已经检查了根据地震数据创建的 DataFrame 对象的结构，但是除了前后几行，我们对数据仍一无所知。因此，下一步就是计算汇总统计量，这将有助于我们更好地了解数据。

Pandas 提供了多种方法来轻松做到这一点，其中一个方法是 describe()。如果我们只对特定列感兴趣，那么它也适用于 Series 对象。先来汇总数据中的数字列：

```
>>> df.describe()
```

这可以获得“五数概括法”中的 5 个数字汇总，以及数字列的计数、均值和标准差，如图 2.13 所示。

	cdi	dmin	felt	gap	mag	...	sig	time	tsunami	tz	updated
count	329.000000	6139.000000	329.000000	6164.000000	9331.000000	...	9332.000000	9.332000e+03	9332.000000	9331.000000	9.332000e+03
mean	2.754711	0.544925	12.310030	121.506588	1.497345	...	56.899914	1.538284e+12	0.006537	-451.990140	1.538537e+12
std	1.010637	2.214305	48.954944	72.962363	1.203347	...	91.872163	6.080306e+08	0.080589	231.752571	6.564135e+08
min	0.000000	0.000648	0.000000	12.000000	-1.260000	...	0.000000	1.537229e+12	0.000000	-720.000000	1.537230e+12
25%	2.000000	0.020425	1.000000	66.142500	0.720000	...	8.000000	1.537793e+12	0.000000	-540.000000	1.537996e+12
50%	2.700000	0.059050	2.000000	105.000000	1.300000	...	26.000000	1.538245e+12	0.000000	-480.000000	1.538621e+12
75%	3.300000	0.177250	5.000000	159.000000	1.900000	...	56.000000	1.538766e+12	0.000000	-480.000000	1.539110e+12
max	8.400000	53.737000	580.000000	355.910000	7.500000	...	2015.000000	1.539475e+12	1.000000	720.000000	1.539537e+12

图 2.13　计算数字的汇总统计

提示：

如果想要不同的百分位数，可以使用 percentiles 参数。例如，如果只想要第 5 个和第 95 个百分位数，则可以运行以下命令：

```
df.describe(percentiles=[0.05, 0.95])
```

请注意，我们仍然会得到第 50 个百分位数，因为这是中位数。

默认情况下，describe()方法不会提供任何关于 object 类型的列的信息，但是我们可以提供 include='all' 作为参数，或者为 np.object 类型的数据单独运行它：

```
>>> df.describe(include=np.object)
```

在描述非数值数据时，仍然会得到非空出现次数（count），但是，其他的数字汇总统计数据则不会出现，而是改为唯一值的数量（unique）、模式（top）和模式被观察到的次数（freq），如图 2.14 所示。

	alert	code	detail	ids	magType	net	place	sources	status	title	type	types	url
count	59	9332	9332	9332	9331	9332	9332	9332	9332	9332	9332	9332	9332
unique	2	9332	9332	9332	10	14	5433	52	2	7807	5	42	9332
top	green	70628507	https://ear...	,pr201827...	ml	ak	10km NE of Aguanga, CA	,ak,	reviewed	M 0.4 - 10km NE of Aguanga, CA	earthquake	,geoserve, origin, phase-data,	https://ear...
freq	58	1	1	1	6803	3166	306	2981	7797	55	9081	5301	1

图 2.14　分类列的汇总统计

注意：

describe()方法仅提供非空值的汇总统计信息。这意味着，如果我们有 100 行并且其中一半数据为空，那么平均值将计算为 50 个非空行的总和除以 50。

使用 describe()方法可以轻松地获取数据的快照，但有时，我们只需要特定的统计信息，无论是针对特定列还是针对所有列。Pandas 也让这件事变得轻而易举。图 2.15 显示了适用于 Series 和 DataFrame 对象的方法。

提示：

Python 可以轻松计算某事物为 True 的次数。实际上，True 的评估值为 1，False 的评估值为 0。因此，只要对包含布尔值的 Series 运行 sum()方法，即可获得 True 输出的计数。

Series 对象还有一些额外的方法来描述数据。

- unique()：返回列的不同值。

方　法	描　述	数据类型
count()	非空观察值的数量	任意
nunique()	唯一值的数量	任意
sum()	值的总和	数值或布尔值
mean()	均值	数值或布尔值
median()	中位数	数值
min()	最小值	数值
idxmin()	最小值所在位置的索引	数值
max()	最大值	数值
idxmax()	最大值所在位置的索引	数值
abs()	数据的绝对值	数值
std()	标准差	数值
var()	方差	数值
cov()	两个 Series 之间的协方差，或 DataFrame 中所有列组合的协方差矩阵	数值
corr()	两个 Series 之间的相关系数，或 DataFrame 中所有列组合的相关系数矩阵	数值
quantile()	计算指定的分位数	数值
cumsum()	累加总和	数值或布尔值
cummin()	累加最小值	数值
cummax()	累加最大值	数值

图 2.15　适用于 Series 和 DataFrame 对象的方法

- value_counts()：返回给定列中每个唯一值出现次数的频率表，或者，当传递 normalize=True 时，返回每个唯一值出现的次数的百分比。
- mode()：返回列中最常见的值。

通过以下网址可查阅 USGS API 文档中的 alert 字段：

https://earthquake.usgs.gov/data/comcat/data-eventterms.php#alert

通过查阅可知，alert（警报）字段的值可以是 green（绿色）、yellow（黄色）、orange（橙色）或 red（红色），它是全球地震响应快速评估（Prompt Assessment of Global Earthquakes for Response，PAGER）地震影响等级的警报级别。

美国地质调查局发布的 the PAGER system provides fatality and economic loss impact estimates following significant earthquakes worldwide（PAGER 系统提供了全球发生重大地震后的死亡人数和经济损失影响估计）所对应的网址如下：

https://earthquake.usgs.gov/data/pager/

从对数据的初步检查中可知，alert 列是一个由两个唯一值组成的字符串，最常见的值是 green，另外还有许多空值。但是，另一个唯一值是什么？

```
>>> df.alert.unique()
array([nan, 'green', 'red'], dtype=object)
```

现在我们已经明白了这个字段的含义以及在数据中的值，我们预计 green 比 red 要多得多，但这只是一个直觉，可以使用 value_counts()通过频率表验证该直觉。请注意，我们仅获取非空条目的计数：

```
>>> df.alert.value_counts()
Green    58
red       1
Name: alert, dtype: int64
```

请注意，Index 对象还有若干个方法可以帮助描述和总结数据，具体如图 2.16 所示。

方　法	描　述
argmax() / argmin()	查找最大值/最小值在索引中的位置
equals()	比较索引和另一个 Index 对象是否相等
isin()	检查索引值是否在值的列表中，并返回一个布尔值数组
max() / min()	查找索引中的最大值/最小值
nunique()	获取索引中唯一值的数量
to_series()	从索引中创建一个 Series 对象
unique()	查找索引的唯一值
value_counts()	创建索引中唯一值的频率表

图 2.16　索引的有用方法

当我们使用 unique()和 value_counts()时，其实就是简单演练了如何选择数据的子集。接下来，我们将更详细地介绍选择、切片、索引和过滤等操作。

2.5　抓取数据的子集

到目前为止，我们已经学会了如何从整体上处理和总结数据；但是，分析人员通常还需要对数据的子集执行操作或分析。因此，我们可能希望从数据中分离出多种类型的子集，例如仅选择特定的列或行作为一个整体，或者仅选择满足特定条件的数据。

要获得数据的子集，需要熟悉选择、切片、索引和过滤等操作。

本节将使用 5-subsetting_data.ipynb 笔记本。其设置如下：

```
>>> import pandas as pd

>>> df = pd.read_csv('data/earthquakes.csv')
```

2.5.1　选择列

在前面查看 alert 列中的唯一值时，其实我们已经看到了列选择的示例。该列是作为 DataFrame 的一个属性进行访问的。

请记住，列是一个 Series 对象。举例来说，如果在地震数据中选择了 mag 列，那么获得的其实就是一个包含了地震震级的 Series 对象：

```
>>> df.mag
0        1.35
1        1.29
2        3.42
3        0.44
4        2.16
         ...
9327     0.62
9328     1.00
9329     2.40
9330     1.10
9331     0.66
Name: mag, Length: 9332, dtype: float64
```

Pandas 提供了若干种选择列的方法。除了前面介绍的使用属性表示法选择列，还可以使用类似字典的表示法访问它：

```
>>> df['mag']
0        1.35
1        1.29
2        3.42
3        0.44
4        2.16
         ...
9327     0.62
9328     1.00
9329     2.40
9330     1.10
9331     0.66
Name: mag, Length: 9332, dtype: float64
```

提示：

还可以使用 get()方法选择列。这样做的好处是，如果该列不存在，也不会引发错误，并允许提供备份值——默认值为 None。

例如，如果我们调用 df.get('event', False)，那么它将返回 False，因为我们的数据中并没有 event 列。

请注意，我们并不受一次仅选择一列的限制。通过将列表传递给字典查找，也可以选择许多列，从而获得一个 DataFrame 对象，它是原始 DataFrame 的子集：

```
>>> df[['mag', 'title']]
```

这将获得原始 DataFrame 中的完整 mag 和 title 列，其结果如图 2.17 所示。

	mag	title
0	1.35	M 1.4 - 9km NE of Aguanga, CA
1	1.29	M 1.3 - 9km NE of Aguanga, CA
2	3.42	M 3.4 - 8km NE of Aguanga, CA
3	0.44	M 0.4 - 9km NE of Aguanga, CA
4	2.16	M 2.2 - 10km NW of Avenal, CA
...	...	...
9327	0.62	M 0.6 - 9km ENE of Mammoth Lakes, CA
9328	1.00	M 1.0 - 3km W of Julian, CA
9329	2.40	M 2.4 - 35km NNE of Hatillo, Puerto Rico
9330	1.10	M 1.1 - 9km NE of Aguanga, CA
9331	0.66	M 0.7 - 9km NE of Aguanga, CA

图 2.17　选择 DataFrame 的多列

字符串方法是一种非常强大的选择列的方法。例如，如果想要选择所有以 mag 开头的列，另外再加上 title 和 time 列，则可以执行以下操作：

```
>>> df[
...     ['title', 'time']
...     + [col for col in df.columns if col.startswith('mag')]
... ]
```

如图 2.18 所示，现在我们得到一个由符合条件的 4 列组成的 DataFrame。请注意这些列是如何按照我们请求的顺序返回的，这不是它们最初出现的顺序。这意味着，我们如果想要重新排列数据列，那么要做的就是按照希望它们出现的顺序选择它们。

	title	time	mag	magType
0	M 1.4 - 9km NE of Aguanga, CA	1539475168010	1.35	ml
1	M 1.3 - 9km NE of Aguanga, CA	1539475129610	1.29	ml
2	M 3.4 - 8km NE of Aguanga, CA	1539475062610	3.42	ml
3	M 0.4 - 9km NE of Aguanga, CA	1539474978070	0.44	ml
4	M 2.2 - 10km NW of Avenal, CA	1539474716050	2.16	md
...	...	...	...	...
9327	M 0.6 - 9km ENE of Mammoth Lakes, CA	1537230228060	0.62	md
9328	M 1.0 - 3km W of Julian, CA	1537230135130	1.00	ml
9329	M 2.4 - 35km NNE of Hatillo, Puerto Rico	1537229908180	2.40	md
9330	M 1.1 - 9km NE of Aguanga, CA	1537229545350	1.10	ml
9331	M 0.7 - 9km NE of Aguanga, CA	1537228864470	0.66	ml

图 2.18　根据名称选择列

这个例子还可以进一步进行分解。例如，可使用列表推导式遍历 DataFrame 中的每一列，只保留名称以 mag 开头的列：

```
>>> [col for col in df.columns if col.startswith('mag')]
['mag', 'magType']
```

然后，将此结果添加到我们想要保留的其他两列（title 和 time）中：

```
>>> ['title', 'time'] \
... + [col for col in df.columns if col.startswith('mag')]
['title', 'time', 'mag', 'magType']
```

最后，我们能够使用这个列表在 DataFrame 上运行实际的列选择，从而产生图 2.18 中的 DataFrame：

```
>>> df[
...     ['title', 'time']
...     + [col for col in df.columns if col.startswith('mag')]
... ]
```

提示：

有关字符串方法的完整列表，你可以访问以下网址：

https://docs.python.org/3/library/stdtypes.html#string-methods

2.5.2　切片

当我们想从 DataFrame 中提取某些行时，即可使用切片（slicing）方法。

DataFrame 切片的工作方式类似于其他 Python 对象（如列表和元组）的切片，其第一个索引是包含的，最后一个索引则是排除的：

```
>>> df[100:103]
```

当指定一个 100:103 的切片时，得到的是第 100、101 和 102 行，如图 2.19 所示。

	alert	...	dmin	felt	...	mag	magType	...	place	...	time	title	tsunami	...	updated	url
100	NaN	...	NaN	NaN	...	1.20	ml	...	25km NW of Ester, Alaska	...	1539435449480	M 1.2 - 25km NW of Ester, Alaska	0	...	1539443551010	https...
101	NaN	...	0.01355	NaN	...	0.59	md	...	8km ESE of Mammoth Lakes, CA	...	1539435391320	M 0.6 - 8km ESE of Mammoth Lakes, CA	0	...	1539439802162	https...
102	NaN	...	0.02987	NaN	...	1.33	ml	...	8km ENE of Aguanga, CA	...	1539435293090	M 1.3 - 8km ENE of Aguanga, CA	0	...	1539435940470	https...

图 2.19　切片 DataFrame 以提取特定行

我们可以使用所谓的链接（chaining）组合行和列的选择：

```
>>> df[['title', 'time']][100:103]
```

首先，我们为所有行选择了 title 和 time 列，然后取出了索引为 100、101 和 102 的行，如图 2.20 所示。

	title	time
100	M 1.2 - 25km NW of Ester, Alaska	1539435449480
101	M 0.6 - 8km ESE of Mammoth Lakes, CA	1539435391320
102	M 1.3 - 8km ENE of Aguanga, CA	1539435293090

图 2.20　使用链接选择特定的行和列

在上述示例中，我们选择了列，然后对行进行切片，但其顺序则是无关紧要的：

```
>>> df[100:103][['title', 'time']].equals(
...     df[['title', 'time']][100:103]
... )
True
```

提示：

请注意，我们可以对索引中的任何内容进行切片；但是，很难确定我们想要的最后一个字符串或日期之后的字符串或日期，因此使用 Pandas 时，对日期和字符串进行切片与整数切片不同，并且它的两个端点都是包含的。只要我们提供的字符串可以解析为 datetime 对象，日期切片就会起作用。第 3 章“使用 Pandas 进行数据整理”将讨论一些这样的例子，并学习如何改变用作索引的内容，从而使这种类型的切片成为可能。

你如果决定使用链接更新数据中的值，那么会发现 Pandas 将告诉我们这样做不正确（即使它有效）。这其实是为了警告我们，使用顺序选择设置数据可能不会获得预期的结果。你可以访问以下网址了解更多信息：

https://pandas.pydata.org/pandas-docs/stable/user_guide/indexing.html#returning-a-view-versus-a-copy

让我们触发此警告以更好地理解它。例如，我们可以尝试更新一些地震的 title 列中的条目，使它们变为小写：

```
>>> df[110:113]['title'] = df[110:113]['title'].str.lower()
/.../book_env/lib/python3.7/[...]:1: SettingWithCopyWarning:
A value is trying to be set on a copy of a slice from a DataFrame.
Try using .loc[row_indexer,col_indexer] = value instead
See the caveats in the documentation: https://pandas.pydata.
org/pandas-docs/stable/user_guide/indexing.html#returning-a-view-
versus-a-copy
  """Entry point for launching an IPython kernel.
```

正如上面的警告所指出的，要成为一个高效的 Pandas 用户，仅仅知道选择和切片这两种方式是不够的——我们还必须掌握索引。

由于这只是一个警告，因此我们的值其实已更新，但情况可能并非总是如此：

```
>>> df[110:113]['title']
110               m 1.1 - 35km s of ester, alaska
111       m 1.9 - 93km wnw of arctic village, alaska
112          m 0.9 - 20km wsw of smith valley, nevada
Name: title, dtype: object
```

接下来，我们看看如何使用索引来正确设置值。

2.5.3 索引

Pandas 索引（indexing）操作同样提供了一种选择目标行和列的方法。

我们可以使用 loc[]和 iloc[]创建 DataFrame 的子集。loc[]方法基于标签，iloc[]方法则基于整数。要记住它们之间的区别，有一个很好的方法就是将 loc[]视为位置（location），将 iloc[]视为整数位置（integer location）。

对于所有索引方法，我们首先提供的是行索引器（row indexer），然后是列索引器（column indexer），并用逗号分隔它们：

```
df.loc[row_indexer, column_indexer]
```

在 2.5.2 节“切片”中，我们看到警告消息中提示的就是改为使用 loc[]，该方法不会触发来自 Pandas 的任何警告。此外，我们还需要注意将结束索引从 113 更改为 112，因为 loc[]方法是包含两个端点的：

```
>>> df.loc[110:112, 'title'] = \
...     df.loc[110:112, 'title'].str.lower()
>>> df.loc[110:112, 'title']
110                m 1.1 - 35km s of ester, alaska
111        m 1.9 - 93km wnw of arctic village, alaska
112          m 0.9 - 20km wsw of smith valley, nevada
Name: title, dtype: object
```

我们如果使用:作为行（列）索引器，则可以选择所有行（列），就像常规 Python 切片一样。让我们使用 loc[]获取 title 列的所有行：

```
>>> df.loc[:,'title']
0                 M 1.4 - 9km NE of Aguanga, CA
1                 M 1.3 - 9km NE of Aguanga, CA
2                 M 3.4 - 8km NE of Aguanga, CA
3                 M 0.4 - 9km NE of Aguanga, CA
4                 M 2.2 - 10km NW of Avenal, CA
                              ...
9327        M 0.6 - 9km ENE of Mammoth Lakes, CA
9328                 M 1.0 - 3km W of Julian, CA
9329    M 2.4 - 35km NNE of Hatillo, Puerto Rico
9330              M 1.1 - 9km NE of Aguanga, CA
9331              M 0.7 - 9km NE of Aguanga, CA
Name: title, Length: 9332, dtype: object
```

我们可以使用 loc[]同时选择多行和多列：

```
>>> df.loc[10:15, ['title', 'mag']]
```

这样可以获得第 10 行到第 15 行的 title 和 mag 列，如图 2.21 所示。

	title	mag
10	M 0.5 - 10km NE of Aguanga, CA	0.50
11	M 2.8 - 53km SE of Punta Cana, Dominican Republic	2.77
12	M 0.5 - 9km NE of Aguanga, CA	0.50
13	M 4.5 - 120km SSW of Banda Aceh, Indonesia	4.50
14	M 2.1 - 14km NW of Parkfield, CA	2.13
15	M 2.0 - 156km WNW of Haines Junction, Canada	2.00

图 2.21　使用索引选择特定的行和列

可以看到，当使用 loc[]时，我们的结束索引是包含的。但是，iloc[]不是这种情况：

```
>>> df.iloc[10:15, [19, 8]]
```

其结果如图 2.22 所示。现在来观察如何提供整数列表选择相同的列。这些列号从 0 开始。请注意，使用 iloc[]时，我们丢失了索引 15 处的行。这是因为，iloc[]使用的整数切片不包括结束索引，就像 Python 切片语法一样。

	title	mag
10	M 0.5 - 10km NE of Aguanga, CA	0.50
11	M 2.8 - 53km SE of Punta Cana, Dominican Republic	2.77
12	M 0.5 - 9km NE of Aguanga, CA	0.50
13	M 4.5 - 120km SSW of Banda Aceh, Indonesia	4.50
14	M 2.1 - 14km NW of Parkfield, CA	2.13

图 2.22　按位置选择特定的行和列

不过，我们并不限于对行使用切片语法，列也是有效的：

```
>>> df.iloc[10:15, 6:10]
```

通过使用切片，我们可以轻松地抓取相邻的行和列，如图 2.23 所示。

	gap	ids	mag	magType
10	57.0	,ci37389162,	0.50	ml
11	186.0	,pr2018286010,	2.77	md
12	76.0	,ci37389146,	0.50	ml
13	157.0	,us1000hbti,	4.50	mb
14	71.0	,nc73096921,	2.13	md

图 2.23　按位置选择相邻行和列的范围

使用 loc[]时，也可以对列名称进行切片。这为我们提供了许多方法来实现相同的结果：

```
>>> df.iloc[10:15, 6:10].equals(df.loc[10:14, 'gap':'magType'])
True
```

要查找标量值，可以使用速度更快的 at[]和 iat[]。例如，要选择索引 10 行中记录的地震的震级（mag 列），可运行以下命令：

```
>>> df.at[10, 'mag']
0.5
```

震级（mag）列的列索引为 8。因此，我们也可以使用 iat[]来查找震级：

```
>>> df.iat[10, 8]
0.5
```

到目前为止，我们已经讨论了如何使用行/列名称和范围获取数据的子集，但是，如何仅获取满足某些条件的数据呢？为此，我们需要学习如何过滤数据。

2.5.4　过滤

Pandas 为分析人员提供了一些过滤数据的选项，包括布尔掩码（Boolean mask）和一些特殊方法。使用布尔掩码时，可根据某个值测试我们的数据，并得到一个相同形状的结构，只是它填充了 True/False 值。Pandas 可以使用它选择合适的行/列。

创建布尔掩码有无数种可能性——我们需要的只是一些代码，以便为每一行返回一个布尔值。例如，我们可以查看 mag 列中哪些条目的震级大于 2：

```
>>> df.mag > 2
0       False
1       False
2        True
```

```
3        False
         ...
9328     False
9329      True
9330     False
9331     False
Name: mag, Length: 9332, dtype: bool
```

虽然可以在整个 DataFrame 上运行它，但它对我们的地震数据不会太有用，因为其结果中还包含了各种数据类型的列。当然，我们也可以使用这种策略获取地震震级大于或等于 7.0 的数据子集：

```
>>> df[df.mag >= 7.0]
```

生成的 DataFrame 只有两行，如图 2.24 所示。

	alert	...	dmin	felt	...	mag	magType	...	place	...	time	title	tsunami	...	updated	url
837	green	...	1.763	3.0	...	7.0	mww	...	117km E of Kimbe, Papua New Guinea	...	1539204500290	M 7.0 - 117km E of Kimbe, Papua New Guinea	1	...	1539378744253	https...
5263	red	...	1.589	18.0	...	7.5	mww	...	78km N of Palu, Indonesia	...	1538128963480	M 7.5 - 78km N of Palu, Indonesia	1	...	1539123134531	https...

图 2.24　使用布尔掩码过滤 DataFrame

不过，可以看到结果中也取回了很多我们不需要的列。

我们也可以将一个列选择链接到最后一个代码片段的末尾。当然，loc[]也可以处理布尔掩码：

```
>>> df.loc[
...     df.mag >= 7.0,
...     ['alert', 'mag', 'magType', 'title', 'tsunami', 'type']
... ]
```

如图 2.25 所示，DataFrame 已被过滤，因此它仅包含相关列。

	alert	mag	magType	title	tsunami	type
837	green	7.0	mww	M 7.0 - 117km E of Kimbe, Papua New Guinea	1	earthquake
5263	red	7.5	mww	M 7.5 - 78km N of Palu, Indonesia	1	earthquake

图 2.25　使用布尔掩码进行索引

使用过滤时，也不仅限于一个标准。例如，我们可以使用红色警报和海啸来过滤地震数据。要将布尔掩码组合在一起，需要用括号将每个条件括起来，并使用按位与运算符（bitwise AND operator）（&）要求二者都为 True：

```
>>> df.loc[
...     (df.tsunami == 1) & (df.alert == 'red'),
...     ['alert', 'mag', 'magType', 'title', 'tsunami', 'type']
... ]
```

如图 2.26 所示，数据中只有一次地震符合我们的标准。

	alert	mag	magType	title	tsunami	type
5263	red	7.5	mww	M 7.5 - 78km N of Palu, Indonesia	1	earthquake

图 2.26　将过滤器与&结合使用

相反，我们如果希望至少有一个条件为 True，则可以使用按位或运算符（bitwise OR operator）（|）：

```
>>> df.loc[
...     (df.tsunami == 1) | (df.alert == 'red'),
...     ['alert', 'mag', 'magType', 'title', 'tsunami', 'type']
... ]
```

请注意，此过滤器的限制要少得多，因为虽然两个条件都可以为 True，但我们仅要求其中之一为 True。其结果如图 2.27 所示。

	alert	mag	magType	title	tsunami	type
36	NaN	5.0	mww	M 5.0 - 165km NNW of Flying Fish Cove, Christm...	1	earthquake
118	green	6.7	mww	M 6.7 - 262km NW of Ozernovskiy, Russia	1	earthquake
501	green	5.6	mww	M 5.6 - 128km SE of Kimbe, Papua New Guinea	1	earthquake
799	green	6.5	mww	M 6.5 - 148km S of Severo-Kuril'sk, Russia	1	earthquake
816	green	6.2	mww	M 6.2 - 94km SW of Kokopo, Papua New Guinea	1	earthquake
...	...	...	...	...	...	...
8561	NaN	5.4	mb	M 5.4 - 228km S of Taron, Papua New Guinea	1	earthquake
8624	NaN	5.1	mb	M 5.1 - 278km SE of Pondaguitan, Philippines	1	earthquake
9133	green	5.1	ml	M 5.1 - 64km SSW of Kaktovik, Alaska	1	earthquake
9175	NaN	5.2	mb	M 5.2 - 126km N of Dili, East Timor	1	earthquake
9304	NaN	5.1	mb	M 5.1 - 34km NW of Finschhafen, Papua New Guinea	1	earthquake

图 2.27　将过滤器与 | 结合使用

注意：

创建布尔掩码时，必须使用按位运算符（&、|、~）而不是逻辑运算符（and、or、not）。

要记住这一点，有一个好方法是，我们希望测试的是 Series 中的每个项目的布尔值，而不是单个布尔值。例如，对于地震数据，我们如果要选择震级大于 1.5 的行，那么希望每一行都有一个布尔值，指示是否应该选择该行。在我们想要数据的单个值的情况下（也许是为了汇总），则可以使用 any()/all()将布尔 Series 压缩为可以与逻辑运算符一起使用的单个布尔值。第 4 章“聚合 Pandas DataFrame”将会介绍 any()和 all()方法的使用。

在前两个例子中，比较的都是条件是否相等；但是，条件比较绝不仅限于此。例如，我们可以选择 Alaska（阿拉斯加）的所有地震，其中 alert 列的值为非空：

```
>>> df.loc[
...     (df.place.str.contains('Alaska'))
...     & (df.alert.notnull()),
...     ['alert', 'mag', 'magType', 'title', 'tsunami', 'type']
... ]
```

可以看到，阿拉斯加所有地震的 alert 值都是 green，有些还伴有海啸，最高震级为 5.1，如图 2.28 所示。

	alert	mag	magType	title	tsunami	type
1015	green	5.0	ml	M 5.0 - 61km SSW of Chignik Lake, Alaska	1	earthquake
1273	green	4.0	ml	M 4.0 - 71km SW of Kaktovik, Alaska	1	earthquake
1795	green	4.0	ml	M 4.0 - 60km WNW of Valdez, Alaska	1	earthquake
2752	green	4.0	ml	M 4.0 - 67km SSW of Kaktovik, Alaska	1	earthquake
3260	green	3.9	ml	M 3.9 - 44km N of North Nenana, Alaska	0	earthquake
4101	green	4.2	ml	M 4.2 - 131km NNW of Arctic Village, Alaska	0	earthquake
6897	green	3.8	ml	M 3.8 - 80km SSW of Kaktovik, Alaska	0	earthquake
8524	green	3.8	ml	M 3.8 - 69km SSW of Kaktovik, Alaska	0	earthquake
9133	green	5.1	ml	M 5.1 - 64km SSW of Kaktovik, Alaska	1	earthquake

图 2.28　使用非数字列创建布尔掩码

现在可以进一步分析得到该结果的方式。Series 对象有一些可以通过 str 属性访问的字符串方法。使用这一点可以为 place 列包含单词 Alaska 的所有行创建一个布尔掩码，具体如下：

```
df.place.str.contains('Alaska')
```

为了获取 alert 列不为空的所有行，可使用 Series 对象的 notnull()方法（这也适用于 DataFrame 对象）创建 alert 列不为空的所有行的布尔掩码：

```
df.alert.notnull()
```

提示：

按位求反运算符（bitwise negation operator）（~），也称为 NOT。可以使用按位求反运算符否定所有布尔值，这使得所有 True 值都为 False，反之亦然。所以，df.alert.notnull()和~df.alert.isnull()是等价的。

然后，就像我们之前所做的那样，可以将上述两个条件通过按位与运算符（&）结合起来以完成掩码：

```
(df.place.str.contains('Alaska')) & (df.alert.notnull())
```

请注意，我们并不仅限于检查每一行是否包含文本，也可以使用正则表达式（regular expression）。

正则表达式（通常简称为 regex）非常强大，因为它允许定义搜索模式而不是我们想要的确切内容。这意味着可以执行更灵活的搜索，例如查找字符串中的所有单词或数字，而无须事先知道所有单词或数字是什么（或一次遍历一个字符）。为此，我们只需在引号外传入一个以 r 字符开头的字符串，这让 Python 知道它是一个原始字符串（raw string），这意味着我们可以在字符串中包含反斜杠（\）字符，而 Python 不会认为我们试图转义紧随其后的字符（例如，使用\n 表示换行字符而不是字母 n）。这使得 Python 非常适合与正则表达式一起使用。

Python 标准库中的 re 模块可以处理正则表达式操作；当然，Pandas 也允许我们直接使用正则表达式。有关 re 模块的更多信息，你可以访问以下网址：

https://docs.python.org/3/library/re.html

现在让我们使用正则表达式，选择发生在加利福尼亚州的所有震级至少为 3.8 的地震。我们需要在 place 列中选择以 CA 或 California 结尾的条目，因为数据不一致（下文将讨论如何解决此问题）。$字符表示结束，'CA$'可提供以 CA 结尾的条目，因此可以使用'CA|California$'获取以二者之一结尾的条目：

```
>>> df.loc[
...     (df.place.str.contains(r'CA|California$'))
...     & (df.mag > 3.8),
```

```
...     ['alert', 'mag', 'magType', 'title', 'tsunami', 'type']
... ]
```

在我们研究的时间段内，加利福尼亚州只有两次震级大于 3.8 的地震，如图 2.29 所示。

	alert	mag	magType	title	tsunami	type
1465	green	3.83	mw	M 3.8 - 109km WNW of Trinidad, CA	0	earthquake
2414	green	3.83	mw	M 3.8 - 5km SW of Tres Pinos, CA	1	earthquake

图 2.29　使用正则表达式过滤

提示：

正则表达式非常强大，但遗憾的是，也很难做到正确使用。因此，抓取一些示例行进行解析并使用网站测试正则表达式通常很有帮助。请注意，正则表达式有多种形式，因此请务必选择 Python。

以下网站支持 Python 风格的正则表达式，并提供了一个很不错的技巧列表：

https://regex101.com/

如果想要获得所有震级为 6.5～7.5 的地震该怎么办？可以使用两个布尔掩码（一个检查大于或等于 6.5 的震级，另一个检查小于或等于 7.5 的震级），然后将它们与按位与运算符（&）结合起来。

幸运的是，Pandas 提供了 between()方法，使这种类型的掩码更容易创建：

```
>>> df.loc[
...     df.mag.between(6.5, 7.5),
...     ['alert', 'mag', 'magType', 'title', 'tsunami', 'type']
... ]
```

上述命令的输出结果包含所有震级在[6.5, 7.5]范围内的地震——默认情况下包括两端，但是也可以传入 inclusive=False 来改变这一点，如图 2.30 所示。

	alert	mag	magType	title	tsunami	type
118	green	6.7	mww	M 6.7 - 262km NW of Ozernovskiy, Russia	1	earthquake
799	green	6.5	mww	M 6.5 - 148km S of Severo-Kuril'sk, Russia	1	earthquake
837	green	7.0	mww	M 7.0 - 117km E of Kimbe, Papua New Guinea	1	earthquake
4363	green	6.7	mww	M 6.7 - 263km NNE of Ndoi Island, Fiji	1	earthquake
5263	red	7.5	mww	M 7.5 - 78km N of Palu, Indonesia	1	earthquake

图 2.30　使用范围值进行过滤

我们可以使用 isin()方法为与值列表之一匹配的值创建布尔掩码。这意味着我们不必为可以匹配的每个值编写一个掩码，然后使用按位或运算符（|）将它们连接起来。

让我们利用这一点对 magType 列进行过滤，该列指示用于量化地震震级的测量技术。我们将查看用 mw 或 mwb 震级类型测量的地震：

```
>>> df.loc[
...     df.magType.isin(['mw', 'mwb']),
...     ['alert', 'mag', 'magType', 'title', 'tsunami', 'type']
... ]
```

如图 2.31 所示，我们有 2 次用 mwb 震级类型测量的地震和 4 次用 mw 震级类型测量的地震。

	alert	mag	magType	title	tsunami	type
995	NaN	3.35	mw	M 3.4 - 9km WNW of Cobb, CA	0	earthquake
1465	green	3.83	mw	M 3.8 - 109km WNW of Trinidad, CA	0	earthquake
2414	green	3.83	mw	M 3.8 - 5km SW of Tres Pinos, CA	1	earthquake
4988	green	4.41	mw	M 4.4 - 1km SE of Delta, B.C., MX	1	earthquake
6307	green	5.80	mwb	M 5.8 - 297km NNE of Ndoi Island, Fiji	0	earthquake
8257	green	5.70	mwb	M 5.7 - 175km SSE of Lambasa, Fiji	0	earthquake

图 2.31　使用列表中的成员进行过滤

到目前为止，我们一直在过滤特定的值，但假设我们想要查看最低震级和最高震级地震的所有数据。在这种情况下，我们不必先找到 mag 列的最小值和最大值，然后创建布尔掩码，而是可以让 Pandas 为我们提供这些值所在位置的索引，并轻松地进行过滤以获取完整行。

我们可以分别使用 idxmin()和 idxmax()作为最小值和最大值的索引，通过这种方式获取最低震级和最高震级地震的行号：

```
>>> [df.mag.idxmin(), df.mag.idxmax()]
[2409, 5263]
```

现在可以使用这些索引获取行本身：

```
>>> df.loc[
...     [df.mag.idxmin(), df.mag.idxmax()],
...     ['alert', 'mag', 'magType', 'title', 'tsunami', 'type']
... ]
```

如图 2.32 所示，最小震级发生在阿拉斯加，最大震级发生在印度尼西亚，并伴有海啸。

	alert	mag	magType	title	tsunami	type
2409	NaN	-1.26	ml	M -1.3 - 41km ENE of Adak, Alaska	0	earthquake
5263	red	7.50	mww	M 7.5 - 78km N of Palu, Indonesia	1	earthquake

图 2.32　过滤以隔离包含列的最小值和最大值的行

第 5 章“使用 Pandas 和 Matplotlib 可视化数据”和第 6 章“使用 Seaborn 和自定义技术绘图”将讨论印度尼西亚地震。

注意：

filter()方法不会根据数据的值过滤数据；相反，它可用于根据名称选择行或列的子集。应用 DataFrame 和 Series 对象的示例可以在笔记本中找到。

2.6　添加和删除数据

在 2.5 节“抓取数据的子集”操作中，我们通常会选择列的一个子集，但是如果某些列/行对我们没有用，我们应该去掉它们。例如，前面的操作就曾经多次根据 mag 列的值选择数据。当然，如果能够创建一个新列来保存布尔值以供日后选择，则只需要计算一次掩码即可。一般来说，我们获得的数据都需要添加或删除某些内容。

在开始添加和删除数据之前，重要的是要理解，虽然大多数方法都将返回一个新的 DataFrame 对象，但有些方法将原地更改数据。如果编写一个函数，传入一个 DataFrame 并更改数据，那么它也会更改原始 DataFrame。因此，我们如果发现自己不想更改原始数据，而是想返回已修改数据的新副本，则必须确保在进行任何更改之前复制 DataFrame：

```
df_to_modify = df.copy()
```

注意：

默认情况下，df.copy()将制作 DataFrame 的深层副本（deep copy），这允许我们对副本或原始数据进行更改而不会产生影响。如果传入 deep=False，则可以得到一个浅层副本（shallow copy）——对浅层副本的改变会影响原始数据，反之亦然。

我们几乎总是想要深层副本，因为这可以在不影响原始数据的情况下更改它。你可以访问以下网址了解更多信息：

https://pandas.pydata.org/pandas-docs/stable/reference/api/pandas.DataFrame.copy.html

现在让我们转到最后一个笔记本 6-adding_and_removing_data.ipynb，并为其余部分做好准备。我们将再次使用地震数据，但这一次，将仅读取列的一个子集：

```
>>> import pandas as pd

>>> df = pd.read_csv(
...     'data/earthquakes.csv',
...     usecols=[
...         'time', 'title', 'place', 'magType',
...         'mag', 'alert', 'tsunami'
...     ]
... )
```

2.6.1 创建新数据

可以按与变量赋值相同的方式创建新列。例如，可以创建一个列来指示数据来源。由于我们所有的数据都来自同一个来源，因此可以利用广播（broadcasting）将这一列的每一行设置为相同的值：

```
>>> df['source'] = 'USGS API'
>>> df.head()
```

如图 2.33 所示，新列创建在原始列的右侧，每一行的值为 USGS API。

	alert	mag	magType	place	time	title	tsunami	source
0	NaN	1.35	ml	9km NE of Aguanga, CA	1539475168010	M 1.4 - 9km NE of Aguanga, CA	0	USGS API
1	NaN	1.29	ml	9km NE of Aguanga, CA	1539475129610	M 1.3 - 9km NE of Aguanga, CA	0	USGS API
2	NaN	3.42	ml	8km NE of Aguanga, CA	1539475062610	M 3.4 - 8km NE of Aguanga, CA	0	USGS API
3	NaN	0.44	ml	9km NE of Aguanga, CA	1539474978070	M 0.4 - 9km NE of Aguanga, CA	0	USGS API
4	NaN	2.16	md	10km NW of Avenal, CA	1539474716050	M 2.2 - 10km NW of Avenal, CA	0	USGS API

图 2.33　添加新列

注意：

不能用属性表示法（df.source）创建列，因为 DataFrame 还没有这个属性，所以必须使用字典符号（df['source']）。

我们并不限于向整个列广播一个值，也可以让列保存布尔逻辑或数学公式的结果。例如，如果有 distance（距离）和 time（时间）的数据，则可以创建一个 speed（速度）列，该列是 distance 列除以 time 列的结果。

对于地震数据，我们可以创建一个列来指示地震的震级是否为负：

```
>>> df['mag_negative'] = df.mag < 0
>>> df.head()
```

如图 2.34 所示，新列已添加到右侧。

	alert	mag	magType	place	time	title	tsunami	source	mag_negative
0	NaN	1.35	ml	9km NE of Aguanga, CA	1539475168010	M 1.4 - 9km NE of Aguanga, CA	0	USGS API	False
1	NaN	1.29	ml	9km NE of Aguanga, CA	1539475129610	M 1.3 - 9km NE of Aguanga, CA	0	USGS API	False
2	NaN	3.42	ml	8km NE of Aguanga, CA	1539475062610	M 3.4 - 8km NE of Aguanga, CA	0	USGS API	False
3	NaN	0.44	ml	9km NE of Aguanga, CA	1539474978070	M 0.4 - 9km NE of Aguanga, CA	0	USGS API	False
4	NaN	2.16	md	10km NW of Avenal, CA	1539474716050	M 2.2 - 10km NW of Avenal, CA	0	USGS API	False

图 2.34　在新列中存储布尔掩码

在 2.5.4 节“过滤”中，我们看到过 place 列中存在一些数据一致性的问题——同一个实体有多个名称。在某些条目中，发生在加利福尼亚的地震被标记为 CA，而在另一些条目中，又被标记为 California。不用说，如果不事先仔细检查数据，那么这很容易造成混淆，并且可能带来问题。

例如，如果仅选择了 CA，那么就将错过 124 次标记为 California 的地震。这也不是唯一有问题的地方。例如，内华达州也存在同样的问题，它有 Nevada 和 NV 两种拼写。通过使用正则表达式提取逗号后 place 列中的所有内容，可以直接看到一些问题：

```
>>> df.place.str.extract(r', (.*$)')[0].sort_values().unique()
array(['Afghanistan', 'Alaska', 'Argentina', 'Arizona',
       'Arkansas', 'Australia', 'Azerbaijan', 'B.C., MX',
       'Barbuda', 'Bolivia', ..., 'CA', 'California', 'Canada',
       'Chile', ..., 'East Timor', 'Ecuador', 'Ecuador region',
       ..., 'Mexico', 'Missouri', 'Montana', 'NV', 'Nevada',
       ..., 'Yemen', nan], dtype=object)
```

如果想要将国家/地区及其附近的任何事物视为一个整体，则还有一些额外的工作要做，例如上述结果中加粗显示的 Ecuador（厄瓜多尔）和 Ecuador region（厄瓜多尔地区）。

此外，通过查看逗号后的信息来解析位置的简单尝试也失败了。这是因为，在某些情况下，没有逗号。因此，需要改变解析方法。

这是一个实体识别问题（entity recognition problem），解决起来并不容易。使用相对较小的唯一值列表（可以使用 df.place.unique()查看）可以简单地查看并推断如何正确匹配这些名称。然后可以使用 replace()方法替换我们认为合适的 place 列中的模式，具体如下：

```
>>> df['parsed_place'] = df.place.str.replace(
```

```
...     r'.* of ', '', regex=True # 删除 <x> of <x>
... ).str.replace(
...     'the ', '' # 删除 "the "
... ).str.replace(
...     r'CA$', 'California', regex=True # 修改 California
... ).str.replace(
...     r'NV$', 'Nevada', regex=True # 修改 Nevada
... ).str.replace(
...     r'MX$', 'Mexico', regex=True # 修改 Mexico
... ).str.replace(
...     r' region$', '', regex=True # 修改 " region" 结尾
... ).str.replace(
...     'northern ', '' # 删除 "northern "
... ).str.replace(
...     'Fiji Islands', 'Fiji' # 对齐 Fiji
... ).str.replace( # 从起始位置开始删除任何其他无关紧要的东西
...     r'^.*, ', '', regex=True
... ).str.strip() # 删除任何多余空格
```

现在可以检查剩下的要解析的地方。例如，South Georgia and South Sandwich Islands（南乔治亚岛和南桑威奇群岛）和 South Sandwich Islands（南桑威奇群岛）也是需要解决的问题。可以通过另一个 replace()调用来解决这个问题。当然，这也表明实体识别可能非常具有挑战性，具体如下：

```
>>> df.parsed_place.sort_values().unique()
array([..., 'California', 'Canada', 'Carlsberg Ridge', ...,
       'Dominican Republic', 'East Timor', 'Ecuador',
       'El Salvador', 'Fiji', 'Greece', ...,
       'Mexico', 'Mid-Indian Ridge', 'Missouri', 'Montana',
       'Nevada', 'New Caledonia', ...,
       'South Georgia and South Sandwich Islands',
       'South Sandwich Islands', ..., 'Yemen'], dtype=object)
```

注意：

在实践中，实体识别可能是一个极其困难的问题，很多人都会寻求自然语言处理（natural language processing，NLP）算法的帮助，不过这远远超出了本书的讨论范围，你可以访问以下网址了解更多信息：

https://www.kdnuggets.com/2018/12/introduction-named-entity-recognition.html

Pandas 还提供了一种在一个方法调用中同时创建多个新列的方法。使用 assign()方法

时，其参数是想要创建（或覆盖）的列的名称，其值是列的数据。

让我们创建两个新列，一个列会告诉我们地震是否发生在加利福尼亚，另一列会告诉我们地震是否发生在阿拉斯加。最后，使用 sample()随机选择 5 行，而不是只显示前 5 个条目（都在加利福尼亚州）：

```
>>> df.assign(
...     in_ca=df.parsed_place.str.endswith('California'),
...     in_alaska=df.parsed_place.str.endswith('Alaska')
... ).sample(5, random_state=0)
```

请注意，assign()不会更改原始 DataFrame；相反，它将返回一个添加了这些列的新 DataFrame 对象。如果要使用其结果替换掉原始 DataFrame，则只需使用变量赋值将 assign()的结果存储在 df 中（例如 df = df.assign(...)）。

assign()的结果如图 2.35 所示。

	alert	mag	magType	place	time	title	tsunami	source	mag_negative	parsed_place	in_ca	in_alaska
7207	NaN	4.80	mwr	73km SSW of Masachapa, Nicaragua	1537749595210	M 4.8 - 73km SSW of Masachapa, Nicaragua	0	USGS API	False	Nicaragua	False	False
4755	NaN	1.09	ml	28km NNW of Packwood, Washington	1538227540460	M 1.1 - 28km NNW of Packwood, Washington	0	USGS API	False	Washington	False	False
4595	NaN	1.80	ml	77km SSW of Kaktovik, Alaska	1538259609862	M 1.8 - 77km SSW of Kaktovik, Alaska	0	USGS API	False	Alaska	False	True
3566	NaN	1.50	ml	102km NW of Arctic Village, Alaska	1538464751822	M 1.5 - 102km NW of Arctic Village, Alaska	0	USGS API	False	Alaska	False	True
2182	NaN	0.90	ml	26km ENE of Pine Valley, CA	1538801713880	M 0.9 - 26km ENE of Pine Valley, CA	0	USGS API	False	California	True	False

图 2.35　一次创建多个新列

assign()方法也接收 lambda 函数（lambda 函数也称为匿名函数，通常定义在一行中并供一次性使用）。assign()会将 DataFrame 作为 x 传递给 lambda 函数，然后执行 lambda 函数的操作。这样就可以使用在 assign()中创建的列来计算其他列。

例如，我们可以再次创建 in_ca 和 in_alaska 列，但这次也创建一个新列 neither，如果 in_ca 和 in_alaska 都为 False，则 neither 为 True：

```
>>> df.assign(
...     in_ca=df.parsed_place == 'California',
...     in_alaska=df.parsed_place == 'Alaska',
...     neither=lambda x: ~x.in_ca & ~x.in_alaska
```

```
... ).sample(5, random_state=0)
```

请记住，~是按位求反运算符，因此这允许创建一列，每行的结果为 NOT in_ca AND NOT in_alaska，如图 2.36 所示。

	alert	mag	magType	place	time	title	tsunami	source	mag_negative	parsed_place	in_ca	in_alaska	neither
7207	NaN	4.80	mwr	73km SSW of Masachapa, Nicaragua	1537749595210	M 4.8 - 73km SSW of Masachapa, Nicaragua	0	USGS API	False	Nicaragua	False	False	True
4755	NaN	1.09	ml	28km NNW of Packwood, Washington	1538227540460	M 1.1 - 28km NNW of Packwood, Washington	0	USGS API	False	Washington	False	False	True
4595	NaN	1.80	ml	77km SSW of Kaktovik, Alaska	1538259609862	M 1.8 - 77km SSW of Kaktovik, Alaska	0	USGS API	False	Alaska	False	True	False
3566	NaN	1.50	ml	102km NW of Arctic Village, Alaska	1538464751822	M 1.5 - 102km NW of Arctic Village, Alaska	0	USGS API	False	Alaska	False	True	False
2182	NaN	0.90	ml	26km ENE of Pine Valley, CA	1538801713880	M 0.9 - 26km ENE of Pine Valley, CA	0	USGS API	False	California	True	False	False

图 2.36　使用 lambda 函数一次创建多个新列

提示：

使用 Pandas 时，熟悉 lambda 函数至关重要，因为它们可以与许多可用功能一起使用，并且将显著地提高代码的质量和可读性。本书在多个地方都使用了 lambda 函数。

现在我们已经了解了如何添加新列，再来看看如何添加新行。假设要处理两个单独的 DataFrame：一个 DataFrame 中的地震伴有海啸，另一个 DataFrame 中的地震没有海啸。示列代码如下：

```
>>> tsunami = df[df.tsunami == 1]
>>> no_tsunami = df[df.tsunami == 0]

>>> tsunami.shape, no_tsunami.shape
((61, 10), (9271, 10))
```

如果想从整体上看待地震，则可以将 DataFrame 连接成一个单一的 DataFrame。

要将行附加到 DataFrame 的底部，可以考虑使用 pd.concat()函数或 DataFrame 本身的 append()方法。

concat()函数允许指定操作将沿哪个轴执行——0 表示将行附加到 DataFrame 的底部，1 表示附加到最后一列（相对于连接列表中最左侧的 Pandas 对象）的右侧。

以下命令使用了 pd.concat()，axis 设置按默认的 0 值：

```
>>> pd.concat([tsunami, no_tsunami]).shape
(9332, 10) # 61 rows + 9271 rows
```

请注意，上述结果等效于在 DataFrame 上运行 append()方法。这仍然会返回一个新的 DataFrame 对象，但它使我们不必记住执行的是哪个轴的连接，因为 append()方法实际上是 concat()函数的包装器：

```
>>> tsunami.append(no_tsunami).shape
(9332, 10) # 61 rows + 9271 rows
```

到目前为止，我们一直在处理来自 CSV 文件的列的子集，但假设现在我们又需要获得在读入数据时被忽略掉的一些列。我们由于在此笔记本中已经添加了新列，因此不想重新读入文件并再次执行这些操作。相反，我们将沿列连接（axis = 1）添加之前缺失的内容：

```
>>> additional_columns = pd.read_csv(
...     'data/earthquakes.csv', usecols=['tz', 'felt', 'ids']
... )
>>> pd.concat([df.head(2), additional_columns.head(2)], axis=1)
```

由于 DataFrame 的索引对齐，因此附加的列将放置在原始列的右侧，如图 2.37 所示。

	alert	mag	magType	place	time	title	tsunami	source	mag_negative	parsed_place	felt	ids	tz
0	NaN	1.35	ml	9km NE of Aguanga, CA	1539475168010	M 1.4 - 9km NE of Aguanga, CA	0	USGS API	False	California	NaN	,ci37389218,	-480.0
1	NaN	1.29	ml	9km NE of Aguanga, CA	1539475129610	M 1.3 - 9km NE of Aguanga, CA	0	USGS API	False	California	NaN	,ci37389202,	-480.0

图 2.37　连接包含匹配的索引的列

concat()函数使用索引确定如何连接值。如果它们不对齐，这将生成额外的行，因为 Pandas 不知道如何对齐它们。

假设我们忘记了原始 DataFrame 已将行号作为索引，则可以通过将 time 列设置为索引来读入附加的列：

```
>>> additional_columns = pd.read_csv(
...     'data/earthquakes.csv',
...     usecols=['tz', 'felt', 'ids', 'time'],
```

```
...     index_col='time'
... )
>>> pd.concat([df.head(2), additional_columns.head(2)], axis=1)
```

上述命令的输出结果如图 2.38 所示。

	alert	mag	magType	place	time	title	tsunami	source	mag_negative	parsed_place	felt	ids	tz
0	NaN	1.35	ml	9km NE of Aguanga, CA	1.539475e+12	M 1.4 - 9km NE of Aguanga, CA	0.0	USGS API	False	California	NaN	NaN	NaN
1	NaN	1.29	ml	9km NE of Aguanga, CA	1.539475e+12	M 1.3 - 9km NE of Aguanga, CA	0.0	USGS API	False	California	NaN	NaN	NaN
1539475129610	NaN	NaN	NaN	NaN	NaN	NaN	NaN	NaN	NaN	NaN	NaN	,ci37389202,	-480.0
1539475168010	NaN	NaN	NaN	NaN	NaN	NaN	NaN	NaN	NaN	NaN	NaN	,ci37389218,	-480.0

图 2.38　连接索引不匹配的列

可以看到，尽管附加的列包含前两行的数据，但由于索引不匹配，因此 Pandas 会为它们创建一个新行。第 3 章“使用 Pandas 进行数据整理”将讨论如何重置索引和设置索引，这两种方法都可以解决这个问题。

注意：

第 4 章“聚合 Pandas DataFrame”将讨论 DataFrame 的合并操作。在整理 DataFrame 中的列时，合并操作也可以处理其中的一些问题。通常可以使用 concat()或 append()添加行，而使用 merge()或 join()添加列。

现在假设我们想要连接 tsunami 和 no_tsunami DataFrame，但是 no_tsunami DataFrame 有一个额外的列（假设我们向 no_tsunami DataFrame 添加了一个名为 type 的新列）。join 参数将指定如何处理列名称或行名称中的任何重叠（列名称重叠时，附加到底部；行名称重叠时，连接到右侧）。默认情况下，join 参数将被设置为 outer，因此将保留所有内容；但是，如果 join 参数被设置为 inner，则将仅保留共同的部分。代码如下：

```
>>> pd.concat(
...     [
...         tsunami.head(2),
...         no_tsunami.head(2).assign(type='earthquake')
...     ],
...     join='inner'
... )
```

上述代码使用了 join='inner'的设置，因此，no_tsunami DataFrame 中的 type 列没有显示，因为它不存在于 tsunami DataFrame 中，如图 2.39 所示。

	alert	mag	magType	place	time	title	tsunami	source	mag_negative	parsed_place
36	NaN	5.00	mww	165km NNW of Flying Fish Cove, Christmas Island	1539459504090	M 5.0 - 165km NNW of Flying Fish Cove, Christm...	1	USGS API	False	Christmas Island
118	green	6.70	mww	262km NW of Ozernovskiy, Russia	1539429023560	M 6.7 - 262km NW of Ozernovskiy, Russia	1	USGS API	False	Russia
0	NaN	1.35	ml	9km NE of Aguanga, CA	1539475168010	M 1.4 - 9km NE of Aguanga, CA	0	USGS API	False	California
1	NaN	1.29	ml	9km NE of Aguanga, CA	1539475129610	M 1.3 - 9km NE of Aguanga, CA	0	USGS API	False	California

图 2.39　附加行并仅保留共享列

不过，请查看索引，这些是我们将原始 DataFrame 分为 tsunami 和 no_tsunami 之前的行号。

如果索引没有意义，则可以传入 ignore_index 获取索引中的顺序值：

```
>>> pd.concat(
...     [
...         tsunami.head(2),
...         no_tsunami.head(2).assign(type='earthquake')
...     ],
...     join='inner', ignore_index=True
... )
```

如图 2.40 所示，索引现在是连续的，而行号不再与原始 DataFrame 匹配。

	alert	mag	magType	place	time	title	tsunami	source	mag_negative	parsed_place
0	NaN	5.00	mww	165km NNW of Flying Fish Cove, Christmas Island	1539459504090	M 5.0 - 165km NNW of Flying Fish Cove, Christm...	1	USGS API	False	Christmas Island
1	green	6.70	mww	262km NW of Ozernovskiy, Russia	1539429023560	M 6.7 - 262km NW of Ozernovskiy, Russia	1	USGS API	False	Russia
2	NaN	1.35	ml	9km NE of Aguanga, CA	1539475168010	M 1.4 - 9km NE of Aguanga, CA	0	USGS API	False	California
3	NaN	1.29	ml	9km NE of Aguanga, CA	1539475129610	M 1.3 - 9km NE of Aguanga, CA	0	USGS API	False	California

图 2.40　附加行并重置索引

有关 concat()函数和其他合并数据操作的更多信息，请务必查阅相关的 Pandas 文档，其网址如下：

http://pandas.pydata.org/pandas-docs/stable/user_guide/merging.html#concatenating-objects

第 4 章“聚合 Pandas DataFrame”将详细讨论合并操作。

2.6.2　删除不需要的数据

将数据添加到 DataFrame 中后，往往会看到一些不需要的数据。因此，我们需要一种方法来消除错误并清除那些不再使用的数据。

就像添加数据一样，我们也可以使用字典语法删除那些不需要的列，就像从字典中删除键一样。del df['<column_name>']和 df.pop('<column_name>')都可以使用，前提是确实存在具有该名称的列；否则，会得到一个 KeyError。这两种方式的区别在于，当 del 立即删除列时，pop()将返回我们要删除的列。要记住的是，这两个操作都会更改原始 DataFrame，因此请谨慎使用它们。

使用字典表示法可删除 source 列。可以看到，source 列不再出现在 df.columns 的结果中：

```
>>> del df['source']
>>> df.columns
Index(['alert', 'mag', 'magType', 'place', 'time', 'title',
       'tsunami', 'mag_negative', 'parsed_place'],
      dtype='object')
```

请注意，如果你不确定该列是否存在，则应该将列删除代码放在 try…except 块中：

```
try:
    del df['source']
except KeyError:
    pass # 在此处理错误
```

在之前的操作中，我们创建了 mag_negative 列来过滤 DataFrame；但是，我们不再希望将此列作为 DataFrame 的一部分。因此，我们可以使用 pop()获取 mag_negative 列的 Series，稍后可以将其用作布尔掩码，而无须将其包含在 DataFrame 中：

```
>>> mag_negative = df.pop('mag_negative')
>>> df.columns
Index(['alert', 'mag', 'magType', 'place', 'time', 'title',
       'tsunami', 'parsed_place'],
      dtype='object')
```

现在，在 mag_negative 变量中有一个布尔掩码，它曾经是 df 中的一列：

```
>>> mag_negative.value_counts()
False    8841
True      491
```

```
Name: mag_negative, dtype: int64
```

我们由于使用 pop()移除 mag_negative Series 而不是删除它，因此仍然可以使用它过滤 DataFrame：

```
>>> df[mag_negative].head()
```

这样我们获得的就是负震级的地震。因为也调用了 head()，所以将显示前 5 个这样的地震，如图 2.41 所示。

	alert	mag	magType	place	time	title	tsunami	parsed_place
39	NaN	-0.10	ml	6km NW of Lemmon Valley, Nevada	1539458844506	M -0.1 - 6km NW of Lemmon Valley, Nevada	0	Nevada
49	NaN	-0.10	ml	6km NW of Lemmon Valley, Nevada	1539455017464	M -0.1 - 6km NW of Lemmon Valley, Nevada	0	Nevada
135	NaN	-0.40	ml	10km SSE of Beatty, Nevada	1539422175717	M -0.4 - 10km SSE of Beatty, Nevada	0	Nevada
161	NaN	-0.02	md	20km SSE of Ronan, Montana	1539412475360	M -0.0 - 20km SSE of Ronan, Montana	0	Montana
198	NaN	-0.20	ml	60km N of Pahrump, Nevada	1539398340822	M -0.2 - 60km N of Pahrump, Nevada	0	Nevada

图 2.41　使用 pop 返回的列作为布尔掩码

DataFrame 对象有一个 drop()方法，可用于原地删除多行或多列（覆盖原始 DataFrame 而无须重新分配）或返回新的 DataFrame 对象。要删除多行，需要传递索引列表。

例如，以下方法即可删除前两行：

```
>>> df.drop([0, 1]).head(2)
```

如图 2.42 所示，索引从 2 开始，因为 0 和 1 已经被删除了。

	alert	mag	magType	place	time	title	tsunami	parsed_place
2	NaN	3.42	ml	8km NE of Aguanga, CA	1539475062610	M 3.4 - 8km NE of Aguanga, CA	0	California
3	NaN	0.44	ml	9km NE of Aguanga, CA	1539474978070	M 0.4 - 9km NE of Aguanga, CA	0	California

图 2.42　删除特定行

默认情况下，drop()方法假设我们要删除行（axis=0）。如果要删除列，可以传递 axis=1 或使用 columns 参数指定列名称列表。

以下方法可删除更多的列：

```
>>> cols_to_drop = [
```

```
...     col for col in df.columns
...     if col not in [
...         'alert', 'mag', 'title', 'time', 'tsunami'
...     ]
... ]
>>> df.drop(columns=cols_to_drop).head()
```

这会删除不在要保留的列表中的所有列，结果如图 2.43 所示。

	alert	mag	time	title	tsunami
0	NaN	1.35	1539475168010	M 1.4 - 9km NE of Aguanga, CA	0
1	NaN	1.29	1539475129610	M 1.3 - 9km NE of Aguanga, CA	0
2	NaN	3.42	1539475062610	M 3.4 - 8km NE of Aguanga, CA	0
3	NaN	0.44	1539474978070	M 0.4 - 9km NE of Aguanga, CA	0
4	NaN	2.16	1539474716050	M 2.2 - 10km NW of Avenal, CA	0

图 2.43　删除保留列之外的所有列

无论是将 axis=1 传递给 drop()还是使用 columns 参数，其结果都是等效的：

```
>>> df.drop(columns=cols_to_drop).equals(
...     df.drop(cols_to_drop, axis=1)
... )
True
```

默认情况下，drop()方法将返回一个新的 DataFrame 对象；当然，如果确实想要从原始 DataFrame 中删除数据，则可以传入 inplace=True，这样就不必将结果重新分配回 DataFrame。以下命令的结果与图 2.43 相同：

```
>>> df.drop(columns=cols_to_drop, inplace=True)
>>> df.head()
```

应始终谨慎原地操作。在某些情况下，也许可以撤销它们；然而，在其他情况下，这可能导致你需要从头开始并重新创建 DataFrame。

2.7　小　　结

本章详细阐释了如何使用 Pandas 进行数据分析的数据收集部分，以及如何用统计量描述数据，这将有助于进入得出结论阶段。

本章首先介绍了 Pandas 库的主要数据结构（Series、Index 和 DataFrame），以及可以对它们执行的一些操作，然后介绍了如何从各种来源创建 DataFrame 对象，包括 Python 对象、各种格式的文件、数据库和 API 请求的响应结果。我们通过地震数据示例，讨论了如何汇总数据并从中计算统计数据。此外，我们还讨论了如何通过选择、切片、索引和过滤来获取数据子集。最后，我们还练习了从 DataFrame 中添加和删除列和行。

本章介绍的任务构成了数据分析人员的 Pandas 工作流程的主干操作，也是我们将在后续章节中介绍的关于数据整理、聚合和数据可视化等新主题的基础。在继续学习新章节之前，请务必完成 2.8 节提供的练习。

2.8　练　　习

使用 data/parsed.csv 文件和本章的材料，完成以下练习来锻炼你的 Pandas 技能：

（1）使用 mb 震级类型找到 Japan（日本）地震震级的第 95 个百分位。

（2）找出 Indonesia（印度尼西亚）地震与海啸相结合的百分比。

（3）计算 Nevada（内华达州）地震的汇总统计数据。

（4）添加一列，指明地震是发生在环太平洋火山带（Ring of Fire）的国家/地区还是美国州。使用的值包括 Alaska（阿拉斯加）、Antarctica（南极洲，同时注意寻找 Antarctic）、Bolivia（玻利维亚）、California（加利福尼亚）、Canada（加拿大）、Chile（智利）、Costa Rica（哥斯达黎加）、Ecuador（厄瓜多尔）、Fiji（斐济）、Guatemala（危地马拉）、Indonesia（印度尼西亚）、Japan（日本）、Kermadec Islands（克马德克群岛）、Mexico（墨西哥，注意不要选择 New Mexico）、New Zealand（新西兰）、Peru（秘鲁）、Philippines（菲律宾）、Russia（俄罗斯）、Tonga（汤加）和 Washington（华盛顿）。

（5）计算环太平洋火山带位置内的地震次数和它们之外的地震次数。

（6）计算环太平洋火山带沿线的海啸计数。

2.9　延 伸 阅 读

如果你具有 R 或 SQL 背景，那么了解 Pandas 语法与它们的比较应该会很有帮助。

- Comparison with R / R Libraries（与 R / R 库的比较）：

  https://pandas.pydata.org/pandas-docs/stable/getting_started/comparison/comparison_with_r.html

- ❑ Comparison with SQL（与 SQL 的比较）：

  https://pandas.pydata.org/pandas-docs/stable/comparison_with_sql.html

- ❑ SQL Queries（SQL 查询）：

  https://pandas.pydata.org/pandas-docs/stable/getting_started/comparison/comparison_with_sql.html

以下是有关处理序列化数据的一些资源。

- ❑ Pickle in Python: Object Serialization（Python 中的 Pickle：对象序列化）：

  https://www.datacamp.com/community/tutorials/pickle-python-tutorial

- ❑ Read RData/RDS files into pandas.DataFrame objects (pyreader)（将 RData/RDS 文件读入 pandas.DataFrame 对象中）（pyreader）：

  https://github.com/ofajardo/pyreadr

使用 API 的其他资源如下。

- ❑ Documentation for the requests package（requests 包的文档）：

  https://requests.readthedocs.io/en/master/

- ❑ HTTP Methods（HTTP 方法）：

  https://restfulapi.net/http-methods/

- ❑ HTTP Status Codes（HTTP 状态代码）：

  https://restfulapi.net/http-status-codes/

要了解有关正则表达式的更多信息，请参阅以下资源。

- ❑ Mastering Python Regular Expressions（掌握 Python 正则表达式）：

  https://www.packtpub.com/application-development/mastering-python-regular-expressions

- ❑ Regular Expression Tutorial — Learn How to Use Regular Expressions（正则表达式教程——学习如何使用正则表达式）：

  https://www.regular-expressions.info/tutorial.html

第 2 篇

使用 Pandas 进行数据分析

在第 1 篇“Pandas 入门”中，我们初步接触了 Pandas 库，理解了数据分析需要什么，并且掌握了收集数据的各种方法。本篇将专注于执行数据整理和探索性数据分析所需的技能，因此，我们将详细讨论在 Python 中操作、重塑、汇总、聚合和可视化数据所需的各种工具。

本篇包括以下章节：

- 第 3 章，使用 Pandas 进行数据整理
- 第 4 章，聚合 Pandas DataFrame
- 第 5 章，使用 Pandas 和 Matplotlib 可视化数据
- 第 6 章，使用 Seaborn 和自定义技术绘图

第 3 章　使用 Pandas 进行数据整理

在第 2 章“使用 Pandas DataFrame”中，我们已经了解了主要的 Pandas 数据结构（Series、Index 和 DataFrame），如何使用收集的数据创建 DataFrame 对象，以及检查、汇总、过滤、选择和使用 DataFrame 对象的各种方法。在熟悉了初始的数据收集和检查阶段之后，接下来就可以开始涉足数据整理的世界了。

正如第 1 章“数据分析导论”中所提到的，准备用于分析的数据通常是数据处理人员工作中耗时最多的部分，并且通常是最不愉快的。Pandas 的价值此时就凸显出来了，因为它可以很好地帮助完成这些费时而无趣的任务，并且通过掌握本书介绍的技能，我们将能够更快地了解更有趣的部分。

值得一提的是，数据整理并不是一劳永逸的。在进行一些数据整理工作之后，我们可能会转移到另一个分析任务（如数据可视化），结果却发现需要进行额外的数据整理。

分析人员对数据越熟悉，就越能更好地为分析数据做准备。数据应该是什么类型？数据需要采用什么格式？如何更好地传达要显示的内容？在收集和整理数据时，回答这些问题并形成一种直觉是至关重要的。这种直觉不是与生俱来的，你需要经验，因此必须一有机会就在自己的数据上练习本章涵盖的技能。

由于这是一个非常庞大的主题，因此我们将在本章和第 4 章“聚合 Pandas DataFrame”之间拆分数据整理的覆盖范围。本章将首先介绍数据整理操作，然后探索用于气候数据的美国国家环境信息中心（National Centers for Environmental Information，NCEI）API，并使用 requests 库从中收集温度数据。最后，我们还将介绍为一些初始分析和可视化做准备的数据整理任务。第 4 章“聚合 Pandas DataFrame”还将介绍与聚合和组合数据集相关的数据整理任务。

本章包含以下主题：

- 了解数据整理操作。
- 探索 API 以查找和收集温度数据。
- 清洗数据。
- 重塑数据。
- 处理重复、缺失或无效的数据。

3.1　章节材料

本章材料可以在本书配套的 GitHub 存储库中找到，其网址如下：

https://github.com/stefmolin/Hands-On-Data-Analysis-with-Pandas-2nd-edition/tree/master/ch_03

我们将使用 5 个笔记本，每一个都根据使用时间进行编号，另外还需要两个目录，即 data/和 exercises/，它们分别包含上述笔记本和章末练习所需的所有 CSV 文件。

data/目录中的文件如图 3.1 所示。

文　件	描　述	来　源
bitcoin.csv	2017—2018 年比特币每日开盘价、最高价、最低价和收盘价，以及交易量和市值	CoinMarketCap
dirty_data.csv	2018 年纽约市气象数据，用于介绍数据问题	来自 NCEI API 的 GHCND 数据集的数据的修改版
long_data.csv	来自 Boonton 1 气象站的纽约市 2018 年 10 月的长格式温度数据，包含每日温度的小时观测值、最低温度和最高温度	NCEI API 的 GHCND 数据集
nyc_temperatures.csv	在 LaGuardia 机场观测到的纽约市 2018 年 10 月的温度数据，包含每日最低温、最高温和平均温度	NCEI API 的 GHCND 数据集
sp500.csv	2017—2018 年标准普尔 500 指数每日开盘价、最高价、最低价和收盘价，以及交易量和已调整收盘价	stock_analysis 包（参见第 7 章“金融分析”）
wide_data.csv	来自 Boonton 1 气象站的纽约市 2018 年 10 月的宽格式温度数据，包含每日温度的小时观测值、最低温度和最高温度	NCEI API 的 GHCND 数据集

图 3.1　本章使用的数据集

我们将从 1-wide_vs_long.ipynb 笔记本开始介绍宽格式数据与长格式数据。

然后，在 2-using_the_weather_api.ipynb 笔记本中，我们将从 NCEI API 中收集每日温度数据，该 API 网址如下：

https://www.ncdc.noaa.gov/cdo-web/webservices/v2

我们将使用全球历史气候学网络-每日（Global Historical Climatology Network-Daily，

GHCND）数据集，其文档网址如下：

https://www1.ncdc.noaa.gov/pub/data/cdo/documentation/GHCND_documentation.pdf

注意：

NCEI 隶属于美国国家海洋和大气管理局（National Oceanic and Atmospheric Administration，NOAA）。如该 API 的 URL 所示，该资源是在将 NCEI 称为 NCDC 时创建的。如果此资源的 URL 将来发生更改，请搜索 NCEI weather API 以找到更新后的数据。

在 3-cleaning_data.ipynb 笔记本中，我们将介绍如何对温度数据和一些财务数据执行第一轮清洗，这些数据是使用 stock_analysis 包收集的（有关 stock_analysis 包的情况，参见第 7 章“金融分析”）。

接着，我们将在 4-reshaping_data.ipynb 笔记本中介绍重塑数据的方法。

最后，在 5-handling_data_issues.ipynb 笔记本中，我们将使用 data/dirty_data.csv 中的脏数据介绍处理重复、丢失或无效数据的策略。

3.2　关于数据整理

像任何专业领域一样，数据分析也流行着自己的“行话”，外行或新手往往很难理解这些行话——本章的主题也不例外。

当我们执行数据整理（data wrangling）时，就是将输入数据从其原始状态中取出，并将其放入某种格式中，以便对其进行有意义的分析。

对于该过程，还有另一种说法，那就是数据操纵（data manipulation）。没有固定的操作列表，唯一的目标就是让整理之后的数据对我们来说比开始时更有用。

在实践中，数据整理过程涉及以下 3 个常见任务：

- 数据清洗。
- 数据转换。
- 数据充实。

需要注意的是，这些任务并没有固有的顺序，而且很有可能我们会在整个数据整理过程中多次执行每个任务。这个想法带来了一个有趣的难题：既然需要整理数据来为我们的分析做准备，那么是否有一种可能，以我们告诉数据该说什么而不是我们了解它在说什么的方式来整理它？

“如果你折磨数据足够长时间，那么它会承认任何事情。”

——Ronald Coase，诺贝尔经济学奖获得者

那些处理数据的人会发现，通过操纵数据很容易歪曲事实。因此，我们要牢记自己的行为对数据完整性的影响，尽最大努力避免欺骗，并向使用分析结果者解释得出结论所采取的过程，从而让他们做出自己的判断。

3.2.1 数据清洗

我们一旦收集了数据，就可将其放入 DataFrame 对象中，并使用第 2 章“使用 Pandas DataFrame”中讨论的技能来熟悉数据，然后我们将需要执行一些数据清洗工作。

第一轮数据清洗通常可以提供开始探索所需的最低限度的干净数据。需要掌握的一些基本数据清洗任务包括：

- 重命名。
- 排序和重新排序。
- 数据类型转换。
- 处理重复数据。
- 处理缺失或无效的数据。
- 通过过滤获取所需的数据子集。

数据清洗是数据整理的最佳起点，因为将数据存储为正确的数据类型和易于引用的名称将为数据探索开辟许多途径，如汇总统计、排序和过滤。由于在第 2 章“使用 Pandas DataFrame”中已经介绍了过滤，因此本章将关注上述任务列表中的其他主题。

3.2.2 数据转换

一般来说，在一些初始数据清洗之后即可进入数据转换阶段，但也有可能数据集在其当前形状下无法使用，因此必须在尝试进行任何数据清洗之前对其进行重组。

对于数据转换（data transformation）来说，主要任务是改变数据结构以方便下游的分析，这通常涉及将哪些数据放入行中，哪些数据放入列中。

大多数的数据为宽格式（wide format）或长格式（long format）。这些格式中的每一种都有其优点，重要的是要知道你需要哪种格式进行分析。一般来说，人们会以宽格式记录和呈现数据，但有些可视化则需要长格式的数据，如图 3.2 所示。

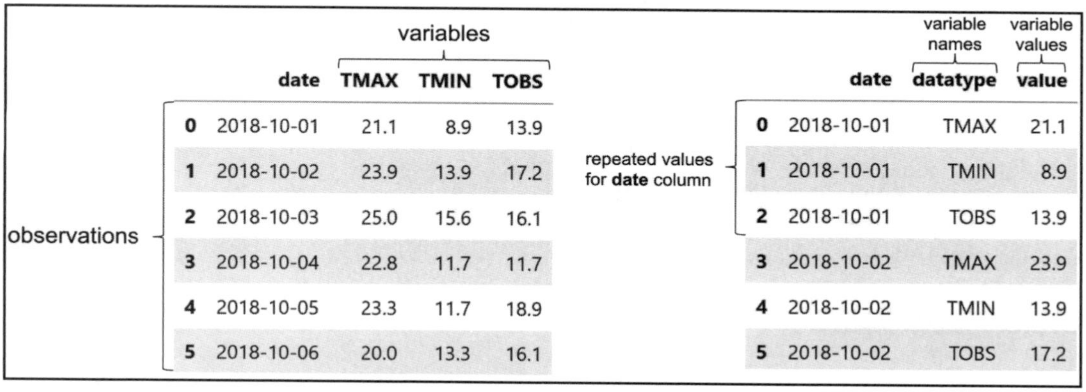

variables

observations

	date	TMAX	TMIN	TOBS
0	2018-10-01	21.1	8.9	13.9
1	2018-10-02	23.9	13.9	17.2
2	2018-10-03	25.0	15.6	16.1
3	2018-10-04	22.8	11.7	11.7
4	2018-10-05	23.3	11.7	18.9
5	2018-10-06	20.0	13.3	16.1

repeated values for **date** column

variable names　variable values

	date	datatype	value
0	2018-10-01	TMAX	21.1
1	2018-10-01	TMIN	8.9
2	2018-10-01	TOBS	13.9
3	2018-10-02	TMAX	23.9
4	2018-10-02	TMIN	13.9
5	2018-10-02	TOBS	17.2

图 3.2　宽格式（左）与长格式（右）

原　　文	译　　文
observations	观察值
variables	变量
repeated values for date column	date 列重复的值
variable names	变量名
variable values	变量值

宽格式是分析和数据库设计的首选，而长格式则被认为是糟糕的设计，因为每一列都应该是它自己的数据类型并具有单一的含义。当然，如果只是在关系数据库的表中添加新字段（或删除旧字段），而不是每次都更改所有表，则数据库的维护人员可能会决定使用长格式，因为这允许他们为数据库用户提供固定模式，同时也能够根据需要更新其中包含的数据。

在构建 API 时，如果需要灵活性，也可以选择长格式。有些 API 将提供一种通用响应格式（如日期、字段名称和字段值），可以支持数据库中的各种表。这也可能与使响应更容易形成有关，具体取决于数据如何存储在 API 使用的数据库中。

由于我们将会看到这两种格式的数据，因此了解如何使用这两种格式并从一种格式转换为另一种格式非常重要。

现在，让我们导航到 1-wide_vs_long.ipynb 笔记本以查看一些示例。首先，我们将导入 Pandas 和 Matplotlib（以帮助说明宽格式和长格式在可视化方面的优缺点。第 5 章“使用 Pandas 和 Matplotlib 可视化数据”和第 6 章“使用 Seaborn 和自定义技术绘图”将详细讨论可视化），并读入包含宽格式和长格式数据的 CSV 文件：

```
>>> import matplotlib.pyplot as plt
>>> import pandas as pd
```

```
>>> wide_df = \
...     pd.read_csv('data/wide_data.csv', parse_dates=['date'])
>>> long_df = pd.read_csv(
...     'data/long_data.csv',
...     usecols=['date', 'datatype', 'value'],
...     parse_dates=['date']
... )[['date', 'datatype', 'value']] # 排序列
```

3.2.3　宽数据格式

对于宽格式数据，我们可以用它们自己的列表示变量的测量值，每一行代表对这些变量的一项观察。这使我们可以轻松地比较不同观测值的变量、获取汇总统计量、执行操作和呈现数据。当然，某些可视化并不适用于此数据格式，因为它们可能依赖于长格式来拆分、调整大小和为绘图内容着色。

现在来看 Wide_df 中宽格式数据的前 6 项观察结果：

```
>>>wide_df.head(6)
```

每一列包含以摄氏度为单位的特定类别温度数据的前 6 项观测值——最高温度（TMAX）、最低温度（TMIN）和观测时的温度（TOBS），频率为每天，如图 3.3 所示。

	date	TMAX	TMIN	TOBS
0	2018-10-01	21.1	8.9	13.9
1	2018-10-02	23.9	13.9	17.2
2	2018-10-03	25.0	15.6	16.1
3	2018-10-04	22.8	11.7	11.7
4	2018-10-05	23.3	11.7	18.9
5	2018-10-06	20.0	13.3	16.1

图 3.3　宽格式温度数据

在处理宽格式数据时，我们可以使用 describe()方法轻松地获取有关此数据的汇总统计信息。请注意，虽然旧版本的 Pandas 将 datetimes 视为分类（categorical）类型，但 Pandas 目前已经将它们视为数字（numeric）类型，因此我们可以传递 datetime_is_numeric=True

来抑制警告：

```
>>>wide_df.describe(include='all', datetime_is_numeric=True)
```

几乎不费吹灰之力，我们就得到了日期、最高温度、最低温度和观测时的温度等汇总统计，如图 3.4 所示。

	date	TMAX	TMIN	TOBS
count	31	31.000000	31.000000	31.000000
mean	2018-10-16 00:00:00	16.829032	7.561290	10.022581
min	2018-10-01 00:00:00	7.800000	-1.100000	-1.100000
25%	2018-10-08 12:00:00	12.750000	2.500000	5.550000
50%	2018-10-16 00:00:00	16.100000	6.700000	8.300000
75%	2018-10-23 12:00:00	21.950000	13.600000	16.100000
max	2018-10-31 00:00:00	26.700000	17.800000	21.700000
std	NaN	5.714962	6.513252	6.596550

图 3.4　宽格式温度数据的汇总统计

如前文所述，宽数据格式表中的汇总数据易于获取且信息量大。这种格式也可以轻松地用 Pandas 进行绘图，只要准确地告诉它想要绘制的东西即可：

```
>>> wide_df.plot(
...     x='date', y=['TMAX', 'TMIN', 'TOBS'], figsize=(15, 5),
...     title='Temperature in NYC in October 2018'
... ).set_ylabel('Temperature in Celsius')
>>> plt.show()
```

如图 3.5 所示，Pandas 可将每日最高温度（TMAX）、最低温度（TMIN）和观测时的温度（TOBS）绘制为单独的线。

注意：

现在你还不必担心编写和理解可视化代码的问题。这里只是为了说明宽数据格式和长数据格式在可视化中的优缺点。第 5 章“使用 Pandas 和 Matplotlib 可视化数据”将详细介绍如何使用 Pandas 和 Matplotlib 进行可视化。

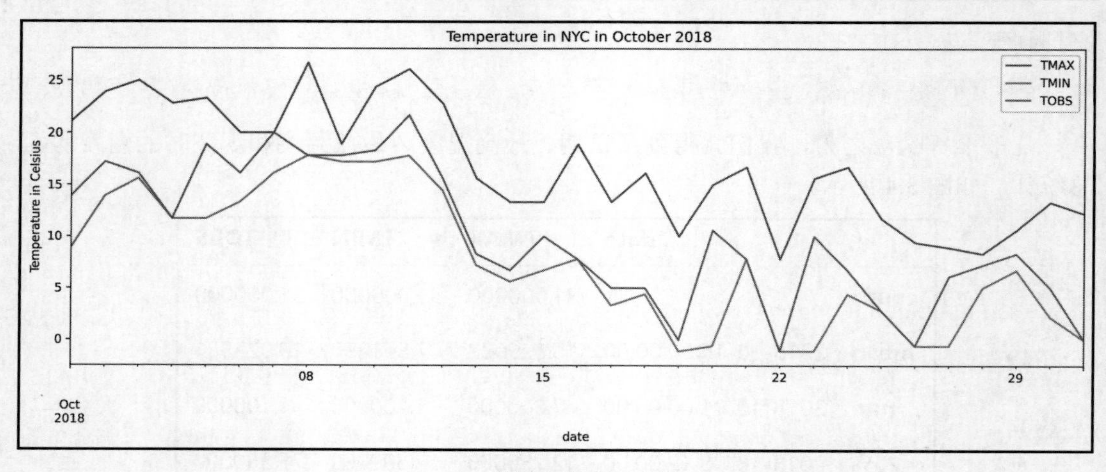

图 3.5　绘制宽格式温度数据

3.2.4　长数据格式

长格式数据对于变量的每一项观察都会有一行。这意味着，如果每天测量 3 个变量，那么每天记录观察值都会有 3 行。长格式设置可以通过将变量列名称转换为单个列来实现，其中的数据是变量名称，并将它们的值放在单独的列中。

可以查看 long_df 中长格式数据的前 6 行，看看宽格式和长格式数据的区别：

```
>>> long_df.head(6)
```

可以看到，现在每个日期都有 3 个条目，datatype（数据类型）列告诉我们 value（值）列中该行的数据是什么，如图 3.6 所示。

	date	datatype	value
0	2018-10-01	TMAX	21.1
1	2018-10-01	TMIN	8.9
2	2018-10-01	TOBS	13.9
3	2018-10-02	TMAX	23.9
4	2018-10-02	TMIN	13.9
5	2018-10-02	TOBS	17.2

图 3.6　长格式温度数据

如果尝试获取汇总统计信息，就像我们对宽格式数据所做的那样，则结果就没有那么好用：

```
>>> long_df.describe(include='all', datetime_is_numeric=True)
```

如图 3.7 所示，value（值）列显示了汇总统计数据，但这里汇总的是每日最高温度、最低温度和观测时的温度。max 值将是每日最高温度的最大值，min 值将是每日最低温度的最小值。这意味着这个汇总数据用处不大。

	date	datatype	value
count	93	93	93.000000
unique	NaN	3	NaN
top	NaN	TOBS	NaN
freq	NaN	31	NaN
mean	2018-10-16 00:00:00	NaN	11.470968
min	2018-10-01 00:00:00	NaN	-1.100000
25%	2018-10-08 00:00:00	NaN	6.700000
50%	2018-10-16 00:00:00	NaN	11.700000
75%	2018-10-24 00:00:00	NaN	17.200000
max	2018-10-31 00:00:00	NaN	26.700000
std	NaN	NaN	7.362354

图 3.7　长格式温度数据的汇总统计

长格式的数据不容易提取，当然也不应该是我们呈现数据的方式；但是，长格式数据也可以轻松地创建可视化，其中绘图库可以通过变量的名称为线条着色，通过某个变量的值调整点的大小，并执行分割以进行分面（facet）。

Pandas 期望它的绘图数据是宽格式的，因此，为了轻松制作与宽格式数据相同的绘图，我们必须使用另一个绘图库，也就是 Seaborn。第 6 章“使用 Seaborn 和自定义技术绘图”将会更深入地讨论它。

使用 Seaborn 绘图的命令如下：

```
>>> import seaborn as sns
```

```
>>> sns.set(rc={'figure.figsize': (15, 5)}, style='white')

>>> ax = sns.lineplot(
...     data=long_df, x='date', y='value', hue='datatype'
... )
>>> ax.set_ylabel('Temperature in Celsius')
>>> ax.set_title('Temperature in NYC in October 2018')
>>> plt.show()
```

Seaborn 可以根据 datatype 列获取子集，将每日最高温度（TMAX）、最低温度（TMIN）和观测时的温度（TOBS）绘制为单独的线，如图 3.8 所示。

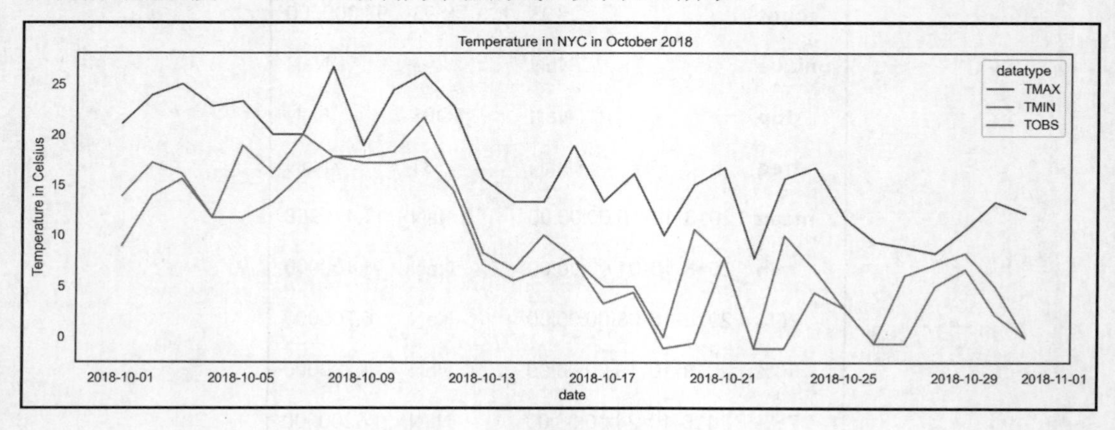

图 3.8　绘制长格式温度数据

Seaborn 允许指定用于 hue 的列，根据温度类型为图 3.8 中的线条着色。但是，我们能做的还不仅限于此，使用长格式数据，还可以轻松地对绘图进行分面：

```
>>> sns.set(
...     rc={'figure.figsize': (20, 10)},
...     style='white', font_scale=2
... )
>>> g = sns.FacetGrid(long_df, col='datatype', height=10)
>>> g = g.map(plt.plot, 'date', 'value')
>>> g.set_titles(size=25)
>>> g.set_xticklabels(rotation=45)
>>> plt.show()
```

Seaborn 可以使用长格式数据为 datatype 列中的每个不同值创建子图，其结果如图 3.9 所示。

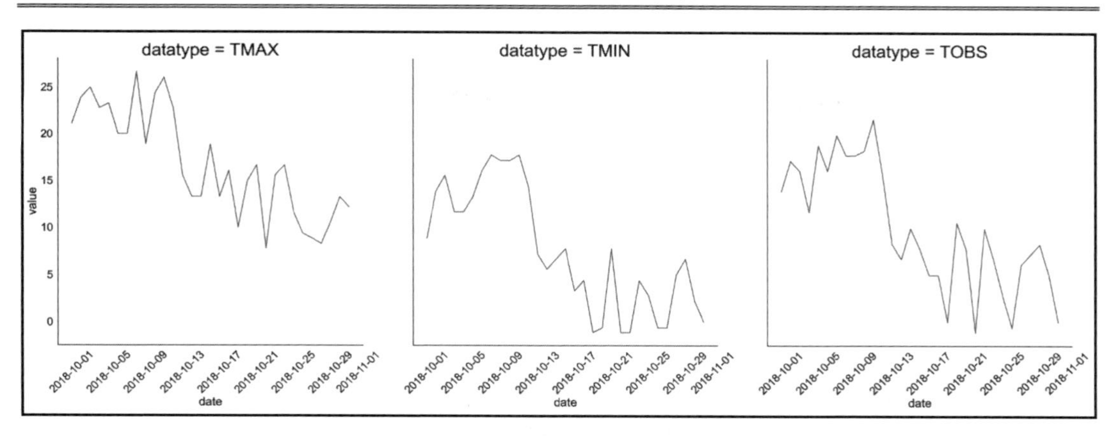

图 3.9　绘制长格式温度数据的子集

注意：

使用子图（subplot）时可以实现更复杂的分面组合，并且使 Seaborn 更易用。第 6 章“使用 Seaborn 和自定义技术绘图”将详细讨论 Seaborn。

在重塑数据部分，我们将介绍如何通过融合将数据从宽格式转换为长格式，以及如何通过旋转将数据从长格式转换为宽格式。此外，我们还将介绍如何转置数据，以翻转列和行。

3.2.5　数据充实

我们一旦获得了清洗过的数据（此时数据应该具有分析所需的格式），就会发现需要稍微充实一下数据。数据充实（data enrichment）可以通过某种方式添加数据来提高数据的质量。这个过程在建模和机器学习中变得非常重要，它构成了特征工程（feature engineering）过程的一部分（参见第 10 章“做出更好的预测”）。

在充实数据时，我们可以将新数据与原始数据进行合并（通过附加新行或列），或使用原始数据创建新数据。

以下是使用原始数据充实数据的方法。

- 添加新列：对现有列中的数据使用函数以创建新值。
- 分箱（binning）：将连续数据或具有多个不同值的离散数据放入桶（bucket）中，使列离散，同时让我们控制列中可能值的数量。
- 聚合（aggregating）：汇总数据。
- 重采样（resampling）：按特定时间间隔聚合时间序列数据。

现在我们已经对数据整理有了初步的了解，接下来即可进入实战阶段，收集一些数据来进行处理。请注意，本章将介绍数据清洗和转换，而第 4 章“聚合 Pandas DataFrame”将详细介绍数据充实。

3.3　探索 API 以查找和收集温度数据

第 2 章“使用 Pandas DataFrame”研究了数据收集以及如何对数据执行初始检查和过滤，这通常可以在进一步分析之前为需要解决的问题提供思路。由于本章建立在这些技能的基础上，因此我们也将练习其中的一些技能。

我们首先将从探索由 NCEI 提供的天气 API 开始，然后学习如何使用从该 API 中获得的温度数据进行数据整理。

注意：

要使用 NCEI API，必须使用你的电子邮件地址填写以下表格来请求一个令牌：

https://www.ncdc.noaa.gov/cdo-web/token

本节将使用 2-using_the_weather_api.ipynb 笔记本从 NCEI API 中请求温度数据。正如在第 2 章“使用 Pandas DataFrame”中所介绍的，我们可以使用 requests 库与 API 进行交互。

在下面的代码块中，导入 requests 库并创建一个方便的函数，用于向特定端点发出请求，同时发送我们的令牌。要使用此函数，需要提供一个令牌（在以下代码中以粗体显示）：

```
>>> import requests

>>> def make_request(endpoint, payload=None):
...     """
...     给 API 上的特定端口发送请求
...     传递标题和可选有效负载
...     参数:
...         - endpoint: API 的端点
...                     GET 请求发送到此
...         - payload:  数据字典
...                     和请求一起发送
...
...     返回:
...         response 对象
...     """
```

```
...     return requests.get(
...         'https://www.ncdc.noaa.gov/cdo-web/'
...         f'api/v2/{endpoint}',
...         headers={'token': 'PASTE_YOUR_TOKEN_HERE'},
...         params=payload
...     )
```

提示：

make_request()函数使用了 Python 3.6 中引入的 f-strings。与以下使用 format()方法的语句相比，f-strings 提高了代码可读性并减少了冗余：

```
'api/v2/{}'.format(endpoint)
```

要使用 make_request()函数，需要学习如何形成请求。NCEI 有一个很有用的入门页面，其网址如下：

https://www.ncdc.noaa.gov/cdo-web/webservices/v2#gettingStarted

该页面介绍了如何形成请求，你可以通过页面上的选项卡找出想要的查询过滤器。

requests 库可负责将我们的搜索参数字典（作为有效负载传入）转换为附加到 URL 末尾的查询字符串。

例如，如果传递 2018-08-28 作为 start，传递 2019-04-15 作为 end，则会得到?start=2018-08-28&end=2019-04-15。

该 API 提供了许多不同的端点，用于探索它所提供的内容并构建我们对实际数据集的最终请求。我们将首先使用 datasets 端点找出要查询的数据集的 ID（datasetid）。让我们检查哪些数据集具有从 2018 年 10 月 1 日至今的日期范围内的数据：

```
>>> response = \
...     make_request('datasets', {'startdate': '2018-10-01'})
```

请记住，我们还需要检查 status_code 属性以确保请求成功。或者，如果一切都按预期进行，则可以使用 ok 属性获取布尔指示器：

```
>>> response.status_code
200
>>> response.ok
True
```

提示：

该 API 将我们限制为每秒 5 个请求和每天 10000 个请求。如果超出这些限制，状态代码将指示客户端错误（意味着错误似乎是由我们引起的）。客户端错误的状态码为 4xx。

例如：如果无法找到请求的资源，则错误代码为 404；如果服务器无法理解我们的请求（或拒绝处理它），则错误代码为 400。

有时，服务器在处理我们的请求时也会出现问题，在这种情况下，会看到 5xx 的状态代码。

有关常见状态代码及其含义的列表，你可以访问以下网址：

https://restfulapi.net/http-statuscodes/

在获得响应之后，即可使用 json()方法获取有效负载。然后，可以使用字典方法确定我们需要的部分：

```
>>> payload = response.json()
>>> payload.keys()
dict_keys(['metadata', 'results'])
```

JSON 有效负载的 metadata 部分可告诉我们有关结果的信息，而 results 部分则包含实际结果。现在可以来看看获得了多少数据，以便确定是否可以输出结果或者是否应该尝试限制输出：

```
>>> payload['metadata']
{'resultset': {'offset': 1, 'count': 11, 'limit': 25}}
```

可以看到，我们获得了 11 行，所以不妨再看看 JSON 有效负载的 results 部分中有哪些字段。results 键包含一个字典列表。如果选择第一个键，则可以通过查看键来查看数据包含哪些字段。然后可以将输出限制为我们关心的字段：

```
>>> payload['results'][0].keys()
dict_keys(['uid', 'mindate', 'maxdate', 'name',
           'datacoverage', 'id'])
```

出于本示例的目的，我们仅想查看数据集的 ID 和名称，因此可以使用列表推导式限制仅查看这些条目：

```
>>> [(data['id'], data['name']) for data in payload['results']]
[('GHCND', 'Daily Summaries'),
 ('GSOM', 'Global Summary of the Month'),
 ('GSOY', 'Global Summary of the Year'),
 ('NEXRAD2', 'Weather Radar (Level II)'),
 ('NEXRAD3', 'Weather Radar (Level III)'),
 ('NORMAL_ANN', 'Normals Annual/Seasonal'),
 ('NORMAL_DLY', 'Normals Daily'),
 ('NORMAL_HLY', 'Normals Hourly'),
```

```
('NORMAL_MLY', 'Normals Monthly'),
 ('PRECIP_15', 'Precipitation 15 Minute'),
 ('PRECIP_HLY', 'Precipitation Hourly')]
```

可以看到，结果中的第一个条目就是我们要查找的内容。

现在我们有了 datasetid 的值（GHCND），可继续找到 datacategoryid 的值，因为需要它来请求温度数据。

我们可以使用 datacategories 端点执行该操作。在这里，我们直接输出 JSON 有效负载，因为它没有那么大（只有 9 个条目）：

```
>>> response = make_request(
...     'datacategories', payload={'datasetid': 'GHCND'}
... )
>>> response.status_code
200
>>> response.json()['results']
[{'name': 'Evaporation', 'id': 'EVAP'},
 {'name': 'Land', 'id': 'LAND'},
 {'name': 'Precipitation', 'id': 'PRCP'},
 {'name': 'Sky cover & clouds', 'id': 'SKY'},
 {'name': 'Sunshine', 'id': 'SUN'},
 {'name': 'Air Temperature', 'id': 'TEMP'},
 {'name': 'Water', 'id': 'WATER'},
 {'name': 'Wind', 'id': 'WIND'},
 {'name': 'Weather Type', 'id': 'WXTYPE'}]
```

根据上述结果，我们已经知道需要为 datacategoryid 设置一个 TEMP 值。

接下来，我们可以通过使用 datatypes 端点找到我们想要的数据类型。这将再次使用列表推导式仅输出名称和 ID。这是一个相当长的列表，因此以下代码省略了部分输出：

```
>>> response = make_request(
...     'datatypes',
...     payload={'datacategoryid': 'TEMP', 'limit': 100}
... )
>>> response.status_code
200
>>> [(datatype['id'], datatype['name'])
...   for datatype in response.json()['results']]
[('CDSD', 'Cooling Degree Days Season to Date'),
 ...,
 ('TAVG', 'Average Temperature.'),
 ('TMAX', 'Maximum temperature'),
```

```
('TMIN', 'Minimum temperature'),
('TOBS', 'Temperature at the time of observation')]
```

我们要寻找的正是上面加粗显示的 TAVG、TMAX 和 TMIN 数据类型。

现在我们已经拥有请求所有位置的温度数据所需的一切，因此，接下来可以将需求缩小到特定位置。要确定 locationcategoryid 的值，必须使用 locationcategories 端点：

```
>>> response = make_request(
...     'locationcategories', payload={'datasetid': 'GHCND'}
... )
>>> response.status_code
200
```

Python 标准库中的 pprint 可以按更易于阅读的格式输出 JSON 有效负载。有关 pprint 的详细信息，你可以访问以下网址：

https://docs.python.org/3/library/pprint.html

在本示例中，其用法如下：

```
>>> import pprint
>>> pprint.pprint(response.json())
{'metadata': {
    'resultset': {'count': 12, 'limit': 25, 'offset': 1}},
 'results':[{'id': 'CITY', 'name': 'City'},
            {'id': 'CLIM_DIV', 'name': 'Climate Division'},
            {'id': 'CLIM_REG', 'name': 'Climate Region'},
            {'id': 'CNTRY', 'name': 'Country'},
            {'id': 'CNTY', 'name': 'County'},
            ...,
            {'id': 'ST', 'name': 'State'},
            {'id': 'US_TERR', 'name': 'US Territory'},
            {'id': 'ZIP', 'name': 'Zip Code'}]}
```

我们要查看的是 New York City（纽约市）的数据，因此，对于 locationcategoryid 过滤器，CITY 是正确的值。

我们使用的 2-using_the_weather_api.ipynb 笔记本具有在 API 上执行二分搜索（binary search）的功能，可以按名称搜索字段。二分搜索是一种更有效的搜索有序列表的方法。我们由于已经知道字段可以按字母顺序排序，并且 API 已经提供了有关请求的元数据，因此知道 API 对给定字段有多少项，并且可以判断是否已经传递了我们要寻找的项。

对于每个请求，我们获取中间条目，并将其在字母表中的位置与我们的目标进行比较。如果结果小于我们的目标，则继续搜索前半部分；否则，搜索后半部分。由于每次都将数据一分为二，因此在抓取中间条目进行测试时，实际上就是在向我们寻求的值靠拢：

```
>>> def get_item(name, what, endpoint, start=1, end=None):
...     """
...     使用二分搜索抓取 JSON 有效负载
...
...     参数:
...         - name: 要查找的项目
...         - what: 指定项目 name 是什么的字典
...         - endpoint: 查找项目的地方
...         - start: 起始位置
...                  我们其实不需要接触它
...                  但函数需要递归操作它
...         - end: 项目的结束位置
...                用于找到中点
...                和 start 一样无须我们操心
...
...     返回:    如果已经找到，则返回项目信息的字典
...              否则返回空字典
...     """
...     # 找到每次都可将数据一分为二的中点
...     mid = (start + (end or 1)) // 2
...
...     # name 不区分大小写
...     name = name.lower()
...     # 定义和请求一起发送的有效负载
...     payload = {
...         'datasetid': 'GHCND', 'sortfield': 'name',
...         'offset': mid,  # 该偏移值每次都会变化
...         'limit': 1      # 仅需返回 1 个值
...     }
...
...     # 请求从 what 中添加额外的过滤器
...     response = make_request(endpoint, {**payload, **what})
...
...     if response.ok:
...         payload = response.json()
...
...         # 如果 response 为 ok
...         # 则从 metadata 中获取 end 索引
...         end = end or \
```

```
...             payload['metadata']['resultset']['count']
...
...         # 获取当前 name 的小写版本
...         current_name = \
...             payload['results'][0]['name'].lower()
...
...         # 如果要搜索的内容在当前 name 中
...         # 则已找到项目
...         if name in current_name:
...             # 返回已找到的项目
...             return payload['results'][0]
...         else:
...             if start >= end:
...                 # 如果 start 索引大约或等于 end 索引
...                 # 则未找到目标
...                 return {}
...             elif name < current_name:
...                 # 如果 name 小于当前名称
...                 # 则继续搜索左侧
...                 return get_item(name, what, endpoint,
...                                 start, mid - 1)
...             elif name > current_name:
...                 # 如果 name 大于当前名称
...                 # 则继续搜索右侧
...                 return get_item(name, what, endpoint,
...                                 mid + 1, end)
...     else:
...         # 如果 response 不为 ok，则确定具体原因
...         print('Response not OK, '
...               f'status: {response.status_code}')
```

这是算法的递归（recursive）实现，意味着从内部调用函数本身。当这样做来定义一个基本条件（base condition）时，我们必须非常小心，以确保它最终会停止并且不会进入无限循环。可以迭代地实现这一点。有关二分搜索和递归的详细信息，请参见 3.9 节“延伸阅读”部分提供的资料。

注意：

在二分搜索的传统实现中，一般是找到我们正在搜索的列表的长度。在使用 API 时，必须发出一个请求才能获得计数，因此，必须要求获得第一个条目（offset 为 1）来定位自己。这意味着，如果在开始之前知道列表中有多少个位置，则还需要提出一个额外的请求。

现在，可以使用二分搜索实现来查找纽约市的 ID，这将是在后续查询中用于 locationid 的值：

```
>>> nyc = get_item(
...     'New York', {'locationcategoryid': 'CITY'}, 'locations'
... )
>>> nyc
{'mindate': '1869-01-01',
 'maxdate': '2021-01-14',
 'name': 'New York, NY US',
 'datacoverage': 1,
 'id': 'CITY:US360019'}
```

通过使用二分搜索，我们仅需 8 次请求就找到了 New York，尽管它靠近 1983 个条目的中间。相形之下，如果使用线性搜索，则在找到它之前需要查看 1254 个条目。在图 3.10 中，可以看到二分搜索如何系统性地排除位置列表中的部分，被排除的部分用黑色表示（白色表示仍然有可能在该部分中找到所需的值）。

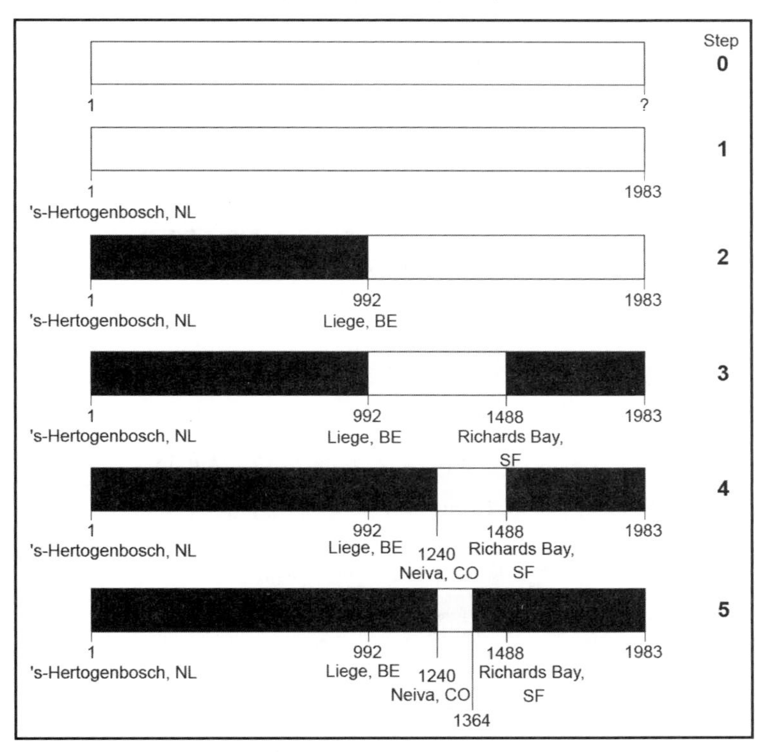

图 3.10　通过二分搜索查找 New York

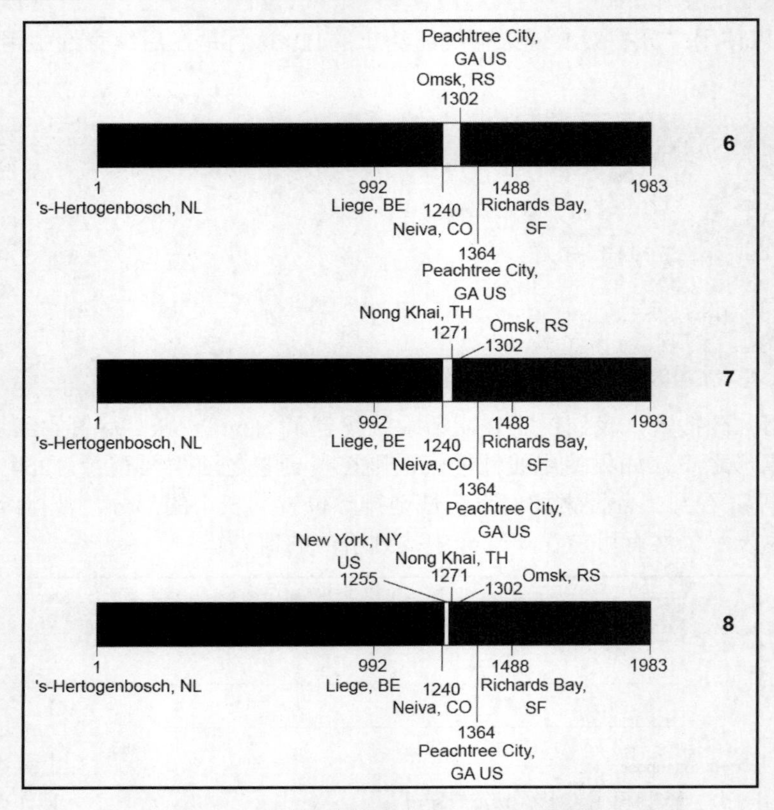

图 3.10　通过二分搜索查找 New York（续）

提示：

某些 API（如 NCEI API）限制了我们在特定时间段内可以发出的请求数量，因此发出明智的请求很重要。当搜索一个很长的有序列表时，不妨考虑二分搜索。

或者，我们也可以继续向下深挖到收集数据的气象站的 ID。这已经是最细粒度的级别。再次使用二分查找，即可获取 Central Park（纽约中央公园）站的气象站 ID：

```
>>> central_park = get_item(
...     'NY City Central Park',
...     {'locationid': nyc['id']}, 'stations'
... )
>>> central_park
{'elevation': 42.7,
 'mindate': '1869-01-01',
 'maxdate': '2020-01-13',
```

```
 'latitude': 40.77898,
 'name': 'NY CITY CENTRAL PARK, NY US',
 'datacoverage': 1,
 'id': 'GHCND:USW00094728',
 'elevationUnit': 'METERS',
 'longitude': -73.96925}
```

现在可以请求来自纽约中央公园记录的 2018 年 10 月纽约市的摄氏温度数据。为此，我们将使用 data 端点并提供在整个 API 探索过程中选取的所有参数：

```
>>> response = make_request(
...     'data',
...     {'datasetid': 'GHCND',
...      'stationid': central_park['id'],
...      'locationid': nyc['id'],
...      'startdate': '2018-10-01',
...      'enddate': '2018-10-31',
...      'datatypeid': ['TAVG', 'TMAX', 'TMIN'],
...      'units': 'metric',
...      'limit': 1000}
... )
>>> response.status_code
200
```

最后，我们将创建一个 DataFrame 对象。由于 JSON 有效负载的 results 部分是一个字典列表，因此可以将它直接传递给 pd.DataFrame()：

```
>>> import pandas as pd
>>> df = pd.DataFrame(response.json()['results'])
>>> df.head()
```

我们取回的是长格式数据。datatype 列是测量的温度变量，value 列包含测量的温度，如图 3.11 所示。

	date	datatype	station	attributes	value
0	2018-10-01T00:00:00	TMAX	GHCND:USW00094728	,,W,2400	24.4
1	2018-10-01T00:00:00	TMIN	GHCND:USW00094728	,,W,2400	17.2
2	2018-10-02T00:00:00	TMAX	GHCND:USW00094728	,,W,2400	25.0
3	2018-10-02T00:00:00	TMIN	GHCND:USW00094728	,,W,2400	18.3
4	2018-10-03T00:00:00	TMAX	GHCND:USW00094728	,,W,2400	23.3

图 3.11　从 NCEI API 中检索的数据

提示：

如果 DataFrame 对象更易于处理的话，可以使用上述代码将本节使用的任何 JSON 响应转换为 DataFrame 对象。但是，应该强调的是，JSON 有效负载在 API 方面几乎无处不在（并且作为 Python 用户，我们也应该熟悉类似字典的对象），因此熟悉它们不会有什么坏处。

我们需要的是 TAVG、TMAX 和 TMIN，但是在图 3.11 中可以看到，我们并没有得到 TAVG。这是因为中央公园气象站没有记录平均温度，尽管在 API 中已经列出了它——这就是为什么我们说现实世界的数据往往是脏的。对应代码如下：

```
>>> df.datatype.unique()
array(['TMAX', 'TMIN'], dtype=object)

>>> if get_item(
...     'NY City Central Park',
...     {'locationid': nyc['id'], 'datatypeid': 'TAVG'},
...     'stations'
... ):
...     print('Found!')
Found!
```

要解决缺乏 TAVG 的问题，可以考虑一个 B 计划：在本章的其余部分使用位于 LaGuardia Airport（纽约拉瓜迪亚机场）而不是纽约中央公园的气象站。或者，也可以获取纽约市所有气象站的数据；当然，这会使我们获得的每日温度数据中出现多个条目，因此不宜这样做——第 4 章“聚合 Pandas DataFrame”将介绍处理这些数据的技能。

从 LaGuardia Airport（纽约拉瓜迪亚机场）气象站收集天气数据的过程与纽约中央公园气象站相同，但为了简洁起见，我们将在下一个笔记本中讨论清洗数据时读取拉瓜迪亚机场的数据。请注意，当前笔记本的底部单元格包含用于收集此数据的代码。

3.4 清洗数据

本节将继续使用 3-cleaning_data.ipynb 笔记本讨论数据清洗。像往常一样，我们将首先导入 Pandas 并读取数据。本节将使用 nyc_temperatures.csv 文件，其中包含来自纽约市拉瓜迪亚机场气象站 2018 年 10 月份的每日最高温度（TMAX）、每日最低温度（TMIN）和每日平均温度（TAVG）：

```
>>> import pandas as pd
>>> df = pd.read_csv('data/nyc_temperatures.csv')
>>> df.head()
```

如图 3.12 所示，从 API 中检索的是长格式数据。

	date	datatype	station	attributes	value
0	2018-10-01T00:00:00	TAVG	GHCND:USW00014732	H,,S,	21.2
1	2018-10-01T00:00:00	TMAX	GHCND:USW00014732	,,W,2400	25.6
2	2018-10-01T00:00:00	TMIN	GHCND:USW00014732	,,W,2400	18.3
3	2018-10-02T00:00:00	TAVG	GHCND:USW00014732	H,,S,	22.7
4	2018-10-02T00:00:00	TMAX	GHCND:USW00014732	,,W,2400	26.1

图 3.12　纽约市温度数据

对于我们的分析来说，需要的是宽格式数据，3.5.2 节“旋转 DataFrame”将讨论如何解决这个问题。

现在，我们将专注于对数据进行一些细微的调整，以方便后期的使用，具体包括重命名列、将每一列转换为最合适的数据类型、排序和重新索引。一般来说，该过程还包括过滤数据，但我们在从 API 中请求数据时就已经这样做了，因此可以忽略。有关使用 Pandas 进行过滤的操作，请参阅第 2 章“使用 Pandas DataFrame”。

3.4.1　重命名列

由于我们使用的 API 端点可以返回任何单位和类别的数据，因此它必须调用 value 列。我们仅以摄氏度为单位提取温度数据，因此所有的观测值都具有相同的单位。这意味着我们可以重命名 value 列，以清楚指示我们正在处理的数据：

```
>>> df.columns
Index(['date', 'datatype', 'station', 'attributes', 'value'],
      dtype='object')
```

DataFrame 类有一个 rename()方法，该方法采用将旧列名映射到新列名的字典。除了重命名 value 列，还可以将 attributes 列重命名为 flags，因为 NCEI API 文档介绍过该列包含有关数据收集信息的标志：

```
>>> df.rename(
...     columns={'value': 'temp_C', 'attributes': 'flags'},
...     inplace=True
... )
```

大多数时候，Pandas 会返回一个新的 DataFrame 对象；当然，由于传入了 inplace=True，因此原始 DataFrame 被就地更新了。执行这种操作时应始终谨慎，因为它们可能很难撤销甚至不可撤销。现在的列有了新名称：

```
>>> df.columns
Index(['date', 'datatype', 'station', 'flags', 'temp_C'],
      dtype='object')
```

提示：

Series 和 Index 对象也可以使用它们的 rename()方法重命名，只需传入新名称即可。例如，如果有一个名为 temperature 的 Series 对象，并且想将其重命名为 temp_C，则可以运行 temperature.rename('temp_C')。该变量仍将被称为 temperature，但 Series 本身中数据的名称现在将是 temp_C。

我们还可以使用 rename()方法对列名进行转换。例如，可以将所有列名都使用大写形式：

```
>>> df.rename(str.upper, axis='columns').columns
Index(['DATE', 'DATATYPE', 'STATION', 'FLAGS', 'TEMP_C'],
      dtype='object')
```

这种方法甚至还允许重命名索引的值，不过这是目前还用不到的功能，因为我们的索引只是数字。当然，作为参考，你可以将上述代码中的 axis='columns'更改为 axis='rows'。

3.4.2　类型转换

如前文所述，在重命名时，列名称表明了它们所包含的数据的信息，在这种情况下，我们需要先检查并确认它们保存的数据类型。

使用 head()方法检查 DataFrame 时，通过查看前几行，即可判断数据类型。必要时也可以执行类型转换。

请注意，有时我们可能拥有我们认为应该是某种类型的数据，如日期，但它被存储为字符串。这可能是出于一个非常正当的原因——数据可能缺失。

如果缺失的数据编码为文本（如?或 N/A），则 Pandas 会在读入时将其存储为字符串以允许纳入此数据。当我们在 DataFrame 上使用 dtypes 属性时，它将被标记为 object。我们如果尝试转换（或强制转换）这些列，则会得到一个错误，或者转换后的结果将不是我们所期望的。

例如，我们如果有 decimal 小数的字符串，则尝试将列转换为 integer 整数时，将得到一个错误，因为 Python 知道它们不是整数；当然，如果尝试将 decimal 小数转换为 integer

整数，则将缺失 decimal 小数点后的任何信息。

话虽如此，先检查温度数据中的数据类型仍然是有必要的。请注意，date 列实际上并未被存储为 datetime 数据类型而是 object：

```
>>> df.dtypes
date          object
datatype      object
station       object
flags         object
temp_C       float64
dtype: object
```

我们可以使用 pd.to_datetime()函数将 date 列转换为 datetime 数据类型：

```
>>> df.loc[:,'date'] = pd.to_datetime(df.date)
>>> df.dtypes
date         datetime64[ns]
datatype             object
station              object
flags                object
temp_C              float64
dtype: object
```

这比原来好多了。现在，当我们汇总 date 列时，可以获得有用的信息：

```
>>> df.date.describe(datetime_is_numeric=True)
count                     93
mean     2018-10-16 00:00:00
min      2018-10-01 00:00:00
25%      2018-10-08 00:00:00
50%      2018-10-16 00:00:00
75%      2018-10-24 00:00:00
max      2018-10-31 00:00:00
Name: date, dtype: object
```

处理日期可能需要一定的技巧，因为它们有许多不同的格式和时区；幸运的是，Pandas 有更多可以用来处理转换 datetime 对象的方法。例如，在使用 DatetimeIndex 对象时，如果需要跟踪时区，则可以使用 tz_localize()方法将 datetime 与时区相关联：

```
>>> pd.date_range(start='2018-10-25', periods=2, freq='D')\
...     .tz_localize('EST')
DatetimeIndex(['2018-10-25 00:00:00-05:00',
               '2018-10-26 00:00:00-05:00'],
              dtype='datetime64[ns, EST]', freq=None)
```

这也适用于具有 DatetimeIndex 类型索引的 Series 和 DataFrame 对象。我们可以再次读入 CSV 文件，这次指定 date 列将作为索引，并且应该将 CSV 文件中的任何日期解析为 datetime：

```
>>> eastern = pd.read_csv(
...     'data/nyc_temperatures.csv',
...     index_col='date', parse_dates=True
... ).tz_localize('EST')
>>> eastern.head()
```

对于这个例子，我们不得不再次读入文件，因为目前还没有学习如何更改数据的索引（3.4.5 节“设置索引”将对此进行介绍）。请注意，我们已将东部标准时间（Eastern Standard Time，EST）的偏移量——与协调世界时（universal time coordinated，UTC）相差−05:00——添加到索引的日期时间中，如图 3.13 所示。

	datatype	station	attributes	value
date				
2018-10-01 00:00:00-05:00	TAVG	GHCND:USW00014732	H,,S,	21.2
2018-10-01 00:00:00-05:00	TMAX	GHCND:USW00014732	,,W,2400	25.6
2018-10-01 00:00:00-05:00	TMIN	GHCND:USW00014732	,,W,2400	18.3
2018-10-02 00:00:00-05:00	TAVG	GHCND:USW00014732	H,,S,	22.7
2018-10-02 00:00:00-05:00	TMAX	GHCND:USW00014732	,,W,2400	26.1

图 3.13　索引中转换为时区的日期

我们可以使用 tz_convert()方法将时区更改为不同的时区。例如，将数据更改为 UTC：

```
>>> Eastern.tz_convert('UTC').head()
```

现在，偏移量是 UTC（+00:00），如图 3.14 所示。但请注意，日期的时间部分现在是 5 AM；此转换已经考虑了-05:00 偏移量。

	datatype	station	attributes	value
date				
2018-10-01 05:00:00+00:00	TAVG	GHCND:USW00014732	H,,S,	21.2
2018-10-01 05:00:00+00:00	TMAX	GHCND:USW00014732	,,W,2400	25.6
2018-10-01 05:00:00+00:00	TMIN	GHCND:USW00014732	,,W,2400	18.3
2018-10-02 05:00:00+00:00	TAVG	GHCND:USW00014732	H,,S,	22.7
2018-10-02 05:00:00+00:00	TMAX	GHCND:USW00014732	,,W,2400	26.1

图 3.14　将数据转换为另一个时区

我们还可以使用 to_period()方法截断日期时间，如果不关心完整的日期，那么这个方法就可以派上用场。

例如，如果想按月聚合数据，则可将索引截断为月份和年份，然后执行聚合。由于我们将在第 4 章“聚合 Pandas DataFrame”中介绍聚合，因此在此处将仅执行截断操作。请注意，我们将首先删除时区信息，以避免 Pandas 发出警告信息，即 PeriodArray 类没有时区信息，因此时区信息将会被丢失。这是因为 PeriodIndex 对象的基础数据被存储为 PeriodArray 对象：

```
>>> eastern.tz_localize(None).to_period('M').index
PeriodIndex(['2018-10', '2018-10', ..., '2018-10', '2018-10'],
            dtype='period[M]', name='date', freq='M')
```

我们可以使用 to_timestamp()方法将 PeriodIndex 对象转换为 DatetimeIndex 对象。但是，日期时间现在都从该月的第一天开始：

```
>>> eastern.tz_localize(None)\
...     .to_period('M').to_timestamp().index
DatetimeIndex(['2018-10-01', '2018-10-01', '2018-10-01', ...,
               '2018-10-01', '2018-10-01', '2018-10-01'],
              dtype='datetime64[ns]', name='date', freq=None)
```

或者，我们也可以使用 assign()方法处理任何类型转换，方法是通过将列名作为命名参数进行传递，并将列名的新值作为该参数的值传递给方法调用。在实践中，这将更有益，因为我们可以在一次调用中执行许多任务，并使用我们在该调用中创建的列计算额外的列。

例如，我们可以将 date 列转换为日期时间，并为华氏温度（temp_F）添加一个新列。assign()方法可返回一个新的 DataFrame 对象，所以如果想要保留它，则必须记住将它分配给一个变量。以下我们将创建一个新的 DataFrame。请注意，我们对原始日期的转换其实已经修改了列，因此，为了演示可以使用 assign()方法，我们还需要再次读入数据：

```
>>> df = pd.read_csv('data/nyc_temperatures.csv').rename(
...     columns={'value': 'temp_C', 'attributes': 'flags'}
... )

>>> new_df = df.assign(
...     date=pd.to_datetime(df.date),
...     temp_F=(df.temp_C * 9/5) + 32
... )

>>> new_df.dtypes
```

```
date          datetime64[ns]
datatype              object
station               object
flags                 object
temp_C               float64
temp_F               float64
dtype: object

>>> new_df.head()
```

如图 3.15 所示，现在的 date 列中已经有了日期时间，另外还有一个新列 temp_F。

	date	datatype	station	flags	temp_C	temp_F
0	2018-10-01	TAVG	GHCND:USW00014732	H,,S,	21.2	70.16
1	2018-10-01	TMAX	GHCND:USW00014732	,,W,2400	25.6	78.08
2	2018-10-01	TMIN	GHCND:USW00014732	,,W,2400	18.3	64.94
3	2018-10-02	TAVG	GHCND:USW00014732	H,,S,	22.7	72.86
4	2018-10-02	TMAX	GHCND:USW00014732	,,W,2400	26.1	78.98

图 3.15　同时进行类型转换和列创建

此外，我们还可以使用 astype()方法一次转换一列。例如，假设我们只关心每个整数的温度，但又不想四舍五入。在这种情况下，我们将仅截掉小数点后的信息。为了实现这一点，可以将 float 浮点数转换为 integer 整数。

这一次，我们将使用 lambda 函数（详见 2.6.1 节“创建新数据”），它可以访问 temp_F 列以创建 temp_F_whole 列——在调用 assign()之前，df 还没有该列。将 lambda 函数与 assign()一起使用是很常见的（并且非常有用）：

```
>>> df = df.assign(
...     date=lambda x: pd.to_datetime(x.date),
...     temp_C_whole=lambda x: x.temp_C.astype('int'),
...     temp_F=lambda x: (x.temp_C * 9/5) + 32,
...     temp_F_whole=lambda x: x.temp_F.astype('int')
... )
>>> df.head()
```

请注意，如果使用 lambda 函数，则可以引用刚刚创建的列。同样重要的是，我们不必知道是将列转换为浮点数还是整数：我们可以使用 pd.to_numeric()，它如果看到 decimal 小数，那么会将数据转换为浮点数；所有数字如果都是整数，那么将会被转换为整数（显然，如果数据根本不是数字，则会抛出错误）。结果如图 3.16 所示。

	date	datatype	station	flags	temp_C	temp_C_whole	temp_F	temp_F_whole
0	2018-10-01	TAVG	GHCND:USW00014732	H,,S,	21.2	21	70.16	70
1	2018-10-01	TMAX	GHCND:USW00014732	,,W,2400	25.6	25	78.08	78
2	2018-10-01	TMIN	GHCND:USW00014732	,,W,2400	18.3	18	64.94	64
3	2018-10-02	TAVG	GHCND:USW00014732	H,,S,	22.7	22	72.86	72
4	2018-10-02	TMAX	GHCND:USW00014732	,,W,2400	26.1	26	78.98	78

图 3.16　使用 lambda 函数创建列

在图 3.16 中可以看到，有两列（station 和 datatype）数据当前被存储为字符串，但是完全可以按更好的方式表示该数据集。Station 列和 datatype 列分别只有 1 个和 3 个不同的值，这意味着内存使用效率不高，原因在于这些值被存储为字符串。

Pandas 能够将列定义为分类（categorical）值。Pandas 和其他包中的某些统计操作将能够处理这些数据，提供有意义的统计，并正确使用它们。

分类变量可以采用若干个值之一。例如，血型就是一个分类变量——人类的血型只能是 A、B、AB 或 O 型之一。

回到本示例中的温度数据，station（气象站）列只有一个值，datatype（数据类型）列只有 3 个不同的值（TAVG、TMAX、TMIN）。因此，我们完全可以使用 astype()方法将这些值转换为 category 值并查看汇总统计信息：

```
>>> df_with_categories = df.assign(
...     station=df.station.astype('category'),
...     datatype=df.datatype.astype('category')
... )

>>> df_with_categories.dtypes
date            datetime64[ns]
datatype              category
station               category
flags                   object
temp_C                 float64
temp_C_whole             int64
temp_F                 float64
temp_F_whole             int64
dtype: object

>>> df_with_categories.describe(include='category')
```

category 的汇总统计与字符串的汇总统计类似。我们可以看到非空条目的数量（count）、唯一值的数量（unique）、模式（top）和模式出现的次数（freq），如图 3.17 所示。

	datatype	station
count	93	93
unique	3	1
top	TAVG	GHCND:USW00014732
freq	31	93

图 3.17　分类列的汇总统计

刚刚创建的分类没有任何顺序，但 Pandas 确实支持排序：

```
>>> pd.Categorical(
...     ['med', 'med', 'low', 'high'],
...     categories=['low', 'med', 'high'],
...     ordered=True
... )
['med', 'med', 'low', 'high']
Categories (3, object): ['low' < 'med' < 'high']
```

当 DataFrame 中的列以适当的类型被存储时，它也开辟了额外的探索途径，例如计算统计数据、聚合数据和排序值。

根据数据源的情况，数字数据也可能表示为字符串，在这种情况下，尝试对值进行排序将在词法上重新排序内容，这意味着结果可能是 1、10、11、2，而不是 1、2、10、11（数字排序）。

类似地，如果将日期表示为 YYYY-MM-DD 以外的格式的字符串，则对这些信息进行排序可能会导致非时间顺序；但是，通过使用 pd.to_datetime()转换日期字符串，即可按时间顺序对以任何格式提供的日期进行排序。总之，类型转换使得我们可以根据数值数据和日期的值（而不是它们的初始字符串表示）对它们进行重新排序。

3.4.3　按值排序

在实际操作中，经常需要按一列或多列的值对数据进行排序。假设我们想找出 2018 年 10 月纽约市达到最高温度的日子，则可以根据 temp_C（或 temp_F）列按降序对值进行排序，并使用 head()选择想要查看的天数。要完成此操作，可以使用 sort_values()方法。假设要查看前 10 天的记录：

```
>>> df[df.datatype == 'TMAX']\
...     .sort_values(by='temp_C', ascending=False).head(10)
```

如图 3.18 所示，根据拉瓜迪亚机场气象站的数据，在 10 月 7 日和 10 日，温度达到了 2018 年 10 月的最高值（均为 27℃整）。紧随其后是 10 月 11 日、4 日和 2 日（均为 26℃整），然后是 10 月 1 日、9 日和 3 日（均为 25℃整），最后是 10 月 5 日和 8 日（均为 22℃整）。但请注意，日期并不总是排序的。在温度相同的情况下，虽然 10 日在 7 日之后，但 4 日却在 2 日之前。

	date	datatype	station	flags	temp_C	temp_C_whole	temp_F	temp_F_whole
19	2018-10-07	TMAX	GHCND:USW00014732	,,W,2400	27.8	27	82.04	82
28	2018-10-10	TMAX	GHCND:USW00014732	,,W,2400	27.8	27	82.04	82
31	2018-10-11	TMAX	GHCND:USW00014732	,,W,2400	26.7	26	80.06	80
10	2018-10-04	TMAX	GHCND:USW00014732	,,W,2400	26.1	26	78.98	78
4	2018-10-02	TMAX	GHCND:USW00014732	,,W,2400	26.1	26	78.98	78
1	2018-10-01	TMAX	GHCND:USW00014732	,,W,2400	25.6	25	78.08	78
25	2018-10-09	TMAX	GHCND:USW00014732	,,W,2400	25.6	25	78.08	78
7	2018-10-03	TMAX	GHCND:USW00014732	,,W,2400	25.0	25	77.00	77
13	2018-10-05	TMAX	GHCND:USW00014732	,,W,2400	22.8	22	73.04	73
22	2018-10-08	TMAX	GHCND:USW00014732	,,W,2400	22.8	22	73.04	73

图 3.18　对数据进行排序以找到温度最高的日子

sort_values()方法可以与列名列表一起使用来打破这种温度上的并列关系。提供列的顺序将决定排序顺序，每个后续列都可用于打破数字上的并列。例如，我们可以确保在打破并列时按升序对日期进行排序：

```
>>> df[df.datatype == 'TMAX'].sort_values(
...     by=['temp_C', 'date'], ascending=[False, True]
... ).head(10)
```

由于设置了日期按升序排序，在温度并列的情况下，较早的日期将在较晚的日期之上。如图 3.19 所示，10 月 2 日现在已经在 10 月 4 日之前，尽管二者的温度读数相同。

提示：

在 Pandas 中，索引与行是关联在一起的——当我们删除行、过滤或执行任何仅返回某些行的操作时，索引可能看起来是乱序的（图 3.19 正是如此）。目前，索引仅表示数据中的行号，因此我们可能对更改值感兴趣，以便在索引 0 处获得第一个条目。要让 Pandas 自动执行此操作，需要将 ignore_index=True 传递给 sort_values()。

	date	datatype	station	flags	temp_C	temp_C_whole	temp_F	temp_F_whole
19	2018-10-07	TMAX	GHCND:USW00014732	,,W,2400	27.8	27	82.04	82
28	2018-10-10	TMAX	GHCND:USW00014732	,,W,2400	27.8	27	82.04	82
31	2018-10-11	TMAX	GHCND:USW00014732	,,W,2400	26.7	26	80.06	80
4	2018-10-02	TMAX	GHCND:USW00014732	,,W,2400	26.1	26	78.98	78
10	2018-10-04	TMAX	GHCND:USW00014732	,,W,2400	26.1	26	78.98	78
1	2018-10-01	TMAX	GHCND:USW00014732	,,W,2400	25.6	25	78.08	78
25	2018-10-09	TMAX	GHCND:USW00014732	,,W,2400	25.6	25	78.08	78
7	2018-10-03	TMAX	GHCND:USW00014732	,,W,2400	25.0	25	77.00	77
13	2018-10-05	TMAX	GHCND:USW00014732	,,W,2400	22.8	22	73.04	73
22	2018-10-08	TMAX	GHCND:USW00014732	,,W,2400	22.8	22	73.04	73

图 3.19　对多列数据进行排序以打破温度并列的情况

Pandas 还提供了另一种查看已排序值的子集的方法：可以使用 nlargest()根据特定条件抓取具有最大值的 *n* 行，或者使用 nsmallest()抓取具有最小值的 *n* 行，而无须事先对数据进行排序。二者都接受列名称的列表或单个列的字符串。

以下命令可以获取平均气温最高的前 10 天的数据：

```
>>> df[df.datatype == 'TAVG'].nlargest(n=10, columns='temp_C')
```

图 3.20 显示了 2018 年 10 月平均温度最高的 10 天。

	date	datatype	station	flags	temp_C	temp_C_whole	temp_F	temp_F_whole
27	2018-10-10	TAVG	GHCND:USW00014732	H,,S,	23.8	23	74.84	74
30	2018-10-11	TAVG	GHCND:USW00014732	H,,S,	23.4	23	74.12	74
18	2018-10-07	TAVG	GHCND:USW00014732	H,,S,	22.8	22	73.04	73
3	2018-10-02	TAVG	GHCND:USW00014732	H,,S,	22.7	22	72.86	72
6	2018-10-03	TAVG	GHCND:USW00014732	H,,S,	21.8	21	71.24	71
24	2018-10-09	TAVG	GHCND:USW00014732	H,,S,	21.8	21	71.24	71
9	2018-10-04	TAVG	GHCND:USW00014732	H,,S,	21.3	21	70.34	70
0	2018-10-01	TAVG	GHCND:USW00014732	H,,S,	21.2	21	70.16	70
21	2018-10-08	TAVG	GHCND:USW00014732	H,,S,	20.9	20	69.62	69
12	2018-10-05	TAVG	GHCND:USW00014732	H,,S,	20.3	20	68.54	68

图 3.20　排序以找到平均最热的 10 天

3.4.4　索引排序

我们并不仅限于对值进行排序；如果愿意的话，甚至可以按字母顺序对列进行排序，然后按索引值对行进行排序。对于此类任务，可以使用 sort_index()方法。默认情况下，sort_index()方法将针对行，以便可以在执行混洗（shuffle）操作后再执行对索引进行排序的操作。例如，使用 sample()方法将获得随机选择的行，但这也会导致索引混乱，因此可以在之后使用 sort_index()方法对这些行进行排序：

```
>>> df.sample(5, random_state=0).index
Int64Index([2, 30, 55, 16, 13], dtype='int64')
>>> df.sample(5, random_state=0).sort_index().index
Int64Index([2, 13, 16, 30, 55], dtype='int64')
```

提示：

如果需要 sample()方法的结果可重现，可以传入一个种子，并将其设置为我们选择的数字（使用 random_state 参数）。种子可以初始化一个伪随机数生成器，因此如果使用相同的种子，结果将是相同的。

要定位列时，必须传入 axis=1;参数。该参数的默认值为行（即 axis = 0）。请注意，此参数存在于许多 Pandas 方法和函数（包括 sample()）中，因此，了解它的含义很重要。

以下语句可按字母顺序对 DataFrame 的列进行排序：

```
>>> df.sort_index(axis=1).head()
```

按字母顺序对列进行排序时，使用 loc[]非常方便，因为可以指定一系列具有相似名称的列。例如，可以使用 df.loc[:,'station':'temp_F_whole']轻松地获取所有温度列以及气象站的信息，如图 3.21 所示。

	datatype	date	flags	station	temp_C	temp_C_whole	temp_F	temp_F_whole
0	TAVG	2018-10-01	H,,S,	GHCND:USW00014732	21.2	21	70.16	70
1	TMAX	2018-10-01	,,W,2400	GHCND:USW00014732	25.6	25	78.08	78
2	TMIN	2018-10-01	,,W,2400	GHCND:USW00014732	18.3	18	64.94	64
3	TAVG	2018-10-02	H,,S,	GHCND:USW00014732	22.7	22	72.86	72
4	TMAX	2018-10-02	,,W,2400	GHCND:USW00014732	26.1	26	78.98	78

图 3.21　按列名称对列进行排序

注意：

sort_index()和 sort_values()都可以返回新的 DataFrame 对象。必须传入 inplace=True

才能就地更新 DataFrame。

在测试两个 DataFrame 是否相等时，sort_index()方法还可以帮助获得准确的答案。Pandas 除了检查是否具有相同的数据，还将比较行的索引值是否相同。例如，如果按摄氏温度对 DataFrame 进行排序并检查它是否等于原始 DataFrame，那么 Pandas 会告诉我们它不是。我们必须对索引进行排序以查看它们是否相同：

```
>>> df.equals(df.sort_values(by='temp_C'))
False
>>> df.equals(df.sort_values(by='temp_C').sort_index())
True
```

3.4.5 设置索引

有时，我们不太关心数字索引，而是希望使用一个（或多个）其他列作为索引。在这种情况下，可以使用 set_index()方法。例如，可以将 date 列设置为索引：

```
>>> df.set_index('date', inplace=True)
>>> df.head()
```

如图 3.22 所示，date 列已移动到索引所在的最左侧，而不再有数字索引。

	datatype	station	flags	temp_C	temp_C_whole	temp_F	temp_F_whole
date							
2018-10-01	TAVG	GHCND:USW00014732	H,,S,	21.2	21	70.16	70
2018-10-01	TMAX	GHCND:USW00014732	,,W,2400	25.6	25	78.08	78
2018-10-01	TMIN	GHCND:USW00014732	,,W,2400	18.3	18	64.94	64
2018-10-02	TAVG	GHCND:USW00014732	H,,S,	22.7	22	72.86	72
2018-10-02	TMAX	GHCND:USW00014732	,,W,2400	26.1	26	78.98	78

图 3.22　将 date 列设置为索引

提示：

我们还可以提供用作索引的列的列表。这将创建一个 MultiIndex 对象，其中列表中的第一个元素是最外层，最后一个元素是最内层。3.5.2 节“旋转 DataFrame”将进一步讨论这一点。

将索引设置为日期时间可以让我们利用日期时间切片和索引，这些操作在第 2 章“使用 Pandas DataFrame”中已经简要讨论过。只要提供 Pandas 理解的日期格式，就可以抓取数据。

例如：要选择 2018 年的全部数据，可以使用 df.loc['2018']；要选择 2018 年第四季度的数据，可以使用 df.loc['2018-Q4']；要选择 2018 年 10 月的数据，可以使用 df.loc['2018-10']。这些也可以被组合起来构建范围。请注意，使用范围时，loc[]是可选的：

```
>>> df['2018-10-11':'2018-10-12']
```

这将为我们提供从 2018 年 10 月 11 日到 2018 年 10 月 12 日的数据（含两个端点），如图 3.23 所示。

datatype		station	flags	temp_C	temp_C_whole	temp_F	temp_F_whole
date							
2018-10-11	TAVG	GHCND:USW00014732	H,,S,	23.4	23	74.12	74
2018-10-11	TMAX	GHCND:USW00014732	,,W,2400	26.7	26	80.06	80
2018-10-11	TMIN	GHCND:USW00014732	,,W,2400	21.7	21	71.06	71
2018-10-12	TAVG	GHCND:USW00014732	H,,S,	18.3	18	64.94	64
2018-10-12	TMAX	GHCND:USW00014732	,,W,2400	22.2	22	71.96	71
2018-10-12	TMIN	GHCND:USW00014732	,,W,2400	12.2	12	53.96	53

图 3.23　选择日期范围

3.4.6　重置索引

可以使用 reset_index()方法恢复 date 列：

```
>>> df['2018-10-11':'2018-10-12'].reset_index()
```

如图 3.24 所示，索引现在从 0 开始，日期现在位于名为 date 的列中。如果不想在索引中缺失数据（如日期），那么这将特别有用。

	date	datatype	station	flags	temp_C	temp_C_whole	temp_F	temp_F_whole
0	2018-10-11	TAVG	GHCND:USW00014732	H,,S,	23.4	23	74.12	74
1	2018-10-11	TMAX	GHCND:USW00014732	,,W,2400	26.7	26	80.06	80
2	2018-10-11	TMIN	GHCND:USW00014732	,,W,2400	21.7	21	71.06	71
3	2018-10-12	TAVG	GHCND:USW00014732	H,,S,	18.3	18	64.94	64
4	2018-10-12	TMAX	GHCND:USW00014732	,,W,2400	22.2	22	71.96	71
5	2018-10-12	TMIN	GHCND:USW00014732	,,W,2400	12.2	12	53.96	53

图 3.24　重置索引

3.4.7　重新索引

在某些情况下，我们可能有一个想要继续使用的索引，但需要将该索引与某些值对齐。为此，我们有 reindex()方法，可以为它提供一个索引来对齐数据，它会相应地调整索引。请注意，这个新索引不一定是数据的一部分——我们只是有一个索引并希望将当前数据与其匹配。

例如，我们将转向使用 sp500.csv 文件中的标准普尔 500 股票数据。它包含标准普尔 500 指数从 2017 年到 2018 年年底的每日开盘价（opening）、最高价（high）、最低价（low）和收盘价（closing）（合称为 OHLC），以及交易量和调整后的收盘价（本示例将不会使用到该项数据）。现在让我们读入数据，将 date 列设置为索引并解析日期：

```
>>> sp = pd.read_csv(
...     'data/sp500.csv', index_col='date', parse_dates=True
... ).drop(columns=['adj_close']) # 不使用该列
```

现在可以来看看该数据的外观，并为每一行标记一周中的星期（day_of_week），以更好地理解索引包含的内容。

我们可以轻松地将日期部分从 DatetimeIndex 类型的索引中提取出来。在提取和转换日期部分（也就是标记一周中的星期）时，Pandas 会提供数字形式的表示（即星期 1～7）。如果需要字符串版本（即 Monday、Tuesday、Wednesday、Thursday、Friday、Saturday、Sunday），则应该在编写自己的转换函数之前查看是否有现成的方法可用。在本示例中有一个现成的方法，那就是 day_name():

```
>>> sp.head(10)\
... .assign(day_of_week=lambda x: x.index.day_name())
```

提示：

也可以用一个 Series 做到这一点，但首先需要访问 dt 属性。例如，如果在 sp DataFrame 中有一个 date 列，则可以使用 sp.date.dt.month 获取月份。有关可以访问的完整列表，你可以访问以下网址：

https://pandas.pydata.org/pandasdocs/stable/reference/series.html#datetimelikeproperties

由于周末（和节假日）股市休市，因此我们只有工作日的数据，如图 3.25 所示。

如果要分析包含标准普尔 500 指数和周末交易的资产（如比特币）的投资组合中一组资产的表现，则需要获得标准普尔 500 指数一年中每一天的值；否则，在查看投资组合的每日值时，会看到股票休市日都会出现大幅下跌。

	high	low	open	close	volume	day_of_week
date						
2017-01-03	2263.879883	2245.129883	2251.570068	2257.830078	3770530000	Tuesday
2017-01-04	2272.820068	2261.600098	2261.600098	2270.750000	3764890000	Wednesday
2017-01-05	2271.500000	2260.449951	2268.179932	2269.000000	3761820000	Thursday
2017-01-06	2282.100098	2264.060059	2271.139893	2276.979980	3339890000	Friday
2017-01-09	2275.489990	2268.899902	2273.590088	2268.899902	3217610000	Monday
2017-01-10	2279.270020	2265.270020	2269.719971	2268.899902	3638790000	Tuesday
2017-01-11	2275.320068	2260.830078	2268.600098	2275.320068	3620410000	Wednesday
2017-01-12	2271.780029	2254.250000	2271.139893	2270.439941	3462130000	Thursday
2017-01-13	2278.679932	2271.510010	2272.739990	2274.639893	3081270000	Friday
2017-01-17	2272.080078	2262.810059	2269.139893	2267.889893	3584990000	Tuesday

图 3.25　标准普尔 500 OHLC 数据

为了说明这一点，让我们从 bitcoin.csv 文件中读取比特币数据，并将标准普尔 500 指数和比特币数据组合成一个投资组合。比特币数据也包含 OHLC 数据和交易量，但它还附带了一个我们不需要的名为 market_cap 的列，因此必须先删除该列：

```
>>> bitcoin = pd.read_csv(
...     'data/bitcoin.csv', index_col='date', parse_dates=True
... ).drop(columns=['market_cap'])
```

为了分析投资组合，我们需要按天汇总数据，这是第 4 章“聚合 Pandas DataFrame”的主题，因此，目前我们不必操心聚合是如何执行的——只要知道每天汇总数据即可。例如，每天的收盘价将是标准普尔 500 指数的收盘价和比特币的收盘价之和：

```
# 每日收盘价 = S&P 500 收盘价 + Bitcoin 收盘价
# （其他统计指标也一样）
>>> portfolio = pd.concat([sp, bitcoin], sort=False)\
...     .groupby(level='date').sum()

>>> portfolio.head(10).assign(
...     day_of_week=lambda x: x.index.day_name()
... )
```

现在，如果检查我们的投资组合，则会看到包含一周中每一天的值。到目前为止，一切都还好，如图 3.26 所示。

date	high	low	open	close	volume	day_of_week
2017-01-01	1003.080000	958.700000	963.660000	998.330000	147775008	Sunday
2017-01-02	1031.390000	996.700000	998.620000	1021.750000	222184992	Monday
2017-01-03	3307.959883	3266.729883	3273.170068	3301.670078	3955698000	Tuesday
2017-01-04	3432.240068	3306.000098	3306.000098	3425.480000	4109835984	Wednesday
2017-01-05	3462.600000	3170.869951	3424.909932	3282.380000	4272019008	Thursday
2017-01-06	3328.910098	3148.000059	3285.379893	3179.179980	3691766000	Friday
2017-01-07	908.590000	823.560000	903.490000	908.590000	279550016	Saturday
2017-01-08	942.720000	887.250000	908.170000	911.200000	158715008	Sunday
2017-01-09	3189.179990	3148.709902	3186.830088	3171.729902	3359486992	Monday
2017-01-10	3194.140020	3166.330020	3172.159971	3176.579902	3754598000	Tuesday

图 3.26　标准普尔 500 指数和比特币的投资组合

但是，这种方法存在一个问题，该问题通过可视化更容易发现。绘图操作将在第 5 章“使用 Pandas 和 Matplotlib 可视化数据”，以及第 6 章“使用 Seaborn 和自定义技术绘图”中详细介绍，所以现在你不必担心编写代码的问题：

```
>>> import matplotlib.pyplot as plt # 绘图模块
>>> from matplotlib.ticker import StrMethodFormatter

# 绘制从 2017 第 4 季度到 2018 年第 2 季度的图形
>>> ax = portfolio['2017-Q4':'2018-Q2'].plot(
...     y='close', figsize=(15, 5), legend=False,
...     title='Bitcoin + S&P 500 value without accounting '
...           'for different indices'
... )

# 格式化
>>> ax.set_ylabel('price')
>>> ax.yaxis\
...     .set_major_formatter(StrMethodFormatter('${x:,.0f}'))
>>> for spine in ['top', 'right']:
...     ax.spines[spine].set_visible(False)
```

```
# 显示绘图结果
>>> plt.show()
```

如图 3.27 所示，这里存在明显的周期性模式。那么，这个模式是如何形成的呢？它在每个股票休市日都会大幅下跌，因为当天的聚合只有比特币数据可以相加。

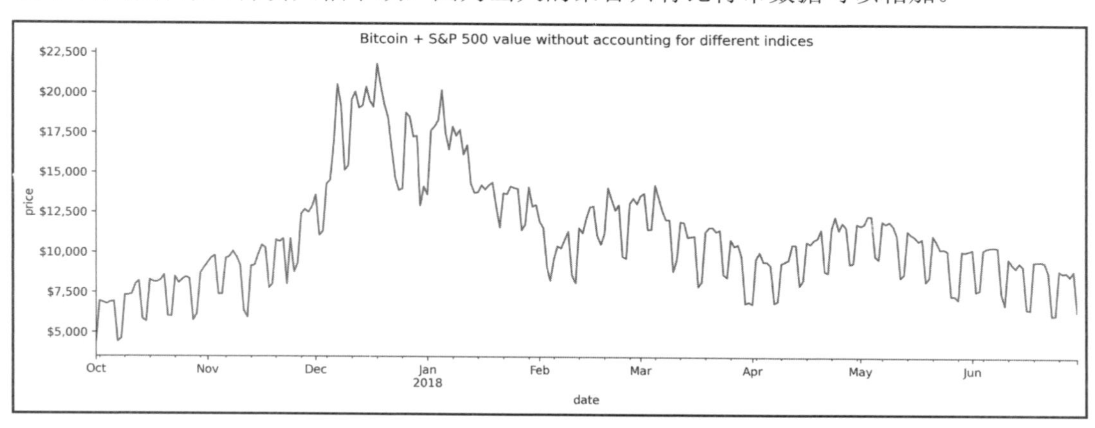

图 3.27　股票休市日投资组合的价格会大幅下跌

显然，这是一个问题。因为在股票休市时，资产的价值并不会降为零。如果希望 Pandas 为我们填充缺失的数据，则需要通过 reindex()方法使用比特币的索引重新索引标准普尔 500 数据，并将以下策略之一传递给 method 参数。

- 'ffill'：该名称代表前向填充（forward filling），暗示此方法可以将值向前推。例如，在本示例中，将使用休市日之前的上一个交易日的数据填充休市日的数据。
- 'bfill'：该名称代表反向传播填充（backpropagate fill），暗示此方法将反向传播值，这会导致将未来的结果带入过去的日期，即使用休市日之后的下一个交易日的数据填充休市日的数据。
- 'nearest'：此方法将根据最接近缺失行的行进行填充，在本示例中，这将导致周日获取接下来的周一的数据，而周六则获取前面周五的数据。

前向填充策略似乎是一个最好的选择（也最符合市场现实），但由于我们并不确定，因此可以先看看它是如何处理数据的：

```
>>> sp.reindex(bitcoin.index, method='ffill').head(10)\
...     .assign(day_of_week=lambda x: x.index.day_name())
```

其结果如图 3.28 所示。可以看到，这里仍然是有问题的，因为 volume（交易量）列也填充了开市日的数据。

	high	low	open	close	volume	day_of_week
date						
2017-01-01	NaN	NaN	NaN	NaN	NaN	Sunday
2017-01-02	NaN	NaN	NaN	NaN	NaN	Monday
2017-01-03	2263.879883	2245.129883	2251.570068	2257.830078	3.770530e+09	Tuesday
2017-01-04	2272.820068	2261.600098	2261.600098	2270.750000	3.764890e+09	Wednesday
2017-01-05	2271.500000	2260.449951	2268.179932	2269.000000	3.761820e+09	Thursday
2017-01-06	2282.100098	2264.060059	2271.139893	2276.979980	3.339890e+09	Friday
2017-01-07	2282.100098	2264.060059	2271.139893	2276.979980	3.339890e+09	Saturday
2017-01-08	2282.100098	2264.060059	2271.139893	2276.979980	3.339890e+09	Sunday
2017-01-09	2275.489990	2268.899902	2273.590088	2268.899902	3.217610e+09	Monday
2017-01-10	2279.270020	2265.270020	2269.719971	2268.899902	3.638790e+09	Tuesday

图 3.28　前向填充休市日缺失的数据

提示：

compare()方法可以显示相同标记的 DataFrame（相同的索引和列）中不同的值；在进行前向填充时，可使用它来隔离数据中的更改。笔记本里就有这样一个例子。

理想情况下，我们只是想在股市收盘时维持股票的价值——交易量仍应该为零。为了以不同的方式处理每一列的 NaN 值，可使用 assign()方法。

要将 volume（交易量）列中的任何 NaN 值填充为 0，可使用 fillna()方法（3.6 节“处理重复、缺失或无效的数据”将详细讨论该方法）。

fillna()方法还允许传入一个方法而不是一个值，因此可以前向填充 close（收盘价）列，这是之前的尝试中唯一有意义的列。

最后，可以对剩余的列使用 np.where()函数，这允许构建一个向量化的 if...else。它采用以下形式：

```
np.where(布尔条件, 值为真, 值为假)
```

可以一次地对数组中的所有元素执行向量化操作（vectorized operation）。由于每个元素具有相同的数据类型，这些计算可以运行得相当快。

作为一般的经验法则，对于 Pandas 而言，我们应该避免在向量化操作中编写循环以获得更好的性能。

NumPy 函数旨在处理数组，因此这些函数是高性能 Pandas 代码的完美候选者。这将使我们可以轻松地将同一天的 open（开盘价）、high（最高价）或 low（最低价）列中的任何 NaN 值均设置为 close（收盘价）列中的值。由于这些操作均基于 close（收盘价）列，因此需要先前向填充 close（收盘价）列：

```
>>> import numpy as np

>>> sp_reindexed = sp.reindex(bitcoin.index).assign(
...     # 休市日的交易量为 0
...     volume=lambda x: x.volume.fillna(0),
...     # 执行前向填充，先填充 close 列
...     close=lambda x: x.close.fillna(method='ffill'),
...     # 如果开盘价、最高价、最低价没有值，则采用收盘价
...     open=lambda x: \
...         np.where(x.open.isnull(), x.close, x.open),
...     high=lambda x: \
...         np.where(x.high.isnull(), x.close, x.high),
...     low=lambda x: np.where(x.low.isnull(), x.close, x.low)
... )

>>> sp_reindexed.head(10).assign(
...     day_of_week=lambda x: x.index.day_name()
... )
```

如图 3.29 所示，在 2017 年 1 月 7 日星期六和 1 月 8 日星期日，现在的 volume（交易量）均为零。OHLC 价格均等于 2017 年 1 月 6 日星期五的收盘价。

	high	low	open	close	volume	day_of_week
date						
2017-01-01	NaN	NaN	NaN	NaN	0.000000e+00	Sunday
2017-01-02	NaN	NaN	NaN	NaN	0.000000e+00	Monday
2017-01-03	2263.879883	2245.129883	2251.570068	2257.830078	3.770530e+09	Tuesday
2017-01-04	2272.820068	2261.600098	2261.600098	2270.750000	3.764890e+09	Wednesday
2017-01-05	2271.500000	2260.449951	2268.179932	2269.000000	3.761820e+09	Thursday
2017-01-06	2282.100098	2264.060059	2271.139893	2276.979980	3.339890e+09	Friday
2017-01-07	2276.979980	2276.979980	2276.979980	2276.979980	0.000000e+00	Saturday
2017-01-08	2276.979980	2276.979980	2276.979980	2276.979980	0.000000e+00	Sunday
2017-01-09	2275.489990	2268.899902	2273.590088	2268.899902	3.217610e+09	Monday
2017-01-10	2279.270020	2265.270020	2269.719971	2268.899902	3.638790e+09	Tuesday

图 3.29　用每列的特定策略重新索引 S&P 500 数据

提示：

本示例使用了 np.where()来引入函数，并使人们更容易理解发生了什么，但要注意的是，np.where(x.open.isnull(), x.close , x.open)也可以被替换为 combine_first()方法。对于本示例而言，它等效于以下代码：

```
x.open.combine_first(x.close)
```

3.6 节“处理重复、缺失或无效的数据”还将详细讨论 combine_first()方法。

现在，让我们使用重新索引后的 S&P 500 数据重新创建投资组合，并使用可视化将其与之前的尝试进行比较（再次说明，目前你不必担心编写绘图代码的问题，因为第 5 章“使用 Pandas 和 Matplotlib 可视化数据”和第 6 章“使用 Seaborn 和自定义技术绘图”将会详细讨论），代码如下：

```
# 每日收盘价 = S&P 500 调整后的收盘价 + 比特币收盘价
# （其他指标按类似方式计算）
>>> fixed_portfolio = sp_reindexed + bitcoin

# 绘制重新索引后的投资组合的收盘价（Q4 2017 - Q2 2018）
>>> ax = fixed_portfolio['2017-Q4':'2018-Q2'].plot(
...     y='close', figsize=(15, 5), linewidth=2,
...     label='reindexed portfolio of S&P 500 + Bitcoin',
...     title='Reindexed portfolio vs.'
...           'portfolio with mismatched indices'
... )

# 添加原始投资组合的图形以进行比较
>>> portfolio['2017-Q4':'2018-Q2'].plot(
...     y='close', ax=ax, linestyle='--',
...     label='portfolio of S&P 500 + Bitcoin w/o reindexing'
... )

# 格式化
>>> ax.set_ylabel('price')
>>> ax.yaxis\
...     .set_major_formatter(StrMethodFormatter('${x:,.0f}'))
>>> for spine in ['top', 'right']:
...     ax.spines[spine].set_visible(False)

# 显示绘图
>>> plt.show()
```

如图 3.30 所示，橙色虚线是我们最初尝试研究的投资组合（没有重新索引），而蓝色实线则是我们刚刚使用重新索引和每列不同填充策略构建的投资组合。第 7 章“金融分析”的练习还会讨论这个策略。

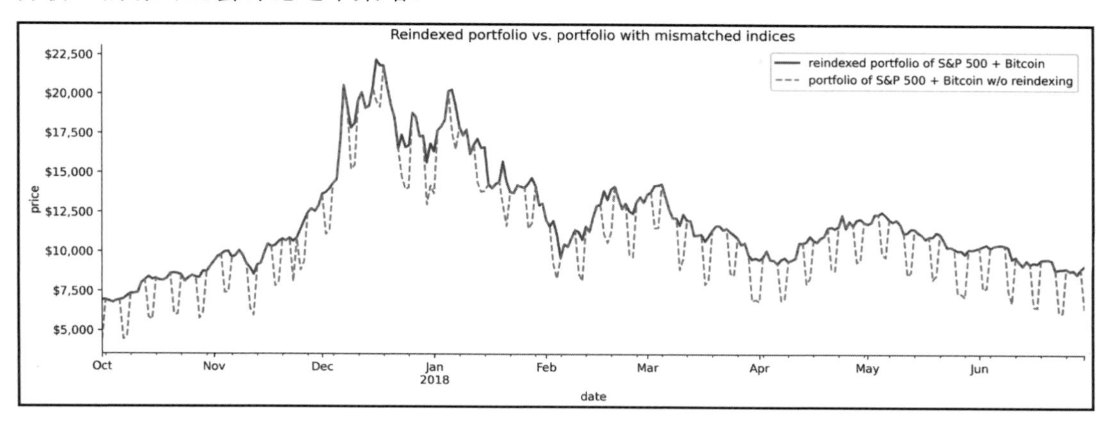

图 3.30　可视化重新索引的效果

提示：

还可以使用 reindex()方法重新排序行。例如，如果我们的数据被存储在 x 中，那么 x.reindex([32, 20, 11])将返回一个包含 32、20 和 11（按此顺序）3 行的新 DataFrame 对象。这可以使用 axis = 1 参数指定沿着列完成（axis 参数的默认值为沿着行执行，即 axis = 0）。

接下来，让我们将注意力转向重塑数据。回想一下，在前面的示例中，我们必须首先按 datatype 列过滤温度数据，然后排序以找到最高温的日子。重塑数据将使这变得更容易，也使我们可以聚合和汇总数据。

3.5　重塑数据

数据并不总是以最便于分析的格式提供给我们。因此，分析人员需要能够将数据重组为宽格式和长格式，具体取决于要执行的分析。对于许多分析，我们需要宽格式数据，以便可以轻松地查看汇总统计数据并以该格式共享结果。

当然，重塑数据并不总是像从长格式到宽格式，或从宽格式到长格式转换这样非此即彼的操作。查看如图 3.31 所示的来自 3.8 节“练习”部分的数据。

上述数据的某些列可能是宽格式的，如 open（开盘价）、high（最高价）、low（最低价）、close（收盘价）和 volume（成交量），而另一些列则是长格式，如 ticker（股票代码）。除非首先过滤股票代码，否则对这些数据使用 describe()汇总统计并没有什么帮助。

	ticker	date	high	low	open	close	volume
0	AAPL	2018-01-02	43.075001	42.314999	42.540001	43.064999	102223600
0	AMZN	2018-01-02	1190.000000	1170.510010	1172.000000	1189.010010	2694500
0	FB	2018-01-02	181.580002	177.550003	177.679993	181.419998	18151900
0	GOOG	2018-01-02	1066.939941	1045.229980	1048.339966	1065.000000	1237600
0	NFLX	2018-01-02	201.649994	195.419998	196.100006	201.070007	10966900

图 3.31　包含一些长格式列和一些宽格式列的数据

这种格式虽然可以轻松地比较股票，然而，正如我们在介绍宽数据格式和长数据格式时简要讨论的那样，该格式无法使用 Pandas 轻松地绘制每只股票的收盘价——我们需要 Seaborn。或者，也可以为该可视化重构数据。

在介绍了重组数据的动机之后，现在让我们介绍下一个笔记本，即 4-reshaping_data.ipynb。我们将首先导入 Pandas 并读取 long_data.csv 文件，在华氏度列（temp_F）中添加温度，并执行我们刚刚学习的一些数据清洗操作：

```
>>> import pandas as pd

>>> long_df = pd.read_csv(
...     'data/long_data.csv',
...     usecols=['date', 'datatype', 'value']
... ).rename(columns={'value': 'temp_C'}).assign(
...     date=lambda x: pd.to_datetime(x.date),
...     temp_F=lambda x: (x.temp_C * 9/5) + 32
... )
```

长格式数据如图 3.32 所示。

	datatype	date	temp_C	temp_F
0	TMAX	2018-10-01	21.1	69.98
1	TMIN	2018-10-01	8.9	48.02
2	TOBS	2018-10-01	13.9	57.02
3	TMAX	2018-10-02	23.9	75.02
4	TMIN	2018-10-02	13.9	57.02

图 3.32　长格式的温度数据

本节将讨论转置、旋转和融合数据。请注意，在对数据进行重塑之后，我们经常会重新执行数据清洗任务，因为有些东西可能已经发生了变化，或者可能需要更改以前无法轻松访问的内容。例如，如果所有值都被转换为长格式的字符串，则我们将希望执行某种类型转换，但在宽格式中，某些列显然是数字。

3.5.1　转置 DataFrame

虽然我们几乎只使用宽格式或长格式，但 Pandas 提供了我们认为合适的方式来重构数据，包括进行转置（transpose），也就是用列翻转为行，这有助于更好地利用输出部分 DataFrame 时的显示区域：

```
>>> long_df.set_index('date').head(6).T
```

其结果如图 3.33 所示。可以看到，索引现在按列显示，而列名称出现在索引中。

date	2018-10-01	2018-10-01	2018-10-01	2018-10-02	2018-10-02	2018-10-02
datatype	TMAX	TMIN	TOBS	TMAX	TMIN	TOBS
temp_C	21.10	8.90	13.90	23.90	13.90	17.20
temp_F	69.98	48.02	57.02	75.02	57.02	62.96

图 3.33　转置后的温度数据

转置有多大用处，可能还不是很明显，但本书中将多次看到这一操作。例如，第 7 章“金融分析”为了使内容更容易显示，第 9 章“Python 机器学习入门”为了构建特定的机器学习可视化，都应用了该操作。

3.5.2　旋转 DataFrame

旋转（pivot）操作可以将数据从长格式转换为宽格式。pivot()方法可对 DataFrame 对象执行这种重构。要进行旋转，需要告诉 Pandas 当前包含值的列（使用 values 参数）以及包含将变为宽格式数据的列（使用 columns 参数）。或者，也可以提供一个新的索引（使用 index 参数）。

现在可以将数据旋转为宽格式，其中，每个以摄氏度为单位的温度测量值各有一列，并使用日期作为索引：

```
>>> pivoted_df = long_df.pivot(
...     index='date', columns='datatype', values='temp_C'
```

```
... )
>>> pivoted_df.head()
```

在起始 DataFrame 中，有一个 datatype 列，它仅包含 TMAX、TMIN 和 TOBS（这些都是字符串）。现在，这些是列名称，因为上述代码传入了 columns='datatype'。

通过传入 index='date'，date 列成为索引，而无须运行 set_index()。

最后，date 和 datetype 的每个组合的值是对应的摄氏温度，因为上述代码传入了 values='temp_C'。

结果如图 3.34 所示。

正如本章开头所讨论的，对于宽格式的数据，我们可以使用 describe()方法轻松地获得有意义的汇总统计信息：

```
>>> pivoted_df.describe()
```

如图 3.35 所示，所有 3 个温度测量值都进行了 31 次观测，并且本月的温度范围很广（日最高气温为 26.7℃，日最低气温为−1.1℃）。

datatype	TMAX	TMIN	TOBS
date			
2018-10-01	21.1	8.9	13.9
2018-10-02	23.9	13.9	17.2
2018-10-03	25.0	15.6	16.1
2018-10-04	22.8	11.7	11.7
2018-10-05	23.3	11.7	18.9

图 3.34　将长格式温度数据旋转为宽格式

datatype	TMAX	TMIN	TOBS
count	31.000000	31.000000	31.000000
mean	16.829032	7.561290	10.022581
std	5.714962	6.513252	6.596550
min	7.800000	-1.100000	-1.100000
25%	12.750000	2.500000	5.550000
50%	16.100000	6.700000	8.300000
75%	21.950000	13.600000	16.100000
max	26.700000	17.800000	21.700000

图 3.35　旋转温度数据之后的汇总统计

不过，我们失去了华氏温度。如果想要保留它，则可以为 values 提供多个列：

```
>>> pivoted_df = long_df.pivot(
...     index='date', columns='datatype',
...     values=['temp_C', 'temp_F']
... )
>>> pivoted_df.head()
```

当然，现在会在列名称之上获得一个额外的层级。这称为分层索引（hierarchical index），如图 3.36 所示。

	temp_C			temp_F		
datatype	TMAX	TMIN	TOBS	TMAX	TMIN	TOBS
date						
2018-10-01	21.1	8.9	13.9	69.98	48.02	57.02
2018-10-02	23.9	13.9	17.2	75.02	57.02	62.96
2018-10-03	25.0	15.6	16.1	77.00	60.08	60.98
2018-10-04	22.8	11.7	11.7	73.04	53.06	53.06
2018-10-05	23.3	11.7	18.9	73.94	53.06	66.02

图 3.36　使用多个值列进行旋转

有了这个层次索引之后，如果想要选择华氏温度的 TMIN，则首先需要选择 temp_F，然后选择 TMIN：

```
>>> pivoted_df['temp_F']['TMIN'].head()
date
2018-10-01     48.02
2018-10-02     57.02
2018-10-03     60.08
2018-10-04     53.06
2018-10-05     53.06
Name: TMIN, dtype: float64
```

注意：

如果需要在数据旋转时执行聚合（由于索引中出现了重复值），则可以使用 pivot_table()方法，第 4 章“聚合 Pandas DataFrame”将详细讨论该方法。

到目前为止，本章使用的都是单一索引；但是，我们也可以使用 set_index()从任意数量的列创建索引。这为我们提供了一个 MultiIndex 类型的索引，其中最外层对应于提供给 set_index()的列表中的第一个元素：

```
>>> multi_index_df = long_df.set_index(['date', 'datatype'])

>>> multi_index_df.head().index
MultiIndex([('2018-10-01', 'TMAX'),
            ('2018-10-01', 'TMIN'),
```

```
             ('2018-10-01', 'TOBS'),
             ('2018-10-02', 'TMAX'),
             ('2018-10-02', 'TMIN')],
         names=['date', 'datatype'])

>>> multi_index_df.head()
```

请注意，现在索引中有两个级别——date 是最外层，datatype 是最内层，如图 3.37 所示。

date	datatype	temp_C	temp_F
2018-10-01	TMAX	21.1	69.98
	TMIN	8.9	48.02
	TOBS	13.9	57.02
2018-10-02	TMAX	23.9	75.02
	TMIN	13.9	57.02

图 3.37　使用多级索引

pivot()方法期望数据只有一列被设置为索引；如果我们有一个多级索引，则应该改用 unstack()方法。例如，在 multi_index_df 上使用 unstack()方法即可获得与之前操作类似的结果。

顺序在这里很重要，因为默认情况下，unstack()方法会将索引的最内层移动到列中；在这种情况下，意味着将在索引中保留 date 级别，并将 datatype 级别移动到列名中。要 unstack 不同的级别，只需将级别的索引传递给 unstack，其中 0 是最左边的，−1 是最右边的，或者也可以传递级别的名称（如果有的话）。以下示例使用了默认值：

```
>>> unstacked_df = multi_index_df.unstack()
>>> unstacked_df.head()
```

使用 multi_index_df 可以将 datatype 作为索引的最内层，因此在使用 unstack()方法之后，它沿着列进行执行，如图 3.38 所示。请注意，我们再次在列中获得了一个分层索引。第 4 章“聚合 Pandas DataFrame”将讨论一种将其压缩回单个列级别中的方法。

unstack()方法有一个额外的好处，它允许我们指定如何填充在重塑数据时出现的缺失值。为此，可以使用 fill_value 参数。

	temp_C			temp_F		
datatype	TMAX	TMIN	TOBS	TMAX	TMIN	TOBS
date						
2018-10-01	21.1	8.9	13.9	69.98	48.02	57.02
2018-10-02	23.9	13.9	17.2	75.02	57.02	62.96
2018-10-03	25.0	15.6	16.1	77.00	60.08	60.98
2018-10-04	22.8	11.7	11.7	73.04	53.06	53.06
2018-10-05	23.3	11.7	18.9	73.94	53.06	66.02

图 3.38　通过拆开一个多级索引来旋转数据

假设我们仅获得了 2018 年 10 月 1 日的 TAVG 数据。我们可以将其附加到 long_df 中，并将索引设置为 date 和 datatype 列，就像之前所做的那样：

```
>>> extra_data = long_df.append([{
...     'datatype': 'TAVG',
...     'date': '2018-10-01',
...     'temp_C': 10,
...     'temp_F': 50
... }]).set_index(['date', 'datatype']).sort_index()

>>> extra_data['2018-10-01':'2018-10-02']
```

现在 2018 年 10 月 1 日已经有了 4 个温度测量值，但其余的天数仍然只有 3 个，如图 3.39 所示。

		temp_C	temp_F
date	datatype		
2018-10-01	TAVG	10.0	50.00
	TMAX	21.1	69.98
	TMIN	8.9	48.02
	TOBS	13.9	57.02
2018-10-02	TMAX	23.9	75.02
	TMIN	13.9	57.02
	TOBS	17.2	62.96

图 3.39　在数据中引入额外的温度测量值

和之前的操作一样，使用 unstack()方法将导致大多数的 TAVG 数据包含 NaN 值：

```
>>> extra_data.unstack().head()
```

图 3.40 显示了上述 unstack 操作之后的 TAVG 列，可以看到其他行的 TAVG 数据均包含 NaN 值。

	temp_C				temp_F			
datatype	TAVG	TMAX	TMIN	TOBS	TAVG	TMAX	TMIN	TOBS
date								
2018-10-01	10.0	21.1	8.9	13.9	50.0	69.98	48.02	57.02
2018-10-02	NaN	23.9	13.9	17.2	NaN	75.02	57.02	62.96
2018-10-03	NaN	25.0	15.6	16.1	NaN	77.00	60.08	60.98
2018-10-04	NaN	22.8	11.7	11.7	NaN	73.04	53.06	53.06
2018-10-05	NaN	23.3	11.7	18.9	NaN	73.94	53.06	66.02

图 3.40　unstack 操作会导致空值

为了解决这个问题，可以传入一个适当的 fill_value。但是，我们仅限于为此传递一个值，而不是一个策略（3.4.7 节“重新索引”讨论的就是填充策略），因此，虽然本示例没有很好的值，但我们可以使用−40 演示其工作原理：

```
>>> extra_data.unstack(fill_value=-40).head()
```

NaN 值现在已替换为−40.0。但是，请注意，现在 temp_C 和 temp_F 具有相同的温度读数。实际上，这就是我们为 fill_value 选择−40 的原因；−40 是华氏度和摄氏度相等时的温度，所以我们不会因为数字相同而迷惑。例如，0 就可能让我们迷惑（因为 0℃ = 32℉ 而 0℉ = −17.78℃）。

这个温度也比在纽约市测量的温度低得多，并且也低于所有的 TMIN，因此它更有可能被视为数据输入错误或数据丢失的信号（这比使用 0 的效果要好得多，因为 0 有可能是正确的平均温度），如图 3.41 所示。

请注意，在实践中，如果要与他人共享并保留 NaN 值，那么最好明确说明缺失的数据。

总而言之：当我们有一个多级索引并且想要将一个或多个级别移动到列中时，可以考虑使用 unstack()方法；当然，如果仅使用单个索引，则 pivot()方法可能更易使用，因为其处理结果非常明显。

	temp_C				temp_F			
datatype	TAVG	TMAX	TMIN	TOBS	TAVG	TMAX	TMIN	TOBS
date								
2018-10-01	10.0	21.1	8.9	13.9	50.0	69.98	48.02	57.02
2018-10-02	-40.0	23.9	13.9	17.2	-40.0	75.02	57.02	62.96
2018-10-03	-40.0	25.0	15.6	16.1	-40.0	77.00	60.08	60.98
2018-10-04	-40.0	22.8	11.7	11.7	-40.0	73.04	53.06	53.06
2018-10-05	-40.0	23.3	11.7	18.9	-40.0	73.94	53.06	66.02

图 3.41　在 unstack 时填充默认的缺失值

3.5.3　融合 DataFrame

要从宽格式转换为长格式，需要融合（melt）数据。融合会取消旋转（pivot）操作。本示例将从 wide_data.csv 文件中读取数据：

```
>>> wide_df = pd.read_csv('data/wide_data.csv')
>>> wide_df.head()
```

宽数据包含 date 列，以及每个温度测量值列，如图 3.42 所示。

	date	TMAX	TMIN	TOBS
0	2018-10-01	21.1	8.9	13.9
1	2018-10-02	23.9	13.9	17.2
2	2018-10-03	25.0	15.6	16.1
3	2018-10-04	22.8	11.7	11.7
4	2018-10-05	23.3	11.7	18.9

图 3.42　宽格式温度数据

使用 melt()方法可以进行灵活的重塑——它允许我们将其转换为长格式，类似于从 API 中获得的内容。融合 DataFrame 要求指定以下内容：

- 哪些列使用 id_vars 参数唯一标识宽格式数据中的一行。
- 哪些列包含带有 value_vars 参数的变量。

或者，我们也可以指定如何命名包含长格式数据中的变量名称的列（var_name），以及包含变量名称的列的名称（value_name）。默认情况下，这些将分别是 variable 和 value。

现在，让我们使用 melt()方法将宽格式数据转换为长格式：

```
>>> melted_df = wide_df.melt(
...     id_vars='date', value_vars=['TMAX', 'TMIN', 'TOBS'],
...     value_name='temp_C', var_name='measurement'
... )
>>> melted_df.head()
```

date 列是我们的行的标识符，因此将其提供为 id_vars。我们将 TMAX、TMIN 和 TOBS 列中的值转换为包含温度（value_vars）的单个列，并使用它们的列名作为测量列的值（var_name='measurement'）。

最后，我们还需要命名值列（value_name='temp_C'）。这样，我们现在只有 3 列：date 列、以摄氏度为单位的温度读数（temp_C），以及一列指示在该行的 temp_C 单元格中的温度测量值（measurement），如图 3.43 所示。

	date	measurement	temp_C
0	2018-10-01	TMAX	21.1
1	2018-10-02	TMAX	23.9
2	2018-10-03	TMAX	25.0
3	2018-10-04	TMAX	22.8
4	2018-10-05	TMAX	23.3

图 3.43　融合宽格式温度数据

如前文所述，旋转（pivot）操作是将数据从长格式转换为宽格式，旋转 DataFrame 可以使用 pivot()方法，但是，也可以使用 unstack()作为一种替代方法，类似地，融合操作是从宽格式转换为长格式，融合 DataFrame 可以使用 melt()方法，但也可以使用 stack()方法作为一种替代方法。

stack()方法会将列旋转到索引的最内层（产生 MultiIndex 类型的索引），因此在调用该方法之前需要仔细检查索引。stack()方法还允许删除导致没有数据的行/列组合。

可执行以下操作以获得与 melt()方法类似的输出：

```
>>> wide_df.set_index('date', inplace=True)
>>> stacked_series = wide_df.stack() # 将 datatypes 放入索引
>>> stacked_series.head()
date
```

```
2018-10-01  TMAX    21.1
            TMIN     8.9
            TOBS    13.9
2018-10-02  TMAX    23.9
            TMIN    13.9
dtype: float64
```

请注意，结果将作为 Series 对象返回，因此需要再次创建 DataFrame 对象。可以使用 to_frame()方法并传入一个名称，以便在它是 DataFrame 时用于该列：

```
>>> stacked_df = stacked_series.to_frame('values')
>>> stacked_df.head()
```

现在，我们已经有一个带有多级索引的 DataFrame（索引中包含 date 和 datatype），values 则是唯一的列。但是请注意，索引中只有 date 部分才有名称，如图 3.44 所示。

		values
date		
2018-10-01	TMAX	21.1
	TMIN	8.9
	TOBS	13.9
2018-10-02	TMAX	23.9
	TMIN	13.9

图 3.44　通过 stack()方法将温度数据融合为长格式

最初，我们使用了 set_index()将索引设置为 date 列，因为我们不想融合它。这形成了多级索引的第一级。然后，stack()方法将 TMAX、TMIN 和 TOBS 列移动到索引的第二级。但是，这个级别从来没有被命名，所以它显示为 None，但我们知道这个级别应该被称为 datatype：

```
>>> stacked_df.head().index
MultiIndex([('2018-10-01', 'TMAX'),
            ('2018-10-01', 'TMIN'),
            ('2018-10-01', 'TOBS'),
            ('2018-10-02', 'TMAX'),
            ('2018-10-02', 'TMIN')],
           names=['date', None])
```

可以使用 set_names()方法解决这个问题：

```
>>> stacked_df.index\
...     .set_names(['date', 'datatype'], inplace=True)
>>> stacked_df.index.names
FrozenList(['date', 'datatype'])
```

现在我们已经了解了数据清洗和重塑的基础知识，接下来我们将通过一个示例来说明在处理包含各种问题的数据时如何组合应用这些技术。

3.6　处理重复、缺失或无效的数据

到目前为止，我们讨论的都是改变数据表示方式的操作，并且是零后果的。但是，我们尚未讨论数据清洗中一个非常重要的部分：如何处理看似重复、无效或缺失的数据。这与数据清洗讨论的其余部分略有不同，因为我们将通过一个示例，执行一些初始数据清洗，然后重塑数据，最后处理一些可能存在的问题。

本节将使用 5-handling_data_issues.ipynb 笔记本，并使用 dirty_data.csv 文件。首先需要导入 Pandas 并读取数据：

```
>>> import pandas as pd
>>> df = pd.read_csv('data/dirty_data.csv')
```

dirty_data.csv 文件包含来自天气 API 的宽格式数据，这些数据已被更改，以模拟我们在实际工作中可能遇到的常见数据问题。它包含以下字段。

- PRCP：以毫米为单位的降水量（precipitation）。
- SNOW：以毫米为单位的降雪量（snowfall）。
- SNWD：以毫米为单位的积雪深度（snow depth）。
- TMAX：每日最高温度（摄氏度）。
- TMIN：每日最低温度（摄氏度）。
- TOBS：观察时的温度（摄氏度）。
- WESF：以毫米为单位的雪的水当量（water equivalent of snow）。

本节分为两部分，第一部分将讨论发现数据集中问题的一些策略，第二部分将讨论如何处理数据集中存在的一些问题。

3.6.1　查找有问题的数据

第 2 章“使用 Pandas DataFrame”介绍了在获得数据时检查数据的重要性，有许多检

查数据的方法可帮助我们发现这些问题。

1. 使用 head()和 tail()方法查看数据

良好的第一步就是检查对数据调用 head()和 tail()方法的结果：

```
>>> df.head()
```

在实践中，head()和 tail()方法常用于获得一些有用的信息。我们的数据是宽格式的，因此，很容易看出有一些潜在的问题。例如，有时 station 字段被记录为问号（?），而有时候它有一个气象站的 ID。

此外，积雪深度（SNWD）字段包含了负无穷大（-inf）值，TMAX 字段中包含了一些明显不合理的温度值。

最后，我们还可以在一些列中观察到许多 NaN 值，这包括 inclement_weather 列，它似乎也包含布尔值，如图 3.45 所示。

	date	station	PRCP	SNOW	SNWD	TMAX	TMIN	TOBS	WESF	inclement_weather
0	2018-01-01T00:00:00	?	0.0	0.0	-inf	5505.0	-40.0	NaN	NaN	NaN
1	2018-01-01T00:00:00	?	0.0	0.0	-inf	5505.0	-40.0	NaN	NaN	NaN
2	2018-01-01T00:00:00	?	0.0	0.0	-inf	5505.0	-40.0	NaN	NaN	NaN
3	2018-01-02T00:00:00	GHCND:USC00280907	0.0	0.0	-inf	-8.3	-16.1	-12.2	NaN	False
4	2018-01-03T00:00:00	GHCND:USC00280907	0.0	0.0	-inf	-4.4	-13.9	-13.3	NaN	False

图 3.45　脏数据

2. 使用 describe()方法汇总数据

使用 describe()方法，我们可以查看是否有任何缺失的数据，并查看五数概括法的结果以发现潜在问题：

```
>>> df.describe()
```

如图 3.46 所示，SNWD 列中的值似乎没什么作用，而 TMAX 列的值似乎不太靠谱。客观而言，太阳光球层（photosphere）（这是太阳大气最低的一层，即一般用白光所观测到的太阳表面）的温度约为 5505℃，因此，当然不可能在纽约市（或地表上的任何地方）观察到这些气温。这可能意味着 TMAX 列在未获取数据时被设置为一个无意义的大数字。这个数字如此之大，因此它实际上有助于使用从 describe()方法中获得的汇总统计信息来识别它。如果未知数被编码为另一个值，如 40℃，那么我们反而无法确定它是不是实际数据。

	PRCP	SNOW	SNWD	TMAX	TMIN	TOBS	WESF
count	765.000000	577.000000	577.0	765.000000	765.000000	398.000000	11.000000
mean	5.360392	4.202773	NaN	2649.175294	-15.914379	8.632161	16.290909
std	10.002138	25.086077	NaN	2744.156281	24.242849	9.815054	9.489832
min	0.000000	0.000000	-inf	-11.700000	-40.000000	-16.100000	1.800000
25%	0.000000	0.000000	NaN	13.300000	-40.000000	0.150000	8.600000
50%	0.000000	0.000000	NaN	32.800000	-11.100000	8.300000	19.300000
75%	5.800000	0.000000	NaN	5505.000000	6.700000	18.300000	24.900000
max	61.700000	229.000000	inf	5505.000000	23.900000	26.100000	28.700000

图 3.46　脏数据的汇总统计

3．使用 info()方法查看缺失值

除了 head()、tail()和 describe()方法，还可以使用 info()方法查看是否有任何缺失值，并检查列是否具有预期的数据类型。执行该操作时，可立即发现下列两个问题。

（1）我们有 765 行，但其中有 5 列的非空条目要比 765 少太多。

（2）inclement_weather 列的数据类型不是布尔值，但是该列的名称 inclement_weather（恶劣天气）暗示了它应该是一个布尔值。

请注意，我们在使用 head()时看到的 station 列中的问号（?）值问题在这里并没有体现出来。由此可见，从不同的角度检查数据是很重要的：

```
>>> df.info()
<class 'pandas.core.frame.DataFrame'>
RangeIndex: 765 entries, 0 to 764
Data columns (total 10 columns):
 #   Column              Non-Null Count   Dtype
---  ------              --------------   -----
 0   date                765 non-null     object
 1   station             765 non-null     object
 2   PRCP                765 non-null     float64
 3   SNOW                577 non-null     float64
 4   SNWD                577 non-null     float64
 5   TMAX                765 non-null     float64
 6   TMIN                765 non-null     float64
 7   TOBS                398 non-null     float64
```

```
 8   WESF                 11 non-null      float64
 9   inclement_weather    408 non-null     object
dtypes: float64(7), object(3)
memory usage: 59.9+ KB
```

4．使用 isnull()和 isna()方法查看空值

现在可以来看看空值的情况。Series 和 DataFrame 对象都提供了两种方法：isnull()和 isna()。请注意，如果在 DataFrame 对象上使用该方法，那么结果将告诉我们，哪些行全部都是空值。在本示例中，这不是我们想要的。在这里，我们要检查 SNOW、SNWD、TOBS、WESF 或 inclement_weather 列中包含空值的行。这意味着我们需要使用（按位或）运算符（|）将每一列的检查组合起来：

```
>>> contain_nulls = df[
...     df.SNOW.isna() | df.SNWD.isna() | df.TOBS.isna()
...     | df.WESF.isna() | df.inclement_weather.isna()
... ]
>>> contain_nulls.shape[0]
765
>>> contain_nulls.head(10)
```

如果查看 contains_nulls DataFrame 的 shape 属性，则可以看到每一行都包含一些空数据。查看前 10 行，可以在这些行中的每一行中都看到一些 NaN 值，如图 3.47 所示。

	date	station	PRCP	SNOW	SNWD	TMAX	TMIN	TOBS	WESF	inclement_weather
0	2018-01-01T00:00:00	?	0.0	0.0	-inf	5505.0	-40.0	NaN	NaN	NaN
1	2018-01-01T00:00:00	?	0.0	0.0	-inf	5505.0	-40.0	NaN	NaN	NaN
2	2018-01-01T00:00:00	?	0.0	0.0	-inf	5505.0	-40.0	NaN	NaN	NaN
3	2018-01-02T00:00:00	GHCND:USC00280907	0.0	0.0	-inf	-8.3	-16.1	-12.2	NaN	False
4	2018-01-03T00:00:00	GHCND:USC00280907	0.0	0.0	-inf	-4.4	-13.9	-13.3	NaN	False
5	2018-01-03T00:00:00	GHCND:USC00280907	0.0	0.0	-inf	-4.4	-13.9	-13.3	NaN	False
6	2018-01-03T00:00:00	GHCND:USC00280907	0.0	0.0	-inf	-4.4	-13.9	-13.3	NaN	False
7	2018-01-04T00:00:00	?	20.6	229.0	inf	5505.0	-40.0	NaN	19.3	True
8	2018-01-04T00:00:00	?	20.6	229.0	inf	5505.0	-40.0	NaN	19.3	True
9	2018-01-05T00:00:00	?	0.3	NaN	NaN	5505.0	-40.0	NaN	NaN	NaN

图 3.47　脏数据中包含空值的行

提示：

默认情况下，前文讨论过的 sort_values()方法会将任何 NaN 值放在最后。我们可以

通过传入 na_position='first'更改此行为（将它们放在前面），当排序的列包含空值时，使用该方法对于在数据中查找模式也很有帮助。

请注意，我们无法检查列的值是否等于 NaN，因为 NaN 不等于任何值：

```
>>> import numpy as np
>>> df[df.inclement_weather == 'NaN'].shape[0] # 无效
0
>>> df[df.inclement_weather == np.nan].shape[0] # 无效
0
```

必须使用上述选项（isna()/isnull()）才可以检查空值：

```
>>> df[df.inclement_weather.isna()].shape[0] # 有效
357
```

请注意，inf 和-inf 实际上是 np.inf 和-np.inf。因此，可以通过执行以下操作找到具有 inf 或-inf 值的行数：

```
>>> df[df.SNWD.isin([-np.inf, np.inf])].shape[0]
577
```

但是，这仅告诉我们单个列的情况，因此可以编写一个函数，该函数将使用字典推导式返回 DataFrame 中每一列的无限值的数量：

```
>>> def get_inf_count(df):
...     """按列查找 inf/-inf 值的数量"""
...     return {
...         col: df[
...             df[col].isin([np.inf, -np.inf])
...         ].shape[0] for col in df.columns
...     }
```

使用上述函数，可以发现 SNWD 列是唯一具有无限值的列，而且该列中的大多数值都是无限值：

```
>>> get_inf_count(df)
{'date': 0, 'station': 0, 'PRCP': 0, 'SNOW': 0, 'SNWD': 577,
 'TMAX': 0, 'TMIN': 0, 'TOBS': 0, 'WESF': 0,
 'inclement_weather': 0
}
```

在决定如何处理积雪深度的无限值之前，我们应该查看降雪量的汇总统计（SNOW），它构成了确定积雪深度（SNWD）的重要部分。为此，我们可以制作一个包含两个 Series

的 DataFrame，其中一个 Series 包含积雪深度为 np.inf 时降雪量列的汇总统计信息，另一个 Series 包含当积雪深度为-np.inf 时降雪量列的汇总统计信息。此外，我们还可以使用 T 属性来转置数据以便于查看：

```
>>> pd.DataFrame({
...     'np.inf Snow Depth':
...         df[df.SNWD == np.inf].SNOW.describe(),
...     '-np.inf Snow Depth':
...         df[df.SNWD == -np.inf].SNOW.describe()
... }).T
```

无降雪时，积雪深度记为负无穷大；然而，我们不能确定这是否仅为巧合。如果只是要处理这个固定的日期范围，则可以将其视为积雪深度为 0 或 NaN，因为它并没有下雪。

遗憾的是，我们无法真正对正无穷大条目做出任何假设。它们肯定不是这样的，但我们无法决定它们应该是什么，所以最好不要管它们，或者不查看该列，如图 3.48 所示。

	count	mean	std	min	25%	50%	75%	max
np.inf Snow Depth	24.0	101.041667	74.498018	13.0	25.0	120.5	152.0	229.0
-np.inf Snow Depth	553.0	0.000000	0.000000	0.0	0.0	0.0	0.0	0.0

图 3.48　积雪深度无限大时的降雪汇总统计

我们正在处理一年的数据，但不知何故，数据中有 765 行，所以应该查看原因。目前尚未检查的唯一列是 date 和 station 列。可以使用 describe()方法查看它们的汇总统计信息：

```
>>> df.describe(include='object')
```

如图 3.49 所示，在 765 行数据中，date 列只有 324 个唯一值（意味着某些日期缺失），有些日期出现多达 8 次（freq 统计）。

	date	station	inclement_weather
count	765	765	408
unique	324	2	2
top	2018-07-05T00:00:00	GHCND:USC00280907	False
freq	8	398	384

图 3.49　脏数据中非数字列的汇总统计信息

station 列只有两个唯一值，最常见的是 GHCND:USC00280907。之前使用 head() 时，我们看到一些值为问号（?）（见图 3.45），因此可知这其实是另一个值。当然，也可以使用 unique()查看所有唯一值。现在我们知道，问号（?）发生了 367 次（即 765～398），而无须使用 value_counts()。

在实践中，我们可能不知道为什么气象站有时会被记录为问号（?）——这可能是有意表明数据并非来自气象站，或者是记录软件出错，或意外疏忽导致编码为问号（?）。如何处理这一问题将是一种判断，下文将详细讨论。

5. 通过 duplicated()方法查找重复行

在知道有 765 行数据和两个不同的气象站 ID 值后，即可假设每天有两个条目——每个气象站一个。然而，这也应该只有 730 行，而且现在我们也知道有些日期是缺失的，因此，不妨看看是否可以找到任何能解释这一点的重复数据。我们可以使用 duplicated() 方法的结果作为布尔掩码来查找重复行：

```
>>> df[df.duplicated()].shape[0]
284
```

根据要实现的目标，我们可能会以不同的方式处理重复项。我们可以使用 keep 参数修改返回的行。默认情况下，它是'first'，并且对于出现多次的行，将只获得额外的一行。但是，如果传入 keep=False，则将获得所有出现不止一次的行，而不仅仅是额外的一行：

```
>>> df[df.duplicated(keep=False)].shape[0]
482
```

还有一个 subset 参数（第一个位置的参数），它允许我们只关注某些列的重复项。使用该参数，可以看到 date 和 station 列重复的情况。在以下示例中，我们得到了与以前相同的结果。但是，我们并不知道这是否真的是一个问题：

```
>>> df[df.duplicated(['date', 'station'])].shape[0]
284
```

现在，让我们检查一些重复的行：

```
>>> df[df.duplicated()].head()
```

如图 3.50 所示，仅查看前 5 行即可知道，有些行至少重复了 3 次。请记住，duplicated() 的默认行为是不显示第一次出现，这意味着第 1 行和第 2 行在数据中有另一个匹配值（第 5 行和第 6 行也是如此）。

	date	station	PRCP	SNOW	SNWD	TMAX	TMIN	TOBS	WESF	inclement_weather
1	2018-01-01T00:00:00	?	0.0	0.0	-inf	5505.0	-40.0	NaN	NaN	NaN
2	2018-01-01T00:00:00	?	0.0	0.0	-inf	5505.0	-40.0	NaN	NaN	NaN
5	2018-01-03T00:00:00	GHCND:USC00280907	0.0	0.0	-inf	-4.4	-13.9	-13.3	NaN	False
6	2018-01-03T00:00:00	GHCND:USC00280907	0.0	0.0	-inf	-4.4	-13.9	-13.3	NaN	False
8	2018-01-04T00:00:00	?	20.6	229.0	inf	5505.0	-40.0	NaN	19.3	True

图 3.50　检查重复数据

现在我们已经知道如何在数据中发现问题，因此，接下来还需要掌握一些可以尝试解决这些问题的方法。请注意，对于这些问题并没有标准解决方案，一般来说，还需要分析人员根据数据的具体情况对症下药。

3.6.2　处理潜在的问题

分析人员获得的数据往往有很大瑕疵，不能令人满意，所以通常都需要进行处理，以使其变得更好，但是，处理此类问题并没有什么显而易见的最佳方案。

1．删除重复的数据

面对此类数据问题时，我们可以做的最简单的事情可能是删除重复的行。但是，必须评估此类决定可能对分析产生的影响。即使我们正在处理的数据似乎来自一个很大的囊括多方数据的数据集，也不能确定删除这些列是否就可以解决余下的数据重复的问题——我们需要查阅数据来源和任何可用文件。

我们由于知道这两个气象站都位于纽约市，因此可能会决定删除 station 列，但是它们可能已经收集了不同的数据。例如，如果我们决定使用 date 列删除重复的行并保留 station 中不包含问号（?）值的数据，则在本示例中，我们将丢失 WESF 列的所有数据，因为问号（?）气象站是唯一一个报告了 WESF 测量结果的站点：

```
>>> df[df.WESF.notna()].station.unique()
array(['?'], dtype=object)
```

在这种情况下，一种令人满意的解决方案可能是执行以下操作。

（1）对 date 列进行类型转换：

```
>>> df.date = pd.to_datetime(df.date)
```

（2）将 WESF 列保存为 Series：

```
>>> station_qm_wesf = df[df.station == '?']\
```

```
...     .drop_duplicates('date').set_index('date').WESF
```

（3）将 DataFrame 按 station 列降序排序，将没有 ID 的气象站（?）放在最后：

```
>>> df.sort_values(
...     'station', ascending=False, inplace=True
... )
```

（4）根据日期删除重复的行，保留第一次出现的行，即 station 列具有 ID 的行（如果该气象站具有测量值的话）。请注意，drop_duplicates()可以就地完成，但如果我们要执行的操作很复杂，则最好不要从就地操作开始：

```
>>> df_deduped = df.drop_duplicates('date')
```

（5）删除 station 列并将索引设置为 date 列（使其与 WESF 数据匹配）：

```
>>> df_deduped = df_deduped.drop(columns='station')\
...     .set_index('date').sort_index()
```

（6）使用 combine_first()方法更新 WESF 列以将值合并到第一个非空条目中。这意味着，我们如果有来自两个气象站的数据，则将首先获取带有 ID 的气象站提供的值，当且仅当该站点的值为空时，才会从没有 ID 的气象站（即 station 中的值为问号的气象站）中获取值。由于 df_deduped 和 station_qm_wesf 都使用日期作为索引，因此这些值将与适当的日期正确匹配：

```
>>> df_deduped = df_deduped.assign(WESF=
...     lambda x: x.WESF.combine_first(station_qm_wesf)
... )
```

这听起来可能有点复杂，但主要是因为我们还没有了解聚合。第 4 章“聚合 Pandas DataFrame”还将研究另一种实现该操作的方法。

下面查看使用上述实现的结果：

```
>>> df_deduped.shape
(324, 8)
>>> df_deduped.head()
```

现在剩下了 324 行——数据中的每个唯一日期都有一行。我们通过将 WESF 列与来自另一个气象站的数据放在一起以保存该列，如图 3.51 所示。

提示：

我们还可以指定保留最后一个条目而不是第一个条目，或者使用 keep 参数删除所有重复项，就像使用 duplicated()方法检查重复项时一样。请记住这一点，因为 duplicated()

方法可用于提供去重（deduplication）任务的试运行结果。

	PRCP	SNOW	SNWD	TMAX	TMIN	TOBS	WESF	inclement_weather
date								
2018-01-01	0.0	0.0	-inf	5505.0	-40.0	NaN	NaN	NaN
2018-01-02	0.0	0.0	-inf	-8.3	-16.1	-12.2	NaN	False
2018-01-03	0.0	0.0	-inf	-4.4	-13.9	-13.3	NaN	False
2018-01-04	20.6	229.0	inf	5505.0	-40.0	NaN	19.3	True
2018-01-05	14.2	127.0	inf	-4.4	-13.9	-13.9	NaN	True

图 3.51　使用数据整理将信息保存在 WESF 列中

2. 删除空数据

现在让我们考虑空数据的处理问题。可以选择的处理方式有以下 3 种。

（1）删除空数据。

（2）用某个任意值替换空数据。

（3）使用周围的数据来估算空数据。

上述处理方式中的每一个都有其后果。如果删除数据，则只使用部分数据进行分析；如果最终删除了一半的行，那么这将产生很大的影响。当更改数据值时，可能会严重影响分析结果。

要删除具有任何空数据的所有行，可使用 dropna()方法（该方法不要求行的所有列都为真，所以要小心操作）。在本示例中，导致数据仅剩下 4 行：

```
>>> df_deduped.dropna().shape
(4, 8)
```

我们可以使用 how 参数将默认行为更改为仅在所有列都为空时才删除一行，除非这不会消除任何内容：

```
>>> df_deduped.dropna(how='all').shape # 默认值为 'any'
(324, 8)
```

值得庆幸的是，我们也可以使用列的子集确定要删除的内容。假设我们想要查看有关雪的数据，则可能希望确保我们的数据具有 SNOW、SNWD 和 inclement_weather 的值。这可以通过 subset 参数来实现：

```
>>> df_deduped.dropna(
...     how='all', subset=['inclement_weather', 'SNOW', 'SNWD']
```

```
... ).shape
(293, 8)
```

请注意，此操作也可以沿列执行，并且可以为必须观察到的空值数量提供阈值，以使用 thresh 参数删除数据。

例如，假设至少 75%的行必须为空才能删除列，则本示例将删除 WESF 列：

```
>>> df_deduped.dropna(
...     axis='columns',
...     thresh=df_deduped.shape[0] * .75 # 75%的行
... ).columns
Index(['PRCP', 'SNOW', 'SNWD', 'TMAX', 'TMIN', 'TOBS',
       'inclement_weather'],
      dtype='object')
```

由于我们有很多空值，因此保留这些值可能是更好的处理方式，并且需要找到更好的方法来表示它们。如果要替换空数据，则在决定填写什么时必须谨慎；使用其他值填充目前的空值可能会在以后产生奇怪的结果，因此必须首先考虑如何使用这些数据。

为了用其他数据填充空值，可使用 fillna()方法，它为我们提供了指定值或如何执行填充策略的选项。我们将首先讨论填充单个值。

例如，WESF 列包含的大部分是空值，但由于它是以毫升为单位的度量，当没有降雪的水当量时，采用 NaN 的值，因此可以用零填充空值。请注意，这可以就地完成（同样，作为一般经验法则，应该谨慎地进行就地操作）：

```
>>> df_deduped.loc[:,'WESF'].fillna(0, inplace=True)
>>> df_deduped.head()
```

如图 3.52 所示，WESF 列不再包含 NaN 值。

	PRCP	SNOW	SNWD	TMAX	TMIN	TOBS	WESF	inclement_weather
date								
2018-01-01	0.0	0.0	-inf	5505.0	-40.0	NaN	0.0	NaN
2018-01-02	0.0	0.0	-inf	-8.3	-16.1	-12.2	0.0	False
2018-01-03	0.0	0.0	-inf	-4.4	-13.9	-13.3	0.0	False
2018-01-04	20.6	229.0	inf	5505.0	-40.0	NaN	19.3	True
2018-01-05	14.2	127.0	inf	-4.4	-13.9	-13.9	0.0	True

图 3.52　在 WESF 列中填充空值

3. 用 NaN 值替换空数据

到目前为止，我们已经完成了所能做的一切，并且不会扭曲数据。我们已经知道缺失了日期，但是如果重新索引，则不知道如何填充结果 NaN 值。因为天气数据比较特殊，我们不能假设因为前一天下雪而后一天就也会下雪，或者温度会相同。出于这个原因，请注意以下示例仅用于演示目的——它仅仅演示我们可以做某事，但并不意味着应该这样做。正确的解决方案应取决于我们要解决的具体问题。

话虽如此，我们还是可以尝试解决温度数据的一些剩余问题。我们知道，当 TMAX 包含的是太阳光球层的温度时（详见 3.6.1 节“查找有问题的数据”），一定是因为没有测量值，所以可使用 NaN 代替它。

我们也可以为 TMIN 数据执行类似操作，它目前使用了−40℃作为其占位符（−40℃ = −40℉），所以不会造成无解。有史以来，纽约市的最低温度为 1934 年 2 月 9 日的−15℉（−26.1℃）。你可以访问以下网址了解更多信息：

https://www.Weather.gov/media/okx/Climate/CentralPark/extremes.pdf

具体的替换操作如下：

```
>>> df_deduped = df_deduped.assign(
...     TMAX=lambda x: x.TMAX.replace(5505, np.nan),
...     TMIN=lambda x: x.TMIN.replace(-40, np.nan)
... )
```

我们还可以假设温度不会每天都发生剧烈变化。请注意，这实际上是一个很大的假设，因此，我们也可以通过 method 参数提供填充策略，这样可以更好地了解 fillna()方法的工作原理：'ffill'是指前向填充，而'bfill'则是反向填充。请注意，这里没有像 3.4.7 节“重新索引”中的操作那样使用'nearest'选项（这本来应该是最好的选择）。因此，为了演示其工作原理，可使用前向填充：

```
>>> df_deduped.assign(
...     TMAX=lambda x: x.TMAX.fillna(method='ffill'),
...     TMIN=lambda x: x.TMIN.fillna(method='ffill')
... ).head()
```

现在来看 2018 年 1 月 1 日和 4 日的 TMAX 和 TMIN 列。二者在 2018 年 1 月 1 日都是 NaN，因为在它之前没有数据可填充，而现在 1 月 4 日与 1 月 3 日具有相同的值，如图 3.53 所示。

date	PRCP	SNOW	SNWD	TMAX	TMIN	TOBS	WESF	inclement_weather
2018-01-01	0.0	0.0	-inf	NaN	NaN	NaN	0.0	NaN
2018-01-02	0.0	0.0	-inf	-8.3	-16.1	-12.2	0.0	False
2018-01-03	0.0	0.0	-inf	-4.4	-13.9	-13.3	0.0	False
2018-01-04	20.6	229.0	inf	-4.4	-13.9	NaN	19.3	True
2018-01-05	14.2	127.0	inf	-4.4	-13.9	-13.9	0.0	True

图 3.53　前向填充空值

4. 使用 np.nan_to_num()函数替换空值

如果想要处理 SNWD 列中的空值和无限值，可以考虑使用 np.nan_to_num()函数。它会将 NaN 变成 0 并将 inf/-inf 变成非常大的正/负有限数，使得机器学习模型可以从这些数据中进行学习（第 9 章“Python 机器学习入门”将详细讨论机器学习模型）：

```
>>> df_deduped.assign(
...     SNWD=lambda x: np.nan_to_num(x.SNWD)
... ).head()
```

但这对我们的用例没有多大意义。对于-np.inf 的实例，我们可以选择将 SNWD 设置为 0，因为我们看到那几天没有下雪。但是，我们并不知道如何处理 np.inf，并且可以说，大的正数会使解释变得更加混乱，如图 3.54 所示。

date	PRCP	SNOW	SNWD	TMAX	TMIN	TOBS	WESF	inclement_weather
2018-01-01	0.0	0.0	-1.797693e+308	NaN	NaN	NaN	0.0	NaN
2018-01-02	0.0	0.0	-1.797693e+308	-8.3	-16.1	-12.2	0.0	False
2018-01-03	0.0	0.0	-1.797693e+308	-4.4	-13.9	-13.3	0.0	False
2018-01-04	20.6	229.0	1.797693e+308	NaN	NaN	NaN	19.3	True
2018-01-05	14.2	127.0	1.797693e+308	-4.4	-13.9	-13.9	0.0	True

图 3.54　替换无限值

5. 使用 clip()方法指定最小或最大阈值

根据当前正在处理的数据，我们可以选择使用 clip()方法作为 np.nan_to_num()函数的替代方法。clip()方法可以将值限制在特定的最小或最大阈值。由于积雪深度不能为负，因此可以使用 clip()方法强制其下限为零。为了演示上限的工作原理，可以使用降雪量（SNOW）作为估计：

```
>>> df_deduped.assign(
...     SNWD=lambda x: x.SNWD.clip(0, x.SNOW)
... ).head()
```

如图 3.55 所示，1 月 1 日至 1 月 3 日的 SNWD 值现在都为 0 而不是-inf，而 1 月 4 日和 1 月 5 日的 SNWD 值则从 inf 变为当天的 SNOW 值。

	PRCP	SNOW	SNWD	TMAX	TMIN	TOBS	WESF	inclement_weather
date								
2018-01-01	0.0	0.0	0.0	NaN	NaN	NaN	0.0	NaN
2018-01-02	0.0	0.0	0.0	-8.3	-16.1	-12.2	0.0	False
2018-01-03	0.0	0.0	0.0	-4.4	-13.9	-13.3	0.0	False
2018-01-04	20.6	229.0	229.0	NaN	NaN	NaN	19.3	True
2018-01-05	14.2	127.0	127.0	-4.4	-13.9	-13.9	0.0	True

图 3.55　指定阈值的上下限

6．估算值

如前文所述，处理空数据还有一种方法，那就是使用周围的数据估算空数据。当我们使用汇总统计或来自其他观察的数据，用从数据中派生的新值替换缺失值时，称为估算（imputation）。例如，可以用均值替换温度值。

遗憾的是，如果我们仅缺少 10 月底的值，并将它们替换为该月余下日期的值的平均值，那么这可能会偏向于极端值（因为 10 月温度较高的值通常都在 10 月初）。因此，与本节中讨论的所有其他处理操作一样，估算值时也必须谨慎行事并考虑该操作的任何潜在后果或副作用。

可以将估算与 fillna()方法结合起来。例如，可以用中位数填充 TMAX 和 TMIN 的 NaN 值，然后用 TMIN 和 TMAX 的平均值填充 TOBS：

```
>>> df_deduped.assign(
...     TMAX=lambda x: x.TMAX.fillna(x.TMAX.median()),
...     TMIN=lambda x: x.TMIN.fillna(x.TMIN.median()),
...     # TMAX 和 TMIN 的平均值
...     TOBS=lambda x: x.TOBS.fillna((x.TMAX + x.TMIN) / 2)
... ).head()
```

从 1 月 1 日和 1 月 4 日的数据变化中可以看出，最高温度和最低温度的中值分别为 14.4℃和 5.6℃。这意味着当我们估算 TOBS 并且数据中也没有 TMAX 和 TMIN 值时，可以得到 10℃的结果，如图 3.56 所示。

	PRCP	SNOW	SNWD	TMAX	TMIN	TOBS	WESF	inclement_weather
date								
2018-01-01	0.0	0.0	-inf	14.4	5.6	10.0	0.0	NaN
2018-01-02	0.0	0.0	-inf	-8.3	-16.1	-12.2	0.0	False
2018-01-03	0.0	0.0	-inf	-4.4	-13.9	-13.3	0.0	False
2018-01-04	20.6	229.0	inf	14.4	5.6	10.0	19.3	True
2018-01-05	14.2	127.0	inf	-4.4	-13.9	-13.9	0.0	True

图 3.56　用汇总统计数据估算缺失值

如果想在所有列上运行相同的计算，则应该使用 apply()方法而不是 assign()，因为它不必为每一列编写相同的计算。

例如，使用滚动 7 天中位数填充所有缺失值，将计算所需的周期数设置为零以确保不会引入额外的空值。第 4 章“聚合 Pandas DataFrame”将介绍滚动计算和 apply()方法，所以目前这个示例只是一个预览：

```
>>> df_deduped.apply(lambda x:
...     # 滚动 7 天中位数（详见第 4 章）
...     # 将 min_periods 设置为 0
...     # 确保可以获得结果
...     x.fillna(x.rolling(7, min_periods=0).median())
... ).head(10)
```

很难说我们的估算值是否正确，因为每日之间温度骤然变化的情况也很常见。在之前用中位数估算值时，1 月 4 日 TOBS 中获得的结果为 10℃；而在采用这种策略时，1 月 4 日 TOBS 中获得的结果为-12.75℃，如图 3.57 所示。

注意：

估算值时务必小心谨慎。如果为数据选择了错误的策略，则可能会把事情弄得一团糟。

另一种估算缺失数据的方法是让 Pandas 使用 interpolate()方法计算这些值应该是什么。默认情况下，它将执行线性插值（linear interpolation），假设所有行均等间隔。我们的数据是每日数据（虽然有些日的数据缺失），所以这只是一个先进行重新索引的问题。让我们将它与 apply()方法结合起来，一次性插入所有的列：

```
>>> df_deduped.reindex(
...     pd.date_range('2018-01-01', '2018-12-31', freq='D')
... ).apply(lambda x: x.interpolate()).head(10)
```

date	PRCP	SNOW	SNWD	TMAX	TMIN	TOBS	WESF	inclement_weather
2018-01-01	0.0	0.0	-inf	NaN	NaN	NaN	0.0	NaN
2018-01-02	0.0	0.0	-inf	-8.30	-16.1	-12.20	0.0	False
2018-01-03	0.0	0.0	-inf	-4.40	-13.9	-13.30	0.0	False
2018-01-04	20.6	229.0	inf	-6.35	-15.0	-12.75	19.3	True
2018-01-05	14.2	127.0	inf	-4.40	-13.9	-13.90	0.0	True
2018-01-06	0.0	0.0	-inf	-10.00	-15.6	-15.00	0.0	False
2018-01-07	0.0	0.0	-inf	-11.70	-17.2	-16.10	0.0	False
2018-01-08	0.0	0.0	-inf	-7.80	-16.7	-8.30	0.0	False
2018-01-10	0.0	0.0	-inf	5.00	-7.8	-7.80	0.0	False
2018-01-11	0.0	0.0	-inf	4.40	-7.8	1.10	0.0	False

图 3.57　用滚动中位数估算缺失值

可以看到，之前没有的 1 月 9 日现在也有了值——其 TMAX、TMIN 和 TOBS 的值是前一天（1 月 8 日）和后一天（1 月 10 日）的平均值，如图 3.58 所示。

	PRCP	SNOW	SNWD	TMAX	TMIN	TOBS	WESF	inclement_weather
2018-01-01	0.0	0.0	-inf	NaN	NaN	NaN	0.0	NaN
2018-01-02	0.0	0.0	-inf	-8.3	-16.10	-12.20	0.0	False
2018-01-03	0.0	0.0	-inf	-4.4	-13.90	-13.30	0.0	False
2018-01-04	20.6	229.0	inf	-4.4	-13.90	-13.60	19.3	True
2018-01-05	14.2	127.0	inf	-4.4	-13.90	-13.90	0.0	True
2018-01-06	0.0	0.0	-inf	-10.0	-15.60	-15.00	0.0	False
2018-01-07	0.0	0.0	-inf	-11.7	-17.20	-16.10	0.0	False
2018-01-08	0.0	0.0	-inf	-7.8	-16.70	-8.30	0.0	False
2018-01-09	0.0	0.0	-inf	-1.4	-12.25	-8.05	0.0	NaN
2018-01-10	0.0	0.0	-inf	5.0	-7.80	-7.80	0.0	False

图 3.58　插入缺失值

可以通过 method 参数指定不同的插值策略；请务必查看 interpolate()方法的文档以了解可用选项。

3.7 小　　结

恭喜你完成本章的学习！数据整理可能不是分析工作流中最令人兴奋的部分，但它也是分析人员需要花费时间最多的部分，因此最好能够精通 Pandas 提供的与此相关的功能。

本章详细解释了什么是数据整理，并介绍了一些清洗和重塑数据的实战经验。

本章首先演示了如何利用 requests 库和 API 提取感兴趣的数据；然后介绍了使用 Pandas 进行数据整理的操作（第 4 章将继续介绍余下部分）；最后还讨论了如何以各种方式处理重复、缺失和无效的数据点，并讨论了这些决定的后果。

在掌握了这些概念和操作的基础上，第 4 章将继续学习如何聚合 DataFrame 和处理时间序列数据。在继续学习新内容之前，务必要完成 3.8 节的练习。

3.8 练　　习

请使用迄今为止你所学到的知识和 exercises/目录中的数据完成以下练习。

（1）我们想要查看 Facebook、Apple、Amazon、Netflix 和 Google（FAANG）股票的数据，但每支股票的数据都以单独的 CSV 文件形式提供（使用第 7 章“金融分析”中构建的 stock_analysis 包获得）。将它们组合成一个文件，并将 FAANG 数据的 DataFrame 存储为 faang 以供其余练习使用。

A．读入 aapl.csv、amzn.csv、fb.csv、goog.csv 和 nflx.csv 文件。

B．为每个 DataFrame 添加一列，列名称为 ticker（股票代码），指示它所对应的股票代码（例如，Apple 的股票代码是 AAPL）。这就是你查找股票的方式。在本示例中，文件名恰好是股票代码。

C．将它们一起附加到单个 DataFrame 中。

D．将结果保存在名为 faang.csv 的 CSV 文件中。

（2）在获得 faang DataFrame 之后，使用类型转换将 date 列的值转换为日期时间，将 volume 列的值转换为整数。然后，按 date 和 ticker 排序。

（3）找出 faang 中 volume（成交量）值最低的 7 行。

（4）现在，数据介于长格式和宽格式之间。使用 melt()使其成为完全的长格式。

提示：date 和 ticker 是我们的 ID 变量（它们唯一标识每一行）。

我们还需要融合其余部分，以便没有单独的列用于 open（开盘价）、high（最高价）、low（最低价）、close（收盘价）和 volume（成交量）。

（5）假设我们发现 2018 年 7 月 26 日的数据记录方式存在瑕疵。那么应该如何处理？请注意，此练习不需要编码。

（6）欧洲疾病预防控制中心（European Centre for Disease Prevention and Control，ECDC）提供了一个关于 COVID-19 病例的开放数据集，其名称为 daily number of new reported cases of COVID-19 by country worldwide（全球国家/地区每天新报告的 COVID-19 病例数），具体网址如下：

https://www.ecdc.europa.eu/en/publications-data/download-todays-data-geographic-distribution-covid-19-cases-worldwide

该数据集每天都被更新，但我们将使用包含 2020 年 1 月 1 日至 2020 年 9 月 18 日数据的快照。清洗和旋转数据，使其采用宽格式。

A．读入 covid19_cases.csv 文件。

B．使用 dateRep 列中的数据和 pd.to_datetime()函数创建 date 列。

C．将 date 列设置为索引并对索引进行排序。

D. 分别用 USA 和 UK 替换所有出现的 United_States_of_America 和 United_Kingdom。

提示：replace()方法可以作为一个整体在 DataFrame 上运行。

E．使用 countriesAndTerritories（国家和地区）列，将清洗过的 COVID-19 病例数据过滤为仅剩下 Argentina（阿根廷）、Brazil（巴西）、China（中国）、Colombia（哥伦比亚）、India（印度）、Italy（意大利）、Mexico（墨西哥）、Peru（秘鲁）、Russia（俄罗斯）、Spain（西班牙）、Turkey（土耳其）、UK（英国）和 USA（美国）。

F．旋转数据，使索引包含日期，列包含国家/地区名称，值是病例计数（case 列）。确保用 0 填充 NaN 值。

（7）为了有效确定每个国家/地区的病例总数，需要在第 4 章“聚合 Pandas DataFrame”中学到的聚合技巧，所以 covid19_cases.csv 文件中的 ECDC 数据已经被聚合并保存在 covid19_total_cases.csv 文件中。它包含每个国家/地区的病例总数。使用此数据查找 COVID-19 病例总数最多的前 20 个国家/地区。

提示：读入 CSV 文件时，可以传入 index_col='cases' 参数，注意，在隔离国家/地区之前转置数据会有帮助。

3.9 延伸阅读

查看以下资源以获取有关本章所涵盖主题的更多信息。

- A Quick-Start Tutorial on Relational Database Design（关系数据库设计快速入门教程）：

  https://www.ntu.edu.sg/home/ehchua/programming/sql/relational_database_design.html

- Binary search（二分搜索）：

  https://www.khanacademy.org/computing/computer-science/algorithms/binary-search/a/binary-search

- How Recursion Works—explained with flowcharts and a video（递归的工作原理——流程图和视频解释）：

  https://www.freecodecamp.org/news/how-recursion-works-explained-with-flowcharts-and-a-video-de61f40cb7f9/

- Python f-strings（Python f 字符串）：

  https://realpython.com/python-f-strings/

- Tidy Data（整理数据）：

  https://www.jstatsoft.org/article/view/v059i10

- 5 Golden Rules for Great Web API Design（Web API 设计的 5 条黄金法则）：

  https://www.toptal.com/api-developers/5-golden-rules-for-designing-a-great-web-api

第 4 章　聚合 Pandas DataFrame

本章将继续第 3 章“使用 Pandas 进行数据整理”中讨论的主题，我们将解决数据整理过程中的余下部分，即充实和聚合。这包括一些基础技能，例如合并 DataFrame、创建新列、执行窗口计算以及按组进行聚合。计算聚合和汇总将有助于对数据得出结论。

除了在前几章中介绍的时间序列切片，本章还将介绍 Pandas 用于处理时间序列数据的附加功能，包括如何通过聚合汇总数据，并基于一天中的时间进行选择。我们遇到的大部分数据都是时间序列数据，因此能够有效地处理时间序列至关重要。当然，高效地执行这些操作也很重要，因此本章还将讨论如何编写高效的 Pandas 代码。

本章将熟悉使用 DataFrame 对象执行分析的操作。因此，与本章之前的内容相比，这些主题更高级，你可能需要重读几次，因此请务必遵循包含更多示例的笔记本。

本章包含以下主题：

- 在 DataFrame 上执行数据库风格的操作。
- 使用 DataFrame 操作充实数据。
- 聚合数据。
- 处理时间序列数据。

4.1　章节材料

本章材料可以在本书配套的 GitHub 存储库中找到：

https://github.com/stefmolin/Hands-On-Data-Analysis-with-Pandas-2nd-edition/tree/master/ch_04

本章将使用 4 个笔记本，每个笔记本都根据使用时间进行编号。文本将提示你进行切换。

本章首先将从 1-querying_and_merging.ipynb 笔记本开始学习查询和合并 DataFrame，然后将转到 2-dataframe_operations.ipynb 笔记本，讨论通过分箱、窗口函数和管道等操作来丰富数据。在此过程中，我们还将使用 window_calc.py Python 文件，其中包含使用管道执行窗口计算的函数。

提示：

understanding_window_calculations.ipynb 笔记本包含一些用于理解窗口函数的交互式可视化。这可能需要一些额外的设置，在笔记本中已经包含了相应的说明。

接下来，在 3-aggregations.ipynb 笔记本中，我们将讨论聚合、数据透视表和交叉表。

最后，我们将详细讨论 Pandas 在处理 4-time_series.ipynb 笔记本中的时间序列数据时提供的附加功能。

本章不会讨论 0-weather_data_collection.ipynb 笔记本；当然，如果你对此感兴趣，那么我们可以告诉你的是，它包含用于从美国国家环境信息中心（National Centers for Environmental Information，NCEI）API 中收集数据的代码，该 API 网址如下：

https://www.ncdc.noaa.gov/cdo-web/webservices/v2

本章将使用的数据集如图 4.1 所示，它们可以在 data/目录中找到。

文　件	描　述	来　源
dirty_data.csv	来自 3.6 节“处理重复、缺失或无效的数据”的脏天气数据	来自 NCEI API 的 GHCND 数据集的数据的修改版
fb_2018.csv	Facebook 股票 2018 年的开盘价、最高价、最低价、收盘价和成交量	stock_analysis 包（参见第 7 章“金融分析”）
fb_week_of_may_20_per_minute.csv	Facebook 股票 2019 年 5 月 20 日到 2019 年 5 月 24 日的每分钟开盘价、最高价、最低价、收盘价和成交量	纳斯达克（Nasdaq）
melted_stock_data.csv	fb_week_of_may_20_per_minute.csv 的内容，已融合到价格的单列和时间戳列	接收自纳斯达克
nyc_weather_2018.csv	来自纽约市不同气象站的长格式天气数据	NCEI API 的 GHCND 数据集
stocks.db	fb_prices 和 aapl_prices 表分别包含 Facebook 和 Apple 公司 2019 年 5 月 20 日到 2019 年 5 月 24 日的股价。Facebook 公司的股价达到分钟细粒度，而 Apple 公司的股价则包含（虚构的）秒时间戳	接收自纳斯达克
weather_by_station.csv	来自纽约市不同气象站的长格式天气数据，附加气象站信息	NCEI API 的 GHCND 数据集和 station 端点
weather_stations.csv	纽约市所有提供天气数据的气象站的信息	NCEI API 的 station 端点
weather.db	包含纽约市天气数据的 weather 表，以及包含气象站信息的 stations 表	NCEI API 的 GHCND 数据集和 station 端点

图 4.1　本章使用的数据集

请注意，exercises/目录包含完成本章末练习所需的 CSV 文件。有关这些数据集的更多信息可以在 exercises/README.md 文件中找到。

4.2　在 DataFrame 上执行数据库风格的操作

DataFrame 对象类似于数据库中的表：每个 DataFrame 都有一个名称，可用于引用它。DataFrame 由行组成，并包含特定数据类型的列。因此，Pandas 允许我们对 DataFrame 执行数据库式的操作。传统上，数据库至少支持 4 种操作，称为增删改查（CRUD），即创建（Create）、读取（Read）、更新（Update）和删除（Delete）。

数据库查询语言——最常见的是 SQL，代表结构化查询语言（structured query language）——用于要求数据库执行这些操作。本书并不需要你有 SQL 知识基础，但是，如果你掌握了这方面的基础知识，那么效果将会更好，因为本节将讨论 Pandas 操作的 SQL 等效项，熟悉 SQL 者将会获得更好的理解。许多数据分析专业人员都对基本 SQL 有一定的了解，如果你对此感兴趣，可参考 4.8 节“延伸阅读”提供的更正式的资源。

本节将使用 1-querying_and_merging.ipynb 笔记本。我们将从导入和读取纽约市天气数据的 CSV 文件开始：

```
>>> import pandas as pd
>>> weather = pd.read_csv('data/nyc_weather_2018.csv')
>>> weather.head()
```

这是长格式数据，它是 2018 年在覆盖纽约市的各个气象站进行的几种不同的天气观测值，如图 4.2 所示。

	date	datatype	station	attributes	value
0	2018-01-01T00:00:00	PRCP	GHCND:US1CTFR0039	,,N,	0.0
1	2018-01-01T00:00:00	PRCP	GHCND:US1NJBG0015	,,N,	0.0
2	2018-01-01T00:00:00	SNOW	GHCND:US1NJBG0015	,,N,	0.0
3	2018-01-01T00:00:00	PRCP	GHCND:US1NJBG0017	,,N,	0.0
4	2018-01-01T00:00:00	SNOW	GHCND:US1NJBG0017	,,N,	0.0

图 4.2　纽约市天气数据

第 2 章“使用 Pandas DataFrame”介绍了如何创建 DataFrame，这是 Pandas 相当于

CREATE TABLE ...的 SQL 语句。

当我们在第 2 章“使用 Pandas DataFrame”和第 3 章“使用 Pandas 进行数据整理”中讨论选择和过滤时，我们重点介绍了从 DataFrame 中进行读取，这相当于 SELECT（选择列）和 WHERE（按布尔条件过滤）等 SQL 子句。

当我们在第 3 章“使用 Pandas 进行数据整理”中讨论处理缺失数据时，我们执行了更新操作（相当于 SQL 中的 UPDATE）和删除操作（相当于 SQL 中的 DELETE FROM）。

除了这些基本的 CRUD 操作，还存在表的连接（join）或合并（merge）的概念。本节将讨论 Pandas 的实现，以及查询 DataFrame 对象的思路。

4.2.1 查询 DataFrame

Pandas 提供了 query()方法，使我们可以轻松编写复杂的过滤器，而不是使用布尔掩码。其语法类似于 SQL 语句中的 WHERE 子句。

为了说明这一点，不妨查询 SNOW 列中值大于零的所有行的天气数据，这些行的气象站 ID 为 US1NY：

```
>>> snow_data = weather.query(
...     'datatype == "SNOW" and value > 0 '
...     'and station.str.contains("US1NY")'
... )
>>> snow_data.head()
```

每一行是给定日期和气象站组合的降雪观测值。如图 4.3 所示，1 月 4 日的值变化很大，一些气象站的降雪量比其他气象站多。

	date	datatype	station	attributes	value
114	2018-01-01T00:00:00	SNOW	GHCND:US1NYWC0019	,,N,	25.0
789	2018-01-04T00:00:00	SNOW	GHCND:US1NYNS0007	,,N,	41.0
794	2018-01-04T00:00:00	SNOW	GHCND:US1NYNS0018	,,N,	10.0
798	2018-01-04T00:00:00	SNOW	GHCND:US1NYNS0024	,,N,	89.0
800	2018-01-04T00:00:00	SNOW	GHCND:US1NYNS0030	,,N,	102.0

图 4.3 查询天气数据以观察降雪量

该查询等效于 SQL 中的以下内容。请注意，SELECT *可选择表中的所有列（在本示例中为 DataFrame）：

```
SELECT * FROM weather
WHERE
  datatype == "SNOW" AND value > 0 AND station LIKE "%US1NY%";
```

第 2 章“使用 Pandas DataFrame”介绍了如何使用布尔掩码获得相同的结果：

```
>>> weather[
...     (weather.datatype == 'SNOW') & (weather.value > 0)
...     & weather.station.str.contains('US1NY')
... ].equals(snow_data)
True
```

在大多数情况下，使用哪一种方法是偏好问题；但是，如果 DataFrame 的名称很长，那么我们可能更喜欢 query()方法。在上述示例中，为了使用掩码，我们必须多输入 3 次 DataFrame 的名称。

提示：

在 query()方法中使用布尔逻辑时，可以同时使用逻辑运算符（and、or、not）和按位运算符（&、|、~）。

4.2.2　合并 DataFrame

当我们在第 2 章“使用 Pandas DataFrame”中讨论使用 pd.concat()函数和 append()方法将 DataFrame 一个接一个地叠放在一起时，我们执行的是类似 SQL UNION ALL 的语句（如果还删除了重复项，则类似于 UNION）。

DataFrame 合并（merge）操作处理的是如何按行排列它们。

当涉及数据库时，合并在传统上称为连接（join）。连接有 4 种类型：完全连接/外连接（full/outer join）、左连接（left join）、右连接（right join）和内连接（inner join）。这些连接类型让我们知道结果将如何受到仅出现在连接一侧的值的影响。我们通过维恩图（venn diagram）可以更轻松地理解这些概念，如图 4.4 所示，在该图中，灰色阴影区域代表在执行连接后剩下的数据。

我们要处理的是来自众多气象站的数据，但除了它们的 ID，我们对它们一无所知。准确了解每个气象站的位置将有助于更好地了解纽约市同一天的天气读数之间的差异。

例如，当我们查询降雪数据时，会发现 1 月 4 日的读数变化很大（见图 4.3）。这很可能是由于气象站的位置原因出现的偏差。海拔更高或更北的气象站可能会记录更多的降雪。根据这些气象站与纽约市中心的实际距离，它们可能遭遇到其他地方更严重的暴风雪，如康涅狄格州或新泽西州北部。

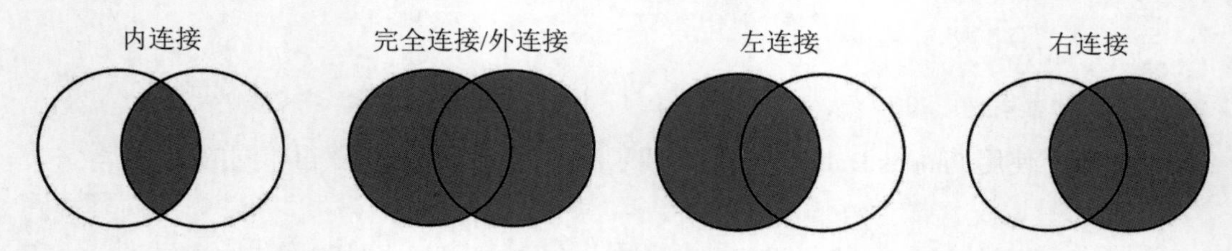

图 4.4　理解连接类型

NCEI API 的 stations 端点为我们提供了气象站所需的所有信息。这些信息被保存在 weather_stations.csv 文件中，以及在 SQLite 数据库的 stations 表中。使用以下语句可将这些数据读入 DataFrame 中：

```
>>> station_info = pd.read_csv('data/weather_stations.csv')
>>> station_info.head()
```

作为一项参考，纽约中央公园位于北纬 40.7829°、西经 73.9654°（纬度 40.7829 和经度-73.9654），纽约市的海拔为 10 米。记录纽约市数据的前 5 个气象站都不在纽约。新泽西州的气象站位于纽约市西南部，而康涅狄格州的气象站则位于纽约市东北部，如图 4.5 所示。

	id	name	latitude	longitude	elevation
0	GHCND:US1CTFR0022	STAMFORD 2.6 SSW, CT US	41.064100	-73.577000	36.6
1	GHCND:US1CTFR0039	STAMFORD 4.2 S, CT US	41.037788	-73.568176	6.4
2	GHCND:US1NJBG0001	BERGENFIELD 0.3 SW, NJ US	40.921298	-74.001983	20.1
3	GHCND:US1NJBG0002	SADDLE BROOK TWP 0.6 E, NJ US	40.902694	-74.083358	16.8
4	GHCND:US1NJBG0003	TENAFLY 1.3 W, NJ US	40.914670	-73.977500	21.6

图 4.5　气象站数据集

连接要求我们指定如何匹配数据。weather 与 station_info 两个 DataFrame 唯一共同的数据是气象站 ID。但是，它们包含此信息的列的名称是不同的：在 weather DataFrame 中，该列称为 station，而在 station_info DataFrame 中，则称为 id。

在连接数据之前，不妨先了解有多少不同的气象站，以及每个 DataFrame 中有多少条目：

```
>>> station_info.id.describe()
count                  279
unique                 279
```

```
top         GHCND:US1NJBG0029
freq                        1
Name: id, dtype: object

>>> weather.station.describe()
count                   78780
unique                    110
top         GHCND:USW00094789
freq                     4270
Name: station, dtype: object
```

上述 DataFrame 中唯一气象站数量的差异（279 和 110）告诉我们，它们并不包含所有相同的站。根据选择的连接类型，这可能会丢失一些数据。因此，查看连接前后的行数很重要。我们可以在 describe()输出的 count（计数）条目中看到这一点，但我们不需要运行它来获取行计数。相反，我们可以使用 shape 属性，它将为我们提供一个(行数，列数)形式的元组。要选择行，则获取索引 0 处的值即可（列为 1）：

```
>>> station_info.shape[0], weather.shape[0] # 0=rows, 1=cols
(279, 78780)
```

由于我们将经常检查行数，因此编写一个函数来提供任意数量 DataFrame 的行数更有意义。*dfs 参数可以将该函数的所有输入都收集到一个元组中，我们可以在列表推导式中迭代它以获得行数：

```
>>> def get_row_count(*dfs):
...     return [df.shape[0] for df in dfs]
>>> get_row_count(station_info, weather)
[279, 78780]
```

可以看到，现在我们已经有 78780 行天气数据和 279 行气象站信息数据，可以开始研究连接的类型。

我们将从内连接开始，这将导致最少的行数（当然，如果两个 DataFrame 对于要连接的列具有全部相同的值，那么在这种情况下所有连接获得的结果都是一样的）。

内连接将返回两个 DataFrame 中的列，其中它们在指定的键列上有匹配。由于将连接 weather.station 列和 station_info.id 列，因此只会获取 station_info 中气象站的天气数据。

我们将使用 merge()方法执行连接（默认情况下是内部连接），这需要提供左右 DataFrame，并指定要连接的列。

由于气象站 ID 列在两个 DataFrame 中的命名不同，因此必须使用 left_on 和 right_on 指定列的名称。左边的 DataFrame 列是调用 merge()方法的，而右边的 DataFrame 列则是作为参数传入的：

```
>>> inner_join = weather.merge(
...     station_info, left_on='station', right_on='id'
... )
>>> inner_join.sample(5, random_state=0)
```

可以看到，我们有 5 个附加列，它们已被添加到右侧。这些列来自 station_info DataFrame。此操作还保留了 station 和 id 列，它们是相同的，如图 4.6 所示。

	date	datatype	station	attributes	value	id	name	latitude	longitude	elevation
10739	2018-08-07T00:00:00	SNOW	GHCND:US1NJMN0069	,,N,	0.0	GHCND:US1NJMN0069	LONG BRANCH 1.7 SSW, NJ US	40.275368	-74.006027	9.4
45188	2018-12-21T00:00:00	TMAX	GHCND:USW00014732	,,W,2400	16.7	GHCND:USW00014732	LAGUARDIA AIRPORT, NY US	40.779440	-73.880350	3.4
59823	2018-01-15T00:00:00	WDF5	GHCND:USW00094741	,,W,	40.0	GHCND:USW00094741	TETERBORO AIRPORT, NJ US	40.850000	-74.061390	2.7
10852	2018-10-31T00:00:00	PRCP	GHCND:US1NJMN0069	T,,N,	0.0	GHCND:US1NJMN0069	LONG BRANCH 1.7 SSW, NJ US	40.275368	-74.006027	9.4
46755	2018-05-05T00:00:00	SNOW	GHCND:USW00014734	,,W,	0.0	GHCND:USW00014734	NEWARK LIBERTY INTERNATIONAL AIRPORT, NJ US	40.682500	-74.169400	2.1

图 4.6　weather 和 stations 数据集之间的内连接结果

为了去除 station 和 id 列中的重复信息，可以在连接之前重命名其中之一。因此，我们只需为 on 参数提供一个值，因为列将共享相同的名称：

```
>>> weather.merge(
...     station_info.rename(dict(id='station'), axis=1),
...     on='station'
... ).sample(5, random_state=0)
```

由于列共享名称，因此在连接之后将只会得到一个，如图 4.7 所示。

	date	datatype	station	attributes	value	name	latitude	longitude	elevation
10739	2018-08-07T00:00:00	SNOW	GHCND:US1NJMN0069	,,N,	0.0	LONG BRANCH 1.7 SSW, NJ US	40.275368	-74.006027	9.4
45188	2018-12-21T00:00:00	TMAX	GHCND:USW00014732	,,W,2400	16.7	LAGUARDIA AIRPORT, NY US	40.779440	-73.880350	3.4
59823	2018-01-15T00:00:00	WDF5	GHCND:USW00094741	,,W,	40.0	TETERBORO AIRPORT, NJ US	40.850000	-74.061390	2.7
10852	2018-10-31T00:00:00	PRCP	GHCND:US1NJMN0069	T,,N,	0.0	LONG BRANCH 1.7 SSW, NJ US	40.275368	-74.006027	9.4
46755	2018-05-05T00:00:00	SNOW	GHCND:USW00014734	,,W,	0.0	NEWARK LIBERTY INTERNATIONAL AIRPORT, NJ US	40.682500	-74.169400	2.1

图 4.7　匹配连接列的名称以防止结果中出现重复数据

提示：

可以通过将列名称列表传递给 on 参数或 left_on 和 right_on 参数来连接多个列。

你应该还记得，我们在 station_info DataFrame 中有 279 个唯一气象站，而在 weather DataFrame 中则只有 110 个唯一气象站。执行内连接时，我们丢失了所有没有关联天气观测的气象站。因此，如果不想丢失在连接的特定一侧的行，则可以执行左连接或右连接。

左连接（left join）要求列出 DataFrame，其中包含我们想要保留的行（即使它们不存在于另一个 DataFrame 中）在左侧，而另一个 DataFrame 则在右侧。

右连接（right join）的操作则相反：

```
>>> left_join = station_info.merge(
...     weather, left_on='id', right_on='station', how='left'
... )
>>> right_join = weather.merge(
...     station_info, left_on='station', right_on='id',
...     how='right'
... )
>>> right_join[right_join.datatype.isna()].head() # 查看空值
```

只要另一个 DataFrame 不包含数据，我们就会得到空值。对于为什么没有与这些气象站相关的任何天气数据，则需要调查。

或者，我们的分析可能涉及确定每个气象站的数据可用性，因此，获取空值不一定是问题，如图 4.8 所示。

	date	datatype	station	attributes	value	id	name	latitude	longitude	elevation
0	NaN	NaN	NaN	NaN	NaN	GHCND:US1CTFR0022	STAMFORD 2.6 SSW, CT US	41.064100	-73.577000	36.6
344	NaN	NaN	NaN	NaN	NaN	GHCND:US1NJBG0001	BERGENFIELD 0.3 SW, NJ US	40.921298	-74.001983	20.1
345	NaN	NaN	NaN	NaN	NaN	GHCND:US1NJBG0002	SADDLE BROOK TWP 0.6 E, NJ US	40.902694	-74.083358	16.8
718	NaN	NaN	NaN	NaN	NaN	GHCND:US1NJBG0005	WESTWOOD 0.8 ESE, NJ US	40.983041	-74.015858	15.8
719	NaN	NaN	NaN	NaN	NaN	GHCND:US1NJBG0006	RAMSEY 0.6 E, NJ US	41.058611	-74.134068	112.2

图 4.8　不使用内连接时可能会引入空值

由于我们将 station_info DataFrame 放置在左连接的左侧和右连接的右侧，因此这里的结果是等效的。在这两种情况下，我们选择将所有气象站保留在 station_info DataFrame

中，并接受天气观测的空值。为了证明它们是等价的，我们需要将列按相同的顺序排列，重置索引，并对数据进行排序：

```
>>> left_join.sort_index(axis=1)\
...     .sort_values(['date', 'station'], ignore_index=True)\
...     .equals(right_join.sort_index(axis=1).sort_values(
...         ['date', 'station'], ignore_index=True
...     ))
True
```

可以看到，我们在左连接和右连接中获得了更多的行，这是因为它们保留了所有没有天气观测值的气象站：

```
>>> get_row_count(inner_join, left_join, right_join)
[78780, 78949, 78949]
```

最后一种连接类型是完全连接（Full Join），也称为外连接（Outer Join），它将保留所有值，无论这些值是否存在于两个 DataFrame 中。

例如，假设要查询气象站 ID 中带有 US1NY 的气象站，因为我们认为测量纽约市（NYC）天气的气象站必须被标记为这样。这意味着内连接会导致康涅狄格和新泽西气象站的观测数据丢失，左连接/右连接会导致气象站信息丢失或天气数据丢失，而外连接则将保留所有数据。我们还将传入 indicator=True 以向结果 DataFrame 中添加额外的列，这将指示每一行来自哪个 DataFrame：

```
>>> outer_join = weather.merge(
...     station_info[station_info.id.str.contains('US1NY')],
...     left_on='station', right_on='id',
...     how='outer', indicator=True
... )
# 查看外连接的效果
>>> pd.concat([
...     outer_join.query(f'_merge == "{kind}"')\
...         .sample(2, random_state=0)
...     for kind in outer_join._merge.unique()
... ]).sort_index()
```

索引 23634 和 25742 来自位于纽约市的气象站，该匹配项为我们提供了有关气象站的信息。索引 60645 和 70764 用于在气象站 ID 中没有 US1NY 的站（这导致气象站信息列为空）。底部两行是纽约市的气象站，不提供纽约市的天气观测值。此连接将保留所有数据，并且通常会引入空值，这与内部连接是不一样的，如图 4.9 所示。

	date	datatype	station	attributes	value	id	name	latitude	longitude	elevation	_merge
23634	2018-04-12T00:00:00	PRCP	GHCND:US1NYNS0043	,,N,	0.0	GHCND:US1NYNS0043	PLAINVIEW 0.4 ENE, NY US	40.785919	-73.466873	56.7	both
25742	2018-03-25T00:00:00	PRCP	GHCND:US1NYSF0061	,,N,	0.0	GHCND:US1NYSF0061	CENTERPORT 0.9 SW, NY US	40.891689	-73.383133	53.6	both
60645	2018-04-16T00:00:00	TMIN	GHCND:USW00094741	,,W,	3.9	NaN	NaN	NaN	NaN	NaN	left_only
70764	2018-03-23T00:00:00	SNWD	GHCND:US1NJHD0002	,,N,	203.0	NaN	NaN	NaN	NaN	NaN	left_only
78790	NaN	NaN	NaN	NaN	NaN	GHCND:US1NYQN0033	HOWARD BEACH 0.4 NNW, NY US	40.662099	-73.841345	2.1	right_only
78800	NaN	NaN	NaN	NaN	NaN	GHCND:US1NYWC0009	NEW ROCHELLE 1.3 S, NY US	40.904000	-73.777000	21.9	right_only

图 4.9　外连接将保留所有数据

上述连接等效于以下形式的 SQL 语句，其中，只需将<JOIN_TYPE>更改为 (INNER) JOIN、LEFT JOIN、RIGHT JOIN 或 FULL OUTER JOIN 即可执行适当的连接：

```
SELECT *
FROM left_table
<JOIN_TYPE> right_table
ON left_table.<col> == right_table.<col>;
```

连接 DataFrame 可以更轻松地处理第 3 章 “使用 Pandas 进行数据整理” 中的脏数据。你应该还记得，我们有来自两个不同气象站的数据：其中一个气象站包含有效的气象站 ID，另一个气象站的 ID 则是问号（?）。这个问号（?）气象站是唯一一个记录了降雪的水当量（WESF）的气象站。

现在我们已经掌握了 DataFrame 的连接操作，可以将有效气象站 ID 中的数据连接到问号（?）气象站的数据。首先，我们需要读入 CSV 文件，将 date 列设置为索引。我们将删除重复的项和 SNWD（降雪深度）列——我们发现 SNWD 列没有提供什么有价值的信息，因为它的大多数值都是无限值（在有雪和无雪的情况下均如此）：

```
>>> dirty_data = pd.read_csv(
...     'data/dirty_data.csv', index_col='date'
... ).drop_duplicates().drop(columns='SNWD')
>>> dirty_data.head()
```

我们的起始数据如图 4.10 所示。

	station	PRCP	SNOW	TMAX	TMIN	TOBS	WESF	inclement_weather
date								
2018-01-01T00:00:00	?	0.0	0.0	5505.0	-40.0	NaN	NaN	NaN
2018-01-02T00:00:00	GHCND:USC00280907	0.0	0.0	-8.3	-16.1	-12.2	NaN	False
2018-01-03T00:00:00	GHCND:USC00280907	0.0	0.0	-4.4	-13.9	-13.3	NaN	False
2018-01-04T00:00:00	?	20.6	229.0	5505.0	-40.0	NaN	19.3	True
2018-01-05T00:00:00	?	0.3	NaN	5505.0	-40.0	NaN	NaN	NaN

图 4.10　第 3 章“使用 Pandas 进行数据整理”中的脏数据

现在需要为每个气象站创建一个 DataFrame。为了减少输出，可删除一些额外的列：

```
>>> valid_station = dirty_data.query('station != "?"')\
...     .drop(columns=['WESF', 'station'])
>>> station_with_wesf = dirty_data.query('station == "?"')\
...     .drop(columns=['station', 'TOBS', 'TMIN', 'TMAX'])
```

这一次，我们想要连接的列（date）实际上是索引，因此将传入 left_index 指示从左侧 DataFrame 中使用的列是索引，然后通过 right_index 指示右侧的 DataFrame 同样是索引。我们将执行左连接以确保不会丢失有效气象站中的任何行，并且尽可能使用来自问号（?）气象站的观测值：

```
>>> valid_station.merge(
...     station_with_wesf, how='left',
...     left_index=True, right_index=True
... ).query('WESF > 0').head()
```

对于 DataFrame 中公共的但不属于连接部分的所有列，我们现在有两个版本。来自左侧 DataFrame 的版本将在列名称中附加一个_x 后缀，而来自右侧 DataFrame 的版本将附加_y 后缀，如图 4.11 所示。

	PRCP_x	SNOW_x	TMAX	TMIN	TOBS	inclement_weather_x	PRCP_y	SNOW_y	WESF	inclement_weather_y
date										
2018-01-30T00:00:00	0.0	0.0	6.7	-1.7	-0.6	False	1.5	13.0	1.8	True
2018-03-08T00:00:00	48.8	NaN	1.1	-0.6	1.1	False	28.4	NaN	28.7	NaN
2018-03-13T00:00:00	4.1	51.0	5.6	-3.9	0.0	True	3.0	13.0	3.0	True
2018-03-21T00:00:00	0.0	0.0	2.8	-2.8	0.6	False	6.6	114.0	8.6	True
2018-04-02T00:00:00	9.1	127.0	12.8	-1.1	-1.1	True	14.0	152.0	15.2	True

图 4.11　合并来自不同气象站的天气数据

可以使用 suffixes 参数提供自定义后缀。例如，仅对问号（?）气象站使用后缀：

```
>>> valid_station.merge(
...     station_with_wesf, how='left',
...     left_index=True, right_index=True,
...     suffixes=('', '_?')
... ).query('WESF > 0').head()
```

由于我们为左后缀指定了一个空字符串，因此来自左侧 DataFrame 的列将具有其原始名称。但是，右后缀_?将被添加到来自右侧 DataFrame 的列的名称中，如图 4.12 所示。

	PRCP	SNOW	TMAX	TMIN	TOBS	inclement_weather	PRCP_?	SNOW_?	WESF	inclement_weather_?
date										
2018-01-30T00:00:00	0.0	0.0	6.7	-1.7	-0.6	False	1.5	13.0	1.8	True
2018-03-08T00:00:00	48.8	NaN	1.1	-0.6	1.1	False	28.4	NaN	28.7	NaN
2018-03-13T00:00:00	4.1	51.0	5.6	-3.9	0.0	True	3.0	13.0	3.0	True
2018-03-21T00:00:00	0.0	0.0	2.8	-2.8	0.6	False	6.6	114.0	8.6	True
2018-04-02T00:00:00	9.1	127.0	12.8	-1.1	-1.1	True	14.0	152.0	15.2	True

图 4.12　为未在连接中使用的共享列指定后缀

当我们在索引上进行连接时，一种更简单的方法是使用 join()方法而不是 merge()方法。它也默认为内连接，但可以使用 how 参数更改此行为，就像使用 merge()方法一样。

join()方法将始终使用左侧 DataFrame 的索引进行连接，但如果将其名称传递给 on 参数，那么它就可以使用右侧 DataFrame 中的列。

请注意，现在可以使用 lsuffix 指定左侧 DataFrame 的后缀，使用 rsuffix 指定右侧 DataFrame 的后缀。这会产生与上一个示例（见图 4.12）相同的结果：

```
>>> valid_station.join(
...     station_with_wesf, how='left', rsuffix='_?'
... ).query('WESF > 0').head()
```

要记住的一件重要事情是，连接可能会占用大量资源，因此在处理之前应该对不同连接的操作结果做到心中有数。我们可以通过集合操作（set operation）解释和理解索引上的操作结果。

集合（set）的数学定义是不同对象的集合。根据定义，索引是一个集合。集合操作通常用维恩图来解释，如图 4.13 所示。

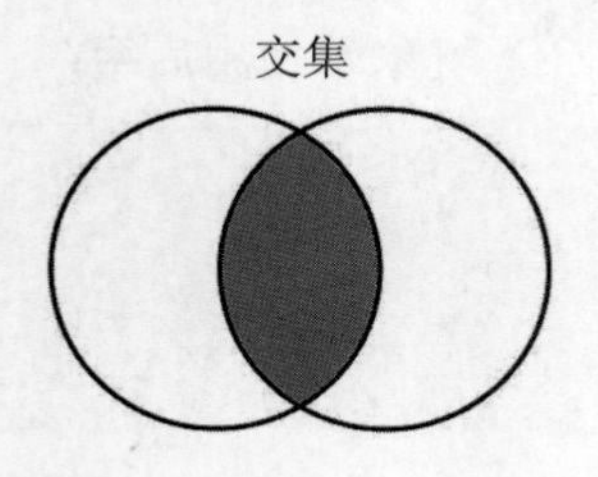

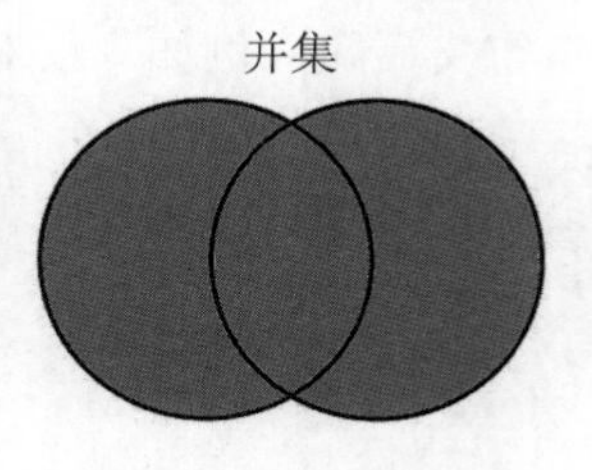

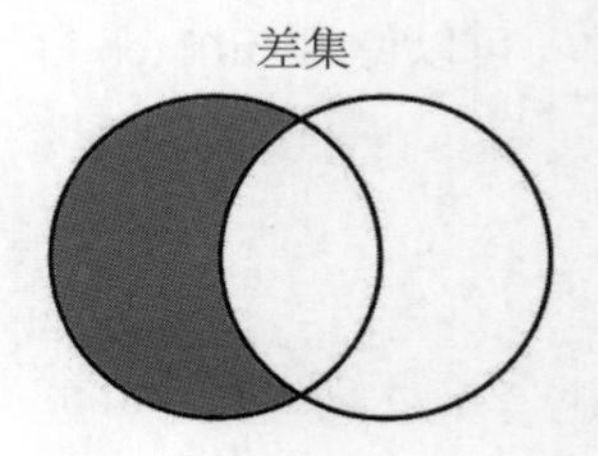

图 4.13 集合操作

注意：

set 也是标准库中可用的 Python 类型。集合的一个常见用途是从列表中删除重复项。有关 Python 集合的更多信息，你可以访问以下网址：

https://docs.python.org/3/library/stdtypes.html#set-types-setfrozenset

我们使用 weather 和 station_info DataFrame 说明集合操作。首先，必须将索引设置为将用于连接操作的列：

```
>>> weather.set_index('station', inplace=True)
>>> station_info.set_index('id', inplace=True)
```

要查看内连接方式将保留的东西，可以取索引的交集（intersection），它将显示重叠的气象站：

```
>>> weather.index.intersection(station_info.index)
Index(['GHCND:US1CTFR0039', ..., 'GHCND:USW1NYQN0029'],
      dtype='object', length=110)
```

正如我们在运行内连接时看到的那样，我们只获得了包含天气观测值的气象站的信息。但这并不能告诉我们失去的东西。想要找到失去的信息，需要找到差集（set difference），这将使集合相减，并提供不在第二个索引中的第一个索引的值。

在获得差集之后，我们可以轻松看到，在执行内连接时，不会丢失天气数据中的任何行，但是会丢失没有天气观测值的 169 个气象站：

```
>>> weather.index.difference(station_info.index)
Index([], dtype='object')

>>> station_info.index.difference(weather.index)
Index(['GHCND:US1CTFR0022', ..., 'GHCND:USW00014786'],
      dtype='object', length=169)
```

可以看到，该输出还显示了左连接和右连接的结果。为避免丢失行，可将 station_info

DataFrame 与连接放在同一侧（放在左侧用于左连接，放在右侧用于右连接）。

提示：

可以在连接中涉及的 DataFrame 的索引上使用 symmetric_difference()方法查看双方将丢失的内容，其用法如下：

```
index_1.symmetric_difference(index_2)
```

结果将是仅在其中一个索引中的值。在笔记本中有一个示例。

最后，如果运行一个外连接，则还可以使用并集（union）查看将保留的所有值。你应该还记得，weather DataFrame 包含重复的气象站，因为它们提供了每日测量值，因此在获取并集之前可调用 unique()方法以查看我们将保留的气象站数量：

```
>>> weather.index.unique().union(station_info.index)
Index(['GHCND:US1CTFR0022', ..., 'GHCND:USW00094789'],
      dtype='object', length=279)
```

在 4.8 节“延伸阅读”中包含一些关于集合操作以及 Pandas 和 SQL 比较的资源。

接下来，我们将讨论数据充实操作。

4.3　使用 DataFrame 操作充实数据

在掌握了查询和合并 DataFrame 对象的操作之后，即可学习如何对它们执行复杂的操作来创建和修改列和行。本节将在 2-dataframe_operations.ipynb 笔记本中使用天气数据，以及 2018 年 Facebook 公司股票的开盘价、最高价、最低价、收盘价和交易量等数据。

首先导入需要的内容并读入数据：

```
>>> import numpy as np
>>> import pandas as pd

>>> weather = pd.read_csv(
...     'data/nyc_weather_2018.csv', parse_dates=['date']
... )
>>> fb = pd.read_csv(
...     'data/fb_2018.csv', index_col='date', parse_dates=True
... )
```

以下我们将首先复习汇总整个行和列的操作，然后进行分箱（binning）、跨行和列应用函数以及窗口计算等，这些操作可一次汇总一定数量的观察数据（如移动平均值）。

4.3.1 算术和统计

Pandas 有多种计算统计数据和执行数学运算的方法，包括比较、floor 除法和模运算。这些方法使得我们在定义计算方面更灵活，允许指定要对 DataFrame 执行计算的轴。默认情况下，计算将沿列（axis=1 或 axis='columns'）执行，这些列通常包含对单一数据类型的单个变量的观察；当然，也可以传入 axis=0 或 axis='index'来代替沿行执行计算。

本节将使用其中一些方法创建新列并修改我们的数据，以了解如何使用新数据得出一些初步结论。请注意，你可以访问以下网址查看完整列表：

https://pandas.pydata.org/pandas-docs/stable/reference/series.html#binary-operator-functions

首先，我们创建一个包含 Facebook 股票交易量的 *Z* 分数（*Z*-score）的列，并使用它查找 *Z* 分数绝对值大于 3 的天数。这些值与平均值相差 3 个标准偏差以上，可能是异常值（具体判断取决于数据）。

你应该还记得在第 1 章“数据分析导论”中对 *Z* 分数的讨论，其计算方式是，从每个观测值中减去平均值，然后除以标准差。我们将分别使用 sub()和 div()方法，而不是使用数学运算符执行减法和除法：

```
>>> fb.assign(
...     abs_z_score_volume=lambda x: x.volume \
...         .sub(x.volume.mean()).div(x.volume.std()).abs()
... ).query('abs_z_score_volume > 3')
```

如图 4.14 所示，2018 年有 5 天交易量的 *Z* 分数绝对值（abs_z_score_volume 列）大于 3。这些日期在本章的其余部分会经常出现，因为它们标志着 Facebook 股价的一些麻烦点。

	open	high	low	close	volume	abs_z_score_volume
date						
2018-03-19	177.01	177.17	170.06	172.56	88140060	3.145078
2018-03-20	167.47	170.20	161.95	168.15	129851768	5.315169
2018-03-21	164.80	173.40	163.30	169.39	106598834	4.105413
2018-03-26	160.82	161.10	149.02	160.06	126116634	5.120845
2018-07-26	174.89	180.13	173.75	176.26	169803668	7.393705

图 4.14　添加 Z-score 列

另外两个非常有用的方法是 rank()和 pct_change()，前者可以对列的值进行排名（并将它们存储在新列中），而后者则可以计算各个时期之间的百分比变化。

结合这些方法，我们可以查看 Facebook 股票交易量与前一天相比的最大百分比变化是哪 5 天：

```
>>> fb.assign(
...     volume_pct_change=fb.volume.pct_change(),
...     pct_change_rank=lambda x: \
...         x.volume_pct_change.abs().rank(ascending=False)
... ).nsmallest(5, 'pct_change_rank')
```

交易量百分比变化最大的一天是 2018 年 1 月 12 日，这恰好是 2018 年影响该股的众多 Facebook 丑闻之一，相关新闻的网址如下：

https://www.cnbc.com/2018/11/20/facebooks-scandals-in-2018-effect-on-stock.html

2018 年 1 月 12 日，Facebook 宣布对信息流（news feed）进行重大改革，将大幅削减新闻、视频等媒体内容，重返好友之间的有意义沟通。由于 Facebook 收入的很大一部分来自广告，因此这一消息引起了股民的极大恐慌，许多人为此抛售了其 Facebook 股票，这大幅推高了交易量并降低了股价。

2017 年，Facebook 公司的广告收入占比接近 89%，数据来源如下：

https://www.investopedia.com/ask/answers/120114/how-does-facebook-fb-make-money.asp

排名结果如图 4.15 所示。

	open	high	low	close	volume	volume_pct_change	pct_change_rank
date							
2018-01-12	178.06	181.48	177.40	179.37	77551299	7.087876	1.0
2018-03-19	177.01	177.17	170.06	172.56	88140060	2.611789	2.0
2018-07-26	174.89	180.13	173.75	176.26	169803668	1.628841	3.0
2018-09-21	166.64	167.25	162.81	162.93	45994800	1.428956	4.0
2018-03-26	160.82	161.10	149.02	160.06	126116634	1.352496	5.0

图 4.15　按交易量变化百分比对交易日进行排名

可以使用切片查看围绕此公告的变化：

```
>>> fb['2018-01-11':'2018-01-12']
```

结合前几章中介绍的 DataFrame 操作功能，我们可以从数据中获得一些有趣的见解。例如，能够筛选出一年的股票数据，并找到对 Facebook 股票产生重大影响的日子（好坏不论），如图 4.16 所示。

	open	high	low	close	volume
date					
2018-01-11	188.40	188.40	187.38	187.77	9588587
2018-01-12	178.06	181.48	177.40	179.37	77551299

图 4.16　宣布更改信息流之前和之后的 Facebook 股票数据

最后，还可以使用聚合的布尔运算检查 DataFrame。例如，使用 any()方法可以看到，Facebook 股票在 2018 年的每日最低价从未超过 215 美元：

```
>>> (fb > 215).any()
open          True
high          True
low          False
close         True
volume        True
dtype: bool
```

如果想要查看某一列中的所有行是否都符合条件，则可以使用 all()方法。这告诉我们 Facebook 至少有一天的开盘价、最高价、最低价和收盘价小于或等于 215 美元：

```
>>> (fb > 215).all()
open       False
high       False
low        False
close      False
volume      True
dtype: bool
```

接下来，让我们看看如何使用分箱划分数据而不是使用特定值，例如 any()和 all()示例中的$215。

4.3.2　分箱

有时使用类别而不是特定值会更方便。一个常见的例子是处理年龄——很可能，我们不想查看每个年龄的数据，如 25 与 26；但是，我们很可能对 25～34 岁人群与 35～44 岁人群的比较感兴趣。这称为分箱（binning，也称为分档）或离散化（discretizing）。所谓“离散化”，就是从连续值变为离散值。

分箱的操作就是获取数据并将观察值放入与其所属范围相匹配的箱（或桶）中。通过这样做，可大大减少数据可以采用的不同值的数量，并使其更易于分析。

注意：

虽然对数据进行分箱可以使分析的某些部分更容易，但请记住，由于粒度降低，这将减少该字段中的信息。

我们可以对交易量执行的一项有趣的操作就是查看哪些天的交易量高，并在这些天中寻找有关 Facebook 的新闻或价格的大幅波动。遗憾的是，任何两天的交易量都不太可能相同。事实上，我们可以确认，在数据中，没有任何两天的交易量是相同的：

```
>>> (fb.volume.value_counts() > 1).sum()
0
```

请记住，fb.volume.value_counts()为我们提供了每个唯一的 volume 值的出现次数。然后，我们可以为计数是否大于 1 创建一个布尔掩码并对其进行求和（True 的评估值为 1，False 的评估值为 0）。

或者，我们也可以使用 any()而不是 sum()，它不会告诉我们出现不止一次的交易量的唯一值的数量，而是如果至少一个交易量出现不止一次，则会返回 True，否则为 False。

显然，我们需要为交易量创建一些范围以查看高交易量的日子，但如何确定哪个范围是一个好的范围？一种方法是使用 pd.cut()函数基于值进行分箱。

首先，我们应该决定想要创建多少个分箱——3 个似乎是一个很好的分割，因为可以标记分箱为 low、med 和 high。

接下来，需要确定每个分箱的宽度。Pandas 试图让这个过程尽可能轻松，所以，我们如果想要同样大小的分箱，那么要做的就是指定想要的分箱数量（否则，我们必须将每个分箱的上限指定为一个列表）：

```
>>> volume_binned = pd.cut(
...     fb.volume, bins=3, labels=['low', 'med', 'high']
... )
>>> volume_binned.value_counts()
low     240
med       8
high      3
Name: volume, dtype: int64
```

提示：

请注意，我们在此处为每个分箱提供了标签。如果不这样做，则每个分箱将用它包含的值的间隔来标记，这可能有用，也可能没用，具体取决于应用程序。

如果想要同时标记值并在之后查看分箱，则可以在调用 pd.cut()时传入 retbins=True。这样，就可以访问分箱数据（作为返回的元组的第一个元素），并将分箱范围自身作为第二个元素。

看起来绝大多数交易日都在低成交量的分箱中（low 的计数为 240）；请记住，这都是相对的，因为我们平均划分了最小和最大交易量之间的范围。

再来看看高成交量的 3 天数据：

```
>>> fb[volume_binned == 'high']\
...     .sort_values('volume', ascending=False)
```

即使在高成交量的日子里，我们也可以看到，2018 年 7 月 26 日的交易量比 3 月份的其他两个日期要高得多（交易量增加了近 4000 万股），如图 4.17 所示。

	open	high	low	close	volume
date					
2018-07-26	174.89	180.13	173.75	176.26	169803668
2018-03-20	167.47	170.20	161.95	168.15	129851768
2018-03-26	160.82	161.10	149.02	160.06	126116634

图 4.17　在 Facebook 高交易量分箱中的股票数据

事实上，你如果通过网络搜索与“2018 年 7 月 26 日 Facebook 股价”相关的消息，则可以看到，Facebook 在 7 月 25 日收市后公布了它们的收益和令人失望的用户增长，随后就是大量的盘后抛售。第二天早上开盘时，该股已从 25 日收盘时的 217.50 美元暴跌至 26 日开盘时的 174.89 美元。让我们拉出这个数据：

```
>>> fb['2018-07-25':'2018-07-26']
```

不仅股价大幅下跌，成交量也暴涨，增加了 1 亿多。所有这一切导致 Facebook 市值损失约 1200 亿美元。你可以访问以下网址了解更多信息：

https://www.marketwatch.com/story/facebook-stock-crushed-after-revenue-user-growth-miss-2018-07-25

上述命令取出的数据如图 4.18 所示。

	open	high	low	close	volume
date					
2018-07-25	215.715	218.62	214.27	217.50	64592585
2018-07-26	174.890	180.13	173.75	176.26	169803668

图 4.18　截至 2018 年 Facebook 股票交易量最高那一天的数据

如果查看标记为高交易量的另外两天，同样会发现大量有关其原因的信息。这两天都以 Facebook 公司的丑闻为标志。Cambridge Analytica 公司政治数据隐私丑闻于 2018 年 3 月 17 日（星期六）爆发，因此直到 19 日（星期一）才开始使用这些信息进行交易。你可以访问以下网址了解更多信息：

https://www.nytimes.com/2018/03/19/technology/facebook-cambridge-analytica-explained.html

提取高交易量数据：

```
>>> fb['2018-03-16':'2018-03-20']
```

在接下来的几天里，有关事件严重性的更多信息被披露后，事情会变得更糟，取出的数据如图 4.19 所示。

	open	high	low	close	volume
date					
2018-03-16	184.49	185.33	183.41	185.09	24403438
2018-03-19	177.01	177.17	170.06	172.56	88140060
2018-03-20	167.47	170.20	161.95	168.15	129851768

图 4.19　Cambridge Analytica 丑闻爆发时的 Facebook 股票数据

至于交易量高涨的第三天（2018 年 3 月 26 日），FTC 对 Cambridge Analytica 丑闻展开了调查，因此 Facebook 的困境还在继续。你可以访问以下网址了解更多信息：

https://www.cnbc.com/2018/03/26/ftc-confirms-facebook-databreach-investigation.html

如果查看中等交易量组中的一些日期，则可以发现许多都是我们刚刚讨论的 3 个交易事件的一部分。这迫使我们重新审视最初创建分箱的方式。也许等宽分箱并不是答案？

大多数日子的交易量都非常接近；但是，有几天导致分箱的宽度相当大，这使得每个分箱的天数严重不平衡，如图 4.20 所示。

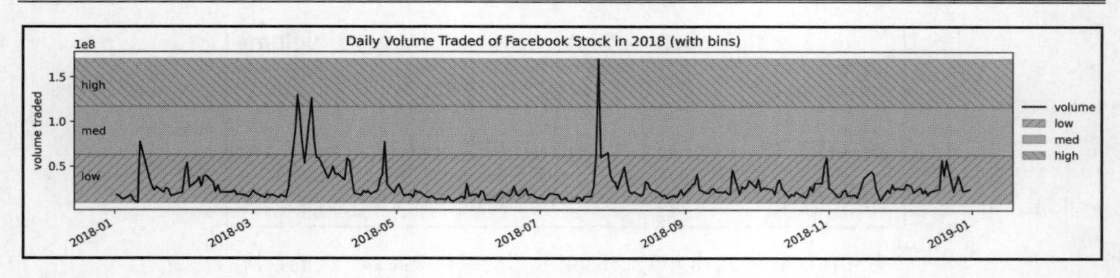

图 4.20　可视化等宽分箱

如果希望每个分箱都具有相同数量的观测值，则可以使用 pd.qcut()函数根据均匀间隔的分位数分箱。我们可以将交易量分成四分位数，以将观察结果均匀地分为不同宽度的分箱，从而为我们提供 q4 分箱中的 63 个最高交易量天数：

```
>>> volume_qbinned = pd.qcut(
...     fb.volume, q=4, labels=['q1', 'q2', 'q3', 'q4']
... )
>>> volume_qbinned.value_counts()
q1      63
q2      63
q4      63
q3      62
Name: volume, dtype: int64
```

如图 4.21 所示，分箱现在不再涵盖相同的交易量范围。

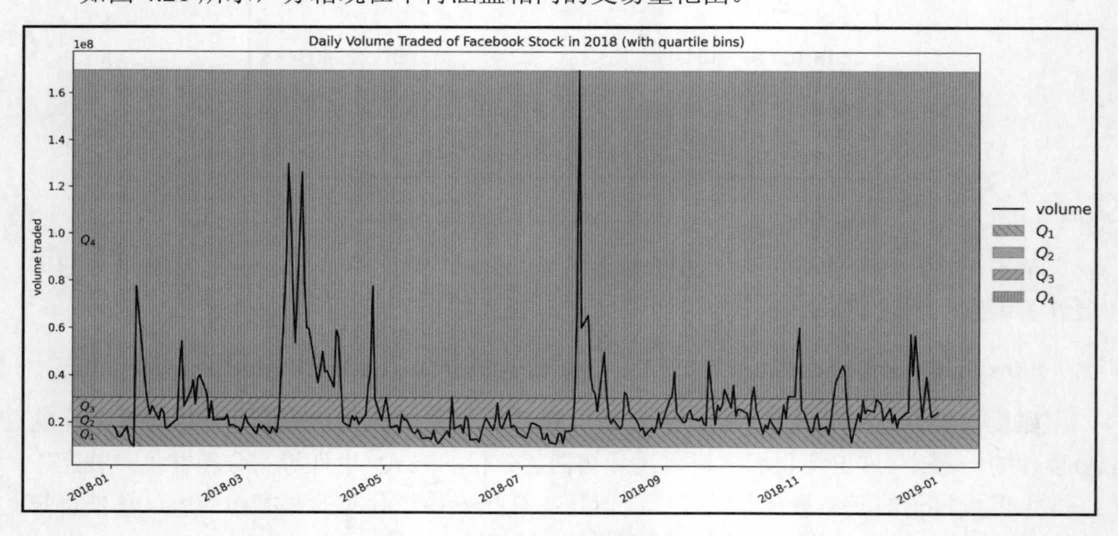

图 4.21　基于四分位数可视化分箱

提示：

在这两个示例中，我们都是让 Pandas 计算分箱范围；但是，pd.cut()和 pd.qcut()函数都允许我们将每个分箱的上限指定为一个列表。

4.3.3　应用函数

到目前为止，我们对数据采取的大部分操作都是针对特定列的。当我们想在 DataFrame 中的所有列上运行相同的代码时，则可以使用 apply()方法获得更简洁的代码。请注意，这不会就地完成。

在开始之前，我们将天气观测值与中央公园气象站进行隔离并旋转数据：

```
>>> central_park_weather = weather.query(
...     'station == "GHCND:USW00094728"'
... ).pivot(index='date', columns='datatype', values='value')
```

现在可以计算 2018 年 10 月中央公园的 TMIN（最低温度）、TMAX（最高温度）和 PRCP（降水）观测值的 Z 分数。重要的是，不要试图将 Z 分数贯穿整年。纽约市有 4 个季节，什么样的气候被认为是正常天气将取决于我们所看到的季节。通过将计算隔离到 10 月，可以查看 10 月是否有任何天气不同寻常的日子：

```
>>> oct_weather_z_scores = central_park_weather\
...     .loc['2018-10', ['TMIN', 'TMAX', 'PRCP']]\
...     .apply(lambda x: x.sub(x.mean()).div(x.std()))
>>> oct_weather_z_scores.describe().T
```

TMIN 和 TMAX 值似乎没有任何与 10 月余下的日子相差很大的值，但 PRCP 值有，如图 4.22 所示。

	count	mean	std	min	25%	50%	75%	max
datatype								
TMIN	31.0	-1.790682e-16	1.0	-1.339112	-0.751019	-0.474269	1.065152	1.843511
TMAX	31.0	1.951844e-16	1.0	-1.305582	-0.870013	-0.138258	1.011643	1.604016
PRCP	31.0	4.655774e-17	1.0	-0.394438	-0.394438	-0.394438	-0.240253	3.936167

图 4.22　一次计算多列的 Z 分数

可以使用 query()方法提取这个日期的值：

```
>>> oct_weather_z_scores.query('PRCP > 3').PRCP
date
2018-10-27    3.936167
Name: PRCP, dtype: float64
```

如果查看 10 月份降水的汇总统计数据，则可以看到这一天的降水量比其他日子多得多：

```
>>> central_park_weather.loc['2018-10', 'PRCP'].describe()
count     31.000000
mean       2.941935
std        7.458542
min        0.000000
25%        0.000000
50%        0.000000
75%        1.150000
max       32.300000
Name: PRCP, dtype: float64
```

apply()方法允许我们一次对整个列或行运行向量化操作。几乎任何我们能想到的函数都可以应用，只要这些操作对数据中的所有列（或行）都有效。

例如，可以使用前文讨论的 pd.cut()和 pd.qcut()分箱函数将每一列划分为分箱（前提是我们想要相同数量的分箱或值范围）。请注意，如果我们要应用的函数不是向量化的，那么还有一个 applymap()方法。

或者，你也可以使用 np.vectorize()对函数进行向量化，以便与 apply()一起使用。在本节笔记本中提供了这方面的一个示例。

Pandas 确实提供了一些在 DataFrame 上迭代的功能，包括 iteritems()、itertuples()和 iterrows()方法；但是，除非绝对找不到其他解决方案，否则应该避免使用这些方法。Pandas 和 NumPy 是为向量化操作而设计的，它们的速度要快得多，因为它们是用高效的 C 代码编写的，可通过编写一个循环一次迭代一个元素，由于 Python 实现整数和浮点数的方式，我们将使它的计算更加密集。

例如，在使用 iteritems()方法时，完成将数字 10 添加到一系列浮点数中的每个值的简单操作的时间将随行数线性增长，但使用向量化操作时，无论大小如何，其计算时间都几乎为零，如图 4.23 所示。

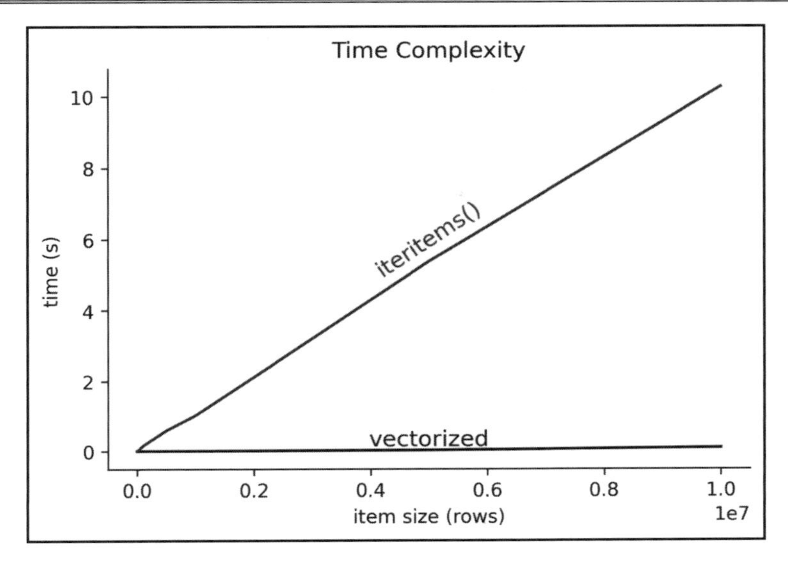

图 4.23　向量化与迭代运算对比

原　　文	译　　文	原　　文	译　　文
Time Complexity	时间复杂度	vectorized	向量化
time (s)	时间	item size (rows)	项目大小（行）

到目前为止，我们使用的所有函数和方法都涉及整行或整列；但是，有时我们可能更感兴趣的是执行窗口计算，它将仅使用一部分数据。

4.3.4　窗口计算

Pandas 可以在窗口或行/列范围内执行计算。我们将讨论构建以下窗口的方法。

- 滚动窗口。
- 扩展窗口。
- 指数加权移动窗口。

基于不同的窗口类型，可以获得对数据的不同观察。

4.3.5　滚动窗口

当索引是 DatetimeIndex 类型时，可以按天数或时间数指定窗口（例如，2H 表示两小时或 3D 表示三天）；否则，可以将周期数指定为整数。

假设我们对滚动的 3 天窗口中的降水量感兴趣，如果使用迄今为止我们所学的知识实现这一点将非常麻烦（并且可能效率低下）。幸运的是，我们可以使用 rolling()方法轻松地获取此信息：

```
>>> central_park_weather.loc['2018-10'].assign(
...     rolling_PRCP=lambda x: x.PRCP.rolling('3D').sum()
... )[['PRCP', 'rolling_PRCP']].head(7).T
```

执行滚动 3 天的求和后，每个日期将显示当天和前两天的降水总和，如图 4.24 所示。

date	2018-10-01	2018-10-02	2018-10-03	2018-10-04	2018-10-05	2018-10-06	2018-10-07
datatype							
PRCP	0.0	17.5	0.0	1.0	0.0	0.0	0.0
rolling_PRCP	0.0	17.5	17.5	18.5	1.0	1.0	0.0

图 4.24　连续 3 天的总降水量

提示：

我们如果想要使用日期进行滚动计算，但索引中没有日期，则可以将日期列的名称传递给 rolling()调用中的 on 参数。相反，我们如果想要使用行号的整数索引，则可以简单地传入一个整数作为窗口，例如，对于 3 行的窗口，我们使用 rolling(3)。

要改变聚合结果，可以对 rolling()的结果调用不同的方法。例如，mean()表示平均值，max()表示最大值。滚动计算也可以一次应用于所有列：

```
>>> central_park_weather.loc['2018-10']\
...     .rolling('3D').mean().head(7).iloc[:,:6]
```

上述语句提供了纽约市中央公园所有天气观测的 3 天滚动平均值，如图 4.25 所示。

datatype	AWND	PRCP	SNOW	SNWD	TMAX	TMIN
date						
2018-10-01	0.900000	0.000000	0.0	0.0	24.400000	17.200000
2018-10-02	0.900000	8.750000	0.0	0.0	24.700000	17.750000
2018-10-03	0.966667	5.833333	0.0	0.0	24.233333	17.566667
2018-10-04	0.800000	6.166667	0.0	0.0	24.233333	17.200000
2018-10-05	1.033333	0.333333	0.0	0.0	23.133333	16.300000
2018-10-06	0.833333	0.333333	0.0	0.0	22.033333	16.300000
2018-10-07	1.066667	0.000000	0.0	0.0	22.600000	17.400000

图 4.25　所有天气观测的 3 天滚动平均值

要跨列应用不同的聚合，可以改用 agg()方法。该方法允许我们将每列执行的聚合指定为预定义或自定义函数。我们只需传入一个字典，将列映射到聚合，即可在列上执行聚合。

例如，可以找出滚动的 3 天最高温度（TMAX）、最低温度（TMIN）、平均风速（AWND）和总降水量（PRCP）。然后，将它加入原始数据中，以方便比较结果：

```
>>> central_park_weather\
...     ['2018-10-01':'2018-10-07'].rolling('3D').agg({
...     'TMAX': 'max', 'TMIN': 'min',
...     'AWND': 'mean', 'PRCP': 'sum'
... }).join( # 连接原始数据以方便比较
...     central_park_weather[['TMAX', 'TMIN', 'AWND', 'PRCP']],
...     lsuffix='_rolling'
... ).sort_index(axis=1) # 将滚动计算结果就放在原始数据旁边
```

使用 agg()方法，可以为每一列计算不同的滚动聚合，如图 4.26 所示。

date	AWND	AWND_rolling	PRCP	PRCP_rolling	TMAX	TMAX_rolling	TMIN	TMIN_rolling
2018-10-01	0.9	0.900000	0.0	0.0	24.4	24.4	17.2	17.2
2018-10-02	0.9	0.900000	17.5	17.5	25.0	25.0	18.3	17.2
2018-10-03	1.1	0.966667	0.0	17.5	23.3	25.0	17.2	17.2
2018-10-04	0.4	0.800000	1.0	18.5	24.4	25.0	16.1	16.1
2018-10-05	1.6	1.033333	0.0	1.0	21.7	24.4	15.6	15.6
2018-10-06	0.5	0.833333	0.0	1.0	20.0	24.4	17.2	15.6
2018-10-07	1.1	1.066667	0.0	0.0	26.1	26.1	19.4	15.6

图 4.26 每列使用不同的滚动计算

提示：

我们还可以通过执行一些额外的操作来使用可变宽度的窗口：我们可以创建 BaseIndexer 的子类，并在 get_window_bounds()方法中提供用于确定窗口边界的逻辑。你可以访问以下网址了解更多信息：

https://pandas.pydata.org/pandas-docs/stable/user_guide/computation.html#custom-window-rolling

我们也可以使用 pandas.api.indexers 模块中的预定义类之一。当前使用的笔记本中包含一个使用 VariableOffsetWindowIndexer 类执行 3 个工作日滚动计算的示例。

通过滚动计算，我们获得了一个滑动窗口，可以在上面计算函数并获得结果；但是，在某些情况下，我们更感兴趣的是函数在该点之前的所有数据上的输出，在这种情况下，可以使用扩展窗口。

4.3.6 扩展窗口

扩展计算将为分析人员提供聚合函数的累积值。可以使用 expanding()方法执行一个包含扩展窗口的计算。诸如 cumsum()和 cummax()之类的方法均可使用扩展窗口进行计算。直接使用 expanding()的优点是比较灵活：它并不限于预定义的聚合，而是可以在计算开始之前使用 min_periods 参数（默认为 1）指定最小周期数。

例如，在拥有纽约市中央公园气象站的天气数据之后，即可使用 expand()方法计算本月至今的平均降水量：

```
>>> central_park_weather.loc['2018-06'].assign(
...     TOTAL_PRCP=lambda x: x.PRCP.cumsum(),
...     AVG_PRCP=lambda x: x.PRCP.expanding().mean()
... ).head(10)[['PRCP', 'TOTAL_PRCP', 'AVG_PRCP']].T
```

可以看到，虽然没有计算累积平均值的方法，但我们仍可使用 expand()方法计算它。AVG_PRCP 列中的值是 TOTAL_PRCP 列中的值除以处理的天数，如图 4.27 所示。

date	2018-06-01	2018-06-02	2018-06-03	2018-06-04	2018-06-05	2018-06-06	2018-06-07	2018-06-08	2018-06-09	2018-06-10
datatype										
PRCP	6.9	2.00	6.4	4.10	0.00	0.000000	0.000000	0.000	0.000000	0.30
TOTAL_PRCP	6.9	8.90	15.3	19.40	19.40	19.400000	19.400000	19.400	19.400000	19.70
AVG_PRCP	6.9	4.45	5.1	4.85	3.88	3.233333	2.771429	2.425	2.155556	1.97

图 4.27　计算本月至今的平均降水量

就像使用 rolling()方法所执行的操作一样，我们也可以使用 agg()方法提供指定列的聚合。

例如，可以计算扩展窗口的最高温度、最低温度、平均风速和总降水量。请注意，我们还可以将 NumPy 函数传递给 agg()：

```
>>> central_park_weather\
...     ['2018-10-01':'2018-10-07'].expanding().agg({
...     'TMAX': np.max, 'TMIN': np.min,
```

```
...         'AWND': np.mean, 'PRCP': np.sum
... }).join(
...     central_park_weather[['TMAX', 'TMIN', 'AWND', 'PRCP']],
...     lsuffix='_expanding'
... ).sort_index(axis=1)
```

同样，也可以将窗口计算结果与原始数据放在一起来进行比较，如图 4.28 所示。

date	AWND	AWND_expanding	PRCP	PRCP_expanding	TMAX	TMAX_expanding	TMIN	TMIN_expanding
2018-10-01	0.9	0.900000	0.0	0.0	24.4	24.4	17.2	17.2
2018-10-02	0.9	0.900000	17.5	17.5	25.0	25.0	18.3	17.2
2018-10-03	1.1	0.966667	0.0	17.5	23.3	25.0	17.2	17.2
2018-10-04	0.4	0.825000	1.0	18.5	24.4	25.0	16.1	16.1
2018-10-05	1.6	0.980000	0.0	18.5	21.7	25.0	15.6	15.6
2018-10-06	0.5	0.900000	0.0	18.5	20.0	25.0	17.2	15.6
2018-10-07	1.1	0.928571	0.0	18.5	26.1	26.1	19.4	15.6

图 4.28　每列执行不同的扩展窗口计算

在执行滚动窗口和扩展窗口的计算时，可以看到滚动窗口和扩展窗口中的所有观测值的权重相同，但有时，我们希望更加重视最近的值。要实现这一目的，做法之一就是对观察值进行指数加权。

4.3.7　指数加权移动窗口

Pandas 还提供了 ewm()方法用于指数加权移动计算。在股票交易中，近期交易数据与远期交易数据相比，往往具有更大的参考价值，因此，我们可以使用指数加权移动平均（exponentially weighted moving average，EWMA）赋予观察值不同的权重并平滑数据。

在本示例中，我们可以将 30 天的滚动平均值与每日最高温度的 30 天 EWMA 进行比较。请注意，我们可以使用 span 参数指定用于 EWMA 计算的周期数：

```
>>> central_park_weather.assign(
...     AVG=lambda x: x.TMAX.rolling('30D').mean(),
...     EWMA=lambda x: x.TMAX.ewm(span=30).mean()
... ).loc['2018-09-29':'2018-10-08', ['TMAX', 'EWMA', 'AVG']].T
```

与滚动平均值不同，EWMA 更重视最近的观察结果，因此 10 月 7 日的温度跃升对 EWMA 的影响大于滚动平均值，如图 4.29 所示。

date	2018-09-29	2018-09-30	2018-10-01	2018-10-02	2018-10-03	2018-10-04	2018-10-05	2018-10-06	2018-10-07	2018-10-08
datatype										
TMAX	22.200000	21.100000	24.400000	25.000000	23.300000	24.400000	21.700000	20.000000	26.100000	23.300000
EWMA	24.410887	24.197281	24.210360	24.261304	24.199285	24.212234	24.050154	23.788854	23.937960	23.896802
AVG	24.723333	24.573333	24.533333	24.460000	24.163333	23.866667	23.533333	23.070000	23.143333	23.196667

图 4.29　用移动平均线平滑数据

提示：

建议你仔细查看 understanding_window_calculations.ipynb 笔记本，其中包含一些用于理解窗口函数的交互式可视化结果。这可能需要一些额外的设置，在该笔记本中也已提供说明。

4.3.8　管道

管道（pipe）有助于将操作链接在一起，这些操作可以使用 Pandas 数据结构作为其第一个参数。通过使用管道，分析人员可以构建复杂的工作流，而无须编写高度嵌套且难以阅读的代码。

一般来说，管道使我们可以将 f(g(h(data), 20), x=True)之类的内容转换为以下代码，使其更易于阅读：

```
data.pipe(h)\             # 首先调用 h(data)
    .pipe(g, 20)\         # 使用位置参数 20 在结果上调用 g
    .pipe(f, x=True)      # 使用关键字参数 x=True 在结果上调用 f
```

假设我们想要通过调用此函数以某种格式输出 Facebook DataFrame 子集的维度：

```
>>> def get_info(df):
...     return '%d rows, %d cols and max closing Z-score: %d'
...             % (*df.shape, df.close.max())
```

但是，在调用该函数之前，我们要计算所有列的 *Z* 分数。方法之一如下：

```
>>> get_info(fb.loc['2018-Q1']\
...             .apply(lambda x: (x - x.mean())/x.std()))
```

或者，我们也可以在计算 *Z* 分数后将 DataFrame 通过管道传递到此函数：

```
>>> fb.loc['2018-Q1'].apply(lambda x: (x - x.mean())/x.std())\
...     .pipe(get_info)
```

管道还可以使编写可重用代码变得更加容易。在本书的多个代码片段中，我们已经看到了将一个函数传递给另一个函数的思路，例如，可以将一个 NumPy 函数传递给 apply()

并且让它在每一列上执行。

使用管道可将该功能扩展到 Pandas 数据结构的方法上：

```
>>> fb.pipe(pd.DataFrame.rolling, '20D').mean().equals(
...     fb.rolling('20D').mean()
... ) # 管道将调用 pd.DataFrame.rolling(fb, '20D')
True
```

为了说明这种方法带来的好处，不妨看一个函数的示例，该函数将提供我们所选择的窗口计算的结果。该函数位于 window_calc.py 文件中。我们将导入该函数并使用??从 IPython 中查看该函数的定义：

```
>>> from window_calc import window_calc
>>> window_calc??
Signature: window_calc(df, func, agg_dict, *args, **kwargs)
Source:
def window_calc(df, func, agg_dict, *args, **kwargs):
    """
    Run a window calculation of your choice on the data.

    Parameters:
        - df: The `DataFrame` object to run the calculation on.
        - func: The window calculation method that takes `df`
          as the first argument.
        - agg_dict: Information to pass to `agg()`, could be
          a dictionary mapping the columns to the aggregation
          function to use, a string name for the function,
          or the function itself.
        - args: Positional arguments to pass to `func`.
        - kwargs: Keyword arguments to pass to `func`.

    Returns:
        A new `DataFrame` object.
    """
    return df.pipe(func, *args, **kwargs).agg(agg_dict)
File:      ~/.../ch_04/window_calc.py
Type:      function
```

window_calc()函数接收 DataFrame、要执行的函数（只要它接收 DataFrame 作为它的第一个参数）、有关如何聚合结果的信息，以及任何可选参数，并返回一个新的 DataFrame（该 DataFrame 将包含窗口计算的结果）。

例如，可使用此函数查找 Facebook 股票数据的扩展中位数：

```
>>> window_calc(fb, pd.DataFrame.expanding, np.median).head()
```

请注意，expanding()方法不需要指定任何参数，因此，我们所要做的就是传入 pd.DataFrame.expanding（无括号），以及要在 DataFrame 上作为窗口计算执行的聚合，其结果如图 4.30 所示。

	open	high	low	close	volume
date					
2018-01-02	177.68	181.580	177.5500	181.420	18151903.0
2018-01-03	179.78	183.180	179.4400	183.045	17519233.0
2018-01-04	181.88	184.780	181.3300	184.330	16886563.0
2018-01-05	183.39	185.495	182.7148	184.500	15383729.5
2018-01-08	184.90	186.210	184.0996	184.670	16886563.0

图 4.30　使用管道执行扩展窗口计算

window_calc()函数还接收*args 和**kwargs，这些都是可选参数。

在提供这些参数时，如果它们按名称传递，则 Python 将把它们收集到 kwargs 中，否则（按位置传递）将它们收集到 args 中。

然后，可以通过对 args 使用*，对 kwargs 使用**来对这些参数进行解包（unpacked）并将其传递给另一个函数或方法调用。

我们需要这种行为，以便将 ewm()方法用于 Facebook 股票收盘价的 EWMA：

```
>>> window_calc(fb, pd.DataFrame.ewm, 'mean', span=3).head()
```

在上面的例子中，我们不得不使用**kwargs，因为 span 参数不是 ewm()接收的第一个参数，我们不想传递它之前的参数。其结果如图 4.31 所示。

	open	high	low	close	volume
date					
2018-01-02	177.680000	181.580000	177.550000	181.420000	1.815190e+07
2018-01-03	180.480000	183.713333	180.070000	183.586667	1.730834e+07
2018-01-04	183.005714	185.140000	182.372629	184.011429	1.534980e+07
2018-01-05	184.384000	186.078667	183.736560	185.525333	1.440299e+07
2018-01-08	185.837419	187.534839	185.075110	186.947097	1.625679e+07

图 4.31　使用管道执行指数加权窗口计算

为了计算纽约市中央公园气象站的滚动 3 天的天气聚合，可以利用*args，因为我们知道该窗口是 rolling()的第一个参数：

```
>>> window_calc(
...     central_park_weather.loc['2018-10'],
...     pd.DataFrame.rolling,
...     {'TMAX': 'max', 'TMIN': 'min',
...      'AWND': 'mean', 'PRCP': 'sum'},
...      '3D'
... ).head()
```

我们因为传入的是字典而不是单个值，所以能够以不同的方式聚合每一列，其结果如图 4.32 所示。

date	TMAX	TMIN	AWND	PRCP
2018-10-01	24.4	17.2	0.900000	0.0
2018-10-02	25.0	17.2	0.900000	17.5
2018-10-03	25.0	17.2	0.966667	17.5
2018-10-04	25.0	16.1	0.800000	18.5
2018-10-05	24.4	15.6	1.033333	1.0

图 4.32　使用管道执行滚动窗口计算

通过这种方式，我们能够为窗口计算创建一致的 API，而调用者无须弄清楚在窗口函数之后调用哪个聚合方法。这隐藏了一些实现细节，同时也更易用。在第 7 章“金融分析”中将使用该函数作为 StockVisualizer 类中某些功能的基础。

4.4　聚 合 数 据

在前文讨论窗口计算和管道时，我们已经初步涉及了聚合（aggregation）。本节将专注于通过聚合总结 DataFrame，这将改变 DataFrame 的形状（通常会让行减少）。在此过程中，我们将看到，在 Pandas 数据结构上利用向量化 NumPy 函数非常简单，尤其是执行聚合时。这正是 NumPy 最擅长的：它可以对数值数组执行计算效率高的数学运算。

NumPy 与聚合 DataFrame 搭配得很好，它提供了一种简单的方法来汇总数据，这种方法可以使用不同的预先编写的函数。一般来说，在聚合时，只要使用 NumPy 函数即可，因为我们想要执行的大部分功能都有现成的函数可以实现。

前文我们已经看到了一些常用于聚合的 NumPy 函数，如 np.sum()、np.mean()、np.min() 和 np.max()；当然，我们的聚合并不限于数字运算，例如，还可以在字符串上使用诸如 np.unique()之类的函数。因此，在实现你自己的函数之前，不妨先检查 NumPy 是否已经有你需要的函数。

本节将使用 3-aggregations.ipynb 笔记本。首先需要导入 Pandas 和 NumPy 并读取将要使用的数据：

```
>>> import numpy as np
>>> import pandas as pd

>>> fb = pd.read_csv(
...     'data/fb_2018.csv', index_col='date', parse_dates=True
... ).assign(trading_volume=lambda x: pd.cut(
...     x.volume, bins=3, labels=['low', 'med', 'high']
... ))
>>> weather = pd.read_csv(
...     'data/weather_by_station.csv',
...     index_col='date', parse_dates=True
... )
```

如图 4.33 所示，本节的天气数据已与一些气象站数据合并。

	datatype	station	value	station_name
date				
2018-01-01	PRCP	GHCND:US1CTFR0039	0.0	STAMFORD 4.2 S, CT US
2018-01-01	PRCP	GHCND:US1NJBG0015	0.0	NORTH ARLINGTON 0.7 WNW, NJ US
2018-01-01	SNOW	GHCND:US1NJBG0015	0.0	NORTH ARLINGTON 0.7 WNW, NJ US
2018-01-01	PRCP	GHCND:US1NJBG0017	0.0	GLEN ROCK 0.7 SSE, NJ US
2018-01-01	SNOW	GHCND:US1NJBG0017	0.0	GLEN ROCK 0.7 SSE, NJ US

图 4.33　合并的天气和气象站数据

在深入研究任何计算之前，应确保我们的数据不会以科学记数法显示。因此，可以修改浮点数的显示格式。我们将应用的格式是.2f，它将提供小数点后两位数的浮点数：

```
>>> pd.set_option('display.float_format', lambda x: '%.2f' % x)
```

接下来，我们将先了解整个数据集的汇总情况。

4.4.1　汇总 DataFrame

在前面讨论窗口计算时，我们已经看到过，可以对 rolling()、expanding()或 ewm()的结果运行 agg()方法；当然，我们也可以按相同的方式直接在 DataFrame 上调用它。唯一的区别是，以这种方式完成的聚合将在所有数据上被执行，这意味着我们将会得到一个包含整体结果的序列。

例如，我们可以按与窗口计算相同的方式聚合 Facebook 股票数据。请注意，我们不会获得 trading_volume 列的任何返回信息——该列包含来自 pd.cut()的交易量分箱。这是因为没有指定要在该列上运行的聚合：

```
>>> fb.agg({
...     'open': np.mean, 'high': np.max, 'low': np.min,
...     'close': np.mean, 'volume': np.sum
... })
open              171.45
high              218.62
low               123.02
close             171.51
volume     6949682394.00
dtype: float64
```

我们可以使用聚合轻松地找到纽约市中央公园气象站观测的 2018 年的总降雪量和降水量。在本例中，由于要对二者执行求和，因此可以使用 agg('sum')或直接调用 sum()：

```
>>> weather.query('station == "GHCND:USW00094728"')\
...     .pivot(columns='datatype', values='value')\
...     [['SNOW', 'PRCP']].sum()
datatype
SNOW    1007.00
PRCP    1665.30
dtype:  float64
```

此外，我们还可以提供多个函数在想要聚合的每一列上运行。正如前文我们已经看到过的，当每列都有一个聚合时，会得到一个 Series 对象。为了在每列有多个聚合的情况下区分聚合，Pandas 将返回一个 DataFrame 对象。该 DataFrame 的索引将告诉我们正在为哪一列计算哪一个指标：

```
>>> fb.agg({
...     'open': 'mean',
...     'high': ['min', 'max'],
```

```
...     'low': ['min', 'max'],
...     'close': 'mean'
... })
```

这会产生一个 DataFrame，其中的行指示应用于数据列的聚合函数。请注意，没有明确要求的聚合和列的任何组合都将导致空值，如图 4.34 所示。

	open	high	low	close
mean	171.45	NaN	NaN	171.51
min	NaN	129.74	123.02	NaN
max	NaN	218.62	214.27	NaN

图 4.34　每列执行多个聚合

到目前为止，我们已经学习了如何聚合特定窗口和对整个 DataFrame 执行聚合；然而，真正功能强大的聚合是按组成员进行聚合，这不但可以轻松地执行诸如每月总降水量、每个气象站的总降水量之类的计算，还可以为我们创建的每个交易量的分箱计算股票开盘价、最高价、最低价、收盘价等的均值。

4.4.2　按组聚合

要计算每个组的聚合，必须首先在 DataFrame 上调用 groupby()方法，并提供想要用来确定不同组的列。

这里不妨先来看看我们之前使用 pd.cut()创建的每个交易量分箱的股票数据点的平均值。你应该还记得，这是 3 个等宽的 bin：

```
>>> fb.groupby('trading_volume').mean()
```

对于较大的交易量，股票开盘价、最高价、最低价、收盘价（OHLC）的平均价格较低，鉴于高交易量的 3 个日期都是在抛售，这是可以预料的，如图 4.35 所示。

	open	high	low	close	volume
trading_volume					
low	171.36	173.46	169.31	171.43	24547207.71
med	175.82	179.42	172.11	175.14	79072559.12
high	167.73	170.48	161.57	168.16	141924023.33

图 4.35　按组聚合

运行 groupby()后，还可以选择特定的列进行聚合：

```
>>> fb.groupby('trading_volume')\
...     ['close'].agg(['min', 'max', 'mean'])
```

这为我们提供了每个交易量分箱中收盘价的聚合信息，如图 4.36 所示。

	min	max	mean
trading_volume			
low	124.06	214.67	171.43
med	152.22	217.50	175.14
high	160.06	176.26	168.16

图 4.36　聚合每个组的特定列

如果需要对每一列的聚合方式进行更精细的控制，可再次使用 agg()方法和一个将列映射到它们的聚合函数的字典。正如我们之前所做过的那样，我们可以提供每列的函数列表，但是结果看起来会有些不同：

```
>>> fb_agg = fb.groupby('trading_volume').agg({
...     'open': 'mean', 'high': ['min', 'max'],
...     'low': ['min', 'max'], 'close': 'mean'
... })
>>> fb_agg
```

现在，我们在列中有一个分层索引。请记住，这意味着，我们如果要为中等交易量的分箱选择最低价的最小值，则需要使用 fb_agg.loc['med', 'low']['min']。

分组执行多个聚合的结果如图 4.37 所示。

	open	high		low		close
	mean	min	max	min	max	mean
trading_volume						
low	171.36	129.74	216.20	123.02	212.60	171.43
med	175.82	162.85	218.62	150.75	214.27	175.14
high	167.73	161.10	180.13	149.02	173.75	168.16

图 4.37　使用组对每列执行多个聚合

列被存储在 MultiIndex 对象中：

```
>>> fb_agg.columns
MultiIndex([( 'open',  'mean'),
            ( 'high',  'min'),
            ( 'high',  'max'),
            ( 'low',   'min'),
            ( 'low',   'max'),
            ('close',  'mean')],
           )
```

我们可以使用列表推导式删除这个层次结构，改为使用<column>_<agg>形式的列名。在每次迭代中，我们都将从 MultiIndex 对象中获得一个级别的元组，然后将其组合成一个字符串以删除层次结构：

```
>>> fb_agg.columns = ['_'.join(col_agg)
...                   for col_agg in fb_agg.columns]
>>> fb_agg.head()
```

这可以将列中的层次结构替换为单个级别，如图 4.38 所示。

	open_mean	high_min	high_max	low_min	low_max	close_mean
trading_volume						
low	171.36	129.74	216.20	123.02	212.60	171.43
med	175.82	162.85	218.62	150.75	214.27	175.14
high	167.73	161.10	180.13	149.02	173.75	168.16

图 4.38　展平分层索引

假设我们想要查看所有气象站每天观测的平均降水量。该操作需要按日期分组，但日期却在索引中。在这种情况下，有以下几个选择：

- 重采样，在 4.5 节“处理时间序列数据”中将介绍该操作。
- 重置索引并使用从索引中创建的日期列。
- 将 level=0 传递给 groupby()以指示应在索引的最外层执行分组。
- 使用 Grouper 对象。

在这里，我们将 level=0 传递给 groupby()，但需要说明的是，也可以传递 level='date'，因为我们的索引已被命名。该操作提供了跨气象站的平均降水观测值，它可能比简单地选择一个气象站查看天气会更好。由于结果是一个单列的 DataFrame 对象，因此可调用

squeeze()将它变成一个 Series 对象：

```
>>> weather.loc['2018-10'].query('datatype == "PRCP"')\
...     .groupby(level=0).mean().head().squeeze()
date
2018-10-01     0.01
2018-10-02     2.23
2018-10-03    19.69
2018-10-04     0.32
2018-10-05     0.96
Name: value, dtype: float64
```

我们还可以一次按多个类别进行分组。例如，我们可以找出每个气象站的季度总记录降水量。现在不需要将 level=0 传递给 groupby()，而是需要使用 Grouper 对象按从每天到每季度的频率进行聚合。由于这将创建一个多级索引，因此我们还可以使用 unstack() 在执行聚合后沿列放置内部级别（季度）：

```
>>> weather.query('datatype == "PRCP"').groupby(
...     ['station_name', pd.Grouper(freq='Q')]
... ).sum().unstack().sample(5, random_state=1)
```

按日期聚合的结果如图 4.39 所示。

	value			
date	**2018-03-31**	**2018-06-30**	**2018-09-30**	**2018-12-31**
station_name				
WANTAGH 1.1 NNE, NY US	279.90	216.80	472.50	277.20
STATEN ISLAND 1.4 SE, NY US	379.40	295.30	438.80	409.90
SYOSSET 2.0 SSW, NY US	323.50	263.30	355.50	459.90
STAMFORD 4.2 S, CT US	338.00	272.10	424.70	390.00
WAYNE TWP 0.8 SSW, NJ US	246.20	295.30	620.90	422.00

图 4.39　按索引中包含日期的列进行聚合

提示：

groupby()方法返回的 DataFrameGroupBy 对象有一个 filter()方法，它允许对组进行过滤。我们可以使用它从聚合中排除某些组。

要执行过滤操作，只需传递一个函数，该函数为 DataFrame 的每个组的子集返回一个布尔值（True 表示包含该组，False 表示排除）。本节使用的笔记本中即包含这样一个示例。

这个结果有很多可能的后续操作。例如：可以查看哪些气象站接收的降水最多/最少；也可以返回每个气象站的位置和海拔信息，看看这是否会影响降水；还可以看看哪个季度气象站降水最多/最少等。

让我们看看哪个月份的降水量最多。我们首先需要按天进行分组并平均各个气象站的降水量，然后可以按月进行分组并对结果降水量进行求和，最后可以使用 nlargest()得到降水量最多的 5 个月：

```
>>> weather.query('datatype == "PRCP"')\
...     .groupby(level=0).mean()\
...     .groupby(pd.Grouper(freq='M')).sum().value.nlargest()
date
2018-11-30    210.59
2018-09-30    193.09
2018-08-31    192.45
2018-07-31    160.98
2018-02-28    158.11
Name: value, dtype: float64
```

或许之前的结果出人意料。俗话说“四月的雨带来五月的花”，但是，4 月的降水量并未进入前五名（同样，5 月也没有）。虽然降雪也可以计入降水量，但这并不能解释为什么夏季月份反而高于四月份。因此，我们查找在给定月份中占降水量很大百分比的天数，看看 4 月是否出现在那里。

为此，我们需要计算各气象站的平均日降水量，然后求出每月的总降水量。这将是分母。但是，为了将每日值除以月份的总数，还需要一个相同维度的 Series 对象。

这意味着需要使用 transform()方法，该方法可对数据执行指定的计算，同时始终返回与开始时相同维度的对象。因此，我们可以在 Series 对象上调用 transform()方法并始终返回一个 Series 对象，而不管聚合函数本身将返回什么：

```
>>> weather.query('datatype == "PRCP"')\
...     .rename(dict(value='prcp'), axis=1)\
...     .groupby(level=0).mean()\
...     .groupby(pd.Grouper(freq='M'))\
...     .transform(np.sum)['2018-01-28':'2018-02-03']
```

请注意，我们没有为 1 月获得一个总和，为 2 月获得另一个总和，而是对 1 月条目重复了相同的值，而为 2 月条目重复了不同的值。请注意，2 月的值是我们在之前的结果中找到的值，如图 4.40 所示。

date	prcp
2018-01-28	69.31
2018-01-29	69.31
2018-01-30	69.31
2018-01-31	69.31
2018-02-01	158.11
2018-02-02	158.11
2018-02-03	158.11

图 4.40　计算月降水量百分比的分母

我们现在可以将其作为 DataFrame 中的一列，以轻松计算每天发生的月降水量的百分比，然后可以使用 nlargest()提取最大值：

```
>>> weather.query('datatype == "PRCP"')\
...     .rename(dict(value='prcp'), axis=1)\
...     .groupby(level=0).mean()\
...     .assign(
...         total_prcp_in_month=lambda x: x.groupby(
...             pd.Grouper(freq='M')).transform(np.sum),
...         pct_monthly_prcp=lambda x: \
...             x.prcp.div(x.total_prcp_in_month)
...     ).nlargest(5, 'pct_monthly_prcp')
```

果然，如图 4.41 所示，4 月有两天的降水量排名第 4 和第 5，仅这两天的降水量合计就占 4 月降水量的 50%以上。

date	prcp	total_prcp_in_month	pct_monthly_prcp
2018-10-12	34.77	105.63	0.33
2018-01-13	21.66	69.31	0.31
2018-03-02	38.77	137.46	0.28
2018-04-16	39.34	140.57	0.28
2018-04-17	37.30	140.57	0.27

图 4.41　计算每天发生的月降水量百分比

注意：

transform()方法也适用于DataFrame对象,在这种情况下该方法将返回一个DataFrame对象。使用 transform()方法可以轻松地一次对所有列进行标准化。本节使用的笔记本中包含了一个示例。

4.4.3 数据透视表和交叉表

在结束本节之前，我们还将讨论一些 Pandas 函数，这些函数可以将数据聚合成一些常见的格式。虽然我们之前讨论的聚合方法可提供最高级别的自定义结果，但是，Pandas 还提供了一些函数来快速生成通用格式的数据透视表（pivot table）和交叉表（crosstab）。

为了生成数据透视表，必须指定要分组的内容，以及（可选）要聚合的列的子集和如何聚合（默认为平均值）。

例如，可以为 Facebook 每个交易量的分箱创建一个开盘价、最高价、最低价和收盘价（OHLC）数据的平均值的数据透视表：

```
>>> fb.pivot_table(columns='trading_volume')
```

由于传入了 columns='trading_volume'，因此 trading_volume 列中的不同值将沿列放置。然后来自原始 DataFrame 的列进入索引。请注意，列的索引有一个名称（trading_volume），如图 4.42 所示。

trading_volume	low	med	high
close	171.43	175.14	168.16
high	173.46	179.42	170.48
low	169.31	172.11	161.57
open	171.36	175.82	167.73
volume	24547207.71	79072559.12	141924023.33

图 4.42　每个交易量分箱列平均值的数据透视表

提示：

如果将 trading_volume 作为 index 参数进行传递，则会得到图 4.42 的转置，这也与使用 groupby()时获得的输出（见图 4.35）完全相同。

使用 pivot()方法时，无法处理多级索引或包含重复值的索引。出于这个原因，我们无法以宽格式放置天气数据。

pivot_table()方法解决了这个问题。我们可以将 date 和 station 信息放在索引中，并将 datatype 列的不同值放在列中。这些值将来自 value 列。我们可以使用 median 聚合任何重叠的组合（如果有的话）：

```
>>> weather.reset_index().pivot_table(
...     index=['date', 'station', 'station_name'],
...     columns='datatype',
...     values='value',
...     aggfunc='median'
... ).reset_index().tail()
```

重置索引后，数据即为宽格式。最后一步是重命名索引，如图 4.43 所示。

datatype	date	station	station_name	AWND	DAPR	MDPR	PGTM	PRCP	SNOW	SNWD	...
28740	2018-12-31	GHCND:USW00054787	FARMINGDALE REPUBLIC AIRPORT, NY US	5.00	NaN	NaN	2052.00	28.70	NaN	NaN	...
28741	2018-12-31	GHCND:USW00094728	NY CITY CENTRAL PARK, NY US	NaN	NaN	NaN	NaN	25.90	0.00	0.00	...
28742	2018-12-31	GHCND:USW00094741	TETERBORO AIRPORT, NJ US	1.70	NaN	NaN	1954.00	29.20	NaN	NaN	...
28743	2018-12-31	GHCND:USW00094745	WESTCHESTER CO AIRPORT, NY US	2.70	NaN	NaN	2212.00	24.40	NaN	NaN	...
28744	2018-12-31	GHCND:USW00094789	JFK INTERNATIONAL AIRPORT, NY US	4.10	NaN	NaN	NaN	31.20	0.00	0.00	...

图 4.43　每个数据类型、气象站和日期的 median 值透视表

我们可以使用 pd.crosstab()函数创建频率表（frequency table）——在统计学中，交叉表（crosstab）是矩阵格式的一种表格，显示变量（多变量）的频率分布。

例如，我们如果想要查看 Facebook 股票每个月有多少低、中和高交易量的交易日，则可以使用交叉表。其语法非常简单，只要分别将行和列标签传递给 index 和 columns 参数即可。默认情况下，单元格中的值将是计数：

```
>>> pd.crosstab(
...     index=fb.trading_volume, columns=fb.index.month,
...     colnames=['month'] # name the columns index
... )
```

这可以很容易地发现 Facebook 股票交易量大的月份，如图 4.44 所示。

month trading_volume	1	2	3	4	5	6	7	8	9	10	11	12
low	20	19	15	20	22	21	18	23	19	23	21	19
med	1	0	4	1	0	0	2	0	0	0	0	0
high	0	0	2	0	0	0	1	0	0	0	0	0

图 4.44　交叉表可显示每个交易量分箱在每个月的天数

提示：

我们可以通过传入 normalize='rows'或 normalize='columns'将输出标准化为行或列总数的百分比。本节使用的笔记本中提供了一个相关示例。

要更改聚合函数，可以为 values 提供一个参数，然后指定 aggfunc。例如，要找出每个交易量分箱每个月的平均收盘价，而不是上一个示例中的计数，可使用以下语句：

```
>>> pd.crosstab(
...     index=fb.trading_volume, columns=fb.index.month,
...     colnames=['month'], values=fb.close, aggfunc=np.mean
... )
```

现在得到的就是每个月每个交易量分箱的平均收盘价，当数据中不存在该组合时，其值为空，如图 4.45 所示。

month trading_volume	1	2	3	4	5	6	7	8	9	10	11	12
low	185.24	180.27	177.07	163.29	182.93	195.27	201.92	177.49	164.38	154.19	141.64	137.16
med	179.37	NaN	164.76	174.16	NaN	NaN	194.28	NaN	NaN	NaN	NaN	NaN
high	NaN	NaN	164.11	NaN	NaN	NaN	176.26	NaN	NaN	NaN	NaN	NaN

图 4.45　使用平均值而不是计数的交叉表

我们还可以使用 margins 参数获取行和列的小计（subtotal）。例如，让我们计算每个气象站每个月记录的下雪次数并包括小计：

```
>>> snow_data = weather.query('datatype == "SNOW"')
>>> pd.crosstab(
...     index=snow_data.station_name,
...     columns=snow_data.index.month,
```

```
...      colnames=['month'],
...      values=snow_data.value,
...      aggfunc=lambda x: (x > 0).sum(),
...      margins=True,                               # 显示行和列的小计
...      margins_name='total observations of snow'   # 小计
... )
```

最下面一行获得了每个月的总降雪观测值，而最右边的一列获得了 2018 年每个气象站的总降雪观测值，如图 4.46 所示。

month	1	2	3	4	5	6	7	8	9	10	11	12	total observations of snow
station_name													
ALBERTSON 0.2 SSE, NY US	3.00	1.00	3.00	1.00	0.00	0.00	0.00	0.00	0.00	0.00	1.00	0.00	9.00
AMITYVILLE 0.1 WSW, NY US	1.00	0.00	1.00	1.00	0.00	0.00	0.00	0.00	0.00	0.00	0.00	0.00	3.00
AMITYVILLE 0.6 NNE, NY US	3.00	1.00	3.00	1.00	0.00	0.00	0.00	0.00	0.00	0.00	0.00	0.00	8.00
ARMONK 0.3 SE, NY US	6.00	4.00	6.00	3.00	0.00	0.00	0.00	0.00	0.00	0.00	1.00	3.00	23.00
BLOOMINGDALE 0.7 SSE, NJ US	2.00	1.00	3.00	1.00	0.00	0.00	0.00	0.00	0.00	0.00	0.00	1.00	8.00
...	...	...	...	...	...	...	...	...	...	...	...	...	...
WESTFIELD 0.6 NE, NJ US	3.00	0.00	4.00	1.00	0.00	NaN	0.00	0.00	0.00	NaN	1.00	NaN	9.00
WOODBRIDGE TWP 1.1 ESE, NJ US	4.00	1.00	3.00	2.00	0.00	0.00	0.00	0.00	0.00	0.00	1.00	0.00	11.00
WOODBRIDGE TWP 1.1 NNE, NJ US	2.00	1.00	3.00	0.00	0.00	0.00	0.00	0.00	0.00	0.00	1.00	0.00	7.00
WOODBRIDGE TWP 3.0 NNW, NJ US	NaN	0.00	0.00	NaN	NaN	0.00	NaN	NaN	NaN	0.00	0.00	NaN	0.00
total observations of snow	190.00	97.00	237.00	81.00	0.00	0.00	0.00	0.00	0.00	0.00	49.00	13.00	667.00

图 4.46　计算每个气象站每月下雪天数的交叉表

仅通过查看几个气象站就可以发现，它们尽管都为纽约市提供天气信息，但并没有共享天气的各个方面。根据我们所选择查看的气象站，可以按纽约市实际发生的降雪添加或减少降雪数据。

4.5　处理时间序列数据

对于时间序列数据，分析人员可以使用一些额外的操作，从选择和过滤到聚合均是如此。

本节将在 4-time_series.ipynb 笔记本中探索其中的一些功能。我们首先需要导入 Pandas 和 NumPy，然后读入前几节的 Facebook 数据：

```
>>> import numpy as np
>>> import pandas as pd

>>> fb = pd.read_csv(
...     'data/fb_2018.csv', index_col='date', parse_dates=True
... ).assign(trading_volume=lambda x: pd.cut(
...     x.volume, bins=3, labels=['low', 'med', 'high']
... ))
```

本节将首先讨论时间序列数据的选择和过滤，然后介绍移动滞后数据、差分和重采样等操作，最后则是基于时间的合并操作。

请注意，将索引设置为 date（或 datetime）列很重要，因为这样才能使我们利用接下来要讨论的附加功能。如果不这样做，那么某些操作可能无效。因此，为了整个分析过程能够顺利进行，建议使用 DatetimeIndex 类型的索引。

4.5.1 基于日期选择和过滤数据

本书前文其实已经介绍过一些日期时间切片和索引的操作。例如，可以通过对日期进行索引来轻松地提取出特定年份的数据：fb.loc['2018']。对于我们的股票数据来说，该操作将返回完整的 DataFrame，因为我们只有 2018 年的数据；但是，我们也可以仅选择某个月的数据（如 fb.loc['2018-10']），或选择一个日期范围。注意，使用 loc[]对于范围是可选的：

```
>>> fb['2018-10-11':'2018-10-15']
```

由于周末股市休市，因此上述操作仅返回 3 天的数据，如图 4.47 所示。

	open	high	low	close	volume	trading_volume
date						
2018-10-11	150.13	154.81	149.1600	153.35	35338901	low
2018-10-12	156.73	156.89	151.2998	153.74	25293492	low
2018-10-15	153.32	155.57	152.5500	153.52	15433521	low

图 4.47　根据日期范围选择数据

请记住，日期范围也可以使用其他频率提供，例如月份或一年中的季度：

```
>>> fb.loc['2018-q1'].equals(fb['2018-01':'2018-03'])
True
```

当定位日期范围的开始或结束时，Pandas 有一些额外的方法，用于在指定的时间单位内选择第一行或最后一行。例如，我们可以使用 first()方法和 1W 的偏移量选择 2018 年第一周的股票价格：

```
>>> fb.first('1W')
```

由于 2018 年 1 月 1 日是假期，意味着市场休市。这天也是星期一，所以该周只有 4 天的数据，如图 4.48 所示。

	open	high	low	close	volume	trading_volume
date						
2018-01-02	177.68	181.58	177.5500	181.42	18151903	low
2018-01-03	181.88	184.78	181.3300	184.67	16886563	low
2018-01-04	184.90	186.21	184.0996	184.33	13880896	low
2018-01-05	185.59	186.90	184.9300	186.85	13574535	low

图 4.48　2018 年第一周 Facebook 股票的交易数据

我们也可以对最近的日期执行类似的操作。例如，我们使用 last()方法可选择最后一周的数据，这只要切换 first()方法即可：

```
>>> fb.last('1W')
```

由于 2018 年 12 月 31 日是星期一，因此最后一周实际上仅返回这一天的数据，如图 4.49 所示。

	open	high	low	close	volume	trading_volume
date						
2018-12-31	134.45	134.64	129.95	131.09	24625308	low

图 4.49　2018 年最后一周交易的 Facebook 股票数据

在处理每日股票数据时，我们只有股票市场开盘日期的数据。假设我们重新索引数据以包含 2018 年中每一天的行：

```
>>> fb_reindexed = fb.reindex(
...     pd.date_range('2018-01-01', '2018-12-31', freq='D')
... )
```

重新索引的数据将在 1 月 1 日和股市休市的任何其他日期都为空。你可以结合 first()、

isna()和 all()方法确认这一点。

在这里，我们还可以使用 squeeze()方法将调用 first('1D').isna()产生的 1 行 DataFrame 对象转换为 Series 对象，以便调用 all()产生单个值：

```
>>> fb_reindexed.first('1D').isna().squeeze().all()
True
```

我们可以使用 first_valid_index()方法获取数据中第一个非空条目的索引，这将是数据中发生股票交易的第一天。要获取交易的最后一天，可以使用 last_valid_index()方法。对于 2018 年第一季度，交易的第一天是 1 月 2 日，最后一天是 3 月 29 日：

```
>>> fb_reindexed.loc['2018-Q1'].first_valid_index()
Timestamp('2018-01-02 00:00:00', freq='D')
>>> fb_reindexed.loc['2018-Q1'].last_valid_index()
Timestamp('2018-03-29 00:00:00', freq='D')
```

如果想要知道截至 2018 年 3 月 31 日 Facebook 的股价情况，我们最初的想法可能是使用索引检索它。但是，如果尝试使用 loc[]这样做（即 fb_reindexed.loc['2018-03-31']），则将返回空值，因为当天股市没有开市。如果改用 asof()方法，那么它将提供最接近请求日期之前的非空数据，在本例中是 3 月 29 日。

因此，如果想要查看 Facebook 股价在每个月最后一天的表现，可以使用 asof()，而不必先检查当天市场是否开盘：

```
>>> fb_reindexed.asof('2018-03-31')
open                   155.15
high                   161.42
low                    154.14
close                  159.79
volume            59434293.00
trading_volume            low
Name: 2018-03-31 00:00:00, dtype: object
```

4.5.2 基于时间选择和过滤数据

在接下来的示例中，除了日期，还需要时间信息。迄今为止，我们使用的数据集缺乏时间分量，因此我们将使用从 Nasdaq.com 中获得的 2019 年 5 月 20 日—24 日 Facebook 股票交易的数据。为了正确解析日期时间，还需要传入一个 lambda 函数作为 date_parser 参数，因为它们不是标准格式（例如，2019 年 5 月 20 日上午 9:30 表示为 2019-05-20 09-30）。

lambda 函数可指定如何将 date 字段中的数据转换为日期时间：

```
>>> stock_data_per_minute = pd.read_csv(
...     'data/fb_week_of_may_20_per_minute.csv',
...     index_col='date', parse_dates=True,
...     date_parser=lambda x: \
...         pd.to_datetime(x, format='%Y-%m-%d %H-%M')
... )
>>> stock_data_per_minute.head()
```

现在我们获得了分钟级别的 OHLC 数据，以及每分钟的交易量，如图 4.50 所示。

	open	high	low	close	volume
date					
2019-05-20 09:30:00	181.6200	181.6200	181.6200	181.6200	159049.0
2019-05-20 09:31:00	182.6100	182.6100	182.6100	182.6100	468017.0
2019-05-20 09:32:00	182.7458	182.7458	182.7458	182.7458	97258.0
2019-05-20 09:33:00	182.9500	182.9500	182.9500	182.9500	43961.0
2019-05-20 09:34:00	183.0600	183.0600	183.0600	183.0600	79562.0

图 4.50　Facebook 股票的每分钟数据

注意：

为了正确解析非标准格式的日期时间，需要指定它采用的格式。有关可用代码的参考，你可以参阅以下网址的 Python 文档：

https://docs.python.org/3/library/datetime.html#strftime-strptime-behavior

我们可以将 first()和 last()与 agg()结合使用，将这些数据带入每日粒度。

例如：要得到真实的开盘价，需要采用每天的第一个观察值；要得到真实的收盘价，则需要采用每天的最后一个观察值。最高价和最低价将是其各自列每天的最大值和最小值。交易量则是每日交易的总和：

```
>>> stock_data_per_minute.groupby(pd.Grouper(freq='1D')).agg({
...     'open': 'first',
...     'high': 'max',
...     'low': 'min',
...     'close': 'last',
...     'volume': 'sum'
... })
```

这会将数据由分钟级别上升到每日频率，如图 4.51 所示。

	open	high	low	close	volume
date					
2019-05-20	181.62	184.1800	181.6200	182.72	10044838.0
2019-05-21	184.53	185.5800	183.9700	184.82	7198405.0
2019-05-22	184.81	186.5603	184.0120	185.32	8412433.0
2019-05-23	182.50	183.7300	179.7559	180.87	12479171.0
2019-05-24	182.33	183.5227	181.0400	181.06	7686030.0

图 4.51　将数据从分钟级别上升到每日级别

接下来讨论的两种方法可帮助分析人员根据 datetime 的时间部分选择数据。

at_time()方法允许按指定的时间提取行（这些行的 datetime 的时间部分正是我们指定的时间）。例如，通过运行 at_time('9:30')，我们可以获取当前数据中所有的市场开盘价（股市是在上午 9:30 开盘）：

```
>>> stock_data_per_minute.at_time('9:30')
```

这可以告诉我们每天开盘时的股票数据，如图 4.52 所示。

	open	high	low	close	volume
date					
2019-05-20 09:30:00	181.62	181.62	181.62	181.62	159049.0
2019-05-21 09:30:00	184.53	184.53	184.53	184.53	58171.0
2019-05-22 09:30:00	184.81	184.81	184.81	184.81	41585.0
2019-05-23 09:30:00	182.50	182.50	182.50	182.50	121930.0
2019-05-24 09:30:00	182.33	182.33	182.33	182.33	52681.0

图 4.52　每天开盘时的股票数据

between_time()方法可以获取 datetime 的时间部分在两个时间之间的所有行（默认情况下包含端点）。如果想要查看每日某个时间范围内的数据，则此方法非常有用。例如，以下操作可以查看每日交易的最后两分钟内（15:59—16:00）的所有行：

```
>>> stock_data_per_minute.between_time('15:59', '16:00')
```

与上一分钟（15:59）相比，看起来最后一分钟（16:00）每天的交易量明显更多。也许人们都急于在收盘前进行交易，如图 4.53 所示。

date	open	high	low	close	volume
2019-05-20 15:59:00	182.915	182.915	182.915	182.915	134569.0
2019-05-20 16:00:00	182.720	182.720	182.720	182.720	1113672.0
2019-05-21 15:59:00	184.840	184.840	184.840	184.840	61606.0
2019-05-21 16:00:00	184.820	184.820	184.820	184.820	801080.0
2019-05-22 15:59:00	185.290	185.290	185.290	185.290	96099.0
2019-05-22 16:00:00	185.320	185.320	185.320	185.320	1220993.0
2019-05-23 15:59:00	180.720	180.720	180.720	180.720	109648.0
2019-05-23 16:00:00	180.870	180.870	180.870	180.870	1329217.0
2019-05-24 15:59:00	181.070	181.070	181.070	181.070	52994.0
2019-05-24 16:00:00	181.060	181.060	181.060	181.060	764906.0

图 4.53　每日交易最后两分钟的股票数据

注意：

中美股市开盘时间都是每日上午 9:30，但收盘时间不同。中国股市（A 股）收盘时间为下午 15:00。

你可能想知道这种情况是否也发生在前两分钟。人们是否在前一天晚上进行交易，并在开市时执行？（美股有夜盘交易，A 股无夜盘）。只要修改之前的代码，你就可以轻松地获得这个问题的答案。

现在让我们来看看，以 Facebook 股票一周的交易数据为例，平均而言，在交易的前 30 分钟内和最后 30 分钟内，哪个时间段的交易笔数更多。可以结合 between_time()和 groupby()方法回答这个问题。此外，我们还需要使用 filter()从聚合中排除组。排除的组是不在我们想要的时间范围内的时间：

```
>>> shares_traded_in_first_30_min = stock_data_per_minute\
...     .between_time('9:30', '10:00')\
...     .groupby(pd.Grouper(freq='1D'))\
...     .filter(lambda x: (x.volume > 0).all())\
... .volume.mean()
```

```
>>> shares_traded_in_last_30_min = stock_data_per_minute\
...     .between_time('15:30', '16:00')\
...     .groupby(pd.Grouper(freq='1D'))\
...     .filter(lambda x: (x.volume > 0).all())\
...     .volume.mean()
```

仅以 Facebook 股票一周的交易数据而言，开盘之后半个小时的平均交易笔数比收盘前半个小时多 18593 笔，这说明开盘时的交投更活跃：

```
>>> shares_traded_in_first_30_min \
... - shares_traded_in_last_30_min
18592.967741935485
```

提示：

可以在 DatetimeIndex 对象上使用 normalize()方法，或者在第一次访问 Series 对象的 dt 属性之后，将所有日期时间规范化为午夜时间戳，即把时间规范化为 00:00:00。当时间没有为数据增加值时，这很有用。本节使用的笔记本中有这样的例子。

对于股票数据来说，我们有每分钟或每一天的价格快照（取决于粒度），但是，我们可能有兴趣将时间段之间的变化视为时间序列，而不是聚合数据。为此，我们还需要学习如何创建滞后数据。

4.5.3　移动滞后数据

我们可以使用 shift()方法创建滞后数据（lagged data）。默认情况下，位移（shift）将按周期执行，但这也可以是任何整数（正数或负数）。

使用 shift()方法可创建一个新列，该列指示 Facebook 每日股票数据的前一天收盘价。通过这个新列，我们可以计算由于盘后交易（从前一天收盘到第二天开市）引起的价格变化：

```
>>> fb.assign(
...     prior_close=lambda x: x.close.shift(),
...     after_hours_change_in_price=lambda x: \
...         x.open - x.prior_close,
...     abs_change=lambda x: \
...         x.after_hours_change_in_price.abs()
... ).nlargest(5, 'abs_change')
```

这为我们提供了受盘后交易影响最大的日子，如图 4.54 所示。

	open	high	low	close	volume	trading_volume	prior_close	after_hours_change_in_price	abs_change
date									
2018-07-26	174.89	180.13	173.75	176.26	169803668	high	217.50	-42.61	42.61
2018-04-26	173.22	176.27	170.80	174.16	77556934	med	159.69	13.53	13.53
2018-01-12	178.06	181.48	177.40	179.37	77551299	med	187.77	-9.71	9.71
2018-10-31	155.00	156.40	148.96	151.79	60101251	low	146.22	8.78	8.78
2018-03-19	177.01	177.17	170.06	172.56	88140060	med	185.09	-8.08	8.08

图 4.54　使用滞后数据计算股价的盘后变化

提示：

要从索引中的 datetime 中添加/减去时间，可考虑改用 Timedelta 对象。本节使用的笔记本中有一个这样的例子。

在上述示例中，使用了位移数据计算跨列的变化。但是，我们如果感兴趣的是 Facebook 股价每天的变化而不是盘后交易，则可以计算收盘价和位移收盘价之间的差值。Pandas 可使该操作更加轻松。

4.5.4　差分数据

4.5.3 节“移动滞后数据”已经讨论过使用 shift()方法创建滞后数据。但是，一般来说，我们更感兴趣的是值从一个时间段到下一个时间段的变化。为此，Pandas 提供了一个 diff()方法。默认情况下，这将计算从时间段 t–1 到时间段 t 的变化：

$$x_{\text{diff}} = x_t - x_{t-1}$$

请注意，这相当于从原始数据中减去 shift()的结果：

```
>>> (fb.drop(columns='trading_volume')
... - fb.drop(columns='trading_volume').shift()
... ).equals(fb.drop(columns='trading_volume').diff())
True
```

我们可以使用 diff()轻松地计算 Facebook 股票数据中的每日变化：

```
>>> fb.drop(columns='trading_volume').diff().head()
```

在该年的前几个交易日，可以看到股价上涨，但是交易量每天减少，如图 4.55 所示。

提示：

要指定用于差分的周期数，只需将一个整数传递给 diff()。请注意，此数字可以为负数。本节使用的笔记本中提供了这样一个示例。

date	open	high	low	close	volume
2018-01-02	NaN	NaN	NaN	NaN	NaN
2018-01-03	4.20	3.20	3.7800	3.25	-1265340.0
2018-01-04	3.02	1.43	2.7696	-0.34	-3005667.0
2018-01-05	0.69	0.69	0.8304	2.52	-306361.0
2018-01-08	1.61	2.00	1.4000	1.43	4420191.0

图 4.55　计算日间变化

4.5.5　重采样

有时，数据的粒度可能不利于我们的分析。考虑我们拥有 2018 年全年股票交易的每分钟数据。在这种情况下，数据的粒度级别和性质可能会使绘图变得无用。因此，我们需要聚合数据，以减少粒度级别的频率（即从每分钟交易数据聚合到每日交易数据），如图 4.56 所示。

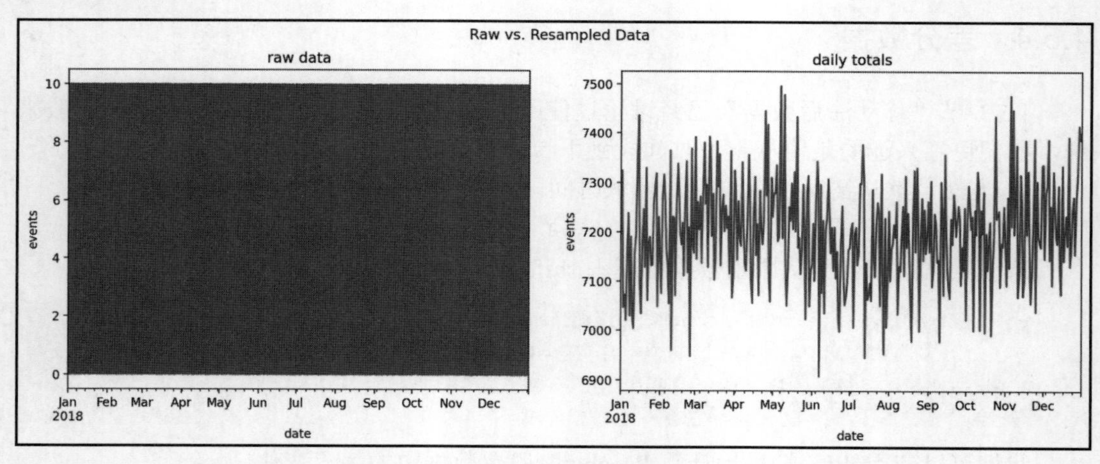

图 4.56　重采样可用于减少粒度级别数据

假设我们获得了如图 4.50 所示的一整年数据（即 Facebook 股票交易的每分钟数据）。这个粒度级别可能超出了对我们有用的范围。在这种情况下，可以使用 resample()方法将时间序列数据聚合到不同的粒度。

要使用 resample()，我们所要做的就是告知如何汇总数据，并附加对聚合方法的可选调用。例如，可以将每分钟的数据重新采样为每日频率，并指定如何聚合每一列：

```
>>> stock_data_per_minute.resample('1D').agg({
...     'open': 'first',
...     'high': 'max',
...     'low': 'min',
...     'close': 'last',
...     'volume': 'sum'
... })
```

如图 4.57 所示，这相当于前文基于时间进行选择和过滤得到的结果（参见图 4.51）。

date	open	high	low	close	volume
2019-05-20	181.62	184.1800	181.6200	182.72	10044838.0
2019-05-21	184.53	185.5800	183.9700	184.82	7198405.0
2019-05-22	184.81	186.5603	184.0120	185.32	8412433.0
2019-05-23	182.50	183.7300	179.7559	180.87	12479171.0
2019-05-24	182.33	183.5227	181.0400	181.06	7686030.0

图 4.57　将每分钟数据重新采样为每日数据

我们可以重采样 Pandas 支持的任何频率，你可以访问以下网址了解更多信息：

http://pandas.pydata.org/pandas-docs/stable/user_guide/timeseries.html

我们还可以将 Facebook 股票每日数据重采样为季度平均值：

```
>>> fb.resample('Q').mean()
```

这可以使我们获得 Facebook 股票 2018 年的平均季度表现。如图 4.58 所示，2018 年第四季度的股价表现明显差一点。

date	open	high	low	close	volume
2018-03-31	179.472295	181.794659	177.040428	179.551148	3.292640e+07
2018-06-30	180.373770	182.277689	178.595964	180.704687	2.405532e+07
2018-09-30	180.812130	182.890886	178.955229	181.028492	2.701982e+07
2018-12-31	145.272460	147.620121	142.718943	144.868730	2.697433e+07

图 4.58　重采样到季度平均值

为了进一步研究这一点，我们可以使用 apply()方法查看季度初和季度末之间的差异。此外，我们还需要使用 first()和 last()方法：

```
>>> fb.drop(columns='trading_volume').resample('Q').apply(
...     lambda x: x.last('1D').values - x.first('1D').values
... )
```

如图 4.59 所示，除第二季度外，Facebook 的股价均下跌。

	open	high	low	close	volume
date					
2018-03-31	-22.53	-20.1600	-23.410	-21.63	41282390
2018-06-30	39.51	38.3997	39.844	38.93	-20984389
2018-09-30	-25.04	-28.6600	-29.660	-32.90	20304060
2018-12-31	-28.58	-31.2400	-31.310	-31.35	-1782369

图 4.59　总结 Facebook 股票在 2018 年每季度的表现

现在可以考虑 melted_stock_data.csv 中按每分钟融合的股票数据：

```
>>> melted_stock_data = pd.read_csv(
...     'data/melted_stock_data.csv',
...     index_col='date', parse_dates=True
... )
>>> melted_stock_data.head()
```

OHLC 格式使分析股票数据变得很容易，但单列更需要技巧，如图 4.60 所示。

	price
date	
2019-05-20 09:30:00	181.6200
2019-05-20 09:31:00	182.6100
2019-05-20 09:32:00	182.7458
2019-05-20 09:33:00	182.9500
2019-05-20 09:34:00	183.0600

图 4.60　按分钟计算的股票价格

在调用 resample()后返回的 Resampler 对象有一个 ohlc()方法，可以用该方法检索我们习惯看到的 OHLC 数据：

```
>>>melted_stock_data.resample('1D').ohlc()['price']
```

由于原始数据中的列名为 price，因此可在调用 ohlc()后选择它，这将透视数据。否则，我们将在列中有一个分层索引，如图 4.61 所示。

date	open	high	low	close
2019-05-20	181.62	184.1800	181.6200	182.72
2019-05-21	184.53	185.5800	183.9700	184.82
2019-05-22	184.81	186.5603	184.0120	185.32
2019-05-23	182.50	183.7300	179.7559	180.87
2019-05-24	182.33	183.5227	181.0400	181.06

图 4.61　重采样每分钟的股票价格以形成每日 OHLC 数据

在上述示例中，进行了下采样（downsample）以减少数据的粒度；当然，我们也可以上采样（upsample）以增加数据的粒度，甚至可以不聚合结果而调用 asfreq()：

```
>>> fb.resample('6H').asfreq().head()
```

当我们以比现有数据更精细的粒度重新采样时，它将引入 NaN 值，如图 4.62 所示。

date	open	high	low	close	volume	trading_volume
2018-01-02 00:00:00	177.68	181.58	177.55	181.42	18151903.0	low
2018-01-02 06:00:00	NaN	NaN	NaN	NaN	NaN	NaN
2018-01-02 12:00:00	NaN	NaN	NaN	NaN	NaN	NaN
2018-01-02 18:00:00	NaN	NaN	NaN	NaN	NaN	NaN
2018-01-03 00:00:00	181.88	184.78	181.33	184.67	16886563.0	low

图 4.62　上采样增加了数据的粒度并引入了空值

以下是可以处理 NaN 值的几种方法。这些方法在本节使用的笔记本中都有示例：

- 在 resample()之后使用 pad()执行前向填充（forward fill）。

- 在 resample()之后调用 fillna()。
- 使用 asfreq()后，再使用 assign()分别处理每一列。

到目前为止，我们处理的都是存储在单个 DataFrame 对象中的时间序列数据，但我们可能希望合并时间序列。虽然 4.2.2 节“合并 DataFrame”中讨论的技术适用于时间序列，但 Pandas 提供了合并时间序列的附加功能，以便我们可以在接近匹配时进行合并，而不需要完全匹配。接下来，就让我们看看如何合并时间序列。

4.5.6 合并时间序列

时间序列通常会下降到秒或更细粒度，这意味着如果条目的日期时间不同，则可能难以进行合并。Pandas 通过两个额外的合并函数解决了这个问题。

当我们想要配对时间上接近的观察值时，可以使用 pd.merge_asof()匹配附近的键而不是相等的键，就好像连接操作一样。另外，如果想要匹配相同的键并在不匹配的情况下交错键，则可以使用 pd.merge_ordered()。

为了说明其工作原理，我们将使用 stocks.db SQLite 数据库中的 fb_prices 和 aapl_prices 表。它们分别包含 Facebook 和 Apple 公司股票的价格，以及记录价格时的时间戳。请注意，Apple 数据是在 2020 年 8 月股票拆分之前收集的。你可以访问以下网址了解更多信息：

https://www.marketwatch.com/story/3-things-to-know-about-apples-stock-split-2020-08-28

从数据库中读取这些表：

```
>>> import sqlite3

>>> with sqlite3.connect('data/stocks.db') as connection:
...     fb_prices = pd.read_sql(
...         'SELECT * FROM fb_prices', connection,
...         index_col='date', parse_dates=['date']
...     )
...     aapl_prices = pd.read_sql(
...         'SELECT * FROM aapl_prices', connection,
...         index_col='date', parse_dates=['date']
...     )
```

Facebook 数据处于分钟级的粒度，但是，我们有（虚构的）Apple 秒级数据：

```
>>> fb_prices.index.second.unique()
Int64Index([0], dtype='int64', name='date')
>>> aapl_prices.index.second.unique()
Int64Index([ 0, 52, ..., 37, 28], dtype='int64', name='date')
```

如果使用 merge()或 join()方法，那么当 Apple 价格在分钟粒度时，我们将获得 Apple 和 Facebook 的值。为了尝试对齐这些数据，可以执行 as of 合并。为了处理不匹配，我们将指定与最接近的分钟数据合并（direction='nearest'），并要求匹配只能在彼此相差 30 s 以内的时间之间发生（使用 tolerance 参数）。这会将 Apple 数据与它最接近的分钟数据放置在一起，因此，9:31:52 将与 9:32 匹配，9:37:07 将与 9:37 匹配。由于时间在索引上，因此可传入 left_index 和 right_index，就像使用 merge()方法所执行的操作一样：

```
>>> pd.merge_asof(
...     fb_prices, aapl_prices,
...     left_index=True, right_index=True,
...     # 与最接近的分钟数据合并
...     direction='nearest',
...     tolerance=pd.Timedelta(30, unit='s')
... ).head()
```

这类似于左连接；但是，在匹配键时更加宽松。请注意，在 Apple 数据中多个条目匹配同一分钟的情况下，此函数将仅保留最接近的一个。如图 4.63 所示，9:31 返回的是空值，因为 Apple 在 9:31 的条目是 9:31:52，当使用最接近的匹配时，它被放置在 9:32。

	FB	AAPL
date		
2019-05-20 09:30:00	181.6200	183.5200
2019-05-20 09:31:00	182.6100	NaN
2019-05-20 09:32:00	182.7458	182.8710
2019-05-20 09:33:00	182.9500	182.5000
2019-05-20 09:34:00	183.0600	182.1067

图 4.63　以 30 s 的容差合并时间序列数据

如果不想要左连接的行为，则可以改用 pd.merge_ordered()函数。该函数允许我们指定连接类型，默认情况下是 outer（外连接）。当然，我们将不得不重置索引才能基于日期时间进行连接：

```
>>> pd.merge_ordered(
...     fb_prices.reset_index(), aapl_prices.reset_index()
... ).set_index('date').head()
```

只要时间不完全匹配，该策略就会获得空值，但它至少会进行排序，如图 4.64 所示。

	FB	AAPL
date		
2019-05-20 09:30:00	181.6200	183.520
2019-05-20 09:31:00	182.6100	NaN
2019-05-20 09:31:52	NaN	182.871
2019-05-20 09:32:00	182.7458	NaN
2019-05-20 09:32:36	NaN	182.500

图 4.64　对时间序列数据执行严格的合并，并对其进行排序

提示：

我们可以将 fill_method='ffill'传递给 pd.merge_ordered()，以前向填充某个值后的第一个 NaN，但它不会传播到该值之后；或者，我们可以将调用链接到 fillna()。本节使用的笔记本中就有这样一个例子。

pd.merge_ordered()函数还可以执行分组合并，因此请务必查看其文档以获取更多信息。

4.6　小　　结

本章详细讨论了如何连接 DataFrame，如何使用集合操作确定每种连接类型将丢失的数据，以及如何像查询数据库一样查询 DataFrame。然后，我们对列进行了一些更复杂的转换，例如分箱和排名，以及如何使用 apply()方法有效地执行此操作。

本章还介绍了向量化操作在编写高效的 Pandas 代码中的重要性。然后，我们探索了窗口计算和使用管道以获得更清晰的代码。我们对窗口计算的讨论可以作为跨整个 DataFrame 和按组进行聚合的入门指南。

本章还讨论了如何生成数据透视表和交叉表。最后，我们研究了 Pandas 中一些与时间序列相关的功能，包括基于时间选择和过滤数据、移动滞后数据、差分数据、重采样和合并时间序列等。

在第 5 章中将介绍数据可视化，Pandas 可通过提供 Matplotlib 的包装器实现可视化

功能。数据整理在准备可视化数据方面发挥着关键作用，因此在继续第 5 章的学习之前请务必完成 4.7 节提供的练习。

4.7　练　　习

使用 exercises/文件夹中的 CSV 文件以及迄今为止我们在本书中学到的内容，完成以下练习。

（1）导入 earthquakes.csv 文件，使用 mb 震级类型选择日本所有震级为 4.9 或更大震级的地震。

（2）为每个完整的地震震级创建分箱（例如，第一个分箱是(0, 1]，第二个分箱是(1, 2]），类型为 ml 震级，并计算每个分箱中有多少个震级。

（3）使用 faang.csv 文件，按股票代码分组并重新采样到每月频率。进行以下聚合：

A．开盘价的均值。

B．最高价的最大值。

C．最低价的最小值。

D．收盘价的平均值。

E．交易量的总和。

（4）在 tsunami 列和 magType 列之间使用地震数据构建交叉表。这里不要显示频率计数，而是显示对每个组合观察到的最大震级。沿列放置震级类型。

（5）按 FAANG 数据的股票代码计算 OHLC 数据的 60 天滚动聚合。使用与练习（3）相同的聚合。

（6）创建一个比较股票的 FAANG 数据的透视表。将股票代码放在行中，并显示 OHLC 和交易量数据的平均值。

（7）使用 apply()计算 2018 年第四季度 Amazon 公司的股票交易数据（股票代码为 AMZN）的每个数字列的 *Z* 分数。

（8）添加活动说明。

A．创建一个包含以下 3 列的 DataFrame：ticker（股票代码）、date（日期）和 event（事件）。列应具有以下值：

- ticker: 'FB'
- date: ['2018-07-25', '2018-03-19', '2018-03-20']
- event: ['Disappointing user growth announced after close.', 'Cambridge Analytica story', 'FTC investigation']

B．将索引设置为['date', 'ticker']。

C．使用外连接将此数据与 FAANG 数据合并。

（9）对 FAANG 数据使用 transform()方法呈现数据中第一个交易日的所有值。为此，请将每个股票代码的所有值除以该股票代码数据中第一个交易日的值。这称为指数（index），第一个交易日的数据则是基数（base）。有关这方面的统计说明，可访问以下网址：

https://ec.europa.eu/eurostat/statistics-explained/index.php/Beginners:Statistical_concept_-_Index_and_base_year

当数据采用这种格式时，可以很容易地看到股价和交易量等随着时间的推移而发生的变化。提示：transform()方法可以采用函数名作为参数。

（10）欧洲疾病预防和控制中心（European Centre for Disease Prevention and Control，ECDC）提供了一个关于 COVID-19 病例的开放数据集，称为 daily number of new reported cases of COVID-19 by country worldwide（全球国家/地区每天新报告的 COVID-19 病例数），其网址如下：

https://www.ecdc.europa.eu/en/publications-data/download-todays-data-geographic-distribution-covid-19-cases-worldwide

该数据集每天都被更新，但我们将使用包含截至 2020 年 9 月 18 日的数据的快照。完成以下任务以练习你在本书中学到的技能。

A．准备数据。

a）读入 covid19_cases.csv 文件中的数据。

b）通过将 dateRep 列解析为日期时间来创建 date 列。

c）将 date 列设置为索引。

d）使用 replace()方法将所有出现的 United_States_of_America 和 United_ ingdom 分别更新为 USA 和 UK。

e）对索引进行排序。

B．对于病例数（累计）最多的前 5 个国家/地区，找出病例数最多的那一天。

C．在病例数最多的前 5 个国家/地区的数据中找出上周 COVID-19 病例的 7 天平均变化。

D．找出除中国大陆以外的每个国家/地区都出现了病例的第一个日期。

E．使用百分位数按累计病例数对国家/地区进行排名。

4.8 延伸阅读

查看以下资源以获取有关本章所涵盖主题的更多信息。

- Intro to SQL: Querying and managing data（SQL 简介：查询和管理数据）：

  https://www.khanacademy.org/computation/computer-programming/sql

- Pandas comparison with SQL（Pandas 与 SQL 的比较）：

  https://pandas.pydata.org/pandas-docs/stable/getting_started/comparison/comparison_with_sql.html

- Set Operations（集合操作）：

  https://www.probabilitycourse.com/chapter1/1_2_2_set_operations.php

- *args and **kwargs in Python explained（Python 中的*args 和**kwargs 解释）：

  https://pythontips.com/2013/08/04/args-and-kwargs-in-python-explained/

第 5 章　使用 Pandas 和 Matplotlib 可视化数据

到目前为止，我们都是在按表格化的形式处理数据。但是，人类大脑更擅长识别视觉模式。因此，接下来我们介绍如何可视化数据。

可视化使我们更容易发现数据中的异常，并方便向他人解释我们的发现。当然，可视化的作用并不止于辅助演示，事实上，它对于帮助分析人员在探索性数据分析中快速、完整地理解数据也至关重要。

可视化的类型很多，本章将介绍最常见的绘图类型，例如线形图、直方图、散点图和条形图，以及基于这些类型的其他几种绘图类型。本章不会涉及饼图——它们因难以正确解读而臭名昭著，并且有更好的方法来表达我们的观点。

Python 有许多用于创建可视化的库，但用于数据分析（和其他目的）的主要库仍是 Matplotlib。Matplotlib 库一开始可能有点难以学习，但幸运的是，Pandas 对一些 Matplotlib 功能有自己的包装器，允许分析人员创建许多不同类型的可视化，而无须用 Matplotlib 编写大量代码（或者仅需要很少的代码）。

对于没有内置到 Pandas 或 Matplotlib 中的更复杂的绘图类型，我们还可以使用 Seaborn 库（这是第 6 章“使用 Seaborn 和自定义技术绘图”将讨论的主题）。有了这 3 个强大的工具，分析人员应该能够轻松创建绝大部分项目的可视化。

动画和交互式绘图超出了本书的讨论范围，你如果对此感兴趣，则可以查看 5.7 节“延伸阅读”中提供的资料以获取更多信息。

本章包含以下主题：

- Matplotlib 简介。
- 使用 Pandas 绘图。
- pandas.plotting 模块。

5.1　章节材料

本章的学习材料可以在本书配套的 GitHub 存储库中找到：

https://github.com/stefmolin/Hands-On-Data-Analysis-with-Pandas-2nd-edition/tree/master/ch_05

本章将使用 3 个数据集，所有这些数据集都可以在 data/目录中找到。

（1）fb_stock_prices_2018.csv 文件包含了 Facebook 股票从 2018 年 1 月到 2018 年 12 月的每日开盘价、最高价、最低价和收盘价，以及交易量。这是使用 stock_analysis 包获得的，我们将在第 7 章“金融分析”中构建该包。由于股市周末和假期休市，我们只有交易日的数据。

（2）earthquakes.csv 文件包含从美国地质调查局（United States Geological Survey，USGS）API 中收集的 2018 年 9 月 18 日至 2018 年 10 月 13 日的地震数据。其来源网址如下：

https://earthquake.usgs.gov/fdsnws/event/1/

对于每次地震，均有震级值（mag 列）、测量地震的尺度（magType 列）、地震发生的时间（time 列）和地点（place 列），以及标识发生地震的国家/地区的 parsed_place 列（我们在第 2 章“使用 Pandas DataFrame”中添加了该列）。

其他不必要的列已被删除。

（3）在 covid19_cases.csv 文件中，导出了欧洲疾病预防和控制中心（European Centre for Disease Prevention and Control，ECDC）提供的一个关于 COVID-19 病例的开放数据集，称为 daily number of new reported cases of COVID-19 by country worldwide（全球国家/地区每天新报告的 COVID-19 病例数），其网址如下：

https://www.ecdc.europa.eu/en/publications-data/download-todays-data-geographic-distribution-covid-19-cases-worldwide

为了实现此数据的脚本化或自动收集，ECDC 通过以下网址提供当天的 CSV 文件：

https://opendata.ecdc.europa.eu/covid19/casedistribution/csv

我们将要使用的快照是在 2020 年 9 月 19 日收集的，其中包含从 2019 年 12 月 31 日到 2020 年 9 月 18 日每个国家/地区的新 COVID-19 病例数，以及 2020 年 9 月 19 日的部分数据。本章将查看从 2020 年 1 月 18 日到 2020 年 9 月 18 日的 8 个月跨度的数据。

本章将使用 3 个笔记本，它们已按照使用的顺序进行编号。

- 1-introducing_matplotlib.ipynb 笔记本对应 5.2 节“Matplotlib 简介”。
- 2-plotting_with_pandas.ipynb 笔记本对应 5.3 节“使用 Pandas 绘图”。
- 3-pandas_plotting_module.ipynb 笔记本对应 5.4 节“pandas.plotting 模块”。

5.2　Matplotlib 简介

Pandas 和 Seaborn 中的绘图功能均由 Matplotlib 提供支持：这两个包都提供了围绕 Matplotlib 中较低级别功能的包装器。因此，我们可以使用最少的代码编写许多可视化选项。当然，这也不是没有代价的：我们可以创造的灵活性也将因此而降低。

你可能会发现，Pandas 或 Seaborn 的实现并不能完全满足我们的需求，实际上，使用它们创建绘图后可能无法涵盖一些特定设置，这意味着我们将不得不使用 Matplotlib 做一些善后弥补工作。

此外，对可视化的最终外观进行的许多调整都需要使用 Matplotlib 命令进行处理，因此，如果能熟悉 Matplotlib 的工作原理，那么对我们将大有裨益。

5.2.1　基础知识

Matplotlib 包相当大，因为它包含相当多的功能。对我们来说，幸运的是，大多数绘图任务只需要 pyplot 模块，它提供了一个类似于 MATLAB 的绘图框架。当然，有时我们也需要为其他任务导入额外的模块，例如动画、更改样式或修改默认参数等。在第 6 章“使用 Seaborn 和自定义技术绘图”中，你将会看到一些这样的例子。

我们不会导入整个 Matplotlib 包，而是只使用点（.）表示法导入 pyplot 模块。这减少了为访问所需功能而输入的字符数，并且不会让用不到的代码占用更多的内存空间。请注意，pyplot 传统上别名为 plt：

```
import matplotlib.pyplot as plt
```

在进行第一次绘图之前，有必要了解如何查看绘图。Matplotlib 将使用绘图命令创建数据的可视化结果；但是，在请求查看之前，我们不会看到可视化结果。因此，我们可以使用附加代码不断调整可视化，直到最终显示绘图结果。除非保存对绘图的引用，否则一旦它显示，就必须重新创建绘图以更改某些内容。这是因为对最后一个图的引用将被销毁以释放内存中的资源。

Matplotlib 使用 plt.show()函数显示可视化结果。在每次创建可视化之后都必须调用 plt.show()函数才能看到结果。在使用 Python shell 时，它还会阻止执行额外的代码，直到窗口关闭，因为它是一个阻塞函数。

在 Jupyter Notebook 中，可以简单地使用一次%matplotlib inline 魔法命令（magic command，这是一个特殊的 IPython 命令，前面有一个%符号），这样，当执行带有可视化代码的单元格时，将自动显示可视化结果。

魔法命令在 Jupyter Notebook 单元格中作为常规代码运行。如果到目前为止，你还不熟悉 Jupyter Notebook，请返回参考 1.4 节“设置虚拟环境”。

注意：

%matplotlib inline 魔法命令可将绘图的静态图像嵌入笔记本中。另一个常见的选项是%matplotlib notebook 魔法命令，它通过允许调整大小和缩放等操作为绘图提供了小级别的交互性。但需要注意的是，如果使用 JupyterLab，那么这需要一些额外的设置，并且可能会导致一些令人困惑的错误，具体取决于笔记本中运行的代码。你可以访问以下网址了解更多信息：

https://medium.com/@1522933668924/using-matplotlib-in-jupyter-notebooks-comparing-methods-and-some-tips-python-c38e85b40ba1

现在让我们使用本章存储库 fb_stock_prices_2018.csv 文件中的 Facebook 股票价格数据，以在 1-introducing_matplotlib.ipynb 笔记本中创建第一个图。

首先，我们需要导入 pyplot 和 Pandas（本示例将使用 plt.show()，所以不需要运行前面介绍的魔法命令）：

```
>>> import matplotlib.pyplot as plt
>>> import pandas as pd
```

接下来，我们需要读入 CSV 文件并将索引指定为 date 列，因为通过前几章的学习，我们已经了解该数据是什么样的：

```
>>> fb = pd.read_csv(
...     'data/fb_stock_prices_2018.csv',
...     index_col='date',
...     parse_dates=True
... )
```

要了解 Facebook 的股票如何随时间演变，可以创建每日开盘价的线形图（line plot）。对于此任务，我们将使用 plt.plot()函数，分别提供要在 x 轴和 y 轴上使用的数据，然后调用 plt.show()来显示它：

```
>>> plt.plot(fb.index, fb.open)
>>> plt.show()
```

绘图结果如图 5.1 所示。

图 5.1　使用 Matplotlib 绘制的第一幅图

如果我们想要展示这个可视化结果，则需要返回并添加轴标签、绘图标题、图例（如果适用的话），并可能固定 y 轴范围（这将在第 6 章介绍格式化和自定义绘图外观时展开讨论）。Pandas 和 Seaborn 至少会为我们解决一些问题。

在本书的其余部分，我们将使用%matplotlib inline 魔法命令（请记住，这需要在 Jupyter Notebook 中使用才能正常工作），因此不会在绘图代码后调用 plt.show()。以下代码可提供与上述代码相同的输出：

```
>>> %matplotlib inline
>>> import matplotlib.pyplot as plt
>>> import pandas as pd

>>> fb = pd.read_csv(
...     'data/fb_stock_prices_2018.csv',
...     index_col='date',
...     parse_dates=True
... )
>>> plt.plot(fb.index, fb.open)
```

注意：

如果你使用的是 Jupyter Notebook，请务必立即运行%matplotlib inline 魔法命令。这可确保本章其余部分的绘图代码自动显示输出。

我们还可以使用 plt.plot()函数生成散点图，前提是我们为该图指定了一个格式字符串作为第三个参数。格式字符串的形式为'[marker][linestyle][color]'。例如，'--k'表示黑色虚线。我们由于不需要散点图的线条，因此省略了 linestyle 组件。也可以用'or'格式字符串制作一个红色圆圈的散点图；在这里，o 代表圆圈，r 代表红色。

以下代码可以生成 high（最高价）与 low（最低价）的散点图。请注意，我们可以在 data 参数中传递 DataFrame，然后使用列的字符串名称，而不是将数据系列传递为 x 和 y：

```
>>> plt.plot('high', 'low', 'or', data=fb.head(20))
```

除非出现股价大幅波动的日子，否则我们应该会看到这些点呈一条线状，因为最高价和最低价不会相距很远。这在大多数情况下是正确的，但要注意自动生成的比例——*x* 轴和 *y* 轴不会完美对齐，如图 5.2 所示。

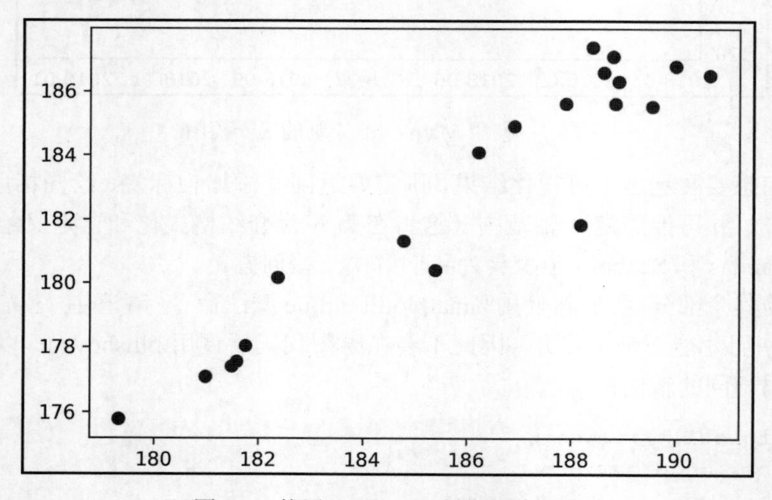

图 5.2　使用 Matplotlib 制作的散点图

请注意，指定格式字符串具有一定的灵活性。例如，格式字符串'[color] [marker][linestyle]'是有效的，除非它包含的字符串含义不明确。图 5.3 显示了为各种绘图样式制定格式字符串的一些示例。完整的选项列表可在以下文档的注释部分找到：

https://matplotlib.org/api/_as_gen/matplotlib.pyplot.plot.html

格式字符串是一次指定多个选项的便捷方式，好消息是，正如我们将在 5.3 节“使用 Pandas 绘图”中看到的，它也适用于 Pandas 中的 plot()方法。但是，如果要单独指定每个选项，则可以使用 color（颜色）、linestyle（线条样式）和 marker（标记）参数。

在文档中可以看到，作为关键字参数传递给 plt.plot()的值，也会被 Pandas 传递给 Matplotlib。

标　　记	线条样式	颜　　色	格式字符串	结　　果
	-	b	-b	蓝色实线
.		k	.k	黑色小点
	--	r	--r	红色虚线
o	-	g	o-g	绿色实线带圆圈
	:	m	:m	品红色虚线
x	-.	c	x-.c	带 x 的青色点画线

图 5.3　Matplotlib 的样式快捷方式

提示:

除了为每个绘图变量定义样式，也可以考虑使用 Matplotlib 团队的 cycler 指定 Matplotlib 应该在哪些组合之间循环。你可以访问以下网址了解更多信息:

https://matplotlib.org/gallery/color/color_cycler.html

在第 7 章“金融分析”中，你将会看到一个相关示例。

要使用 Matplotlib 创建直方图（histogram），可改用 hist()函数。例如，可以为 earthquakes.csv 文件中的地震震级（使用 ml 震级类型数据）制作一个直方图:

```
>>> quakes = pd.read_csv('data/earthquakes.csv')
>>> plt.hist(quakes.query('magType == "ml"').mag)
```

由此产生的直方图让我们直观地看到使用 ml 测量技术可以预期的地震震级范围，如图 5.4 所示。

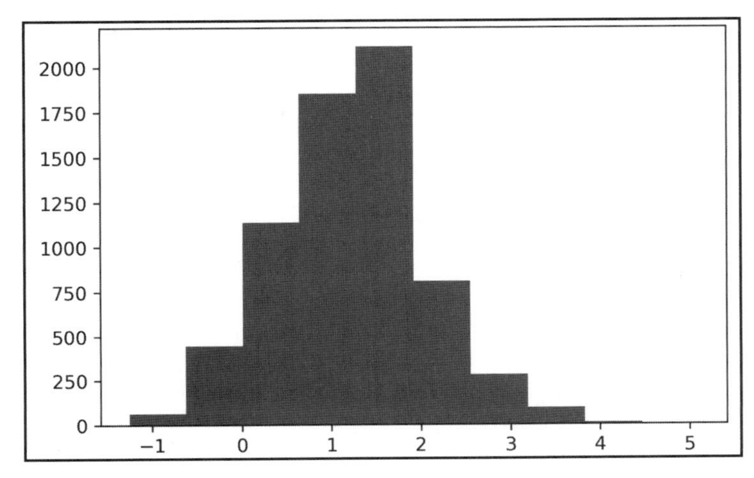

图 5.4　使用 Matplotlib 制作直方图

正如我们所猜测的那样，这些震级都偏小，并且似乎有些正态分布。但是，使用直方图时有一个注意事项：分箱大小很重要。在某些情况下，我们可以更改数据划分的分箱数量并更改直方图指示的分布情况。例如，如果我们使用不同数量的分箱为这些数据制作两个直方图，那么它们的分布看起来有些不同：

```
>>> x = quakes.query('magType == "ml"').mag
>>> fig, axes = plt.subplots(1, 2, figsize=(10, 3))
>>> for ax, bins in zip(axes, [7, 35]):
...     ax.hist(x, bins=bins)
...     ax.set_title(f'bins param: {bins}')
```

如图 5.5 所示，在左侧子图中，直方图分布显示为单峰，而在右侧子图中，直方图分布似乎为双峰。

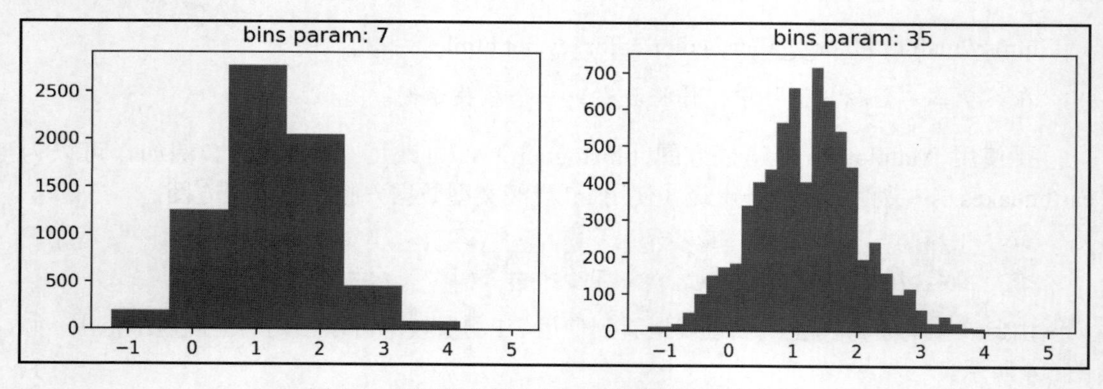

图 5.5　不同的分箱大小可以极大地改变直方图

提示：

有关选择分箱数量的常见经验法则，你可以访问以下网址：

https://en.wikipedia.org/wiki/Histogram#Number_of_bins_and_width

但是，请注意，在某些情况下，蜂群图（bee swarm plot）比直方图更容易解释；它可以用 Seaborn 进行创建，这将在第 6 章“使用 Seaborn 和自定义技术绘图”中进行讨论。

在进行可视化绘图时，还需要注意以下事项：

- 可以制作子图（subplot）。
- pyplot 中的绘图函数也可以用作 Matplotlib 对象的方法，如 Figure 和 Axes 对象。5.2.2 节“绘图组件”将会详细介绍它们。

有关可视化基本应用的最后一件事是将绘图保存为图像，因为我们并不仅限于在 Python 中显示数字。我们可以使用 plt.savefig()函数，通过传入保存图像的路径来保存最近绘制的图形，如 plt.savefig('my_plot.png')。

请注意，如果在保存图像之前调用了 plt.show()，则该文件将为空，因为在调用 plt.show()之后，对最近绘图的引用将消失（Matplotlib 会关闭 Figure 对象以释放内存资源）。使用%matplotlib inline 魔法命令，可以在同一个单元格中查看和保存图像。

5.2.2 绘图组件

在前面使用 plt.plot()的示例中，我们不必创建 Figure 对象——Matplotlib 负责在后台创建它。然而，正如我们在创建图 5.5 时所看到的，任何超出基本图形的东西都需要更多的工作，包括创建一个 Figure 对象。Figure 类是 Matplotlib 可视化的最上层。它包含 Axes 对象，这些对象本身包含额外的绘图对象，如线条和刻度。在绘制子图时，Figure 对象包含具有附加功能的 Axes 对象。

我们可以使用 plt.figure()函数创建 Figure 对象。在添加绘图之前，这些 Figure 将具有 0 Axes 对象：

```
>>> fig = plt.figure()
<Figure size 432x288 with 0 Axes>
```

plt.subplots()函数可以为指定排列的子图创建一个带有 Axes 对象的 Figure 对象。例如，如果我们要求 plt.subplots()为一行和一列，则将返回一个带有一个 Axes 对象的 Figure 对象。这在编写基于输入生成子图布局的函数时很有用，因为我们不需要担心处理单个子图的问题。

以下示例将指定一行两列的排列。这将返回一个(Figure, Axes)元组，我们可以对其进行解包：

```
>>> fig, axes = plt.subplots(1, 2)
```

使用%matplotlib inline 魔法命令时，可以看到创建的图形如图 5.6 所示。

使用 plt.subplots()的替代方法是在运行 plt.figure()后获得的 Figure 对象上使用 add_axes()方法。add_axes()方法将以[left, bottom, width, height]形式的列表作为图形尺寸的比例，表示该子图应占据的图形区域：

```
>>> fig = plt.figure(figsize=(3, 3))
>>> outside = fig.add_axes([0.1, 0.1, 0.9, 0.9])
>>> inside = fig.add_axes([0.7, 0.7, 0.25, 0.25])
```

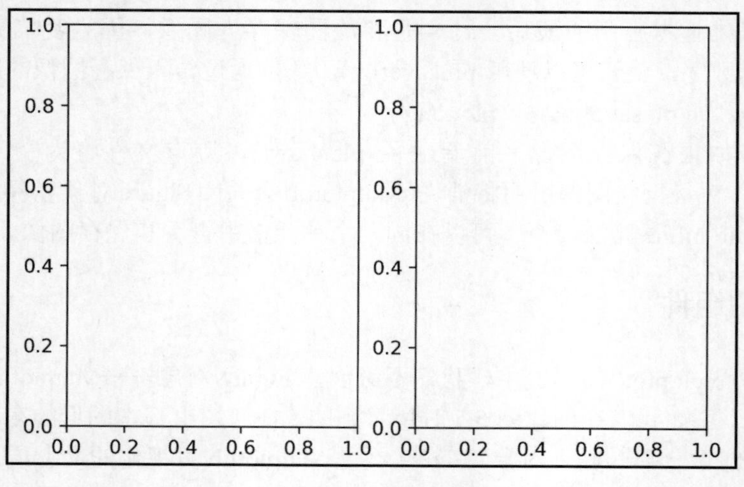

图 5.6　创建子图

这可以在图形内创建一个图形，如图 5.7 所示。

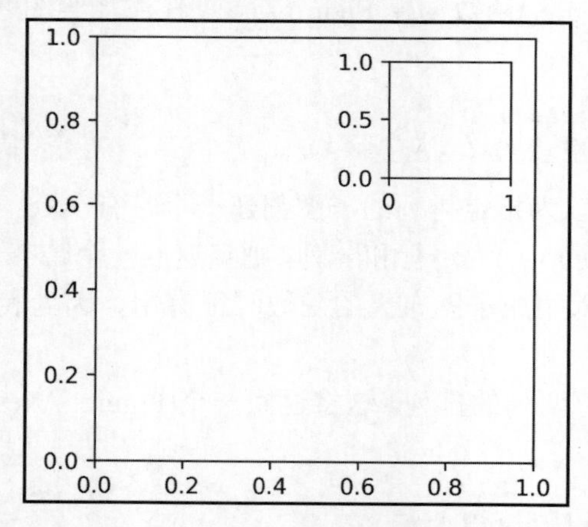

图 5.7　使用 Matplotlib 绘制包含内插图形的图形

如果我们的目标是让所有的图形都分开但不是让所有图形的大小都一样，则可以在 Figure 对象上使用 add_gridspec()方法为子图创建一个网格。然后，我们可以运行 add_subplot()，从网格中传入给定子图应该占据的区域：

```
>>> fig = plt.figure(figsize=(8, 8))
>>> gs = fig.add_gridspec(3, 3)
>>> top_left = fig.add_subplot(gs[0, 0])
>>> mid_left = fig.add_subplot(gs[1, 0])
```

```
>>> top_right = fig.add_subplot(gs[:2, 1:])
>>> bottom = fig.add_subplot(gs[2,:])
```

这将导致如图 5.8 所示的布局。

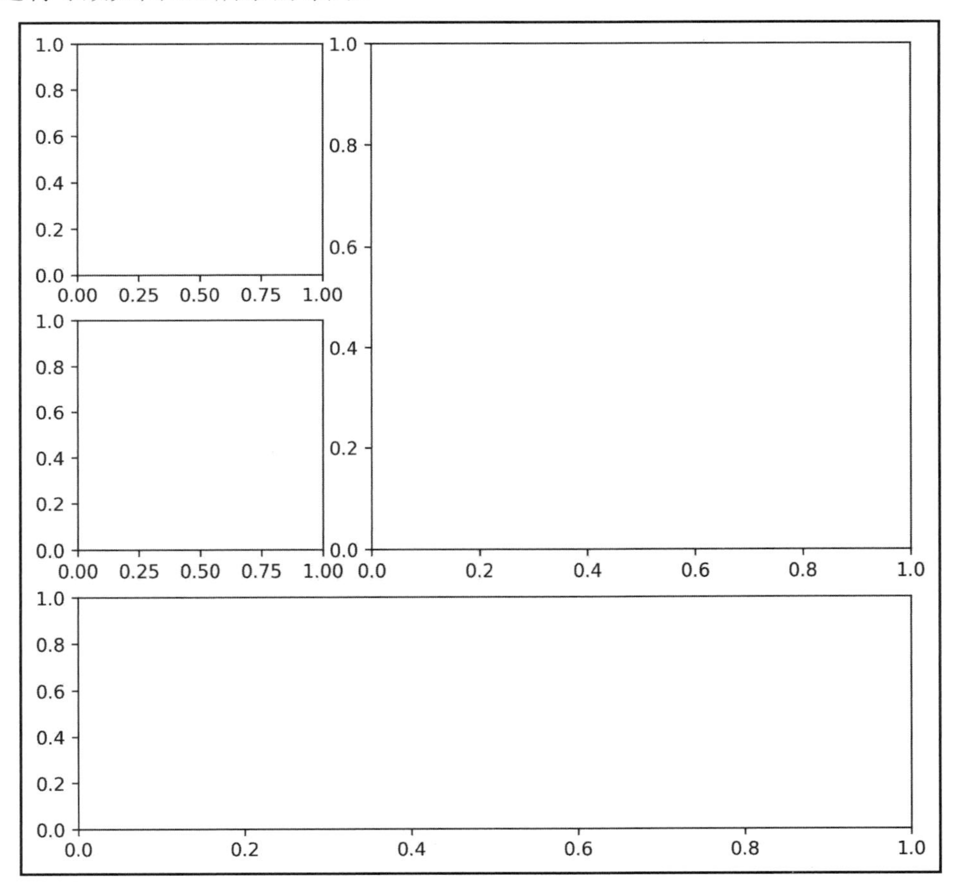

图 5.8　使用 Matplotlib 构建自定义绘图布局

5.2.1 节“基础知识”介绍了如何使用 plt.savefig()保存可视化结果。事实上，我们也可以对 Figure 对象使用 savefig()方法：

```
>>> fig.savefig('empty.png')
```

记住这一点非常有用，因为使用 plt.<func>()时，只能访问最近一个 Figure 对象；但是，如果保存了对 Figure 对象的引用，则可以使用它们中的任何一个，而不管它们是何时创建的。此外，这也揭示了一个重要的概念：Figure 和 Axes 对象具有与 pyplot 函数对应的相似或相同名称的方法。

虽然引用已创建的所有 Figure 对象很方便，但在使用完之后关闭它们是一个很好的做法，因为这样就不会浪费任何资源。这可以通过 plt.close()函数来完成。如果不传入任何参数，那么它将关闭最近一个 Figure 对象。当然，我们也可以传入一个特定的 Figure 对象来仅关闭该对象或使用'all'来关闭已打开的所有 Figure 对象：

```
>>> plt.close('all')
```

熟悉直接使用 Figure 和 Axes 对象是很重要的，因为这样可以对可视化结果进行更细粒度的控制。这将在第 6 章“使用 Seaborn 和自定义技术绘图”中得到证实。

5.2.3　其他选项

有些可视化图形看起来有点像被挤压变形。为了解决这个问题，可以在调用 plt.figure()或 plt.subplots()时传入 figsize 的值。

我们可以使用(width, height)元组指定以英寸为单位的维度。在 Pandas 中的 plot()方法也接收 figsize 参数，因此有必要记住该用法：

```
>>> fig = plt.figure(figsize=(10, 4))
<Figure size 720x288 with 0 Axes>
>>> fig, axes = plt.subplots(1, 2, figsize=(10, 4))
```

上述代码的结果如图 5.9 所示。从该图中可以看到，这两个子图都是正方形的。相比之下，由于图 5.6 没有指定 figsize，结果两个子图都被挤压变形。

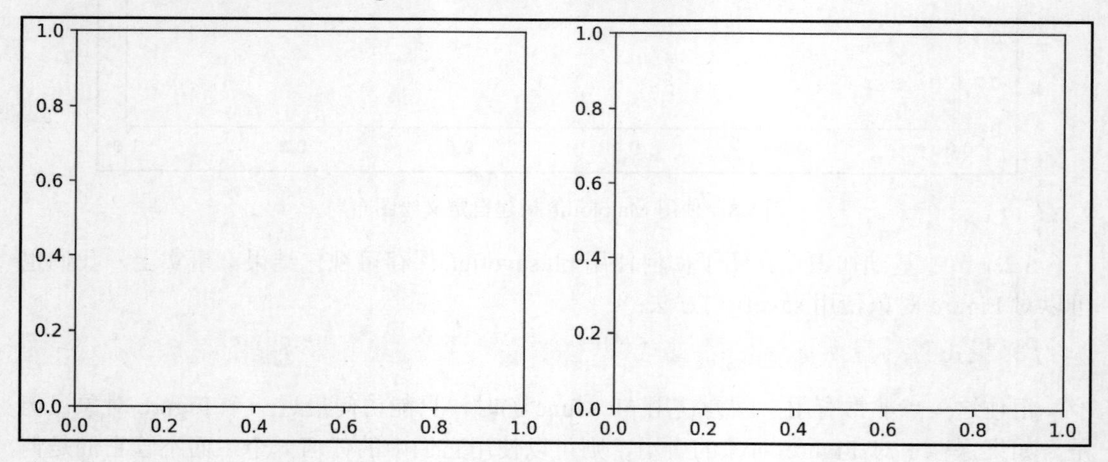

图 5.9　指定绘图大小

为图形逐一指定 figsize 参数固然不错，但是，如果要将所有绘图调整为相同的大小，那么还有一个更好的选择。

Matplotlib 将其默认值保存在 rcParams 中，它的作用就像一个字典，这意味着我们可以轻松地覆盖对会话的期望，并在重新启动 Python 会话时恢复默认值。由于该词典中包含很多选项（目前超过 300 个），因此我们可以随机选择一些以了解可用的内。

```
>>> import random
>>> import matplotlib as mpl

>>> rcparams_list = list(mpl.rcParams.keys())
>>> random.seed(20) # 使该操作可重现
>>> random.shuffle(rcparams_list)

>>> sorted(rcparams_list[:20])
['axes.axisbelow',
 'axes.formatter.limits',
 'boxplot.vertical',
 'contour.corner_mask',
 'date.autoformatter.month',
 'legend.labelspacing',
 'lines.dashed_pattern',
 'lines.dotted_pattern',
 'lines.scale_dashes',
 'lines.solid_capstyle',
 'lines.solid_joinstyle',
 'mathtext.tt',
 'patch.linewidth',
 'pdf.fonttype',
 'savefig.jpeg_quality',
 'svg.fonttype',
 'text.latex.preview',
 'toolbar',
 'ytick.labelright',
 'ytick.minor.size']
```

可以看到，这里有许多选项都是可以修改的。让我们检查 figsize 的当前默认值是什么：

```
>>> mpl.rcParams['figure.figsize']
[6.0, 4.0]
```

要为当前的会话更改此设置，只需将其设置为一个新值：

```
>>> mpl.rcParams['figure.figsize'] = (300, 10)
>>> mpl.rcParams['figure.figsize']
[300.0, 10.0]
```

在继续其他操作之前，可以使用 mpl.rcdefaults()函数恢复默认设置。figsize 的默认值实际上与我们之前获得的不同。这是因为%matplotlib inline 魔法命令在第一次运行时为一些与绘图相关的参数设置了不同的值。你可以访问以下网址了解更多信息：

https://github.com/ipython/ipykernel/blob/master/ipykernel/pylab/config.py#L42-L56

恢复默认值的语句如下：

```
>>> mpl.rcdefaults()
>>> mpl.rcParams['figure.figsize']
[6.8, 4.8]
```

请注意，我们如果知道特定设置的组（例如，在本示例中为 figure）和参数名称（本示例为 figsize），则还可以使用 plt.rc()函数更新该设置。当然，和上述操作一样，我们也可以使用 plt.rcdefaults()重置默认值：

```
# 将 figsize 的默认值修改为(20, 20)
>>> plt.rc('figure', figsize=(20, 20))
>>> plt.rcdefaults() # 重置默认值
```

提示：

如果每次启动 Python 时都要进行相同的更改，则应该考虑读取配置，而不是每次都更新默认值。要了解更多信息，请参阅 mpl.rc_file()函数。

5.3 使用 Pandas 绘图

Series 和 DataFrame 对象都有一个 plot()方法，它允许我们创建若干不同的图形并控制其某些方面的格式，如子图布局、图形大小、标题以及是否在子图中共享轴等。这使得分析人员在为数据绘图时更加方便，因为创建可演示的图形的大部分工作都是通过单个方法调用完成的。在幕后，Pandas 将多次调用 Matplotlib 生成数据的绘图结果。plot()方法的一些最常用的参数如图 5.10 所示。

参　　数	作　　用	数 据 类 型
kind	确定绘图类型	字符串
x / y	在 x 轴/y 轴上绘图的列	字符串或列表
ax	在提供的 Axes 对象上绘图	Axes
subplots	确定是否绘制子图	布尔值
layout	指定如何排列子图	(rows, columns)元组
figsize	Figure 对象的大小	(width, height)元组
title	绘图或子图的标题	绘图标题的字符串或子图标题字符串的列表
legend	确定是否显示图例	布尔值
label	图例中项目的名称	如果绘图的是单列，则为字符串；否则为字符串列表
style	每个绘图项目的 Matplotlib 样式字符串	如果绘图的是单列，则为字符串；否则为字符串列表
color	绘图项目的颜色	如果绘图的是单列，则为字符串或 RGB 元组；否则为列表
colormap	使用的颜色表（colormap）	字符串或 Matplotlib colormap 对象
logx / logy / loglog	确定是否对 x 轴、y 轴采用对数标度，loglog 表示 x 轴和 y 轴均采用对数标度	布尔值
xticks / yticks	确定在 x 轴/y 轴上绘制刻度的位置	值的列表
xlim / ylim	x 轴/y 轴的轴极限	(min, max)形式的元组
rot	写入刻度标签的旋转角度	整数
sharex / sharey	确定子图是否共享 x 轴/y 轴	布尔值
fontsize	控制刻度标签的大小	整数
grid	打开/关闭网格线	布尔值

图 5.10　常用的 Pandas 绘图参数

正如我们在讨论 Matplotlib 时看到的那样，Pandas 并不需要为每种绘图类型设置单独的函数，其 plot()方法允许我们使用 kind 参数指定想要的绘图类型。绘图类型的选择将决定需要哪些其他参数。可以使用 plot()方法返回的 Axes 对象进一步修改绘图。

本节将在 2-plotting_with_pandas.ipynb 笔记本中探索使用 Pandas 绘图的功能。在实际开始之前，我们还需要先处理本节的导入，并读取我们将要使用的数据（包括 Facebook 股票价格、地震数据和 COVID-19 病例数据）：

```
>>> %matplotlib inline
>>> import matplotlib.pyplot as plt
>>> import numpy as np
>>> import pandas as pd
```

```
>>> fb = pd.read_csv(
...     'data/fb_stock_prices_2018.csv',
...     index_col='date',
...     parse_dates=True
... )
>>> quakes = pd.read_csv('data/earthquakes.csv')
>>> covid = pd.read_csv('data/covid19_cases.csv').assign(
...     date=lambda x: \
...         pd.to_datetime(x.dateRep, format='%d/%m/%Y')
... ).set_index('date').replace(
...     'United_States_of_America', 'USA'
... ).sort_index()['2020-01-18':'2020-09-18']
```

接下来，我们将讨论如何为特定的分析目标生成适当的可视化结果，例如显示随时间的演变或数据中变量之间的关系。值得一提的是，本书已尽可能对绘图进行了样式处理，以方便在纸质黑白图书上阅读和理解。

提示：

如果在纸质黑白图书上仍难以阅读本书图片，可下载本书屏幕截图/图表的彩色图像。其网址如下：

https://static.packt-cdn.com/downloads/9781800563452_ColorImages.pdf

5.3.1　随时间演变

在处理时间序列数据（例如存储在 fb 变量中的 Facebook 股票数据）时，最常见的需要就是显示数据是如何随时间变化的。为此，我们可以使用线形图，在某些情况下，也可以使用条形图（详见 5.3.4 节“计数和频率”）。

在绘制线形图时，我们可以简单地为 plot()提供 kind='line'参数，指示哪些列将是 x 和 y。请注意，我们实际上不需要为 x 提供一列，因为默认情况下，Pandas 将使用索引（这也使得生成 Series 对象的线形图成为可能）。此外，请注意，我们可以为 style 参数提供格式字符串，就像使用 Matplotlib 绘图所做的一样：

```
>>> fb.plot(
...     kind='line', y='open', figsize=(10, 5), style='-b',
...     legend=False, title='Evolution of Facebook Open Price'
... )
```

上述代码的绘图结果和使用 Matplotlib 实现的绘图类似。但是，在该单一方法调用中，

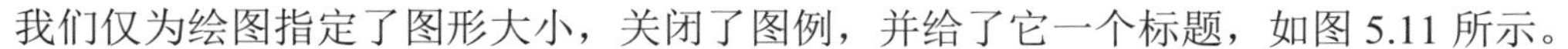

我们仅为绘图指定了图形大小，关闭了图例，并给了它一个标题，如图 5.11 所示。

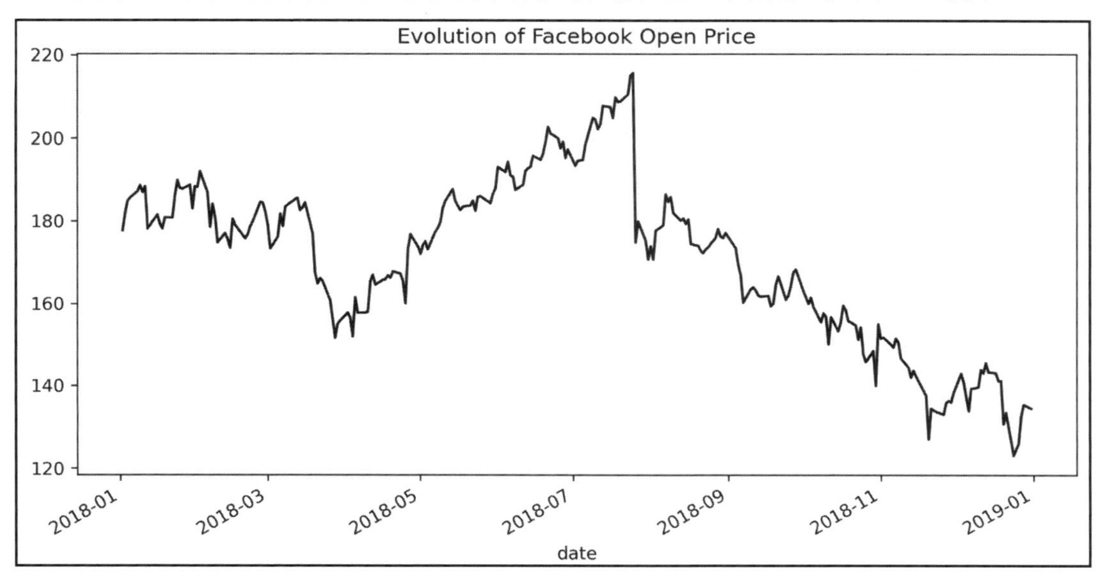

图 5.11　第一个 Pandas 图

与 Matplotlib 一样，我们不必使用样式格式字符串；相反，可以单独传递每个组件及其关联的关键字。例如，以下代码可提供与上述示例相同的结果：

```
fb.plot(
    kind='line', y='open', figsize=(10, 5),
    color='blue', linestyle='solid',
    legend=False, title='Evolution of Facebook Open Price'
)
```

我们并不仅限于使用 plot()方法一次绘制一条线，其实还可以传入一个列的列表单独绘图和设置它们的样式。另外，我们实际上不需要指定 kind='line'，因为这是默认值：

```
>>> fb.first('1W').plot(
...     y=['open', 'high', 'low', 'close'],
...     style=['o-b', '--r', ':k', '.-g'],
...     title='Facebook OHLC Prices during '
...           '1st Week of Trading 2018'
... ).autoscale() # 在数据和轴之间添加空白
```

上述代码的绘图结果如图 5.12 所示。可以看到，每条线的样式都不同。

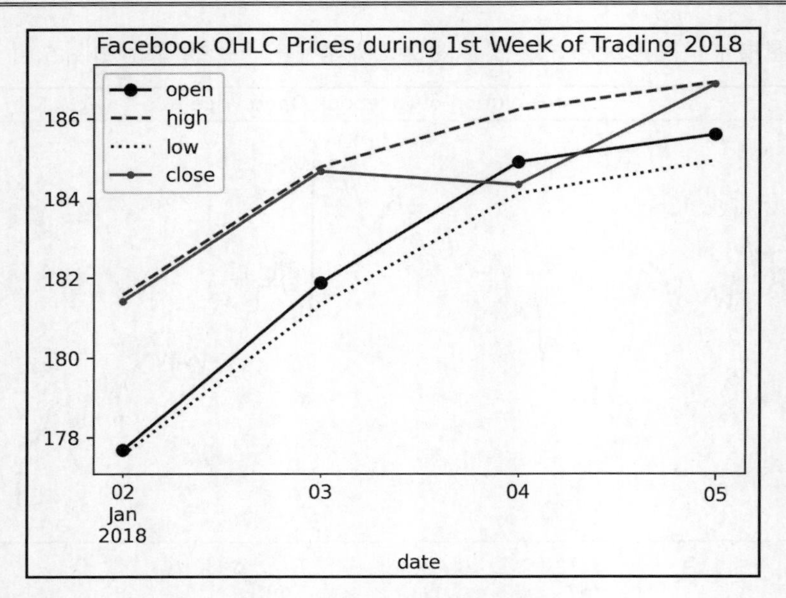

图 5.12　绘制多列

此外，我们还可以轻松地让 Pandas 在同一次调用中绘制所有的列。x 和 y 参数可以采用单个列名或它们的列表；如果什么都不提供，则 Pandas 将使用所有这些列。请注意，当 kind='line';时，将列必须作为 y 参数进行传递。但是，其他绘图类型也支持将列的列表传递给 x。在这种情况下，要求绘制子图可能效果会更好，而不是将所有线都放在同一个图上。例如，可以将 Facebook 数据中的所有列可视化为线形图：

```
>>> fb.plot(
...     kind='line', subplots=True, layout=(3, 2),
...     figsize=(15, 10), title='Facebook Stock 2018'
... )
```

上述代码使用了 layout 参数告诉 Pandas 如何排列子图（3 行 2 列），其绘图结果如图 5.13 所示。

请注意，子图自动共享 *x* 轴，因为它们共享一个索引。但是，*y* 轴不共享，因为 volume（成交量）的时间序列在不同的尺度上。我们可以通过将带有布尔值的 sharex 或 sharey 参数传递给 plot()，以改变某些绘图类型中的这种行为。

默认情况下将显示图例，因此，对于每个子图，图例中都有一个项目，指示它包含哪些数据。在本示例中，没有使用 title 参数提供子图标题列表，因为图例已经达到了这个目的。当然，我们为整个绘图的标题传递了一个字符串。

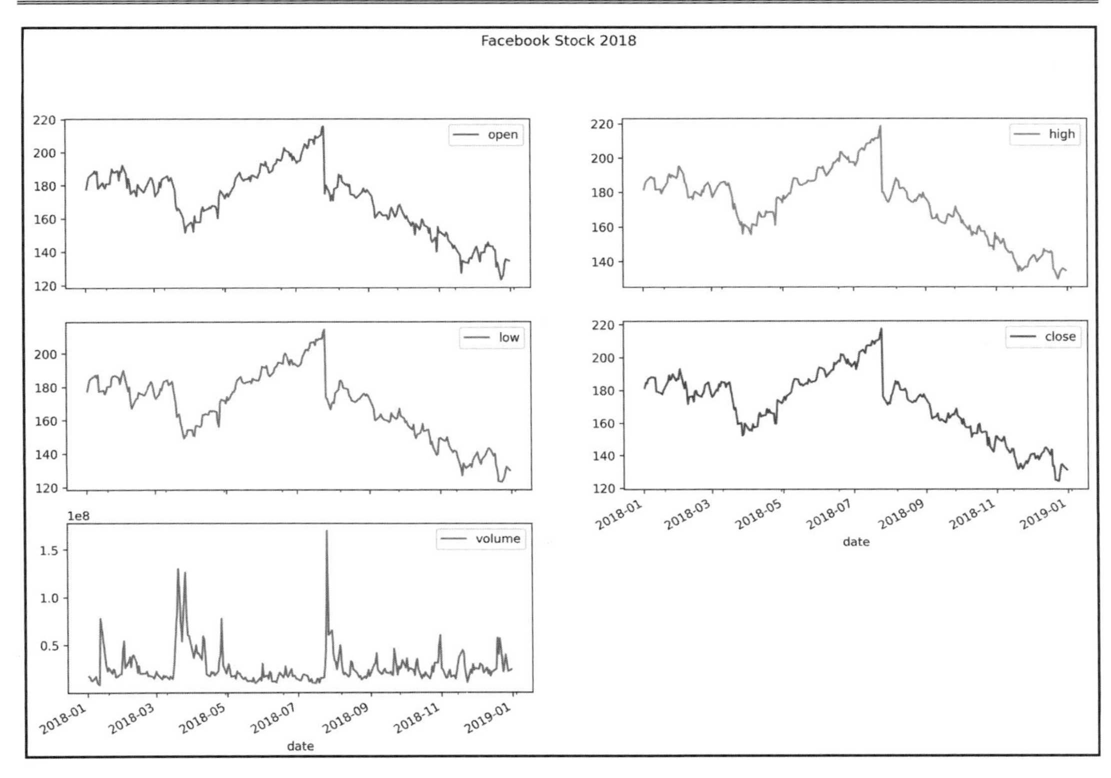

图 5.13 用 Pandas 创建子图

总而言之，在处理子图时，在标题方面有以下两个选择：

- 为整个图形的标题传递单个字符串。
- 传递字符串列表以用作每个子图的标题。

有时，我们想制作子图，其中每个子图都有一些变量用于比较。这可以通过首先使用 plt.subplots()创建子图，然后将 Axes 对象提供给 ax 参数来实现。

为了说明这一点，让我们来看看中国、西班牙、意大利、美国、巴西和印度每天新增的 COVID-19 病例。这是长格式数据，因此必须首先对它进行旋转（透视），以便日期（在读取 CSV 文件时已将其设置为索引）位于透视表的索引中，而国家/地区（countriesAndTerritories）位于列中。由于这些值有很大的波动，因此我们将使用第 4 章“聚合 Pandas DataFrame”中介绍的 rolling()方法绘制新病例的 7 天移动平均值：

```
>>> new_cases_rolling_average = covid.pivot_table(
...     index=covid.index,
...     columns='countriesAndTerritories',
```

```
...     values='cases'
... ).rolling(7).mean()
```

我们不是为每个国家/地区创建一个单独的绘图（这将使得数据比较非常困难），也不是将它们绘制在一起（这将使得较小的值很难呈现），而是绘制具有相似病例数的国家/地区的子图。我们还将使用不同的线条样式，以方便黑白纸稿上的阅读：

```
>>> fig, axes = plt.subplots(1, 3, figsize=(15, 5))

>>> new_cases_rolling_average[['China']]\
...     .plot(ax=axes[0], style='-.c')
>>> new_cases_rolling_average[['Italy', 'Spain']].plot(
...     ax=axes[1], style=['-', '--'],
...     title='7-day rolling average of new '
...           'COVID-19 cases\n(source: ECDC)'
... )
>>> new_cases_rolling_average[['Brazil', 'India', 'USA']]\
...     .plot(ax=axes[2], style=['--', ':', '-'])
```

通过直接使用 Matplotlib 为每个子图生成 Axes 对象，我们在结果布局中获得了更大的灵活性，如图 5.14 所示。

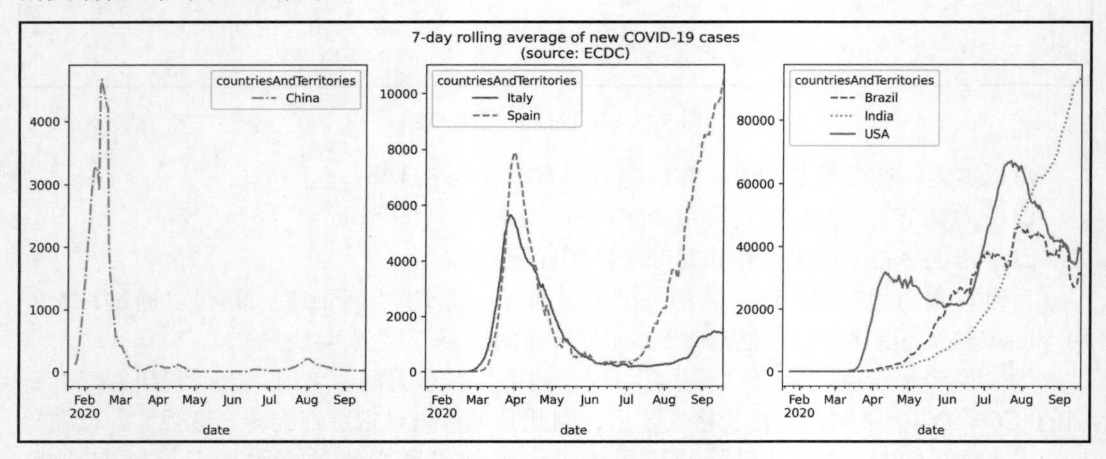

图 5.14　控制在每个子图中绘制哪些数据

在图 5.14 中，我们能够清晰地比较每日新增 COVID-19 病例水平相似的国家/地区，但由于刻度，我们无法在相同的子图中比较所有这些国家。

解决这个问题的方法之一是使用面积图（area plot），这将使我们能够可视化新的 COVID-19 病例的 7 天滚动平均值，同时显示每个国家对总数的贡献。为了便于阅读，我们将意大利和西班牙归为一组，并为美国、巴西和印度以外的国家/地区创建另一个类别：

```
>>> cols = [
...     col for col in new_cases_rolling_average.columns
...     if col not in [
...         'USA', 'Brazil', 'India', 'Italy & Spain'
...     ]
... ]
>>> new_cases_rolling_average.assign(
...     **{'Italy & Spain': lambda x: x.Italy + x.Spain}
... ).sort_index(axis=1).assign(
...     Other=lambda x: x[cols].sum(axis=1)
... ).drop(columns=cols).plot(
...     kind='area', figsize=(15, 5),
...     title='7-day rolling average of new '
...           'COVID-19 cases\n(source: ECDC)'
... )
```

如图 5.15 所示，你如果是以黑白方式查看该结果图，那么可能需要仔细分辨图例和绘图结果。处于绘图最底层的是巴西，在它之上面积较大的是印度，在印度之上面积很小的是意大利和西班牙组，在该组之上面积很大的是美国。在美国之上还有一个面积最大的区域，那是除上述国家之外的世界其他国家/地区的总和统计。

绘图面积的组合高度是整体值，给定阴影区域的高度是该国家/地区的值。图 5.15 清晰地表明，每天新增病例中有一半以上发生在巴西、印度、意大利、西班牙和美国。

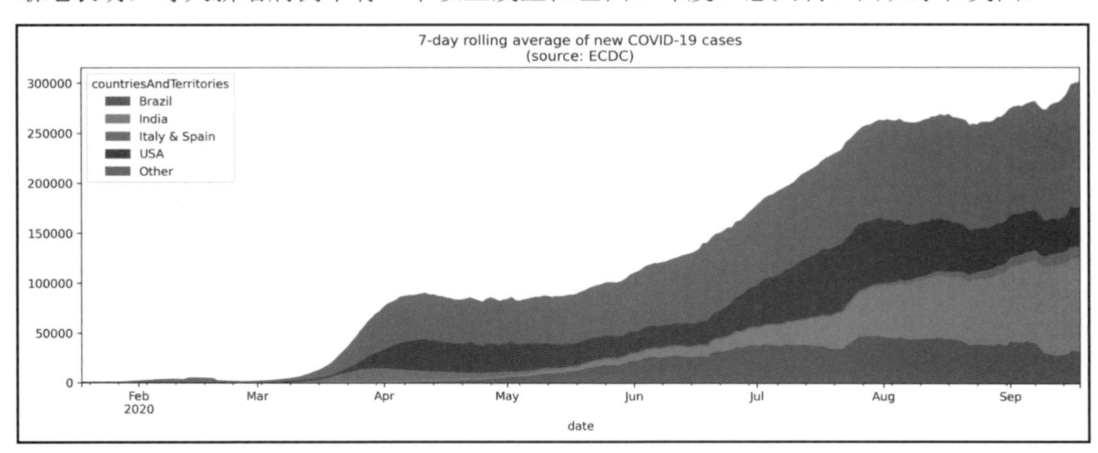

图 5.15　创建面积图

另一种可视化随时间演变的方法是查看随时间的累积总和。例如，我们可以绘制中国、西班牙、意大利、美国、巴西和印度的 COVID-19 病例的累积数量，这再次需要使用 ax 参数创建子图。为了计算随时间的累积总和，我们按国家/地区（countriesAndTerritories）和日期进行分组（日期是索引），所以需要使用 pd.Grouper()。这一次，我们使用 groupby() 和 unstack()将数据转换为宽格式以进行绘图：

```
>>> fig, axes = plt.subplots(1, 3, figsize=(15, 3))

>>> cumulative_covid_cases = covid.groupby(
...     ['countriesAndTerritories', pd.Grouper(freq='1D')]
... ).cases.sum().unstack(0).apply('cumsum')

>>> cumulative_covid_cases[['China']]\
...     .plot(ax=axes[0], style='-.c')
>>> cumulative_covid_cases[['Italy', 'Spain']].plot(
...     ax=axes[1], style=['-', '--'],
...     title='Cumulative COVID-19 Cases\n(source: ECDC)'
... )
>>> cumulative_covid_cases[['Brazil', 'India', 'USA']]\
...     .plot(ax=axes[2], style=['--', ':', '-'])
```

如图 5.16 所示，累积 COVID-19 病例数的可视化结果表明，中国和意大利已控制住 COVID-19 病例，但西班牙、美国、巴西和印度却仍在苦苦挣扎。

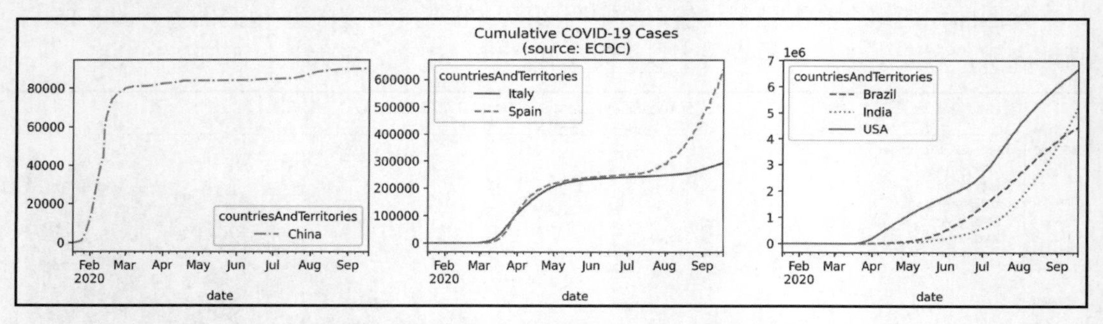

图 5.16　绘制累积总和随时间变化的图

注意：

本节多次使用了点画线，以确保得到的图形在黑白环境下也可以清晰地阅读。但是请注意，当以彩色显示这些绘图时，接受默认颜色和线条样式就足够了。一般来说，不同的线型表示数据类型的不同，例如，可以使用实线表示随时间的演变，使用虚线表示滚动平均值。

5.3.2　变量之间的关系

当我们想要可视化变量之间的关系时，通常会从散点图开始，该图形可展示在 x 变量的不同值处 y 变量的值，这将使我们很容易发现相关性和可能的非线性关系。

在第 4 章“聚合 Pandas DataFrame”中，当我们研究 Facebook 股票数据时，我们看到交易量大的日子似乎与股价大幅下跌相关。因此，我们可以使用散点图可视化这种关系：

```
>>> fb.assign(
...     max_abs_change=fb.high - fb.low
... ).plot(
...     kind='scatter', x='volume', y='max_abs_change',
...     title='Facebook Daily High - Low vs. Volume Traded'
... )
```

如图 5.17 所示，似乎确实有些关系，但又似乎不是线性的。

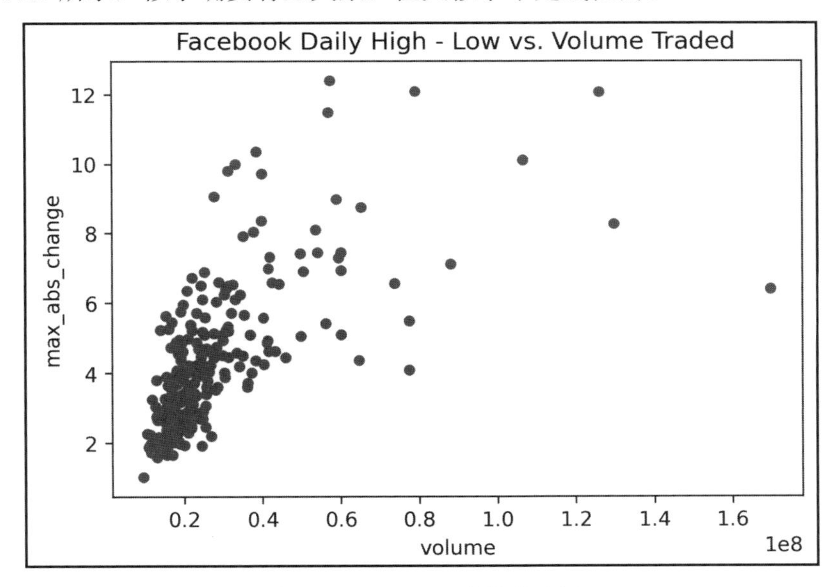

图 5.17　用 Pandas 制作散点图

让我们尝试取交易量的对数（log）。为此，可有以下两个选择：

- 创建一个新列，使用 np.log()生成交易量的对数。
- 通过将 logx=True 传递给 plot()方法或调用 plt.xscale('log')为 *x* 轴使用对数刻度。

在本示例中，简单地改变显示数据的方式是最有意义的，因为没必要使用新列：

```
>>> fb.assign(
...     max_abs_change=fb.high - fb.low
... ).plot(
...     kind='scatter', x='volume', y='max_abs_change',
...     title='Facebook Daily High - '
...           'Low vs. log(Volume Traded)',
...     logx=True
... )
```

修改 x 轴刻度后，得到的散点图如图 5.18 所示。

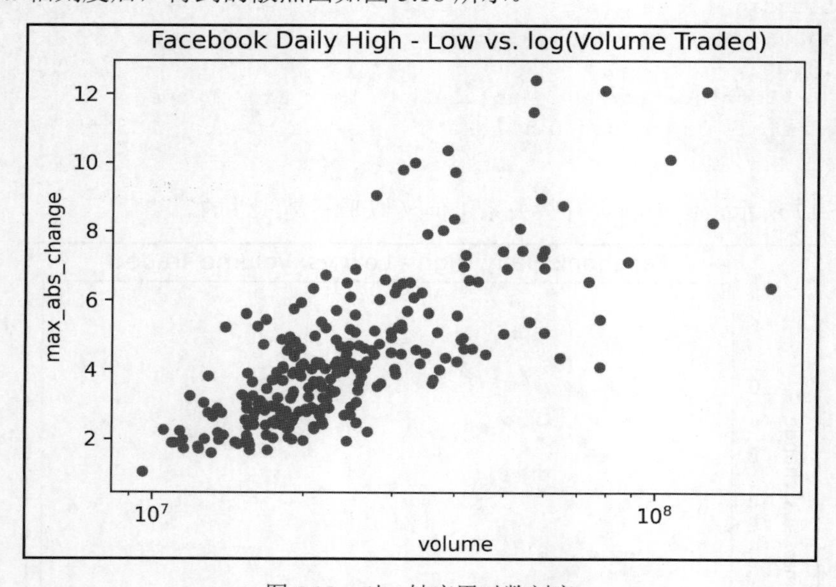

图 5.18　对 x 轴应用对数刻度

提示：

Pandas 的 plot()方法有 3 个用于对数刻度的参数：用于单轴调整的 logx/logy 和用于将二者都设置为对数刻度的 loglog（参见图 5.10）。

散点图的问题之一是很难辨别给定区域中点的集中度，因为它们只是简单地绘制在另一个变量的上方。我们可以使用 alpha 参数控制点的透明度。该参数采用 0～1 的值，其中，0 是完全透明的，而 1 则是完全不透明的。默认情况下，它们是不透明的（值为 1），但是，我们如果让它们更加透明，则应该能够看到一些重叠情况：

```
>>> fb.assign(
...     max_abs_change=fb.high - fb.low
... ).plot(
```

```
...     kind='scatter', x='volume', y='max_abs_change',
...     title='Facebook Daily High - '
...           'Low vs. log(Volume Traded)',
...     logx=True, alpha=0.25
... )
```

如图 5.19 所示，现在可以开始计算图形左下方区域的点密度，但这仍然相对困难。

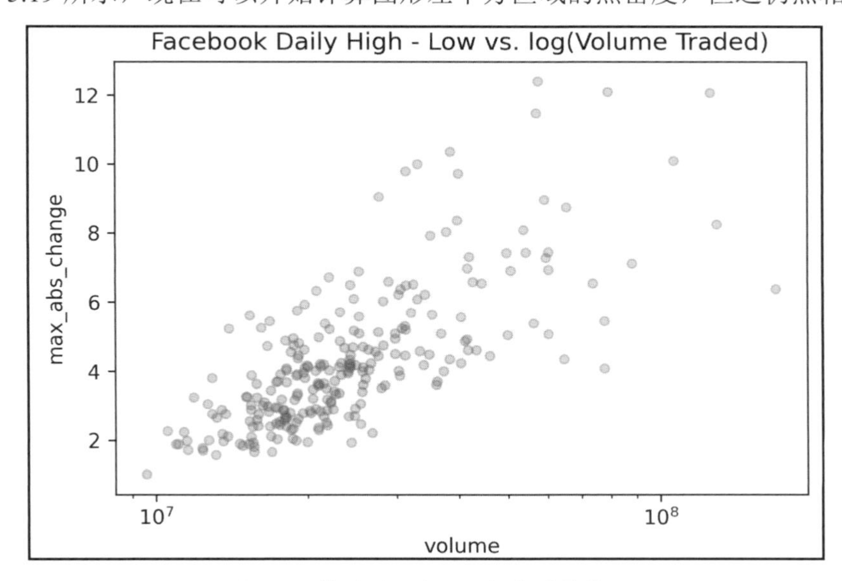

图 5.19　修改透明度以可视化重叠情况

幸运的是，我们还有另一种绘图类型：hexbin。hexbin 通过将图形划分为六边形（hexagon）网格，并根据每个分箱中点的浓度对它们进行着色，形成二维直方图。让我们将此数据绘制为 hexbin 图形：

```
>>> fb.assign(
...     log_volume=np.log(fb.volume),
...     max_abs_change=fb.high - fb.low
... ).plot(
...     kind='hexbin',
...     x='log_volume',
...     y='max_abs_change',
...     title='Facebook Daily High - '
...           'Low vs. log(Volume Traded)',
...     colormap='gray_r',
...     gridsize=20,
```

```
...     sharex=False    # 修复错误以保留 x 轴标签
... )
```

如图 5.20 所示，右侧的颜色条指示颜色与分箱中的点数之间的关系。我们选择的颜色表（gray_r）对于越高密度的分箱着色越暗（直至黑色），对于越低密度的分箱着色越亮（直至白色）。通过传入 gridsize=20，我们指定了应该在 x 轴上使用 20 个六边形，然后让 Pandas 决定沿 y 轴使用多少个六边形，以便它们的形状近似规则；当然，我们也可以传递一个元组来选择两个方向的数字。较大的 gridsize 值会使分箱更难分辨，而较小的值会导致分箱更多，在绘图上占据更多空间，因此必须取得一种平衡。

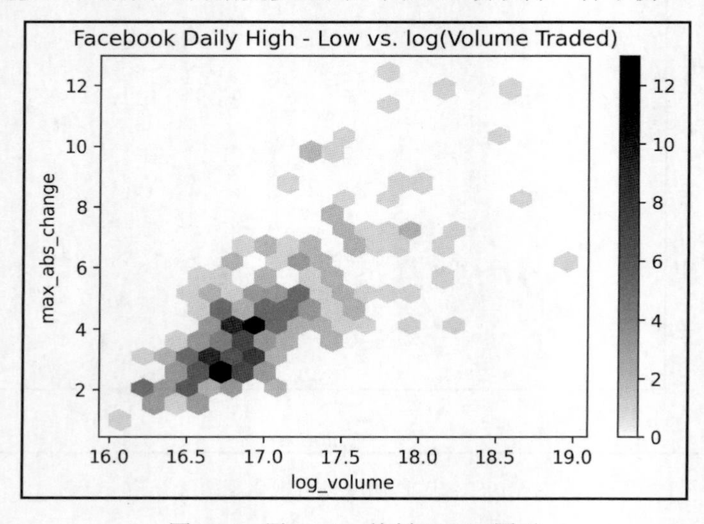

图 5.20　用 Pandas 绘制 hexbin 图形

最后，如果只是想可视化变量之间的相关性，也可以绘制相关矩阵（correlation matrix，也称为相关系数矩阵或相关性矩阵）。相关矩阵描述了相关的幅度和方向（正或负）。

让我们来看看 Facebook 股票交易数据的相关矩阵。为此，可以使用 Pandas 和 Matplotlib 中的 plt.matshow()或 plt.imshow()函数的组合。由于有很多代码需要在同一个单元格中运行，因此我们将在此代码块之后立即讨论每个部分的用途：

```
>>> fig, ax = plt.subplots(figsize=(20, 10))

# 计算相关矩阵
>>> fb_corr = fb.assign(
...     log_volume=np.log(fb.volume),
...     max_abs_change=fb.high - fb.low
... ).corr()
```

```
# 创建热图和颜色条
>>> im = ax.matshow(fb_corr, cmap='seismic')
>>> im.set_clim(-1, 1)
>>> fig.colorbar(im)

# 用列名标记刻度
>>> labels = [col.lower() for col in fb_corr.columns]
>>> ax.set_xticks(ax.get_xticks()[1:-1])
>>> ax.set_xtickabels(labels, rotation=45)
>>> ax.set_yticks(ax.get_yticks()[1:-1])
>>> ax.set_yticklabels(labels)

# 在框中包含相关系数的值
>>> for (i, j), coef in np.ndenumerate(fb_corr):
...     ax.text(
...         i, j, fr'$\rho$ = {coef:.2f}',
...         ha='center', va='center',
...         color='white', fontsize=14
...     )
```

热图（heatmap）让我们可以轻松地可视化相关系数，前提是需要选择一个发散的颜色表——我们将在第 6 章“使用 Seaborn 和自定义技术绘图”中讨论自定义绘图时讨论不同类型的颜色表。一般来说，对于热图类型，我们希望相关系数大于零的为红色（表示很热），而相关系数低于零的为蓝色（表示很冷）；接近零的相关系数将没有颜色，相关性越强，则它们各自的颜色越深。这可以通过选择 seismic 颜色表，然后将颜色标度的限制设置为[-1, 1]来实现，因为相关系数具有同样的边界：

```
im = ax.matshow(fb_corr, cmap='seismic')
im.set_clim(-1, 1)                          # 设置色标的边界
fig.colorbar(im)                            # 将颜色条添加到图中
```

为了能够读取生成的热图，需要使用数据中变量的名称标记行和列：

```
labels = [col.lower() for col in fb_corr.columns]
ax.set_xticks(ax.get_xticks()[1:-1])    # 处理 Matplotlib 错误
ax.set_xticklabels(labels, rotation=45)
ax.set_yticks(ax.get_yticks()[1:-1])    # 处理 Matplotlib 错误
ax.set_yticklabels(labels)
```

虽然颜色标度可以让我们轻松地区分弱相关和强相关，但用实际相关系数注释热图通常也很有帮助。这可以通过在包含绘图的 Axes 对象上使用 text()方法来完成。对于此绘图，可以放置居中对齐的白色文本，指示每个变量组合的 Pearson 相关系数值：

```
# 在矩阵上迭代
for (i, j), coef in np.ndenumerate(fb_corr):
    ax.text(
        i, j,
        fr'$\rho$ = {coef:.2f}', # raw (r), format (f) string
        ha='center', va='center',
        color='white', fontsize=14
    )
```

这会产生一个带注释的热图，显示 Facebook 数据集中变量之间的 Pearson 相关性，如图 5.21 所示。

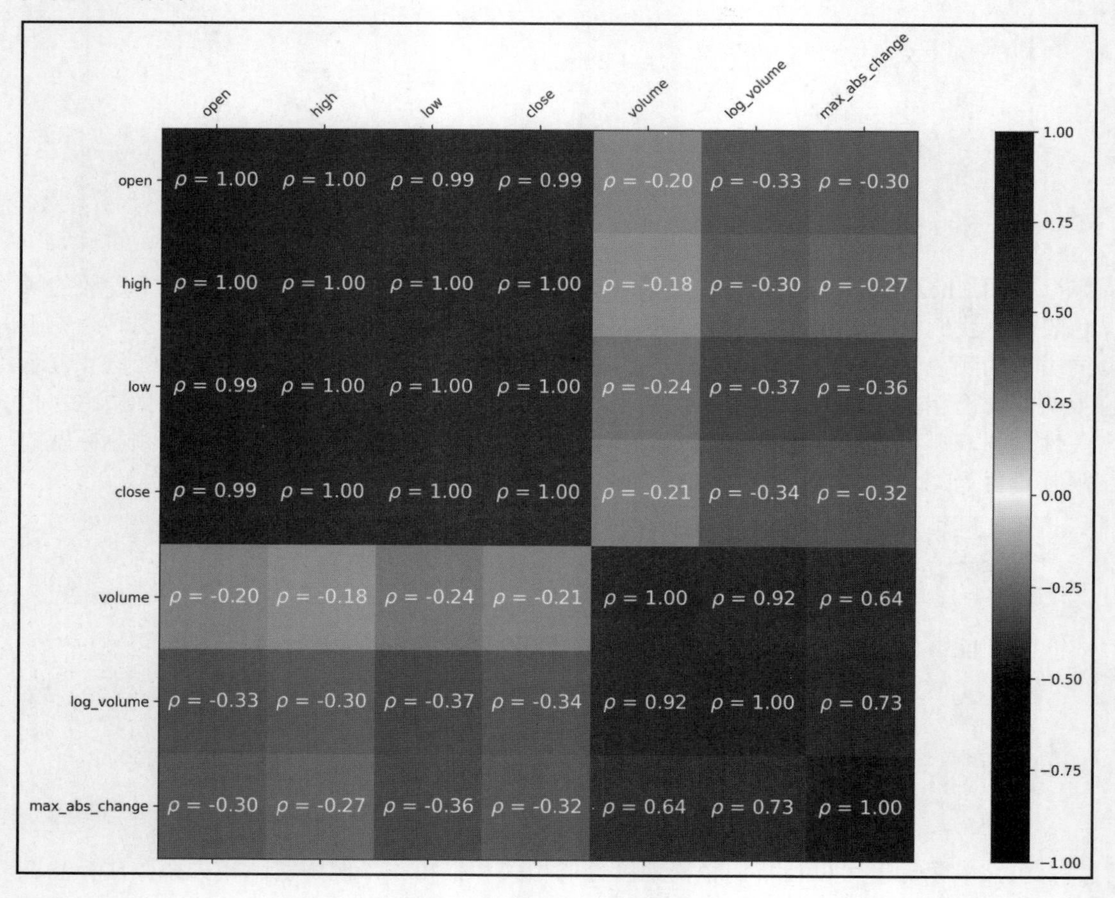

图 5.21　将相关性可视化为热图

在图 5.21 中，可以轻松地看到 OHLC 时间序列之间，以及交易量和最大股价变化绝对值之间的强正相关。当然，这些分组之间还存在弱的负相关。此外，我们还可以看到，取交易量的对数确实会将与 max_abs_change 的相关系数从 0.64 增加到 0.73。在第 6 章讨论 Seaborn 时，我们将学习使用一种更简单的方法生成热图，并更详细地介绍注释。

5.3.3　分布

一般来说，我们希望将数据的分布可视化，以了解它具有哪些值。根据我们拥有的数据类型，可以选择使用直方图、核密度估计（kernel density estimates，KDE）、箱形图（box plot）或经验累积分布函数（empirical cumulative distribution function，ECDF）。

在处理离散数据时，直方图是一个很好的起点。让我们先来看看 Facebook 股票每日交易量的直方图：

```
>>> fb.volume.plot(
...     kind='hist',
...     title='Histogram of Daily Volume Traded '
...           'in Facebook Stock'
... )
>>> plt.xlabel('Volume traded') # 标记 x 轴（详见第 6 章）
```

这是真实世界数据的一个很好的例子，它绝对不是正态分布的。交易量右偏，长尾向右。回想一下，在第 4 章“聚合 Pandas DataFrame”中，当我们讨论分箱并查看低、中和高交易量时，几乎所有数据都落在低交易量的分箱中，这与如图 5.22 所示的直方图是一致的。

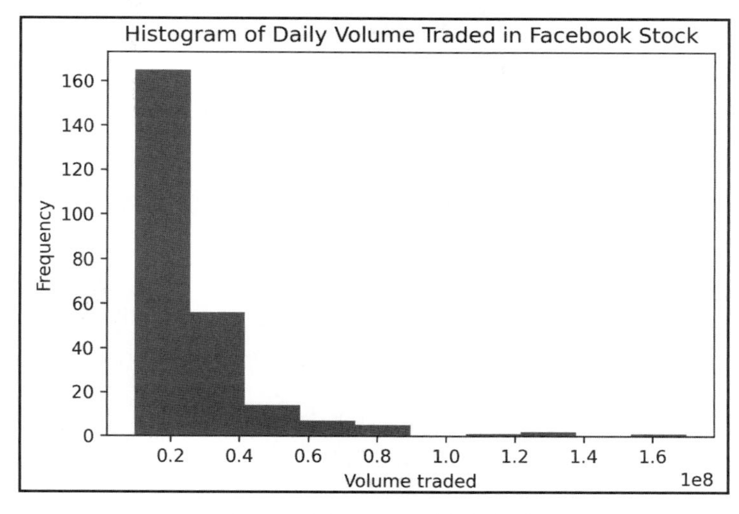

图 5.22　用 Pandas 创建直方图

提示：

与 Matplotlib 中的 plt.hist()函数一样，我们也可以使用 bins 参数为分箱数量提供自定义值。但是，我们必须小心不要歪曲分布。

我们还可以在同一图形上创建多个直方图，然后通过使用 ax 参数为每个绘图指定相同的 Axes 对象来比较分布情况。在这种情况下，我们还有必要使用 alpha 参数查看任何重叠现象。鉴于有许多不同的地震测量技术（magType 列），我们可能有兴趣比较它们产生的不同震级范围：

```
>>> fig, axes = plt.subplots(figsize=(8, 5))

>>> for magtype in quakes.magType.unique():
...     data = quakes.query(f'magType == "{magtype}"').mag
...     if not data.empty:
...         data.plot(
...             kind='hist',
...             ax=axes,
...             alpha=0.4,
...             label=magtype,
...             legend=True,
...             title='Comparing histograms '
...                   'of earthquake magnitude by magType'
...         )

>>> plt.xlabel('magnitude') # 标记 x 轴（详见第 6 章）
```

这向我们表明：ml 是最常见的 magType，其次是 md，并且它们产生相似的震级范围；mb 是第三常见的，它可以产生更高的震级，如图 5.23 所示。

在处理连续数据（如股票价格）时，可以使用核密度估计（KDE）。例如，可以看看 Facebook 股票每日最高价的 KDE。请注意，要绘制核密度估计图形时，既可以传递 kind='kde'，也可以传递 kind='density'：

```
>>> fb.high.plot(
...     kind='kde',
...     title='KDE of Daily High Price for Facebook Stock'
... )
>>> plt.xlabel('Price ($)') # 标记 x 轴（详见第 6 章）
```

生成的密度曲线有一些左偏，如图 5.24 所示。

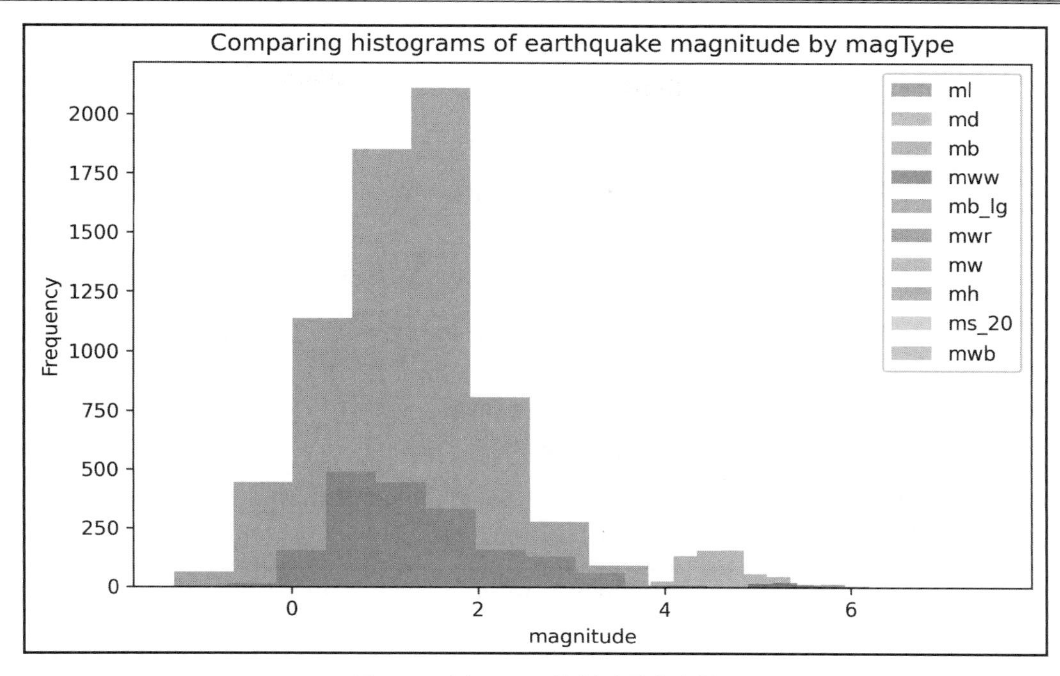

图 5.23　用 Pandas 绘制重叠直方图

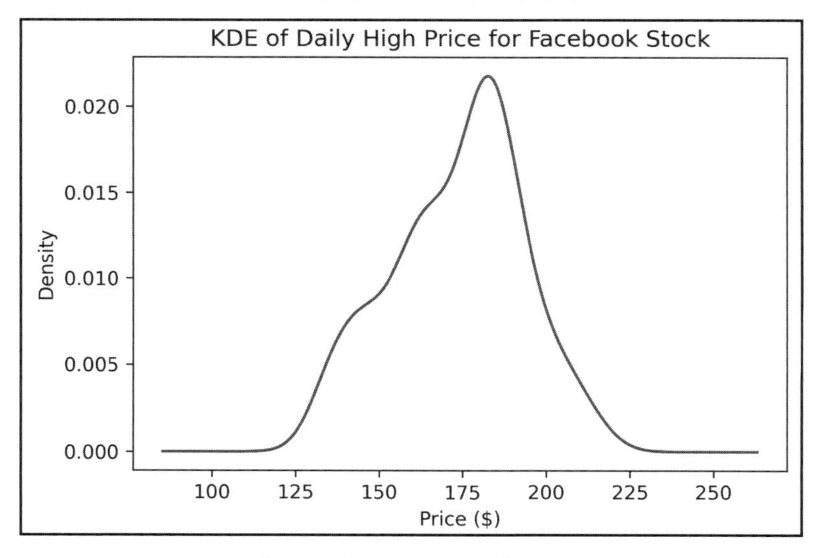

图 5.24　用 Pandas 可视化 KDE

分析人员可能还需要在直方图之上叠加可视化的 KDE。Pandas 允许传递想要绘图的

Axes 对象，并在创建可视化后返回该对象，因此，该操作很容易：

```
>>> ax = fb.high.plot(kind='hist', density=True, alpha=0.5)
>>> fb.high.plot(
...     ax=ax, kind='kde', color='blue',
...     title='Distribution of Facebook Stock\'s '
...           'Daily High Price in 2018'
... )
>>> plt.xlabel('Price ($)') # 标记 x 轴（详见第 6 章）
```

请注意，当我们生成直方图时，必须传递 density=True 以确保直方图的 y 轴和 KDE 的标度相同；否则，KDE 可能会因为太小而无法看到。然后用 y 轴上的密度绘制直方图，以便我们可以更好地了解 KDE 是如何形成其形状的。我们还增加了直方图的透明度，以便可以看到在它之上的 KDE 线。注意，如果去掉 KDE 调用的 color='blue' 部分，则不需要在 histogram 调用中改变 alpha 的值，因为 KDE 和直方图会是不同的颜色。我们用蓝色绘制它们，是因为它们代表相同的数据，如图 5.25 所示。

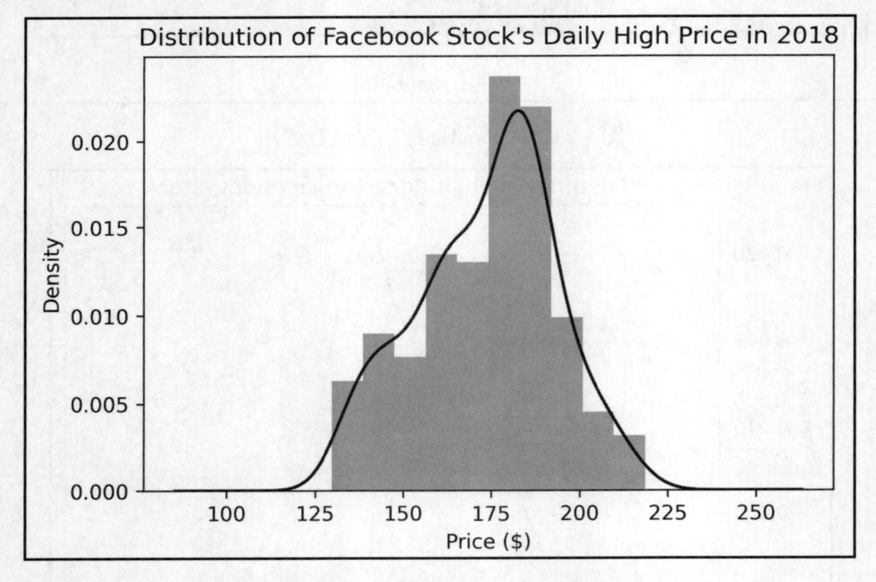

图 5.25　使用 Pandas 将 KDE 和直方图结合在一起

KDE 显示的是一个估计的概率密度函数（probability density function，PDF），它告诉我们数据值的分布概率。但是，在某些情况下，我们更感兴趣的是小于或等于（或大于或等于）某个值的概率，这可以通过累积分布函数（cumulative distribution function，CDF）进行查看。

注意：

在使用累积分布函数（CDF）时，x 变量的值沿 x 轴分布，而获得给定 x 的累积概率沿 y 轴分布。这个累积概率为 0～1，写为 $P(X \leqslant x)$，其中，小写（x）是比较值，大写（X）是随机变量 X。你可以访问以下网址了解更多信息：

https://www.itl.nist.gov/div898/handbook/eda/section3/eda362.htm

使用 statsmodels 包，我们可以估计 CDF，给出经验累积分布函数（empirical cumulative distribution function，ECDF）。例如，我们可以用它来了解使用 ml 震级类型测量的地震的震级分布情况：

```
>>> from statsmodels.distributions.empirical_distribution \
...     import ECDF
>>> ecdf = ECDF(quakes.query('magType == "ml"').mag)
>>> plt.plot(ecdf.x, ecdf.y)

# 轴标签（详见第 6 章）
>>> plt.xlabel('mag')                          # 添加 x 轴标签
>>> plt.ylabel('cumulative probability')    # 添加 y 轴标签

# 添加标题（详见第 6 章）
>>> plt.title('ECDF of earthquake magnitude with magType ml')
```

这将产生如图 5.26 所示的 ECDF。

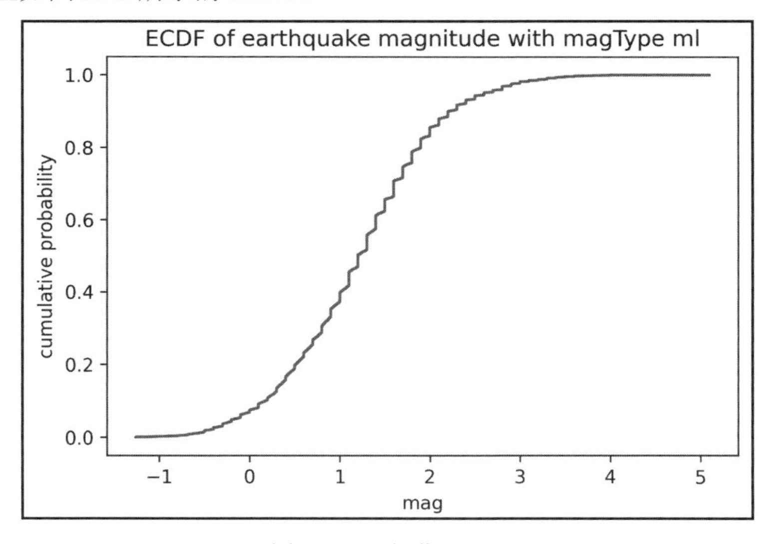

图 5.26　可视化 ECDF

当进行探索性数据分析（EDA）时，这对于更好地了解数据非常有用。当然，在对它进行解释时要谨慎一些。

如图 5.27 所示，我们可以看到，如果该分布确实代表了总体，那么对于使用该测量技术测量的地震，地震的 ml 震级小于或等于 3 的概率是 98%。

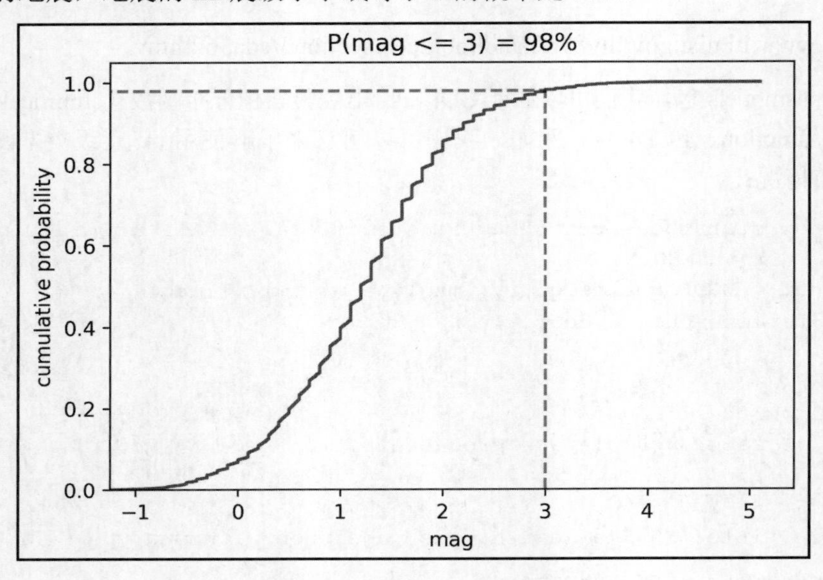

图 5.27　解释 ECDF

最后，我们还可以使用箱形图可视化潜在的异常值，使用四分位数可视化其分布。例如，将 Facebook 股票的 OHLC 价格进行可视化：

```
>>> fb.iloc[:,:4].plot(
...     kind='box',
...     title='Facebook OHLC Prices Box Plot'
... )
>>> plt.ylabel('price ($)') # 标记 x 轴（详见第 6 章）
```

如图 5.28 所示，箱形图确实丢失了其他图所拥有的一些信息。通过该图无法了解整个分布中的点的密度；对于箱形图来说，主要意义就是五数概括法。

提示：

我们可以通过传入 notch=True 创建一个有缺口的箱线图。缺口标记了围绕中位数的 95%置信区间，这在比较组间差异时会很有帮助。本节使用的笔记本中有这样一个示例。

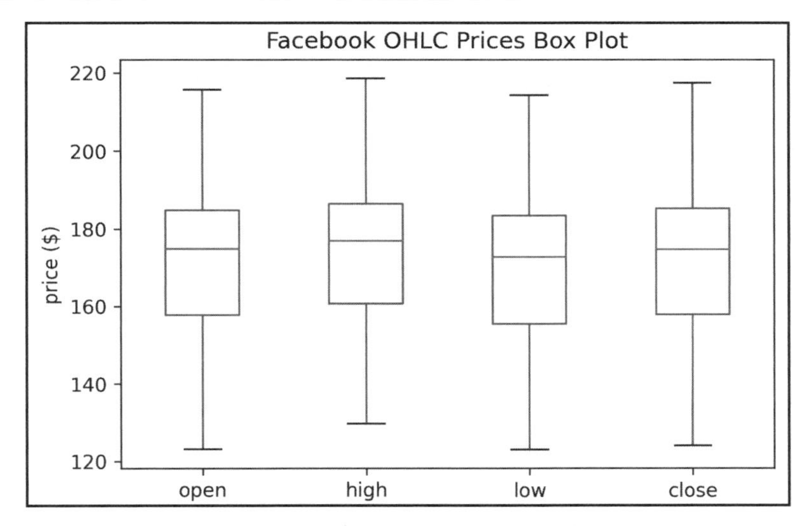

图 5.28　使用 Pandas 创建箱形图

我们也可以在调用 groupby()之后调用 boxplot()方法。例如，可以看看根据交易量计算箱形图时发生的变化：

```
>>> fb.assign(
...     volume_bin=\
...         pd.cut(fb.volume, 3, labels=['low', 'med', 'high'])
... ).groupby('volume_bin').boxplot(
...     column=['open', 'high', 'low', 'close'],
...     layout=(1, 3), figsize=(12, 3)
... )
>>> plt.suptitle(
...     'Facebook OHLC Box Plots by Volume Traded', y=1.1
... )
```

你应该还记得，在第 4 章“聚合 Pandas DataFrame”中，大部分的交易日都在低交易量的分箱中，因此，随着时间的推移，每个分箱的数据预计会有所变化，如图 5.29 所示。

使用这种技术，还可以基于使用的 magType 查看地震震级的分布，并将其与 USGS 网站上的预期范围进行比较。USGS 网站上的预期范围网址如下：

https://www.usgs.gov/natural-hazards/earthquake-hazards/science/magnitude-types

按 magType 查看地震震级分布箱形图：

```
>>> quakes[['mag', 'magType']]\
...     .groupby('magType')\
```

```
...     .boxplot(figsize=(15, 8), subplots=False)

# 格式化（详见第 6 章）
>>> plt.title('Earthquake Magnitude Box Plots by magType')
>>> plt.ylabel('magnitude')
```

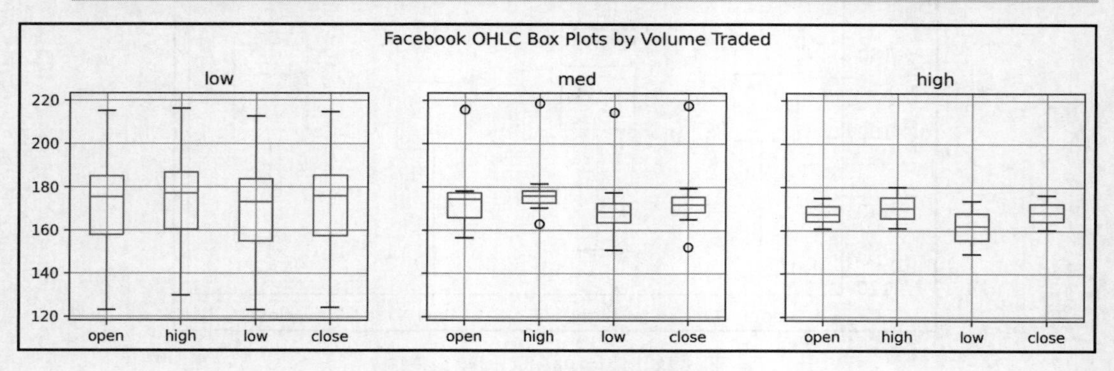

图 5.29　使用 Pandas 按分组绘制箱形图

USGS 网站提到了无法使用某些测量技术的情况，以及每一种测量技术的权威范围（当超出该范围时，使用其他技术）。如图 5.30 所示，这些技术合在一起涵盖了广泛的震级，但并没有一个 magType 涵盖所有震级。

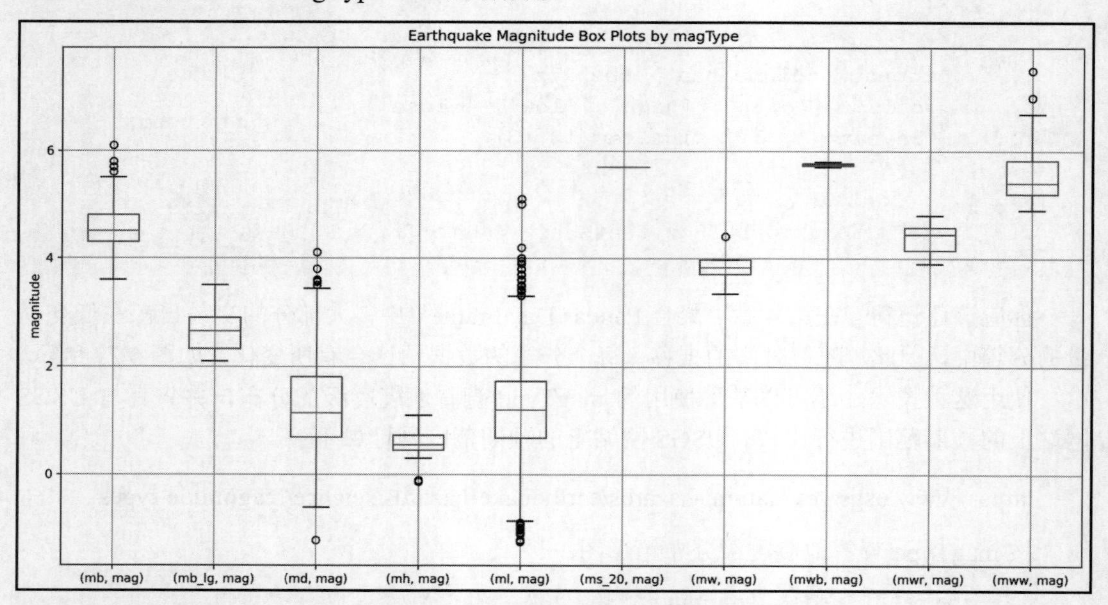

图 5.30　在单个图形中绘制的每组箱形图

注意：

虽然直方图、KDE、ECDF 和箱线图都是查看数据分布的方式，但通过上述示例可以看到，每个可视化都向我们展示了数据的不同方面。因此，在得出任何结论之前，从多个角度可视化数据非常重要。

5.3.4　计数和频率

在处理分类数据时，可以创建条形图来显示数据的计数或特定值的频率。条形可以是垂直的（kind='bar'）或水平的（kind='barh'）。当我们有很多类别或类别有某种顺序（例如，随着时间的推移而发生变化）时，垂直条形图很有用。水平条形图可以轻松地比较每个类别的大小，同时为较长的类别名称留出足够的空间（无须旋转它们）。

例如，可以使用水平条形图查看 quakes DataFrame 中哪些地方发生的地震最多。我们首先在 parsed_place Series 上调用 value_counts()方法，并取发生地震次数最多的前 15 个地方；接下来颠倒顺序，使此列表中值最小的项排在最前面，这会将地震次数最多的项排到条形图的顶部。请注意，我们也可以先将排序顺序反转，再使用它作为 value_counts()的参数，只不过这种方法同样需要取前 15 项，因此更好的方式是在单个 iloc 调用中一次完成：

```
>>> quakes.parsed_place.value_counts().iloc[14::-1,].plot(
...     kind='barh', figsize=(10, 5),
...     title='Top 15 Places for Earthquakes '
...           '(September 18, 2018 - October 13, 2018)'
... )
>>> plt.xlabel('earthquakes')   # 标记 X 轴（详见第 6 章）
```

请记住：切片的表示法是[start:stop:step]，在本示例中，由于 step 为负，因此顺序被反转；我们从索引 14（实际上是第 15 个条目）开始，每次都更接近索引 0。通过传递 kind='barh'，即可绘制一个如图 5.31 所示的水平条形图。它显示该数据集中的大部分地震都发生在 Alaska（阿拉斯加）。虽然在如此短的时间内（从 2018 年 9 月 18 日到 2018 年 10 月 13 日）发生如此多次的地震令人惊讶，但其中许多地震的震级非常小，人们甚至感觉不到。

我们的数据还包含有关地震是否伴随着海啸的信息。因此，我们可以使用 groupby()绘制在我们数据中的时间段内遭受海啸袭击的前 10 个地点的条形图：

```
>>> quakes.groupby(
...     'parsed_place'
... ).tsunami.sum().sort_values().iloc[-10:,].plot(
...     kind='barh', figsize=(10, 5),
...     title='Top 10 Places for Tsunamis '
...           '(September 18, 2018 - October 13, 2018)'
```

```
... )
>>> plt.xlabel('tsunamis')
```

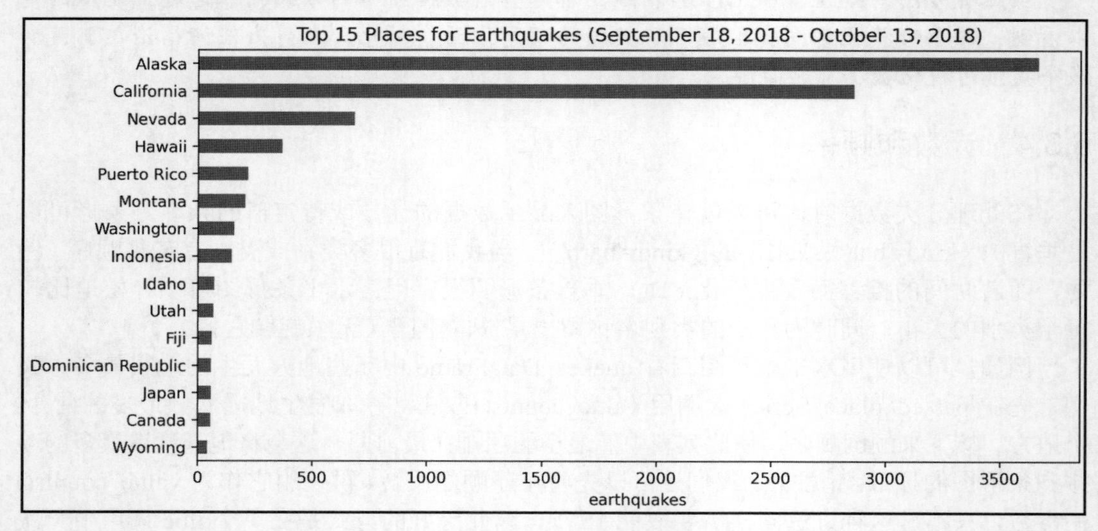

图 5.31　使用 Pandas 绘制水平条形图

请注意，这一次使用的切片是 iloc[-10:,]，它从第 10 个最大值开始（因为 sort_values() 默认按升序排序），然后到达最大值，这样就可以获得值最大的前 10 个条目。如图 5.32 所示，印度尼西亚在这段时间内发生的海啸比其他地方多得多。

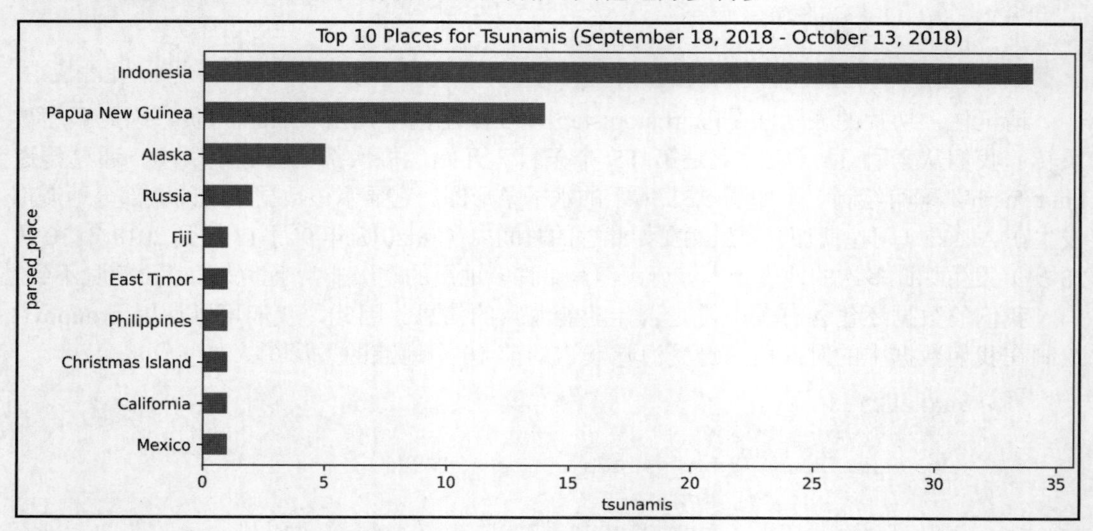

图 5.32　通过计算绘制分组的结果

看到这样的结果之后，我们可能会被提示进一步查看印度尼西亚每天发生的海啸数量。可以通过使用 kind='bar'将这种随时间的演变可视化为线形图或垂直条形图。在这里，我们将使用条形图避免插入点：

```
>>> indonesia_quakes = quakes.query(
...     'parsed_place == "Indonesia"'
... ).assign(
...     time=lambda x: pd.to_datetime(x.time, unit='ms'),
...     earthquake=1
... ).set_index('time').resample('1D').sum()

# 格式化索引中的日期时间以用于 x 轴
>>> indonesia_quakes.index = \
...     indonesia_quakes.index.strftime('%b\n%d')

>>> indonesia_quakes.plot(
...     y=['earthquake', 'tsunami'], kind='bar', rot=0,
...     figsize=(15, 3), label=['earthquakes', 'tsunamis'],
...     title='Earthquakes and Tsunamis in Indonesia '
...           '(September 18, 2018 - October 13, 2018)'
... )

# 标记轴（详见第 6 章）
>>> plt.xlabel('date')
>>> plt.ylabel('count')
```

如图 5.33 所示，2018 年 9 月 28 日，印度尼西亚的地震和海啸都出现了高峰；在这一天发生了 7.5 级地震，引发了毁灭性的海啸，造成 2091 人死亡，10679 人受伤，680 人失踪。

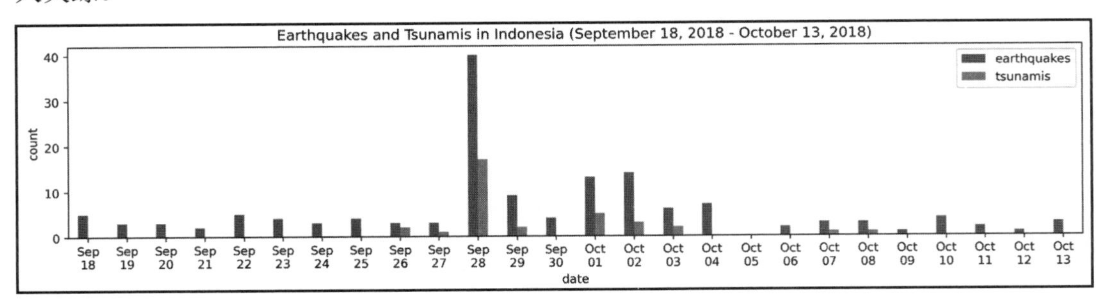

图 5.33　随着时间的推移比较计数

还可以使用 groupby()和 unstack()从单个列的值中创建分组条。这使我们可以为列中的每个不同值生成条形图。让我们使用这个策略看看伴随地震的海啸频率（采用百分比值）。

可以使用 apply()方法处理这个问题。在第 4 章“聚合 Pandas DataFrame”中已经介绍过该方法，可以使用 axis = 1 表示逐行应用。为便于说明，我们将查看发生地震时伴随海啸的百分比最高的前 7 个地方：

```
>>> quakes.groupby(['parsed_place', 'tsunami']).mag.count()\
...     .unstack().apply(lambda x: x / x.sum(), axis=1)\
...     .rename(columns={0: 'no', 1: 'yes'})\
...     .sort_values('yes', ascending=False)[7::-1]\
...     .plot.barh(
...         title='Frequency of a tsunami accompanying '
...               'an earthquake'
...     )
# 将图例移动到图形的右侧，标记轴
>>> plt.legend(title='tsunami?', bbox_to_anchor=(1, 0.65))
>>> plt.xlabel('percentage of earthquakes')
>>> plt.ylabel('')
```

圣诞岛（Christmas Island）在此期间发生过一次地震，但同时伴随着海啸。另外，巴布亚新几内亚（Papua New Guinea）在大约 40%的地震中都伴随发生了海啸，如图 5.34 所示。

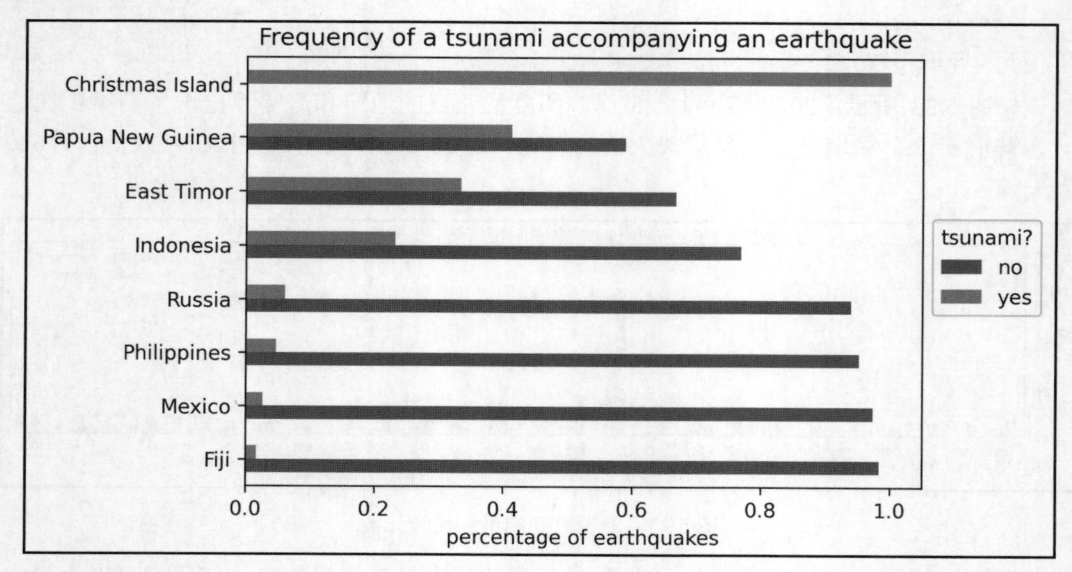

图 5.34　分组条形图

提示：

保存图 5.34 时，长的类别名称可能会被截断。如果出现这种情况，请在保存之前尝试运行 plt.tight_layout()。

现在，让我们使用垂直条形图来看看哪些测量地震震级的方法最流行，这可以通过传递 kind='bar'来实现：

```
>>> quakes.magType.value_counts().plot(
...     kind='bar', rot=0,
...     title='Earthquakes Recorded per magType'
... )

# 标记轴（详见第 6 章）
>>> plt.xlabel('magType')
>>> plt.ylabel('earthquakes')
```

到目前为止，ml 似乎是测量地震震级的最常用方法。这是有道理的，因为它是 Richter 和 Gutenberg 在 1935 年为当地地震定义的原始震级关系。相关解释来源于以下 USGS 页面：

https://www.usgs.gov/natural-hazards/earthquake-hazards/science/magnitude-types

上述操作的绘图结果如图 5.35 所示。

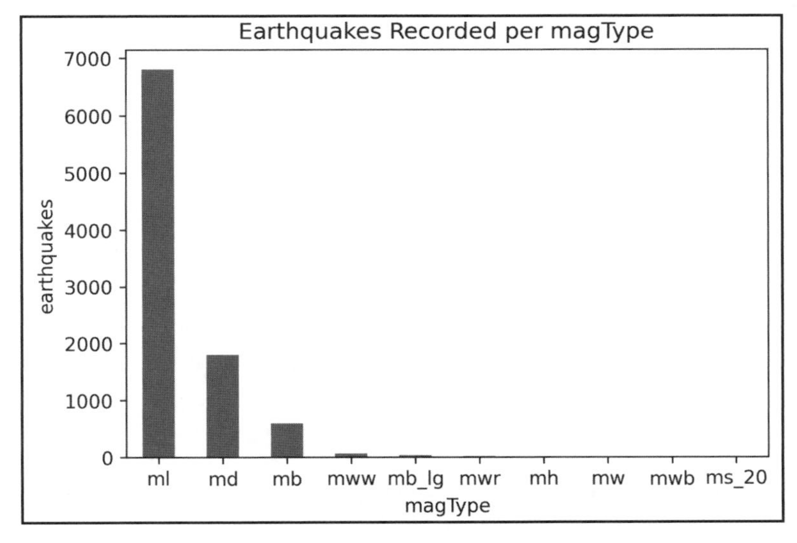

图 5.35　比较地震震级测量技术类别的计数

假设我们想要查看有多少给定震级的地震并通过 magType 区分它们。这需要在一幅图形中向我们展示以下内容：

- ❑ 各个 magType 类型中最常出现的震级。
- ❑ 每个 magType 产生的震级的相对范围。
- ❑ magType 最常见的值。

要实现这一目的，可以制作堆积条形图（stacked bar plot）。首先，将所有震级向下舍入到最接近的整数。这意味着所有的地震都会被标记为小数点前的震级部分（例如，5.5 会被标记为 5，就像 5.7、5.2 和 5.0 一样）。

接下来，需要创建一个数据透视表，其中包含索引中的震级和沿列的震级类型，另外还需要统计这些值的地震次数：

```
>>> pivot = quakes.assign(
...     mag_bin=lambda x: np.floor(x.mag)
... ).pivot_table(
...     index='mag_bin',
...     columns='magType',
...     values='mag',
...     aggfunc='count'
... )
```

一旦有了数据透视表，就可以通过在绘图时传入 stacked=True 创建一个堆积条形图：

```
>>> pivot.plot.bar(
...     stacked=True,
...     rot=0,
...     title='Earthquakes by integer magnitude and magType'
... )
>>> plt.ylabel('earthquakes')       # 标记轴（详见第 6 章）
```

上述代码的可视化结果如图 5.36 所示，它表明大多数地震都是用 ml 震级类型测量的，并且震级通常低于 4。

在图 5.36 中可以看到，与 ml 相比，其他条形都相形见绌，这使我们很难看出哪种震级类型为地震指定了更高的震级。为了解决这个问题，可以制作一个归一化的堆积条形图。我们不会显示每种震级和 magType 组合的地震计数，而是显示使用每种 magType 的给定震级地震的百分比：

```
>>> normalized_pivot = \
...     pivot.fillna(0).apply(lambda x: x / x.sum(), axis=1)
...
>>> ax = normalized_pivot.plot.bar(
...     stacked=True, rot=0, figsize=(10, 5),
...     title='Percentage of earthquakes by integer magnitude '
```

```
...           'for each magType'
... )
>>> ax.legend(bbox_to_anchor=(1, 0.8))      # 移动图例
>>> plt.ylabel('percentage')                # 标记轴（详见第 6 章）
```

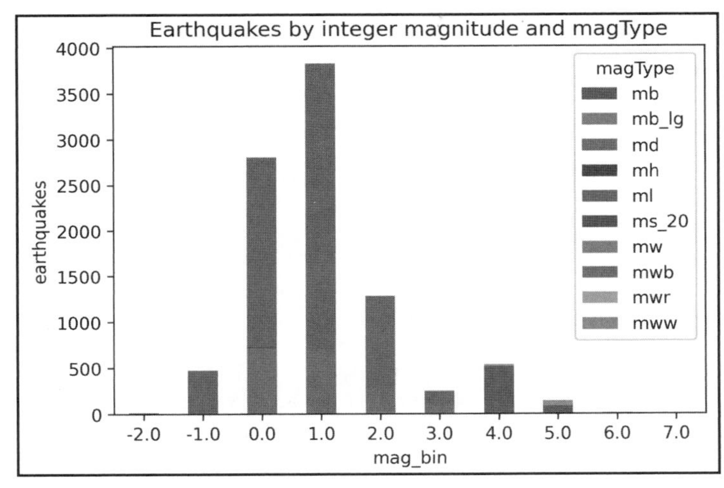

图 5.36　堆积条形图

现在可以清晰地看到 mww 产生了更高的地震震级，而 ml 基本上仅分布在低震级部分，如图 5.37 所示。

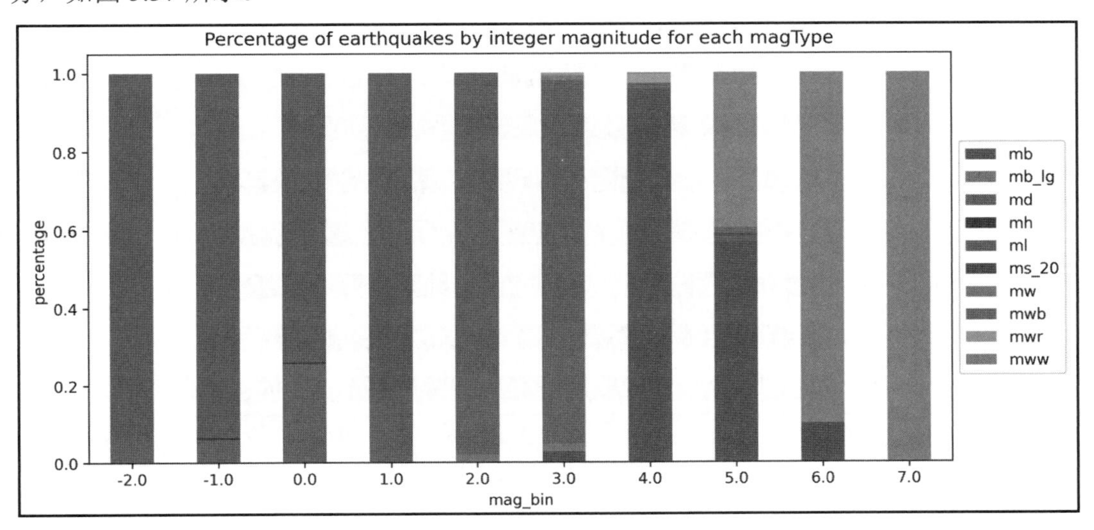

图 5.37　归一化堆积条形图

请注意，也可以通过调用 groupby()和 unstack()方法使用此策略。例如，我们可以重新查看伴随地震的海啸发生的频率，但这次不使用分组条形图，而是将它们堆叠在一起：

```
>>> quakes.groupby(['parsed_place', 'tsunami']).mag.count()\
...     .unstack().apply(lambda x: x / x.sum(), axis=1)\
...     .rename(columns={0: 'no', 1: 'yes'})\
...     .sort_values('yes', ascending=False)[7::-1]\
...     .plot.barh(
...         title='Frequency of a tsunami accompanying '
...               'an earthquake',
...         stacked=True
...     )

# 移动图例到绘图的右侧
>>> plt.legend(title='tsunami?', bbox_to_anchor=(1, 0.65))

# 标记轴（详见第 6 章）
>>> plt.xlabel('percentage of earthquakes')
>>> plt.ylabel('')
```

如图 5.38 所示，该归一化堆积条形图可以让我们轻松地比较不同地方的地震伴随发生海啸的频率。

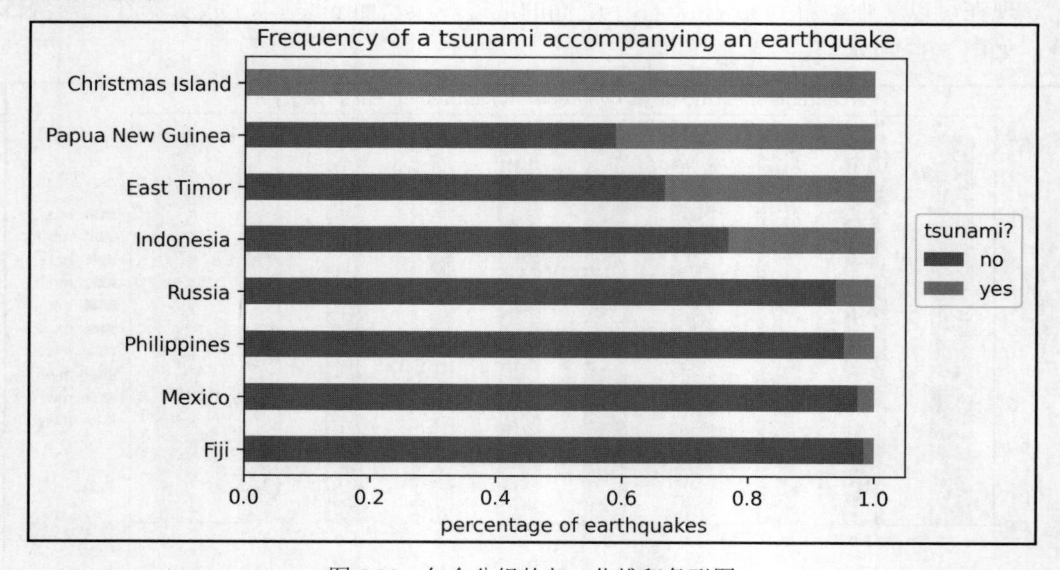

图 5.38　包含分组的归一化堆积条形图

虽然分类数据限制了我们可以使用的绘图类型，但也有一些条形图的替代方案。第 6 章“使用 Seaborn 和自定义技术绘图”将会讨论它们。

接下来，让我们来看看 pandas.plotting 模块。

5.4　pandas.plotting 模块

5.3 节“使用 Pandas 绘图”介绍了 Pandas 为标准绘图提供的简单实现。但是，Pandas 也有一个模块（它被命名为 plotting），其中包含一些可以在数据上使用的特殊绘图类型。值得一提的是，由于它们的组合方式和返回可视化结果的方式，这些自定义选项可能会受到更多限制。

本节将使用 3-pandas_plotting_module.ipynb 笔记本。像往常一样，我们将从导入模块和读取数据开始。本节将仅使用 Facebook 股票交易数据：

```
>>> %matplotlib inline
>>> import matplotlib.pyplot as plt
>>> import numpy as np
>>> import pandas as pd

>>> fb = pd.read_csv(
...     'data/fb_stock_prices_2018.csv',
...     index_col='date',
...     parse_dates=True
... )
```

接下来，我们将浏览 pandas.plotting 模块中可用的一些绘图，并了解如何在探索性数据分析（EDA）中利用它们生成的可视化效果。

5.4.1　散点图矩阵

前文讨论了如何使用散点图显示变量之间的关系。一般来说，我们希望为数据中的每个变量组合都生成散点图，因此，如果数据中的变量较多的话，那么这项工作可能会非常枯燥无味。pandas.plotting 模块包含 scatter_matrix()函数，可使该任务变得更加轻松。

例如，可以使用它查看 Facebook 股票价格数据中每个列组合的散点图：

```
>>> from pandas.plotting import scatter_matrix
>>> scatter_matrix(fb, figsize=(10, 10))
```

这会产生如图 5.39 所示的散点图矩阵，该矩阵通常用于机器学习，以查看哪些变量可用于构建模型。在该图中可以很容易地发现，开盘价、最高价、最低价和收盘价之间存在很强的正相关关系。

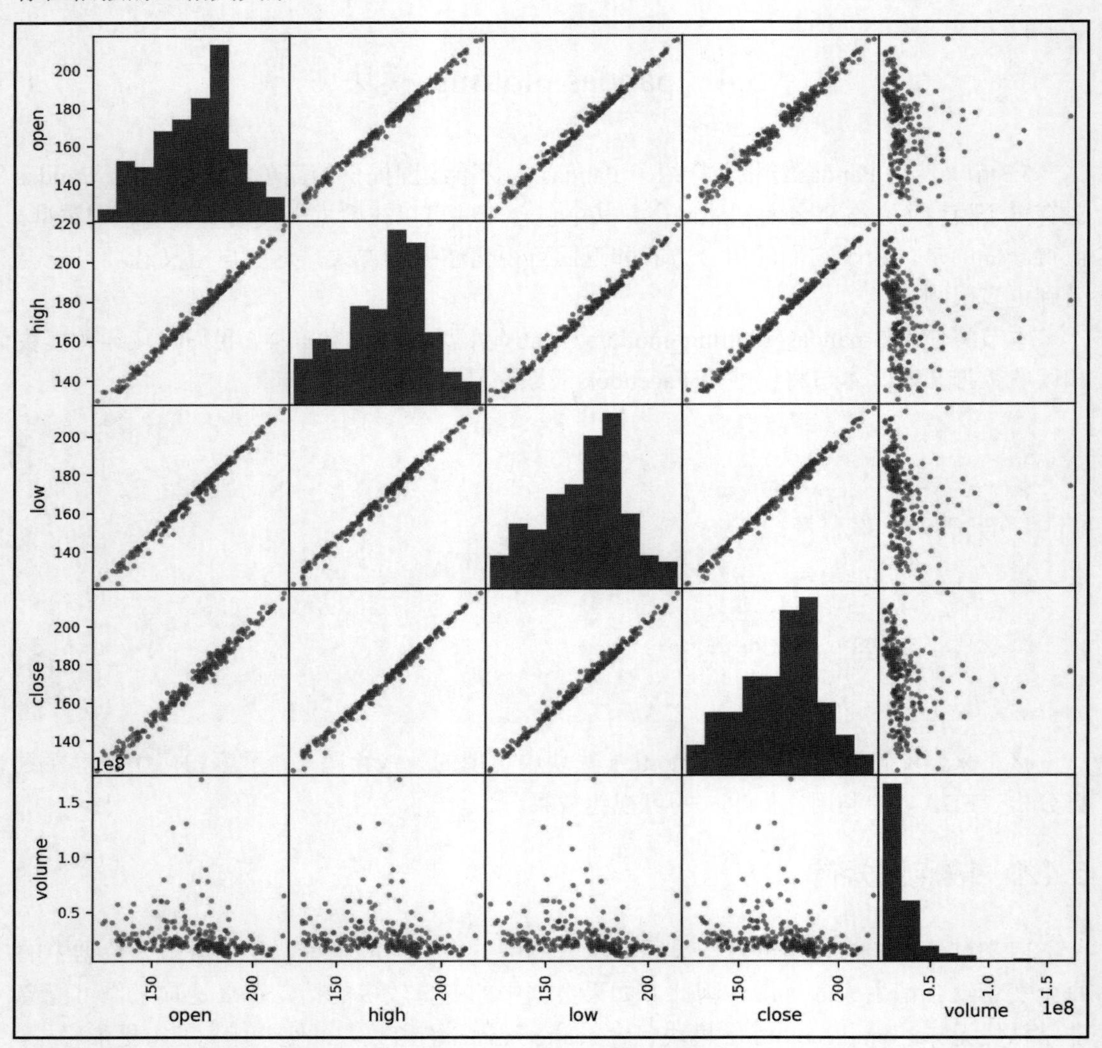

图 5.39　Pandas 散点图矩阵

默认情况下，在列与自身配对的对角线上，返回的是它的直方图。或者，我们也可以通过传入 diagonal='kde'请求 KDE：

```
>>> scatter_matrix(fb, figsize=(10, 10), diagonal='kde')
```

这会产生如图 5.40 所示的散点图矩阵，其中沿着对角线绘制的是 KDE 而不是直方图。

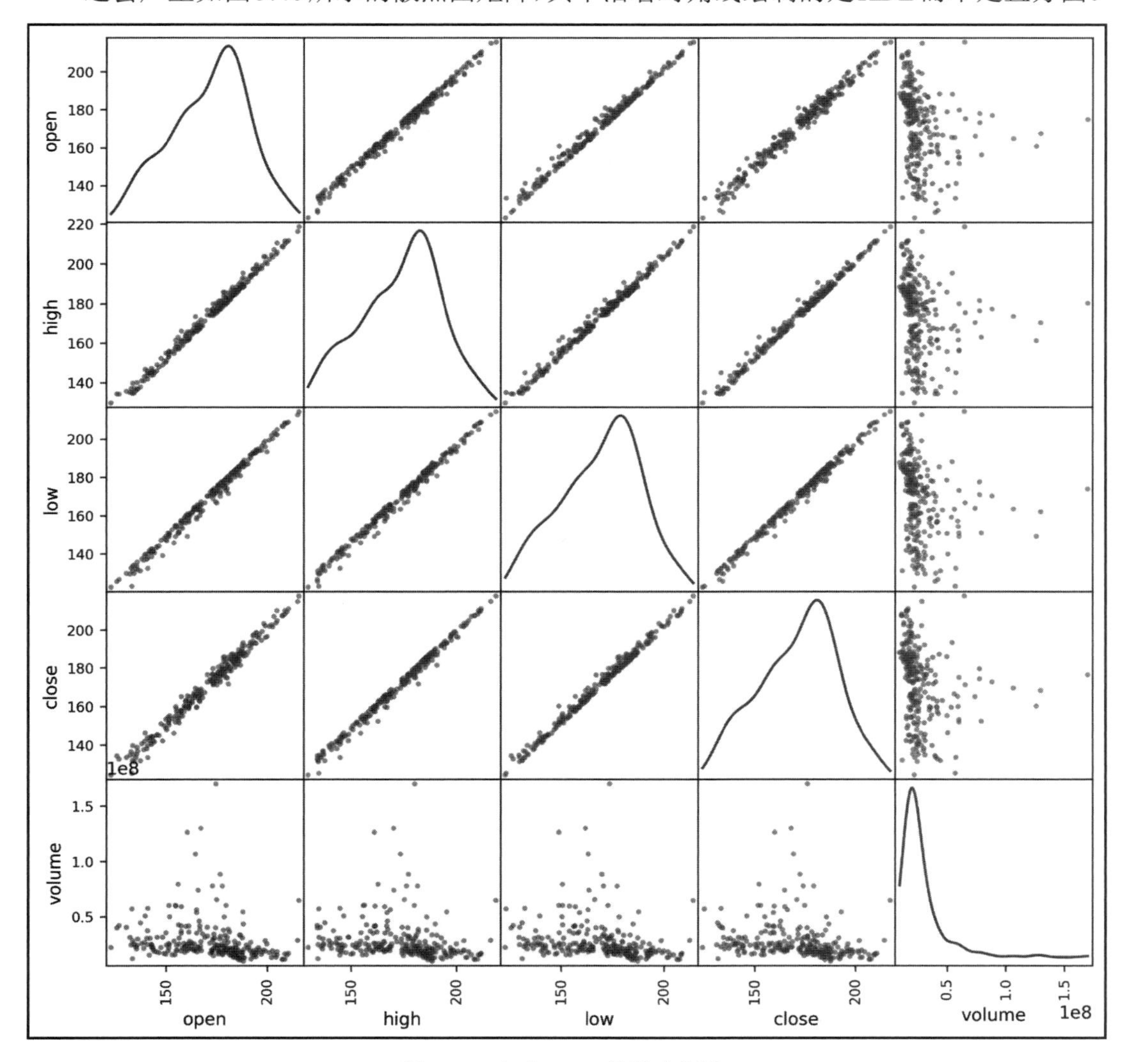

图 5.40 包含 KDE 的散点矩阵

虽然散点图矩阵可以轻松地检查变量之间的关系，但有时，我们也对自相关（autocorrelation）感兴趣，这意味着时间序列与自身的滞后版本相关。可视化这一点的方法之一是使用滞后图。

5.4.2 滞后图

我们可以使用滞后图（lag plot）检查给定时间的值与该时间之前一定数量的时间段之间的关系。也就是说，对于 1 周期滞后，我们可以创建 data[:-1]（除最后一个条目之外的所有条目）和 data[1:]（从第二个条目到最后一个条目）的散点图。

如果我们的数据是随机的，则该图将没有模式。我们用 NumPy 生成的一些随机数据进行测试：

```
>>> from pandas.plotting import lag_plot
>>> np.random.seed(0)          # 使该操作可重现
>>> lag_plot(pd.Series(np.random.random(size=200)))
```

如图 5.41 所示，在这些随机数据点中看不出任何模式，只有随机噪声。

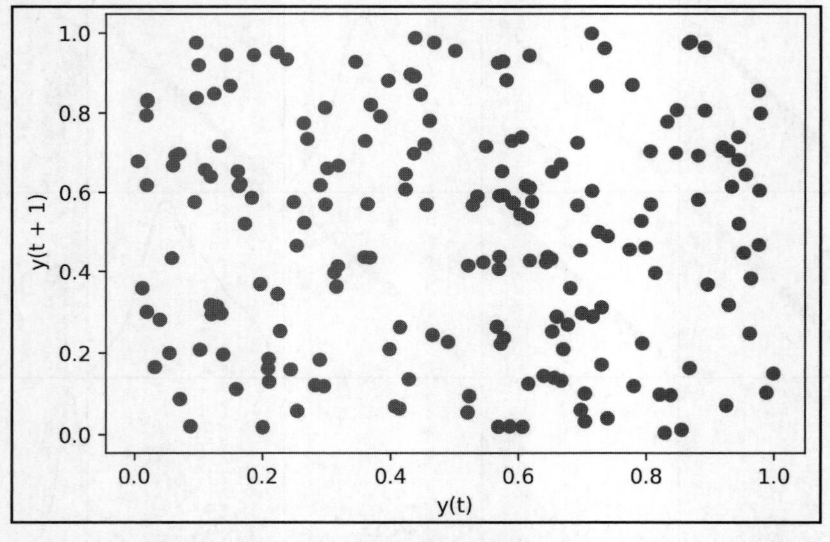

图 5.41　随机噪声的滞后图

对于股票数据来说，我们知道某一天的价格是由前一天发生的事情决定的，因此，在滞后图中应该能够看到一个模式。现在，我们用 Facebook 股票交易数据中的收盘价测试我们的直觉是否正确：

```
>>> lag_plot(fb.close)
```

正如预期的那样，这会导致线性模式，如图 5.42 所示。

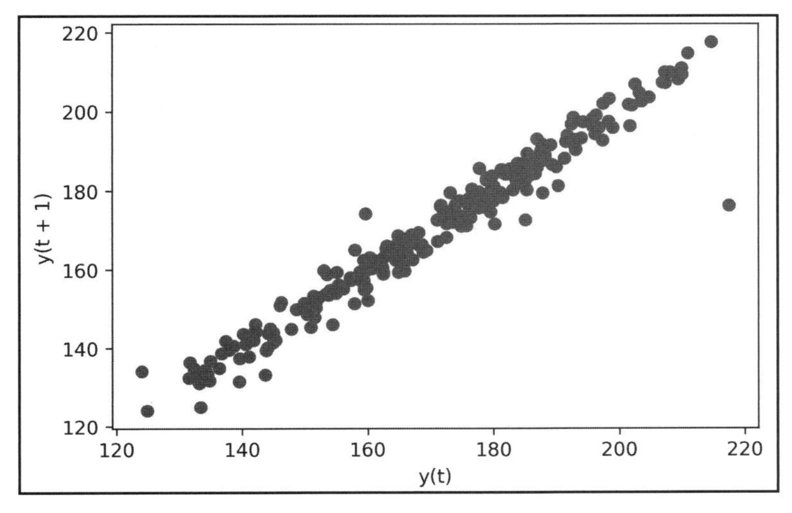

图 5.42　Facebook 股价的滞后图

还可以指定用于滞后的周期数。默认滞后为 1，但我们也可以使用滞后参数更改它。例如，可以将每个值与前一周的值进行比较，这样就是 lag = 5（请记住，由于周末休市，股票数据仅包含工作日的数据）：

```
>>> lag_plot(fb.close, lag=5)
```

如图 5.43 所示，这仍然会产生很强的相关性，但是与图 5.42 相比，显然弱了不少。

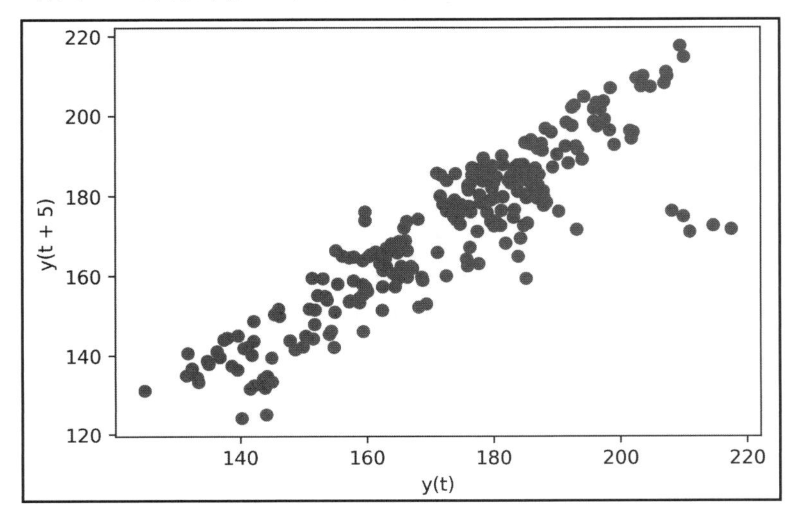

图 5.43　自定义滞后图的周期数

虽然滞后图有助于可视化自相关，但这些图并没有显示数据中包含多少个自相关周期。要实现此目的，可以使用自相关图。

5.4.3 自相关图

Pandas 提供了一种使用 autocorrelation_plot()函数在数据中寻找自相关的额外方法，该函数可通过滞后数量显示自相关。随机数据将接近零自相关。

和讨论滞后图时一样，首先可以检查使用 NumPy 生成的随机数据的情况：

```
>>> from pandas.plotting import autocorrelation_plot
>>> np.random.seed(0) # 使该操作可重现
>>> autocorrelation_plot(pd.Series(np.random.random(size=200)))
```

如图 5.44 所示，随机数据的自相关接近于零，并且这条线在置信区间内（99%是虚线，95%是实线）。

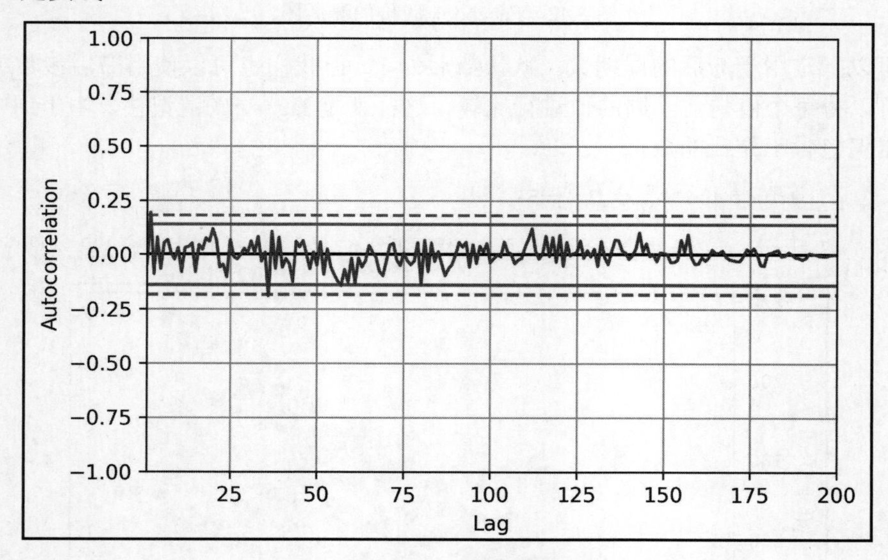

图 5.44　随机数据的自相关图

现在，我们探索 Facebook 股票收盘价的自相关图是什么样的，因为滞后图显示了若干个自相关时期：

```
>>> autocorrelation_plot(fb.close)
```

如图 5.45 所示，在变成噪声之前，存在许多滞后期的自相关。

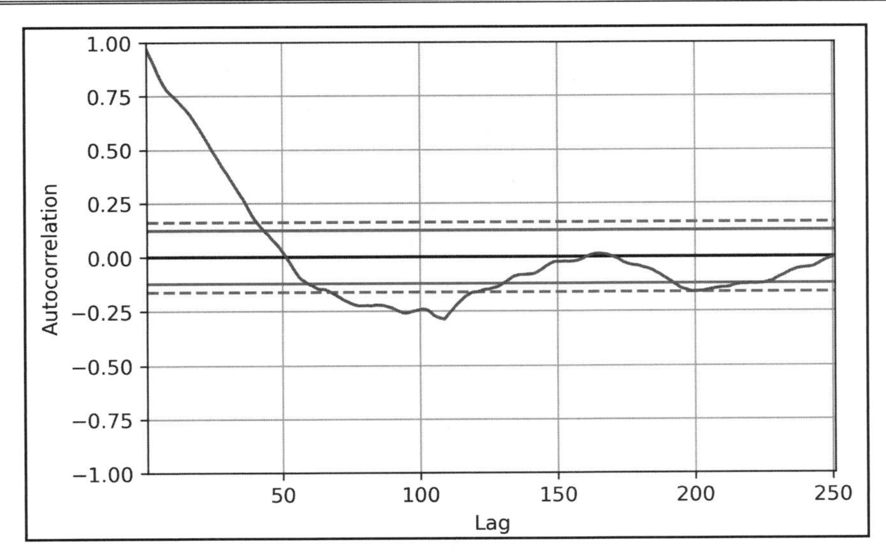

图 5.45　Facebook 股票价格的自相关图

提示：

在第 1 章“数据分析导论”中介绍过，整合移动平均自回归（ARIMA）系列模型中有一个组件就是自回归（autoregressive）模型。自相关图可用于确定要使用的时间滞后数。第 7 章“金融分析”将讨论 ARIMA 模型的构建。

5.4.4　自举图

Pandas 还提供了一个绘图函数，用于通过自举（bootstrap）评估常见汇总统计的不确定性。该函数将从相关变量（分别为 samples 和 size 参数）中获取给定大小的指定数量的随机样本（包含替代物），并计算汇总统计量。然后，它将返回结果的可视化。

让我们来看看交易量数据汇总统计的不确定性是什么样的：

```
>>> from pandas.plotting import bootstrap_plot
>>> fig = bootstrap_plot(
...     fb.volume, fig=plt.figure(figsize=(10, 6))
... )
```

这会产生如图 5.46 所示的子图，我们可以使用它们评估均值、中值和中间范围（全距的中点）的不确定性。

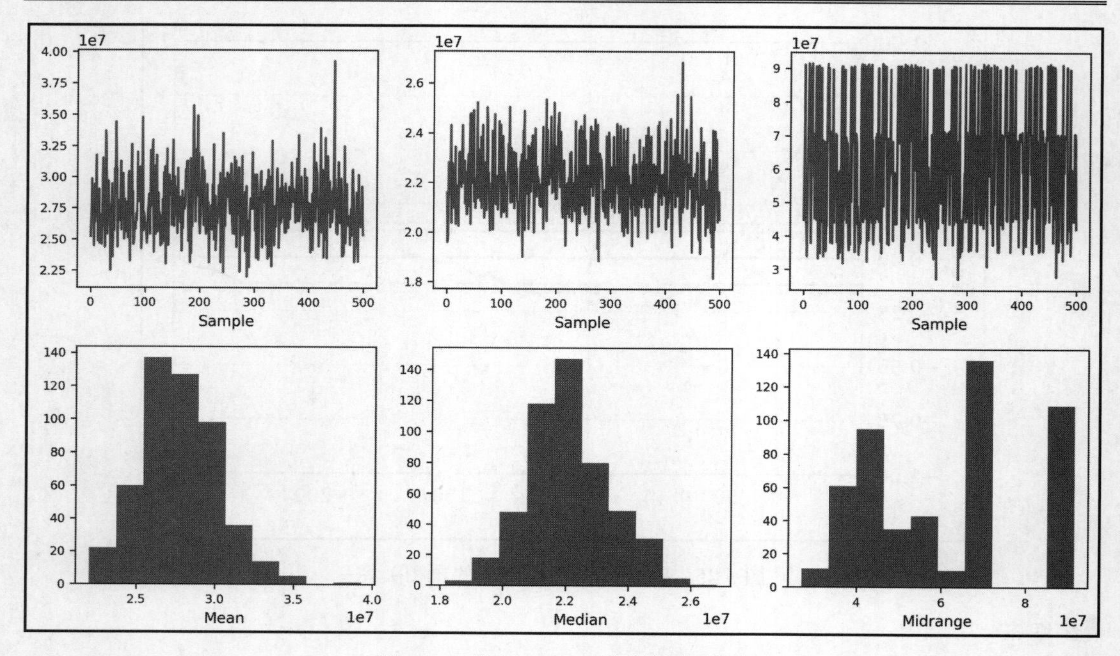

图 5.46　使用 Pandas 绘制的自举图

以上就是 pandas.plotting 模块中部分函数的示例。如需完整列表，可访问以下网址：

https://pandas.pydata.org/pandas-docs/stable/reference/plotting.html

5.5　小　　结

本章详细介绍了如何使用 Pandas 和 Matplotlib 在 Python 中快速创建各种可视化结果。我们阐释了 Matplotlib 的工作原理和绘图的主要组成部分等基础知识。此外，我们还讨论了各种绘图类型以及它们的适用情形——数据可视化的一个关键要素就是选择合适的绘图。你还可以参考本书附录中的“选择适当的可视化结果”。

请注意，可视化的最佳实践不仅适用于绘图类型，还适用于绘图的格式，第 6 章将详细讨论该主题。此外，我们还将基于本章内容讨论如何使用 Seaborn 绘制其他类型的图形，以及如何使用 Matplotlib 自定义绘图。当然，在继续第 6 章的学习之前，请务必完成本章练习。

5.6　练　　习

使用你已经掌握的知识创建以下可视化。使用本章 data/目录中的数据。

（1）使用 Pandas 绘制 Facebook 收盘价的 20 天滚动最小值。

（2）创建 Facebook 股票价格从开盘到收盘的变化的直方图和 KDE。

（3）使用地震数据，创建印度尼西亚所发生地震的震级箱形图。注意包含每种 magType 的数据。

（4）绘制 Facebook 股票每周最高价的最大值和每周最低价的最小值之间的差值的线形图。这应该是一条线。

（5）绘制巴西、中国、印度、意大利、西班牙和美国新报告的 COVID-19 病例数每日变化的 14 天移动平均值。

A．首先，使用 4.5 节“处理时间序列数据”中介绍的 diff()方法计算各国新病例数的日间变化。然后，使用 rolling()计算 14 天移动平均值。

B．制作 3 个子图：一个子图包含中国的数据，另一个子图包含西班牙和意大利的数据，最后一个子图包含的是巴西、印度和美国的数据。

（6）使用 Matplotlib 和 Pandas，创建两个并排的子图，显示盘后交易对于 Facebook 股价的影响。

A．第一个子图将包含当天开盘价和前一天收盘价之间的每日差异的线形图 （请参考 4.5 节“处理时间序列数据”以了解简单的完成方式）。

B．第二个子图将是一个条形图，使用 resample()显示每月产生的净效应。

C．附加题#1：根据股价上涨（绿色）还是股价下跌（红色）为条形着色。请注意，中美股市对于股价涨跌的颜色标注刚好相反。A 股上涨时以红色显示，下跌时以绿色显示。

D．附加题#2：修改条形图的 x 轴以显示月份的 3 个字母缩写。

5.7　延 伸 阅 读

请查看以下资源以获取有关本章中讨论的概念的更多信息。

- Bootstrapping (statistics)（自举）（统计）：

  https://en.wikipedia.org/wiki/ Bootstrapping_(statistics)

- Data Visualization – Best Practices and Foundations（数据可视化——最佳实践和

基础）：

https://www.toptal.com/designers/data-visualization/data-visualization-best-practices

- How to Create Animated Graphs in Python (with matplotlib)（如何在 Python 中创建动画图形）（使用 Matplotlib）：

  https://towardsdatascience.com/how-to-create-animated-graphs-in-python-bb619cc2dec1

- Interactive Plots with JavaScript (D3.js)（使用 JavaScript 进行交互式绘图）(D3.js)：

  https://d3js.org/

- Intro to Animations in Python (with plotly)（Python 动画介绍）（使用 plotly）：

  https://plot.ly/python/animations/

- IPython: Built-in magic commands（IPython：内置魔法命令）：

  https://ipython.readthedocs.io/en/stable/interactive/magics.html

- The Importance of Integrity: How Plot Parameters Influence Interpretation（完整性的重要性：绘图参数如何影响解释）：

  https://www.t4g.com/insights/plot-parameters-influence-interpretation/

- 5 Python Libraries for Creating Interactive Plots（5 个用于创建交互式绘图的 Python 库）：

  https://mode.com/blog/python-interactive-plot-libraries/

第 6 章　使用 Seaborn 和自定义技术绘图

第 5 章“使用 Pandas 和 Matplotlib 可视化数据”介绍了如何使用 Matplotlib 和 Pandas 在宽格式数据上创建许多不同的可视化。本章将介绍如何使用 Seaborn 对长格式数据进行可视化，以及如何自定义绘图以提高其可解释性。如前文所述，人类大脑擅长在视觉表现中寻找模式；通过制作清晰且有意义的数据可视化，我们可以帮助他人（更不用说我们自己）理解数据想要表达的意思。

Seaborn 能够绘制与第 5 章中使用 Pandas 和 Matplotlib 创建的可视化相同的图形；但是，它还可以快速处理长格式数据，允许我们使用数据的子集将附加信息编码到可视化结果中，例如对不同类别进行分面（facet）或使用不同的颜色。

本章介绍的一些绘图使用 Seaborn 比 Pandas 和 Matplotlib 更容易实现（或更美观），例如热图和配对图（散点图矩阵的 Seaborn 等价物）。

此外，我们将探索 Seaborn 提供的一些新的绘图类型，以解决其他绘图类型可能容易受到影响的问题。

最后，本章将介绍如何自定义数据可视化的外观。我们将创建注解、添加参考线、正确标记绘图、控制使用的调色板，并定制轴以满足我们的需求。这是准备好可视化结果并将它呈现给他人所需的最后一步。

本章包含以下主题：

- 将 Seaborn 用于更高级的绘图类型。
- 使用 Matplotlib 格式化绘图。
- 自定义可视化。

6.1　章节材料

本章材料可以在本书配套的 GitHub 存储库中找到，其网址如下：

https://github.com/stefmolin/Hands-On-Data-Analysis-with-Pandas-2nd-edition/tree/master/ch_06

本章将再次使用 3 个数据集，所有数据集都可以在 data/目录中找到。

（1）fb_stock_prices_2018.csv 文件包含了 Facebook 股票从 2018 年 1 月到 2018 年

12 月的每日开盘价、最高价、最低价和收盘价，以及交易量。这是使用 stock_ analysis 包获得的，我们将在第 7 章“金融分析”中构建该包。由于股市周末和假期休市，所以我们只有交易日的数据。

（2）earthquakes.csv 文件包含从美国地质调查局（United States Geological Survey，USGS）API 收集的 2018 年 9 月 18 日至 2018 年 10 月 13 日的地震数据。其来源网址如下：

https://earthquake.usgs.gov/fdsnws/event/1/

每次地震，均有震级值（mag 列）、测量地震的尺度（magType 列）、地震发生的时间（time 列）和地点（place 列），以及标识发生地震的国家/地区的 parsed_place 列（我们在第 2 章“使用 Pandas DataFrame”中添加了该列）。

其他不必要的列已被删除。

（3）covid19_cases.csv 文件导出了欧洲疾病预防和控制中心（European Centre for Disease Prevention and Control，ECDC）提供的一个关于 COVID-19 病例的开放数据 集，称为 daily number of new reported cases of COVID-19 by country worldwide（全球国家/地区每天新报告的 COVID-19 病例数），其网址如下：

https://www.ecdc.europa.eu/en/publications-data/download-todays-data-geographic-distribution-covid-19-cases-worldwide

为了实现此数据的脚本化或自动收集，ECDC 通过以下网址提供当天的 CSV 文件：

https://opendata.ecdc.europa.eu/covid19/casedistribution/csv

我们将要使用的快照是在 2020 年 9 月 19 日收集的，其中包含从 2019 年 12 月 31 日到 2020 年 9 月 18 日每个国家/地区的新 COVID-19 病例数，以及 2020 年 9 月 19 日的部分数据。本章将查看从 2020 年 1 月 18 日到 2020 年 9 月 18 日的 8 个月跨度的数据。

本章将使用 3 个笔记本，它们已按照使用的顺序进行编号。

- 1-introduction_to_seaborn.ipynb 笔记本对应 6.2 节“使用 Seaborn 进行高级绘图”，将用于探索 Seaborn 的功能。
- 2-formatting_plots.ipynb 笔记本对应 6.3 节“使用 Matplotlib 格式化绘图”，将用于讨论格式化和标记绘图。
- 3-customizing_visualizations.ipynb 笔记本对应 6.4 节“自定义可视化”，将用于添加参考线、区域着色、注解等自定义操作。

提示：

本章还包括一个补充性的 covid19_cases_map.ipynb 笔记本，它介绍了使用全球 COVID-19 病例数在地图上绘制数据的示例。它可以使用 Python 中的地图，也可以基于本章讨论的一些格式。

此外，我们还有两个 Python（.py）文件，其中包含本章将要使用的函数：viz.py 和 color_utils.py。让我们从探索 Seaborn 功能开始。

6.2　使用 Seaborn 进行高级绘图

在第 5 章“使用 Pandas 和 Matplotlib 可视化数据”中可以看到，Pandas 为我们想要创建的大多数可视化提供了实现；如果它仍然不能满足你的要求，则可以考虑另一个库，即 Seaborn，它可以提供更多的可视化功能，并可轻松使用长格式数据创建可视化。其结果也往往看起来比 Matplotlib 生成的标准可视化更好。

本节将使用 1-introduction_to_seaborn.ipynb 笔记本。首先，我们必须导入 Seaborn，传统上其别名为 sns：

```
>>> import seaborn as sns
```

我们还需要导入 matplotlib.pyplot、NumPy 和 Pandas，然后读取 Facebook 股票价格和地震数据的 CSV 文件：

```
>>> %matplotlib inline
>>> import matplotlib.pyplot as plt
>>> import numpy as np
>>> import pandas as pd

>>> fb = pd.read_csv(
...     'data/fb_stock_prices_2018.csv',
...     index_col='date',
...     parse_dates=True
... )
>>> quakes = pd.read_csv('data/earthquakes.csv')
```

虽然 Seaborn 为我们在第 5 章中介绍的许多绘图类型都提供了替代方案，但在大多数情况下，本章将仅介绍 Seaborn 更适用的新绘图类型，其余的绘图则作为练习。可在以下网址找到使用 Seaborn API 的其他可用函数。

https://seaborn.pydata.org/api.html

6.2.1　分类数据

2018 年 9 月 28 日，印度尼西亚发生了毁灭性的海啸，它是在印度尼西亚帕卢附近发生 7.5 级地震之后发生的。你可以访问以下网址了解详细信息：

https://www.livescience.com/63721-tsunami-earthquake-indonesia.html

我们可以创建一个可视化结果来了解印度尼西亚使用了哪些震级类型、记录的震级范围，以及有多少地震伴随着海啸。为实现此目的，需要一种绘制关系的方法，其中一个变量是分类变量（magType），另一个变量是数字变量（mag）。

注意：

有关不同震级类型的信息，请访问以下网址：

https://www.usgs.gov/natural-hazards/earthquake-hazards/science/magnitude-types

当我们在第 5 章“使用 Pandas 和 Matplotlib 可视化数据”中讨论散点图时，仅限于两个变量都是数字；但是，使用 Seaborn 时，则有两种额外的绘图类型，允许使用一个分类变量和一个数字变量。第一个是 stripplot()函数，它以条带形式绘制表示每个类别的点。第二个是 swarmplot()函数，稍后会讨论它。

现在让我们用 stripplot()创建这种可视化。我们将发生在印度尼西亚的地震的子集传递给 data 参数，并指定希望将 magType 放在 x 轴（x）上，将震级放在 y 轴（y）上，并根据地震发生时是否伴随着海啸对点进行着色（使用 hue）：

```
>>> sns.stripplot(
...     x='magType',
...     y='mag',
...     hue='tsunami',
...     data=quakes.query('parsed_place == "Indonesia"')
... )
```

结果如图 6.1 所示，可以看到，2018 年 9 月 28 日发生的地震是 mww 列中最高的橙色点（如果未使用本节提供的 Jupyter Notebook，请不要忘记调用 plt.show()）。

在大多数情况下，正如我们所预料的那样，海啸发生时的地震震级更高。当然，由于较低震级的点高度集中，因此仍无法真正看到所有的点。可以尝试调整 jitter 参数，该参数将控制向这些点添加多少随机噪声以尝试减少重叠，或者像第 5 章所做的那样使用控制透明度的 alpha 参数。幸运的是，还有另一个函数 swarmplot()，它可以尽可能地减少重叠，所以可使用它来绘图：

```
>>> sns.swarmplot(
...     x='magType',
...     y='mag',
...     hue='tsunami',
...     data=quakes.query('parsed_place == "Indonesia"'),
...     size=3.5         # 点的大小
... )
```

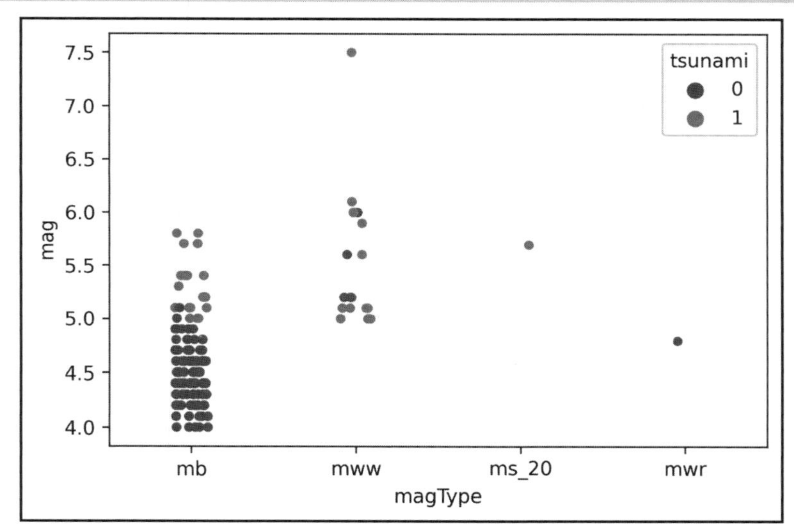

图 6.1　Seaborn 的带状图

群图（swarm plot）也称为蜂群图（bee swarm plot），它还有一个好处，那就是让我们看见可能的分布情况。如图 6.2 所示，现在可以在 mb 列的下部看到更多地震。

我们在 5.3 节“使用 Pandas 绘图”中讨论如何可视化分布时，讨论了箱线图。Seaborn 为大型数据集提供了增强的箱线图，它显示了额外的分位数，以获取有关分布形状的更多信息，尤其是在尾部。

现在让我们使用增强型箱线图（enhanced box plot）比较不同震级类型（magType）的地震震级（mag）：

```
>>> sns.boxenplot(
...     x='magType', y='mag', data=quakes[['magType', 'mag']]
... )
>>> plt.title('Comparing earthquake magnitude by magType')
```

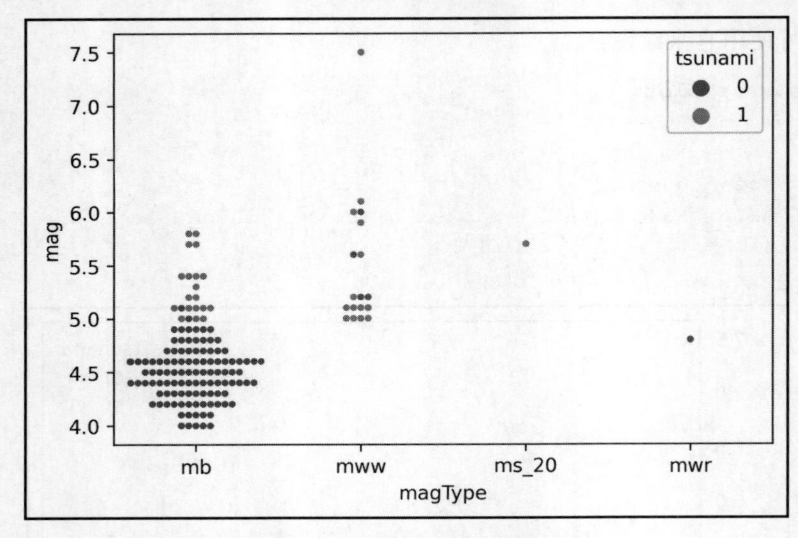

图 6.2　使用 Seaborn 绘制的群图

绘图结果如图 6.3 所示。

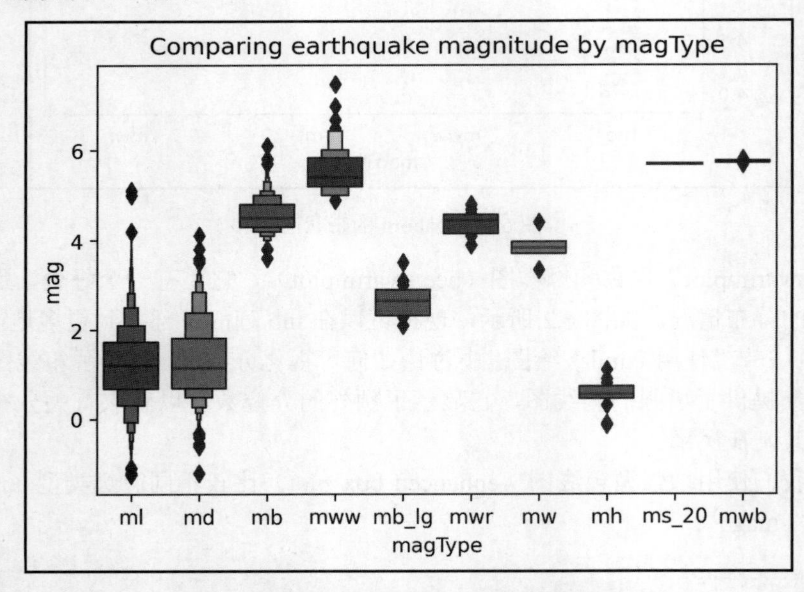

图 6.3　使用 Seaborn 绘制的增强箱线图

提示：

增强型箱线图是在论文 *Letter-value plots: Boxplots for large data*（《字符值图：大数

据的箱线图》）中提出来的，作者是 Heike Hofmann、Karen Kafadar 和 Hadley Wickham，该论文的网址如下：

https://vita.had.co.nz/papers/letter-value-plot.html

如前文所述，箱线图非常适合可视化数据的分位数，但会丢失有关分布的信息。正如我们所看到的，增强型箱线图是解决这个问题的一种方法。另一种策略是使用小提琴图，它结合了核密度估计（基础分布的估计）和箱线图：

```
>>> fig, axes = plt.subplots(figsize=(10, 5))
>>> sns.violinplot(
...     x='magType', y='mag', data=quakes[['magType', 'mag']],
...     ax=axes, scale='width' # 所有小提琴有相同的宽度
... )
>>> plt.title('Comparing earthquake magnitude by magType')
```

箱线图部分贯穿每个小提琴图的中心，然后使用箱线图作为其 x 轴在两侧绘制核密度估计（kernel density estimate，KDE）。我们可以从箱线图的任意一侧读取 KDE，因为它是对称的，如图 6.4 所示。

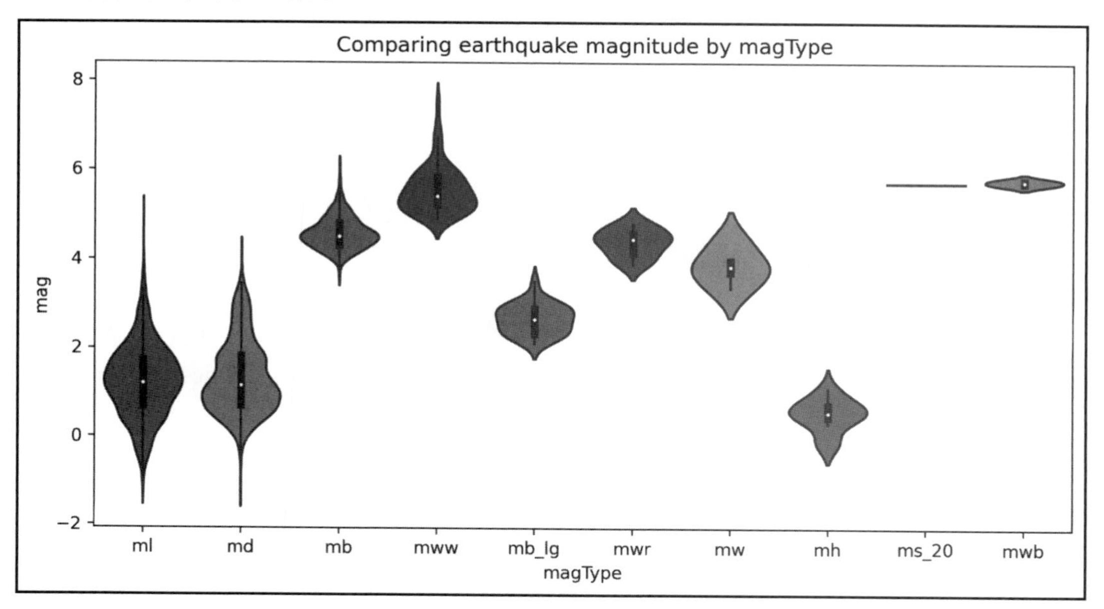

图 6.4　使用 Seaborn 绘制的小提琴图

Seaborn 文档还按要绘制的数据类型列出了绘图函数。有关它可以提供的分类绘图的完整列表，你可以访问以下网址：

https://seaborn.pydata.org/api.html#categorical-plots

请务必查看 countplot()和 barplot()函数，它们和第 5 章“使用 Pandas 和 Matplotlib 可视化数据”中介绍的使用 Pandas 创建的条形图有所不同。

6.2.2 相关性和热图

在第 5 章“使用 Pandas 和 Matplotlib 可视化数据”中介绍过，我们可以通过一种更简单的方式生成热图，本节就来看看该操作。

这一次，我们仍将制作 OHLC 股票价格、交易量的对数以及最高价和最低价的每日差异（max_abs_change）之间的相关性的热图。但是，本节将使用 Seaborn 执行该操作，因为它提供了 heatmap()函数，可以更轻松地生成此可视化：

```
>>> sns.heatmap(
...     fb.sort_index().assign(
...         log_volume=np.log(fb.volume),
...         max_abs_change=fb.high - fb.low
...     ).corr(),
...     annot=True,
...     center=0,
...     vmin=-1,
...     vmax=1
... )
```

提示：

使用 Seaborn 时，仍然可以使用 Matplotlib 中的函数，例如 plt.savefig()和 plt.tight_layout()。请注意，如果 plt.tight_layout()存在问题，则可以将 bbox_inches='tight'传递给 plt.savefig()。

我们将传入 center=0 以便 Seaborn 可以将值 0（表示无相关性）放在它使用的颜色表的中心。为了将色标的边界设置为相关性系数的边界，还需要提供 vmin=-1 和 vmax=1。

请注意，我们还传入了 annot=True 以在每个框中写入相关性系数。

总之，我们通过单个函数调用即在一幅图形中同时获得了数值数据和视觉数据，其具体效果如图 6.5 所示。

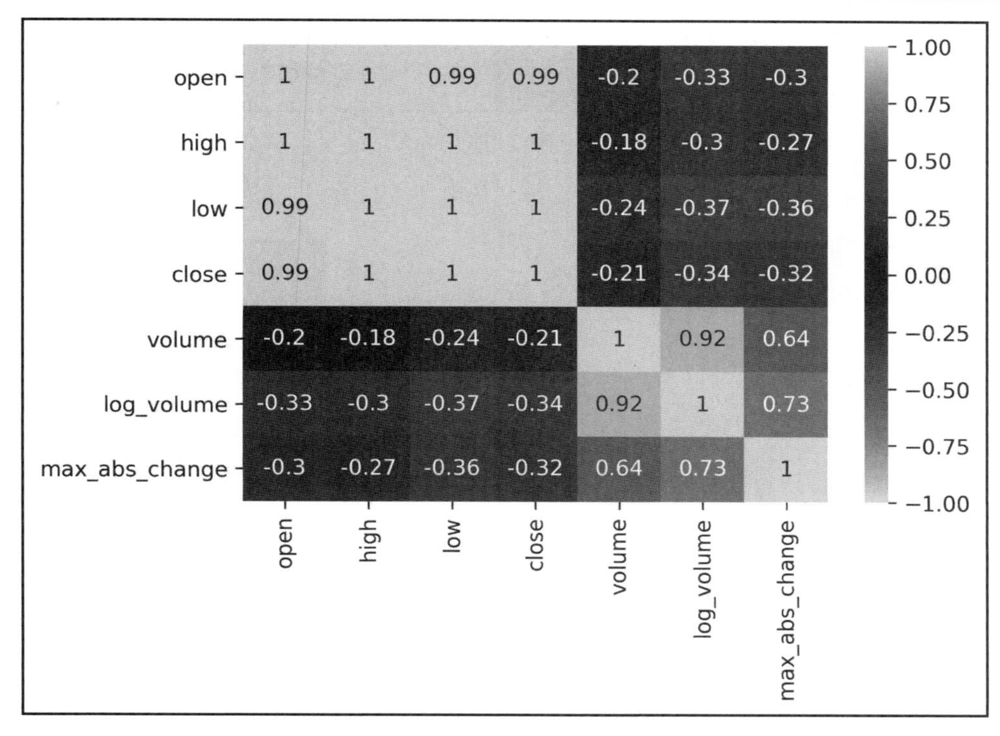

图 6.5　使用 Seaborn 绘制的热图

Seaborn 还提供了一种替代 pandas.plotting 模块中的 scatter_matrix()函数（它可用于绘制散点图矩阵）的方法，称为 pairplot()。我们可以使用该函数查看 Facebook 数据中列之间的相关性（绘制散点图而不是热图）：

```
>>> sns.pairplot(fb)
```

如图 6.6 所示，这个结果使我们很容易理解热图中显示的 OHLC 列之间近乎完美的正相关性，同时还沿对角线显示了每列的直方图。

Facebook 股票在 2018 年下半年的表现明显比上半年差，所以我们可能有兴趣看看数据在每个季度的分布如何变化。

与使用 pandas.plotting.scatter_matrix()函数一样，我们也可以使用 diag_kind 参数指定沿对角线执行的操作；但是，与 Pandas 不同的是，我们还可以使用 hue 参数轻松地根据其他数据为所有内容着色。为此，我们只需添加 quarter 列，然后将其提供给 hue 参数：

```
>>> sns.pairplot(
...     fb.assign(quarter=lambda x: x.index.quarter),
```

```
...         diag_kind='kde', hue='quarter'
... )
```

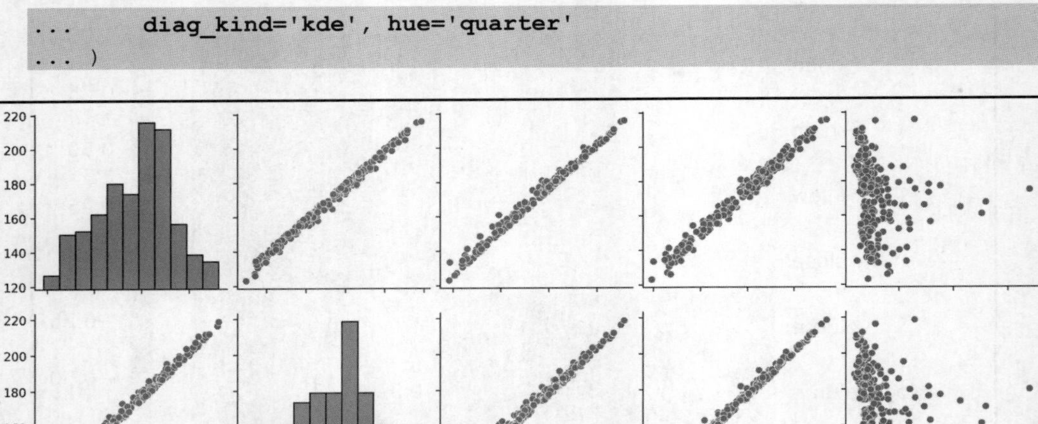

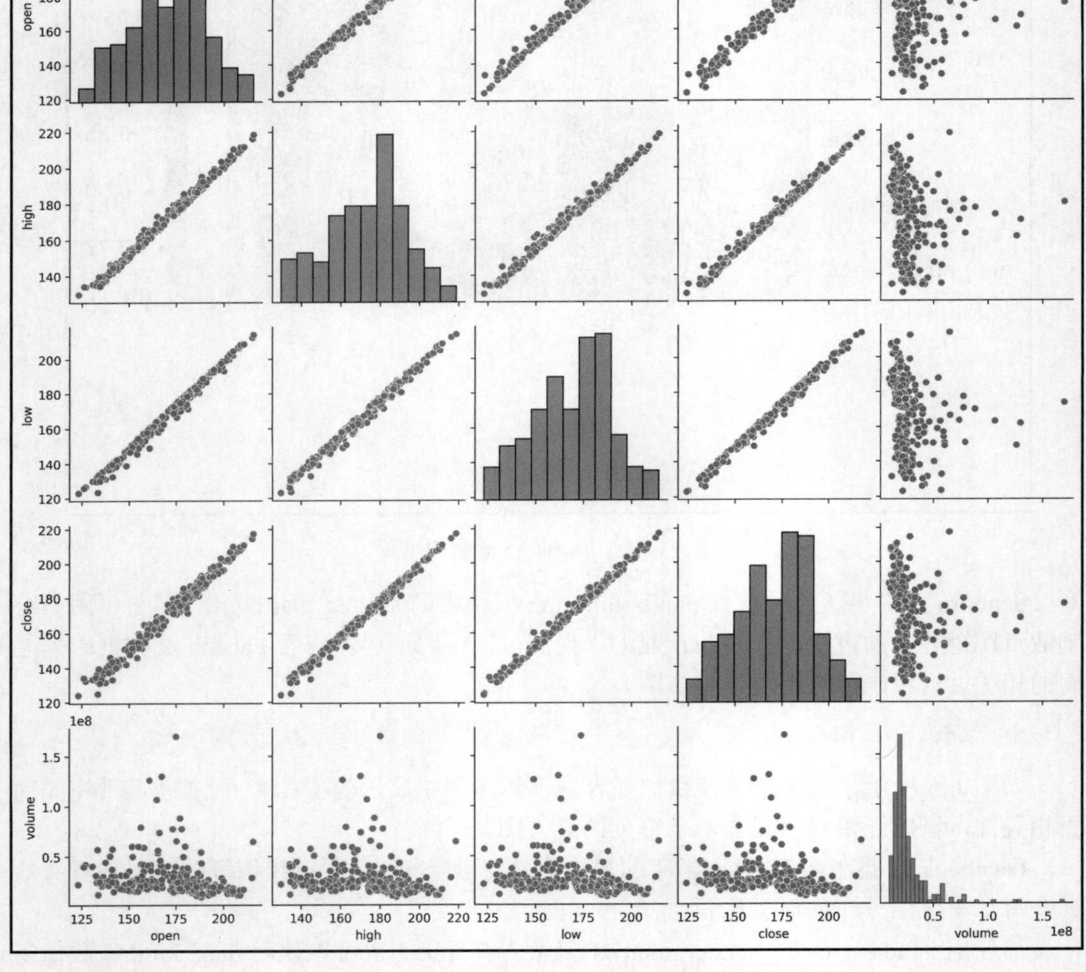

图 6.6　使用 Seaborn 绘制的配对图

如图 6.7 所示，现在可以看到第一季度 OHLC 列的分布如何具有较低的标准偏差（以及由此而来的较低方差），以及股票价格如何在第四季度大幅下跌（分布明显向左移动）。

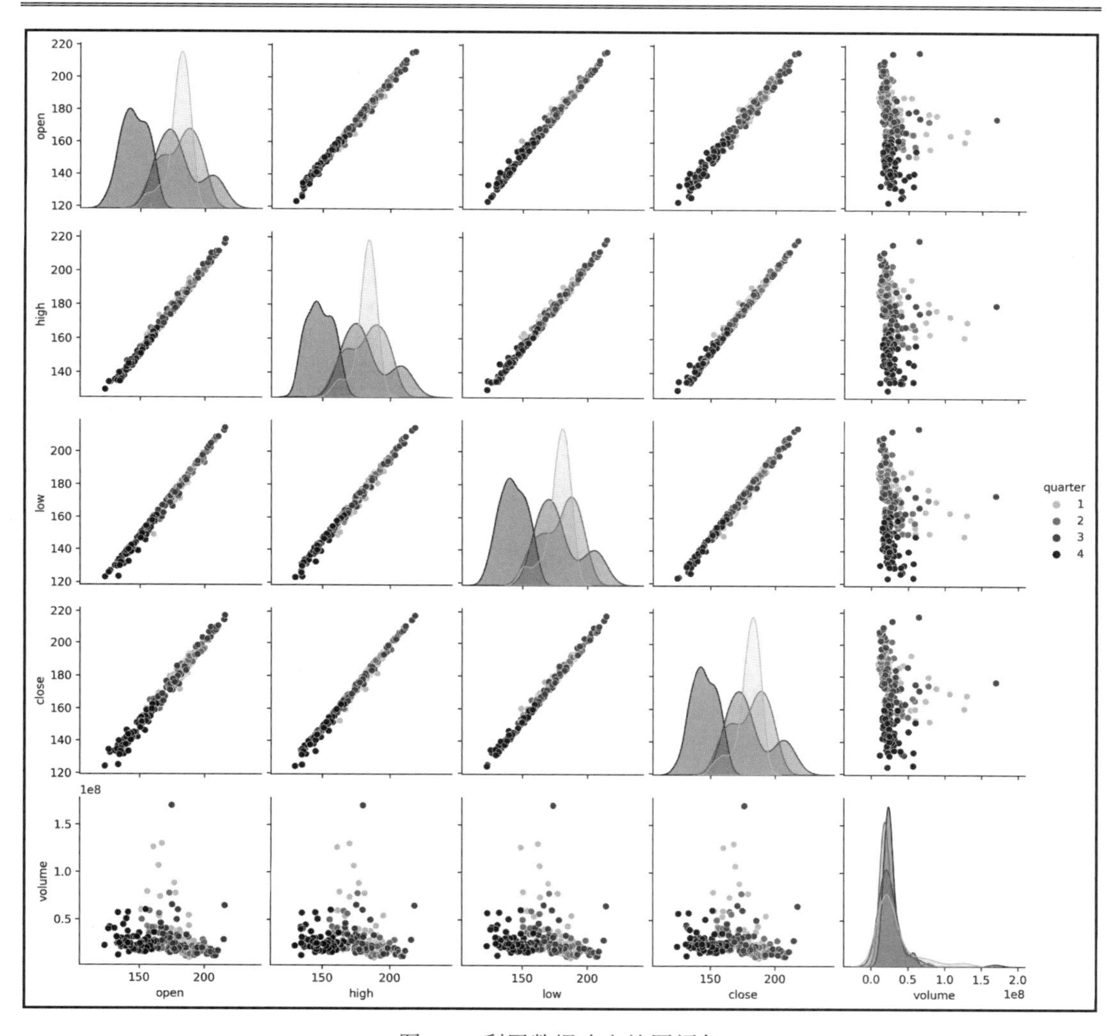

图 6.7　利用数据确定绘图颜色

提示：

我们还可以将 kind='reg'传递给 pairplot()以显示回归线。

如果只是想比较两个变量，则可以使用 jointplot()，它会给我们一个散点图以及每个变量沿边的分布。

现在让我们再次看看交易量的对数如何与 Facebook 股票的每日最高价和最低价之间的差异相关联，就像我们在第 5 章“使用 Pandas 和 Matplotlib 可视化数据”中所做的那样：

```
>>> sns.jointplot(
...     x='log_volume',
...     y='max_abs_change',
...     data=fb.assign(
...         log_volume=np.log(fb.volume),
...         max_abs_change=fb.high - fb.low
...     )
... )
```

使用 kind 参数的默认值，即可得到分布的直方图，并在中心获得普通散点图，如图 6.8 所示。

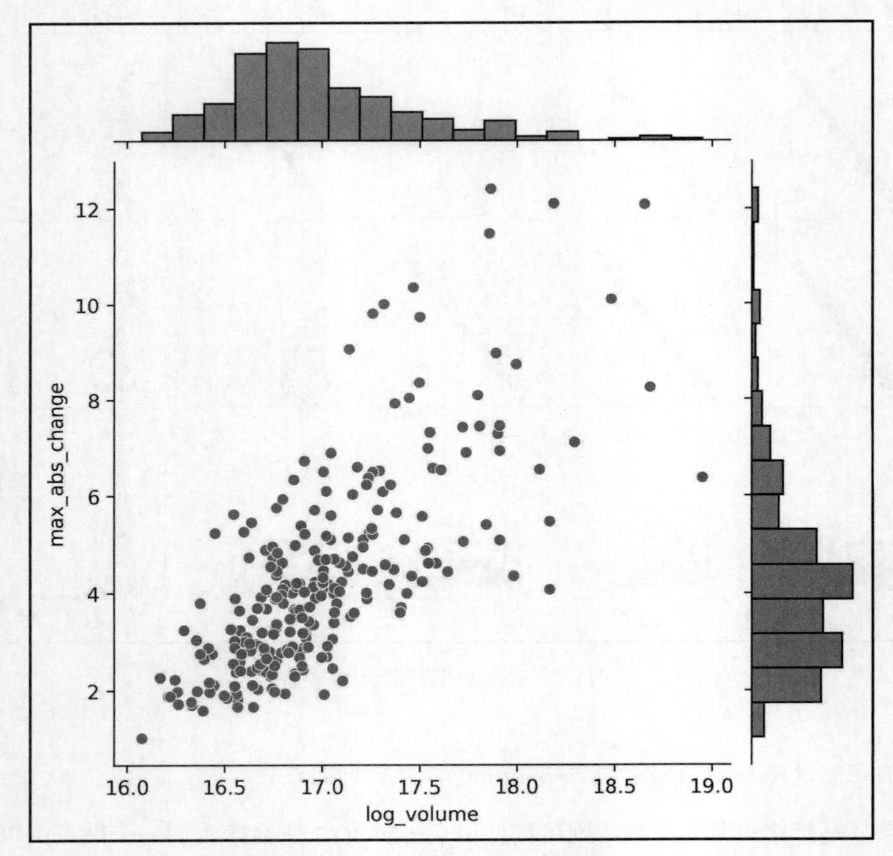

图 6.8　使用 Seaborn 绘制的联合图

Seaborn 还为 kind 参数提供了一些替代方案。例如，可以使用 hex（六边形），因为当我们使用散点图时会存在显著的重叠：

```
>>> sns.jointplot(
...     x='log_volume',
...     y='max_abs_change',
...     kind='hex',
...     data=fb.assign(
...         log_volume=np.log(fb.volume),
...         max_abs_change=fb.high - fb.low
...     )
... )
```

现在可以看到左下角的大量点如图 6.9 所示。

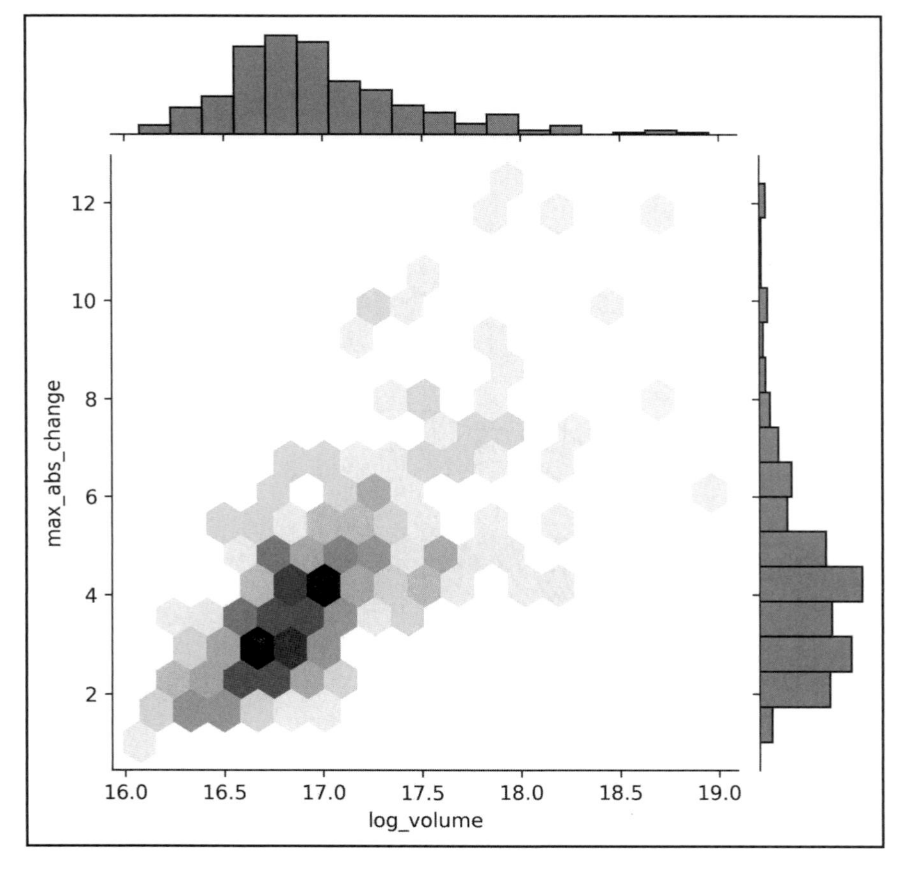

图 6.9　使用 hex 的联合图

查看值的集中度的另一种方法是使用 kind='kde'，它提供了一个等高线图（contour plot）表示每个变量的联合密度估计值和 KDE：

```
>>> sns.jointplot(
...     x='log_volume',
...     y='max_abs_change',
...     kind='kde',
...     data=fb.assign(
...         log_volume=np.log(fb.volume),
...         max_abs_change=fb.high - fb.low
...     )
... )
```

等高线图中的每条曲线都包含给定密度的点，如图 6.10 所示。

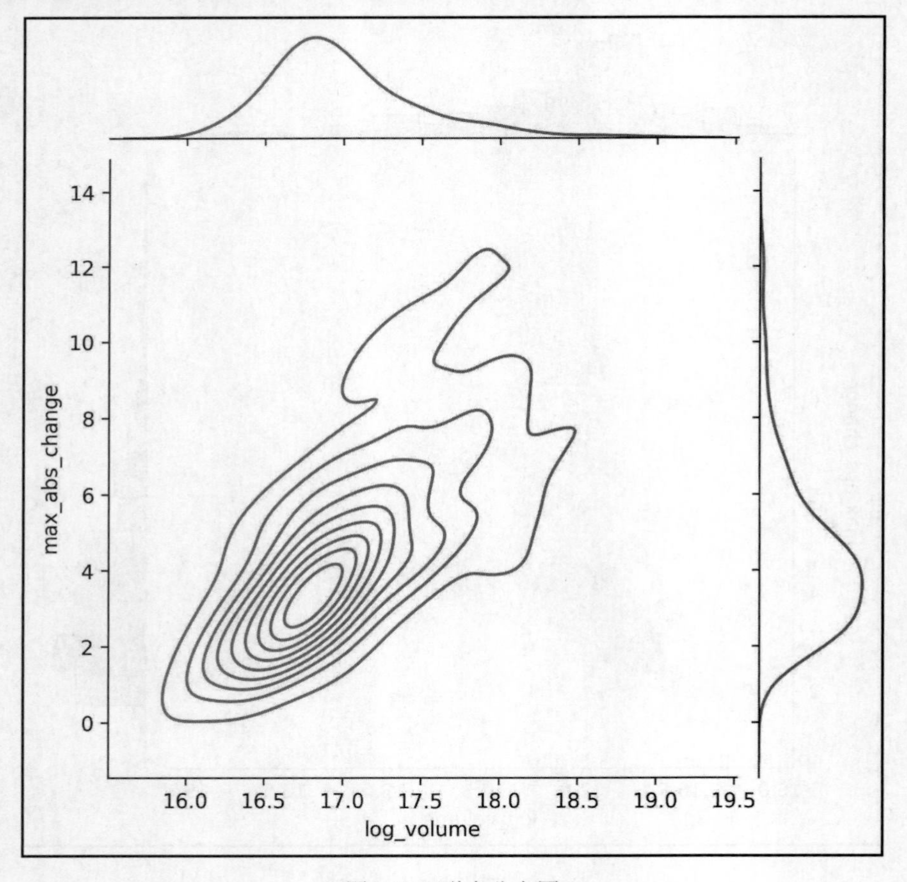

图 6.10　联合分布图

此外，还可以在中心绘制回归图，除了沿边的直方图，还可以得到 KDE:

```
>>> sns.jointplot(
...     x='log_volume',
...     y='max_abs_change',
...     kind='reg',
...     data=fb.assign(
...         log_volume=np.log(fb.volume),
...         max_abs_change=fb.high - fb.low
...     )
... )
```

这导致通过散点图绘制线性回归线，以及围绕该线的置信带，其颜色较浅，如图 6.11 所示。

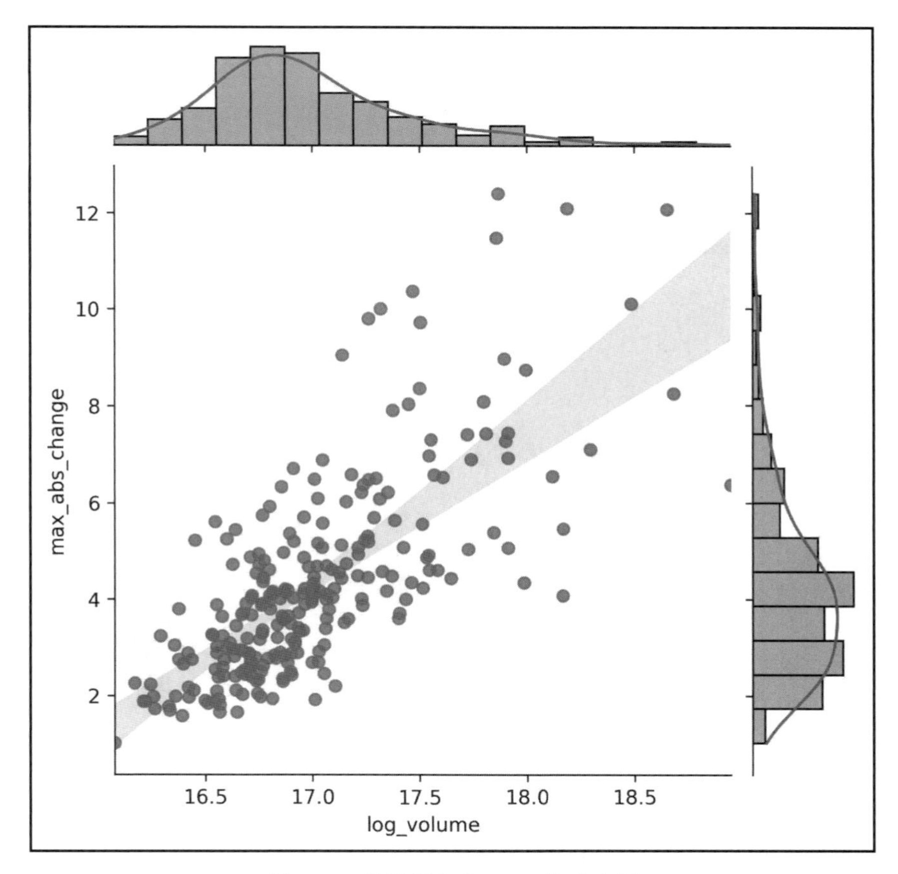

图 6.11　线性回归和 KDE 的联合图

这种关系似乎是线性的，但我们应该查看残差（residual）以进行检查。残差是观察值减去使用回归线预测的值。我们可以使用 kind='resid'直接查看先前回归产生的残差：

```
>>> sns.jointplot(
...     x='log_volume',
...     y='max_abs_change',
...     kind='resid',
...     data=fb.assign(
...         log_volume=np.log(fb.volume),
...         max_abs_change=fb.high - fb.low
...     )
... )
# 更新 y 轴标签
>>> plt.ylabel('residuals')
```

如图 6.12 所示，在交易量较高时，残差似乎离零越来越远，这意味着这可能不是对这种关系建模的正确方法。

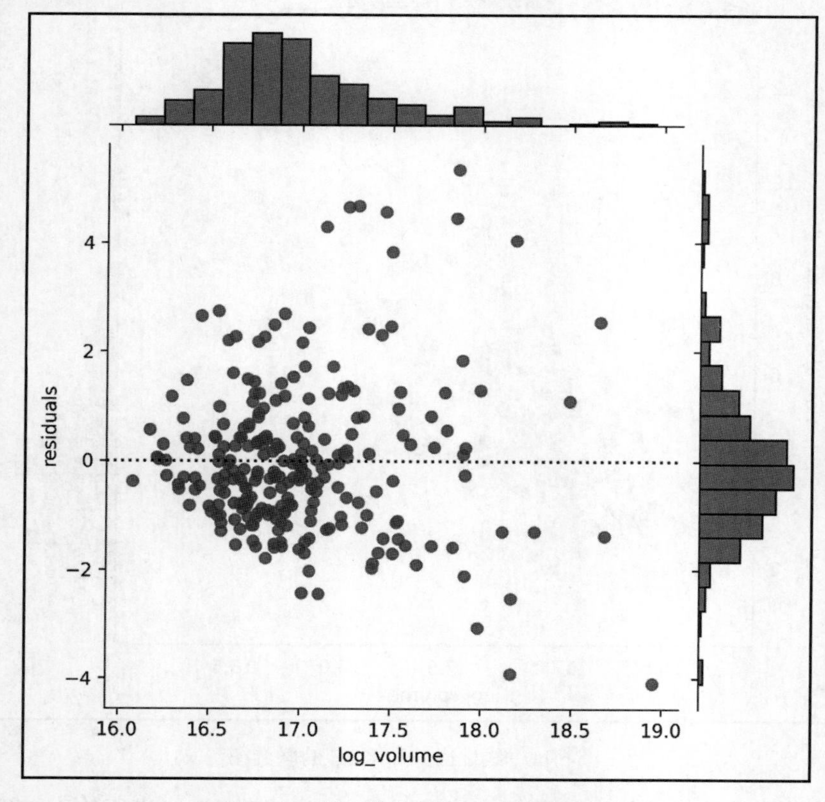

图 6.12　显示线性回归残差的联合图

在图 6.12 中可以看到，使用 jointplot()能获得回归图或残差图。Seaborn 公开了直接制作这些绘图的函数，而无须创建整个联合图的开销。接下来，就让我们看看回归图的绘制。

6.2.3　回归图

regplot()函数将计算回归线（regression line）并绘制它，而 residplot()函数将计算回归并仅绘制残差。我们可以编写一个函数对这些进行组合，但这首先要进行一些设置。

我们的函数将绘制任意两列的所有排列（permutation）。排列和组合不一样，在排列中，顺序很重要，例如，(open, close)排列不等同于(close, open)排列。这使我们能够将每一列视为回归量（regressor）和因变量（dependent variable）。我们由于不知道关系的方向，因此可以在调用函数后由查看器决定。在数据中包含多列的情况下，这会生成许多子图，因此，我们将创建一个仅包含 Facebook 数据中的几列的新 DataFrame。

我们将查看交易量的对数（log_volume）以及 Facebook 股票的最高价和最低价之间的每日差异（max_abs_change）。因此，我们可以使用 assign()创建这些新列并将它们保存在一个名为 fb_reg_data 的新 DataFrame 中：

```
>>> fb_reg_data = fb.assign(
...     log_volume=np.log(fb.volume),
...     max_abs_change=fb.high - fb.low
... ).iloc[:,-2:]
```

接下来，我们需要导入 itertools，它是 Python 标准库的一部分。有关 itertools 的详细信息，可访问以下网址：

https://docs.python.org/3/library/itertools.html

在编写绘图函数时，itertools 非常有用。它使得为诸如排列、组合和无限循环或重复之类的事情创建高效的迭代器变得非常容易：

```
>>> import itertools
```

可迭代对象（iterable）是可以迭代的对象。当我们开始一个循环时，会从可迭代对象中创建一个迭代器（iterator）。在每次迭代中，迭代器将提供它的下一个值，直到它被耗尽。这意味着一旦完成对所有项目的单次迭代，就没有任何剩余，并且无法重用。

请注意，迭代器是可迭代对象，但并非所有可迭代对象都是迭代器。不是迭代器的可迭代对象是可以重复使用的。

在使用 itertools 时返回的迭代器只能使用一次：

```
>>> iterator = itertools.repeat("I'm an iterator", 1)

>>> for i in iterator:
...     print(f'-->{i}')
-->I'm an iterator

>>> print(
...     'This printed once because the iterator '
...     'has been exhausted'
... )
This printed once because the iterator has been exhausted

>>> for i in iterator:
...     print(f'-->{i}')
```

另外，列表是一个可迭代对象。我们可以编写一些东西循环列表中的所有元素，并且该列表以后还可以重用：

```
>>> iterable = list(itertools.repeat("I'm an iterable", 1))

>>> for i in iterable:
...     print(f'-->{i}')
-->I'm an iterable

>>> print('This prints again because it\'s an iterable:')
This prints again because it's an iterable:

>>> for i in iterable:
...     print(f'-->{i}')
-->I'm an iterable
```

在对 itertools 和迭代器有了一些背景知识之后，即可为回归和残差排列图编写函数：

```
def reg_resid_plots(data):
    """
    使用 Seaborn 绘制回归图和残差图
    并排用于数据中 2 列的每个排列

    参数：
        - data: pandas.DataFrame 对象

    返回：
        Matplotlib Axes 对象
    """
```

```
    num_cols = data.shape[1]
    permutation_count = num_cols * (num_cols - 1)

    fig, ax = \
        plt.subplots(permutation_count, 2, figsize=(15, 8))

    for (x, y), axes, color in zip(
        itertools.permutations(data.columns, 2),
        ax,
        itertools.cycle(['royalblue', 'darkorange'])
    ):
        for subplot, func in zip(
            axes, (sns.regplot, sns.residplot)
        ):
            func(x=x, y=y, data=data, ax=subplot, color=color)
            if func == sns.residplot:
                subplot.set_ylabel('residuals')
    return fig.axes
```

在该函数中，可以看到本章和第 5 章“使用 Pandas 和 Matplotlib 可视化数据”到目前为止涵盖的所有材料都汇集在一起了。我们将计算需要多少个子图，并且由于每个排列有两幅图，因此仅需要排列的数量即可确定行数。这里利用了 zip()函数，它可以一次性提供元组中多个可迭代对象的值，并且可以将元组解包以轻松迭代排列元组和 Axes 对象的 2D NumPy 数组。你也许需要花一些时间确保理解这些代码。6.7 节“延伸阅读”部分提供了有关 zip()和元组解包的资源。

注意：

如果为 zip()提供不同长度的可迭代对象，那么我们将只会得到一些等于最短长度的元组。因此，我们可以使用无限迭代器。例如：使用 itertools.repeat()时得到的迭代器，它将无限重复相同的值（当我们不指定重复值的次数时）；使用 itertools.cycle()时得到的迭代器，它将在无限提供的所有值之间循环。

调用该函数很容易，因为只有一个参数：

```
>>> from viz import reg_resid_plots
>>> reg_resid_plots(fb_reg_data)
```

如图 6.13 所示，子集的第一行是我们之前看到的联合图，第二行则是翻转 x 和 y 变量时的回归图。

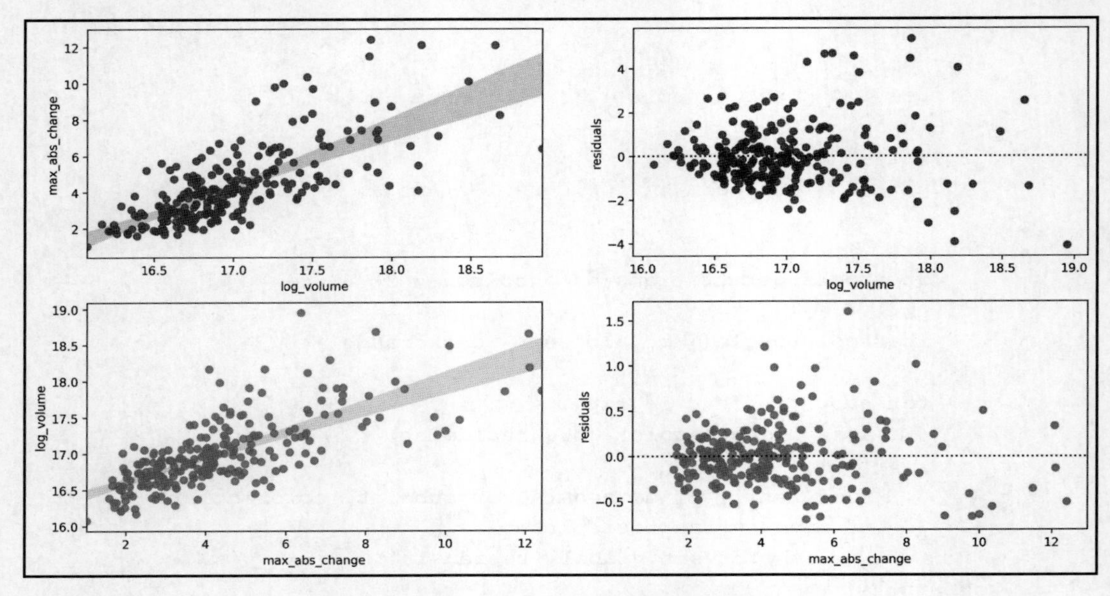

图 6.13　使用 Seaborn 绘制的线性回归和残差图

提示：

regplot()函数分别通过 order 和 logistic 参数支持多项式和逻辑回归。

Seaborn 还可以使用 lmplot()轻松绘制跨不同数据子集的回归图。我们可以使用 hue、col 和 row 分割回归图，它们将按给定列中的值着色，分别为每个值创建一个新列，并为每个值创建一个新行。

我们已经看到，Facebook 股票在一年中每个季度的表现都不同，所以可考虑使用 Facebook 股票数据计算每个季度的回归，使用交易量的对数、最高价与最低价之间的每日差异，看看这种关系是否也会发生变化：

```
>>> sns.lmplot(
...     x='log_volume',
...     y='max_abs_change',
...     col='quarter',
...     data=fb.assign(
...         log_volume=np.log(fb.volume),
...         max_abs_change=fb.high - fb.low,
...         quarter=lambda x: x.index.quarter
...     )
... )
```

如图 6.14 所示，第四季度的回归线的斜率比前几个季度要大得多。

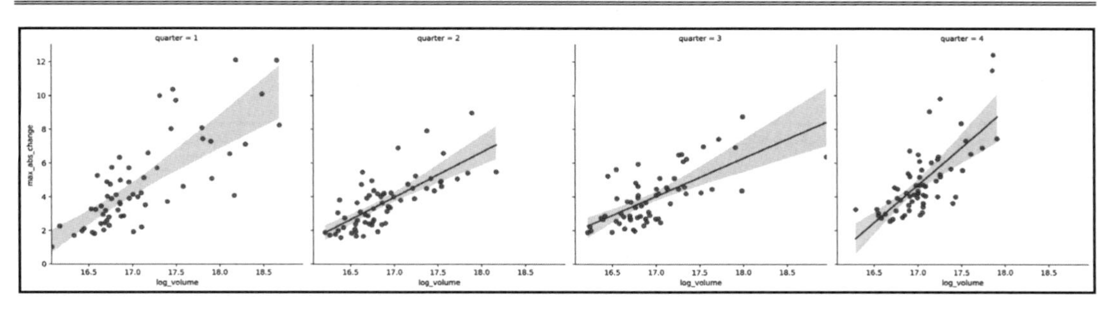

图 6.14　使用子集绘制的 Seaborn 线性回归图

请注意，运行 lmplot()的结果是一个 FacetGrid 对象，这是 Seaborn 的强大功能。接下来，让我们看看如何直接创建分面。

6.2.4　分面

分面（facet）允许我们在子图中绘制数据的子集。分面是数据可视化最实用的技术之一，通过分面可以将分组数据横向或纵向或横纵向进行排列，这样更有助于图形之间的比较。

在前面的示例中，我们其实已经看到了一些使用 Seaborn 函数进行分面绘图的结果；但是，我们也可以轻松地制作分面以用于任何绘图函数。

现在让我们创建一个可视化，根据是否发生海啸比较印度尼西亚和巴布亚新几内亚的地震震级分布。

首先，需要使用数据创建一个 FacetGrid 对象，并使用 row 和 col 参数定义其子集：

```
>>> g = sns.FacetGrid(
...     quakes.query(
...         'parsed_place.isin('
...         '["Indonesia", "Papua New Guinea"]) '
...         'and magType == "mb"'
...     ),
...     row='tsunami',
...     col='parsed_place',
...     height=4
... )
```

然后，使用 FacetGrid.map()方法在每个子集上运行绘图函数，传递任何必要的参数。在本示例中，将使用 sns.histplot()函数为位置和海啸数据子集制作包含 KDE 的直方图：

```
>>> g = g.map(sns.histplot, 'mag', kde=True)
```

如图 6.15 所示，对于这两个位置（印度尼西亚和巴布亚新几内亚），可以看到在地震震级为 5.0 或更大时发生了海啸。

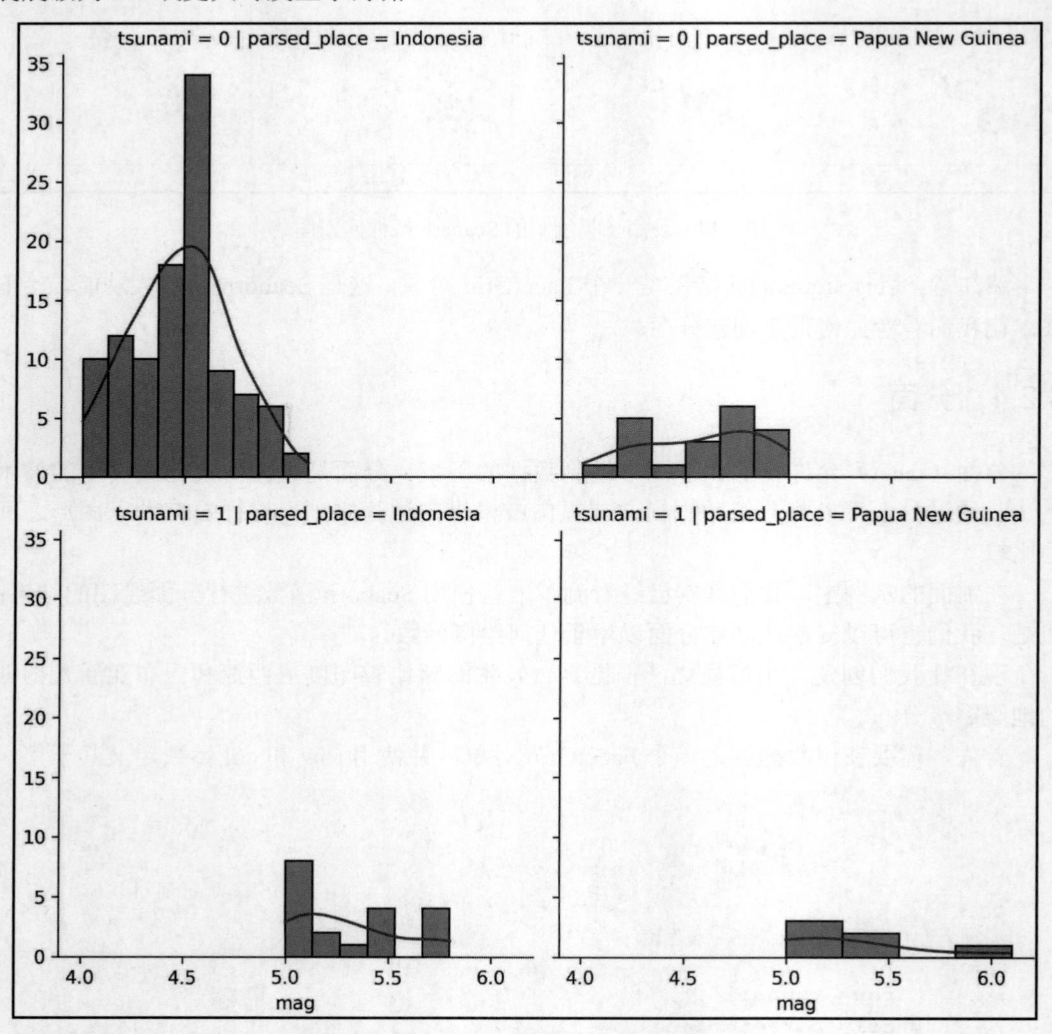

图 6.15　用分面网格绘图

对于 Seaborn 绘图功能的讨论至此结束。当然，你也可以查看 API 说明文档以了解其更详尽的功能，其网址如下：

https://seaborn.pydata.org/api.html

此外，在绘制某些数据时，请务必查阅附录中的“选择适当的可视化结果”以作为参考。

6.3　使用 Matplotlib 格式化绘图

对数据进行可视化的一个重要部分是选择正确的绘图类型，并为它们做好标记，以便于解释。通过仔细调整可视化的最终外观，可以使图形更易于阅读和理解。

本节将使用 2-formatting_plots.ipynb 笔记本，同样，这需要运行设置代码以导入我们需要的包，并读取 Facebook 股票数据和 COVID-19 每日新病例数据：

```
>>> %matplotlib inline
>>> import matplotlib.pyplot as plt
>>> import numpy as np
>>> import pandas as pd

>>> fb = pd.read_csv(
...     'data/fb_stock_prices_2018.csv',
...     index_col='date',
...     parse_dates=True
... )
>>> covid = pd.read_csv('data/covid19_cases.csv').assign(
...     date=lambda x: \
...         pd.to_datetime(x.dateRep, format='%d/%m/%Y')
... ).set_index('date').replace(
...     'United_States_of_America', 'USA'
... ).sort_index()['2020-01-18':'2020-09-18']
```

本节将讨论如何为绘图添加标题、轴标签和图例，以及如何自定义轴。请注意，本节所有内容都需要在运行 plt.show()之前被调用，当然，如果使用了%matplotlib inline 魔法命令，则也可以在相同的 Jupyter Notebook 中运行。

6.3.1　标题和标签

到目前为止，我们创建的一些可视化绘图都没有标题或轴标签。我们自己固然知道这些图形表现的是什么内容，但是，如果将这些图形展示给其他人，那么观众未必能明白其含义。因此，明确标签和标题是一种很好的做法。

如前文所述，当使用 Pandas 绘图时，可以通过将 title 参数传递给 plot()方法来添加标题，但是，也可以使用 plt.title()在 Matplotlib 中执行此操作。请注意，我们可以将 x/y

值传递给 plt.title()以控制文本的位置，还可以更改字体及其大小。

标记轴同样容易，使用 plt.xlabel()和 plt.ylabel()即可。

现在让我们绘制 Facebook 收盘价并使用 Matplotlib 标记所有内容：

```
>>> fb.close.plot()
>>> plt.title('FB Closing Price')
>>> plt.xlabel('date')
>>> plt.ylabel('price ($)')
```

产生的绘图如图 6.16 所示。

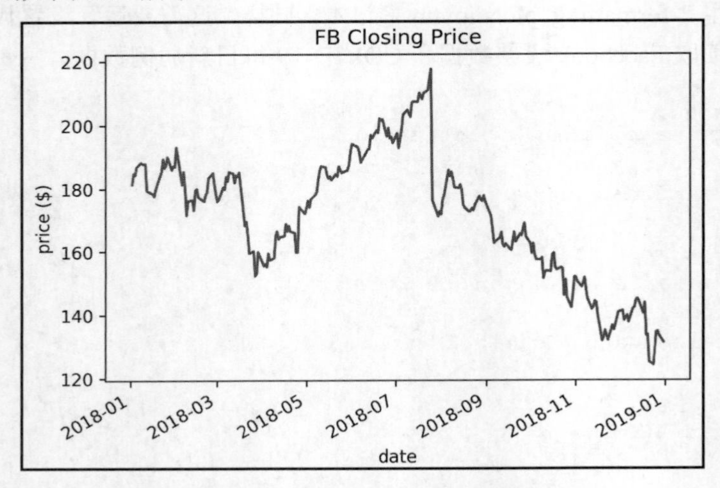

图 6.16　使用 Matplotlib 标记图形

在处理子图时，必须采取不同的方法。为了说明这一点，我们可以制作 Facebook 股票交易的 OHLC 数据的子图，使用 plt.title()为整幅图形指定标题，并使用 plt.ylabel()为每个子图的 y 轴提供标签：

```
>>> fb.iloc[:,:4]\
...     .plot(subplots=True, layout=(2, 2), figsize=(12, 5))
>>> plt.title('Facebook 2018 Stock Data')
>>> plt.ylabel('price ($)')
```

如图 6.17 所示，使用 plt.title()会将标题放在最后一个子图上，而不是如预期那样作为整幅图形的标题。同样，y 轴标签也仅出现在最后一个子图上，而不是每个子图都有。

在使用子图的情况下，我们想给整幅图一个标题，因此，这需要使用 plt.suptitle()而不是 plt.title()。此外，如果想要给每幅子图一个 y 轴标签，则需要对每个通过调用 plot()返回的 Axes 对象使用 set_ylabel()方法。

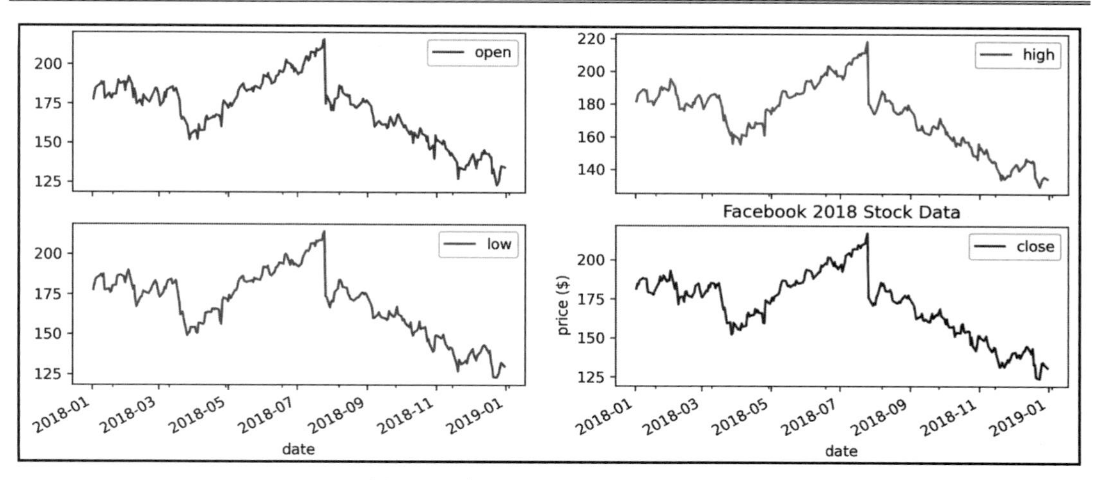

图 6.17　标记子图的结果不如预期

请注意，Axes 对象在与子图布局相同维度的 NumPy 数组中返回，因此为了更容易迭代，可以调用 flatten()：

```
>>> axes = fb.iloc[:,:4]\
...     .plot(subplots=True, layout=(2, 2), figsize=(12, 5))
>>> plt.suptitle('Facebook 2018 Stock Data')
>>> for ax in axes.flatten():
...     ax.set_ylabel('price ($)')
```

这将产生整幅图的标题和每个子图的 y 轴标签，如图 6.18 所示。

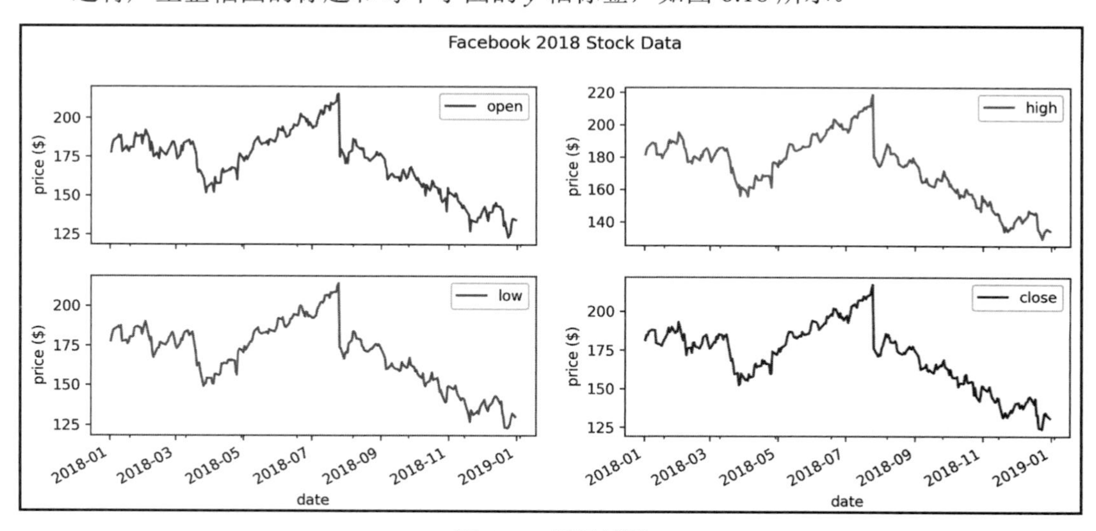

图 6.18　标记子图

请注意，Figure 类还有一个 suptitle()方法，并且 Axes 类的 set()方法可以让我们在一次调用中标记坐标轴、为绘图命名等，如 set(xlabel='...', ylabel='...', title='...', ...)。

根据你的具体操作目标，可能需要直接在 Figure 或 Axes 对象上调用它们的方法，因此了解这些方法也很重要。

6.3.2　图例

Matplotlib 可以通过 plt.legend()函数和 Axes.legend()方法控制图例的许多方面。例如，可以指定图例的位置和格式化图例的外观，包括自定义字体、颜色等。

plt.legend()函数和 Axes.legend()方法也可用于在绘图最初没有图例时显示图例。图 6.19 显示了一些常用参数的示例。

参　数	作　用
loc	指定图例的位置
bbox_to_anchor	和 loc 联合使用，以指定图例位置
ncol	设置标签要换行分开的列数，默认值为 1
framealpha	控制图例背景的透明度
title	给图例一个标题

图 6.19　图例格式的有用参数

图例将使用已绘制的每个对象的标签。如果不想显示某些内容，则可以将其标签设为空字符串。当然，如果只是想改变某些东西的显示方式，则可以通过 label 参数传递它的显示名称。例如，我们可以绘制 Facebook 股票的收盘价和 20 天移动平均线，并使用 label 参数为图例提供描述性名称：

```
>>> fb.assign(
...     ma=lambda x: x.close.rolling(20).mean()
... ).plot(
...     y=['close', 'ma'],
...     title='FB closing price in 2018',
...     label=['closing price', '20D moving average'],
...     style=['-', '--']
... )
>>> plt.legend(loc='lower left')
>>> plt.ylabel('price ($)')
```

默认情况下，Matplotlib 会尝试为绘图找到最佳位置，但有时它也会覆盖部分绘图。

因此，本示例选择将图例放置在图形的左下角。如图 6.20 所示，图例中的文本是我们在给 plot()的 label 参数中提供的内容。

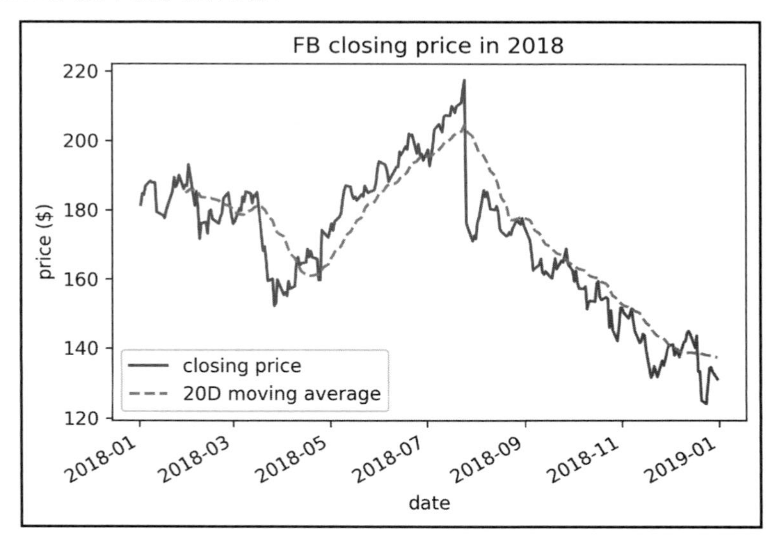

图 6.20　移动图例

请注意，我们向 loc 参数传递了一个字符串以指定图例位置（loc='lower left'）；我们还可以选择将位置代码作为整数或元组传递给(x, y)坐标，以绘制图例框的左下角。图 6.21 显示了可能的位置字符串。

位置字符串	位 置 代 码
'best'	0
'upper right'	1
'upper left'	2
'lower left'	3
'lower right'	4
'right'	5
'center left'	6
'center right'	7
'lower center'	8
'upper center'	9
'center'	10

图 6.21　常见的图例位置

现在让我们看看如何使用 framealpha、ncol 和 title 参数为图例设置样式。我们将绘制 2020 年 1 月 18 日至 2020 年 9 月 18 日在巴西、中国、意大利、西班牙、印度和美国发生的全球每日 COVID-19 新病例的百分比。此外，我们将删除绘图的顶部和右侧的边，使其看起来更干净。

```
>>> new_cases = covid.reset_index().pivot(
...     index='date',
...     columns='countriesAndTerritories',
...     values='cases'
... ).fillna(0)

>>> pct_new_cases = new_cases.apply(
...     lambda x: x / new_cases.apply('sum', axis=1), axis=0
... )[
...     ['Italy', 'China', 'Spain', 'USA', 'India', 'Brazil']
... ].sort_index(axis=1).fillna(0)

>>> ax = pct_new_cases.plot(
...     figsize=(12, 7),
...     style=['-'] * 3 + ['--', ':', '-.'],
...     title='Percentage of the World\'s New COVID-19 Cases'
...           '\n(source: ECDC)'
... )

>>> ax.legend(title='Country', framealpha=0.5, ncol=2)
>>> ax.set_xlabel('')
>>> ax.set_ylabel('percentage of the world\'s COVID-19 cases')

>>> for spine in ['top', 'right']:
...     ax.spines[spine].set_visible(False)
```

如图 6.22 所示，现在图例整齐地排列在两列中，并包含一个标题。此外，还增加了图例边框的透明度。

提示：

不要因为记不住所有可用的选项而灰心。在实际的自定义操作过程中，可以随时按需查找相应功能。

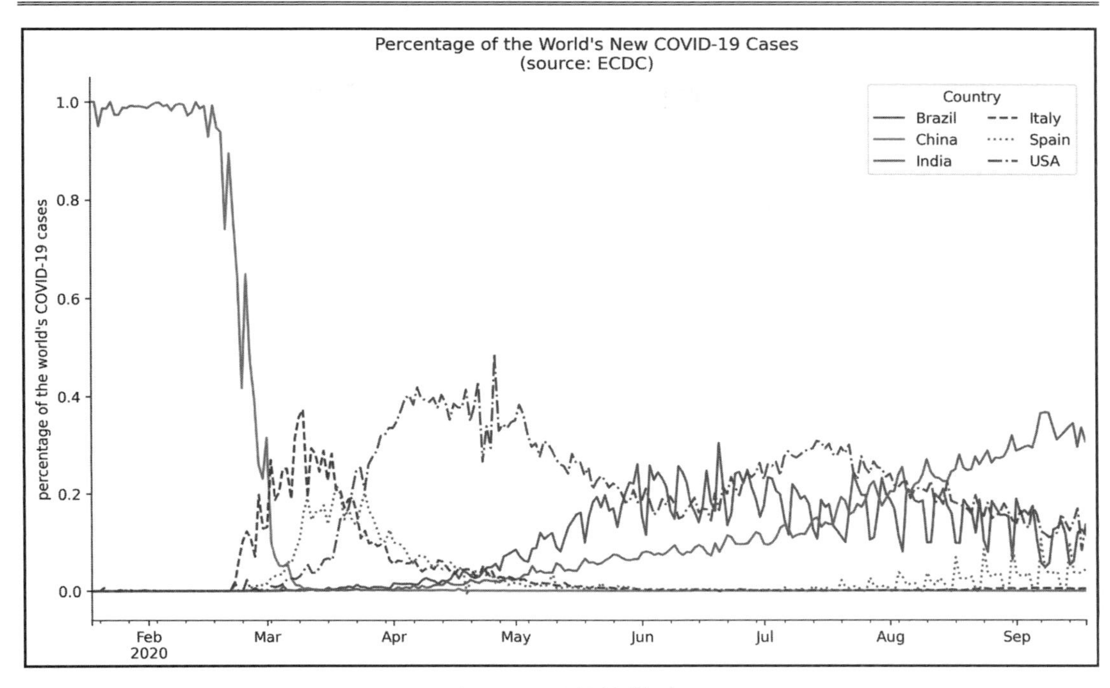

图 6.22　设置图例格式

6.3.3　格式化轴

第 1 章“数据分析导论”讨论了轴限制可能会产生有误导性的图。当使用 Pandas 的 plot()方法时，可以选择将轴限制作为元组传递给 xlim/ylim 参数；或者，当使用 Matplotlib 时，可以在 Axes 对象上使用 plt.xlim()/plt.ylim()函数或 set_xlim()/set_ylim()方法调整每个轴的限制。我们可以分别传递最小值和最大值的值，如果想保留自动生成的内容，则可以传入 None。

例如，我们可以修改之前世界上每个国家/地区每天新增 COVID-19 病例的百分比图，将 y 轴改为从零开始：

```
>>> ax = pct_new_cases.plot(
...     figsize=(12, 7),
...     style=['-'] * 3 + ['--', ':', '-.'],
...     title='Percentage of the World\'s New COVID-19 Cases'
...           '\n(source: ECDC)'
... )

>>> ax.legend(framealpha=0.5, ncol=2)
```

```
>>> ax.set_xlabel('')
>>> ax.set_ylabel('percentage of the world\'s COVID-19 cases')
>>> ax.set_ylim(0, None)

>>> for spine in ['top', 'right']:
...     ax.spines[spine].set_visible(False)
```

如图 6.23 所示，*y* 轴现在从零开始。

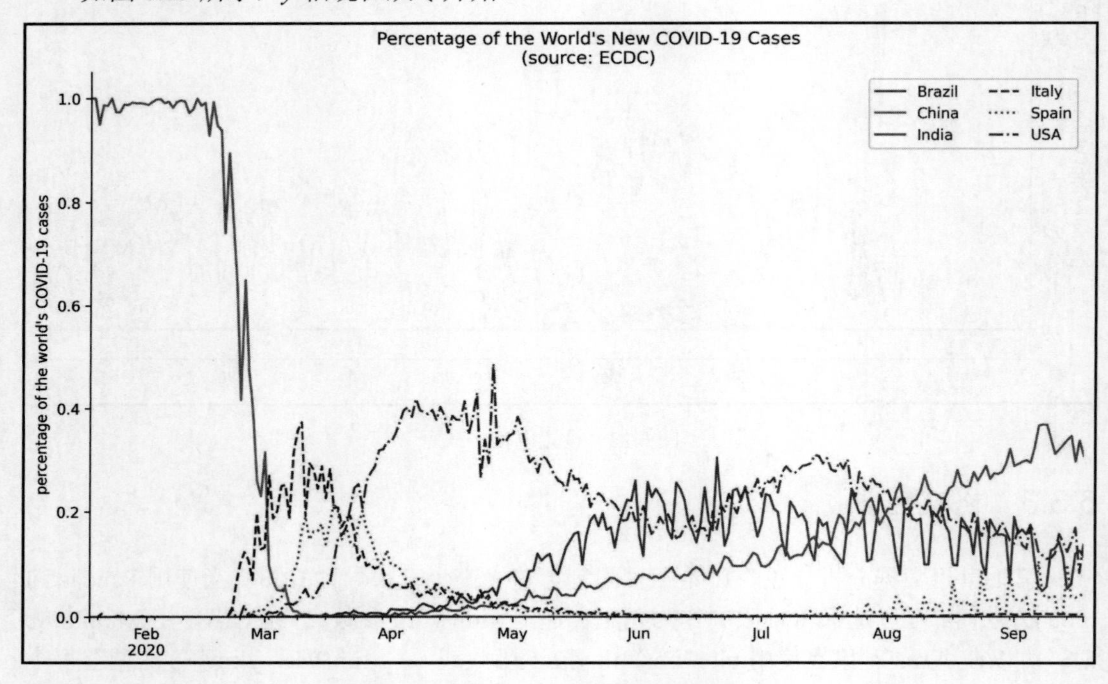

图 6.23　使用 Matplotlib 更新轴限制

如果想要改变轴的比例，则可以使用 plt.xscale()/plt.yscale()并传递我们想要的比例类型。例如，plt.yscale('log')将在 *y* 轴上使用对数刻度。第 5 章“使用 Pandas 和 Matplotlib 可视化数据”已经讨论了如何用 Pandas 做到这一点。

我们还可以通过将刻度位置和标签传递给 plt.xticks()或 plt.yticks()来控制显示哪些刻度线以及被标记的内容。请注意，我们也可以调用这些函数获取刻度位置和标签。例如，我们由于的数据在每月 18 日开始和结束，因此可以将图 6.23 中的刻度线移动到每个月的 18 日上，然后相应地标记刻度线：

```
>>> ax = pct_new_cases.plot(
...     figsize=(12, 7),
```

```
...     style=['-'] * 3 + ['--', ':', '-.'],
...     title='Percentage of the World\'s New COVID-19 Cases'
...           '\n(source: ECDC)'
... )

>>> tick_locs = covid.index[covid.index.day == 18].unique()
>>> tick_labels = \
...     [loc.strftime('%b %d\n%Y') for loc in tick_locs]
>>> plt.xticks(tick_locs, tick_labels)

>>> ax.legend(framealpha=0.5, ncol=2)
>>> ax.set_xlabel('')
>>> ax.set_ylabel('percentage of the world\'s COVID-19 cases')
>>> ax.set_ylim(0, None)

>>> for spine in ['top', 'right']:
...     ax.spines[spine].set_visible(False)
```

如图 6.24 所示，移动刻度线后，在图中的第一个数据点（2020 年 1 月 18 日）和最后一个数据点（2020 年 9 月 18 日）上都有一个刻度标签。

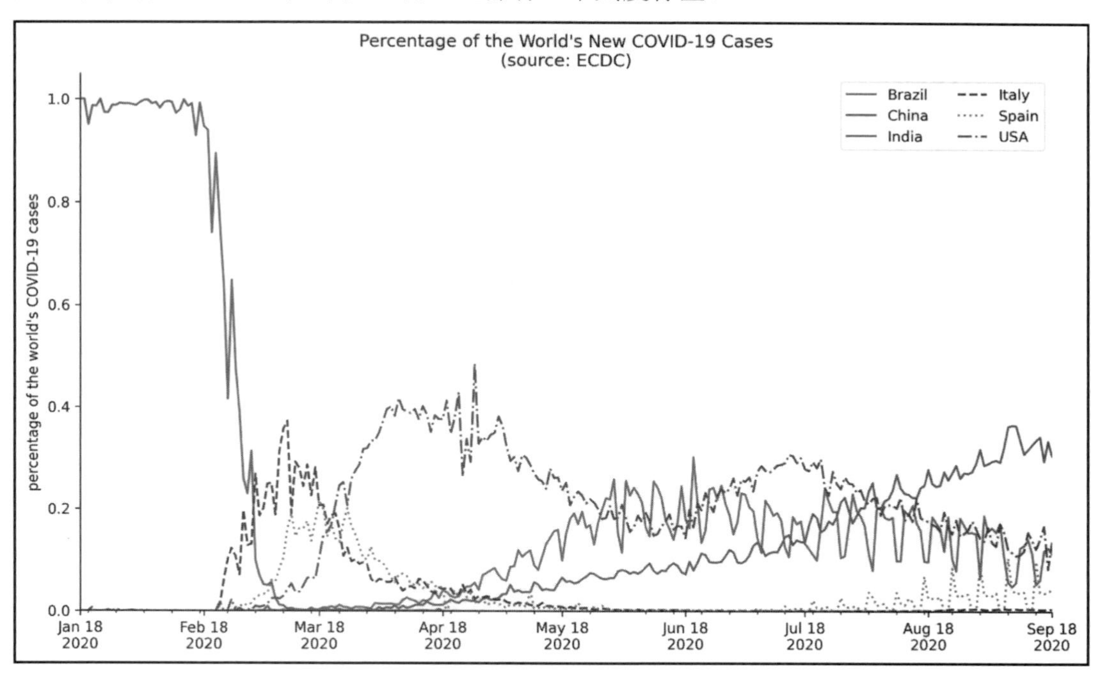

图 6.24　编辑刻度标签

在图 6.24 中可以看到，目前 y 轴的百分比表示为小数，但其实也可以使用百分号格式化要写入的标签。请注意，不需要使用 plt.yticks()函数执行此操作；相反，我们可以使用 matplotlib.ticker 模块中的 PercentFormatter 类。示例代码如下：

```
>>> from matplotlib.ticker import PercentFormatter

>>> ax = pct_new_cases.plot(
...     figsize=(12, 7),
...     style=['-'] * 3 + ['--', ':', '-.'],
...     title='Percentage of the World\'s New COVID-19 Cases'
...           '\n(source: ECDC)'
... )

>>> tick_locs = covid.index[covid.index.day == 18].unique()
>>> tick_labels = \
...     [loc.strftime('%b %d\n%Y') for loc in tick_locs]
>>> plt.xticks(tick_locs, tick_labels)

>>> ax.legend(framealpha=0.5, ncol=2)
>>> ax.set_xlabel('')
>>> ax.set_ylabel('percentage of the world\'s COVID-19 cases')
>>> ax.set_ylim(0, None)
>>> ax.yaxis.set_major_formatter(PercentFormatter(xmax=1))

>>> for spine in ['top', 'right']:
...     ax.spines[spine].set_visible(False)
```

通过指定 xmax=1，我们可以指定将值除以 1（因为这些值已经是百分比值），然后乘以 100 并附加百分号。这将沿 y 轴显示百分比值，如图 6.25 所示。

另一个有用的格式化程序是 EngFormatter 类，它将使用工程符号（engineering notation）自动处理格式化数字为千、百万等。例如，我们可以使用 EngFormatter 类绘制每个大陆的累积 COVID-19 病例数（以百万计）：

```
>>> from matplotlib.ticker import EngFormatter

>>> ax = covid.query('continentExp != "Other"').groupby([
...     'continentExp', pd.Grouper(freq='1D')
... ]).cases.sum().unstack(0).apply('cumsum').plot(
...     style=['-', '-', '--', ':', '-.'],
...     title='Cumulative COVID-19 Cases per Continent'
```

```
...          '\n(source: ECDC)'
... )

>>> ax.legend(title='', loc='center left')
>>> ax.set(xlabel='', ylabel='total COVID-19 cases')
>>> ax.yaxis.set_major_formatter(EngFormatter())

>>> for spine in ['top', 'right']:
...     ax.spines[spine].set_visible(False)
```

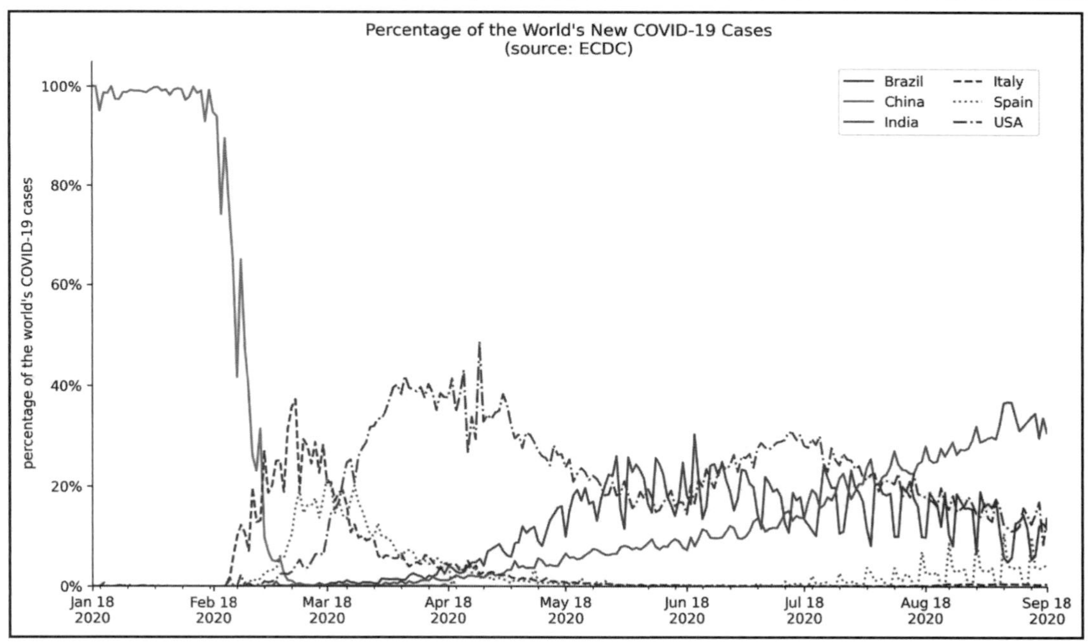

图 6.25　将刻度标签格式化为百分比

请注意，我们不需要将累积病例计数除以 100 万来获得这些数字——我们传递给 set_major_formatter()的 EngFormatter 对象可以基于数据自动计算每百万（M）单位值，如图 6.26 所示。

PercentFormatter 和 EngFormatter 类都可以格式化刻度标签，但有时我们想要更改刻度的位置而不是格式化它们。这样做的方法之一是使用 MultipleLocator 类，它使我们可以轻松地将刻度放置在所选数量的倍数处。

为了说明如何使用它，让我们看看从 2020 年 4 月 18 日到 2020 年 9 月 18 日新西兰每天新增的 COVID-19 病例数：

```
>>> ax = new_cases.New_Zealand['2020-04-18':'2020-09-18'].plot(
...     title='Daily new COVID-19 cases in New Zealand'
...           '\n(source: ECDC)'
... )
>>> ax.set(xlabel='', ylabel='new COVID-19 cases')

>>> for spine in ['top', 'right']:
...     ax.spines[spine].set_visible(False)
```

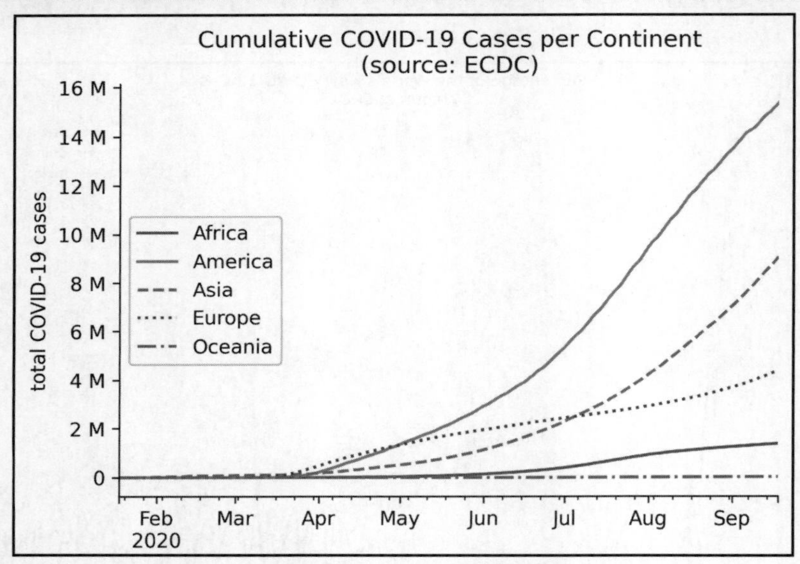

图 6.26　用工程符号格式化刻度标签

在我们没有干预刻度位置的情况下，Matplotlib 将自动以 2.5 的增量显示刻度，如图 6.27 所示。

但是，很明显没有半个病例这样的东西，所以仅用整数刻度显示该数据更有意义。我们可以通过使用 MultipleLocator 类解决这个问题。

在本示例中，我们没有格式化轴标签，而是控制显示哪些标签。为实现该功能，必须调用 set_major_locator()方法而不是 set_major_formatter()：

```
>>> from matplotlib.ticker import MultipleLocator

>>> ax = new_cases.New_Zealand['2020-04-18':'2020-09-18'].plot(
...     title='Daily new COVID-19 cases in New Zealand'
...           '\n(source: ECDC)'
... )
>>> ax.set(xlabel='', ylabel='new COVID-19 cases')
```

```
>>> ax.yaxis.set_major_locator(MultipleLocator(base=3))

>>> for spine in ['top', 'right']:
...     ax.spines[spine].set_visible(False)
```

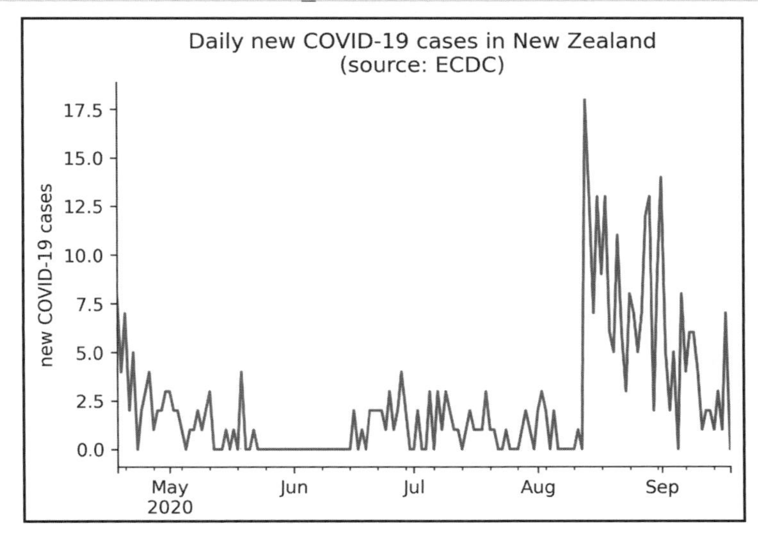

图 6.27　默认刻度位置

由于传入了 base=3，因此 y 轴现在包含增量为 3 的整数，如图 6.28 所示。

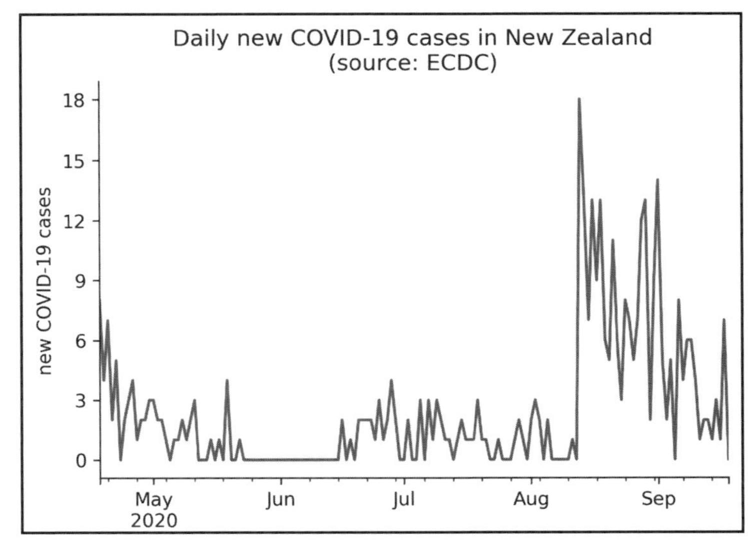

图 6.28　使用整数刻度位置

上述示例只是 matplotlib.ticker 模块提供的 3 个功能，你可以查看其文档以获取更多信息。6.7 节“延伸阅读”部分也提供了一个相关链接。

6.4 自定义可视化

到目前为止，我们学习的用于创建数据可视化的所有代码针对的都是可视化本身。在掌握了这些基础知识之后，我们还可以学习如何添加参考线、控制颜色和纹理，以及包括注解等。

本节将使用 3-customizing_visualizations.ipynb 笔记本，同样，它需要导入必备模块并读入 Facebook 股票价格和地震数据集：

```
>>> %matplotlib inline
>>> import matplotlib.pyplot as plt
>>> import pandas as pd

>>> fb = pd.read_csv(
...     'data/fb_stock_prices_2018.csv',
...     index_col='date',
...     parse_dates=True
... )
>>> quakes = pd.read_csv('data/earthquakes.csv')
```

提示：

更改创建绘图的样式是一种无须单独进行设置即可全面改变绘图外观的简单方法。要设置 Seaborn 绘图的样式，可以使用 sns.set_style()。使用 Matplotlib 时，则可以使用 plt.style.use()指定想要使用的样式表。

样式设置将应用于在该会话中创建的所有可视化。如果只希望它用于单个绘图，则可以使用 sns.set_context()或 plt.style.context()。

在上述函数的文档中可以找到 Seaborn 的可用样式，而对于 Matplotlib 来说，则可以查看 plt.style.available 中的值。

6.4.1 添加参考线

很多时候，我们希望将注意力集中在可视化图形的一个特定值上，因为那也许是一个重要的临界值或转折点。我们可能对这条线是一个交叉还是一个分区感兴趣。在金融领域，水平参考线可以绘制在股票价格线图之上，标记支撑位和阻力位。

支撑位（support）是下跌趋势有望逆转的价格位置，因为该股票现在处于买家更愿意买入的价格水平，推动价格上涨并远离该点。另外，阻力位（resistance）则是上涨趋势可能逆转的价格位置，因为该价格是一个有吸引力的卖点，价格可能下跌并远离该点位。当然，这并不是说这些价格水平一定不会被越过，股价突破阻力位强力飙涨或跌破支撑位疯狂跳水都是常有的事。

由于本节已经获得了 Facebook 股票交易数据，因此我们可以将支撑位和阻力位参考线添加到收盘价的线形图中。

注意：

有关股票价格支撑位和阻力位的计算超出了本章的讨论范围，但第 7 章“金融分析”将包含一些使用枢轴点（pivot point）计算这些值的代码。此外，请务必查看 6.7 节“延伸阅读”部分提供的资料，以获得对支撑位和阻力位的更深入介绍。

我们的两条水平参考线将位于 124.46 美元的支撑位和 138.53 美元的阻力位。这两个数字都是使用 stock_analysis 包推算出来的，我们将在第 7 章“金融分析”中构建该包。目前，我们只需要创建 StockAnalyzer 类的一个实例来计算这些指标：

```
>>> from stock_analysis import StockAnalyzer

>>> fb_analyzer = StockAnalyzer(fb)
>>> support, resistance = (
...     getattr(fb_analyzer, stat)(level=3)
...     for stat in ['support', 'resistance']
... )
>>> support, resistance
(124.4566666666667, 138.5266666666667)
```

我们将为此任务使用 plt.axhline()函数，但请注意，这也适用于 Axes 对象。提供给 label 参数的文本将填充在图例中：

```
>>> fb.close['2018-12']\
...     .plot(title='FB Closing Price December 2018')
>>> plt.axhline(
...     y=resistance, color='r', linestyle='--',
...     label=f'resistance (${resistance:,.2f})'
... )
>>> plt.axhline(
...     y=support, color='g', linestyle='--',
```

```
...         label=f'support (${support:,.2f})'
... )
>>> plt.ylabel('price ($)')
>>> plt.legend()
```

你应该已经熟悉前面章节中介绍过的 f 字符串格式，上述代码中，变量名后面附加了文本（:,.2f）。支撑位和阻力位分别作为浮点数存储在 support 和 resistance 变量中。冒号（:）位于格式说明符（format specifier，通常写成 format_spec）之前，它告诉 Python 如何格式化该变量；在本示例中，我们将该变量格式化为小数（f），其中逗号作为千位分隔符（,），小数点后有两位精度（.2）。这也适用于 format()方法，例如：

```
'{:,.2f}'.format(resistance)
```

这种格式将在绘图中形成一个信息丰富的图例，如图 6.29 所示。

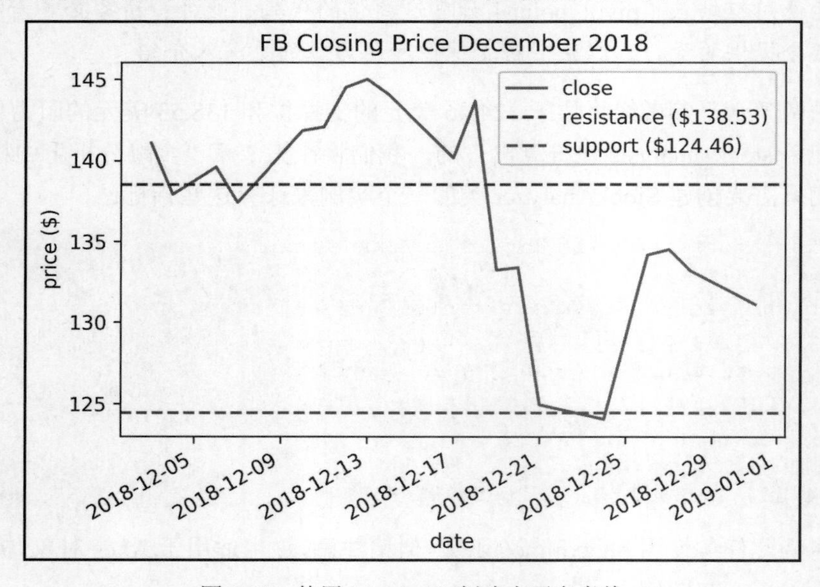

图 6.29　使用 Matplotlib 创建水平参考线

注意：

很多个人投资者（也就是所谓的“散户”）都喜欢看各种“线”来买卖股票。其中，支撑位和阻力位就是常见的参考指标。一般来说，在支撑位买入，在阻力位卖出，有望获得不错的收益。当然，股票交易不可能这么简单，你可能还需要结合这些参考线来分析股票的动量，以最终决定是进场（买入）还是退场（卖出）。

回到地震数据，现在让我们使用 plt.axvline()为印度尼西亚地震震级分布的平均值的标准偏差数绘制垂直参考线。位于本书配套的 GitHub 存储库 viz.py 模块中的 std_from_mean_kde()函数可以使用 itertools 轻松地组合需要绘制的颜色和值：

```
import itertools

def std_from_mean_kde(data):
    """
    绘制 KDE 以及垂直参考线
    以显示平均值的每个标准偏差

    参数：
        - data: 包含数字数据的 pandas.Series

    返回：
        Matplotlib Axes 对象
    """
    mean_mag, std_mean = data.mean(), data.std()

    ax = data.plot(kind='kde')
    ax.axvline(mean_mag, color='b', alpha=0.2, label='mean')

    colors = ['green', 'orange', 'red']
    multipliers = [1, 2, 3]
    signs = ['-', '+']
    linestyles = [':', '-.', '--']

    for sign, (color, multiplier, style) in itertools.product(
        signs, zip(colors, multipliers, linestyles)
    ):
        adjustment = multiplier * std_mean
        if sign == '-':
            value = mean_mag - adjustment
            label = '{} {}{}{}'.format(
                r'$\mu$', r'$\pm$', multiplier, r'$\sigma$'
            )
        else:
            value = mean_mag + adjustment
            label = None # 每一种颜色标记一次

        ax.axvline(
```

```
            value, color=color, linestyle=style,
            label=label, alpha=0.5
        )

    ax.legend()
    return ax
```

itertools 的 product()函数将为我们提供来自任意数量可迭代项的所有项目组合。本示例中，我们将颜色、乘数和线条样式打包在一起，因为我们始终希望乘数为 1 时使用绿色虚线，乘数为 2 时使用橙色点画线，乘数为 3 时使用红色虚线。

当 product()使用这些元组时，我们将得到所有东西的正负号组合。为了防止图例变得过于拥挤，我们将仅使用±符号标记每种颜色一次。由于在每次迭代时都有字符串和元组的组合，因此将在 for 语句中解压元组以便于使用。

提示：

如果包含一些特殊字符，则可以使用 LaTeX 数学符号标记图形。有关该符号的详细信息，可访问以下网址：

https://www.latex-project.org/

首先，必须通过在字符串前面加上 r 字符将字符串标记为原始字符串。然后，必须用$符号包围 LaTeX。例如，在上述代码中就使用了 r'μ'表示希腊字母 μ。

现在让我们使用 std_from_mean_kde()函数查看印度尼西亚地震震级估计分布的哪些部分与平均值相差一、二或三个标准差：

```
>>> from viz import std_from_mean_kde

>>> ax = std_from_mean_kde(
...     quakes.query(
...         'magType == "mb" and parsed_place == "Indonesia"'
...     ).mag
... )
>>> ax.set_title('mb magnitude distribution in Indonesia')
>>> ax.set_xlabel('mb earthquake magnitude')
```

如图 6.30 所示，KDE 是右偏的——它在右侧有一个更长的尾巴，而平均值则在模式的右侧。

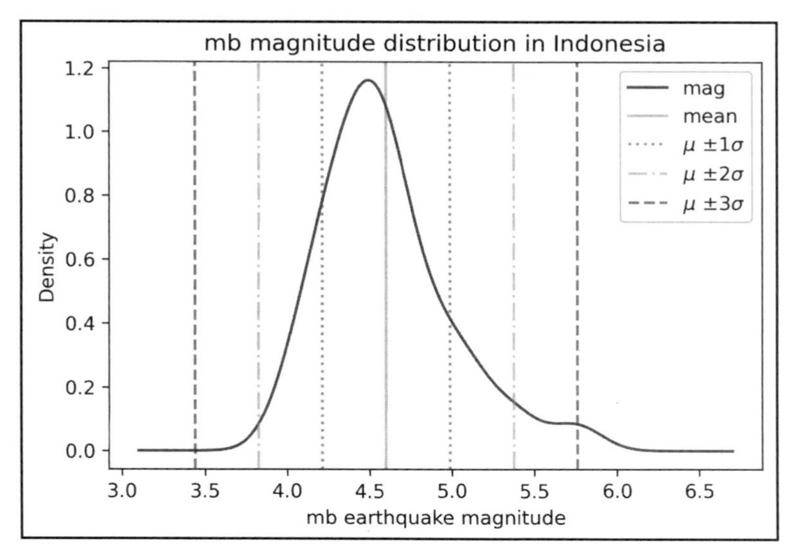

图 6.30　包括垂直参考线

提示：

要制作任意斜率的直线，只需简单地将线的端点表示为两个 x 值和两个 y 值（如[0, 2]和[2, 0]），这些端点可以传递给使用 Axes 对象的 plt.plot()。

对于不直的线，np.linspace()可用于在[start, stop)上创建一系列均匀间隔的点，这些点可用于 x 值并以此计算 y 值。

值得一提的是，在指定范围时，方括号表示包含端点，而圆括号则表示排除端点，因此[0, 1)表示从 0 到尽可能接近 1 但不为 1。如果没有命名桶，那么在使用 pd.cut()和 pd.qcut()时就会看到这些。

6.4.2　区域着色

在某些情况下，我们对参考线本身可能并不感兴趣，我们真正感兴趣的是它们之间的区域。为获得这一区域，可使用 axvspan()和 axhspan()。

现在让我们再来看看 Facebook 股票收盘价的支撑位和阻力位。我们可以使用 axhspan()给二者之间的区域着色：

```
>>> ax = fb.close.plot(title='FB Closing Price')
>>> ax.axhspan(support, resistance, alpha=0.2)
>>> plt.ylabel('Price ($)')
```

请注意，着色区域的颜色由 facecolor 参数确定。对于该示例，我们接受了默认值，如图 6.31 所示。

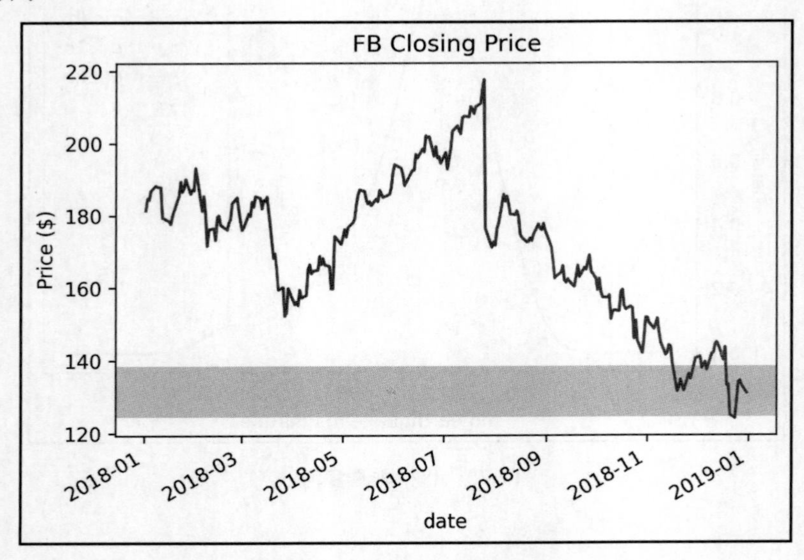

图 6.31　添加水平着色区域

当我们对两条曲线之间的区域感兴趣时，我们可以使用 plt.fill_between()和 plt.fill_betweenx()函数。plt.fill_between()函数接收一组 x 值和两组 y 值；如果需要相反的情况，则可以使用 plt.fill_betweenx()。

现在让我们使用 plt.fill_between()对 Facebook 公司第四季度每天的最高价和最低价之间的区域进行着色：

```
>>> fb_q4 = fb.loc['2018-Q4']
>>> plt.fill_between(fb_q4.index, fb_q4.high, fb_q4.low)
>>> plt.xticks([
...     '2018-10-01', '2018-11-01', '2018-12-01', '2019-01-01'
... ])
>>> plt.xlabel('date')
>>> plt.ylabel('price ($)')
>>> plt.title(
...     'FB differential between high and low price Q4 2018'
... )
```

这可以更好地了解特定日期的价格变化，垂直距离越高，则股价波动越大，如图 6.32 所示。

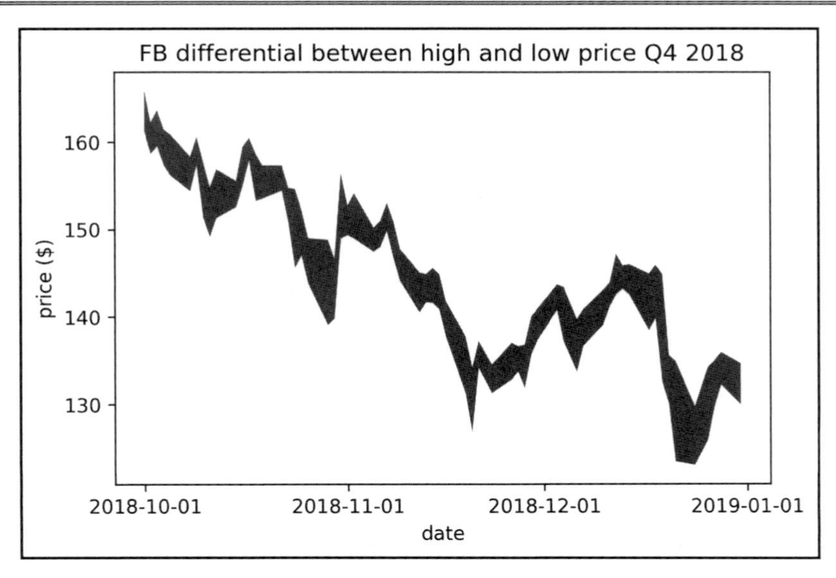

图 6.32　给两条曲线之间的区域着色

通过为 where 参数提供布尔掩码，我们可以指定何时填充曲线之间的区域。例如，我们可以在上一个示例中添加一个 where 参数，指定填充 12 月的区域。我们将为整个时间段的最高价曲线和最低价曲线添加虚线：

```
>>> fb_q4 = fb.loc['2018-Q4']
>>> plt.fill_between(
...     fb_q4.index, fb_q4.high, fb_q4.low,
...     where=fb_q4.index.month == 12,
...     color='khaki', label='December differential'
... )
>>> plt.plot(fb_q4.index, fb_q4.high, '--', label='daily high')
>>> plt.plot(fb_q4.index, fb_q4.low, '--', label='daily low')
>>> plt.xticks([
...     '2018-10-01', '2018-11-01', '2018-12-01', '2019-01-01'
... ])
>>> plt.xlabel('date')
>>> plt.ylabel('price ($)')
>>> plt.legend()
>>> plt.title(
...     'FB differential between high and low price Q4 2018'
... )
```

绘图结果如图 6.33 所示。

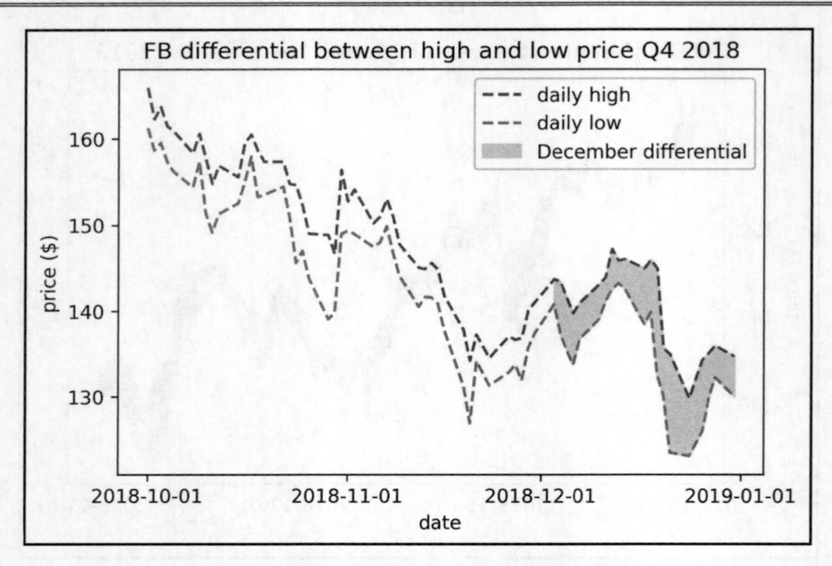

图 6.33　在两条曲线之间进行选择性着色

通过添加参考线和给区域着色，我们可以将注意力集中到某些区域，甚至还可以在图例中标记它们。但是，到目前为止，可以用来解释的文字仍然是有限的，因此，接下来就让我们看看如何给绘图添加注解以获得额外的上下文。

6.4.3　注解

我们经常会发现，需要对可视化中的特定点进行注解，以指出特定事件，例如 Facebook 股价因某些新闻报道而出现大幅下跌的日子，或者标记对比较很重要的值。例如，我们可以使用 plt.annotate()函数标记股价的支撑位和阻力位：

```
>>> ax = fb.close.plot(
...     title='FB Closing Price 2018',
...     figsize=(15, 3)
... )
>>> ax.set_ylabel('price ($)')
>>> ax.axhspan(support, resistance, alpha=0.2)
>>> plt.annotate(
...     f'support\n(${support:,.2f})',
...     xy=('2018-12-31', support),
...     xytext=('2019-01-21', support),
...     arrowprops={'arrowstyle': '->'}
... )
```

```
>>> plt.annotate(
...     f'resistance\n(${resistance:,.2f})',
...     xy=('2018-12-23', resistance)
... )
>>> for spine in ['top', 'right']:
...     ax.spines[spine].set_visible(False)
```

请注意，注解可以是不同的，当我们注解阻力位时，仅提供注解的文本和使用 xy 参数注解的点的坐标。但是，当注解支撑位时，还为 xytext 和 arrowprops 参数提供了值，这允许将文本放在值出现的位置以外的其他地方，并添加一个箭头指示它出现的位置。通过这样处理，可以避免用标签遮盖最近几天的数据，如图 6.34 所示。

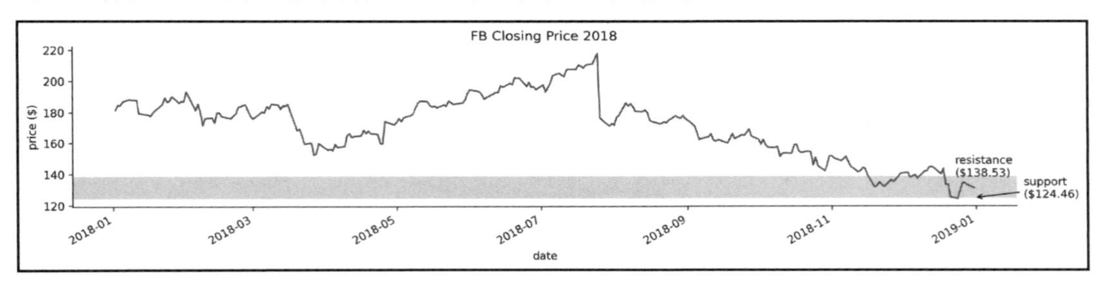

图 6.34　在绘图中包含注解

arrowprops 参数提供了箭头类型的相当多的自定义，尽管这仍可能很难做到完美。例如，可以用百分比下降注解 Facebook 7 月份价格的大幅下降：

```
>>> close_price = fb.loc['2018-07-25', 'close']
>>> open_price = fb.loc['2018-07-26', 'open']
>>> pct_drop = (open_price - close_price) / close_price
>>> fb.close.plot(title='FB Closing Price 2018', alpha=0.5)
>>> plt.annotate(
...     f'{pct_drop:.2%}', va='center',
...     xy=('2018-07-27', (open_price + close_price) / 2),
...     xytext=('2018-08-20', (open_price + close_price) / 2),
...     arrowprops=dict(arrowstyle='-[,widthB=4.0,lengthB=0.2')
... )
>>> plt.ylabel('price ($)')
```

请注意，通过在 f 字符串的格式说明符中使用.2%，能够将 pct_drop 变量格式化为具有两位精度的百分比值。此外，通过指定 va='center'，可以告诉 Matplotlib 将注解垂直居中在箭头的中间，如图 6.35 所示。

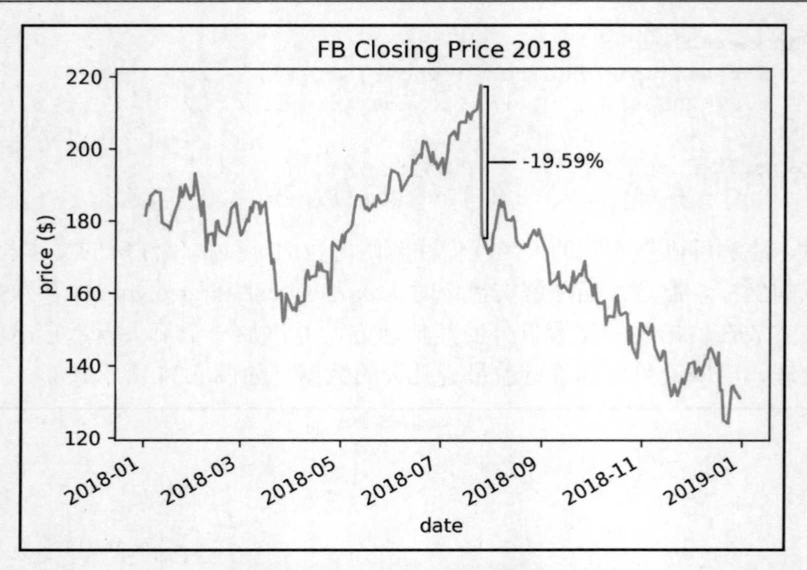

图 6.35　自定义注解的箭头

Matplotlib 为自定义这些注解提供了很大的灵活性——可以传递 Matplotlib 中的 Text 类支持的任何选项。有关这些选项的详细信息，你可以访问以下网址：

https://matplotlib.org/api/text_api.html#matplotlib.text.Text

要更改颜色，只需在 color 参数中传递所需的颜色。此外，我们还可以分别通过 fontsize、fontweight、fontfamily 和 fontstyle 参数控制字体大小、粗细、字体系列和样式。

6.4.4　颜色

为了保持一致性，制作的可视化绘图应该坚持使用一个配色方案。公司和学术机构通常都有用于演示的自定义调色板。在可视化中也可以轻松采用相同的调色板。

在为 color 参数提供颜色时，使用它们的单个字符名称（例如，'b'代表蓝色，'k'代表黑色），或者使用颜色的名称（如'blue'或'black'）。Matplotlib 有很多可以通过名字指定的颜色，完整列表可在以下文档中找到：

https://matplotlib.org/examples/color/named_colors.html

注意：

请记住，如果使用 style 参数提供颜色，则仅限于使用单字符缩写的颜色值。

此外，还可以提供所需颜色的十六进制代码。熟悉 HTML 或 CSS 的人无疑会熟悉这些指定确切颜色的方式（无论在不同的领域是如何称呼它的）。对于那些不熟悉十六进制颜色代码的人，它指定了#RRGGBB 格式中用于生成相关颜色的红色、绿色和蓝色分量。黑色是#000000，白色是#FFFFFF（不区分大小写）。这可能会令人困惑，因为 F 绝对不是数字；但是，这些是十六进制数（基数为 16，而不是我们传统上使用的基数 10），其中 0～9 仍代表 0～9，但 A～F 代表 10～15。

Matplotlib 接收十六进制代码作为 color 参数的字符串。为了说明这一点，可以使用#8000FF 颜色绘制 Facebook 的开盘价：

```
>>> fb.plot(
...     y='open',
...     figsize=(5, 3),
...     color='#8000FF',
...     legend=False,
...     title='Evolution of FB Opening Price in 2018'
... )
>>> plt.ylabel('price ($)')
```

生成的紫色线形图如图 6.36 所示。

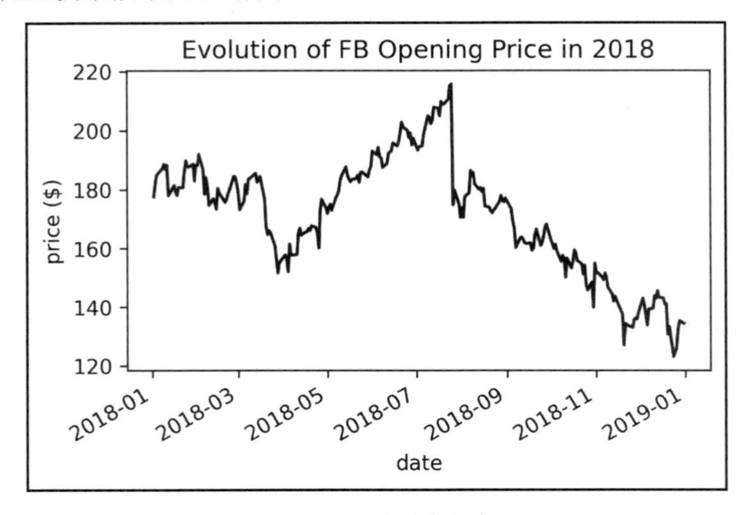

图 6.36　改变线条颜色

或者，我们也可以获得 RGB 或红色、绿色、蓝色、透明度（RGBA）值。在本示例中，可以将它们作为元组传递给 color 参数。如果不提供 alpha，那么它将默认为 1，表示不透明。

需要注意的是，虽然这些数字可以出现在[0, 255]范围内，但 Matplotlib 要求它们在[0, 1]范围内，因此必须将每个数字除以 255。

以下代码等价于上述示例，但它使用的是 RGB 元组而不是十六进制代码：

```
fb.plot(
    y='open',
    figsize=(5, 3),
    color=(128 / 255, 0, 1),
    legend=False,
    title='Evolution of FB Opening Price in 2018'
)
plt.ylabel('price ($)')
```

到目前为止，我们为绘制不同数据提供了多种不同的颜色，但是这些颜色从何而来？接下来，让我们看看 Matplotlib 的颜色表。

6.4.5 颜色表

Matplotlib 不必预先指定要使用的所有颜色，而是可以使用颜色表（colormap）并循环遍历其中的颜色。前文讨论热图时，已经考虑了对给定任务使用适当类别的颜色表的重要性。Matplotlib 共有 3 种类型的颜色表，每种类型都有自己的用途，如图 6.37 所示。

类　型	作　用
多色系（qualitative）	颜色之间无顺序或关系，仅用于区分不同的分组。多色系颜色表将使用不同色相值（hue）的颜色，表示不同类别或数值的差异。这些颜色的亮度（lightness）不一定完全相等，但是要基本差不多。多色系还包括圆形分布的多色系（circular color system）。例如，在地图上常使用多色系表示不同的区域
单色系（sequential）	色相基本相同，饱和度（saturation）单调递增变化。常用于有序数据，如温度值。单色系的颜色亮度将逐步增加。小数值常使用较亮的颜色表示，而大数值则使用较暗的颜色表示
双色渐变系（diverging）	两个不同的色相用于不同的两类情况，如正值与负值。双色渐变系主要强调基于一个关键中间点（midpoint）的级数分布。中间点使用一个较量的颜色表示，两端则逐步变化到两个不同色相的颜色。例如，相关性系数常限制为[−1, 1]范围，−1 为强负相关，可使用蓝色表示，1 为强正相关，可使用红色表示，而 0 则表示无相关，以白色表示

图 6.37　颜色表的类型

要按名称、十六进制和 RGB 值浏览颜色，可访问以下网址：

https://www.color-hex.com/

要查找颜色表的完整色谱，可访问以下网址：

https://https://matplotlib.org/stable/gallery/color/colormap_reference.html

在 Python 中，我们可以通过运行以下命令获取所有可用颜色表的列表：

```
>>> from matplotlib import cm
>>> cm.datad.keys()
dict_keys(['Blues', 'BrBG', 'BuGn', 'BuPu', 'CMRmap', 'GnBu',
           'Greens', 'Greys', 'OrRd', 'Oranges', 'PRGn',
           'PiYG', 'PuBu', 'PuBuGn', 'PuOr', 'PuRd', 'Purples',
           'RdBu', 'RdGy', 'RdPu', 'RdYlBu', 'RdYlGn',
           'Reds', ..., 'Blues_r', 'BrBG_r', 'BuGn_r', ...])
```

请注意，某些颜色表出现了两次，其中一个以相反的顺序出现，由名称上的_r 后缀表示。这非常有用，因为我们不必反转数据将值映射到我们想要的颜色。Pandas 接收这些颜色表作为字符串，或作为 plot()方法的 colormap 参数的 matplotlib 颜色表，这意味着可以传入'coolwarm_r'、cm.get_cmap('coolwarm_r')或 cm.coolwarm_r 并获得相同的结果。

现在让我们使用 coolwarm_r 颜色表显示 Facebook 股票的收盘价如何在 20 天滚动最低价最小值和最高价最大值之间的波动：

```
>>> ax = fb.assign(
...     rolling_min=lambda x: x.low.rolling(20).min(),
...     rolling_max=lambda x: x.high.rolling(20).max()
... ).plot(
...     y=['rolling_max', 'rolling_min'],
...     colormap='coolwarm_r',
...     label=['20D rolling max', '20D rolling min'],
...     style=[':', '--'],
...     figsize=(12, 3),
...     title='FB closing price in 2018 oscillating between '
...           '20-day rolling minimum and maximum price'
... )

>>> ax.plot(
...     fb.close, 'purple', alpha=0.25, label='closing price'
... )
```

```
>>> plt.legend()
>>> plt.ylabel('price ($)')
```

可以看到，通过使用反转的颜色表，可以轻松使用红色代表滚动最大值，蓝色代表滚动最小值，而不必尝试确保 Pandas 首先绘制滚动最小值，如图 6.38 所示。

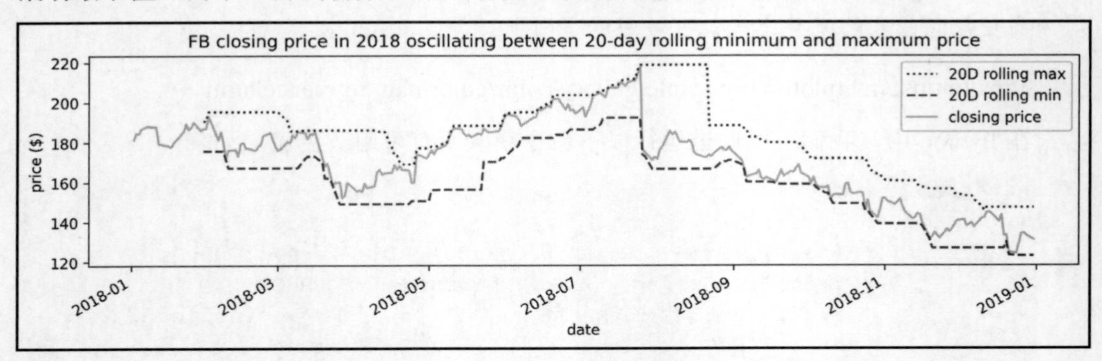

图 6.38　使用颜色表

colormap 对象是一个可调用对象，这意味着我们可以向它传递[0, 1]范围内的值，它会告诉我们颜色表上某个点的 RGBA 值，可以将其用于 color 参数。这使我们可以对颜色表中使用的颜色进行更精细的控制。

可以使用这种技术控制如何在数据中传播颜色表。例如，可以要求 ocean 颜色表的中点与 color 参数一起使用：

```
>>> cm.get_cmap('ocean')(.5)
(0.0, 0.2529411764705882, 0.5019607843137255, 1.0)
```

提示：

在 covid19_cases_map.ipynb 笔记本中有一个使用颜色表作为可调用对象的示例，其中 COVID-19 病例计数被映射到颜色，颜色越深表示病例数越多。

尽管有大量现成颜色表可用，但有时你可能仍需要创建自己的颜色表。也许你有一个特别喜欢使用的调色板，或者在表现某些主题时要求使用特定的配色方案。在这些情况下，都可以使用 Matplotlib 制作我们自己的颜色表。

假设要制作一个混合颜色表，从紫色（#800080）到黄色（#FFFF00），中间是橙色（#FFA500）。我们需要的所有函数都在 color_utils.py 中。如果从与该文件相同的目录中运行 Python，则可以按以下方式导入函数：

```
>>> import color_utils
```

在导入所需函数之后，首先，需要将这些十六进制颜色转换为它们的 RGB 等价物，这就是 hex_to_rgb_color_list()函数将要做的。请注意，当 RGB 值对两个数字使用相同的十六进制数字时，那么该函数还可以使用 3 个数字的速记十六进制代码（例如，#F1D 是 #FF11DD 的速记等价物）：

```
import re

def hex_to_rgb_color_list(colors):
    """
    获取颜色或十六进制代码颜色列表
    并将它们转换为[0,1]范围内的 RGB 颜色

    参数:
        - colors: 颜色或十六进制代码颜色列表

    返回:
        以 RGB 形式表示的颜色或颜色列表
    """
    if isinstance(colors, str):
        colors = [colors]

    for i, color in enumerate(
        [color.replace('#', '') for color in colors]
    ):
        hex_length = len(color)

        if hex_length not in [3, 6]:
            raise ValueError(
                'Colors must be of the form #FFFFFF or #FFF'
            )
        regex = '.' * (hex_length // 3)
        colors[i] = [
            int(val * (6 // hex_length), 16) / 255
            for val in re.findall(regex, color)
        ]
    return colors[0] if len(colors) == 1 else colors
```

提示：

这里不妨注意 enumerate()函数。它可以在迭代时获取索引和该索引处的值，而不是在循环中查找值。

另外请注意，Python 使用了 int()函数将十进制数字转换为十六进制数（注意，//是整

数除法——我们必须这样做，因为 int()函数需要一个整数而不是一个浮点数）。

接下来需要函数获取这些RGB颜色并为颜色表创建值。该函数将需要执行以下操作：

（1）创建一个 4D NumPy 数组，其中包含 256 个用于颜色定义的槽位。请注意，我们不想更改透明度，因此可单独保留第四维（alpha）。

（2）对于每个维度（红色、绿色和蓝色），可使用 np.linspace()函数在目标颜色之间创建均匀过渡（即从颜色 1 的红色分量过渡到颜色 2 的红色分量，再到颜色 3 的红色分量，以此类推，然后对绿色分量重复此过程，最后是蓝色分量）。

（3）返回一个 ListedColormap 对象，可以在绘图时使用它。

以下就是 blended_cmap()函数的代码：

```
from matplotlib.colors import ListedColormap
import numpy as np

def blended_cmap(rgb_color_list):
    """
    创建从一种颜色混合到另一种颜色的颜色表

    参数：
        - rgb_color_list: 以[R, G, B]形式表示的颜色列表
                          其值范围为[0, 1]，例如：
                          [[0, 0, 0], [1, 1, 1]]分别表示黑色和白色

    返回：
        Matplotlib ListedColormap 对象
    """
    if not isinstance(rgb_color_list, list):
        raise ValueError('Colors must be passed as a list.')
    elif len(rgb_color_list) < 2:
        raise ValueError('Must specify at least 2 colors.')
    elif (
        not isinstance(rgb_color_list[0], list)
        or not isinstance(rgb_color_list[1], list)
    ) or (
        (len(rgb_color_list[0]) != 3
        or len(rgb_color_list[1]) != 3)
    ):
        raise ValueError(
            'Each color should be a list of size 3.'
        )
```

```
    N, entries = 256, 4 # red, green, blue, alpha
    rgbas = np.ones((N, entries))

    segment_count = len(rgb_color_list) - 1
    segment_size = N // segment_count
    remainder = N % segment_count  # 后期需要将它加回来

    for i in range(entries - 1):   # alpha 值保持不变
        updates = []
        for seg in range(1, segment_count + 1):
            # 处理由于 remainder 而导致的不均匀分割
            offset = 0 if not remainder or seg > 1 \
                     else remainder

            updates.append(np.linspace(
                start=rgb_color_list[seg - 1][i],
                stop=rgb_color_list[seg][i],
                num=segment_size + offset
            ))
        rgbas[:,i] = np.concatenate(updates)
    return ListedColormap(rgbas)
```

可以使用 draw_cmap()函数绘制一个颜色条，它允许可视化我们的颜色表：

```
import matplotlib.pyplot as plt

def draw_cmap(cmap, values=np.array([[0, 1]]), **kwargs):
    """
    绘制一个颜色条以可视化颜色表

    参数：
        - cmap: matplotlib 颜色表
        - values: 用于颜色表的值
        - kwargs: 传递给 plt.colorbar()的关键字参数

    返回：
        matplotlib Colorbar 对象
        可以将其保存方式为 plt.savefig(<file_name>, bbox_inches='tight')
    """
    img = plt.imshow(values, cmap=cmap)
    cbar = plt.colorbar(**kwargs)
    img.axes.remove()
    return cbar
```

在有了 draw_cmap()函数之后，即可轻松地为任何可视化任务添加带有自定义颜色表的颜色条。在 covid19_cases_map.ipynb 笔记本中，有一个在世界地图上绘制 COVID-19 病例数的示例。

现在，让我们使用这些函数创建并可视化自定义颜色表。首先需要通过导入模块使用它们（之前已经执行过）：

```
>>> my_colors = ['#800080', '#FFA500', '#FFFF00']
>>> rgbs = color_utils.hex_to_rgb_color_list(my_colors)
>>> my_cmap = color_utils.blended_cmap(rgbs)
>>> color_utils.draw_cmap(my_cmap, orientation='horizontal')
```

产生的颜色条如图 6.39 所示。

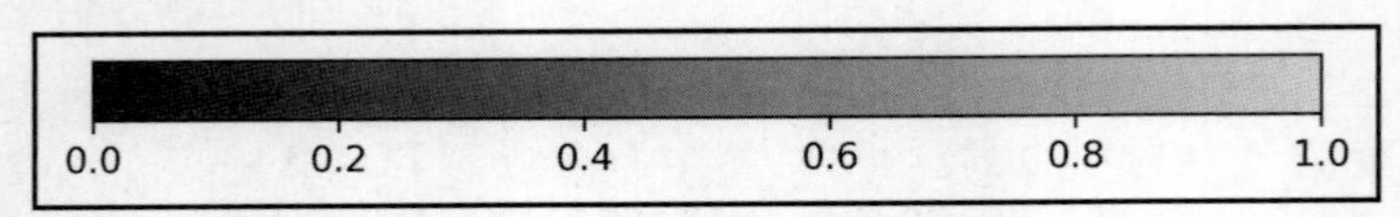

图 6.39　自定义混合颜色表

提示：

Seaborn 还提供了额外的调色板，以及用于挑选颜色表和制作自定义颜色表的便捷实用程序，以便在 Jupyter Notebook 中与 Matplotlib 交互使用。

你可以查看选择调色板教程以获取更多信息，对应网址如下：

https://seaborn.pydata.org/tutorial/color_palettes.html

本节使用的笔记本中还包含一个简短的示例。

正如我们在图 6.39 的颜色条中看到的那样，这些颜色表能够显示颜色的不同渐变以表示连续的值。

我们如果只是希望线形图中的每条线都有不同的颜色，则可以在不同的颜色之间循环。为此，我们可以使用包含颜色列表的 itertools.cycle()；这些颜色不会被混合，但可以无休止地循环它们，因为 itertools.cycle()是一个无限迭代器。

本章前面使用了这种技术为回归残差图自定义颜色（见 6.2.3 节“回归图”）：

```
>>> import itertools
>>> colors = itertools.cycle(['#ffffff', '#f0f0f0', '#000000'])
>>> colors
<itertools.cycle at 0x1fe4f300>
>>> next(colors)
'#ffffff'
```

更简单的情况是，我们在某个地方有一个颜色列表，但与其将它放在绘图代码中并在内存中存储另一个副本，不如编写一个简单的生成器（generator），该生成器仅从该主列表中产生。通过使用生成器，我们可以高效地利用内存，而不需要过多的颜色处理代码。

请注意，生成器将被定义为函数，但它不使用 return，而是使用 yield。以下代码段显示了此应用方案的模拟，它类似于 itertools 解决方案，只不过它不是无限循环的。本示例只是想表明，我们可以找到很多方法在 Python 中执行某操作，并且最好能够找到以最佳方式满足需求的实现：

```
from my_plotting_module import master_color_list

def color_generator():
    yield from master_color_list
```

使用 Matplotlib 时，替代方法是使用颜色列表实例化 ListedColormap 对象，并为 N 定义一个很大的值，以便它重复足够长的时间（如果不提供 N，那么它只会遍历颜色一次）：

```
>>> from matplotlib.colors import ListedColormap
>>> red_black = ListedColormap(['red', 'black'], N=2000)
>>> [red_black(i) for i in range(3)]
[(1.0, 0.0, 0.0, 1.0),
 (0.0, 0.0, 0.0, 1.0),
 (1.0, 0.0, 0.0, 1.0)]
```

值得一提的是，还可以使用 Matplotlib 团队开发的 cycler，它允许定义颜色、线条样式、标记、线条宽度等的组合，并且可以多次循环遍历，从而增加了额外的灵活性。有关该 API 的详细信息，你可以访问以下网址：

https://matplotlib.org/cycler/

我们将在第 7 章“金融分析”看到它的一个示例。

6.4.6　条件着色

颜色表可以根据数据中的值轻松地改变颜色，但是如果我们只想在满足某些条件时使用特定颜色，那该怎么办？在这种情况下，需要围绕颜色选择构建一个函数。

我们可以编写一个生成器来根据数据确定绘图颜色，并且仅在需要时才计算它。例如，假设我们想根据是否为闰年来为从 1992 年到 200018 年（注意，这不是输入错误）的年份分配颜色，并区分不是闰年的特殊年份（例如，使用特殊颜色标注可被 100 整除但不可被 400 整除的年份，这样的年份不是闰年）。在内存中不应该保留这么大的列表，所以可创建一个生成器来按需计算颜色：

```
def color_generator():
    for year in range(1992, 200019): # integers [1992, 200019)
        if year % 100 == 0 and year % 400 != 0:
            # 特殊情况，可被 100 整除但不可被 400 整除的年份
            color = '#f0f0f0'
        elif year % 4 == 0:
            # 闰年（可被 4 整除）
            color = '#000000'
        else:
            color = '#ffffff'
        yield color
```

注意：

取模运算符（%）可返回除法运算的余数。

例如，4 % 2 等于 0，因为 4 可以被 2 整除。但是，由于 4 不能被 3 整除，因此 4 % 3 是非零的，其结果为 1。取模运算符可用于检查一个数是否能被另一个数整除，通常用于检查一个数是奇数还是偶数。在本示例中，我们使用它查看是否满足闰年的条件。

由于我们已经将 year_colors 定义为生成器，因此 Python 将记住我们在此函数中的位置并在调用 next()时继续：

```
>>> year_colors = color_generator()
>>> year_colors
<generator object color_generator at 0x7bef148dfed0>
>>> next(year_colors)
'#000000'
```

我们可以使用生成器表达式（Generator Expression）编写更简单的生成器。例如，如果不再关心特殊情况，则可以使用以下代码：

```
>>> year_colors = (
...     '#ffffff'
...     if (not year % 100 and year % 400) or year % 4
...     else '#000000' for year in range(1992, 200019)
... )
>>> year_colors
<generator object <genexpr> at 0x7bef14415138>
>>> next(year_colors)
'#000000'
```

你如果对 Python 不是很熟悉，则可能会觉得奇怪，我们在上述代码片段中的布尔条件实际上是数字（year % 400 的结果是一个整数）。

这是利用了 Python 的真/假值；包含零值（如数字 0）或为空（如[]或''）的值都是假值。因此，虽然在第一个生成器中，我们编写了 year % 400 != 0 来准确评估结果值，但更符合 Python 风格（Pythonic）的方式是 year % 400，因为如果没有余数（计算为 0），则语句将被评估为 False。显然，有时我们必须在可读性和 Python 风格之间做出选择，但了解如何编写具有 Python 风格的代码是件好事，因为它通常会更有效率。

提示：

在 Python 中运行 import this 即可查看 the Zen of Python（Python 之禅），它提出了一些关于 Python 编码风格的规则。例如，编码要优美、简洁、扁平化（少嵌套）、可读性强等。

现在我们已经掌握了在 Matplotlib 中利用颜色使数据区别更明显的方法，事实上，凸显数据差异的方式不止一种，根据绘制的内容或可视化方式（例如，在黑白双色环境中），将纹理与颜色一起使用或干脆用纹理取代颜色可能是有意义的。

6.4.7　纹理

除了自定义可视化绘图中的颜色，Matplotlib 还可以在各种绘图函数中包含纹理。这是通过 hatch 参数实现的，Pandas 将传递该值。

例如，我们可以用带纹理的条形图为 2018 年第四季度 Facebook 股票的每周交易量创建一个条形图：

```
>>> weekly_volume_traded = fb.loc['2018-Q4']\
...     .groupby(pd.Grouper(freq='W')).volume.sum()

>>> weekly_volume_traded.index = \
...     weekly_volume_traded.index.strftime('W %W')

>>> ax = weekly_volume_traded.plot(
...     kind='bar',
...     hatch='*',
...     color='lightgray',
...     title='Volume traded per week in Q4 2018'
... )
>>> ax.set(
...     xlabel='week number',
...     ylabel='volume traded'
... )
```

使用 hatch='*'之后，条形图案中充满了星星。请注意，我们还为每个条形设置了颜色，因此这里可以有很大的灵活性，如图 6.40 所示。

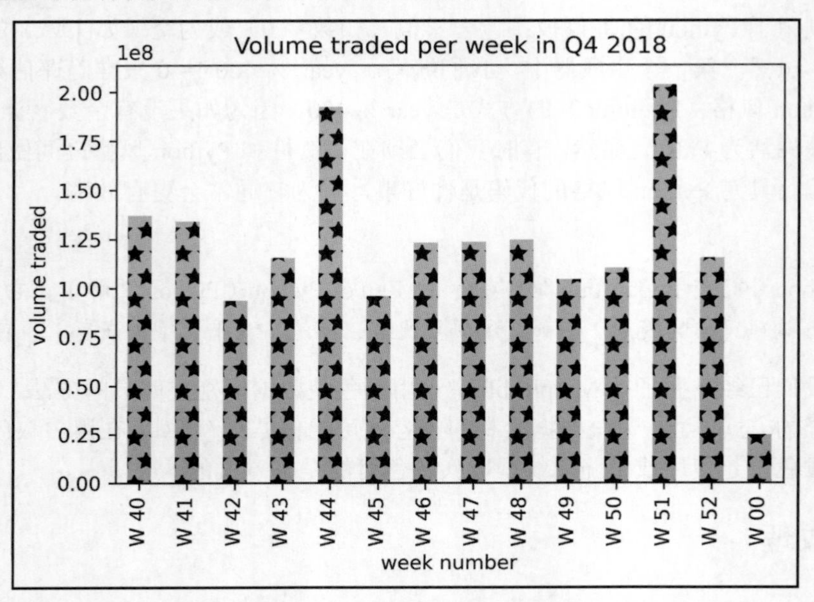

图 6.40　使用纹理填充条形

纹理还可以进行组合以生成新图案，通过重复增强其效果。以 6.4.2 节“区域着色”中的 plt.fill_between()为例，我们仅对 12 月部分进行了着色（见图 6.33）。这一次我们将使用纹理区分每个月，而不是仅对 12 月进行着色。我们将用圆环填充 10 月，用斜线填充 11 月，用小圆点填充 12 月：

```
>>> import calendar

>>> fb_q4 = fb.loc['2018-Q4']
>>> for texture, month in zip(
...     ['oo', '/\\/\\', '...'], [10, 11, 12]
... ):
...     plt.fill_between(
...         fb_q4.index, fb_q4.high, fb_q4.low,
...         hatch=texture, facecolor='white',
...         where=fb_q4.index.month == month,
...         label=f'{calendar.month_name[month]} differential'
...     )
```

```
>>> plt.plot(fb_q4.index, fb_q4.high, '--', label='daily high')
>>> plt.plot(fb_q4.index, fb_q4.low, '--', label='daily low')
>>> plt.xticks([
...     '2018-10-01', '2018-11-01', '2018-12-01', '2019-01-01'
... ])
>>> plt.xlabel('date')
>>> plt.ylabel('price ($)')
>>> plt.title(
...     'FB differential between high and low price Q4 2018'
... )
>>> plt.legend()
```

使用 hatch='o'会产生较细小的环，因此我们使用了'oo'获得较厚的环以填充 10 月区域。对于 11 月，我们想要获得交叉图案，所以组合了两个正斜杠和两个反斜杠（实际上有 4 个反斜杠，因为反斜杠必须被转义）。为了实现填充 12 月的小点，我们使用了 3 个句点——添加的句点越多，纹理就变得越密集。

最终输出结果如图 6.41 所示。

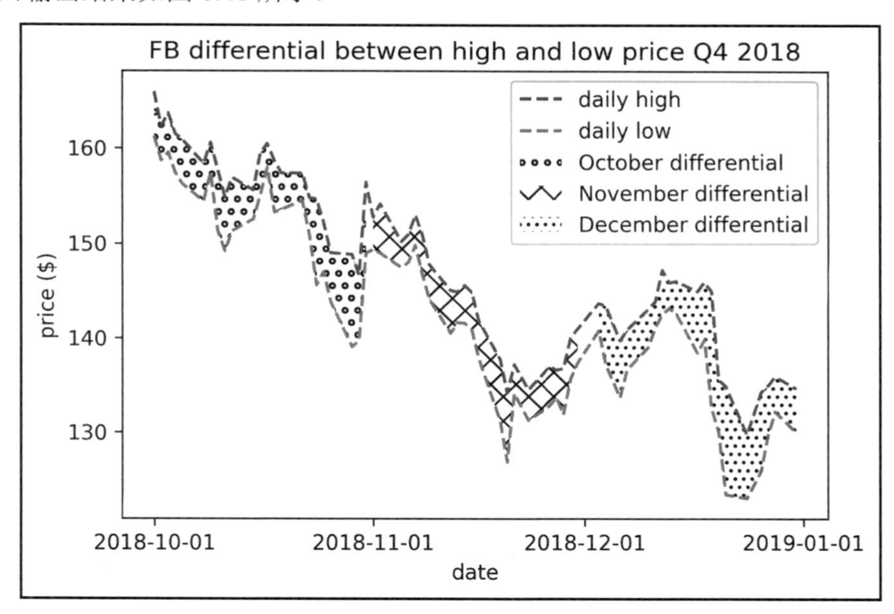

图 6.41　组合纹理

自定义绘图技术的讨论到此结束。这些技术只是 Matplotlib 应用中很少的一部分，你如果对此感兴趣，则可以探索 Matplotlib API 以获取更多信息。

6.5 小　结

本章探讨了如何使用 Matplotlib、Pandas 和 Seaborn 创建令人印象深刻的自定义可视化绘图。我们讨论了如何将 Seaborn 用于它更擅长的绘图类型。此外，我们还详细介绍了如何制作自己的颜色表、注解绘图、添加参考线、给区域着色、优化轴/图例/标题，并控制可视化效果。最后，我们还简要介绍了使用 itertools 并创建自定义生成器。

第 7 章“金融分析”将介绍金融领域的应用，并构建自定义 Python 包。

在进入第 7 章“金融分析”的学习之前，建议完成本章练习。

6.6 练　习

使用本章数据和到目前为止掌握的技术创建以下可视化结果。确保在绘图中添加标题、轴标签和图例（应添加在适当的地方）。

（1）使用 Seaborn，创建一幅热图，以可视化地震震级与使用 mb 震级类型测量的地震是否发生海啸之间的相关系数。

（2）创建 Facebook 交易量和收盘价的箱线图，并为 Tukey 围栏（Tukey fence）的边界绘制参考线，乘数为 1.5。

Tukey 法（Tukey method）使用了四分位距过滤太大或太小的数。它和四分位距法类似，但使用了围栏（fence）的概念，并且有一高一低两个围栏。

低围栏的计算公式为：

$$Q_1 - 1.5 \times \mathrm{IQR}$$

高围栏的计算公式为：

$$Q_3 + 1.5 \times \mathrm{IQR}$$

在围栏之外的都是异常值。请务必对数据使用 quantile()方法以使其更容易区分。你可以为绘图选择自己喜欢的任何方向，但请确保使用子图。

（3）绘制全球累计 COVID-19 病例数的演变图，并在超过 100 万的日期添加一条垂直虚线。请务必相应地格式化 y 轴上的刻度标签。

（4）使用 axvspan()绘制从'2018-07-25'到'2018-07-31'的矩形，这标志着 Facebook 股价在收盘价线形图上出现的大幅下跌。

（5）使用 Facebook 股价数据，在收盘价线形图上标注以下 3 个事件：

A．2018 年 7 月 25 日收盘后公布的令人失望的用户增长数。

B．有关 Cambridge Analytica 的新闻发生在 2018 年 3 月 19 日（当时它影响了市场）。

C．FTC 于 2018 年 3 月 20 日启动调查。

（6）修改 6.2.3 节“回归图”中使用的 reg_resid_plots()函数，以使用 Matplotlib 颜色表而不是在两种颜色之间循环。请记住，对于该用例，应该选择多色系的颜色表或制作我们自己的颜色表。

6.7　延伸阅读

查看以下资源以获取有关本章所涵盖主题的更多信息。

- Choosing Colormaps（选择颜色表）：

  https://matplotlib.org/tutorials/colors/colormaps.html

- Controlling figure aesthetics(seaborn)（有关控制图形的美学）（Seaborn）：

  https://seaborn.pydata.org/tutorial/aesthetics.html

- Customizing Matplotlib with style sheets and rcParams（使用样式表和 rcParams 自定义 Matplotlib）：

  https://matplotlib.org/tutorials/introductory/customizing.html

- Format String Syntax（格式化字符串语法）：

  https://docs.python.org/3/library/string.html#format-string-syntax

- Generator Expressions(PEP 289)（生成器表达式）（PEP 289）：

  https://www.python.org/dev/peps/pep-0289/

- Information Dashboard Design: Displaying Data for At-a-Glance Monitoring,Second Edition（信息仪表板设计：显示用于概览监控的数据，第二版）：

  https://www.amazon.com/Information-Dashboard-Design-At-Glance/dp/1938377001/

- Matplotlib Named Colors（Matplotlib 命名颜色）：

  https://matplotlib.org/examples/color/named_colors.html

- Multiple assignment and tuple unpacking improve Python code readability（多重赋

值和元组解包提高 Python 代码可读性）：

https://treyhunner.com/2018/03/tuple-unpacking-improves-python-code-readability/

- Python: range is not an iterator!（Python：范围不是迭代器！）：

  https://treyhunner.com/2018/02/python-range-is-not-an-iterator/

- Python zip() function（Python zip()函数）：

  https://www.journaldev.com/15891/python-zip-function

- Seaborn API reference（Seaborn API 参考）：

  https://seaborn.pydata.org/api.html

- Show Me the Numbers: Designing Tables and Graphs to Enlighten（数字展示：设计表格和图表使数字更易懂）：

  https://www.amazon.com/gp/product/0970601972/

- Style sheets reference (Matplotlib)（样式表参考）（Matplotlib）：

  https://matplotlib.org/gallery/style_sheets/style_sheets_reference.html

- Support and Resistance Basics（支撑位和阻力位基础知识）：

  https://www.investopedia.com/trading/support-and-resistance-basics/

- The Iterator Protocol: How "For Loops" Work in Python（迭代器协议：For 循环在 Python 中的工作原理）：

  https://treyhunner.com/2016/12/python-iterator-protocol-how-for-loops-work/

- The Visual Display of Quantitative Information（定量信息的视觉显示）：

  https://www.amazon.com/Visual-Display-Quantitative-Information/dp/1930824130

- Tick formatters（刻度格式化器）：

  https://matplotlib.org/gallery/ticks_and_spines/tick-formatters.html

- What does Pythonic mean?（Pythonic 是什么意思？）：

  https://stackoverflow.com/questions/25011078/what-does-pythonic-mean

第 3 篇

使用 Pandas 进行实际应用分析

现在让我们看看如何将迄今为止所学习到的一切结合起来。本篇将采用一些真实世界的数据集并从头到尾演示完整的分析流程，在此过程中不但将结合前几章涵盖的所有概念，还将引入一些新的材料。

本篇包括以下两章：

- 第 7 章，金融分析
- 第 8 章，基于规则的异常检测

第7章 金 融 分 析

数据分析在真实世界中有大量的应用。本章将通过对比特币和股票市场进行分析来探索其金融应用。本章所讨论的流程建立在前文已经介绍过的知识基础之上——我们将从互联网上提取数据，进行一些探索性数据分析，使用 Pandas、Seaborn 和 Matplotlib 创建可视化，使用 Pandas 计算重要指标以分析金融工具的性能，并尝试构建一些模型。请注意，本章并不是要学习金融分析，而是要介绍如何将前文学习到的技能应用于金融分析。

本章也与本书中的标准工作流程有所不同。到目前为止，我们一直在使用 Python 作为一种函数式编程语言。但是，Python 也支持面向对象编程（object-oriented programming，OOP），这意味着我们可以构建类，以执行后续需要执行的主要任务。这包括以下内容：

（1）从 Internet 中收集数据（使用 StockReader 类）。

（2）可视化金融资产（使用 Visualizer 类）。

（3）计算金融资产指标（使用 StockAnalyzer 类）。

（4）对金融数据进行建模（使用 StockModeler 类）。

由于需要大量代码可使分析过程清晰且易于重现，因此我们将构建一个 Python 包容纳这些类。

你可以直接复制代码而不需要自己输入/运行它，因此，请务必阅读 7.1 节“章节材料”以进行正确设置。

本章颇具挑战性，你可能需要重读多次；但是，它将为你演示数据分析的最佳实践，并且在本章获得的技能将显著提高你的编码水平，让你看到立竿见影的效果。其中一个主要的收获是，面向对象编程（OOP）对于打包分析任务非常有用。每个类都应该有一个单一的目的，并且有详细的说明文档。如果有很多类，则应该将它们分散到单独的文件中并制作一个包。这使得其他人可以很容易地安装/使用它们，并使我们能够标准化跨项目执行某些任务的方式。例如，我们不应该让项目中的每个合作者都编写自己的函数来连接到数据库。标准化的、有据可查的代码将省去很多麻烦。

本章包含以下主题：

- ❑ 构建 Python 包。
- ❑ 收集金融数据。
- ❑ 进行探索性数据分析。
- ❑ 对金融工具进行技术分析。
- ❑ 使用历史数据进行建模。

7.1　章节材料

本章将创建我们自己的股票分析包。这使我们可以非常轻松地分发自己的代码并允许其他人使用该代码。该软件包的最终产品位于本书配套的 GitHub 存储库上，其网址如下：

https://github.com/stefmolin/stock-analysis/tree/2nd_edition

Python 的包管理器 pip 能够从 GitHub 中安装包，也可以在本地构建它们。因此，你可以进行以下选择之一：

- 如果我们不打算编辑源代码供我们自己使用，请从 GitHub 中安装。
- 分叉并克隆存储库，然后将其安装在我们的机器上以修改代码。

如果希望直接从 GitHub 中安装，则在这里不需要做任何事情，因为我们已经在第 1 章“数据分析导论”中设置环境时完成了安装。当然，作为一项参考，你也可以执行以下操作以从 GitHub 中安装软件包：

```
(book_env) $ pip3 install \
git+https://github.com/stefmolin/stock-analysis.git@2nd_edition
```

提示：

上述命令中，URL 的@2nd_edition 部分告诉 pip 安装标记为 2nd_edition 的版本。要安装特定分支上的代码版本，请将其替换为@<branch_name>。例如，如果希望在名为 dev 的分支上开发代码，则可以使用@dev。当然，一定要先检查分支是否存在。

我们还可以按相同的方式使用提交哈希获取特定的提交。你可以访问以下网址了解更多信息：

https://pip.pypa.io/en/latest/reference/pip_install/#git

要以可编辑模式在本地安装——这意味着任何更改都将在本地自动反映而无须重新安装——可以使用-e 标志。在第 1 章“数据分析导论”创建的虚拟环境中，可从命令行中运行以下命令以执行此操作。请注意，这将克隆最新版本的包，该版本可能与前面介绍的版本（带有 2nd_edition 标签的版本）不同：

```
(book_env) $ git clone \
git@github.com:stefmolin/stock-analysis.git
(book_env) $ pip3 install -r stock-analysis/requirements.txt
(book_env) $ pip3 install -e stock-analysis
```

注意：

本示例将通过 SSH 使用 git clone。如果尚未设置 SSH 密钥，请使用以下 URL 通过 HTTPS 进行克隆：

https://github.com/stefmolin/stock-analysis.git

或者，你也可以首先按照 GitHub 中的说明生成 SSH 密钥。你如果只想使用 2nd_edition 标签克隆版本，可参考 Stack Overflow 上的以下贴文：

https://stackoverflow.com/questions/20280726/how-to-git-clone-a-specifictag

本章将使用 stock-analysis 包。此外，本书配套存储库中包含将用于实际金融分析的 financial_analysis.ipynb 笔记本，其网址如下：

https://github.com/stefmolin/Hands-On-Data-Analysis-with-Pandas-2nd-edition/tree/master/ch_07

data/文件夹包含其备份文件，以防自发布以来数据源发生变化或使用 StockReader 类收集数据时出现任何错误。如果出现这种情况，则可以跳过收集数据的步骤，直接读入 CSV 文件，然后按照本章的其余部分进行操作。

同样，exercises/文件夹包含用于本章练习的备份文件。

注意：

如果在使用 Jupyter Notebook 时以可编辑模式更改已安装的包中的文件，则需要重新启动内核或打开一个新的 Python shell 并重新导入包。这是因为 Python 会在导入后缓存它。其他选项包括使用 importlib.reload()或 IPython autoreload 扩展。有关 autoreload 的详细信息，你可以访问以下网址：

https://ipython.readthedocs.io/en/stable/config/extensions/autoreload.html

7.2　构建 Python 包

构建包被认为是良好的编码实践，因为它允许编写模块化代码和代码重用。

模块化代码（modular code）是为了更普遍使用而编写成许多更小的部分的代码，而无须了解任务中涉及的所有内容的底层实现细节。例如，当我们使用 Matplotlib 绘图时，并不需要知道调用的函数的内部代码究竟在做什么——只需知道在它上面构建的输入和输出是什么就足够了。

7.2.1 封装结构

模块（module）是可以导入的单个 Python 代码文件。例如，第 4 章“聚合 Pandas DataFrame”中的 window_calc.py 和第 6 章“使用 Seaborn 和自定义技术绘图”中的 viz.py 都是模块。

包（package）是组织成目录的模块的集合。包也可以被导入，但是当我们导入包时，可以访问其中的某些模块，而不必单独导入每个模块。这也允许构建相互导入的模块，而无须维护一个非常大的模块。

要将模块转换为包，可以按照以下步骤操作。

（1）使用包的名称创建一个目录（本章为 stock_analysis）。

（2）将模块放在上述目录中。

（3）添加一个包含任何 Python 代码的__init__.py 文件以在导入包时运行（这可以是空的，而且往往就是空的）。

（4）在包的顶级目录（在这里是 stock_analysis）的同一级别创建一个 setup.py 文件，该文件将提供有关如何安装包的 pip 说明。有关创建此内容的信息，请参阅 7.9 节“延伸阅读”部分提供的资料。

完成上述步骤后，即可使用 pip 安装该软件包。请注意，虽然我们的包仅包含一个目录，但是你也可以根据需要构建一个包含任意多个子包的包。这些子包的创建就像创建包一样，区别在于它们不需要 setup.py 文件。

（1）在主包目录内（或在其他一些子包内）为子包创建一个目录。

（2）将子包的模块放在此目录中。

（3）添加__init__.py 文件，其中包含导入子包时应运行的代码（可以为空）。

包含单个子包的包的目录层次结构如下：

```
repo_folder
|-- <package_name>
|   |-- __init__.py
|   |-- some_module.py
|   `-- <subpackage_name>
|       |-- __init__.py
|       |-- another_module.py
|       `-- last_module.py
`-- setup.py
```

构建包时需要注意的其他一些事项如下。

- 为存储库编写 README 文件，以便其他人知道它包含的内容。有关 README 文件编写的详细信息，你可以访问以下网址：

  https://www.makeareadme.com/

- 检查（lint）代码以符合编码标准并分析代码中可能存在的错误。这可以查看以下网址的 pylint 包的说明：

  https://www.pylint.org/

- 添加测试，以确保对代码的更改不会破坏任何内容，并且代码可以完成其应做的事情。这可以查看以下网址的 pytest 包的说明：

  https://docs.pytest.org/en/latest/

7.2.2　stock_analysis 包概述

本章将使用迄今为止讨论过的各种 Python 包以及 Python 标准库创建一个名为 stock_analysis 的 Python 包。该包位于 stock-analysis 存储库，其网址如下：

https://github.com/stefmolin/stock-analysis

该包的结构如图 7.1 所示。

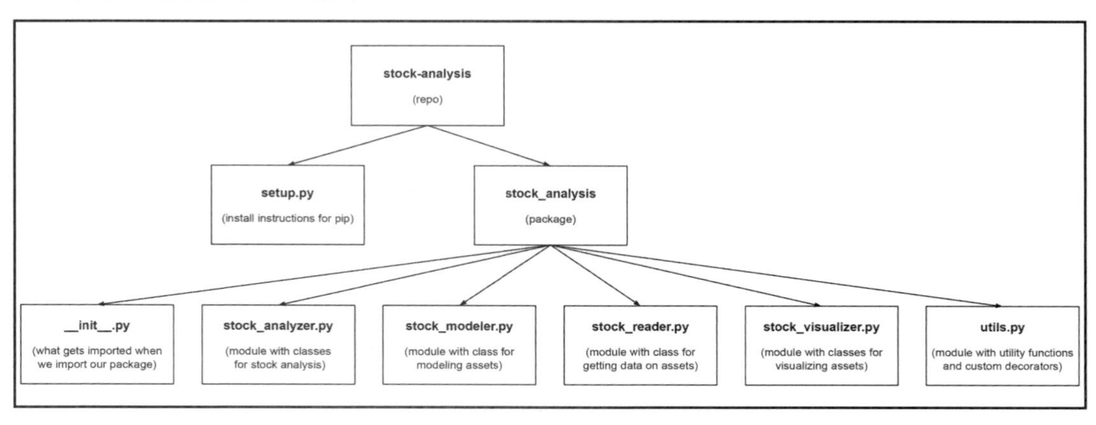

图 7.1　股票分析资料库的结构

原　文	译　文
stock-analysis (repo)	stock-analysis （存储库）
setup-py (install instructions for pip)	setup-py （pip 安装指示）
stock_analysis (package)	stock_analysis （包）
__init__.py (what gets imported when we import our package)	__init__.py （导入包时实际导入的东西）
stock_analyzer.py (module with classes for stock analysis)	stock_analyzer.py （带有股票分析类的模块）
stock_modeler.py (module with class for modeling assets)	stock_modeler.py （具有建模资产类的模块）
stock_reader.py (module with class for getting data on assets)	stock_reader.py （带有用于获取资产数据的类的模块）
stock_visualizer.py (module with classes for visualizing assets)	stock_visualizer.py （具有用于可视化资产的类的模块）
utils.py (module with utility functions and custom decorators)	utils.py （具有实用功能和自定义装饰器的模块）

包中的模块将包含用于对资产（asset）进行技术分析的自定义类。类（class）应该为单一目的而设计，使得在出现问题时更容易构建、使用和调试。因此，我们将构建多个类以涵盖金融分析的各个方面。

本章需要构建的类如图 7.2 所示。

目　的	类	模　块
从不同来源收集数据	StockReader	stock_reader.py
可视化数据	Visualizer StockVisualizer AssetGroupVisualizer	stock_visualizer.py
计算金融指标	StockAnalyzer AssetGroupAnalyzer	stock_analyzer.py
对数据建模	StockModeler	stock_modeler.py

图 7.2　stock_analysis 包的主要主题和类

可视化包中模块之间的交互以及每个类提供的功能对于我们理解工作原理很有帮

助，因此，接下来我们将构建统一建模语言（unified modeling language，UML）图。

7.2.3　UML 图

UML 图将显示有关类具有哪些属性和方法，以及类如何与其他类相关的信息。如图 7.3 所示，所有模块都依赖 utils.py 实现实用功能。

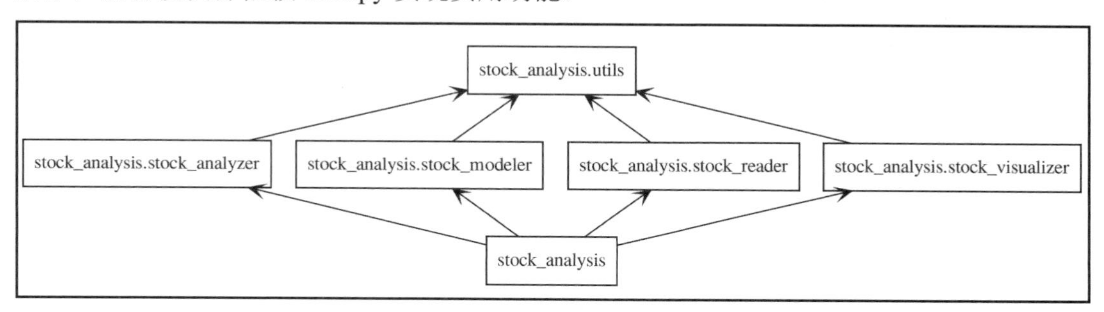

图 7.3　stock_analysis 包中的模块依赖关系

提示：

pylint 包带有 pyreverse，它可以制作 UML 图。不过你需要先安装 graphviz，其下载网址如下：

http://www.graphviz.org/download/

安装完成之后，从命令行中运行以下命令会为模块之间的关系生成一个 PNG 文件和一个用于类的 UML 图（假设存储库已克隆且 pylint 已安装）：

```
pyreverse -o png stock_analysis
```

stock_analysis 包中类的 UML 图如图 7.4 所示。

可以看到，每个框都分为 3 部分，顶部包含类名，中间部分包含该类的属性，而底部则包含该类中定义的任何方法。

注意到从 AssetGroupVisualizer 和 StockVisualizer 类指向 Visualizer 类的箭头了吗？这意味着二者都是 Visualizer 的一种。与 Visualizer 类相比，为 AssetGroupVisualizer 和 StockVisualizer 类显示的方法在这些类中的定义不同。7.4 节“探索性数据分析”将更深入地讨论这一点。

接下来，我们将更详细地介绍 stock_analysis 包中的每个类，并使用它们的功能对金融资产进行技术分析。

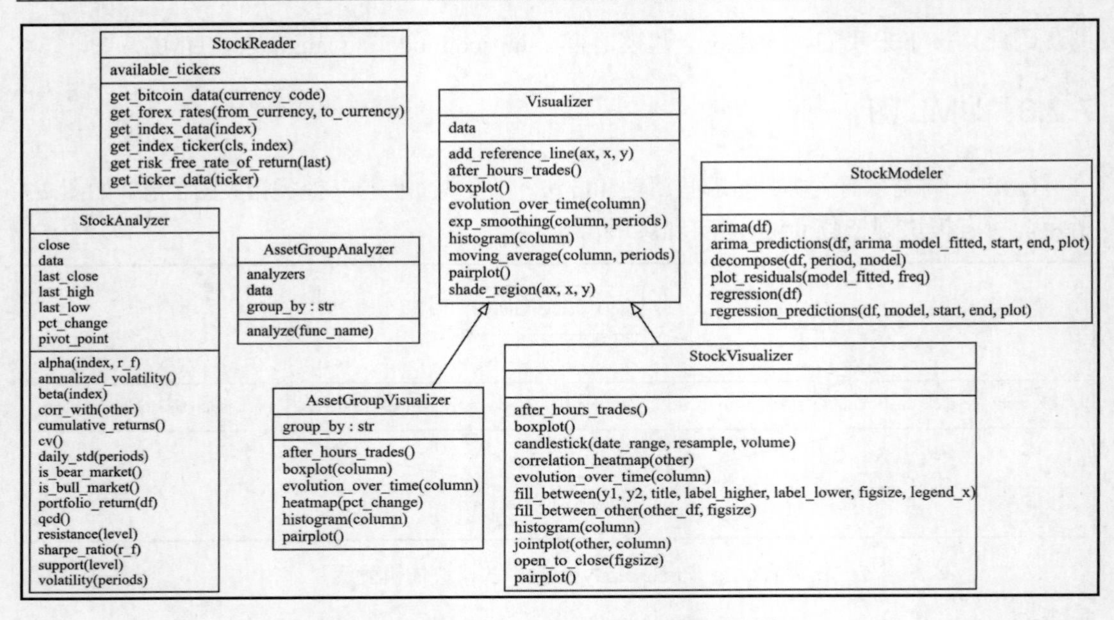

图 7.4　stock_analysis 包中的类的 UML 图

7.3　收集金融数据

第 2 章“使用 Pandas DataFrame”和第 3 章“使用 Pandas 进行数据整理”都演示了使用 API 来收集数据；但是，还有其他方法也可以从 Internet 中收集数据。例如，可以使用网页抓取（Web scraping）从 HTML 页面本身提取数据，Pandas 通过 pd.read_html()函数提供了该功能——该函数可以为在页面上找到的每个 HTML 表格返回一个 DataFrame。对于经济和金融数据，还有一种选择是 pandas_datareader 包，stock_analysis 包中的 StockReader 类将使用它收集金融数据。

注意：

如果本章中使用的数据源发生任何变化，或者在使用 StockReader 类收集数据时遇到错误，则可以直接读入 data/文件夹中的 CSV 文件作为替代，以便跟随后续操作。读入语句如下：

```
pd.read_csv('data/bitcoin.csv', index_col='date',
            parse_dates=True)
```

7.3.1　StockReader 类

由于我们将收集相同日期范围内各种资产的数据，因此创建一个隐藏所有实现细节的类是有意义的，这样可以避免大量复制和粘贴（以及潜在的错误）。

为实现这一目标，我们将构建 StockReader 类，这将使收集比特币、股票和证券市场指数的数据变得更加容易。我们可以简单地通过提供将用于分析的日期范围来创建 StockReader 类的实例，然后使用它提供的方法获取我们需要的任何数据。图 7.5 所示的 UML 图提供了该实现的高级概览。

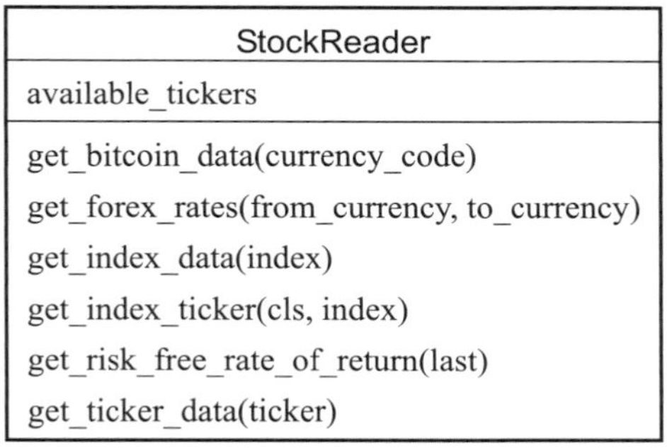

StockReader
available_tickers
get_bitcoin_data(currency_code) get_forex_rates(from_currency, to_currency) get_index_data(index) get_index_ticker(cls, index) get_risk_free_rate_of_return(last) get_ticker_data(ticker)

图 7.5　StockReader 类的 UML 图

在该 UML 图中可以看到，StockReader 类仅提供了一个属性，那就是可用的股票代码（available_tickers），并且可以执行以下操作。

- 使用 get_bitcoin_data()方法以提取目标货币的比特币数据。
- 使用 get_forex_rates()方法以提取每日外汇汇率数据。
- 使用 get_index_data()方法以提取证券市场指数，例如标准普尔 500 指数（简称标普 500）的数据。
- 使用 get_index_ticker()方法以查找特定指数的股票代码（股票市场代码），例如，Yahoo！Finance（雅虎财经）上标准普尔 500 指数股票的^GSPC。
- 使用 get_risk_free_rate_of_return()方法收集无风险收益率。
- 使用 get_ticker_data()方法为股票市场上的股票代码（如 Netflix 公司为 NFLX）提取数据。

现在我们已经理解了为什么需要这个类，并对其结构有了一个高屋建瓴的认识，接下来可以继续研究其代码。

由于 stock_analysis/stock_reader.py 模块中有很多代码需要研究，因此我们只能将文件分解成代码段。请注意，这可能会改变原有代码的缩进级别，因此，你也可以打开并查看文件本身以获取完整版本。

该模块的第一行是模块的文档字符串（docstring）。如前文所述，docstring 是一个字符串文本，它作为模块、函数、类或方法定义中的第一条语句出现。这样的文档字符串会成为该对象的__doc__属性。如果我们在模块本身上运行 help()，那么它将出现在顶部。它描述了模块的目的。

在 docstring 后面是需要的导入语句：

```
""" 收集选定的股票数据 """

import datetime as dt
import re

import pandas as pd
import pandas_datareader.data as web

from .utils import label_sanitizer
```

请注意，import 语句被分为 3 组，遵循 PEP 8 Python 风格指南。有关 PEP 8 的详细信息，你可以访问以下网址：

https://www.python.org/dev/peps/pep-0008/

PEP 8 Python 风格指南指出它们应按以下顺序排列。

（1）标准库导入（datetime 和 re）。

（2）第三方库（pandas 和 pandas_datareader）。

（3）从 stock_analysis 包（.utils）中导入的另一个模块。

导入语句之后，即可定义 StockReader 类。首先，我们将创建一个字典，将指数的股票代码映射到_index_tickers 中的描述性名称。请注意，我们的类还有一个文档字符串，它定义了其用途。以下仅复制了一些可用的股票代码：

```
class StockReader:
    """ 从网站读入金融数据的类 """

    _index_tickers = {'S&P 500': '^GSPC', 'Dow Jones': '^DJI',
                      'NASDAQ': '^IXIC'}
```

在构建类时，可以提供许多特殊方法——这些方法常称为 dunder 方法，因为它们的名称以双下画线（double underscore）开头和结尾。这些方法可以用于自定义在与语言运算符一起使用时类的行为。

- 初始化对象（__init__()）。
- 比较对象以进行排序（__eq__()、__lt__()、__gt__()等）。
- 在对象上执行算术运算（__add__()、__sub__()、__mul__()等）。
- 能够在其上使用内置 Python 函数，如 len()（__len__()）。
- 获取对象的字符串表示形式，以用于 print()函数（__repr__()和__str__()）。
- 支持迭代和索引（__getitem__()、__iter__()和__next__()）。

值得庆幸的是，我们不必每次创建类时都编写所有这些函数。大多数情况下，只要有__init__()方法即可，该方法将在创建对象时运行。有关上述特殊方法的更多信息，你可以访问以下网址：

https://dbader.org/blog/python-dunder-methods

https://docs.python.org/3/reference/datamodel.html#special-method-names

StockReader 类的对象将保留数据收集的开始和结束日期，因此可以将其放在__init__()方法中。我们将解析调用方传入的日期以允许使用任何日期分隔符。例如，这需要能够正确处理 Python datetime 对象的输入，'YYYYMMDD'形式的字符串，或使用任何与非数字正则表达式（\D）匹配的分隔符来表示日期的字符串（如'YYYY | MM | DD'或'YYYY / MM / DD'）。分隔符（如果有的话）将被替换为空字符串，以便可以在方法中使用 YYYYMMDD 格式构建日期时间。此外，如果调用方传递的开始日期等于或晚于结束日期，则会触发 ValueError 错误：

```
def __init__(self, start, end=None):
    """
    创建一个 StockReader 对象
    读取给定的日期范围

    参数：
        - start: 包含的开始日期，这是一个 datetime 对象
                 或'YYYYMMDD'格式的字符串
        - end: 包含的结束日期，这是一个 datetime 对象
               或'YYYYMMDD'格式的字符串
               如果未提供，则默认为当日
    """
    self.start, self.end = map(
        lambda x: x.strftime('%Y%m%d')\
            if isinstance(x, dt.date)\
            else re.sub(r'\D', '', x),
```

```
        [start, end or dt.date.today()]
    )
    if self.start >= self.end:
        raise ValueError('`start` must be before `end`')
```

请注意，我们没有在__init__()方法中定义_index_tickers，因为__init__()方法是在创建此对象时调用的，对于从该类创建的所有对象，我们仅需要此信息的一个副本。_index_tickers 类属性是私有的（按照惯例，前面用下画线表示），除非该类的用户知道它的名称，否则它不会被轻易发现（注意，方法也可以是私有的）。这样做是为了保护它（虽然不能保证），也因为用户并不直接需要它（它用于类的内部工作）。

我们将提供一个可以作为特性（attribute）访问的属性（property），以及一个用于获取映射到该字典中给定键的值的类方法。

提示：

类方法（class method）是可以在类本身上使用的方法，而无须事先创建类的实例。这与我们目前讨论的实例方法形成对比。

实例方法（instance method）将与类的实例一起用于特定于该实例的操作。

一般来说不需要类方法，但是如果有一个类，其所有实例共享数据，那么创建类方法而不是实例方法可能会更有意义。

由于_index_tickers 是私有的，我们希望为类的用户提供一种简单的方法查看可用的内容，因此我们需要为_index_tickers 的键创建一个属性。

要实现此目的，可使用@property 装饰器。装饰器（decorator）是包围其他函数的函数，它允许在内部函数执行之前或之后执行额外的代码。该类大量使用了装饰器：我们将使用一些已经编写好的装饰器（@property 和@classmethod），另外还将编写一个自定义装饰器对数据收集方法的结果进行清洗和标准化（@label_sanitizer）。

要使用装饰器，可以将它放在函数或方法定义之上：

```
@property
def available_tickers(self):
    """ 受支持的股票代码的指数 """
    return list(self._index_tickers.keys())
```

此外，我们还提供了一种使用类方法获取股票代码的方法，因为我们的股票代码被存储在类变量中。按照惯例，类方法接收 cls 作为它们的第一个参数，而实例方法则接收 self:

```
@classmethod
def get_index_ticker(cls, index):
    """
```

```
    获取指定指数的股票代码（如果已知的话）

    参数：
        - index: 指数的名称
                 检查 available_tickers 获得完整列表
                 - 'S&P 500'为标准普尔 500 指数
                 - 'Dow Jones'为道琼斯工业平均指数
                 - 'NASDAQ'为纳斯达克综合指数

    返回：
        如果已知，则将股票代码作为字符串返回，否则为 None
    """

    try:
        index = index.upper()
    except AttributeError:
        raise ValueError('`index` must be a string')
    return cls._index_tickers.get(index, None)
```

提示：

如果想要禁止代码中的某些操作，则可以检查它们并在我们认为合适的时候 raise（引发）错误，这样可以提供更具体的错误消息，或者在（通过使用不带表达式的 raise）重新引发错误之前简单地将特定错误与一些附加操作结合在一起。

如果希望在出现问题时运行某些代码，则可以使用 try...except 块，即：用 try 包围可能有问题的代码，并将如果出现问题时的处理方法放在 except 子句中。

7.5 节“金融工具的技术分析”将需要无风险收益率计算一些指标。这是没有金融损失风险的投资的收益率；在实践中，我们将使用 10 年期美国国库券作为投资标的。由于此收益率将取决于分析的日期范围，因此我们需要将此功能添加到 StockReader 类中，以避免自己查找。

我们将使用 pandas_datareader 包从 Federal Reserve Bank of St. Louis（圣路易斯联邦储备银行）中收集这些数据，其网址如下：

https://fred.stlouisfed.org/series/DGS10

它将返回指定日期范围内的每日收益率的 Series 或仅返回日期范围内最后一天的收益率（如果需要单个值进行计算的话）：

```
def get_risk_free_rate_of_return(self, last=True):
    """
```

```
    从 FRED 中获取 10 年期美国国库券的无风险收益率
    https://fred.stlouisfed.org/series/DGS10

    参数:
        - last: 如果该参数为 True
                则返回日期范围内最后一天的收益率
                否则返回日期范围内每日收益率的 Series

    返回:
        单个值或 pandas.Series 对象
    """

    data = web.DataReader(
        'DGS10', 'fred', start=self.start, end=self.end
    )
    data.index.rename('date', inplace=True)
    data = data.squeeze()
    return data.asof(self.end) \
        if last and isinstance(data, pd.Series) else data
```

剩下的方法代码被替换为 pass，它告诉 Python 什么都不做（并提醒我们稍后更新它），这些代码将在后面编写：

```
@label_sanitizer
def get_ticker_data(self, ticker):
    pass

def get_index_data(self, index):
    pass

def get_bitcoin_data(self, currency_code):
    pass

@label_sanitizer
def get_forex_rates(self, from_currency, to_currency,
                    **kwargs):
    pass
```

注意：

由于我们不打算讨论外汇汇率，因此本章不会介绍 get_forex_rates()方法；但是，该方法提供了如何使用 pandas_datareader 包的附加示例，因此你也可以自行研究它。

请注意，要使用此方法，需要从 AlphaVantage 中获取免费的 API 密钥，其网址如下：

https://www.alphavantage.co/support/#api-key

get_ticker_data()和 get_forex_rates()方法都使用了@label_sanitizer 装饰，它将我们从各种来源接收到的数据对齐到相同的列名，这样以后就不必清洗它们。

@label_sanitizer 装饰器在 stock_analysis/utils.py 模块中被定义。和之前的操作一样，我们可以先看看文档字符串和 utils 模块的导入：

```
""" 股票分析实用工具函数 """

from functools import wraps
import re

import pandas as pd
```

接下来，我们还有_sanitize_label()函数，它将清洗（clean up）单个标签。请注意，这里使用了下画线作为函数名称的前缀，是因为我们不打算让包的用户直接使用它，它实际上是供装饰器使用的：

```
def _sanitize_label(label):
    """
    清洗标签，主要操作包括：
    通过删除非字母、非空格字符
    用下画线替换空格

    参数：
        - label: 要修复的文本

    返回：
        已经清洗过的标签
    """
    return re.sub(r'[^\w\s]', '', label)\
        .lower().replace(' ', '_')
```

最后，我们还需要定义@label_sanitizer 装饰器，它是一个函数，用于清洗从互联网上获取的数据中的列名和索引名。如果没有这个装饰器，那么收集到的数据中的列名可能会包含意外的字符，如星号或空格。在使用了装饰器之后，这些方法将始终返回一个名称已清洗的 DataFrame，从而为我们节省了一个后期清洗的步骤：

```
def label_sanitizer(method):
    """
```

```
    包裹一个方法的装饰器，该方法将返回一个 DataFrame
    使用_sanitize_label()清洗 DataFrame 中的所有标签
    包括列名和索引名

    参数：
        - method: 包裹的方法

    返回：
        装饰的方法或函数
    """

    @wraps(method) # 为 help()保留原始 docstring
    def method_wrapper(self, *args, **kwargs):
        df = method(self, *args, **kwargs)

        # 修复列名
        df.columns = [
            _sanitize_label(col) for col in df.columns
        ]

        # 修复索引名
        df.index.rename(
            _sanitize_label(df.index.name), inplace=True
        )

        return df
    return method_wrapper
```

请注意，在 label_sanitizer()函数的定义中还有一个装饰器。来自标准库 functools 模块中的@wraps 装饰器为其装饰的函数/方法提供了与之前相同的文档字符串。这是必要的，因为装饰实际上创建了一个新的函数/方法，所以除非进行上述处理，否则显示 help()将变得毫无用处。

提示：

使用@label_sanitizer 语法实际上是一种语法糖（syntactic sugar），语法糖对语言的功能没有实质影响，但是可以增加程序可读性。与定义方法然后编写 method = label_sanitizer(method)相比，它的表达方式更简洁。当然，二者都是有效的。

在理解了装饰器之后，即已准备好完成 StockReader 类的构建。请注意，我们还将为 stock_analysis 包中的其他类使用和创建额外的装饰器，因此，在继续操作之前请确保你完全理解了现有代码。

7.3.2　从 Yahoo!Finance 中收集历史数据

在本示例中，数据收集主要是基于 get_ticker_data()方法。它使用 pandas_datareader 包以从 Yahoo!Finance（雅虎财经）中抓取数据：

```
@label_sanitizer
def get_ticker_data(self, ticker):
    """
    获取给定日期范围和股票代码的历史 OHLC 数据

    参数：
        - ticker:要作为字符串查找的股票代码

    返回：
        包含股票数据的 pandas.DataFrame 对象
    """
    return web.get_data_yahoo(ticker, self.start, self.end)
```

注意：

在使用 pandas_datareader 和 Yahoo!Finance API 时，曾经出现过问题，导致 pandas_datareader 开发人员放弃了通过 web.DataReader()函数对它的支持，有关详细信息，可访问以下网址：

https://pandas-datareader.readthedocs.io/en/latest/whatsnew.html#v0-6-0-january-24-2018

因此，我们必须使用他们的解决方法：web.get_data_yahoo()。

要为证券市场指数收集数据，可以使用 get_index_data()方法，该方法将首先查找指数的股票代码，然后调用我们刚刚定义的 get_ticker_data()方法。

请注意，由于 get_ticker_data()方法是用@label_sanitizer 装饰的，所以 get_index_data()方法不需要@label_sanitizer 装饰器：

```
def get_index_data(self, index):
    """
    从 Yahoo!Finance 中获取历史 OHLC 数据
    给定日期范围和选定的指数

    参数：
        - index: 表示你需要获取数据的索引的字符串
                 支持的索引包括：
                  - 'S&P 500'为标准普尔 500 指数
```

```
                - 'Dow Jones'为道琼斯工业平均指数
                - 'NASDAQ'为纳斯达克综合指数

    返回:
        包含索引数据的 pandas.DataFrame 对象
    """
    if index not in self.available_tickers:
        raise ValueError(
            'Index not supported. Available tickers'
            f"are: {', '.join(self.available_tickers)}"
        )
    return self.get_ticker_data(self.get_index_ticker(index))
```

Yahoo!Finance 也提供比特币（bitcoin，BTC）的数据。但是，我们必须选择一种货币才能使用。

get_bitcoin_data()方法接收货币代码以创建用于在 Yahoo!Finance 上进行搜索的符号。例如，美元交易的比特币数据以 BTC-USD 表示。该数据的实际收集工作同样是由 get_ticker_data()方法处理的：

```
def get_bitcoin_data(self, currency_code):
    """
    获取给定日期范围内的比特币历史 OHLC 数据

    参数:
        - currency_code: 收集比特币数据时使用的货币
                         如 USD（美元）、GBP（英镑）

    返回:
        包含比特币数据的 pandas.DataFrame 对象
    """
    return self\
        .get_ticker_data(f'BTC-{currency_code}')\
        .loc[self.start:self.end] # 日期范围
```

此时，StockReader 类已经可以使用了，所以让我们从 financial_analysis.ipynb 笔记本开始，导入本章后续部分将要使用的 stock_analysis 包：

```
>>> import stock_analysis
```

当我们导入 stock_analysis 包时，Python 将运行 stock_analysis/__init__.py 文件：

```
""" 使股票的技术分析更容易的类 """
```

```
from .stock_analyzer import StockAnalyzer, AssetGroupAnalyzer
from .stock_modeler import StockModeler
from .stock_reader import StockReader
from .stock_visualizer import \
    StockVisualizer, AssetGroupVisualizer
```

注意：

stock_analysis/__init__.py 文件中的代码将使我们更容易访问包的类。例如，我们不必运行 stock_analysis.stock_reader.StockReader()，而只需运行 stock_analysis.StockReader() 创建一个 StockReader 对象。

接下来，需要提供收集数据的开始日期和结束日期（可选，默认为当日），以此创建 StockReader 类的实例。本示例将使用 2019—2020 年的数据。

运行此代码时，Python 将调用 StockReader.__init__()方法：

```
>>> reader = \
...     stock_analysis.StockReader('2019-01-01', '2020-12-31')
```

现在，我们将收集 Facebook、Apple、Amazon、Netflix 和 Google（FAANG）、标准普尔 500 指数和比特币数据。由于本示例处理的所有股票均以美元定价，因此收集的比特币数据也将要求以美元为单位。请注意，我们将使用生成器表达式和多重赋值获取每个 FAANG 股票的 DataFrame：

```
>>> fb, aapl, amzn, nflx, goog = (
...     reader.get_ticker_data(ticker)
...     for ticker in ['FB', 'AAPL', 'AMZN', 'NFLX', 'GOOG']
... )
>>> sp = reader.get_index_data('S&P 500')
>>> bitcoin = reader.get_bitcoin_data('USD')
```

提示：

请务必运行 help(stock_analysis.StockReader)或 help(reader)以查看已经定义的所有方法和属性。其输出将清楚地表明哪些方法属于类的哪个部分，属性将列在数据描述符(data descriptor) 部分的底部。这是熟悉新代码的重要步骤。

7.4　探索性数据分析

在获得了数据之后，需要先熟悉它。第 5 章“使用 Pandas 和 Matplotlib 可视化数据”和第 6 章“使用 Seaborn 和自定义技术绘图”介绍了通过可视化熟悉数据的方法。创建良好的可视化结果需要掌握有关 Matplotlib 和 Seaborn 等的知识，当然也取决于数据格式和可视化的最终目标。

对于 StockReader 类来说，我们希望更轻松地可视化单个资产和资产组，因此，与其期望 stock_analysis 包的用户（也许还有我们的合作者）精通 Matplotlib 和 Seaborn，还不如围绕此功能创建包装器。这意味着该包的用户只需要能够使用 stock_analysis 包可视化他们的金融数据。

此外，我们还应该为可视化的外观设置标准，并避免为用户想要进行的每个新分析复制和粘贴大量代码，从而带来外观的一致性和工作效率的提升。

为了使这一切成为可能，在 stock_analysis/stock_visualizer.py 中提供了 Visualizer 类。该文件中有以下 3 个类。

- Visualizer：这是定义 Visualizer 对象功能的基类。其大多数方法都是抽象的，这意味着从这个超类（父类）继承的子类（子类）需要覆盖它们并实现自己的代码。基类定义了一个对象应该做什么，但不涉及细节。
- StockVisualizer：这是将用于可视化单个资产的子类。
- AssetGroupVisualizer：这是将使用 groupby()操作可视化多个资产的子类。

在讨论这些类的代码之前，不妨先看看 stock_analysis/utils.py 文件中的一些附加函数，这些函数将有助于创建这些资产组并为探索性数据分析（EDA）目的描述它们。对于这些函数来说，首先需要导入 Pandas：

```
import pandas as pd
```

group_stocks()函数接收一个字典，该字典将资产的名称映射到该资产的 DataFrame 中，并输出一个新的 DataFrame，其中包含来自输入 DataFrame 的所有数据和一个新列，该列可指示数据属于哪个资产：

```
def group_stocks(mapping):
    """
    创建一个包含许多资产和新列的 DataFrame
    新列指示行数据属于哪个资产

    参数:
        - mapping: 以下形式的键-值映射
                   {asset_name: asset_df}

    返回:
        新的 pandas.DataFrame 对象
    """
    group_df = pd.DataFrame()
```

```
    for stock, stock_data in mapping.items():
        df = stock_data.copy(deep=True)
        df['name'] = stock
        group_df = group_df.append(df, sort=True)

    group_df.index = pd.to_datetime(group_df.index)

    return group_df
```

由于在整个包中有许多方法和函数都需要特定格式的 DataFrame，因此我们将构建一个新的装饰器：@validate_df。

@validate_df 装饰器将检查给定方法或函数的输入是否是 DataFrame 类型的对象，并且它至少具有用装饰器的 columns 参数指定的列。我们将提供列作为 set（集合）对象，这样就能够检查必须具有的列与输入数据中的列之间的集合差异（请参阅第 4 章“聚合 Pandas DataFrame”以了解集合操作）。

如果 DataFrame 至少具有我们请求的列，则集合差异将为空，这意味着 DataFrame 通过了测试。如果违反这些条件中的任何一个，则此装饰器将引发 ValueError。

现在看看在 stock_analysis/utils.py 文件中的定义：

```
def validate_df(columns, instance_method=True):
    """
    如果输入不是 DataFrame 或不包含正确的列
    则该装饰器引发 ValueError 错误
    请注意，DataFrame 必须是传递给此方法的第一个位置参数

    参数：
        - columns: 需要的列名的集合
                   例如 {'open', 'high', 'low', 'close'}
        - instance_method: 被装饰的项目是否是一个实例方法
                           传递 False 可装饰静态方法和函数

    返回：
        已装饰的方法或函数
    """
    def method_wrapper(method):
        @wraps(method)
        def validate_wrapper(self, *args, **kwargs):
            # 函数和静态方法不传递 self
            # 所以在这种情况下 self 是第一个位置参数
            df = (self, *args)[0 if not instance_method else 1]
```

```
            if not isinstance(df, pd.DataFrame):
                raise ValueError(
                    'Must pass in a pandas `DataFrame`'
                )
            if columns.difference(df.columns):
                raise ValueError(
                    'Dataframe must contain the following'
                    f' columns: {columns}'
                )
            return method(self, *args, **kwargs)
        return validate_wrapper
    return method_wrapper
```

我们可以使用 describe_group()函数在单个输出中描述使用 group_stocks()函数创建的组。group_stocks()函数添加了一个名为 name 的列，describe_group()会查找该列，因此，在尝试运行该函数之前，我们需要使用@validate_df 装饰器确保格式正确：

```
@validate_df(columns={'name'}, instance_method=False)
def describe_group(data):
    """
    在资产组上运行 describe()

    参数:
        - data: 来自 group_stocks()的分组数据结果

    返回:
        分组描述统计的转置
    """
    return data.groupby('name').describe().T
```

现在，我们可以使用 group_stocks()函数为分析创建一些资产组：

```
>>> from stock_analysis.utils import \
...     group_stocks, describe_group
>>> faang = group_stocks({
...     'Facebook': fb, 'Apple': aapl, 'Amazon': amzn,
...     'Netflix': nflx, 'Google': goog
... })
>>> faang_sp = group_stocks({
...     'Facebook': fb, 'Apple': aapl, 'Amazon': amzn,
...     'Netflix': nflx, 'Google': goog, 'S&P 500': sp
... })
>>> all_assets = group_stocks({
```

```
...      'Bitcoin': bitcoin, 'S&P 500': sp, 'Facebook': fb,
...      'Apple': aapl, 'Amazon': amzn, 'Netflix': nflx,
...      'Google': goog
... })
```

与分别在每个 DataFrame 上运行 describe()相比，在分组上运行 describe()可以获得更多比较性的信息。describe_group()函数使用 groupby()处理运行 describe()。这样可以更轻松地查看跨资产的收盘价汇总：

```
>>> describe_group(all_assets).loc['close',]
```

输出结果如图 7.6 所示，可以看到，比特币的交易数据是最多的，这是因为它的价格每天都在变化（全天 24 小时都在交易），而对于股票，我们只能看到交易日的数据（休市日股票价格无变化）。另外还有一个比较明显的差异是规模，比特币不仅波动性大得多，而且其价格也比其他任何股票都高得多。

name	Amazon	Apple	Bitcoin	Facebook	Google	Netflix	S&P 500
count	505.000000	505.000000	727.000000	505.000000	505.000000	505.000000	505.000000
mean	2235.904988	73.748386	9252.825408	208.146574	1335.188544	387.966593	3065.907599
std	594.306346	27.280933	4034.014685	39.665111	200.793911	78.931238	292.376435
min	1500.280029	35.547501	3399.471680	131.740005	1016.059998	254.589996	2237.399902
25%	1785.660034	50.782501	7218.593750	180.029999	1169.949951	329.089996	2870.719971
50%	1904.280029	66.730003	9137.993164	196.770004	1295.280029	364.369995	3005.469971
75%	2890.300049	91.632500	10570.513184	235.940002	1476.229980	469.959991	3276.020020
max	3531.449951	136.690002	29001.720703	303.910004	1827.989990	556.549988	3756.070068

图 7.6　每种金融工具收盘价的汇总统计

如果不想单独查看资产，则可以将它们组合成一个投资组合（portfolio），这样就可以将其视为单一资产。stock_analysis/utils.py 中的 make_portfolio()函数可以按日期对数据进行分组并对所有列求和，从而得出投资组合的总股票价格和交易量：

```
@validate_df(columns=set(), instance_method=False)
def make_portfolio(data, date_level='date'):
    """
    通过按日期分组创建资产组合
    并对所有列求和

    注意：调用方负责确保资产中的日期对齐
    并在不对齐时进行处理
```

```
    """
    return data.groupby(level=date_level).sum()
```

此函数假设资产以相同的频率进行交易。比特币一周中的每一天都在交易，而股市则不然。出于这个原因，如果我们的投资组合是比特币和股票市场的组合，则在使用该函数之前必须决定如何处理这种差异。请参阅在第 3 章“使用 Pandas 进行数据整理”中关于重新索引的讨论，以了解可能的策略。

7.8 节“练习”将使用这个函数构建一个所有交易频率相同的 FAANG 股票的投资组合，以查看盘后交易对整个 FAANG 股票的影响。

7.4.1　Visualizer 类系列

如前文所述，可视化将使分析人员在执行探索性数据分析时更加轻松，因此，现在我们将重点讨论 stock_analysis/stock_visualizer.py 中的 Visualizer 类。

首先，我们需要定义基类 Visualizer。图 7.7 所示的 UML 图即显示 Visualizer 类是一个基类，因为有两个类都指向了它。这两个指向箭头源自子类（AssetGroupVisualizer 和 StockVisualizer）。

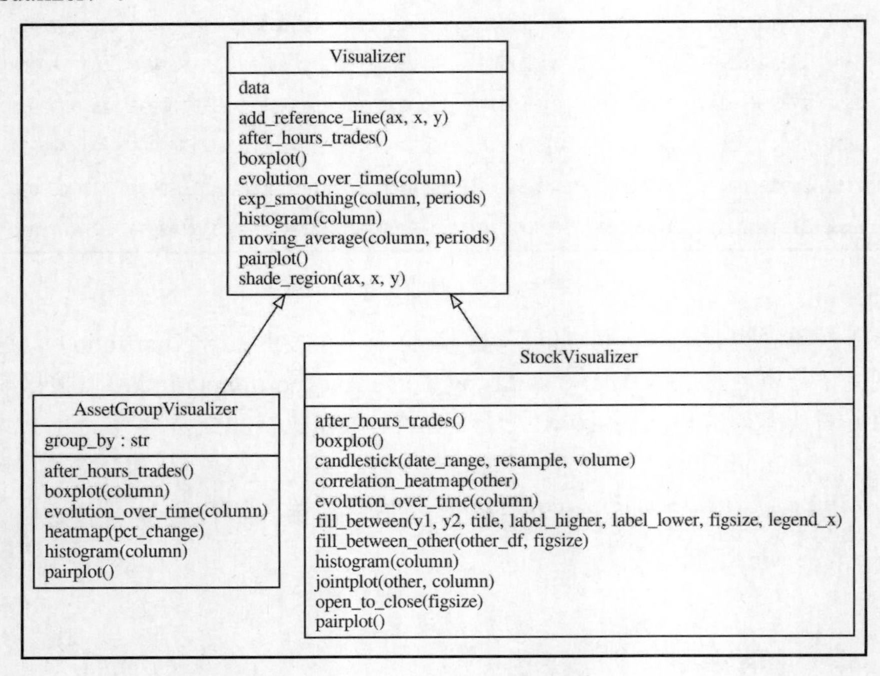

图 7.7　Visualizer 类层次结构

图 7.7 还显示了本节将要为每个类定义的方法。其中包括可视化盘后交易影响的方法（after_hours_trades()）和可视化资产价格随时间的演变的方法（evolution_over_time()），我们将使用这些方法直观地比较资产。

在类代码的开头，照例需要提供文档字符串，并导入所需的模块。对于我们的可视化示例来说，我们需要导入 Matplotlib、NumPy、Pandas、Seaborn，以及 mplfinance（一个用于金融可视化的 Matplotlib 衍生包）：

```
""" 可视化金融工具 """

import math

import matplotlib.pyplot as plt
import mplfinance as mpf
import numpy as np
import pandas as pd
import seaborn as sns

from .utils import validate_df
```

接下来，我们可以从定义 Visualizer 类开始。该类将保存用于可视化的数据，因此需要将其放在__init__()方法中：

```
class Visualizer:
    """ Visualizer 基类，不可直接使用 """

    @validate_df(columns={'open', 'high', 'low', 'close'})
    def __init__(self, df):
        """ 将输入数据存储为属性 """
        self.data = df
```

Visualizer 基类将提供静态方法（static method），用于向绘图中添加参考线以及添加着色区域，而无须记住要调用哪个 Matplotlib 函数获取方向。静态方法不依赖于数据的类。我们定义了 add_reference_line()方法，以使用@staticmethod 装饰器添加水平或垂直线（以及介于二者之间的任何线条）。请注意，这里没有使用 self 或 cls 作为第一个参数：

```
@staticmethod
def add_reference_line(ax, x=None, y=None, **kwargs):
    """
    用于向绘图中添加参考线的静态方法

    参数
```

```
        - ax: 要添加参考线的 Axes 对象
        - x, y: 用于绘制线条的 x, y 值
                它们可以是单个值或 NumPy 数组式结构
                 - 对于水平参考线：仅传递 y
                 - 对于垂直参考线：仅传递 x
                 - 对于 AB 线（两者之间的任何线条）：同时传递 x 和 y
        - kwargs: 附加的关键字参数

    返回：
        传入的 Matplotlib Axes 对象
    """
    try:
        # NumPy 数组式结构 -> AB 线
        if x.shape and y.shape:
            ax.plot(x, y, **kwargs)
    except:
        # 如果 x 或 y 不是数组式结构，则会触发错误
        try:
            if not x and not y:
                raise ValueError(
                    'You must provide an `x` or a `y`'
                )
            elif x and not y:
                ax.axvline(x, **kwargs) # 垂直线
            elif not x and y:
                ax.axhline(y, **kwargs) # 水平线
        except:
            raise ValueError(
                'If providing only `x` or `y`, '
                'it must be a single value'
            )
    ax.legend()
    return ax
```

提示：

有关类方法、静态方法和抽象方法的更多信息，请参阅 7.9 节“延伸阅读”提供的资料。

用于向绘图中添加着色区域的 shade_region()静态方法与 add_reference_line()静态方法类似：

```
@staticmethod
def shade_region(ax, x=tuple(), y=tuple(), **kwargs):
    """
```

```
    用于在绘图上为区域着色的静态方法

    参数：
        - ax：添加着色区域的 Axes 对象
        - x：包含 xmin 和 xmax 边界的元组
              用于垂直绘制矩形
        - y：包含 ymin 和 ymax 边界的元组
              用于水平绘制矩形
        - kwargs：附加的关键字参数

    返回：
        传入的 Matplotlib Axes 对象
    """
    if not x and not y:
        raise ValueError(
            'You must provide an x or a y min/max tuple'
        )
    elif x and y:
        raise ValueError('You can only provide x or y.')
    elif x and not y:
        ax.axvspan(*x, **kwargs) # 垂直区域
    elif not x and y:
        ax.axhspan(*y, **kwargs) # 水平区域
    return ax
```

我们由于希望绘图功能更加灵活，因此将按以下方式定义一个静态方法，使我们可以轻松地绘制一个或多个项目，而无须事先检查项目的数量。这将在使用 Visualizer 类作为基类构建的子类中进行使用：

```
@staticmethod
def _iter_handler(items):
    """
    如果项目不是列表或元组
    则该静态方法用于从项目中创建列表

    参数：
        - items：确保它是一个列表的变量

    返回：
        作为列表或元组的输入
    """
    if not isinstance(items, (list, tuple)):
```

```
        items = [items]
    return items
```

我们希望支持单个资产和资产组的窗口函数。然而，this 的实现会有所不同，所以我们将在超类中定义一个抽象方法（一个无须实现的方法），子类将覆盖它以提供实现：

```
def _window_calc(self, column, periods, name, func,
                 named_arg, **kwargs):
    """
    该方法将由子类实现
    定义如何添加由窗口计算产生的线
    """
    raise NotImplementedError('To be implemented by '
                              'subclasses.')
```

这允许我们定义依赖于_window_calc()的功能，但不需要知道确切的实现，只要知道结果即可。moving_average()方法使用_window_calc()将移动平均线添加到绘图中：

```
def moving_average(self, column, periods, **kwargs):
    """
    为列的移动平均值添加线

    参数:
        - column: 要绘图的列名
        - periods: 重采样的规则或规则列表
                   例如，20 天周期为'20D'
        - kwargs: 附加的参数

    返回:
        Matplotlib Axes 对象
    """
    return self._window_calc(
        column, periods, name='MA', named_arg='rule',
        func=pd.DataFrame.resample, **kwargs
    )
```

以类似的方式，还可以定义 exp_smoothing()方法，该方法将使用_window_calc()将指数平滑的移动平均线添加到绘图中：

```
def exp_smoothing(self, column, periods, **kwargs):
    """
    为列的指数平滑的移动平均值添加线

    参数:
```

```
        - column: 要绘图的列名
        - periods: 平滑跨度或跨度的列表
                   例如，20 天周期为 20
        - kwargs: 附加的参数

    返回:
        Matplotlib Axes 对象
    """
    return self._window_calc(
        column, periods, name='EWMA',
        func=pd.DataFrame.ewm, named_arg='span', **kwargs
    )
```

请注意，虽然我们已经有一些方法用于将移动平均线和指数平滑移动平均线添加到列的绘图中，但它们都调用了_window_calc()，而目前该方法并未被定义。这是因为，每个子类都有它自己的_window_calc()实现，虽然它们都将继承顶级方法，但是却无须覆盖move_average()或 exp_smoothing()。

注意：

请记住，以单个下画线（_）开头的方法是 Python 版本的私有方法（private method）——它们仍然可以在该类之外访问，但是当我们对该类的对象运行 help()时它们不会出现。

我们创建了_window_calc()作为私有方法，因为 Visualizer 类的用户只需要调用 moving_average()和 exp_smoothing()。

最后，还需要为所有子类的方法添加占位符。这些方法是由每个子类单独定义的抽象方法，因为根据我们是可视化单个资产还是一组资产，其实现会有所不同。为简洁起见，以下提供了此类中定义的抽象方法的子集：

```
def evolution_over_time(self, column, **kwargs):
    """ 创建线形图 """
    raise NotImplementedError('To be implemented by '
                              'subclasses.')

def after_hours_trades(self):
    """ 显示盘后交易的影响 """
    raise NotImplementedError('To be implemented by '
                              'subclasses.')

def pairplot(self, **kwargs):
    """ 创建配对图 """
```

```
    raise NotImplementedError('To be implemented by '
                              'subclasses.')
```

如有必要，子类还将定义它们独有的任何方法或覆盖 Visualizer 类的实现。任何它们没有覆盖的东西，都将会被继承。

通过使用继承（inheritance），我们可以定义一个广泛的类——如本示例中的 Visualizer——指定 Visualizer 需要执行的操作，然后派生出更具体的版本，如 StockVisualizer 类，它将仅处理单个资产。

7.4.2 可视化股票

可以通过从 Visualizer 继承开始 StockVisualizer 类，我们将选择不覆盖__init__()方法，因为 StockVisualizer 类将只有一个 DataFrame 作为属性。此外，对于要添加（此类独有）或覆盖的方法，我们将提供其实现。

注意：

限于篇幅，本节将仅讨论一个功能子集。但是，我们强烈建议你通读完整的代码库并测试笔记本中的功能。

第一个要覆盖的方法是 evolution_over_time()，它将创建一个列随时间变化的线形图：

```
class StockVisualizer(Visualizer):
    """ 单只股票的可视化器 """

    def evolution_over_time(self, column, **kwargs):
        """
        可视化列随时间的演变

        参数:
            - column: 要可视化的列的名称
            - kwargs: 附加参数

        返回:
            Matplotlib Axes 对象
        """
        return self.data.plot.line(y=column, **kwargs)
```

接下来，我们将使用 mplfinance 创建蜡烛图（candlestick plot），这是一种将 OHLC 数据可视化的方法。OHLC 时间序列的每一行都将绘制为蜡烛。当蜡烛为黑色时，表示资产的收盘价小于开盘价（价格损失）；当蜡烛为白色时，表示资产的收盘价高于其开盘价（价格上扬），如图 7.8 所示。

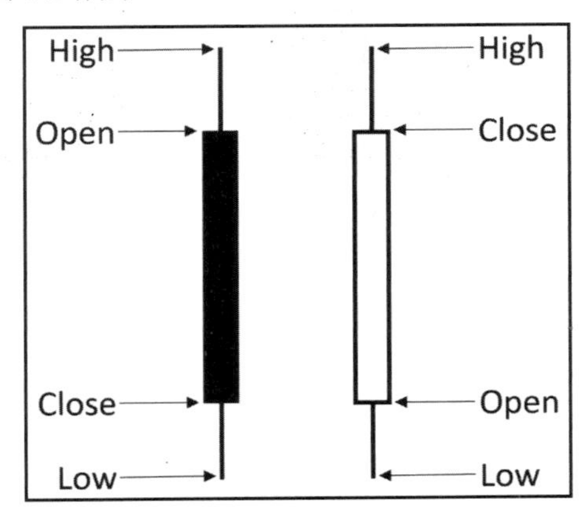

图 7.8　理解蜡烛图

原　　文	译　　文	原　　文	译　　文
High	最高价	Close	收盘价
Open	开盘价	Low	最低价

candlestick()方法还提供了重新采样数据、显示交易量和绘制特定日期范围的选项：

```
def candlestick(self, date_range=None, resample=None,
                volume=False, **kwargs):
    """
    为 OHLC 数据创建蜡烛图

    参数：
        - date_range: 字符串或传递给 loc[]的日期的 slice()
                      如果为 None
                      则为数据的全部范围绘图
        - resample: 用于重新采样数据的偏移量
                    需要时使用
        - volume: 在蜡烛图下是否显示交易量的条形图
        - kwargs: mplfinance.plot()的关键字参数
    """
    if not date_range:
        date_range = slice(
            self.data.index.min(), self.data.index.max()
        )
    plot_data = self.data.loc[date_range]
```

```
    if resample:
        agg_dict = {
            'open': 'first', 'close': 'last',
            'high': 'max', 'low': 'min', 'volume': 'sum'
        }
        plot_data = plot_data.resample(resample).agg({
            col: agg_dict[col] for col in plot_data.columns
            if col in agg_dict
        })

    mpf.plot(
        plot_data, type='candle', volume=volume, **kwargs
    )
```

现在，我们将添加 after_hours_trades()方法，它将可视化盘后交易对单个资产的影响，红色条形表示损失，绿色表示收益：

```
def after_hours_trades(self):
    """
    可视化盘后交易的影响

    返回:
        Matplotlib Axes 对象
    """
    after_hours = self.data.open - self.data.close.shift()

    monthly_effect = after_hours.resample('1M').sum()
    fig, axes = plt.subplots(1, 2, figsize=(15, 3))

    after_hours.plot(
        ax=axes[0],
        title='After-hours trading\n'
              '(Open Price - Prior Day\'s Close)'
    ).set_ylabel('price')

    monthly_effect.index = \
        monthly_effect.index.strftime('%Y-%b')
    monthly_effect.plot(
        ax=axes[1], kind='bar', rot=90,
        title='After-hours trading monthly effect',
        color=np.where(monthly_effect >= 0, 'g', 'r')
    ).axhline(0, color='black', linewidth=1)
```

```
    axes[1].set_ylabel('price')
    return axes
```

接下来，我们将添加一个静态方法，允许填充选定的两条曲线之间的区域。fill_between()方法将使用 plt.fill_between()方法，将区域着色为绿色或红色，具体取决于哪条曲线更高：

```
@staticmethod
def fill_between(y1, y2, title, label_higher, label_lower,
                 figsize, legend_x):
    """
    可视化资产之间的差异

    参数：
        - y1, y2:要绘图的数据，填充 y2 - y1
        - title: 绘图的标题
        - label_higher: 当 y2 > y1 时的标签
        - label_lower:  当 y2 <= y1 时的标签
        - figsize: (width, height)形式的绘图尺寸
        - legend_x: 放置图例的位置

    返回：
        Matplotlib Axes 对象
    """
    is_higher = y2 - y1 > 0
    fig = plt.figure(figsize=figsize)

    for exclude_mask, color, label in zip(
        (is_higher, np.invert(is_higher)),
        ('g', 'r'),
        (label_higher, label_lower)
    ):
        plt.fill_between(
            y2.index, y2, y1, figure=fig,
            where=exclude_mask, color=color, label=label
        )
    plt.suptitle(title)
    plt.legend(
        bbox_to_anchor=(legend_x, -0.1),
        framealpha=0, ncol=2
    )
    for spine in ['top', 'right']:
```

```
        fig.axes[0].spines[spine].set_visible(False)
    return fig.axes[0]
```

open_to_close()方法将帮助我们通过 fill_between()静态方法可视化开盘价和收盘价之间的每日差异。如果收盘价高于开盘价，则会将该区域着色为绿色，反之，则将区域着色为红色（注意，美股和 A 股不同，美股绿色表示上涨，红色表示下跌）：

```
def open_to_close(self, figsize=(10, 4)):
    """
    可视化开盘价和收盘价之间的每日差异

    参数:
        - figsize: (width, height)形式的绘图尺寸

    返回:
        Matplotlib Axes 对象
    """
    ax = self.fill_between(
        self.data.open, self.data.close,
        figsize=figsize, legend_x=0.67,
        title='Daily price change (open to close)',
        label_higher='price rose', label_lower='price fell'
    )
    ax.set_ylabel('price')
    return ax
```

除了可视化单个资产的开盘价和收盘价之间的差异，我们还需要比较资产之间的价格。fill_between_other()方法将帮助我们再次使用 fill_between()可视化我们为其创建可视化器的资产与另一个资产之间的差异。当可视化器的资产高于其他资产时，将差异着色为绿色，而当可视化器的资产低于其他资产时，则将其着色为红色：

```
def fill_between_other(self, other_df, figsize=(10, 4)):
    """
    可视化资产之间收盘价的差异

    参数:
        - other_df: 其他资产的数据
        - figsize: (width, height)形式的绘图尺寸

    返回:
        Matplotlib Axes 对象
    """
    ax = self.fill_between(
```

```
        other_df.open, self.data.close, figsize=figsize,
        legend_x=0.7, label_higher='asset is higher',
        label_lower='asset is lower',
        title='Differential between asset price '
              '(this - other)'
    )
    ax.set_ylabel('price')
    return ax
```

现在到了需要覆盖_window_calc()方法的时候了，该方法定义了如何根据单个资产的窗口计算添加参考线。请注意，使用 pipe()方法（详见第 4 章“聚合 Pandas DataFrame”）可使窗口计算图与不同的函数一起工作，_iter_handler()方法可执行循环而无须检查我们是否有不止一条参考线要绘制：

```
def _window_calc(self, column, periods, name, func,
                 named_arg, **kwargs):
    """
    这是一种辅助方法
    可以使用窗口计算绘制 Series 和添加参考线

    参数：
        - column：要绘图的列的名称
        - periods：要传递给重采样/平滑函数的规则/跨度或它们的列表
                   例如 20 天周期（重采样）表示为'20D'
                   20 天跨度（平滑）为 20
        - name：窗口计算的名称
                （在图例中显示）
        - func：窗口计算函数
        - named_arg：参数 periods 的名称
                     指示传递的形式
        - kwargs：附加参数

    返回：
        Matplotlib Axes 对象
    """
    ax = self.data.plot(y=column, **kwargs)
    for period in self._iter_handler(periods):
        self.data[column].pipe(
            func, **{named_arg: period}
        ).mean().plot(
            ax=ax, linestyle='--',
            label=f"""{period if isinstance(
```

```
                period, str
            ) else str(period) + 'D'} {name}"""
        )
    plt.legend()
    return ax
```

到目前为止，每个可视化涉及的都只是单个资产的数据。然而，有时我们也希望能够可视化资产之间的关系，因此可以围绕 Seaborn 的 jointplot()函数构建一个包装器：

```
def jointplot(self, other, column, **kwargs):
    """
    通过与另一个资产相比
    为此资产中的给定列生成一个 Seaborn 联合图

    参数：
        - other: 其他资产的 DataFrame
        - column: 用于比较的列
        - kwargs: 关键字参数
    返回：
        Seaborn jointplot
    """
    return sns.jointplot(
        x=self.data[column], y=other[column], **kwargs
    )
```

查看资产之间关系的另一种方式是相关矩阵。DataFrame 对象具有 corrwith()方法，该方法可以计算当前 DataFrame 的每列与另一个 DataFrame 中的同一列（按名称对齐）之间的相关系数。正如我们在前几章中看到的那样，这不会填充热图所需的矩阵；相反，它是对角线形式的。correlation_heatmap()方法可以为 sns.heatmap()函数创建一个矩阵，并用相关系数填充对角线；然后，correlation_heatmap()方法将使用掩码确保仅显示对角线。此外，在计算相关性时，将使用每列的每日百分比变化处理比例差异（例如，Apple 股价和 Amazon 股价之间的差异）：

```
def correlation_heatmap(self, other):
    """
    使用热图绘制此资产与另一个资产之间的相关性

    参数：
        - other: 其他 DataFrame

    返回：
        Seaborn 热图
```

```
    """
    corrs = \
        self.data.pct_change().corrwith(other.pct_change())
    corrs = corrs[~pd.isnull(corrs)]
    size = len(corrs)
    matrix = np.zeros((size, size), float)
    for i, corr in zip(range(size), corrs):
        matrix[i][i] = corr

    # 创建掩码以仅显示对角线
    mask = np.ones_like(matrix)
    np.fill_diagonal(mask, 0)

    return sns.heatmap(
        matrix, annot=True, center=0, vmin=-1, vmax=1,
        mask=mask, xticklabels=self.data.columns,
        yticklabels=self.data.columns
    )
```

我们现在已经知道了 StockVisualizer 类中可用的一些功能，接下来可以开始进行探索性分析。我们创建一个 StockVisualizer 对象以对 Netflix 股票数据执行一些 EDA：

```
>>> %matplotlib inline
>>> import matplotlib.pyplot as plt

>>> netflix_viz = stock_analysis.StockVisualizer(nflx)
```

一旦使用了 Netflix DataFrame 初始化 StockVisualizer 对象，就可以生成许多不同的绘图类型。限于篇幅，我们不会详细演示使用该对象能够执行的所有操作（建议你自己尝试），但是不妨通过一些移动平均线来看看随着时间的推移而产生的收盘价的变化，以此研究其趋势：

```
>>> ax = netflix_viz.moving_average('close', ['30D', '90D'])
>>> netflix_viz.shade_region(
...     ax, x=('2019-10-01', '2020-07-01'),
...     color='blue', alpha=0.1
... )
>>> ax.set(title='Netflix Closing Price', ylabel='price ($)')
```

这些移动平均线提供了股票价格曲线的平滑版本。如图 7.9 所示，在着色区域，90 天移动平均线就像是股价的上限。

交易者根据手头的任务可以尝试不同周期的移动平均线，这些任务如预测上行趋势（股价上涨），或在下行趋势（股价下跌）出现之前计划退出等。

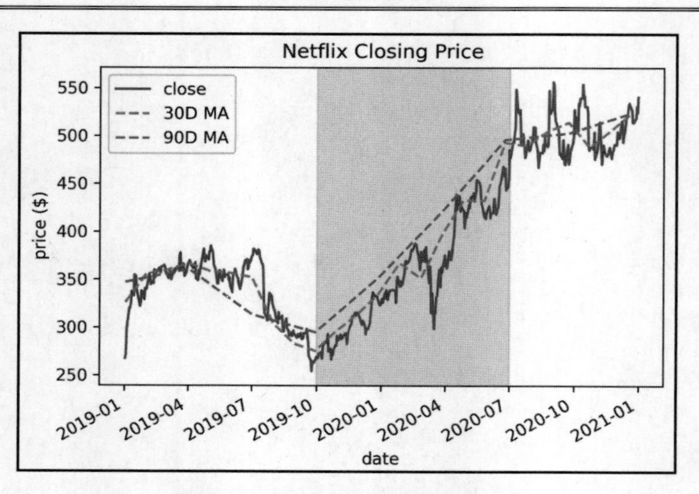

图 7.9　Netflix 股价与移动平均线

其他用途还包括计算支撑位或阻力位（详见第 6 章“使用 Seaborn 和自定义技术绘图”），其方法是分别找到支撑位下方数据的移动平均线部分或充当阻力位上限的移动平均线部分。当股价接近支撑位时，价格往往足够吸引人们购买，从而抬高了价格（从支撑位向上移动到阻力位）；但是，当股票达到阻力位时，它往往会鼓励人们卖出，从而使股价下跌（即从阻力位向下移动到支撑位）。

图 7.10 显示了支撑位（绿色）和阻力位（红色）如何分别作为股票价格的下限和上限的示例。一旦价格达到这些界限中的任何一个，则由于股票的买家/卖家采取行动，它往往会向相反的方向反弹。

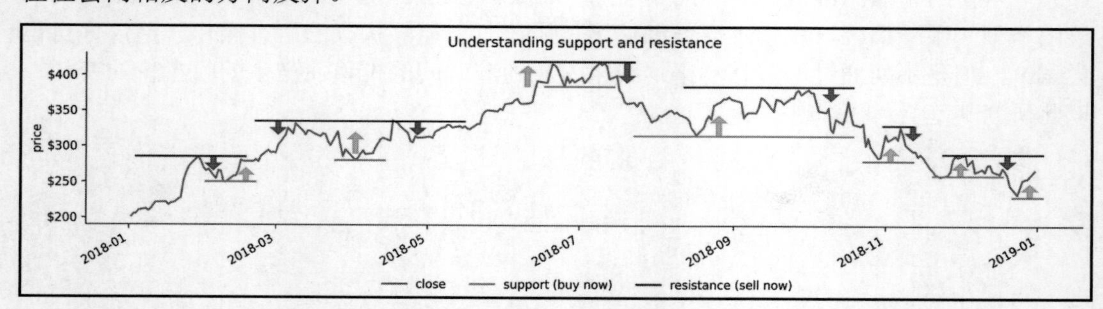

图 7.10　2018 年 Netflix 股票的支撑位和阻力位示例

一般来说，指数加权移动平均线（exponentially weighted moving average，EWMA）可以提供更好的趋势，因为它将更加重视最近的值。指数加权移动平均线的应用方式如下：

```
>>> ax = netflix_viz.exp_smoothing('close', [30, 90])
>>> netflix_viz.shade_region(
...     ax, x=('2020-04-01', '2020-10-01'),
...     color='blue', alpha=0.1
... )
>>> ax.set(title='Netflix Closing Price', ylabel='price ($)')
```

如图 7.11 所示，90 天 EWMA 似乎充当了着色区域的支撑位。

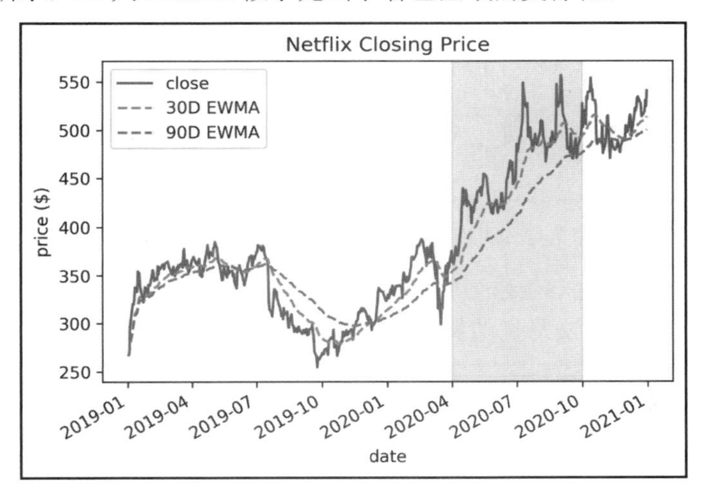

图 7.11 包含 EWMA 的 Netflix 股票价格

提示：

本节使用的笔记本中包含一个单元格，可使用小部件对移动平均线和 EWMA 进行交互式可视化。我们可以使用这些类型的可视化确定计算的最佳窗口。请注意，使用此单元格可能需要一些额外的设置，但在笔记本的单元格正上方都有注明。

5.6 节“练习”编写了用于生成可视化的代码，该代码表示了盘后交易对 Facebook 股票的影响；StockVisualizer 类也具有此功能。现在让我们使用 after_hours_ trades()方法看看 Netflix 股票的表现如何：

```
>>> netflix_viz.after_hours_trades()
```

从盘后交易的角度来看，Netflix 在 2019 年第三季度的表现不佳，如图 7.12 所示。

我们可以使用蜡烛图研究 OHLC 数据。让我们使用 candlestick()方法为 Netflix 股票创建一个蜡烛图，以及交易量的条形图。我们还将以两周为间隔重新采样数据，以提高蜡烛图的可见性：

```
>>> netflix_viz.candlestick(
...     resample='2W', volume=True, xrotation=90,
...     datetime_format='%Y-%b -'
... )
```

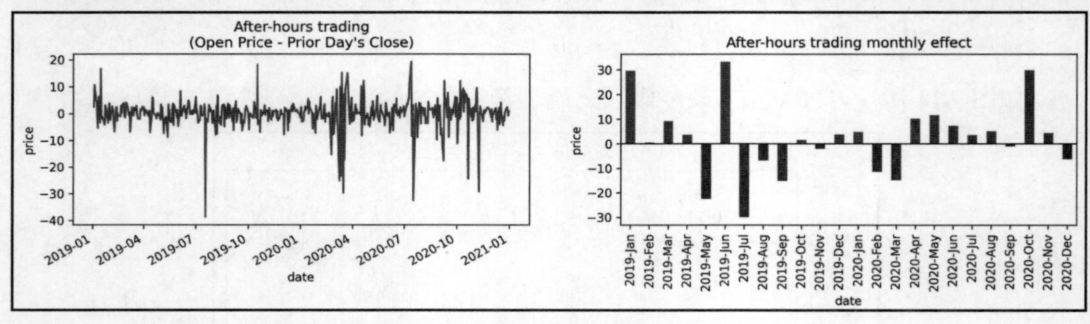

图 7.12　可视化盘后交易对 Netflix 股票的影响

在图 7.8 中已经介绍过，当蜡烛图中蜡烛的主体为白色时，表示股票升值了。如图 7.13 所示，在大多数情况下，交易量的飙升伴随着股票价格的上涨。

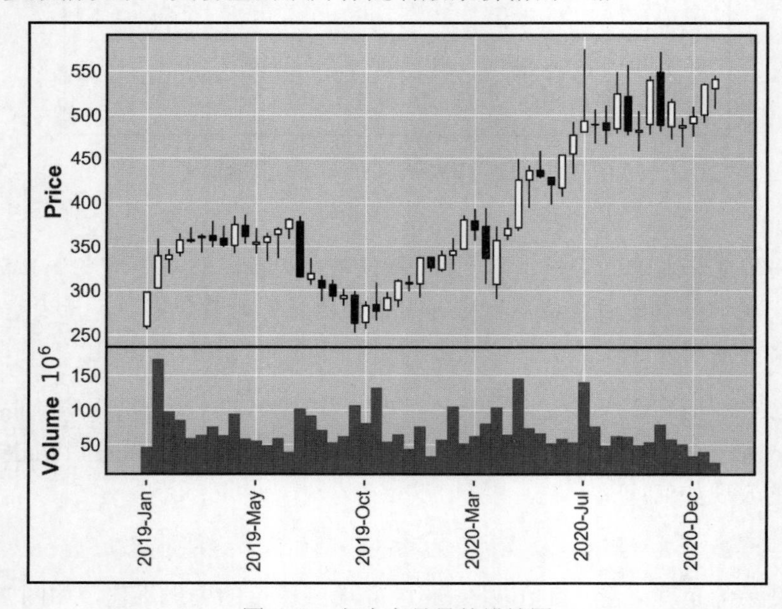

图 7.13　包含交易量的蜡烛图

提示：

交易者可以使用蜡烛图寻找和分析资产表现中的模式，并作为其交易决策的基础。

有关蜡烛图的更多介绍和交易者寻找的一些常见模式，你可以访问以下网址：

https://www.investopedia.com/trading/candlestick-charting-what-is-it/

在继续后续操作之前，我们需要先重置绘图样式。mplfinance 包为其绘图设置了许多可用的样式选项，所以现在可以回到我们熟悉的样式：

```
>>> import matplotlib as mpl
>>> mpl.rcdefaults()
>>> %matplotlib inline
```

前文我们已经单独研究了一只股票（Facebook），现在可以从不同的方向来看看，并将 Netflix 与其他股票进行一番比较。让我们使用 jointplot()方法看看 Netflix 与标准普尔 500 指数的比较：

```
>>> netflix_viz.jointplot(sp, 'close')
```

如图 7.14 所示，它们似乎呈弱正相关。通过金融分析，我们可以计算一个称为 β 系数（贝塔，beta）的指标，它表示资产与指数（如标准普尔 500）的相关性。7.5 节“金融工具的技术分析”将计算 beta。

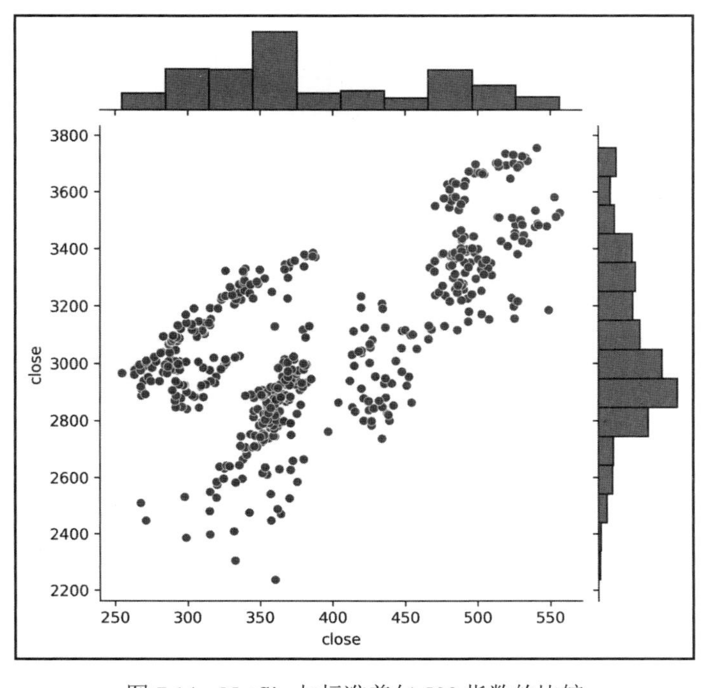

图 7.14　Netflix 与标准普尔 500 指数的比较

我们可以使用 correlation_heatmap()方法将 Netflix 和 Amazon 之间的相关性可视化为热图，使用每一列的每日百分比变化：

```
>>> netflix_viz.correlation_heatmap(amzn)
```

如图 7.15 所示，Netflix 和 Amazon 呈弱正相关，但仅在 OHLC 数据上。

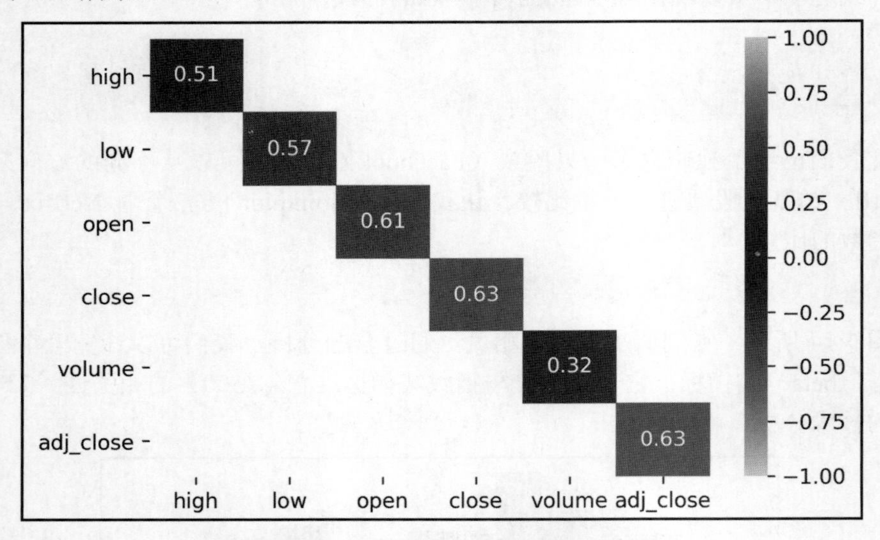

图 7.15　Netflix 和 Amazon 之间的相关性热图

最后，我们可以使用 fill_between_other()方法查看与 Netflix 相比，另一种资产的价格是如何增长（或下降）的。本示例将 Netflix 与 Tesla（特斯拉）进行比较，以查看一只股票的收盘价超越另一只股票收盘价的示例：

```
>>> tsla = reader.get_ticker_data('TSLA')
>>> change_date = (tsla.close > nflx.close).idxmax()
>>> ax = netflix_viz.fill_between_other(tsla)
>>> netflix_viz.add_reference_line(
...     ax, x=change_date, color='k', linestyle=':', alpha=0.5,
...     label=f'TSLA > NFLX {change_date:%Y-%m-%d}'
... )
```

如图 7.16 所示，当接近参考线时，着色区域的高度会缩小——这表示 Netflix 股票和特斯拉股票之间的价格差异随时间下降。2020 年 11 月 11 日，随着特斯拉超过 Netflix，着色区域的颜色也发生变化（从绿色变为红色），并随着特斯拉股价与 Netflix 股价的差距扩大而开始增加高度。

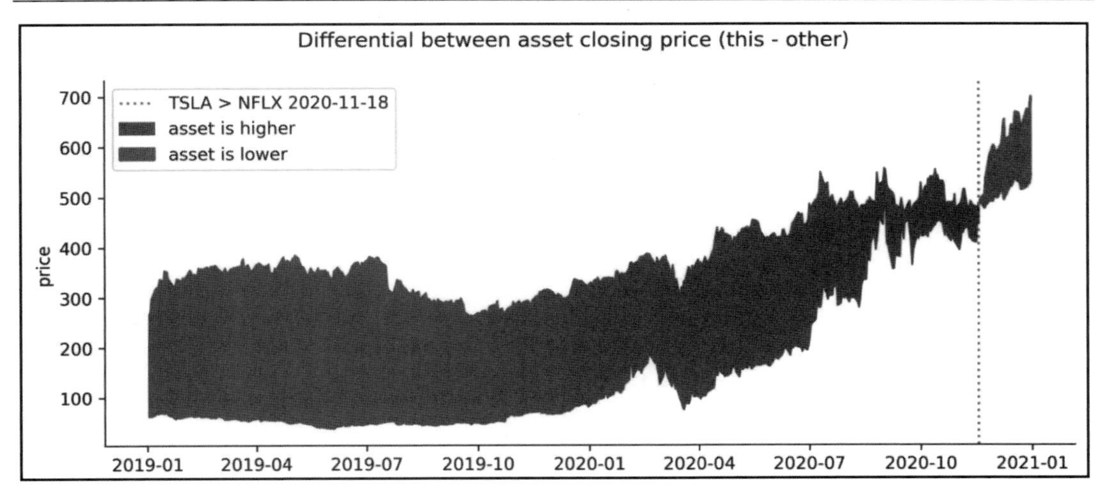

图 7.16　Netflix 和 Tesla 之间的股价差异

到目前为止，我们已经讨论了可视化单个资产（在本例中为 Netflix），接下来将看看如何使用 AssetGroupVisualizer 类跨资产组执行某些探索性数据分析。

7.4.3　可视化多个资产

和 7.4.2 节“可视化股票”中编写 StockVisualizer 类的操作一样，本节也将从继承 Visualizer 类并编写文档字符串开始。不同的是，AssetGroupVisualizer 类还跟踪用于 groupby()操作的列，因此需要覆盖__init__()方法。由于此更改是对已有内容的补充，因此也可以调用超类的__init__()方法：

```
class AssetGroupVisualizer(Visualizer):
    """ 在单个 DataFrame 中可视化资产组 """

    # 覆盖组可视化
    def __init__(self, df, group_by='name'):
        """ 此对象按列跟踪分组 """
        super().__init__(df)
        self.group_by = group_by
```

接下来，我们将定义 evolution_over_time()方法，在单个图中为组中的所有资产绘制相同的列以进行比较。由于数据形状不同，因此这次将使用 Seaborn：

```
def evolution_over_time(self, column, **kwargs):
    """
    可视化所有资产随着时间变化的结果
```

```
    参数:
        - column: 要可视化的列的名称
        - kwargs: 附加参数

    返回:
        Matplotlib Axes 对象
    """
    if 'ax' not in kwargs:
        fig, ax = plt.subplots(1, 1, figsize=(10, 4))
    else:
        ax = kwargs.pop('ax')
    return sns.lineplot(
        x=self.data.index, y=column, hue=self.group_by,
        data=self.data, ax=ax, **kwargs
    )
```

在使用 Seaborn 或仅绘制单个资产时，不必担心子图的布局；但是，对于其他一些资产组的可视化，则需要一种方法自动确定合理的子图布局。为此，我们将添加_get_layout()方法，该方法可以为给定数量的子图（由组中唯一资产的数量确定）生成所需的 Figure 和 Axes 对象：

```
def _get_layout(self):
    """
    获取子图自动布局的辅助方法

    返回:
        用来绘图的 Figure 和 Axes 对象
    """
    subplots_needed = self.data[self.group_by].nunique()
    rows = math.ceil(subplots_needed / 2)
    fig, axes = \
        plt.subplots(rows, 2, figsize=(15, 5 * rows))
    if rows > 1:
        axes = axes.flatten()

    if subplots_needed < len(axes):
        # 从自动布局中删除多余的轴
        for i in range(subplots_needed, len(axes)):
            # 此处不能使用推导式
            fig.delaxes(axes[i])
    return fig, axes
```

现在需要定义_window_calc()如何与组一起工作。我们需要使用_get_layout()方法为组中的每个资产构建子图：

```
def _window_calc(self, column, periods, name, func,
                 named_arg, **kwargs):
    """
    这是一个辅助方法
    可以使用窗口计算绘制 Series 和添加参考线

    参数：
        - column：要绘图的列的名称
        - periods：要传递给重采样/平滑函数的规则/跨度或它们的列表
                   例如 20 天周期（重采样）表示为'20D'
                   20 天跨度（平滑）为 20
        - name：窗口计算的名称
               （在图例中显示）
        - func：窗口计算函数
        - named_arg：参数 periods 的名称
                     指示传递的形式
        - kwargs：附加参数

    返回：
        Matplotlib Axes 对象
    """
    fig, axes = self._get_layout()
    for ax, asset_name in zip(
        axes, self.data[self.group_by].unique()
    ):
        subset = self.data.query(
            f'{self.group_by} == "{asset_name}"'
        )
        ax = subset.plot(
            y=column, ax=ax, label=asset_name, **kwargs
        )

        for period in self._iter_handler(periods):
            subset[column].pipe(
                func, **{named_arg: period}
            ).mean().plot(
                ax=ax, linestyle='--',
                label=f"""{period if isinstance(
                    period, str
```

```
                ) else str(period) + 'D'} {name}"""
            )
        ax.legend()
    plt.tight_layout()
    return ax
```

我们可以覆盖 after_hours_trades()，以使用子图并迭代组中的资产来可视化盘后交易对一组资产的影响：

```
def after_hours_trades(self):
    """
    可视化盘后交易的影响

    返回：
        Matplotlib Axes 对象
    """
    num_categories = self.data[self.group_by].nunique()
    fig, axes = plt.subplots(
        num_categories, 2, figsize=(15, 3 * num_categories)
    )

    for ax, (name, data) in zip(
        axes, self.data.groupby(self.group_by)
    ):
        after_hours = data.open - data.close.shift()
        monthly_effect = after_hours.resample('1M').sum()

        after_hours.plot(
            ax=ax[0],
            title=f'{name} Open Price - Prior Day\'s Close'
        ).set_ylabel('price')

        monthly_effect.index = \
            monthly_effect.index.strftime('%Y-%b')
        monthly_effect.plot(
            ax=ax[1], kind='bar', rot=90,
            color=np.where(monthly_effect >= 0, 'g', 'r'),
            title=f'{name} after-hours trading '
                  'monthly effect'
        ).axhline(0, color='black', linewidth=1)
        ax[1].set_ylabel('price')
    plt.tight_layout()
    return axes
```

使用 StockVisualizer 类，能够在两个资产的收盘价之间生成一个联合图，但在这里我们可以覆盖 pairplot()以允许查看组中资产的收盘价之间的关系：

```
def pairplot(self, **kwargs):
    """
    为资产组生成一个 Seaborn pairplot

    参数:
        - kwargs: 关键字参数

    返回:
        Seaborn pairplot
    """
    return sns.pairplot(
        self.data.pivot_table(
            values='close', index=self.data.index,
            columns=self.group_by
        ), diag_kind='kde', **kwargs
    )
```

最后，添加 heatmap()方法，该方法将生成组中所有资产收盘价之间相关性的热图：

```
def heatmap(self, pct_change=True, **kwargs):
    """
    为资产之间的相关性生成热图

    参数:
        - pct_change: 是否显示价格每日百分比变化的相关性
        - kwargs: 关键字参数

    返回:
        Seaborn 热图
    """
    pivot = self.data.pivot_table(
        values='close', index=self.data.index,
        columns=self.group_by
    )
    if pct_change:
        pivot = pivot.pct_change()
    return sns.heatmap(
        pivot.corr(), annot=True, center=0,
        vmin=-1, vmax=1, **kwargs
    )
```

我们可以使用 heatmap()方法查看资产之间的每日百分比变化比较。这将处理资产之间的比例差异（例如，Google 和 Amazon 的股价比 Facebook 和 Apple 高得多，这意味着几美元的收益对 Facebook 和 Apple 股价来说意义更大）：

```
>>> all_assets_viz = \
...     stock_analysis.AssetGroupVisualizer(all_assets)
>>> all_assets_viz.heatmap()
```

如图 7.17 所示，Apple 和标准普尔 500（S&P 500）以及 Facebook 和 Google 的相关性最强，而比特币则与任何项目都没有相关性。

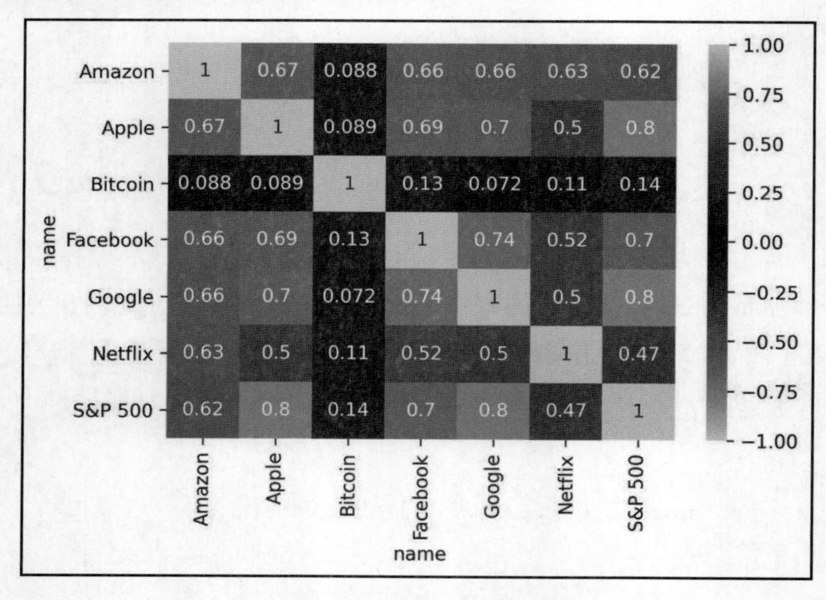

图 7.17　资产价格之间的相关性

限于篇幅，本节无法演示所有可视化资产组的方法，因为这将产生大量的绘图。你可以在本节使用的笔记本中查看和尝试。但是，我们可以将这些可视化工具结合起来，看看所有的资产是如何随时间演变的：

```
>>> faang_sp_viz = \
...     stock_analysis.AssetGroupVisualizer(faang_sp)
>>> bitcoin_viz = stock_analysis.StockVisualizer(bitcoin)

>>> fig, axes = plt.subplots(1, 2, figsize=(15, 5))
>>> faang_sp_viz.evolution_over_time(
...     'close', ax=axes[0], style=faang_sp_viz.group_by
```

```
... )
>>> bitcoin_viz.evolution_over_time(
...     'close', ax=axes[1], label='Bitcoin'
... )
```

如图 7.18 所示，比特币的价格在 2020 年年底出现了疯涨（查看 y 轴上的比例），而 Amazon 的股价也在 2020 年一飞冲天。

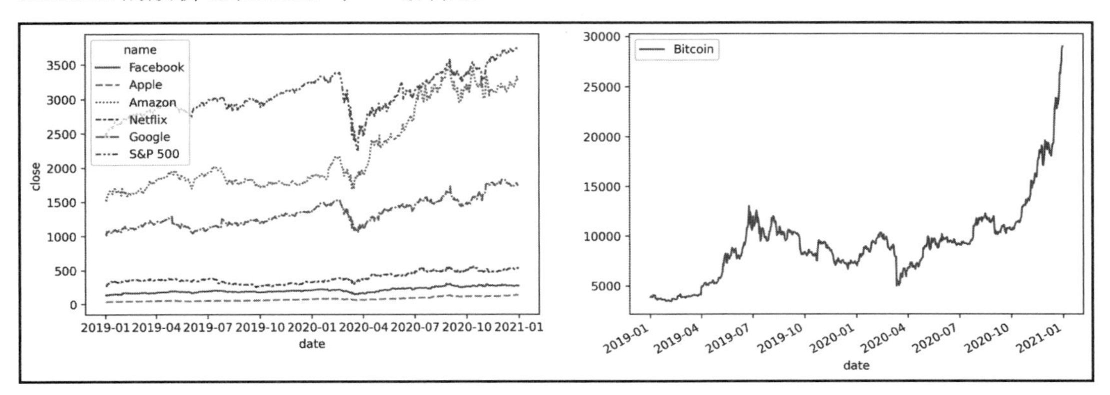

图 7.18　资产价格随时间的演变

现在我们已经对数据有了初步的了解，可以开始研究一些指标了。请注意，虽然我们仅查看并使用了代码的一个子集，但是建议你使用本节笔记本尝试 Visualizer 类中的所有方法。7.8 节“练习”还将会使用它们。

7.5　金融工具的技术分析

所谓“金融工具的技术分析”，就是指计算各种指标（如累积收益和波动性等）以比较不同的资产。与 7.3 节“收集金融数据”和 7.4 节“探索性数据分析”一样，本节将编写一个包含类的模块来帮助我们。

本节将需要 StockAnalyzer 类用于单个资产的技术分析，而 AssetGroupAnalyzer 类则用于一组资产的技术分析。这些类均位于 stock_analysis/stock_analyzer.py 文件中。

与其他模块一样，我们将从文档字符串和导入开始：

```
""" 用于资产的技术分析的类 """

import math

from .utils import validate_df
```

7.5.1　StockAnalyzer 类

为了分析单个资产，我们将构建 StockAnalyzer 类，用于计算给定资产的指标。图 7.19 所示的 UML 图显示了它提供的所有指标。

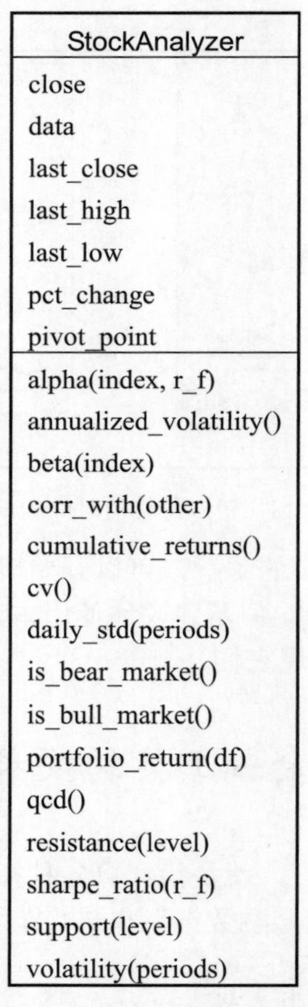

图 7.19　StockAnalyzer 类的结构

StockAnalyzer 实例将使用要执行技术分析的资产的数据进行初始化，因此，__init__() 方法需要接收数据作为参数：

```
class StockAnalyzer:
    """ 提供股票技术分析的指标 """

    @validate_df(columns={'open', 'high', 'low', 'close'})
```

```
    def __init__(self, df):
        """ 使用 OHLC 数据创建 StockAnalyzer 对象 """
        self.data = df
```

由于技术分析的大部分计算都将依赖于股票的收盘价，因此我们可以创建一个属性，以便通过 self.close 访问它，这样就不需要在所有方法中编写 self.data.close，从而使代码更加简明清晰，易于理解：

```
@property
def close(self):
    """ 获取数据的 close 列 """
    return self.data.close
```

有些计算还需要 close 列的百分比变化，因此我们也可以对此创建一个属性，以便更容易地访问：

```
@property
def pct_change(self):
    """ 获取 close 列的百分比变化 """
    return self.close.pct_change()
```

我们由于将使用枢轴点（pivot point）计算支撑位和阻力位，枢轴点是数据中最近一天的最高价、最低价和收盘价的平均值，因此也可以为它创建一个属性：

```
@property
def pivot_point(self):
    """ 计算枢轴点 """
    return (self.last_close + self.last_high
            + self.last_low) / 3
```

请注意，我们还使用了其他属性——self.last_close、self.last_high 和 self.last_low。这些属性是在数据上使用 last()方法定义的，我们可以选择相应的列并使用 iat[]获取最近收盘价、最高价和最低价数据：

```
@property
def last_close(self):
    """ 获取数据中最近收盘价的值 """
    return self.data.last('1D').close.iat[0]

@property
def last_high(self):
    """ 获取数据中最近最高价的值 """
    return self.data.last('1D').high.iat[0]
```

```
@property
def last_low(self):
    """ 获取数据中最近最低价的值 """
    return self.data.last('1D').low.iat[0]
```

现在我们已经拥有计算支撑位（support）和阻力位（resistance）所需的一切。接下来将在 3 个不同的级别计算支撑位和阻力位，其中第一个级别最接近收盘价，第三个级别最远。因此，第一个级别将是限制性最强的级别，而第三个级别将是限制性最低的级别。我们定义的 resistance()方法如下，该方法允许调用方指定要计算的级别：

```
def resistance(self, level=1):
    """ 在给定级别计算阻力位 """
    if level == 1:
        res = (2 * self.pivot_point) - self.last_low
    elif level == 2:
        res = self.pivot_point \
              + (self.last_high - self.last_low)
    elif level == 3:
        res = self.last_high \
              + 2 * (self.pivot_point - self.last_low)
    else:
        raise ValueError('Not a valid level.')
    return res
```

support()方法以类似的方式被定义：

```
def support(self, level=1):
    """ 在给定级别计算支撑位 """
    if level == 1:
        sup = (2 * self.pivot_point) - self.last_high
    elif level == 2:
        sup = self.pivot_point \
              - (self.last_high - self.last_low)
    elif level == 3:
        sup = self.last_low \
              - 2 * (self.last_high - self.pivot_point)
    else:
        raise ValueError('Not a valid level.')
    return sup
```

接下来，我们将致力于创建分析资产波动性的方法。首先，我们将计算收盘价百分比变化的每日标准差，为此需要指定交易周期数。为了确保不能使用比数据中更多的交易周期，可以定义一个属性，该属性具有可用于此参数的最大值：

```
@property
def _max_periods(self):
    """ 获取数据中的交易周期数 """
    return self.data.shape[0]
```

有了该最大值之后，现在可以定义 daily_std()方法，该方法将计算每日百分比变化的每日标准偏差：

```
def daily_std(self, periods=252):
    """
    计算每日百分比变化的每日标准偏差

    参数：
        - periods: 用于计算的周期数
                   默认为一年的交易日数 252
                   如果你提供的数字
                   大于数据中的交易周期数
                   则使用 self._max_periods

    返回：
        标准偏差
    """
    return self.pct_change\
        [min(periods, self._max_periods) * -1:].std()
```

虽然 daily_std()方法本身很有用，但我们还可以更进一步，通过将每日标准偏差乘以一年中交易周期数（假设为 252）的平方根计算年化波动率：

```
def annualized_volatility(self):
    """ 计算年化波动率 """
    return self.daily_std() * math.sqrt(252)
```

此外，我们还可以使用 rolling()方法查看滚动波动率：

```
def volatility(self, periods=252):
    """ 计算滚动波动率

    参数：
        - periods: 用于计算的周期数
                   默认为一年的交易日数 252
                   如果你提供的数字
                   大于数据中的交易周期数
```

```
                    则使用 self._max_periods

    返回:
        pandas.Series 对象
    """
    periods = min(periods, self._max_periods)
    return self.close.rolling(periods).std()\
           / math.sqrt(periods)
```

我们经常想比较资产，所以还提供了 corr_with()方法以使用每日百分比变化计算它们之间的相关性：

```
def corr_with(self, other):
    """计算 DataFrame 之间的相关性

    参数:
        - other: 其他 DataFrame

    返回:
        pandas.Series 对象
    """
    return \
        self.data.pct_change().corrwith(other.pct_change())
```

接下来，我们将定义一些指标比较资产的离散程度。第 1 章“数据分析导论”讨论了变异系数（cv()方法）和四分位离散系数（qcd()方法），因此我们可以使用它们实现这一点。这两种方法的代码如下：

```
def cv(self):
    """
    计算资产的变异系数
    该值越低，风险/收益的权衡就越好
    """
    return self.close.std() / self.close.mean()

def qcd(self):
    """ 计算四分位离散系数 """
    q1, q3 = self.close.quantile([0.25, 0.75])
    return (q3 - q1) / (q3 + q1)
```

此外，我们还想要一种方法量化资产与指数（如标准普尔 500）相比的波动性，为此我们将计算 β 系数（beta）——这是指数和资产每日收益率的协方差与指数每日收益率的方差之比。我们添加了 beta()方法，该方法允许用户指定用作基准的指数：

```
def beta(self, index):
    """
    计算资产的 beta

    参数：
        - index: 要比较的指数的数据

    返回：
        beta，浮点值
    """
    index_change = index.close.pct_change()
    beta = self.pct_change.cov(index_change)\
          / index_change.var()
    return beta
```

接下来，我们定义一种将资产的累积收益计算为 Series 的方法。这被定义为 1 加上收盘价的百分比变化的累积乘积：

```
def cumulative_returns(self):
    """ 计算累积收益 """
    return (1 + self.pct_change).cumprod()
```

接下来的几个指标需要计算投资组合的收益。为简单起见，我们假设没有每股分配的情况，因此投资组合的收益就是数据涵盖的时间段内从起始价格到结束价格的百分比变化。

我们将其定义为静态方法，因为需要为指数计算它，而不仅仅是存储在 self.data 中的数据：

```
@staticmethod
def portfolio_return(df):
    """
    在假设没有每股分配的情况下计算收益

    参数：
        - df: 资产的 DataFrame

    返回：
        收益，浮点值
    """
    start, end = df.close[0], df.close[-1]
    return (end - start) / start
```

前面的 beta 系数允许我们将资产的波动性与指数进行比较，看看谁的风险性更高；

而 α（阿尔法，alpha）系数则允许将资产的收益与指数的收益进行比较。为此，我们还需要无风险收益率，即没有金融损失风险的投资的收益率。在实践中，一般可为此使用美国国库券（在中国则常使用 1 年期银行定期存款收益）。计算 alpha 需要计算指数和资产的投资组合收益，以及 beta：

```
def alpha(self, index, r_f):
    """
    计算资产的 alpha 系数

    参数:
        - index: 要比较的指数
        - r_f: 无风险收益率

    返回:
        alpha，浮点值
    """
    r_f /= 100
    r_m = self.portfolio_return(index)
    beta = self.beta(index)
    r = self.portfolio_return(self.data)
    alpha = r - r_f - beta * (r_m - r_f)
    return alpha
```

提示：

上述代码片段中的 r_f /= 100 可在将结果存储回 r_f 之前将 r_f 除以 100。它是 r_f = r_f / 100 的简写。

Python 还有用于其他算术函数的此类运算符，例如+=、-=、*=和%=。

我们还想添加一些方法指示资产是处于熊市（Bear Market）还是牛市（Bull Market），这意味着它在过去两个月内的股价分别下跌或上涨了 20%甚至更多：

```
def is_bear_market(self):
    """
    确定一只股票是否处于熊市
    熊市意味着该股票在过去两个月的收益下跌 20%甚至更多
    """
    return \
        self.portfolio_return(self.data.last('2M')) <= -.2

def is_bull_market(self):
    """
```

```
    确定一只股票是否处于牛市
    牛市意味着该股票在过去两个月的收益上涨 20%甚至更多
    """
    return \
        self.portfolio_return(self.data.last('2M')) >= .2
```

最后，我们还将添加一种计算夏普比率（Sharpe ratio）的方法，该指标是指投资组合超额收益的增长对单位风险增长的程度。

该方法的定义如下：

```
def sharpe_ratio(self, r_f):
    """
    计算资产的夏普比率

    参数：
        - r_f: 无风险收益率

    返回：
        夏普比率，浮点值
    """
    return (
        self.cumulative_returns().last('1D').iat[0] - r_f)
    / self.cumulative_returns().std()
```

你也许需要花一些时间来理解本模块中的代码，因为接下来讨论的内容将以这些内容为基础。我们不会在技术分析中使用所有这些指标，但强烈建议你在本章使用的笔记本中尝试计算它们。

7.5.2　AssetGroupAnalyzer 类

本节使用的所有计算都在 StockAnalyzer 类中被定义，但是，我们不必为要比较的每个资产运行这些计算，而是可以创建 AssetGroupAnalyzer 类（在同一模块中），它能够为一组资产提供这些指标。

StockAnalyzer 和 AssetGroupAnalyzer 类将共享它们的大部分功能，这为通过继承设计它们提供了强有力的支撑；但是，有时组合更有意义（本示例就是这种情况）。当对象包含其他类的实例时，即称为组合（composition）。继承与组合都是面向对象中代码复用的方式。继承强调的是 is-a 的关系，而组合强调的是 has-a 的关系。打个比方，继承是父子关系，一个类是从另一个类派生出来的，而组合则是夫妻关系，一个类可以取得另一个类的实例。

这个设计决定为 AssetGroupAnalyzer 类留下了如图 7.20 所示的非常简单的 UML 图。

AssetGroupAnalyzer
analyzers data group_by : str
analyze(func_name)

图 7.20　AssetGroupAnalyzer 类的结构

我们将通过提供资产的 DataFrame 和分组列的名称（如果不是 name 的话）创建一个 AssetGroupAnalyzer 实例。初始化时，调用_composition_handler()方法创建 StockAnalyzer 对象的字典（每个资产一个）：

```
class AssetGroupAnalyzer:
    """ 分析 DataFrame 中的多个资产 """

    @validate_df(columns={'open', 'high', 'low', 'close'})
    def __init__(self, df, group_by='name'):
        """
        使用 OHLC 数据的 DataFrame 和要分组的列
        创建 AssetGroupAnalyzer 对象
        """
        self.data = df
        if group_by not in self.data.columns:
            raise ValueError(
                f'`group_by` column "{group_by}" not in df.'
            )
        self.group_by = group_by
        self.analyzers = self._composition_handler()

    def _composition_handler(self):
        """
        创建一个将每个组映射到其分析器中的字典
        利用组合而不是继承
        """
        return {
            group: StockAnalyzer(data)
            for group, data in self.data.groupby(self.group_by)
        }
```

AssetGroupAnalyzer 类只有一个公共方法 analyze()——所有实际计算都被委托给存

储在 analyzers 属性中的 StockAnalyzer 对象：

```
def analyze(self, func_name, **kwargs):
    """
    在所有资产上运行 StockAnalyzer 方法

    参数：
        - func_name: 要运行的方法的名称
        - kwargs: 附加的参数

    返回：
        每个资产一个字典
        将每个资产映射到函数的计算结果中
    """
    if not hasattr(StockAnalyzer, func_name):
        raise ValueError(
            f'StockAnalyzer has no "{func_name}" method.'
        )

    if not kwargs:
        kwargs = {}

    return {
        group: getattr(analyzer, func_name)(**kwargs)
        for group, analyzer in self.analyzers.items()
    }
```

如果使用继承，那么在这种情况下，所有方法都必须被覆盖，因为它们无法处理 groupby()操作。相反，现在我们使用的是组合，所需要做的就是为每个资产创建 StockAnalyzer 对象，并使用字典推导式进行计算。使用组合的另一个好处是，通过使用 getattr()，无须镜像 AssetGroupAnalyzer 类中的方法，因为 analyze()可以使用 StockAnalyzer 对象按名称获取方法。

7.5.3　比较资产

现在让我们使用 AssetGroupAnalyzer 类比较已收集数据的所有资产。与前面的章节一样，限于篇幅，我们不会使用 StockAnalyzer 类中的所有方法，因此请务必自行尝试：

```
>>> all_assets_analyzer = \
...     stock_analysis.AssetGroupAnalyzer(all_assets)
```

你应该还记得，在第 1 章“数据分析导论”中已经介绍过，变异系数（coefficient of

variation，CV）是标准差与均值的比值。这有助于我们比较资产收盘价的变化，即使它们的均值是不同量级的（例如，Amazon 的均值是 2000 多，Apple 的均值是 70 多）。

CV 还可用于将波动性与投资的预期收益进行比较，并量化风险收益权衡。让我们使用 CV 来看看哪个资产的收盘价离散程度最大：

```
>>> all_assets_analyzer.analyze('cv')
{'Amazon': 0.2658012522278963,
 'Apple': 0.36991905161737615,
 'Bitcoin': 0.43597652683008137,
 'Facebook': 0.19056336194852783,
 'Google': 0.15038618497328074,
 'Netflix': 0.20344854330432688,
 'S&P 500': 0.09536374658108937}
```

可以看到，比特币的离散程度最大，这不足为奇，因为该年比特币的价格多次像过山车一样暴涨暴跌。

也可以使用每日变化百分比而不是使用收盘价计算年化波动率。这涉及计算过去一年百分比变化的标准偏差，并将其乘以当年交易天数的平方根（代码假定为 252）。通过使用百分比变化，价格的较大变化（相对于资产价格）将受到更严厉的惩罚。使用年化波动率时，Facebook 看起来比使用 CV 时的波动性要大得多（当然它仍然不是最不稳定的）：

```
>>> all_assets_analyzer.analyze('annualized_volatility')
{'Amazon': 0.3851099077041784,
 'Apple': 0.4670809643500882,
 'Bitcoin': 0.4635140114227397,
 'Facebook': 0.45943066572169544,
 'Google': 0.3833720603377728,
 'Netflix': 0.4626772090887299,
 'S&P 500': 0.34491195196047003}
```

由于所有资产在数据集结束时都有其价值，因此我们可以检查其中是否有任何资产进入牛市，这意味着该资产在过去两个月的收益是 20%甚至更高：

```
>>> all_assets_analyzer.analyze('is_bull_market')
{'Amazon': False,
 'Apple': True,
 'Bitcoin': True,
 'Facebook': False,
 'Google': False,
 'Netflix': False,
 'S&P 500': False}
```

看起来 Apple 和 Bitcoin（比特币）在 2020 年的 11 月和 12 月都相当不错。其他资产似乎都有所不如。当然，它们也没有进入熊市（可以通过将 is_bear_market 传递给 analyze()确认这一点）。

另一种分析波动性的方法是通过计算 beta 系数将资产与指数进行比较。大于 1 的正值表示波动率高于指数，而小于−1 的负值表示与指数成反比：

```
>>> all_assets_analyzer.analyze('beta', index=sp)
{'Amazon': 0.7563691182389207,
 'Apple': 1.173273501105916,
 'Bitcoin': 0.3716024282483362,
 'Facebook': 1.024592821854751,
 'Google': 0.98620762504024,
 'Netflix': 0.7408228073823271,
 'S&P 500': 1.0000000000000002}
```

通过上述结果中的 beta 可以看到，与标准普尔 500 指数相比，Apple 的波动性最大，这意味着如果这是我们的投资组合（暂时不考虑比特币），买入 Apple 股票会增加投资组合的风险。值得一提的是，我们知道比特币与标准普尔 500 指数无关（参见图 7.17 中的相关性热图），因此这种低 beta 值具有误导性。

我们要研究的最后一个指标是 alpha，它用于比较某只股票与市场（大盘）的收益。计算 alpha 需要传入无风险收益率（r_f）；通常使用美国国库券的收益（在中国则常使用 1 年期银行定期存款收益）表示这个数字。美国国库券收益率可通过以下网址查询：

https://www.treasury.gov/resource-center/data-chart-center/interest-rates/pages/TextView.aspx?data=yield

或者，你也可以使用 StockReader 对象（reader）收集该数据。

现在让我们使用标普 500 作为指数，比较资产的 alpha：

```
>>> r_f = reader.get_risk_free_rate_of_return() # 0.93
>>> all_assets_analyzer.analyze('alpha', index=sp, r_f=r_f)
{'Amazon': 0.7383391908270172,
 'Apple': 1.7801122522388666,
 'Bitcoin': 6.355297988074054,
 'Facebook': 0.5048625273190841,
 'Google': 0.18537197824248092,
 'Netflix': 0.6500392764754642,
 'S&P 500': -1.1102230246251565e-16}
```

可以看到，这些股票都跑赢了标准普尔 500 指数，标准普尔 500 指数本质上是一个由 500 只股票组成的投资组合，由于分散风险（diversification），因此风险较低，收益也较低。

上述计算带来的是累积收益，它显示了我们投资的每一美元的收益。为了让该绘图在黑白文本中更容易理解，我们将创建一个自定义的 Cycler 对象，它可以改变颜色和线条样式：

```
>>> from cycler import cycler
>>> bw_viz_cycler = (
...     cycler(color=[plt.get_cmap('tab10')(x/10)
...                   for x in range(10)])
...     + cycler(linestyle=['dashed', 'solid', 'dashdot',
...                         'dotted', 'solid'] * 2))
>>> fig, axes = plt.subplots(1, 2, figsize=(15, 5))
>>> axes[0].set_prop_cycle(bw_viz_cycler)
>>> cumulative_returns = \
...     all_assets_analyzer.analyze('cumulative_returns')
>>> for name, data in cumulative_returns.items():
...     data.plot(
...         ax=axes[1] if name == 'Bitcoin' else axes[0],
...         label=name, legend=True
...     )
>>> fig.suptitle('Cumulative Returns')
```

有关 Cycler 的详细信息，你可以访问以下网址：

https://matplotlib.org/cycler/

如图 7.21 所示，尽管在 2020 年年初出现了较大的跌幅，但在数据的末尾，所有资产都升值了。值得一提的是，比特币子图的 y 轴为 0～7（右侧子图），而股市的子图（左侧子图）则仅覆盖了该范围的一半。

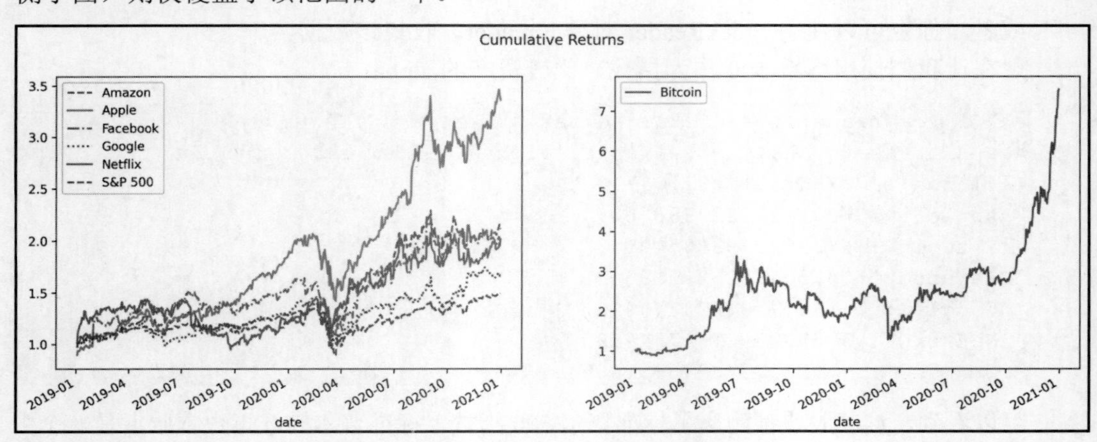

图 7.21　所有资产的累积收益

我们现在已经很好地理解了如何分析金融工具，接下来可以尝试预测这些金融工具未来的表现。

7.6　使用历史数据建模

本节的目的是简单了解如何构建一些模型，因此以下示例并不是最佳模型，而是出于学习目的设计的简单且相对快速的实现。再重复一次，stock_analysis 包有一个用于本节任务的类：StockModeler。

注意：

要全面了解本节的统计要素和一般性的建模，需要对统计知识有扎实的了解；当然，本次讨论的目的是展示建模技术如何应用于金融数据，而无须关注基础数学。

7.6.1　StockModeler 类

StockModeler 类将使我们更容易构建和评估一些简单的金融模型，而无须直接与 statsmodels 包进行交互。此外，我们还将简化使用之前创建的方法生成模型所需的步骤数。

图 7.22 所示的 UML 图表明这是一个相当简单的类。请注意，该类中没有属性，因为 StockModeler 是一个静态类（static class），这意味着不会实例化它。

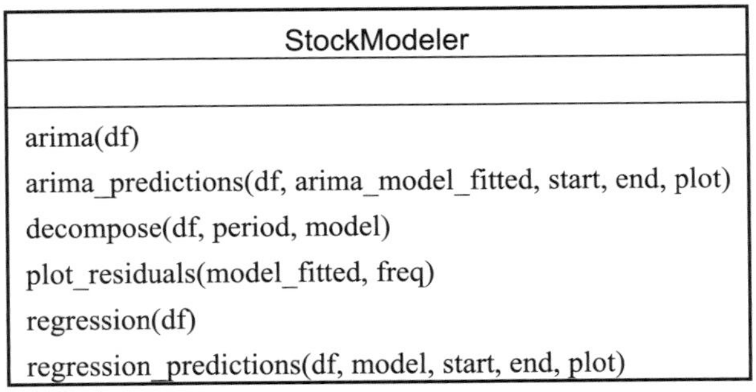

StockModeler
arima(df) arima_predictions(df, arima_model_fitted, start, end, plot) decompose(df, period, model) plot_residuals(model_fitted, freq) regression(df) regression_predictions(df, model, start, end, plot)

图 7.22　StockModeler 类的结构

StockModeler 类在 stock_analysis/stock_modeler.py 中被定义，并具有用于构建模型和对其性能进行一些初步分析的方法。和以前一样，首先需要编写文档字符串和导入语句：

```
""" 对于股票的简单时间序列建模 """

import matplotlib.pyplot as plt
```

```
import pandas as pd
from statsmodels.tsa.arima.model import ARIMA
from statsmodels.tsa.seasonal import seasonal_decompose
import statsmodels.api as sm

from .utils import validate_df
```

接下来，启动 StockModeler 类并在有人尝试实例化它时会引发错误：

```
class StockModeler:
    """ 对股票建模的静态方法 """

    def __init__(self):
        raise NotImplementedError(
            "This class must be used statically: "
            "don't instantiate it."
        )
```

我们希望这个类支持的任务之一是时间序列分解，这在第 1 章“数据分析导论”中讨论过（详见 1.3.19 节“预测”）。我们从 statsmodels 中导入了 seasonal_decompose()函数，所以只需要在 decompose()方法中将收盘价传递给 seasonal_decompose()函数：

```
@staticmethod
@validate_df(columns={'close'}, instance_method=False)
def decompose(df, period, model='additive'):
    """
    分解股票的收盘价
    包括趋势分量、季节性分量和剩余分量

    参数：
        - df：包含股票收盘价的 DataFrame
              包括 close 列和时间索引
        - period：频率中的周期数
        - model：计算时间序列分解的方式
                 ('additive'或'multiplicative')

    返回：
        statsmodels 分解对象
    """
    return seasonal_decompose(
        df.close, model=model, period=period
    )
```

请注意，我们有两个用于 decompose()方法的装饰器。上面的装饰器将应用于它下面的装饰器的结果。本示例的应用如下：

```
staticmethod(
    validate_df(
        decompose, columns={'close'}, instance_method=False
    )
)
```

此外，我们还希望支持创建 ARIMA 模型（详见 1.3.19 节“预测”）。ARIMA 模型使用 ARIMA(p, d, q)表示法，其中 p 是 AR 模型的时间滞后（或阶数）的数量，d 是从数据中减去的过去值的数量（I 模型），q 是 MA 模型中使用的周期数。因此，ARIMA(1, 1, 1)模型在自回归部分包含一个时间滞后，数据差分一次，还有 1 周期的移动平均线。

如果在这 3 个阶数中有任何零，则可以消除它们，例如，ARIMA(1, 0, 1)等价于 ARMA(1, 1)，而 ARIMA(0, 0, 3)则等价于 MA(3)。

季节性 ARIMA 模型写为 ARIMA(p, d, q)(P, D, Q)$_m$，其中，m 是季节性模型中的周期数，P、D 和 Q 是季节性 ARIMA 模型的阶数。

为简单起见，StockModeler.arima()方法不支持季节性分量，并采用 p、d 和 q 作为参数，但为了避免混淆，我们将以它们所代表的 ARIMA 特征命名它们，例如，ar 表示自回归阶数（p）。此外，我们将让静态方法在返回之前提供拟合模型的选项：

```
@staticmethod
@validate_df(columns={'close'}, instance_method=False)
def arima(df, *, ar, i, ma, fit=True, freq='B'):
    """
    创建为时间序列建模的 ARIMA 对象

    参数：
        - df: 包含股票收盘价的 DataFrame
              包括 close 列和时间索引
        - ar: 自回归阶数（p）
        - i: 差分阶数（q）
        - ma: 移动平均线阶数（d）
        - fit: 是否返回拟合的模型
        - freq: 时间序列的频率

    返回：
        可用于拟合和预测的 statsmodels ARIMA 对象
    """
    arima_model = ARIMA(
```

```
        df.close.asfreq(freq).fillna(method='ffill'),
        order=(ar, i, ma)
    )
    return arima_model.fit() if fit else arima_model
```

提示：

请注意，方法签名(df, *, ar, i, ma, …)中有一个星号（*）。这会强制在调用方法时将其后列出的参数作为关键字参数提供。这是确保使用它的人明确其所需的好方法。

我们还需要一种方法评估 ARIMA 模型的预测，因此将添加 arima_predictions()静态方法。此外，我们还将提供选项，允许指定将预测返回为 Series 对象或绘图：

```
@staticmethod
@validate_df(columns={'close'}, instance_method=False)
def arima_predictions(df, arima_model_fitted, start, end,
                      plot=True, **kwargs):
    """
    获取 ARIMA 预测作为 Series 对象或绘图

    参数:
        - df: 股票的 DataFrame
        - arima_model_fitted: 拟合的 ARIMA 模型
        - start: 预测的起始日期
        - end: 预测的结束日期
        - plot: 是否给结果绘图
                默认为 True
                意味着返回绘图
                而不是包含预测的 Series 对象
        - kwargs: 附加参数

    返回:
        Matplotlib Axes 对象或预测结果
        取决于 plot 参数的值
    """
    predictions = \
        arima_model_fitted.predict(start=start, end=end)

    if plot:
        ax = df.close.plot(**kwargs)
        predictions.plot(
            ax=ax, style='r:', label='arima predictions'
        )
```

```
        ax.legend()

    return ax if plot else predictions
```

和 ARIMA 模型的构建类似，我们还将提供 regression()方法构建一个滞后为 1 的收盘价的线性回归模型。为此，我们将再次使用 statsmodels（在第 9 章“Python 机器学习入门”中将使用 scikit-learn 进行线性回归）：

```
@staticmethod
@validate_df(columns={'close'}, instance_method=False)
def regression(df):
    """
    使用 lag=1 创建时间序列的线性回归

    参数：
        - df：包含股票数据的 DataFrame

    返回：
        X、Y 和拟合的模型
    """
    X = df.close.shift().dropna()
    Y = df.close[1:]
    return X, Y, sm.OLS(Y, X).fit()
```

与 arima_predictions()方法一样，我们希望提供一种方法查看模型的预测，无论是作为 Series 对象还是作为绘图。与 ARIMA 模型不同，它一次只会预测一个值。因此，可以在最近收盘价的第二天开始预测，并以迭代方式使用之前的预测结果预测下一个值。为了处理这一切，可编写 regression_predictions()方法：

```
@staticmethod
@validate_df(columns={'close'}, instance_method=False)
def regression_predictions(df, model, start, end,
                           plot=True, **kwargs):
    """
    获取预测的线性回归
    作为pandas.Series 对象或绘图

    参数：
        - df：股票的 DataFrame
        - model：拟合的线性回归模型
        - start：预测的起始日期
        - end：预测的结束日期
```

```
        - plot: 是否给结果绘图
                默认为 True
                意味着返回绘图
                而不是包含预测的 Series 对象
        - kwargs: 附加参数

    返回:
        Matplotlib Axes 对象或预测结果
        取决于 plot 参数的值
    """
    predictions = pd.Series(
        index=pd.date_range(start, end), name='close'
    )
    last = df.last('1D').close
    for i, date in enumerate(predictions.index):
        if not i:
            pred = model.predict(last)
        else:
            pred = model.predict(predictions.iloc[i - 1])
        predictions.loc[date] = pred[0]

    if plot:
        ax = df.close.plot(**kwargs)
        predictions.plot(
            ax=ax, style='r:',
            label='regression predictions'
        )
        ax.legend()

    return ax if plot else predictions
```

最后，对于 ARIMA 和线性回归模型，我们还希望将预测中的误差或残差（residual）进行可视化。拟合的模型都有一个 resid 属性，这会给出残差。我们可以将它们绘制为散点图检查它们的方差，或者将它们绘制为 KDE 检查它们的均值。为实现该目的，我们可以添加 plot_residuals()方法：

```
@staticmethod
def plot_residuals(model_fitted, freq='B'):
    """
    可视化来自模型的残差

    参数:
```

```
        - model_fitted: 拟合的模型
        - freq: 做出预测时所基于的频率
              默认为'B'（工作日，Business Day）

    返回:
        Matplotlib Axes 对象
    """
    fig, axes = plt.subplots(1, 2, figsize=(15, 5))
    residuals = pd.Series(
        model_fitted.resid.asfreq(freq), name='residuals'
    )
    residuals.plot(
        style='bo', ax=axes[0], title='Residuals'
    )
    axes[0].set(xlabel='Date', ylabel='Residual')
    residuals.plot(
        kind='kde', ax=axes[1], title='Residuals KDE'
    )
    axes[1].set_xlabel('Residual')
    return axes
```

接下来，让我们再次使用 Netflix 数据测试 StockModeler 类。

7.6.2　时间序列分解

如第 1 章“数据分析导论”中所述，时间序列可以使用指定的频率分解为趋势分量、季节性分量和剩余部分。这可以通过 statsmodels 包（其中使用了 StockModeler.decompose() 方法）来实现：

```
>>> from stock_analysis import StockModeler
>>> decomposition = StockModeler.decompose(nflx, 20)
>>> fig = decomposition.plot()
>>> fig.suptitle(
...     'Netflix Stock Price Time Series Decomposition', y=1
... )
>>> fig.set_figheight(6)
>>> fig.set_figwidth(10)
>>> fig.tight_layout()
```

这将返回频率为 20 个交易日的 Netflix 分解图，如图 7.23 所示。

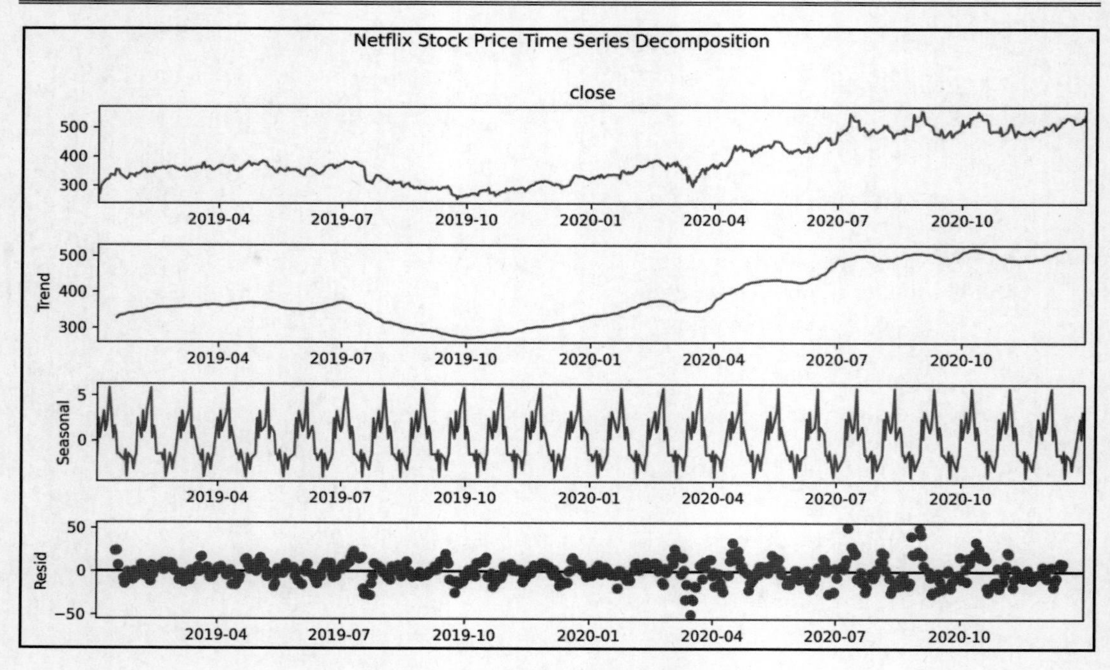

图 7.23　Netflix 股价的时间序列分解

在分解后即可围绕分量构建更复杂的模型。当然，这超出了本章的讨论范围，所以接下来我们将继续讨论 ARIMA 模型。

7.6.3　ARIMA

在第 1 章“数据分析导论”中已经介绍过，ARIMA 模型具有自回归（autoregressive）、差分（difference）和移动平均（moving average）分量。它们也可以使用 statsmodels 包进行构建，其中使用了 StockModeler.arima()方法。该方法将根据提供的说明返回股票的拟合 ARIMA 模型。在本示例中，将使用%%capture 魔法命令避免输出由 ARIMA 模型拟合触发的任何警告，因为我们制作的只是一个简单的仅用于探索功能的模型：

```
>>> %%capture
>>> arima_model = StockModeler.arima(nflx, ar=10, i=1, ma=5)
```

提示：

上述命令选择了这些值只是因为它们可以在合理的时间内运行。在实际工作中，我们可以使用第 5 章“使用 Pandas 和 Matplotlib 可视化数据”中介绍的 pandas.plotting 模块中的 autocorrelation_plot()函数帮助找到一个恰当的 ar 值。

模型拟合好之后，我们可以使用模型的 summary()方法获取有关它的信息：

```
>>> print(arima_model.summary())
```

通过 summary()方法获取的汇总信息相当广泛，我们应该在寻找解释时阅读其说明文档。当然，以下文章可能提供了一个更容易理解的介绍：

https://medium.com/analytics-vidhya/interpreting-arma-model-results-in-statsmodels-for-absolute-beginners-a4d22253ad1c

请注意，解释此汇总信息需要对统计数据有扎实的理解，如图 7.24 所示。

```
                               SARIMAX Results
==============================================================================
Dep. Variable:                  close   No. Observations:                  522
Model:                ARIMA(10, 1, 5)   Log Likelihood               -1925.850
Date:                Mon, 18 Jan 2021   AIC                           3883.700
Time:                        19:02:23   BIC                           3951.792
Sample:                    01-02-2019   HQIC                          3910.372
                         - 12-31-2020
Covariance Type:                  opg
==============================================================================
                 coef    std err          z      P>|z|      [0.025      0.975]
------------------------------------------------------------------------------
ar.L1         -0.1407      0.254     -0.554      0.580      -0.639       0.358
ar.L2          0.1384      0.178      0.777      0.437      -0.211       0.488
ar.L3         -0.3349      0.165     -2.033      0.042      -0.658      -0.012
ar.L4          0.6575      0.171      3.839      0.000       0.322       0.993
ar.L5          0.5988      0.215      2.787      0.005       0.178       1.020
ar.L6         -0.1005      0.076     -1.315      0.188      -0.250       0.049
ar.L7          0.0555      0.052      1.072      0.284      -0.046       0.157
ar.L8         -0.0522      0.042     -1.256      0.209      -0.134       0.029
ar.L9         -0.0722      0.051     -1.425      0.154      -0.172       0.027
ar.L10         0.1021      0.056      1.813      0.070      -0.008       0.212
ma.L1         -0.0084      0.257     -0.032      0.974      -0.513       0.496
ma.L2         -0.0854      0.196     -0.435      0.663      -0.470       0.299
ma.L3          0.3300      0.184      1.797      0.072      -0.030       0.690
ma.L4         -0.6166      0.174     -3.549      0.000      -0.957      -0.276
ma.L5         -0.5170      0.213     -2.425      0.015      -0.935      -0.099
sigma2        93.0293      3.711     25.071      0.000      85.756     100.302
===================================================================================
Ljung-Box (Q):                       33.12   Jarque-Bera (JB):               373.34
Prob(Q):                              0.77   Prob(JB):                         0.00
Heteroskedasticity (H):               2.46   Skew:                            -0.10
Prob(H) (two-sided):                  0.00   Kurtosis:                         7.14
===================================================================================

Warnings:
[1] Covariance matrix calculated using the outer product of gradients (complex-step).
```

图 7.24　ARIMA 模型汇总信息

就我们的目的而言，分析模型还有一种更简单的方法是查看残差（residual），也就是观察值与模型预测结果之间的差异。残差的均值应为 0 且始终具有相等的方差，这意味着它们不应依赖于自变量（在本例中为日期）。后一个要求称为同方差性（homoskedasticity），如果不满足此假设，则模型给出的估计就不是最佳的。StockModeler.plot_residuals()方法有助于直观地检查这一点：

```
>>> StockModeler.plot_residuals(arima_model)
```

如图 7.25 所示，虽然残差以 0 为中心（右侧子图），但它们是异方差（heteroskedastic）的。在左侧子图中可以看到，它们的方差会随时间增加。

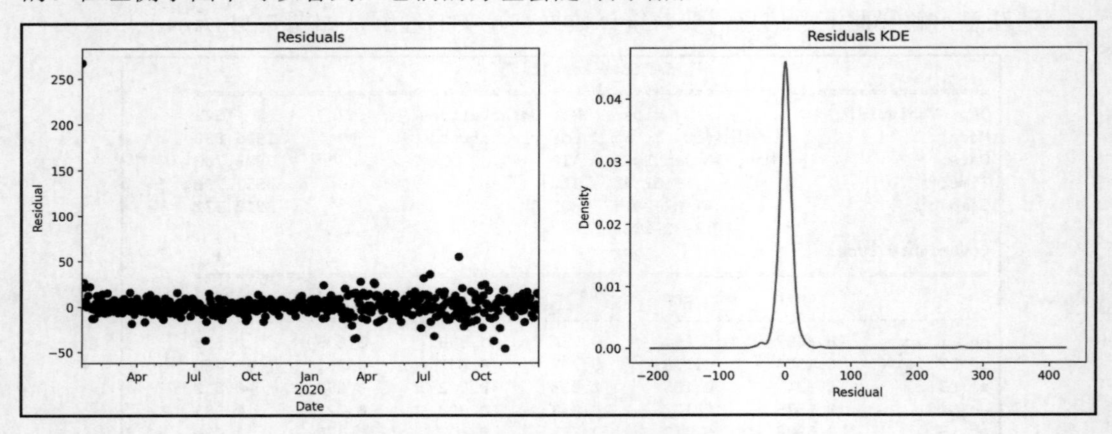

图 7.25　评估 ARIMA 模型的残差

提示：

在图 7.24 中查看模型汇总信息时可以发现，statsmodels 使用默认显著性水平 0.05 对异方差性进行了统计检验。

检验统计量的值标记为 Heteroskedasticity(H)，p 值标记为 Prob(H)（两侧）。请注意，该结果具有统计显著性（p 值小于或等于显著性水平），这意味着残差不太可能是同方差的。

作为构建 ARIMA 模型的替代方法，StockModeler 类还提供了使用线性回归对金融工具的收盘价进行建模的选项。

7.6.4　使用 statsmodel 进行线性回归

StockModeler.regression()方法可以构建收盘价的线性回归模型，它使用 statsmodels，可作为前一天收盘价的函数：

```
>>> X, Y, lm = StockModeler.regression(nflx)
>>> print(lm.summary())
```

同样，summary()方法可提供模型拟合的统计信息，如图 7.26 所示。

```
                                 OLS Regression Results
=======================================================================================
Dep. Variable:                  close   R-squared (uncentered):                   0.999
Model:                            OLS   Adj. R-squared (uncentered):              0.999
Method:                 Least Squares   F-statistic:                          7.470e+05
Date:                Mon, 18 Jan 2021   Prob (F-statistic):                        0.00
Time:                        19:15:40   Log-Likelihood:                         -1889.3
No. Observations:                 504   AIC:                                      3781.
Df Residuals:                     503   BIC:                                      3785.
Df Model:                           1
Covariance Type:            nonrobust
==============================================================================
                 coef    std err          t      P>|t|      [0.025      0.975]
------------------------------------------------------------------------------
close          1.0011      0.001    864.291      0.000       0.999       1.003
==============================================================================
Omnibus:                       50.714   Durbin-Watson:                   2.317
Prob(Omnibus):                  0.000   Jarque-Bera (JB):              307.035
Skew:                          -0.014   Prob(JB):                     2.13e-67
Kurtosis:                       6.824   Cond. No.                         1.00
==============================================================================

Warnings:
[1] Standard Errors assume that the covariance matrix of the errors is correctly specified.
```

图 7.26　线性回归模型汇总信息

提示：

有关如何解释上述汇总信息的一些指导，请访问以下网址：

https://medium.com/swlh/interpretinglinear-regression-through-statsmodels-summary-4796d359035a

调整后的 R^2 使这个模型的效果看起来非常好，因为它接近 1（第 9 章“Python 机器学习入门”将进一步讨论这个指标）。当然，我们知道这仅仅是因为股票数据是高度自相关的，所以不妨再看看残差：

```
>>> StockModeler.plot_residuals(lm)
```

如图 7.27 所示，该模型同样存在异方差性。

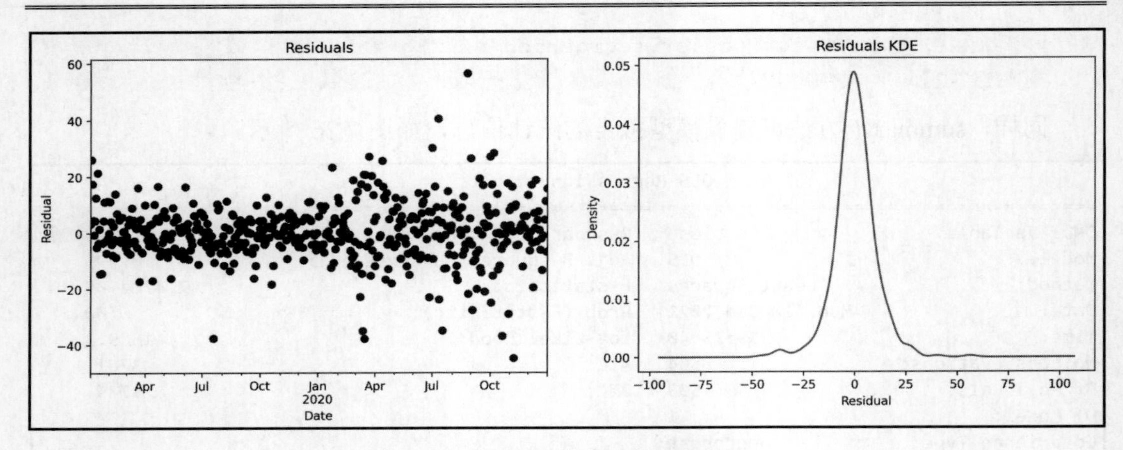

图 7.27　评估线性回归模型的残差

接下来，让我们比较一下，在预测 Netflix 股票的收盘价方面，ARIMA 模型和线性回归模型哪一个表现更好。

7.6.5　比较模型

为了比较模型，我们需要在一些新数据上测试它们的预测结果。我们可以收集 2021 年 1 月前两周 Netflix 公司股票的每日收盘价，并使用 StockModeler 类中的预测方法可视化模型预测结果与现实数据：

```
>>> import datetime as dt

>>> start = dt.date(2021, 1, 1)
>>> end = dt.date(2021, 1, 14)

>>> jan = stock_analysis.StockReader(start, end)\
...     .get_ticker_data('NFLX')

>>> fig, axes = plt.subplots(1, 2, figsize=(15, 5))

>>> arima_ax = StockModeler.arima_predictions(
...     nflx, arima_model, start=start, end=end,
...     ax=axes[0], title='ARIMA', color='b'
... )
>>> jan.close.plot(
...     ax=arima_ax, style='b--', label='actual close'
... )
```

```
>>> arima_ax.legend()
>>> arima_ax.set_ylabel('price ($)')

>>> linear_reg = StockModeler.regression_predictions(
...     nflx, lm, start=start, end=end,
...     ax=axes[1], title='Linear Regression', color='b'
... )
>>> jan.close.plot(
...     ax=linear_reg, style='b--', label='actual close'
... )
>>> linear_reg.legend()
>>> linear_reg.set_ylabel('price ($)')
```

如图 7.28 所示，ARIMA 模型的预测看起来更符合我们预期的模式，但是，由于股市的不可预测性，这两种模型都与 2021 年 1 月前两周的实盘数据相去甚远。

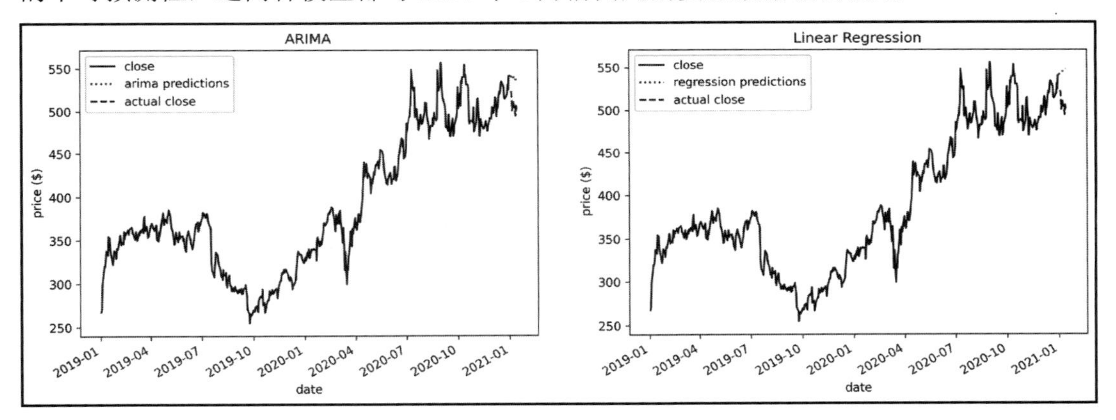

图 7.28　模型预测结果

正如我们所见，预测股票表现并不容易，即使是几天的数据也如此。因为有很多数据都无法被这些模型捕获，如新闻报道、法律法规和监管政策的变化等，这些东西都可能对股价形成很大的影响。无论模型看起来有多好，都不要相信预测，因为这些预测结果其实都是采用外推法（extrapolation）得到的，并且有很多随机性没有被考虑在内。

为了进一步说明这一点，可查看以下使用随机游走（random walk）和股票数据生成的一组图形。其中只有一幅图形是真实数据的绘图。如图 7.29 所示，究竟哪一幅图形是真实数据的绘图呢？不妨猜猜看。

这些时间序列中的每一个都起源于同一点（微软公司在 2019 年 7 月 1 日的收盘价），但只有 A 是真实的股票数据——B、C 和 D 都是随机游走。显然，在揭晓谜底之前，想要分辨出它们哪一幅是真实数据的绘图是非常困难的。

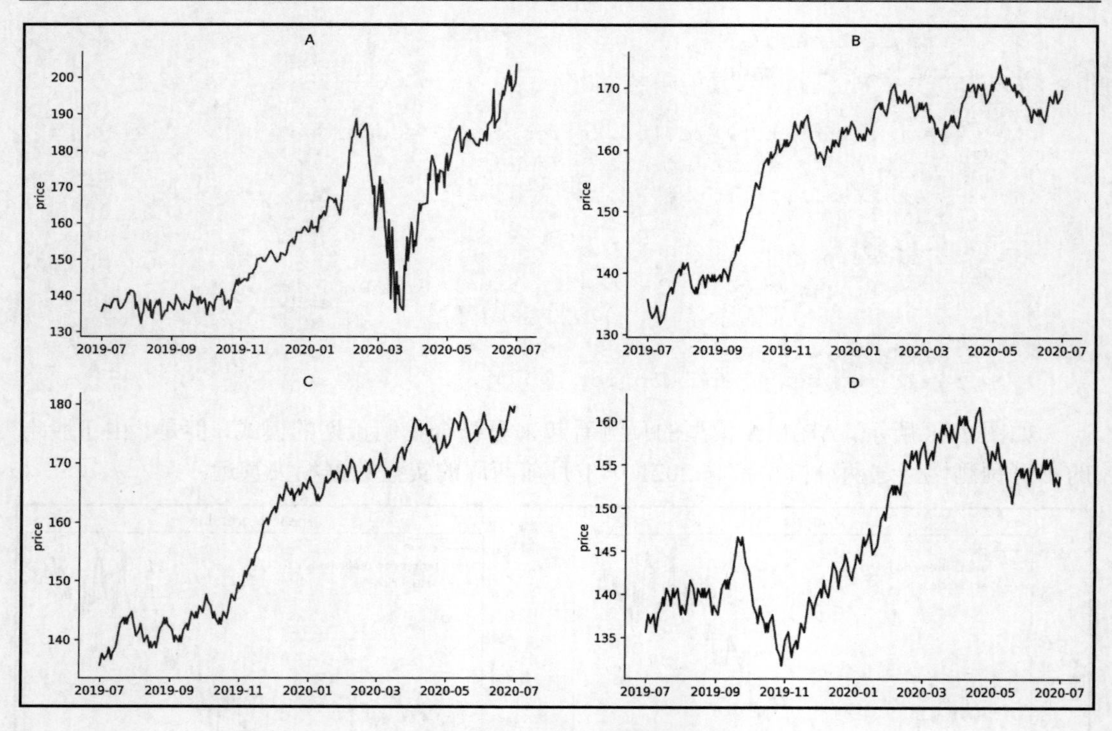

图 7.29　真假难辨的股票数据绘图

7.7　小　　结

本章详细讨论了如何为分析应用程序构建 Python 包，以便其他人可以轻松地进行他们自己的分析并重现我们的分析。

本章创建的 stock_analysis 包可实现多项功能，包含用于从 Internet 收集股票数据的类（StockReader）、可视化单个资产或资产组（Visualizer 系列）、计算单个资产或资产组的指标以进行比较（分别为 StockAnalyzer 和 AssetGroupAnalyzer），以及使用时间序列分解、ARIMA 和线性回归进行时间序列建模（StockModeler）。

在 StockModeler 类中，使用了 statsmodels 包。本章展示了如何结合使用 Pandas、Matplotlib、Seaborn 和 NumPy 功能，以及如何让这些库与其他自定义应用程序包协调工作。我们强烈建议你重新阅读 stock_analysis 包中的代码，并在笔记本中测试本章未演示的一些方法，以确保你掌握了相关概念。

在第 8 章“基于规则的异常检测”中将研究另一个应用，学习如何构建用于登录尝试的模拟器并应用基于规则的异常检测。

7.8　练　　习

使用 stock_analysis 包完成以下练习。除非另有说明，否则本练习将使用 2019—2020 年年底的数据。如果使用 StockReader 类收集数据时出现任何问题，则可以直接读入 exercises/目录中提供的备份 CSV 文件。

（1）使用 StockAnalyzer 和 StockVisualizer 类，计算并绘制 Netflix 收盘价的 3 个级别的支撑位和阻力位。

（2）使用 StockVisualizer 类，查看盘后交易对 FAANG 股票的影响。

A．作为个股。

B．作为投资组合，使用来自 stock_analysis.utils 模块的 make_portfolio()函数。

（3）使用 StockVisualizer.open_to_close()方法，创建一个绘图填充 FAANG 股票的开盘价（作为投资组合）与其每天收盘价之间的区域。如果价格下跌，则以红色显示；如果价格上涨，则以绿色填充。作为附加题，你还可以对比特币和标准普尔 500 指数的投资组合执行同样的操作。

（4）共同基金（mutual fund）和交易所交易基金（exchange-traded fund，ETF）是由多种资产组成的基金。它们旨在降低风险，因此基金的波动性将低于构成它的资产的波动性。有关其区别的详细信息，你可以访问以下网址：

https://www.investopedia.com/articles/exchangetradedfunds/08/etf-mutual-fund-difference.asp

使用年化波动率和 AssetGroupAnalyzer 类将你选择的共同基金或 ETF 与其 3 支最大的股票（按组合方式）进行比较。

（5）编写一个函数，该函数返回一行的 DataFrame，其中包含 alpha、beta、sharpe_ratio、annualized_volatility、is_bear_market 和 is_bull_market 列，每列都包含使用 StockAnalyzer 类对给定股票运行相应方法的结果。在 AssetGroupAnalyzer.analyze()方法中使用的字典推导和 getattr()函数将很有用。

（6）使用 StockModeler 类，在从 2019 年 1 月 1 日—2020 年 11 月 30 日的标准普尔 500 指数数据上构建一个 ARIMA 模型，并用它预测 2020 年 12 月的表现。记住检查残差并将预测结果与实际数据进行比较。

（7）收集从美元到日元的每日外汇汇率数据。首先需要为 AlphaVantage 请求一个

API 密钥，其网址如下：

https://www.alphavantage.co/support/#api-key

在之前创建的同一个 StockReader 对象上使用 get_forex_rates()方法收集练习数据。使用 2019 年 2 月—2020 年 1 月的数据构建蜡烛图，重新采样为 1 周间隔。

提示：采用标准库中的 slice()函数以提供日期范围。有关该函数的详细信息，你可以访问以下网址：

https://docs.python.org/3/library/functions.html#slice

7.9 延伸阅读

查看以下资源以获取有关本章所涵盖材料的更多信息。

- A guide to Python’s function decorators（Python 函数装饰器指南）：

  https://www.thecodeship.com/patterns/guide-to-python-function-decorators/

- Alpha（Alpha 系数）：

  https://www.investopedia.com/terms/a/alpha.asp

- An Introduction to Classes and Inheritance (in Python)（类和继承简介）（在 Python 中）：

  http://www.jesshamrick.com/2011/05/18/an-introduction-to-classes-and-inheritance-in-python/

- Beta（Beta 系数）：

  https://www.investopedia.com/terms/b/beta.asp

- Coefficient of Variation（变异系数，CV）：

  https://www.investopedia.com/terms/c/coefficientofvariation.asp

- Classes (Python Documentation)（类）（Python 文档）：

  https://docs.python.org/3/tutorial/classes.html

- How After-Hours Trading Affects Stock Prices（盘后交易如何影响股票价格）：

  https://www.investopedia.com/ask/answers/05/saleafterhours.asp

- How to Create a Python Package（如何创建 Python 包）：

  https://www.pythoncentral.io/how-to-create-a-python-package/

- How to Create an ARIMA Model for Time Series Forecasting in Python（如何在 Python 中为时间序列预测创建 ARIMA 模型）：

  https://machinelearningmastery.com/arima-for-time-series-forecasting-with-python/

- Linear Regression in Python using statsmodels（在 Python 中使用 statsmodels 的线性回归）：

  https://datatofish.com/statsmodels-linear-regression/

- Object-Oriented Programming（面向对象编程）：

  https://python.swaroopch.com/oop.html

- Random walk（随机游走）：

  https://en.wikipedia.org/wiki/Random_walk

- Stock Analysis（股票分析）：

  https://www.investopedia.com/terms/s/stock-analysis.asp

- Support and Resistance Basics（支撑位和阻力位基础）：

  https://www.investopedia.com/trading/support-and-resistance-basics/

- Technical Analysis（技术分析）：

  https://www.investopedia.com/technical-analysis-4689657

- The definitive guide on how to use static, class or abstract methods in Python（关于如何在 Python 中使用静态、类或抽象方法的权威指南）：

  https://julien.danjou.info/guide-python-static-class-abstract-methods/

- Writing the Setup Script（编写安装脚本）：

  https://docs.python.org/3/distutils/setupscript.html

第 8 章　基于规则的异常检测

是时候抓住一些试图使用暴力攻击（brute-force attack）访问网站的黑客了——他们试图使用一堆用户名密码组合登录，直至获得访问权限。这种类型的攻击噪声很大，因此它为分析人员提供了大量用于异常检测（anomaly detection）的数据点。所谓异常检测，就是查找从我们认为是典型活动的进程以外的进程生成的数据的过程。本章中的黑客活动将是模拟的，不会像现实生活中的黑客手段那样狡猾，但它有助于演示异常检测的概念。

我们将创建一个包处理登录尝试的模拟，以便为本章生成数据。知道如何进行模拟是分析人员工具箱中的一项基本技能。有时，很难用精确的数学解解决问题；但是，定义系统小组件的工作方式可能很容易。在这种情况下，我们可以对小组件进行建模并从整体上模拟系统的行为。模拟结果将为分析人员提供可能满足需求的解决方案的近似值。

本章将利用基于规则的异常检测识别模拟数据中的可疑活动。到本章结束时，你将了解如何使用从各种概率分布生成的随机数模拟数据，熟悉更多的 Python 标准库，获得构建 Python 包的额外经验，练习执行探索性数据分析，并掌握异常检测技巧。

本章包含以下主题：

- 模拟登录尝试以创建本章所需的数据集。
- 执行探索性数据分析以了解模拟的数据。
- 使用规则和基线进行异常检测。

8.1　章节材料

我们将构建一个模拟包生成本章所需的数据。它位于 GitHub 存储库中，网址如下：

https://github.com/stefmolin/login-attempt-simulator/tree/2nd_edition

该包是在第 1 章“数据分析导论”中设置环境时从 GitHub 安装的。当然，你也可以按照第 7 章“金融分析”中的说明安装可以编辑的软件包版本。

本章的配套存储库网址如下：

https://github.com/stefmolin/Hands-On-Data-Analysis-with-Pandas-2nd-edition/tree/master/ch_08

该文件夹包含本章将要使用的笔记本（anomaly_detection.ipynb），logs/文件夹包含要使用的数据文件，user_data/文件夹包含用于模拟的数据，以及一个包含 Python 脚本的 simulate.py 文件，可以在命令行上运行该脚本以模拟本章所需的数据。

8.2 模拟登录尝试

非法尝试登录的数据不太容易找到（由于其敏感性质，通常不会被共享），因此只能对其进行模拟。此类模拟需要对统计建模有深入的了解，估计某些事件的概率，并确定适当的假设以在必要时进行简化。

为了运行该模拟，本节将构建一个 Python 包（login_attempt_simulator）来模拟需要正确用户名和密码的登录过程（没有任何额外的身份验证措施，如双因素身份验证），以及一个可以在命令行上运行的脚本（simulate.py）。

8.2.1 假设

在研究处理模拟的代码之前，需要了解假设。在进行模拟时，不可能控制每一个可能的变量，因此必须确定一些简化的假设才能开始。

模拟器对网站的有效用户做出以下假设。

- 有效用户的登录基于泊松过程（Poisson process），按小时模拟登录频率，具体取决于星期几和一天中的时间。泊松过程将每单位时间（本示例中的模拟将使用一个小时作为单位时间）的到达次数建模为具有均值 λ（lambda）的泊松分布。到达间隔时间呈指数分布，均值为 1/λ。
- 有效用户从 1～3 个 IP 地址（每个访问 Internet 的设备的唯一标识符）进行连接，这些地址由 4 个范围为[0, 255]的随机整数组成，以句点分隔。两个有效用户共享一个 IP 地址是可能的，只不过可能性很小。
- 有效用户在输入凭据时不太可能犯很多错误。

注意：

间隔时间具有无记忆（memoryless）特性，这意味着两次连续到达之间的时间与后续到达的时间无关。

模拟器对黑客做了以下假设。

- 黑客试图通过仅测试几个用户名-密码组合来避免账户锁定，而不是全面的字典攻击（dictionary attack）。也就是说，对于每个用户，黑客将仅尝试在他们维护的可能密码字典中拥有的每个密码。但是，他们不会在尝试之间增加延迟。
- 由于黑客不想造成拒绝服务，他们会限制攻击的数量，一次只进行一项尝试。
- 黑客知道系统中存在的账户数量，并且对用户名的格式有很好的了解，但正在猜测确切的用户名。他们将选择尝试猜测所有 133 个用户名，或其中的某个子集。
- 每次攻击都是独立的，这意味着每次攻击都有一个黑客在行动，而且一个黑客的攻击不会超过一次。
- 黑客不会分享有关哪些用户名-密码组合正确的信息。
- 攻击会在随机时间发生。
- 每个黑客将使用一个 IP 地址，该地址的生成方式与有效用户地址相同。当然，模拟器能够改变这个 IP 地址，第 11 章“机器学习异常检测”将介绍这一功能，以使这种情况更具挑战性。
- 尽管可能性很小，但黑客有可能与有效用户拥有相同的 IP 地址。黑客甚至可能就是有效用户。

本章将抽象出密码猜测的一些复杂性，使用随机数确定密码是否被正确猜到。这意味着本示例并不考虑网站如何存储密码，可能的密码存储方式包括明文（可能性较低）、哈希（明文密码的不可逆转换，允许在不存储实际密码的情况下进行验证）或加盐哈希（请参阅 8.7 节“延伸阅读”提供的资料以了解更多信息）。

在实践中，黑客可以访问存储的密码并找出它们离线的内容（8.7 节“延伸阅读”提供了有关彩虹表的文章），在这种情况下，本章讨论的技术就没有那么实用了，因为日志不会记录他们的尝试。再重复一次，本章模拟中的黑客是有意为之的，并不像真实世界中的黑客手段那样狡猾。

8.2.2 构建 login_attempt_simulator 包

本章要构建的 login_attempt_simulator 包比第 7 章“金融分析”中的 stock_analysis 包要简单得多，其中只有 3 个文件：

```
login_attempt_simulator
|-- __init__.py
|-- login_attempt_simulator.py
`-- utils.py
```

接下来，我们将逐一介绍这些文件。请注意，为简洁起见，部分文档字符串已被删除，因此，请检查文件本身以获得完整的文档。

8.2.3 辅助函数

让我们从 utils.py 函数开始讨论，这些函数是模拟器类的辅助函数。首先，需要为模块创建文档字符串并编写导入语句：

```
""" 登录尝试模拟器的实用函数 """

import ipaddress
import itertools
import json
import random
import string
```

接下来，定义 make_user_base()函数，该函数将为 Web 应用程序创建用户群（顾名思义，该函数的作用就是创建一些基础用户）。通过将英文字母中的一个小写字母与函数内列表中的每个姓氏组合，即可创建一个用户名文件，并添加一些管理账户。这将生成一个包含 133 个账户的用户群。

我们可以将结果写入文件中，这样就不必每次运行模拟时都生成它，并且可以简单地从中读取以在将来进行模拟：

```
def make_user_base(out_file):
    """ 生成一个用户群并将它保存到文件中 """
    with open(out_file, 'w') as user_base:
        for first, last in itertools.product(
            string.ascii_lowercase,
            ['smith', 'jones', 'kim', 'lopez', 'brown']
        ): # 生成 130 个账户
            user_base.write(first + last + '\n')
        # 再添加 3 个管理员账户
        for account in ['admin', 'master', 'dba']:
            user_base.write(account + '\n')
```

由于需要在模拟器中使用这个用户群，因此还可以编写一个函数将用户群文件读入一个列表中。get_valid_users()函数可将 make_user_base()函数写入的文件读回 Python 列表中：

```
def get_valid_users(user_base_file):
    """ 从用户群文件中读入用户 """
    with open(user_base_file, 'r') as file:
        return [user.strip() for user in file.readlines()]
```

random_ip_generator()函数将根据 xxx.xxx.xxx.xxx 形式的随机数创建 IP 地址，其中 x 是[0, 255]范围内的整数。我们可以使用 Python 标准库中的 ipaddress 模块避免分配私有 IP 地址，具体如下：

```
def random_ip_generator():
    """ 随机生成假的 IP 地址 """
    try:
        ip_address = ipaddress.IPv4Address('%d.%d.%d.%d' %
            tuple(random.randint(0, 255) for _ in range(4))
        )

    except ipaddress.AddressValueError:
        ip_address = random_ip_generator()
    return str(ip_address) if ip_address.is_global \
        else random_ip_generator()
```

有关 ipaddress 模块的详细信息，你可以访问以下网址：

https://docs.python.org/3/library/ipaddress.html

每个用户都会有几个 IP 地址，他们将尝试从这些 IP 地址中进行登录。assign_ip_addresses()函数可将 1～3 个随机 IP 地址映射到每个用户上，创建一个字典：

```
def assign_ip_addresses(user_list):
    """ 给用户分配 1～3 个假 IP 地址 """
    return {
        user: [
            random_ip_generator()
            for _ in range(random.randint(1, 3))
        ] for user in user_list
    }
```

save_user_ips()可将用户-IP 地址映射保存到 JSON 文件中，而 read_user_ips()函数则可以将其读回字典文件：

```
def save_user_ips(user_ip_dict, file):
    """ 将用户-IP 地址映射保存到 JSON 文件中 """
    with open(file, 'w') as file:
        json.dump(user_ip_dict, file)
```

```
def read_user_ips(file):
    """ 读入保存用户-IP 地址映射的 JSON 文件 """
    with open(file, 'r') as file:
        return json.loads(file.read())
```

提示：

Python 标准库中有许多实用模块，说不定什么时候就能用上，因此绝对值得了解。上述示例使用了 json 模块将字典保存到 JSON 文件中，稍后再读回来。此外，使用 ipaddress 模块可处理 IP 地址，使用 string 模块可获取字母表中的字符，而无须输入它们。

8.2.4　构建 LoginAttemptSimulator 类

login_attempt_simulator.py 文件中的 LoginAttemptSimulator 类负责使用所有随机数生成逻辑执行模拟的繁重工作。像往常一样，也可以从模块文档字符串和导入语句开始：

```
""" 模拟有效用户和黑客登录尝试的模拟器 """

import calendar
import datetime as dt
from functools import partial
import math
import random
import string

import numpy as np
import pandas as pd

from .utils import random_ip_generator, read_user_ips
```

接下来，可以开始定义 LoginAttemptSimulator 类及其文档字符串，以及一些用于存储常量的类变量。使用存储常量的变量是为了避免幻数（magic number）和字符串拼写错误。请注意，这些消息仅适用于日志，Web 应用程序不会（也不应该）向最终用户显示身份验证尝试失败的原因：

```
class LoginAttemptSimulator:
    """ 模拟有效用户和攻击者的登录尝试 """

    ATTEMPTS_BEFORE_LOCKOUT = 3
```

```
ACCOUNT_LOCKED = 'error_account_locked'
WRONG_USERNAME = 'error_wrong_username'
WRONG_PASSWORD = 'error_wrong_password'
```

注意：

上述示例中使用类变量存储常量（如错误消息）的方式，这样就不会有在代码中出现输入错误的问题。每次使用这些错误消息时，文本将是相同的。

幻数是指代码中反映不出其含义的数字。例如，上述代码使用了 ATTEMPTS_BEFORE_LOCKOUT = 3，表示登录尝试 3 次失败即锁定账户。但是，如果不使用该常量而是直接使用数字 3，则其他读者在阅读代码时，很难明白这个 3 是什么意思。即使是编写者本人也可能需要联系上下文才能回忆起其含义，而使用了 ATTEMPTS_BEFORE_ LOCKOUT = 3 就不会有这个问题。

在 Python 中，常量通常全部大写。有关常量的详细信息，你可以访问以下网址：

https://www.python.org/dev/peps/pep-0008/#constants

__init__()方法将处理模拟器的设置，例如从指定的文件中读取用户群、初始化日志、存储成功概率，以及根据需要确定模拟的开始和结束日期：

```
def __init__(self, user_base_json_file, start, end=None, *,
             attacker_success_probs=[.25, .45],
             valid_user_success_probs=[.87, .93, .95],
             seed=None):
    # 用户-IP 地址字典
    self.user_base = read_user_ips(user_base_json_file)
    self.users = [user for user in self.user_base.keys()]

    self.start = start
    self.end = end if end else self.start + \
        dt.timedelta(days=random.uniform(1, 50))

    self.hacker_success_likelihoods = \
        attacker_success_probs
    self.valid_user_success_likelihoods = \
        valid_user_success_probs

    self.log = pd.DataFrame(columns=[
        'datetime', 'source_ip', 'username',
        'success', 'failure_reason'
    ])
```

```
    self.hack_log = \
        pd.DataFrame(columns=['start', 'end', 'source_ip'])

    self.locked_accounts = []

    # 设置 NumPy 随机数的种子
    random.seed(seed)
    np.random.seed(seed)
```

_record()方法可将每次尝试的结果附加到日志中，记录它来自哪个 IP 地址、哪个用户名、在什么时间、是否成功，以及失败的原因（如果有的话）：

```
def _record(self, when, source_ip, username, success,
            failure_reason):
    """
    记录登录尝试的结果

    参数：
        - when: 登录事件的日期时间
        - source_ip: 登录尝试的 IP 地址
        - username: 登录尝试使用的用户名
        - success: 登录尝试是否成功（布尔值）
        - failure_reason: 失败的原因

    返回：
        无，log 属性已被更新
    """
    self.log = self.log.append({
        'datetime': when,
        'source_ip': source_ip,
        'username': username,
        'success': success,
        'failure_reason': failure_reason
    }, ignore_index=True)
```

如图 8.1 所示，_attempt_login()方法将负责判断登录尝试是否成功的逻辑。

我们将提供输入正确用户名的概率（username_accuracy）和每次尝试成功输入密码的概率（success_likelihoods）。

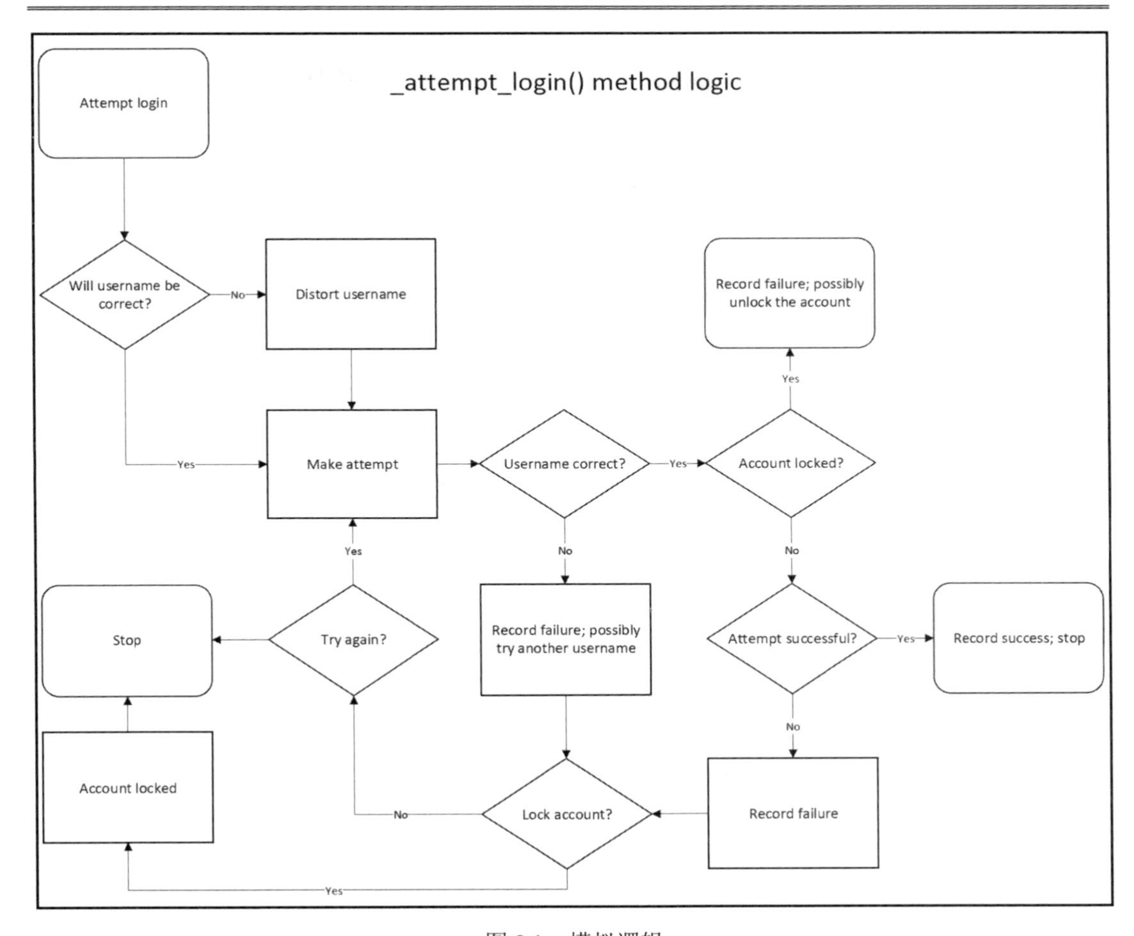

图 8.1　模拟逻辑

原　　文	译　　文
_attempt_login() method logic	_attempt_login()方法逻辑
Attempt login	尝试登录
Will username be correct?	用户名正确吗？
No	否
Distort username	变化用户名
Yes	是
Make attempt	尝试登录
Username correct?	用户名正确吗？
Record failure; possibly unlock the account	记录失败；可能解锁账户

续表

原　文	译　文
Account locked?	账户被锁定？
Stop	停止
Try again?	再试一次？
Record failure; possibly try another username	记录失败；可能尝试另一个用户名
Attempt successful?	尝试成功？
Record success; stop	记录成功；停止
Account locked	账户被锁定
Lock account?	锁定账户？
Record failure	记录失败

尝试次数是账户锁定前允许的尝试次数和成功概率列表长度（success_likelihoods）中的最小值。每次尝试的结果都使用 partials（来自 functools）传递给_record()，这允许我们创建将某些参数固定为特定值的函数（因此不必连续传递相同的值）：

```
def _attempt_login(self, when, source_ip, username,
                   username_accuracy, success_likelihoods):
    """
    模拟登录尝试
    允许账户锁定并记录结果

    参数:
        - when: 开始尝试的日期时间
        - source_ip: 尝试登录的 IP 地址
        - username: 尝试中使用的用户名
        - username_accuracy: 用户名正确的概率
        - success_likelihoods: 密码正确的概率列表
                                (每次尝试一个)

    返回:
        尝试之后的日期时间
    """
    current = when
    recorder = partial(self._record, source_ip=source_ip)

    if random.random() > username_accuracy:
        correct_username = username
        username = self._distort_username(username)
```

```
    if username not in self.locked_accounts:
        tries = len(success_likelihoods)
        for i in range(
            min(tries, self.ATTEMPTS_BEFORE_LOCKOUT)
        ):
            current += dt.timedelta(seconds=1)

            if username not in self.users:
                recorder(
                    when=current, username=username,
                    success=False,
                    failure_reason=self.WRONG_USERNAME
                )

                if random.random() <= username_accuracy:
                    username = correct_username
                continue

            if random.random() <= success_likelihoods[i]:
                recorder(
                    when=current, username=username,
                    success=True, failure_reason=None
                )
                break
            else:
                recorder(
                    when=current, username=username,
                    success=False,
                    failure_reason=self.WRONG_PASSWORD
                )
        else:
            if tries >= self.ATTEMPTS_BEFORE_LOCKOUT \
            and username in self.users:
                self.locked_accounts.append(username)
    else:
        recorder(
            when=current, username=username, success=False,
            failure_reason=self.ACCOUNT_LOCKED
        )
        if random.random() >= .5: # 随机解锁账户
            self.locked_accounts.remove(username)
    return current
```

_valid_user_attempts_login()和_hacker_attempts_login()方法是_attempt_login()方法的

包装器，分别处理有效用户和黑客的概率调整。请注意，虽然二者都使用高斯（正态）分布确定用户名的准确度，但有效用户的分布具有更高的均值和更低的标准差，这意味着他们在尝试登录时更有可能提供正确的用户名。这是因为，虽然有效用户可能会打错字（较少发生），但黑客却完全是在猜测（蒙对的机会很低）：

```
def _hacker_attempts_login(self, when, source_ip,
                            username):
    """ 模拟来自攻击者的登录尝试 """
    return self._attempt_login(
        when=when, source_ip=source_ip, username=username,
        username_accuracy=random.gauss(mu=0.35, sigma=0.5),
        success_likelihoods=self.hacker_success_likelihoods
    )

def _valid_user_attempts_login(self, when, username):
    """ 模拟来自有效用户的登录尝试 """
    return self._attempt_login(
        when=when, username=username,
        source_ip=random.choice(self.user_base[username]),
        username_accuracy=\
            random.gauss(mu=1.01, sigma=0.01),
        success_likelihoods=\
            self.valid_user_success_likelihoods
    )
```

当模拟器确定未正确提供用户名时，将调用_distort_username()方法，该方法随机决定从有效用户名中省略一个字母或将其中一个字母替换为另一个字母。虽然黑客输入了不正确的用户名是因为他们在猜测（不是因为拼写错误），但我们抽象出这个细节，以便使用单个函数为有效用户和黑客引入用户名错误：

```
@staticmethod
def _distort_username(username):
    """
    更改用户名以允许错误的用户名登录失败
    随机删除字母或替换有效用户名中的字母
    """
    username = list(username)
    change_index = random.randint(0, len(username) - 1)
    if random.random() < .5: # 随机删除字母
        username.pop(change_index)
    else: # 随机替换单个字母
        username[change_index] = \
```

```
            random.choice(string.ascii_lowercase)
    return ''.join(username)
```

使用_valid_user_arrivals()方法生成在给定小时内到达的用户数量（使用泊松分布）和到达间隔时间（使用指数分布）：

```
@staticmethod
def _valid_user_arrivals(when):
    """
    模拟到达的泊松过程的静态方法
    （到达就是指用户想要登录）
    泊松过程的 Lambda 因星期几和时间而异
    """
    is_weekday = when.weekday() not in (
        calendar.SATURDAY, calendar.SUNDAY
    )
    late_night = when.hour < 5 or when.hour >= 11
    work_time = is_weekday \
                and (when.hour >= 9 or when.hour <= 17)

    if work_time:
        # 工作日 9～5 小时有更高的 lambda
        poisson_lambda = random.triangular(1.5, 5, 2.75)
    elif late_night:
        # 深夜时间有更低的 lambda
        poisson_lambda = random.uniform(0.0, 5.0)
    else:
        poisson_lambda = random.uniform(1.5, 4.25)

    hourly_arrivals = np.random.poisson(poisson_lambda)
    interarrival_times = np.random.exponential(
        1/poisson_lambda, size=hourly_arrivals
    )

    return hourly_arrivals, interarrival_times
```

注意：

本示例使用 NumPy 而不是 random 从指数分布中生成随机数，因为这可以一次请求多个值（泊松过程确定每个小时到达一个）。此外，请注意 random 不提供泊松分布，因此需要使用 NumPy。

该模拟使用了许多不同的分布，因此了解它们的外观会很有帮助。图 8.2 所示的子图显示了每个分布的示例。请注意，泊松分布的绘制方式不同。这是因为泊松分布是离散的。出于这个原因，常用泊松分布模拟到达——在本示例中，使用泊松分布模拟尝试登录的用户的到达。离散分布有一个概率质量函数（probability mass function，PMF）而不是概率密度函数（probability density function，PDF）。

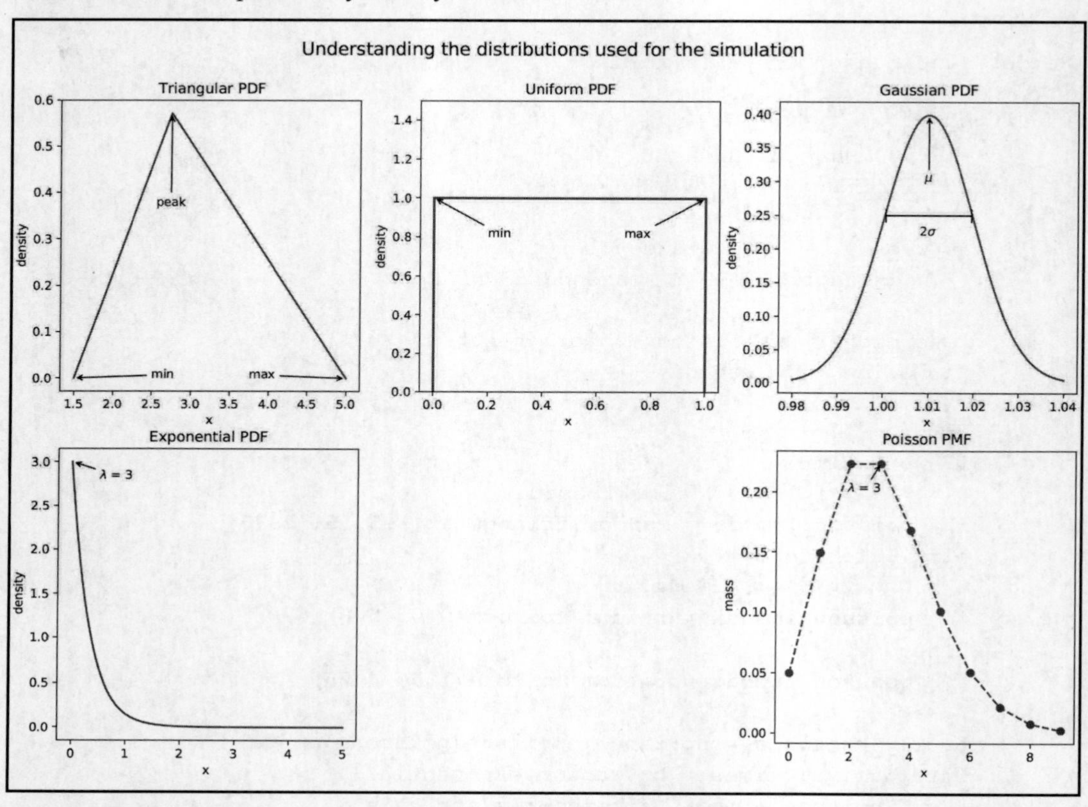

图 8.2　模拟中使用的分布

原　文	译　文	原　文	译　文
Understanding the distributions used for the simulation	理解用于模拟的分布	Gaussian PDF	高斯分布 PDF
Triangular PDF	三角形分布 PDF	Exponential PDF	指数分布 PDF
peak	峰值	Poisson PMF	泊松分布 PMF
min	最小值	density	密度
max	最大值	mass	质量
Uniform PDF	均匀分布 PDF		

_hack()方法将为黑客生成一个随机 IP 地址并对给定的用户列表进行暴力攻击：

```
def _hack(self, when, user_list, vary_ips):
    """
    模拟随机黑客的攻击

    参数：
        - when: 开始攻击的日期时间
        - user_list: 尝试执行攻击的用户列表
        - vary_ips: 是否改变 IP 地址

    返回：
        初始化 IP 地址和记录的结束时间
    """
    hacker_ip = random_ip_generator()
    random.shuffle(user_list)
    for user in user_list:
        when = self._hacker_attempts_login(
            when=when, username=user,
            source_ip=random_ip_generator() if vary_ips \
                else hacker_ip
        )
    return hacker_ip, when
```

现在，我们已经有了执行模拟的各个主要部分的功能，因此可以编写 simulate()方法将它们放在一起：

```
def simulate(self, *, attack_prob, try_all_users_prob,
             vary_ips):
    """
    模拟登录尝试

    参数：
        - attack_probs: 在给定时间内攻击的概率
        - try_all_users_prob: 黑客尝试猜测凭据的概率
                              针对所有用户或随机子集
        - vary_ips: 是否改变 IP 地址
    """
    hours_in_date_range = math.floor(
        (self.end - self.start).total_seconds() / 60 / 60
    )

    for offset in range(hours_in_date_range + 1):
```

```
        current = self.start + dt.timedelta(hours=offset)

        # 模拟黑客
        if random.random() < attack_prob:
            attack_start = current \
                + dt.timedelta(hours=random.random())
            source_ip, end_time = self._hack(
                when=attack_start,
                user_list=self.users if \
                    random.random() < try_all_users_prob \
                    else random.sample(
                        self.users,
                        random.randint(0, len(self.users))
                ),
                vary_ips=vary_ips
            )
            self.hack_log = self.hack_log.append(
                dict(
                    start=attack_start, end=end_time,
                    source_ip=source_ip
                ), ignore_index=True
            )

        # 模拟有效用户
        hourly_arrivals, interarrival_times = \
            self._valid_user_arrivals(current)
        random_user = random.choice(self.users)
        random_ip = \
            random.choice(self.user_base[random_user])
        for i in range(hourly_arrivals):
            current += \
                dt.timedelta(hours=interarrival_times[i])
            current = self._valid_user_attempts_login(
                current, random_user
            )
```

日志将被保存到 CSV 文件中，因此可以添加_save()方法作为静态方法，以减少两种保存方法中的代码重复。save_log()方法将保存登录尝试，而 save_hack_log()方法则将保存攻击记录：

```
@staticmethod
def _save(data, filename, sort_column):
    """ 按日期时间对数据进行排序并保存到 CSV 文件中 """
```

```
    data.sort_values(sort_column)\
        .to_csv(filename, index=False)

def save_log(self, filename):
    """ 将登录尝试日志保存到 CSV 文件中 """
    self._save(self.log, filename, 'datetime')

def save_hack_log(self, filename):
    """ 将攻击记录保存到 CSV 文件中 """
    self._save(self.hack_log, filename, 'start')
```

可以看到，本节构建的类中有很多私有方法，这是因为该类的用户只需要能够创建这个类的一个实例（__init__()），按小时模拟（simulate()），并保存输出（save_log()和save_hack_log()）——所有其他方法均可供该类的对象内部使用。这些方法将在幕后处理大部分工作。

最后，本示例还有__init__.py 文件，这使它成为一个包，但也提供了一种更简单的导入主类的方法：

```
""" 模拟登录数据的包 """

from .login_attempt_simulator import LoginAttemptSimulator
```

在了解了模拟器的工作原理并构建了必要的包之后，接下来，我们看看如何运行该模拟器收集登录尝试数据。

8.2.5　从命令行中进行模拟

与其编写代码模拟每次登录尝试，不如将其打包到一个脚本中，然后轻松地从命令行中运行该脚本。Python 标准库中有一个 argparse 模块，它允许为脚本指定可以从命令行中提供的参数。有关该模块的详细信息，你可以访问以下网址：

https://docs.python.org/3/library/argparse.html

现在来看看 simulate.py 文件，看看如何做到这一点。和以前一样，我们可以先从导入语句开始：

```
""" 模拟登录尝试的脚本 """

import argparse
import datetime as dt
import os
```

```
import logging
import random

import login_attempt_simulator as sim
```

为了在从命令行中使用脚本时提供状态更新，我们可以使用标准库中的 logging 模块设置日志消息：

```
# 日志配置
FORMAT = '[%(levelname)s] [ %(name)s ] %(message)s'
logging.basicConfig(level=logging.INFO, format=FORMAT)
logger = logging.getLogger(os.path.basename(__file__))
```

有关 logging 模块的详细信息，你可以访问以下网址：

https://docs.python.org/3/library/logging.html

接下来，我们可以定义一些实用函数生成在模拟过程中读写数据所需的文件路径：

```
def get_simulation_file_path(path_provided, directory,
                             default_file):
    """ 获取文件路径，创建必要的目录 """
    if path_provided:
        file = path_provided
    else:
        if not os.path.exists(directory):
            os.mkdir(directory)
        file = os.path.join(directory, default_file)
    return file

def get_user_base_file_path(path_provided, default_file):
    """ 获取 user_data 目录文件的路径 """
    return get_simulation_file_path(
        path_provided, 'user_data', default_file
    )

def get_log_file_path(path_provided, default_file):
    """ 获取日志目录文件的路径 """
    return get_simulation_file_path(
        path_provided, 'logs', default_file
    )
```

该脚本的大部分内容定义了可以传递哪些命令行参数——我们将允许用户指定是否要创建新用户群、设置随机种子、何时开始模拟、模拟多长时间以及在哪里保存所有文件等。由于前面已经构建了登录尝试模拟器包，因此实际的模拟只需要几行代码即可处理。这一部分仅在运行此模块时才会运行，导入时并不运行：

```
if __name__ == '__main__':
    # 命令行参数解析
    parser = argparse.ArgumentParser()
    parser.add_argument(
        'days', type=float,
        help='number of days to simulate from start'
    )
    parser.add_argument(
        'start_date', type=str,
        help="datetime to start in the form 'YYYY-MM-DD(...)'"
    )
    parser.add_argument(
        '-m', '--make', action='store_true',
        help='make user base'
    )
    parser.add_argument(
        '-s', '--seed', type=int,
        help='set a seed for reproducibility'
    )
    parser.add_argument(
        '-u', '--userbase',
        help='file to write the user base to'
    )
    parser.add_argument(
        '-i', '--ip',
        help='file to write user-IP address map to'
    )
    parser.add_argument(
        '-l', '--log', help='file to write the attempt log to'
    )
    parser.add_argument(
        '-hl', '--hacklog',
        help='file to write the hack log to'
    )
```

提示：

放置在 if __name__ == '__main__'块中的代码仅在此模块作为脚本运行时才会被运行。这使得我们可以在不运行模拟的情况下导入模块中定义的函数。

定义参数后，需要解析它们才能使用：

```
args = parser.parse_args()
```

一旦解析了命令行参数，就可以检查是否需要生成用户群或读取它：

```
user_ip_mapping_file = \
    get_user_base_file_path(args.ip, 'user_ips.json')

if args.make:
    logger.warning(
        'Creating new user base, mapping IP addresses.'
    )
    user_base_file = get_user_base_file_path(
        args.userbase, 'user_base.txt'
    )

    # 设置用户群创建的随机种子
    random.seed(args.seed)

    # 创建用户名并写入文件中
    sim.utils.make_user_base(user_base_file)

    # 每个用户创建 1 个或多个 IP 地址，保存映射
    valid_users = sim.utils.get_valid_users(user_base_file)
    sim.utils.save_user_ips(
        sim.utils.assign_ip_addresses(valid_users),
        user_ip_mapping_file
    )
```

在此之后，即可从命令行参数中解析开始日期，并通过将命令行参数的持续时间与开始日期进行相加以确定结束日期：

```
try:
    start = \
        dt.datetime(*map(int, args.start_date.split('-')))
except TypeError:
    logger.error('Start date must be in "YYYY-MM-DD" form')
    raise
except ValueError:
    logger.warning(
        f'Could not interpret {args.start_date}, '
        'using January 1, 2020 at 12AM as start instead'
    )
```

```
    start = dt.datetime(2020, 1, 1)
end = start + dt.timedelta(days=args.days)
```

提示：

现在来仔细看看前面代码片段中的 try...except 块。这里有一个 try 子句和多个 except 子句。通过说明哪个异常类型属于给定的 except 子句，可以指定如何处理代码执行期间发生的特定错误，也就是所谓的异常（exception）。

在这种情况下，可以让 logger 对象为用户输出一条更有用的消息，然后通过简单地编写 raise 重新引发相同的异常（因为我们不打算处理它）。这会结束程序——用户可以使用有效的输入再次尝试。你可以尝试触发此异常以了解它有多大用处。

但是，要记住的是，顺序很重要——在使用通用的 except 子句之前一定要处理特定的异常；否则，特定于每种异常类型的代码将永远不会触发。

另外，还要注意的是，在不提供特定异常的情况下使用 except 将捕获所有内容，甚至包括一些不打算捕获的异常。

最后，运行实际模拟并将结果写入指定的文件（或默认路径）中。将给定小时内的攻击概率设置为 10%（attack_prob），黑客尝试猜测所有用户名的概率为 20%（try_all_users_prob），并让黑客在所有尝试中使用相同的 IP 地址（vary_ips）：

```
try:
    logger.info(f'Simulating {args.days} days...')
    simulator = sim.LoginAttemptSimulator(
        user_ip_mapping_file, start, end, seed=args.seed
    )
    simulator.simulate(
        attack_prob=0.1, try_all_users_prob=0.2,
        vary_ips=False
    )

    # 保存日志
    logger.info('Saving logs')
    simulator.save_hack_log(
        get_log_file_path(args.hacklog, 'attacks.csv')
    )
    simulator.save_log(
        get_log_file_path(args.log, 'log.csv')
    )
    logger.info('All done!')
except:
```

```
    logger.error('Oops! Something went wrong...')
    raise
```

提示：

可以看到，上述代码使用了 logger 对象将整个脚本中有用的消息输出到屏幕上，这有助于该脚本的用户了解运行到了哪一步。这些消息有不同的严重性级别（本示例使用了 INFO、WARNING 和 ERROR），并允许进行调试（DEBUG 级别）。在代码投入生产环境后，输出的最低级别可以提升到 INFO，以便不输出 DEBUG 级别的消息。

这对于简单的 print()语句来说是一个跨越，因为不必担心在进入生产环境时删除它们或随着开发的继续添加这些消息。

现在来看看如何运行该脚本。simulate.py 可以在命令行中运行，但是如何才能看到需要传递哪些参数呢？

很简单，在调用中添加帮助标志（-h 或--help）即可：

```
(book_env) $ python3 simulate.py -h
usage: simulate.py  [-h] [-m] [-s SEED] [-u USERBASE] [-i IP]
                    [-l LOG] [-hl HACKLOG]
                    days start_date

positional arguments:
    days                    number of days to simulate from start
    start_date              datetime to start in the form
                            'YYYY-MM-DD' or 'YYYY-MM-DD-HH'

optional arguments:
    -h, --help              show this help message and exit
    -m, --make              make user base
    -s SEED, --seed SEED    set a seed for reproducibility
    -u USERBASE, --userbase USERBASE
                            file to write the user base to
    -i IP, --ip IP          file to write the user-IP address
                            map to
    -l LOG, --log LOG       file to write the attempt log to
    -hl HACKLOG, --hacklog HACKLOG
                            file to write the hack log to
```

注意：

当使用 argparse 添加其他参数时，没有指定 help 参数，因为它是由 argparse 自动创建的。

一旦知道可以传递哪些参数并决定想要提供哪些参数时，就可以运行模拟。

现在让我们模拟 30 天的登录尝试数据，从 2018 年 11 月 1 日上午 12 点开始，同时让脚本创建所需的用户群和 IP 地址的映射：

```
(book_env) $ python3 simulate.py -ms 0 30 '2018-11-01'
[WARNING] [ simulate.py ] Creating new user base and mapping IP
addresses to them.
[INFO] [ simulate.py ] Simulating 30.0 days...
[INFO] [ simulate.py ] Saving logs
[INFO] [ simulate.py ] All done!
```

提示：

由于设置了种子(-s 0)，因此该模拟的输出是可重现的。只需移除种子或更改它即可获得不同的结果。

Python 模块也可以作为脚本运行。与导入模块相反，当我们将一个模块作为脚本运行时，任何在 if __name__ == '__main__'下面的代码都将运行，这意味着我们并不总是需要编写单独的脚本。我们构建的大多数模块只定义了函数和类，因此将它们作为脚本运行不会做任何事情。在第 1 章“数据分析导论”中使用 venv 创建虚拟环境的方式就是一个例子。

因此，上述代码块等效于以下命令：

```
# leave off the .py
(book_env) $ python3 -m simulate -ms 0 30 "2018-11-01"
```

在生成了模拟数据之后，即可开始执行分析。

8.3　探索性数据分析

在本示例中，有可以访问标记数据（logs/attacks.csv）的便利，并将使用它研究如何区分有效用户和攻击者。当然，在现实环境中往往没有这样奢侈的条件，尤其是在从研究阶段进入应用阶段时更是如此。第 11 章“机器学习异常检测”将重新审视这个应用场景，但将从无标记数据开始，以面对更多挑战。

8.3.1　读入模拟数据

和以前一样，我们将从导入和读取数据开始：

```
>>> %matplotlib inline
>>> import matplotlib.pyplot as plt
>>> import numpy as np
>>> import pandas as pd
>>> import seaborn as sns

>>> log = pd.read_csv(
...     'logs/log.csv', index_col='datetime', parse_dates=True
... )
```

登录尝试 DataFrame（log）在 datetime 列中包含每次尝试的日期和时间、来源 IP 地址（source_ip）、使用的用户名（username）、登录尝试是否成功（success），以及失败的原因（failure_reason），如图 8.3 所示。

	source_ip	username	success	failure_reason
datetime				
2018-11-01 00:36:52.617978	142.89.86.32	vkim	True	NaN
2018-11-01 01:00:23.166623	5.118.187.36	kkim	True	NaN
2018-11-01 01:31:50.779608	142.89.86.32	vkim	False	error_wrong_password
2018-11-01 01:31:51.779608	142.89.86.32	vkim	True	NaN
2018-11-01 01:32:44.016230	15.176.178.91	kkim	True	NaN

图 8.3　登录尝试数据示例

8.3.2　异常登录行为的特点

在处理这些数据时，需要考虑正常活动和黑客活动会是什么样子的。组之间的任何重大差异都可能被用来识别黑客。

可以想见的是，有效用户的登录尝试具有高成功率，最常见的失败原因只不过是密码不正确。此外，用户可以从几个不同的 IP 地址（如手机、家用计算机、工作计算机和他们可能拥有的任何其他设备）上登录，并且人们可能会共享设备。在不了解这个 Web 应用程序的特性的情况下，无法判断一天登录多少次算是正常。我们也不知道这些数据在哪个时区，因此无法对登录时间做出任何推断。虽然可以查看这些 IP 地址来自哪些国家/地区，但由于有多种方法可以屏蔽 IP 地址，因此这条路径上能够提供的信息只能作为参考。

给定目前可用数据，本示例可采用以下选项：

- 调查登录尝试和登录失败中的任何峰值（整体和每个 IP 地址）。
- 检查失败原因为用户名不正确的情况。
- 查看每个 IP 地址的故障率。
- 查找尝试使用多个不同用户名登录的 IP 地址。

值得一提的是，标记异常行为应该尽早，因为如果需要等待一个月才能标记某些东西，那么可能已经没什么价值了（价值随着时间的推移迅速下降），所以我们需要找到一种更快标记的方法，例如，使用每小时频率。

8.3.3　检查数据

由于我们处于研究阶段，因此有一些标记数据可以使用：

```
>>> attacks = pd.read_csv(
...     'logs/attacks.csv',
...     converters={
...         'start': np.datetime64,
...         'end': np.datetime64
...     }
... ) # 生成 start 和 end 列的日期时间但不是索引
```

这些数据是对 Web 应用程序的攻击记录（attacks DataFrame）。它包含攻击开始的日期和时间(start)，攻击结束的日期和时间(end)，以及与攻击相关的 IP 地址(source_ip)，如图 8.4 所示。

	start	end	source_ip
0	2018-11-02 05:06:17.152636	2018-11-02 05:10:30.152636	212.79.15.228
1	2018-11-02 11:42:38.771415	2018-11-02 11:45:58.771415	44.207.171.119
2	2018-11-03 17:49:39.023954	2018-11-03 17:52:27.023954	15.223.158.165
3	2018-11-03 19:45:05.820292	2018-11-03 19:49:11.820292	68.102.121.161
4	2018-11-04 02:51:07.163402	2018-11-04 02:52:09.163402	103.93.254.233

图 8.4　包含标记数据的样本

使用 shape 属性，可以看到 72 次攻击，来自有效用户和恶意用户的 12836 次登录尝试。使用 nunique()，可以看到 22%的 IP 地址与攻击相关：

```
>>> attacks.shape, log.shape
((72, 3), (12836, 4))
```

```
>>> attacks.source_ip.nunique() / log.source_ip.nunique()
0.22018348623853212
```

注意：

通常情况下，知道攻击何时发生并不是一件容易的事——攻击可以在很长一段时间内不被发现，即便如此，将攻击者的行为与普通用户的行为隔离开来也不是那么简单。

8.3.4 比较登录尝试次数

本示例的数据非常干净（毕竟它就是为此目的而设计的），所以不妨看看是否可以通过执行一些探索性数据分析（exploratory data analysis，EDA）来发现任何有趣的东西。

首先看看每小时有多少次登录尝试：

```
>>> log.assign(attempts=1).attempts.resample('1H').sum()\
...       .plot(figsize=(15, 5), title='hourly attempts')\
...       .set(xlabel='datetime', ylabel='attempts')
```

如图 8.5 所示，有几个小时有非常大的峰值，这可能正是攻击发生的时候。该图可以报告具有高水平登录尝试活动的小时数，但除此之外别无其他。

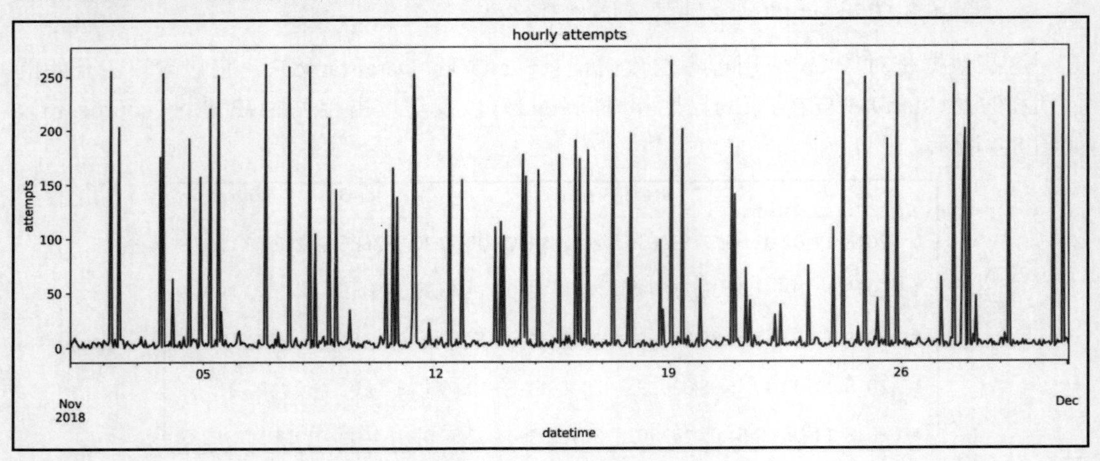

图 8.5　每小时登录尝试

另一个有趣的探索途径是查看来自每个 IP 地址的尝试次数。我们可以通过运行以下命令实现这一点：

```
>>> log.source_ip.value_counts().describe()
count    327.000000
```

```
mean        39.253823
std         69.279330
min          1.000000
25%          5.000000
50%         10.000000
75%         22.500000
max        257.000000
Name: source_ip, dtype: float64
```

这些数据似乎肯定有一些异常值，拉高了每个 IP 地址的尝试次数。我们可以创建一些绘图更好地评估这一点：

```
>>> fig, axes = plt.subplots(1, 2, figsize=(15, 5))
>>> log.source_ip.value_counts()\
...     .plot(kind='box', ax=axes[0]).set_ylabel('attempts')
>>> log.source_ip.value_counts()\
...     .plot(kind='hist', bins=50, ax=axes[1])\
...     .set_xlabel('attempts')
>>> fig.suptitle('Attempts per IP Address')
```

每个 IP 地址的尝试登录次数的分布是有效用户和攻击者分布的总和。直方图表明这种分布是双峰的，但无法仅通过查看这些绘图确定所有尝试次数高的 IP 地址是否都是黑客，如图 8.6 所示。

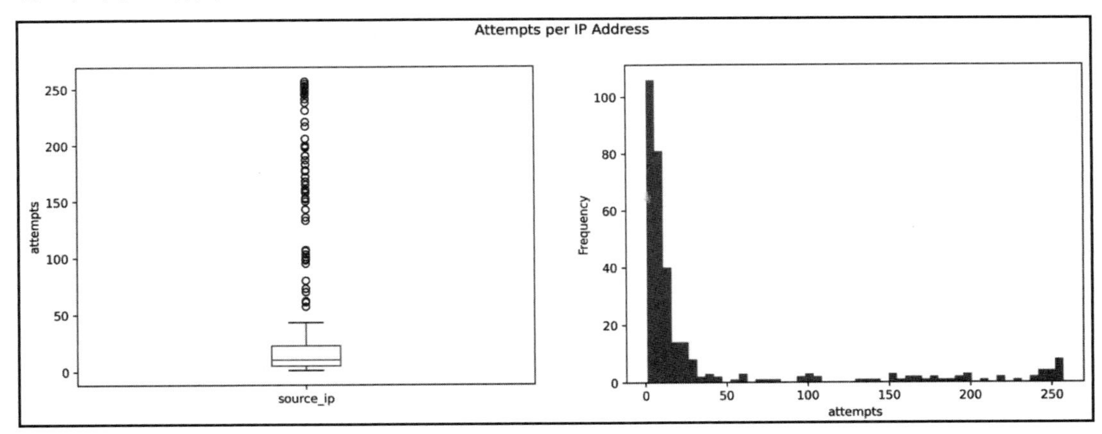

图 8.6　每个 IP 地址的登录尝试分布

我们由于可以访问每次攻击的详细信息，因此可检查直方图的右侧部分是否属于黑客的分布。他们的 IP 地址占尝试次数排名前几位的 IP 地址的 88.9%：

```
>>> num_hackers = attacks.source_ip.nunique()
```

```
>>> log.source_ip.value_counts().index[:num_hackers]\
...     .isin(attacks.source_ip).sum() / num_hackers
0.8888888888888888
```

如果到此打住，标记显示在每月尝试次数最多的 IP 地址列表中的任何 IP 地址也是可以的，但这可能还需要一个更健壮的解决方案，因为黑客每次都可以简单地更改他们的 IP 地址并避免被检测到。

理想情况下，我们还应该能够尽快检测到攻击，而无须等待整整一个月的数据。遗憾的是，查看每个 IP 地址每小时进行的登录尝试无法给予太多信息：

```
>>> log.assign(attempts=1).groupby('source_ip').attempts\
...     .resample('1H').sum().unstack().mean()\
...     .plot(
...         figsize=(15, 5),
...         title='average hourly attempts per IP address'
...     ).set_ylabel('average hourly attempts per IP address')
```

在第 1 章“数据分析导论”中已经讨论过，均值对异常值而言并不可靠。如果攻击者进行多次尝试，那么这显然会使每个 IP 地址的平均每小时尝试次数更高。在该线形图中可以看到几个大的峰值，但是其中也有许多 IP 地址仅尝试了两次或三次。真的可以期望一个用户仅从给定的 IP 地址中访问 Web 应用程序吗？这可能并不是一个符合实际情况的假设，如图 8.7 所示。

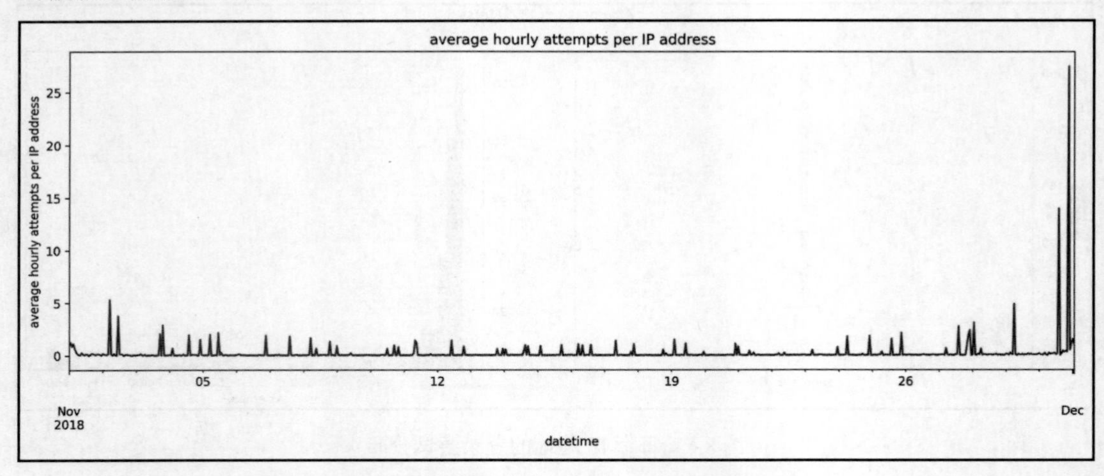

图 8.7　每个 IP 地址的平均每小时登录尝试次数

所以，如果不能依赖 IP 地址（毕竟，黑客都足够聪明，可以将攻击传播到许多不同的 IP 地址处），那么还能考虑什么因素呢？

8.3.5　比较登录成功率

考虑黑客登录不容易成功的情况：

```
>>> log[log.source_ip.isin(attacks.source_ip)]\
...     .success.value_counts(normalize=True)
False       0.831801
True        0.168199
Name: success, dtype: float64
```

黑客只有 17%的成功率，但有效用户成功的概率是多少呢？此信息对于确定网站正常行为的基线很重要。不出所料，有效用户的成功率要高得多：

```
>>> log[~log.source_ip.isin(attacks.source_ip)]\
...     .success.value_counts(normalize=True)
True        0.873957
False       0.126043
Name: success, dtype: float64
```

由于日志包含了登录尝试失败的原因，因此我们可以使用交叉表（crosstab）查看黑客和有效用户登录失败的原因。以下任何差异都有助于区分这两个群体：

```
>>> pd.crosstab(
...     index=pd.Series(
...         log.source_ip.isin(attacks.source_ip),
...         name='is_hacker'
...     ), columns=log.failure_reason
... )
```

有效用户有时会错误地输入他们的密码或用户名，但黑客在正确输入用户名和密码方面则会表现出更多的问题，如图 8.8 所示。

failure_reason	error_account_locked	error_wrong_password	error_wrong_username
is_hacker			
False	1	299	2
True	0	3316	5368

图 8.8　登录尝试失败的原因

有效用户在其登录凭据上不会犯多次错误，所以如果黑客使用许多用户进行了多次尝试，那么我们可以对其进行标记。为了确认，我们可以查看每个用户的平均每小时的尝试次数：

```
>>> log.assign(attempts=1).groupby('username').attempts\
...     .resample('1H').sum().unstack().mean()\
...     .plot(figsize=(15, 5),
...           title='average hourly attempts per user')\
...     .set_ylabel('average hourly attempts per user')
```

大多数情况下，每个用户名每小时的尝试次数少于一次。也不能保证此指标中的峰值是攻击的迹象。也许该网站正在进行限时抢购，在这种情况下，我们可能会看到由有效用户引起的此指标的峰值，如图 8.9 所示。

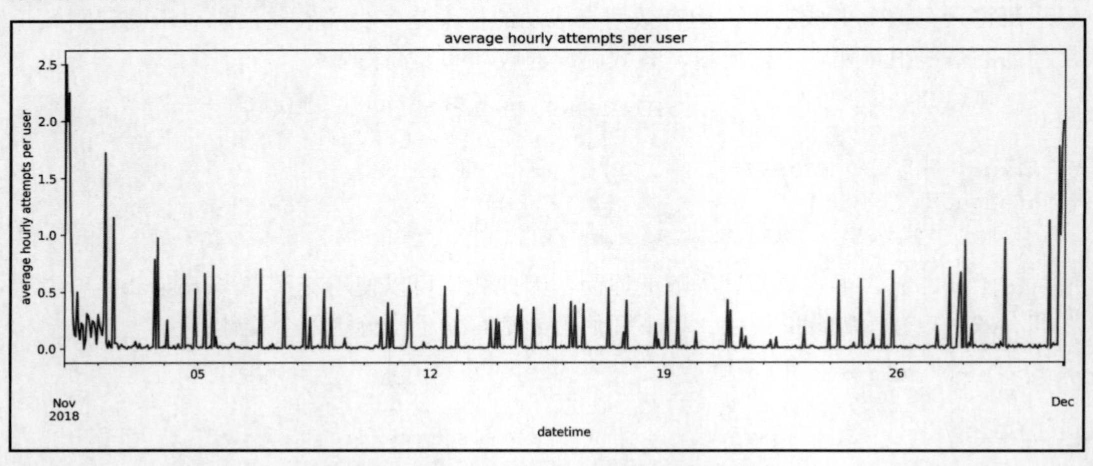

图 8.9　每个用户名的平均每小时登录尝试次数

8.3.6　使用错误率指标

基于上述发现，错误率似乎是检测攻击最有效的指标，因此可以研究具有高错误率的 IP 地址。为此，我们可以创建一个数据透视表计算一些有用的指标：

```
>>> pivot = log.pivot_table(
...     values='success', index=log.source_ip,
...     columns=log.failure_reason.fillna('success'),
...     aggfunc='count', fill_value=0
... )
>>> pivot.insert(0, 'attempts', pivot.sum(axis=1))
>>> pivot = pivot.sort_values('attempts', ascending=False)\
...     .assign(
...         success_rate=lambda x: x.success / x.attempts,
```

```
...         error_rate=lambda x: 1 - x.success_rate
...     )
>>> pivot.head()
```

提示：

insert()方法允许在当前 DataFrame 的特定位置处插入新创建的 attempts 列。我们创建了 attempts 列作为登录错误和成功的总和（在 failure_reason 列中填写 NaN 值，并在此处计算为 success），求和计算时使用 axis = 1。

这将产生按尝试次数排序的数据透视表（从最多到最少），如图 8.10 所示。

failure_reason	attempts	error_account_locked	error_wrong_password	error_wrong_username	success	success_rate	error_rate
source_ip							
85.1.221.89	257	0	92	128	37	0.143969	0.856031
109.67.154.113	255	0	78	144	33	0.129412	0.870588
212.79.15.228	253	0	89	127	37	0.146245	0.853755
181.217.195.170	253	0	70	138	45	0.177866	0.822134
211.56.212.113	253	0	88	120	45	0.177866	0.822134

图 8.10　每个 IP 地址的指标

某些 IP 地址会进行多次尝试，因此值得研究每个 IP 地址尝试登录的用户名数量。有效用户可能会从有限的几个 IP 地址上登录，并且不会与其他人共享他们的 IP 地址。这可以通过分组和聚合来确定：

```
>>> log.groupby('source_ip').agg(dict(username='nunique'))\
...     .username.value_counts().describe()
count     53.000000
mean       6.169811
std       34.562505
min        1.000000
25%        1.000000
50%        1.000000
75%        2.000000
max      253.000000
Name: username, dtype: float64
```

这绝对是隔离恶意用户的好策略。大多数 IP 地址被两个或更少的用户使用，但有些 IP 地址上的用户数竟然达到了 253 个，显然这个 IP 地址就是黑客用来攻击的。

虽然这个标准可以帮助识别一些攻击者，但如果黑客足够聪明，改变了他们的 IP 地址，那么该标准也不是那么有效。

8.3.7　通过可视化找出异常值

在继续讨论异常检测方法之前，不妨看看是否可以直观地识别黑客。

为每个 IP 地址的登录成功和尝试创建一个散点图：

```
>>> pivot.plot(
...     kind='scatter', x='attempts', y='success', alpha=0.25,
...     title='successes vs. attempts by IP address'
... )
```

如图 8.11 所示，结果中似乎有几个不同的聚类。在该图形的左下角，可以看到有些点形成了一条线，在这条线上，登录成功与尝试是一对一的关系。在该图形的右上部分包含一个密度较低的聚类，具有大量的登录尝试和中等成功次数。由于使用了 alpha 参数控制透明度，因此可以看到连接两个聚类的点的轨迹似乎并不密集。即使没有轴比例，也可以想见左下角的聚类是普通用户，而右上角的聚类则是黑客（因为可以想象普通用户比黑客多，而且普通用户的成功率更高）。当然，中间的点比较难以判断。

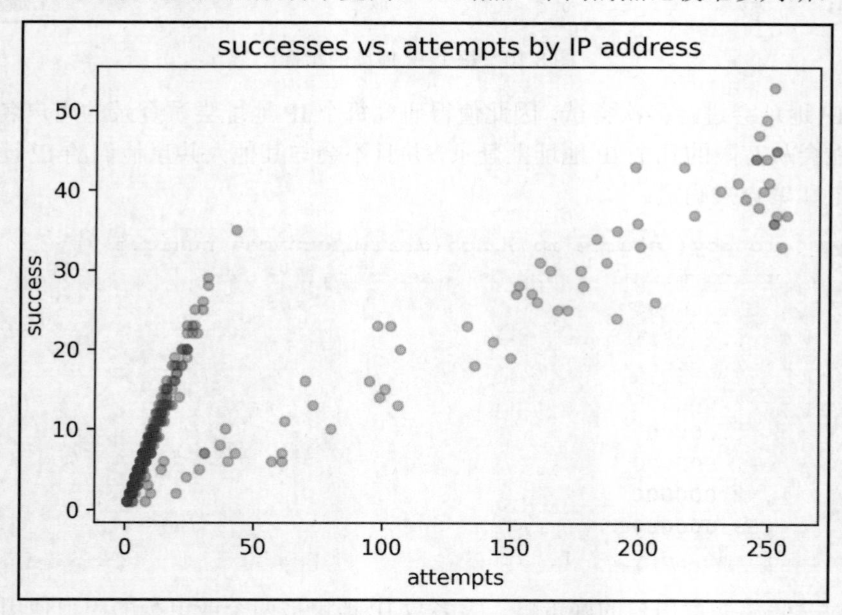

图 8.11　登录成功与尝试 IP 地址的散点图

在不做任何假设的情况下，我们可以绘制一条边界线，将中间点与其最近的聚类进行分组：

```
>>> ax = pivot.plot(
...     kind='scatter', x='attempts', y='success', alpha=0.25,
...     title='successes vs. attempts by IP address'
... )
>>> plt.axvline(
...     125, label='sample boundary',
...     color='red', linestyle='--'
... )
>>> plt.legend(loc='lower right')
```

当然，当缺少标记数据时，很难评估这个决策边界的有效性，如图 8.12 所示。

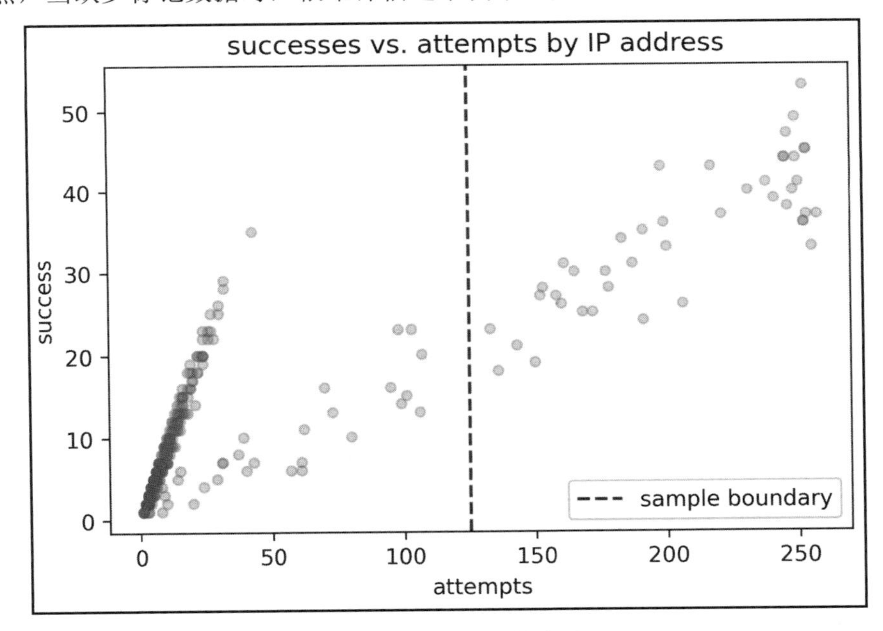

图 8.12　可视化决策边界

幸运的是，我们有关于黑客使用哪些 IP 地址的数据，我们因为已经获得了标记数据来进行研究，所以可使用 Seaborn 来实际查看分离：

```
>>> fig, axes = plt.subplots(1, 2, figsize=(15, 5))
>>> for ax in axes:
...     sns.scatterplot(
...         y=pivot.success, x=pivot.attempts,
...         hue=pivot.assign(
...             is_hacker=\
...                 lambda x: x.index.isin(attacks.source_ip)
```

```
...         ).is_hacker,
...         ax=ax, alpha=0.5
...     )
...     for spine in ['top', 'right']: # make less boxy
...         ax.spines[spine].set_visible(False)
>>> axes[1].set_xscale('log')
>>> plt.suptitle('successes vs. attempts by IP address')
```

我们关于存在两个不同聚类的直觉是完全正确的。当然，要确定中间区域要困难得多。如图 8.13 所示，左侧的蓝色点（在黑白图书上显示为更暗）似乎沿着一条线向上，而橙色点（在黑白图书上显示为更淡）则跟随一条线形成橙色聚类。通过绘制登录尝试的日志，在橙色中间点和蓝色点之间获得了更多的分离。

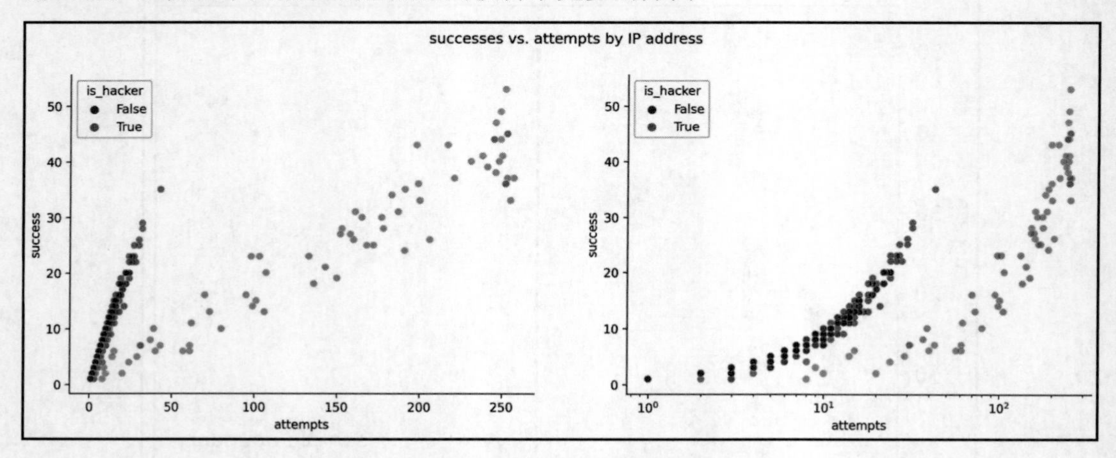

图 8.13　使用标记数据验证我们的直觉

如前文所述，我们还可以使用箱线图检查可能的异常值，这些异常值将显示为点。现在来看看每个 IP 地址的登录成功和尝试情况：

```
>>> pivot[['attempts', 'success']].plot(
...     kind='box', subplots=True, figsize=(10, 3),
...     title='stats per IP address'
... )
```

如图 8.14 所示，标记为异常值的点与散点图右上角的点重合。

我们现在对模拟器生成的数据已经有了很好的理解，接下来可以看看如何实现一些简单的异常检测策略。

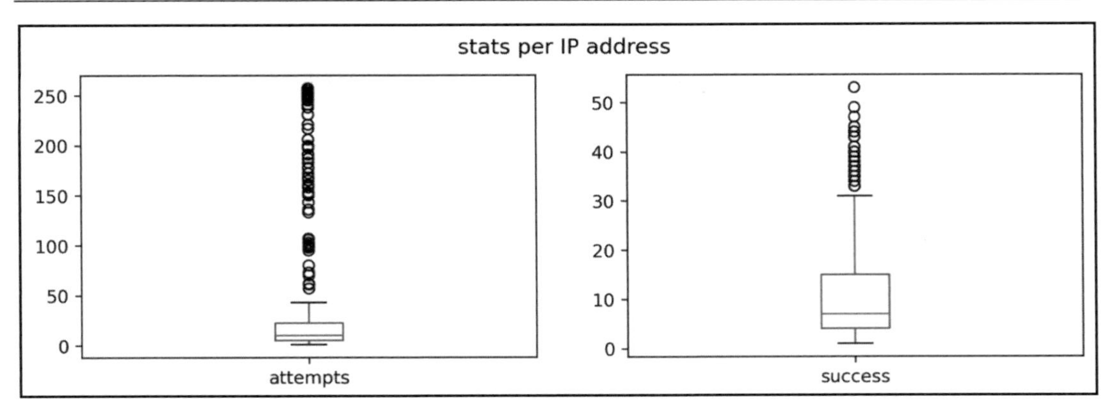

图 8.14　检查异常值

8.4　实现基于规则的异常检测

是时候抓住那些黑客了。在执行了探索性数据分析（EDA）之后，相信你已经对如何抓住黑客有了自己的思路。在实践中，这显然要困难得多，因为它涉及更多的维度，但本章对此进行了简化。

我们的策略是：找到尝试次数过多但成功率很低的 IP 地址，以及那些使用了较多唯一用户名进行登录尝试的 IP 地址。

为实现此目的，我们可采用基于阈值的规则作为异常检测的首次尝试。然后，第 11 章“机器学习异常检测”将重新审视该应用场景，以探讨一些机器学习技术。

由于我们的兴趣是标记可疑的 IP 地址，因此可以排列数据，按 IP 地址聚合每小时的数据（如果该小时有活动的话）：

```
>>> hourly_ip_logs = log.assign(
...     failures=lambda x: np.invert(x.success)
... ).groupby('source_ip').resample('1H').agg({
...     'username': 'nunique', 'success': 'sum',
...     'failures': 'sum'
... }).assign(
...     attempts=lambda x: x.success + x.failures,
...     success_rate=lambda x: x.success / x.attempts,
...     failure_rate=lambda x: 1 - x.success_rate
... ).dropna().reset_index()
```

提示：

np.invert()函数是一种翻转布尔值的简单方法。它可以按与 NumPy 数组类似的结构将 True 变为 False，将 False 变为 True。

聚合之后的数据如图 8.15 所示。

	source_ip	datetime	username	success	failures	attempts	success_rate	failure_rate
0	1.138.149.116	2018-11-01 04:00:00	1	5	1	6	0.833333	0.166667
1	1.138.149.116	2018-11-05 18:00:00	1	1	0	1	1.000000	0.000000
2	1.138.149.116	2018-11-05 19:00:00	1	1	0	1	1.000000	0.000000
3	1.138.149.116	2018-11-06 03:00:00	1	2	0	2	1.000000	0.000000
4	1.138.149.116	2018-11-06 04:00:00	1	2	0	2	1.000000	0.000000

图 8.15 每个 IP 地址每小时汇总的数据

基于规则的异常检测的最简单形式涉及计算阈值并检查数据是否超出阈值。这可能意味着值低于某个下限阈值，或者值超过某个上限阈值。我们由于要查看的是登录尝试情况，因此对大于正常值的值更感兴趣，这意味着将计算上限阈值并进行比较。

8.4.1 百分比差异

假设我们已经知道网站上的正常登录尝试活动是什么样的（排除黑客），则可以标记与此偏差一定百分比的值。

为了计算该基线，我们可以随机取几个 IP 地址，每小时替换一次，然后计算它们的平均登录尝试次数。这使用的是自举法（bootstrap），因为我们没有太多数据（每 24 小时大约有 50 个唯一的 IP 地址可供选择）。

提示：

自举法是指用原样本自身的数据采样得出新的样本及统计量。

为实现此目的，我们可以编写一个函数，采用刚刚创建的聚合 DataFrame（hourly_ip_logs）作为参数，另外还需要计算每列数据用作阈值起点：

```
>>> def get_baselines(hourly_ip_logs, func, *args, **kwargs):
...     """
...     计算每列数据的每小时自举统计
...
...     参数:
```

```
...         - hourly_ip_logs: 要采样的数据
...         - func: 要计算的统计量
...         - args: func 的附加参数
...         - kwargs: func 的附加关键字参数
...
...     返回:
...         每小时自举统计的 DataFrame
...     """
...     if isinstance(func, str):
...         func = getattr(pd.DataFrame, func)
...
...     return hourly_ip_logs.assign(
...         hour=lambda x: x.datetime.dt.hour
...     ).groupby('hour').apply(
...         lambda x: x\
...             .sample(10, random_state=0, replace=True)\
...             .pipe(func, *args, **kwargs, numeric_only=True)
...     )
```

注意：

在上述代码片段中，random_state 与 sample()一起使用以实现可重复性；当然，在实践中，我们可能不想总是选择相同的行。

请注意，如果在按要采样的列分组后在 apply()中使用 sample()，则可以获得所有组（此处为按小时分组）的相同大小的样本。这意味着每小时为每列选择 10 行进行替换。本示例必须按小时抽样，是因为如果进行简单的随机抽样，则很可能不会有每小时的统计数据。

现在可以通过 get_baselines()使用平均值计算列基线：

```
>>> averages = get_baselines(hourly_ip_logs, 'mean')
>>> averages.shape
(24, 7)
```

提示：

如果要执行分层随机抽样（stratified random sampling），则可以用 x.shape[0] * pct 替换 get_baselines()函数中的 10，其中，pct 是要从每个组中抽样的百分比。

每列都有随机选择的 10 个 IP 地址的每小时平均值，以估计正常行为。当然，这种技术并不能保证不会将任何黑客活动混入基线计算中。例如，可以看看登录失败率基准值最高的 6 个小时：

```
>>> averages.nlargest(6, 'failure_rate')
```

如图 8.16 所示，使用此基线很难标记第 19、23 或 14 小时的任何活动，因为登录失败率（failure_rate）和尝试的唯一用户名（username）都很高。

hour	username	success	failures	attempts	success_rate	failure_rate	hour
19	14.9	5.5	21.4	26.9	0.736876	0.263124	19.0
23	12.4	3.9	18.7	22.6	0.791195	0.208805	23.0
3	1.0	1.1	0.4	1.5	0.800000	0.200000	3.0
11	1.1	2.0	0.6	2.6	0.816667	0.183333	11.0
14	24.7	8.4	35.5	43.9	0.833401	0.166599	14.0
16	1.0	1.5	0.4	1.9	0.841667	0.158333	16.0

图 8.16　使用平均值获得的每小时基线

为了解决这个问题，我们可以对汇总统计数据进行修剪，去掉不适用于基线计算的前 x%项。也就是说，从每小时的数据中删除大于第 95 个百分位数的值。

首先，编写一个函数来修剪给定小时内数据高于给定分位数的行：

```
>>> def trim(x, quantile):
...     """
...     删除给定分位数之上的行
...     包括 username、attempts 或 failure_rate 列的数据
...     """
...     mask = (
...         (x.username <= x.username.quantile(quantile)) &
...         (x.attempts <= x.attempts.quantile(quantile)) &
...         (x.failure_rate
...          <= x.failure_rate.quantile(quantile))
...     )
...     return x[mask]
```

接下来，需要按小时对 IP 地址数据进行分组并应用修剪功能。

由于将使用自举函数，因此需要清理一些由此操作产生的额外列，也就是说，需要删除 hour 列，重置索引，然后删除分组列和旧索引：

```
>>> trimmed_hourly_logs = hourly_ip_logs\
...     .assign(hour=lambda x: x.datetime.dt.hour)\
...     .groupby('hour').apply(lambda x: trim(x, 0.95))\
...     .drop(columns='hour').reset_index().iloc[:,2:]
```

现在可以使用 get_baselines()函数，通过修剪数据的平均值来获取基线：

```
>>> averages = get_baselines(trimmed_hourly_logs, 'mean')
>>> averages.iloc[[19, 23, 3, 11, 14, 16]]
```

如图 8.17 所示，修剪后的基线现在与图 8.16 有很大不同，这在第 19、23 和 14 小时可以看得清清楚楚。

hour	username	success	failures	attempts	success_rate	failure_rate	hour
19	1.0	1.4	0.4	1.8	0.871429	0.128571	19.0
23	1.0	2.0	0.1	2.1	0.966667	0.033333	23.0
3	1.0	2.0	0.3	2.3	0.925000	0.075000	3.0
11	1.1	1.9	0.2	2.1	0.933333	0.066667	11.0
14	1.0	1.4	0.2	1.6	0.950000	0.050000	14.0
16	1.0	1.4	0.2	1.6	0.925000	0.075000	16.0

图 8.17　使用平均值修剪的每小时基线

在有了基线之后，即可编写一个函数，该函数将根据基线计算阈值和每列的百分比差异，返回被标记为黑客的 IP 地址：

```
>>> def pct_change_threshold(hourly_ip_logs, baselines,
...                          pcts=None):
...     """
...     返回基于阈值标记的 IP 地址
...
...     参数：
...         - hourly_ip_logs: 每个 IP 地址的聚合数据
...         - baselines: 每列的每小时基线
...         - pcts: 每列自定义百分比的字典
...           用于计算上限阈值
...           (baseline * pct)
...           如果未提供该参数，则 pct 为 1
...
...     返回：
...         包含已标记 IP 地址的 Series
...     """
...     pcts = {} if not pcts else pcts
...
```

```
...     return hourly_ip_logs.assign(
...         hour=lambda x: x.datetime.dt.hour
...     ).join(
...         baselines, on='hour', rsuffix='_baseline'
...     ).assign(
...         too_many_users=lambda x: x.username_baseline \
...             * pcts.get('username', 1) <= x.username,
...         too_many_attempts=lambda x: x.attempts_baseline \
...             * pcts.get('attempts', 1) <= x.attempts,
...         high_failure_rate=lambda x: \
...             x.failure_rate_baseline \
...             * pcts.get('failure_rate', 1) <= x.failure_rate
...     ).query(
...         'too_many_users and too_many_attempts '
...         'and high_failure_rate'
...     ).source_ip.drop_duplicates()
```

pct_change_threshold()函数使用了一系列链式操作提供已标记的 IP 地址。

（1）将基线连接（join）到 hour 列上的每小时 IP 地址日志。由于所有基线列的名称都与每小时 IP 地址日志的名称相同，而且我们不想连接多余的列，因此在它们的名称后加上'_baseline'。

（2）我们要检查是否超过阈值的所有数据都已经在同一个 DataFrame 中了。使用 assign()创建 3 个新的布尔列，指示我们的每个条件（用户过多、尝试次数过多、失败率过高）是否被违反。

（3）链接对 query()方法的调用，这样就可以轻松地选择所有这些布尔列都为 True 的行（注意，不需要明确说<column> == True）。

（4）确保仅返回 IP 地址并删除任何重复项，以防同一个 IP 地址在多个小时中被标记。

为了使用该函数，需要从每个基线中选择一个百分比差异。默认情况下，这将是基线的 100%，因为它是平均值，所以会标记出太多的 IP 地址。因此，可以使用比每个标准的基线高 25%的值获取要标记的 IP 地址：

```
>>> pct_from_mean_ips = pct_change_threshold(
...     hourly_ip_logs, averages,
...     {key: 1.25 for key in [
...         'username', 'attempts', 'failure_rate'
...     ]}
... )
```

提示：

我们所使用的百分比在字典中，键是它们所在的列，值则是百分比本身。如果函数的调用方不提供这些，则默认值为 100%，因为我们将使用 get()从字典中进行选择。

这些规则标记了 73 个 IP 地址：

```
>>> pct_from_mean_ips.nunique()
73
```

注意：

在实际操作中，通常不会在用于计算基线的条目上运行此规则，因为它们会通过其行为影响基线的定义。

8.4.2　Tukey 围栏

正如我们在第 1 章“数据分析导论”中所讨论的，均值对异常值的检测并不可靠。分析人员如果觉得有很多异常值影响基线，则可以回到百分比差异并尝试找出中位数或考虑使用 Tukey 围栏（Tukey fence）。

在 6.6 节“练习”中介绍过，Tukey 围栏有高围栏和低围栏两个边界，低围栏的计算公式涉及第一个四分位数（Q_1）和四分位距（IQR），高围栏的计算公式涉及第三个四分位数（Q_3）和四分位距（IQR）。由于我们只关心超出高围栏（上边界），这就解决了均值的问题，前提是异常值占数据的 25%以下。

可使用以下方法计算上边界（k 是乘数）：

$$上边界 = Q_3 + k \times \mathrm{IQR}$$

前面的 get_baselines()函数仍然是有用的，但需要做一些额外的处理。我们将编写一个函数来计算 Tukey 围栏的上边界，然后测试乘数（k）的各种值。请注意，还可以选择对 Tukey 围栏使用百分比：

```
>>> def tukey_fence_test(trimmed_data, logs, k, pct=None):
...     """
...     查看使用 Tukey 围栏标记的 IP 地址
...     使用乘数 k 和可选的百分比差异
...
...     参数:
...         - trimmed_data: 计算基线的数据
...         - logs: 要测试的数据
...         - k: IQR 的乘数
...         - pct: 每列百分比的字典
```

```
...                 使用 pct_change_threshold()
...
...     返回:
...         已标记的 IP 地址的 pandas.Series
...     """
...     q3 = get_baselines(trimmed_data, 'quantile', .75)\
...         .drop(columns=['hour'])
...
...     q1 = get_baselines(trimmed_data, 'quantile', .25)\
...         .drop(columns=['hour'])
...
...     iqr = q3 - q1
...     upper_bound = (q3 + k * iqr).reset_index()
...
...     return pct_change_threshold(logs, upper_bound, pct)
```

现在可以使用 tukey_fence_test()函数，设置 IQR 乘数（k）为 3，以获取超过 Tukey 围栏上边界的 IP 地址：

```
>>> tukey_fence_ips = tukey_fence_test(
...     trimmed_hourly_logs, hourly_ip_logs, k=3
... )
```

使用这种方法，标记了 83 个 IP 地址：

```
>>> tukey_fence_ips.nunique()
83
```

注意：

上述代码使用的乘数为 3。但是，根据不同的应用，也可以使用 1.5 作为乘数。实际上，我们可以使用任何数字，而找到最佳值则可能需要反复进行试验。

8.4.3　*Z* 分数

1.3.16 节“缩放数据”介绍了 *Z* 分数（*Z*-score）的计算。所谓 *Z* 分数，就是从每个观测值中减去平均值，然后除以标准差。在本示例中，也可以计算 *Z* 分数并标记 IP 地址与平均值的给定数量的标准差。

之前编写的 pct_change_threshold()函数在这里已经没什么作用了，因为我们不只是与基线进行比较。相反，我们需要从所有值中减去平均值的基线，然后除以标准差的基线，因此必须重新设计方法。

现在让我们编写一个新函数 z_score_test()，以使用高于均值的任意数量的标准差作为截断值（cutoff）来执行 *Z* 分数测试。首先，使用 get_baselines()函数对修剪后的数据按小时计算基线标准偏差。然后，将标准偏差和均值连接在一起，添加后缀。这允许针对此任务调整 pct_change_threshold()的逻辑：

```
>>> def z_score_test(trimmed_data, logs, cutoff):
...     """
...     查看哪些 IP 地址被标记
...     Z 分数大于或等于截断值
...
...     参数:
...         - trimmed_data: 用于计算基线的数据
...         - logs: 要测试的数据
...         - cutoff: 当 z_score >= cutoff 时标记行
...
...     返回:
...         已被标记的 IP 地址的 pandas.Series
...     """
...     std_dev = get_baselines(trimmed_data, 'std')\
...         .drop(columns=['hour'])
...     averages = get_baselines(trimmed_data, 'mean')\
...         .drop(columns=['hour'])
...
...     return logs.assign(hour=lambda x: x.datetime.dt.hour)\
...         .join(std_dev.join(
...             averages, lsuffix='_std', rsuffix='_mean'
...         ), on='hour')\
...         .assign(
...             too_many_users=lambda x: (
...                 x.username - x.username_mean
...             )/x.username_std >= cutoff,
...             too_many_attempts=lambda x: (
...                 x.attempts - x.attempts_mean
...             )/x.attempts_std >= cutoff,
...             high_failure_rate=lambda x: (
...                 x.failure_rate - x.failure_rate_mean
...             )/x.failure_rate_std >= cutoff
...         ).query(
...             'too_many_users and too_many_attempts '
...             'and high_failure_rate'
...         ).source_ip.drop_duplicates()
```

本示例将以 3 个或更多与均值的标准差作为截断值来调用函数：

```
>>> z_score_ips = \
...     z_score_test(trimmed_hourly_logs, hourly_ip_logs, 3)
```

使用该方法之后，标记了 62 个 IP 地址：

```
>>> z_score_ips.nunique()
62
```

注意：

在实践中，*Z* 分数的截断值也是需要调整的参数。

8.4.4　评估性能

现在每组规则都标记了一个 IP 地址的 Series（基于百分比差异规则标记了 73 个 IP 地址，Tukey 围栏规则标记了 83 个 IP 地址，*Z* 分数规则标记了 62 个 IP 地址），但我们想知道每种方法的效果如何（假设可以实际检查）。在本示例中，我们有用于研究的攻击者 IP 地址，因此可以清晰地看到每种方法有多正确——这在实践中并不是那么简单，相反，实践中只能标记过去发现的恶意内容，并在未来寻找类似的行为。

这其实是一个有两个类别的分类问题——需要将每个 IP 地址分类为有效用户或恶意用户。这有 4 种可能的结果，可以使用混淆矩阵（confusion matrix）对其进行可视化，如图 8.18 所示。

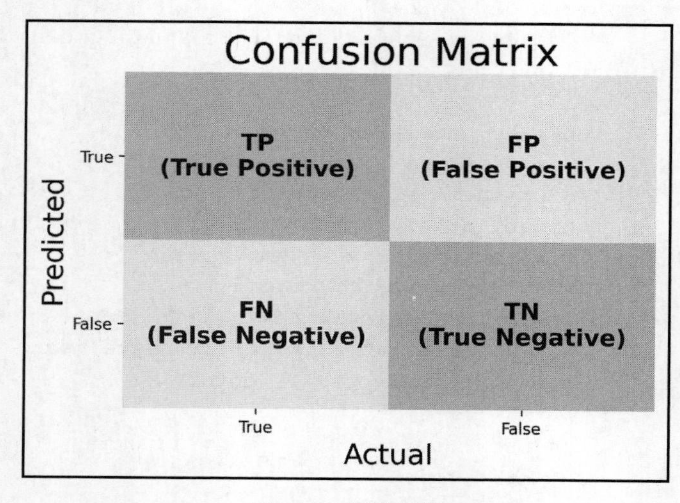

图 8.18　混淆矩阵

原　　文	译　　文	原　　文	译　　文
Confusion Matrix	混淆矩阵	FP(False Positive)	FP（假阳性）
Predicted	预测值	FN(False Negative)	FN（假阴性）
Actual	实际值	TN(True Negative)	TN（真阴性）
TP(True Positive)	TP（真阳性）		

在本应用程序中，这些结果的含义如下。

- 真阳性（true positive，TP）：检测方法将其标记为恶意，并且确实如此。
- 真阴性（true negative，TN）：检测方法没有标记它，并且确实不是恶意的。
- 假阳性（false positive，FP）：检测方法标记了它，但它实际上并不是恶意的。
- 假阴性（false negative，FN）：检测方法没有标记它，但它实际上却是恶意的。

真阳性和真阴性意味着我们的异常检测方法做得很好，但假阳性和假阴性则是可能需要改进的领域（请记住，这永远不会是完美的）。

现在编写一个函数来帮助确定每个方法的位置：

```
>>> def evaluate(alerted_ips, attack_ips, log_ips):
...     """
...     计算 IP 地址恶意标记的性能
...     包括真阳性（TP）、真阴性（TN）
...     假阳性（FP）和假阴性（FN）
...
...     参数:
...         - alerted_ips: 已标记的 IP 地址的 Series
...         - attack_ips:攻击者 IP 地址的 Series
...         - log_ips: 所有 IP 地址的 Series
...
...     返回:
...         (TP, FP, TN, FN)形式的元组
...     """
...     tp = alerted_ips.isin(attack_ips).sum()
...     tn = np.invert(np.isin(
...         log_ips[~log_ips.isin(alerted_ips)].unique(),
...         attack_ips
...     )).sum()
...     fp = np.invert(alerted_ips.isin(attack_ips)).sum()
...     fn = np.invert(attack_ips.isin(alerted_ips)).sum()
...     return tp, fp, tn, fn
```

在开始计算指标之前，可以创建一个部分函数（partial function），这样就不必不断传入攻击者 IP 地址 Series（attacks.source_ip）和日志中的 IP 地址（pivot.index）。请记

住，部分函数允许修复某些参数的值并稍后调用该函数：

```
>>> from functools import partial
>>> scores = partial(
...     evaluate, attack_ips=attacks.source_ip,
...     log_ips=pivot.index
... )
```

现在，可以用它计算一些指标以衡量检测方法的性能。一种常见的指标是假阳性率（false positive rate，FPR），它告诉我们误报率（false alarm rate）。它的计算方法是，取假阳性与真阴性相加作为分母，假阳性为分子：

$$\text{FPR} = \frac{\text{FP}}{\text{FP} + \text{TN}}$$

错误发现率（false discovery rate，FDR）可指示不正确的阳性的百分比，是查看误报的另一种方式：

$$\text{FDR} = \frac{\text{FP}}{\text{FP} + \text{TP}}$$

现在看看均值的百分比差异方法的 FPR 和 FDR：

```
>>> tp, fp, tn, fn = scores(pct_from_mean_ips)
>>> fp / (fp + tn), fp / (fp + tp)
(0.00392156862745098, 0.0136986301369863)
```

另一个有趣的指标是假阴性率（false negative rate，FNR），它告诉我们未能检测到什么，也就是漏检率（miss rate）。它的计算方法是，取假阴性和真阳性相加作为分母，假阴性为分子：

$$\text{FNR} = \frac{\text{FN}}{\text{FN} + \text{TP}}$$

查看假阴性的另一种方法是误漏率（false omission rate，FOR），可指示不正确的阴性的百分比：

$$\text{FOR} = \frac{\text{FN}}{\text{FN} + \text{TN}}$$

均值的百分比差异方法没有漏报，因此 FNR 和 FOR 均为零：

```
>>> fn / (fn + tp), fn / (fn + tn)
(0.0, 0.0)
```

这里通常需要权衡——我们是要抓住尽可能多的黑客，冒着标记有效用户的风险（通过关注 FNR/FOR），还是不想给有效用户带来不便，冒着错过黑客活动的风险（通过最小化 FPR/FDR）？这些问题很难回答并且取决于领域，因为误报的成本不一定等于（甚至在规模上接近）漏报的成本。

提示：

第 9 章“Python 机器学习入门”还将讨论可用于评估性能的其他指标。

现在编写一个函数来处理所有这些计算：

```
>>> def classification_stats(tp, fp, tn, fn):
...     """ 计算指标 """
...     return {
...         'FPR': fp / (fp + tn), 'FDR': fp / (fp + tp),
...         'FNR': fn / (fn + tp), 'FOR': fn / (fn + tn)
...     }
```

现在可以使用 evaluate()函数的结果来计算指标。对于均值的百分比差异方法，将得到以下输出：

```
>>> classification_stats(tp, fp, tn, fn)
{'FPR': 0.00392156862745098, 'FDR': 0.0136986301369863,
 'FNR': 0.0, 'FOR': 0.0}
```

这 3 个标准看起来都很好。如果在计算基线时更关注被选择的黑客 IP 地址，但不想修剪，则可以使用中位数而不是平均值来运行它：

```
>>> medians = get_baselines(hourly_ip_logs, 'median')
>>> pct_from_median_ips = pct_change_threshold(
...     hourly_ip_logs, medians,
...     {key: 1.25 for key in
...      ['username', 'attempts', 'failure_rate']}
... )
```

使用中位数，我们实现了与平均值相似的性能。当然，在这种情况下，不需要事先修剪数据。这是因为中位数对于异常值是可靠的，这意味着在给定小时内选择单个黑客 IP 地址不会影响该小时的基线：

```
>>> tp, fp, tn, fn = scores(pct_from_median_ips)
>>> classification_stats(tp, fp, tn, fn)
{'FPR': 0.00784313725490196, 'FDR': 0.02702702702702703,
 'FNR': 0.0, 'FOR': 0.0}
```

为了比较本节中讨论的 3 种方法，我们可以使用字典推导式填充 DataFrame 对象（包括相应的性能指标）：

```
>>> pd.DataFrame({
...     method: classification_stats(*scores(ips))
...     for method, ips in {
...         'means': pct_from_mean_ips,
...         'medians': pct_from_median_ips,
...         'Tukey fence': tukey_fence_ips,
...         'Z-scores': z_score_ips
...     }.items()
... })
```

提示：

scores()函数将返回一个(tp, fp, tn, fn)形式的元组，而 classification_stats()函数需要 4 个参数。但是，由于 scores()函数返回的结果正是 classification_stats()函数所需的顺序，因此可以使用*解包元组并将其值作为 4 个位置参数进行发送。

如前文所述，均值容易受到异常值的影响，但是，一旦修剪了数据，那么它就成为了一种可行的方法。

使用中位数时，不需要修剪数据。中位数的有用性取决于异常值的多少，数据中包含的异常值需要少于 50%。

Tukey 围栏使用了第三个四分位数并假设不到 25%的数据点是异常值。

Z 分数方法也容易受异常值的影响，因为它使用的是均值。当然，使用修剪后的数据，即能够以适度的 3 个截断值获得良好的性能。

图 8.19 显示了这 3 种方法的性能比较。

	means	medians	Tukey fence	Z-scores
FPR	0.003922	0.007843	0.078431	0.000000
FDR	0.013699	0.027027	0.240964	0.000000
FNR	0.000000	0.000000	0.125000	0.138889
FOR	0.000000	0.000000	0.036885	0.037736

图 8.19　比较性能

在实际工作中，具体使用哪种方法将取决于假阳性与假阴性的代价有多大——是“宁可错杀三千，不可放走一人”，还是“疑罪从无，严防冤假错案”？在本示例中，我们会尽量减少误报，因为提升用户体验，不给有效用户的登录造成任何障碍才是最重要的。

注意：

异常检测的另一个常见用例是工业环境中的质量或过程控制，例如监控工厂设备性能和输出。过程控制（process control）使用基于阈值和基于模式的规则确定系统是否失控。这些可用于确定底层数据的分布何时发生变化，因为微小的变化正是日后问题的先兆。

西电规则（Western Electric rule）和尼尔森规则（Nelson rule）是通用的。8.7 节“延伸阅读”将提供有关它们的参考资料。

8.5 小　　结

本章详细阐释了如何在 Python 中模拟登录事件，并介绍了更多有关编写包的额外知识。我们讨论了如何编写可以从命令行中运行的 Python 脚本，并用它生成登录尝试的模拟数据。我们对模拟数据执行了一些探索性数据分析（EDA），看看是否可以找出一些异常登录行为的特点，让黑客活动更容易被发现。

我们比较了每个 IP 地址每小时使用不同用户名进行登录的数量，以及登录尝试的成功和失败率。使用这些指标，创建了一个散点图，它似乎显示了两组不同的点，分别代表了有效用户和恶意用户群体，其中一些点则特征不那么明显。

以探索性数据分析的结果为基础，本章创建了 3 种规则标记黑客 IP 地址的可疑活动。首先，我们使用 Pandas 将数据重塑为每个 IP 地址的每小时聚合结果。然后，我们编写函数修剪大于第 95 个百分位数的值，并计算每小时给定统计数据的基线，以此实现基于规则的异常检测：平均值和中位数的百分比差异、超过 Tukey 围栏的上限，以及 *Z* 分数。

要构建良好的规则，需要分别进行精细的参数调整：与平均值和中位数的差异百分比、Tukey 围栏的乘数和 *Z* 分数的阈值。

为了确定哪个规则的性能更好，我们还使用了漏检率、误漏率、误发现率和误报率。

接下来的两章中将介绍 scikit-learn 和机器学习，第 11 章“机器学习异常检测”将使用机器学习方法重新审视这个异常检测的应用场景。

8.6 练　　习

完成以下练习以熟悉本章讨论的概念。

（1）以 2018 年 12 月的日期时间运行模拟，将生成的数据保存到新的日志文件中，但无须再次建立用户群。请务必运行 python3 simulation.py -h 以查看命令行参数。将种子设置为 27。此数据将用于余下的练习。

（2）使用练习（1）中模拟的数据，找出唯一用户名的数量、尝试次数、成功次数和失败次数，以及每个 IP 地址的成功/失败率。

（3）创建两个子图，左侧子图为失败与尝试对比图，右侧为失败率与不同用户名对比图。为结果图绘制决策边界。根据是否为黑客 IP 地址，为每个数据点着色。

（4）使用中位数的百分比差异构建基于规则的标准。如果失败和尝试次数都是各自中位数的 5 倍，或者不同的用户名计数是其对应的中位数的 5 倍，则标记 IP 地址。一定要使用一小时的窗口。请记住使用 get_baselines()函数计算基线所需的指标。

（5）使用本章中的 evaluate()和 classification_stats()函数计算 FPR、FDR、FNR 和 FOR 指标以评估这些规则的执行情况。

8.7 延伸阅读

查看以下资源以获取有关本章所涵盖主题的更多信息。

- A Gentle Introduction to the Bootstrap Method（自举方法的简单介绍）：

  https://machinelearningmastery.com/a-gentle-introduction-to-the-bootstrap-method/

- An Introduction to the Bootstrap Method（自举方法简介）：

  https://towardsdatascience.com/an-introduction-to-the-bootstrap-method-58bcb51b4d60

- Adding Salt to Hashing: A Better Way to Store Passwords（向散列加盐：存储密码的更好方式）：

  https://auth0.com/blog/adding-salt-to-hashing-a-better-way-to-store-passwords/

- Brute-Force Attack（蛮力攻击）：

  https://en.wikipedia.org/wiki/Brute-force_attack

- Classification Accuracy Is Not Enough: More Performance Measures You Can Use（分类准确率不足：可以使用的更多性能指标）：

  https://machinelearningmastery.com/classificationaccuracy-is-not-enough-more-performance-measures-you-canuse/

- Dictionary Attack（字典攻击）：

  https://en.wikipedia.org/wiki/Dictionary_attack

- Nelson Rules（尼尔森规则）：

  https://en.wikipedia.org/wiki/Nelson_rules

- Offline Password Cracking: The Attack and the Best Defense（离线密码破解：攻击和最佳防御）：

  https://www.alpinesecurity.com/blog/offline-password-cracking-the-attack-and-the-best-defense-against-it

- Poisson Point Process（泊松点过程）：

  https://en.wikipedia.org/wiki/Poisson_point_process

- Precision and Recall（精确率和召回率）：

  https://en.wikipedia.org/wiki/Precision_and_recall

- Probability Distributions in Python（Python 中的概率分布）：

  https://www.datacamp.com/community/tutorials/probability-distributions-python

- Rainbow Tables: Your Password's Worst Nightmare（彩虹表：密码最可怕的噩梦）：

  https://www.lifewire.com/rainbow-tables-your-passwords-worst-nightmare-2487288

- RFC 1597 (Address Allocation for Private Internets)（RFC 1597）（私有互联网地址分配）：

  http://www.faqs.org/rfcs/rfc1597.html

- Sampling Techniques（采样技术）：

  https://towardsdatascience.com/sampling-technology-a4e34111d808

- Trimmed Estimator（修剪估算器）：

  https://en.wikipedia.org/wiki/Trimmed_estimator

- Western Electric rules（西电规则）：

  https://en.wikipedia.org/wiki/Western_Electric_rules

第 4 篇

scikit-learn 和机器学习

到目前为止，我们一直专注于使用 Pandas 执行数据分析任务，此外还可以使用 Python 完成更多的与数据科学相关的任务。本篇将介绍如何使用 scikit-learn 在 Python 中进行机器学习——不过，这并不是说我们将放弃迄今为止所做的一切。如前文所述，Pandas 是快速探索、清洗、可视化和分析数据的重要工具——在尝试执行任何机器学习任务之前，所有这些仍然需要完成。

本篇不会讨论任何理论，我们将从实际应用角度出发，演示如何在 Python 中轻松地实现机器学习任务，包括聚类、分类和回归等。

本篇包括以下 3 章：

- 第 9 章，Python 机器学习入门
- 第 10 章，做出更好的预测
- 第 11 章，机器学习异常检测

第 9 章　Python 机器学习入门

本章将介绍机器学习的类型，以及机器学习可以用来解决的常见任务。

我们将学习如何准备用于机器学习模型的数据。前文已经讨论了数据清洗，但仅用于人类使用——机器学习模型需要不同的预处理（数据清洗）技术。这里面有很多细微差别，因此我们将花时间讨论这个主题，并讨论如何使用 scikit-learn 构建简化此过程的预处理管道，因为训练的数据越好，模型的效果也就越好。

本章还将介绍如何使用 scikit-learn 构建模型并评估其性能。scikit-learn 有一个对用户非常友好的 API，所以，一旦知道了如何构建一个模型，就可以构建任意数量的模型。本章不会深入研究模型背后的任何数学，因为市面上已经有很多关于这方面的书籍。到本章结束时，你将能够确定要解决的问题类型，掌握一些有用的算法，以及如何实现它们。

本章包含以下主题：

- 机器学习概述。
- 使用在前几章中学到的技能进行探索性数据分析。
- 预处理数据以用于机器学习模型。
- 聚类以帮助理解未标记的数据。
- 了解何时适合回归以及如何使用 scikit-learn 实现回归。
- 了解分类任务并学习如何使用逻辑回归。

9.1　章节材料

本章将使用 3 个数据集。前两个来自 P. Cortez、A. Cerdeira、F. Almeida、T. Matos 和 J. Reis 捐赠给加利福尼亚大学尔湾分校（University of California，Irvine）机器学习数据存储库的葡萄酒质量数据，其中包含有关各种葡萄酒样品的化学特性的信息，以及由葡萄酒专家小组进行的盲品质量评级。

加利福尼亚大学尔湾分校（UCI）机器学习数据存储库的网址如下：

http://archive.ics.uci.edu/ml/index.php

这两个数据集文件也可在本书配套的 GitHub 存储库中找到，其网址如下：

https://github.com/stefmolin/Hands-On-Data-Analysis-with-Pandas-2nd-edition/tree/master/ch_09

在 ch_09 的 data/文件夹中，分别包含了红葡萄酒数据 winequality-red.csv 和白葡萄酒数据 winequality-white.csv。

第三个数据集是使用 Open Exoplanet Catalog 数据库收集的，该数据库的网址如下：

https://github.com/OpenExoplanetCatalogue/open_exoplanet_catalogue/

Open Exoplanet Catalog 数据库以类似于 HTML 的可扩展标记语言（extensible markup language，XML）格式提供数据。GitHub 中的 planet_data_collection.ipynb 笔记本包含用于将这些信息解析为本章将使用的 CSV 文件的代码。虽然我们不会明确地讨论该代码，但是你也可以看一看。

该数据文件也可以在 data/文件夹中找到，本章将使用 planets.csv。

当然，我们还为练习和进一步探索提供了其他层次结构的解析数据，它们是 binaries.csv、stars.csv 和 systems.csv，分别包含有关双子星（binary star，指两颗质量非常接近的星体，由于万有引力十分接近，因此彼此吸引，互相绕着对方旋转不分离）的数据、单颗恒星的数据和行星系统的数据。

本章笔记本分配如下：

- 使用 preprocessing.ipynb 笔记本执行预处理（详见 9.4 节“预处理数据”）。
- 使用 planets_ml.ipynb 笔记本构建回归模型以预测行星的年份长度，并执行聚类以找到相似的行星组（详见 9.5 节“聚类”）。
- 使用 wine.ipynb 笔记本根据化学特性将葡萄酒分为红葡萄酒或白葡萄酒（详见 9.6 节“回归”）。
- 使用 red_wine.ipynb 笔记本预测红葡萄酒的质量（详见 9.7 节“分类”）。

在第 1 章“数据分析导论”中设置环境时，从 GitHub 中安装了一个名为 ml_utils 的包，其中包含一些实用函数和类，可在执行机器学习任务时使用。限于篇幅，我们不会讨论如何制作该包，你如果对此感兴趣，则可以查看以下网址的代码：

https://github.com/stefmolin/ml-utils/tree/2nd_edition

你也可以按照第 7 章“金融分析”中的说明以可编辑模式安装它。

以下是数据源的参考链接：

- Open Exoplanet Catalogue database（Open Exoplanet Catalogue 数据库）：

  https://github.com/OpenExoplanetCatalogue/open_exoplanet_catalogue/#data-structure

- P. Cortez, A. Cerdeira, F. Almeida, T. Matos and J. Reis. Modeling wine preferences by data mining from physicochemical properties（基于物理化学特性的数据挖掘进行葡萄酒偏好的建模）。In Decision Support Systems, Elsevier, 47(4):547-553, 2009，对应网址如下：

  http://archive.ics.uci.edu/ml/datasets/Wine+Quality

- Dua, D. and Karra Taniskidou, E. (2017). UCI Machine Learning Repository（加利福尼亚大学尔湾分校机器学习存储库）[http://archive.ics.uci.edu/ml/index.php]. Irvine, CA: University of California, School of Information and Computer Science.

9.2　机器学习概述

机器学习（machine learning，ML）是人工智能（artificial intelligence，AI）的一个子集，其中算法无须明确被教授规则，而是可以从输入数据中学习以预测值。这些算法在学习时依靠统计数据进行推理，然后使用学习到的知识进行预测。

机器学习的应用已经非常广泛，如智能搜索引擎、数据挖掘、计算机视觉、自然语言处理、生物特征识别、医学诊断、信用卡欺诈交易检测、证券市场分析、DNA 序列测序、语音和手写识别等。例如，Alexa、Siri、小爱、小度、Google Assistant 等 AI 助手的语音识别，通过探索周围环境绘制平面图，确定搜索结果的相关性，甚至还可以执行绘画任务等。有关计算机深度学习算法绘画大师的更多信息，你可以访问以下网址：

https://www.boredpanda.com/computer-deep-learning-algorithm-painting-masters/

机器学习模型可以适应输入随着时间的推移而发生的变化，并且每次都不需要人工帮助即可做出明智的决策。以申请信用卡贷款或增加信用额度为例，银行或信用卡公司将依靠机器学习算法从申请人的信用评分和历史记录中查找内容，以确定是否应批准申请人。如果模型预测该申请人可以被信任发放贷款或授予新信用额度，则会立即批准申请人。在模型无法确定的情况下，则会将案例发送给人类以做出最终决定。这减少了员工必须筛选的申请数量，因为他们现在只需要考虑那些模型不确定的案例即可，而对于那些模型可以确定的申请案例，则贷款发放速度会非常快（该过程几乎可以瞬间完成）。

需要着重指出的是，根据法律，用于贷款批准等任务的模型必须是可解释的。需要有一种方法向申请人解释他们被拒绝的原因——有时，技术之外的原因会影响和限制我们可以使用的方法或数据。

9.2.1 机器学习的类型

机器学习通常分为 3 类：无监督学习（unsupervised learning）、监督学习（supervised learning，也称为有监督学习）和强化学习（reinforcement learning，RL）。

当缺乏足够的先验知识，难以人工标注类别时，可以使用无监督学习。此外，在许多情况下，收集标记数据的成本高昂或根本不可行，因此也只能使用无监督学习。请注意，优化这些模型的性能更加困难，因为我们并不知道它们的性能如何。

如果确实可以获得标注，则可以使用监督学习方法，因为这样更容易评估模型并寻求改进它们。通过与真实标签相比，即可计算模型的性能指标。

提示：

无监督学习由于寻求在没有正确答案的情况下在数据中找到意义，因此可用于在分析过程中了解有关数据的更多信息，然后继续进行监督学习。

强化学习涉及对来自环境的反馈做出反应，可用于游戏中的机器人和人工智能等事物。这远远超出了本书的讨论范围，但 9.10 节“延伸阅读”提供了更多资源。

请注意，并非所有机器学习方法都适合上述类别。其中一个例子是深度学习（deep learning），它旨在使用神经网络（neural network）等方法学习数据表示。深度学习方法通常被视为黑匣子，这阻碍了它们在需要可解释模型的某些领域的使用；当然，它们常用于诸如语音识别和图像分类之类的任务。深度学习也超出了本书的讨论范围，你只需要知道它也是机器学习即可。

注意：

可解释的机器学习是一个活跃的研究领域。9.10 节“延伸阅读”提供了更多资源。

9.2.2 常见任务

最常见的机器学习任务是聚类、分类和回归。

在聚类（clustering）中，我们希望将数据分配到组中，目标是定义明确的组，这意味着组的成员靠近在一起，而各组与其他组区分开（这也正是聚类的含义，所谓“物以类聚，人以群分”）。

聚类可以按无监督的方式使用，以尝试更好地理解数据，或者以有监督的方式尝试预测哪些数据点属于哪个聚类——本质上是分类。

请注意，聚类可以按无监督的方式用于预测；但是，我们还需要破译每个聚类的含义。从聚类中获得的标签甚至可以用作监督学习器的输入，以对观察值如何映射到每个组中进行建模，这称为半监督学习（semi-supervised learning）。

如前文所述，分类（classification）旨在为数据分配一个类标签，例如“正常登录”或“恶意攻击”。这听起来像是将它分配给一个聚类。分类可用于预测离散标签。

另外，回归（regression）可用于预测连续数值，如房价或图书销售量；回归可以对变量之间关系的强度和大小进行建模。

分类和回归都可以作为无监督学习或有监督学习任务进行；当然，有监督学习的模型更有可能表现得更好。

9.2.3　Python 中的机器学习

在对机器学习有了基本理解之后，还需要知道如何构建模型。Python 提供了许多用于构建机器学习模型的包，常见的一些库如下。

- scikit-learn：易于使用（和学习），它具有一致的 Python 机器学习 API。

  https://scikit-learn.org/stable/index.html

- statsmodels：一个提供统计测试的统计建模库。

  https://www.statsmodels.org/stable/index.html

- TensorFlow：由 Google 开发的机器学习库，具有更快的计算速度。

  https://www.tensorflow.org/

- keras：用于从 TensorFlow 等库中运行深度学习的高级 API。

  https://keras.io/

- pytorch：由 Facebook 开发的深度学习库。

  https://pytorch.org

提示：

这些库中的大多数都使用 NumPy 和 SciPy，后者是一个建立在 NumPy 之上的用于统计、数学和工程目的的库。SciPy 可用于处理线性代数、插值、积分和聚类算法等。有关 SciPy 的更多信息，你可以访问以下网址：

https://docs.scipy.org/doc/scipy/reference/tutorial/general.html

本书将使用 scikit-learn 作为其用户友好的 API。在 scikit-learn 中，基类是一个 estimator。请注意，在机器学习模型领域中，estimator 术语指的是估计器，而在统计术语中，estimator 指的是估计量，二者不要混淆。

estimator 是回归算法的预测器（相应地，classifier 是分类算法的预测器），它能够通过 fit()方法（拟合函数）从数据中学习，可以理解为输入 X，输出 y。

estimator 用于模型预测，所以它本质上就是预测器（predictor），predictor 是用于监督学习或无监督学习的类，它包含 predict()方法。

模型（model）类能够使用 score()方法评估模型的性能。estimator（估计器）和 classifier（分类器）都是模型。

我们还将使用转换器（transformer），通过其 transform()方法准备数据，这可以理解为输入 X1，输出 X2。

在理解了 fit()、predict()、score()和 transform() 4 种方法之后，即可轻松地构建 scikit-learn 提供的任何机器学习模型。有关此设计模式的更多信息，你可以访问以下网址：

https://scikit-learn.org/stable/developers/develop.html

9.3　探索性数据分析

如前文所述，我们的第一步应该是进行一些探索性数据分析（EDA）以熟悉数据。为简洁起见，本节将包含每个笔记本中可用的 EDA 子集，因此请务必查看相应笔记本的完整版本。

提示：

虽然本节将使用 Pandas 代码执行 EDA，但在此之前建议你查看 pandas-profiling 包，其网址如下：

https://github.com/pandasprofiling/pandas-profiling

pandas-profiling 包可以通过交互式 HTML 报告的方式对数据执行一些快速的探索性数据分析。

和以前一样，我们可以先从编写导入语句开始，这些语句对于本章使用的笔记本来说都是相同的：

```
>>> %matplotlib inline
>>> import matplotlib.pyplot as plt
```

```
>>> import numpy as np
>>> import pandas as pd
>>> import seaborn as sns
```

在探索行星数据之前，先来看看葡萄酒质量数据。

9.3.1　红酒品质数据

现在读入红酒数据，并使用之前学到的技术做一些 EDA：

```
>>> red_wine = pd.read_csv('data/winequality-red.csv')
```

现在我们获得了有关红葡萄酒 11 种不同化学特性的数据，还有一个 quality 列，该列包含了参与盲品测试（blind taste testing）的葡萄酒专家对酒的质量的评分。我们可以尝试通过查看化学性质来预测质量得分，如图 9.1 所示。

	fixed acidity	volatile acidity	citric acid	residual sugar	chlorides	free sulfur dioxide	total sulfur dioxide	density	pH	sulphates	alcohol	quality
0	7.4	0.70	0.00	1.9	0.076	11.0	34.0	0.9978	3.51	0.56	9.4	5
1	7.8	0.88	0.00	2.6	0.098	25.0	67.0	0.9968	3.20	0.68	9.8	5
2	7.8	0.76	0.04	2.3	0.092	15.0	54.0	0.9970	3.26	0.65	9.8	5
3	11.2	0.28	0.56	1.9	0.075	17.0	60.0	0.9980	3.16	0.58	9.8	6
4	7.4	0.70	0.00	1.9	0.076	11.0	34.0	0.9978	3.51	0.56	9.4	5

图 9.1　红酒数据集

现在来看看 quality 列的分布：

```
>>> def plot_quality_scores(df, kind):
...     ax = df.quality.value_counts().sort_index().plot.barh(
...         title=f'{kind.title()} Wine Quality Scores',
...         figsize=(12, 3)
...     )
...     ax.axes.invert_yaxis()
...     for bar in ax.patches:
...         ax.text(
...             bar.get_width(),
...             bar.get_y() + bar.get_height()/2,
...             f'{bar.get_width()/df.shape[0]:.1%}',
...             verticalalignment='center'
...         )
```

```
...     plt.xlabel('count of wines')
...     plt.ylabel('quality score')
...
...     for spine in ['top', 'right']:
...         ax.spines[spine].set_visible(False)
...
...     return ax
>>> plot_quality_scores(red_wine, 'red')
```

如图 9.2 所示，红酒数据集上的信息表明，quality 从 0（极差）到 10（极好）不等；然而，该数据集中只有该范围中间的值（3～8）。这个数据集的一个有趣任务可能是看看是否可以预测高质量的红酒（质量分数为 7 或更高）。

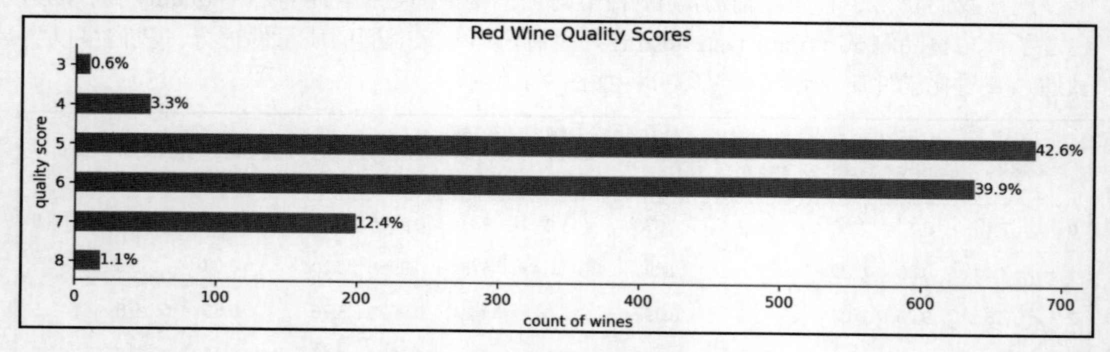

图 9.2　红酒质量分数分布

红酒数据集中所有的数据都是数字，所以不必担心处理文本值的问题。此外，也没有任何缺失值：

```
>>> red_wine.info()
<class 'pandas.core.frame.DataFrame'>
RangeIndex: 1599 entries, 0 to 1598
Data columns (total 12 columns):
 #   Column                Non-Null Count   Dtype
---  ------                --------------   -----
 0   fixe dacidity         1599 non-null    float64
 1   volatile acidity      1599 non-null    float64
 2   citric acid           1599 non-null    float64
 3   residual sugar        1599 non-null    float64
 4   chlorides             1599 non-null    float64
 5   free sulfur dioxide   1599 non-null    float64
 6   total sulfur dioxide  1599 non-null    float64
 7   density               1599 non-null    float64
```

```
 8   pH                     1599 non-null    float64
 9   sulphates              1599 non-null    float64
 10  alcohol                1599 non-null    float64
 11  quality                1599 non-null    int64
dtypes: float64(11), int64(1)
memory usage: 150.0 KB
```

我们可以使用 describe()了解每一列的比例：

```
>>> red_wine.describe()
```

结果表明，如果模型对任何东西都使用距离度量，则肯定需要做一些缩放，因为各列的值并不在同一范围内，如图 9.3 所示。

	fixed acidity	volatile acidity	citric acid	residual sugar	chlorides	free sulfur dioxide	total sulfur dioxide	density	pH	sulphates	alcohol	quality
count	1599.000000	1599.000000	1599.000000	1599.000000	1599.000000	1599.000000	1599.000000	1599.000000	1599.000000	1599.000000	1599.000000	1599.000000
mean	8.319637	0.527821	0.270976	2.538806	0.087467	15.874922	46.467792	0.996747	3.311113	0.658149	10.422983	5.636023
std	1.741096	0.179060	0.194801	1.409928	0.047065	10.460157	32.895324	0.001887	0.154386	0.169507	1.065668	0.807569
min	4.600000	0.120000	0.000000	0.900000	0.012000	1.000000	6.000000	0.990070	2.740000	0.330000	8.400000	3.000000
25%	7.100000	0.390000	0.090000	1.900000	0.070000	7.000000	22.000000	0.995600	3.210000	0.550000	9.500000	5.000000
50%	7.900000	0.520000	0.260000	2.200000	0.079000	14.000000	38.000000	0.996750	3.310000	0.620000	10.200000	6.000000
75%	9.200000	0.640000	0.420000	2.600000	0.090000	21.000000	62.000000	0.997835	3.400000	0.730000	11.100000	6.000000
max	15.900000	1.580000	1.000000	15.500000	0.611000	72.000000	289.000000	1.003690	4.010000	2.000000	14.900000	8.000000

图 9.3　红酒数据集的汇总统计

最后，我们使用 pd.cut()将高品质红酒（大约占数据的 14%）进行分箱（bin）以备后用：

```
>>> red_wine['high_quality'] = pd.cut(
...     red_wine.quality, bins=[0, 6, 10], labels=[0, 1]
... )
>>> red_wine.high_quality.value_counts(normalize=True)
0    0.86429
1    0.13571
Name: high_quality, dtype: float64
```

注意：

为简明起见，探索性数据分析到此为止。当然，在尝试任何建模之前，应确保充分了解数据并咨询相关领域的专家。

需要特别注意的是，变量与我们试图预测的目标（在本示例中即优质红酒）之间的相关性。具有强相关性的变量可能是包含在模型中的良好特征（feature）。

当然，要注意的是，相关性并不意味着因果关系。我们已经学习了一些使用可视化寻找相关性的方法：第 5 章“使用 Pandas 和 Matplotlib 可视化数据”讨论了散点图矩阵，

第 6 章“使用 Seaborn 和自定义技术绘图”讨论了热图和配对图。red_wine.ipynb 笔记本包含了一个配对图。

9.3.2　白葡萄酒和红葡萄酒化学性质数据

现在来看看红葡萄酒和白葡萄酒的数据。由于数据来自不同的文件，因此我们需要读入这两个文件并将它们连接成一个 DataFrame。白葡萄酒文件实际上是用分号（;）分隔的，因此我们必须向 pd.read_csv()提供 sep 参数：

```
>>> red_wine = pd.read_csv('data/winequality-red.csv')
>>> white_wine = \
...     pd.read_csv('data/winequality-white.csv', sep=';')
```

和红葡萄酒数据一样，我们也可以查看白葡萄酒的质量分数。如图 9.4 所示，白葡萄酒的总体评分往往更高，这让我们怀疑评委们是否更喜欢白葡萄酒而不是红葡萄酒，从而在他们的评分中产生偏差。事实上，评分系统似乎非常主观。

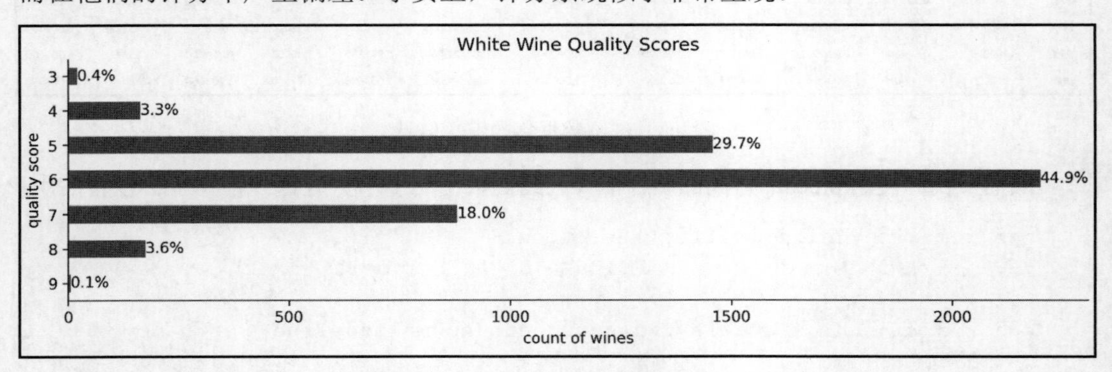

图 9.4　白葡萄酒质量分数分布

这两个 DataFrame 都具有相同的列，因此无须进一步工作即可将它们组合起来。这里使用 pd.concat()在添加一列之后将白葡萄酒数据堆叠在红葡萄酒数据之上，以识别每个观察值属于哪种葡萄酒类型：

```
>>> wine = pd.concat([
...     white_wine.assign(kind='white'),
...     red_wine.assign(kind='red')
... ])
>>> wine.sample(5, random_state=10)
```

和红酒数据集一样，可以运行 info()来检查是否需要执行类型转换或是否缺少任何数据。幸运的是，本示例不需要。组合之后的葡萄酒数据集如图 9.5 所示。

	fixed acidity	volatile acidity	citric acid	residual sugar	chlorides	free sulfur dioxide	total sulfur dioxide	density	pH	sulphates	alcohol	quality	kind
848	6.4	0.64	0.21	1.8	0.081	14.0	31.0	0.99689	3.59	0.66	9.8	5	red
2529	6.6	0.42	0.13	12.8	0.044	26.0	158.0	0.99772	3.24	0.47	9.0	5	white
131	5.6	0.50	0.09	2.3	0.049	17.0	99.0	0.99370	3.63	0.63	13.0	5	red
244	15.0	0.21	0.44	2.2	0.075	10.0	24.0	1.00005	3.07	0.84	9.2	7	red
1551	6.6	0.19	0.99	1.2	0.122	45.0	129.0	0.99360	3.09	0.31	8.7	6	white

图 9.5　组合葡萄酒数据集

使用 value_counts()，可以看到白葡萄酒比红葡萄酒数据多得多：

```
>>> wine.kind.value_counts()
white    4898
red      1599
Name: kind, dtype: int64
```

最后，查看使用 Seaborn 按葡萄酒类型划分的每种化学特性的箱线图。这有助于识别在构建模型以区分红葡萄酒和白葡萄酒时有用的特征（模型输入）：

```
>>> import math
>>> chemical_properties = [col for col in wine.columns
...                        if col not in ['quality', 'kind']]
>>> melted = \
...     wine.drop(columns='quality').melt(id_vars=['kind'])
>>> fig, axes = plt.subplots(
...     math.ceil(len(chemical_properties) / 4), 4,
...     figsize=(15, 10)
... )
>>> axes = axes.flatten()
>>> for prop, ax in zip(chemical_properties, axes):
...     sns.boxplot(
...         data=melted[melted.variable.isin([prop])],
...         x='variable', y='value', hue='kind', ax=ax
...     ).set_xlabel('')
>>> for ax in axes[len(chemical_properties):]:
...     ax.remove() # 删除多余的子图
>>> plt.suptitle(
```

```
...     'Comparing Chemical Properties of Red and White Wines'
... )
>>> plt.tight_layout()
```

给定如图 9.6 所示的结果，在构建模型时可考虑使用 fixed acidity（固定酸度）、volatile acidity（挥发性酸度）、total sulfur dioxide（总二氧化硫）和 sulphates（硫酸盐），因为它们在红葡萄酒和白葡萄酒中的分布似乎有较大不同。

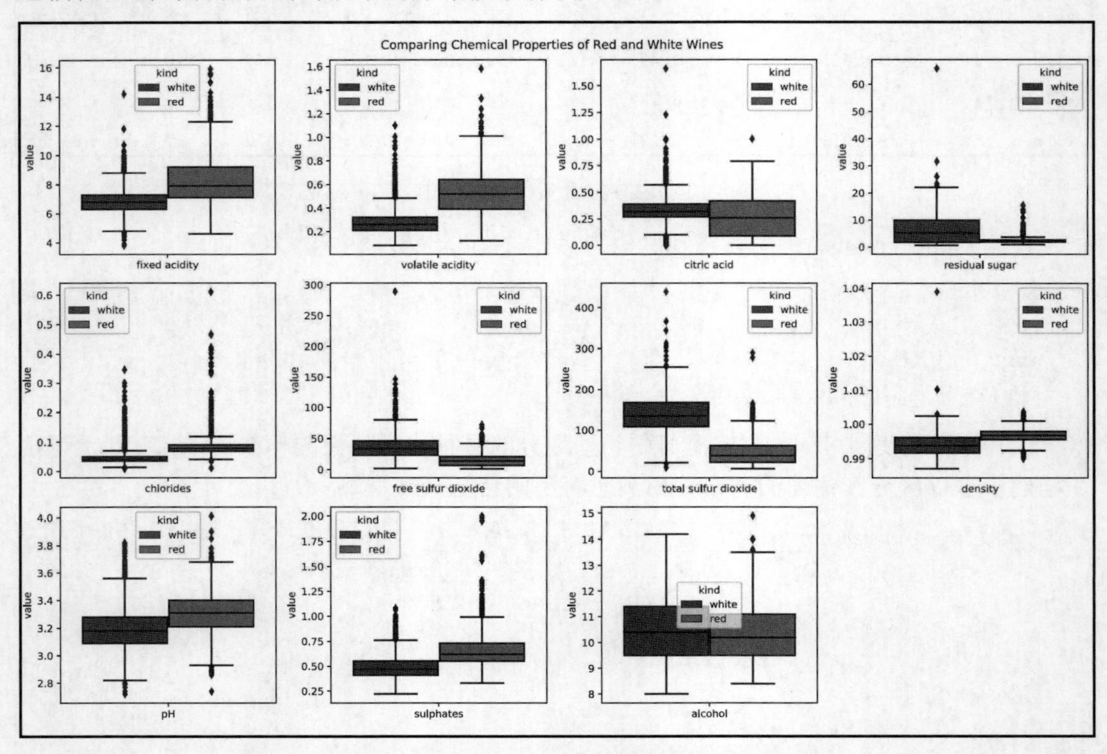

图 9.6　在化学层面上比较红葡萄酒和白葡萄酒

提示：

跨类比较变量的分布有助于为模型选择特征。如果发现一个变量的分布在不同的类之间有较大的不同，则将该变量包含在模型中可能非常有用。

在继续建模之前，必须对数据进行深入探索。请务必使用第 5 章“使用 Pandas 和 Matplotlib 可视化数据”和第 6 章“使用 Seaborn 和自定义技术绘图”介绍的可视化，因为它们将被证明对这个过程非常宝贵。

第 10 章“做出更好的预测”将在检查模型的错误预测时再次讨论此可视化。接下来，让我们看看其他数据集。

9.3.3　行星和系外行星数据

系外行星（exoplanet）只是围绕太阳系外恒星运行的行星，因此下文将二者统称为行星（planet）。首先，让我们读入行星数据：

```
>>> planets = pd.read_csv('data/planets.csv')
```

我们可以用这些数据执行一些有趣的任务，例如，根据它们的轨道找到相似行星的聚类，并尝试预测地球日的轨道周期（指一年在行星上有多长），如图 9.7 所示。

	mass	description	periastrontime	semimajoraxis	discoveryyear	list	eccentricity	period	discoverymethod	lastupdate	periastron	name
0	19.400	11 Com ...	2452899.60	1.290	2008.0	Confirmed planets	0.231	326.03	RV	15/09/20	94.800	11 Com b
1	11.200	11 Ursa...	2452861.04	1.540	2009.0	Confirmed planets	0.080	516.22	RV	15/09/20	117.630	11 UMi b
2	4.800	14 Andr...	2452861.40	0.830	2008.0	Confirmed planets	0.000	185.84	RV	15/09/20	0.000	14 And b
3	4.975	The sta...	NaN	2.864	2002.0	Confirmed planets	0.359	1766.00	RV	15/09/21	22.230	14 Her b
4	7.679	14 Her ...	NaN	9.037	2006.0	Controversial	0.184	9886.00	RV	15/09/21	189.076	14 Her c

图 9.7　行星数据集

我们可以构建一个相关矩阵热图来帮助找到要使用的最佳特征：

```
>>> fig = plt.figure(figsize=(7, 7))
>>> sns.heatmap(
...     planets.drop(columns='discoveryyear').corr(),
...     center=0, vmin=-1, vmax=1, square=True, annot=True,
...     cbar_kws={'shrink': 0.8}
... )
```

如图 9.8 所示，热图显示了行星轨道的半长轴（semi-major axis）与其周期（period）长度高度正相关，这是有道理的，因为半长轴（以及偏心率 eccentricity）有助于定义行星绕其恒星运行的路径。

为了预测 period（周期），可能要查看 semimajoraxis（长半轴）、mass（质量）和 eccentricity（偏心率）。轨道偏心率量化了轨道与完美圆的差异，如图 9.9 所示。

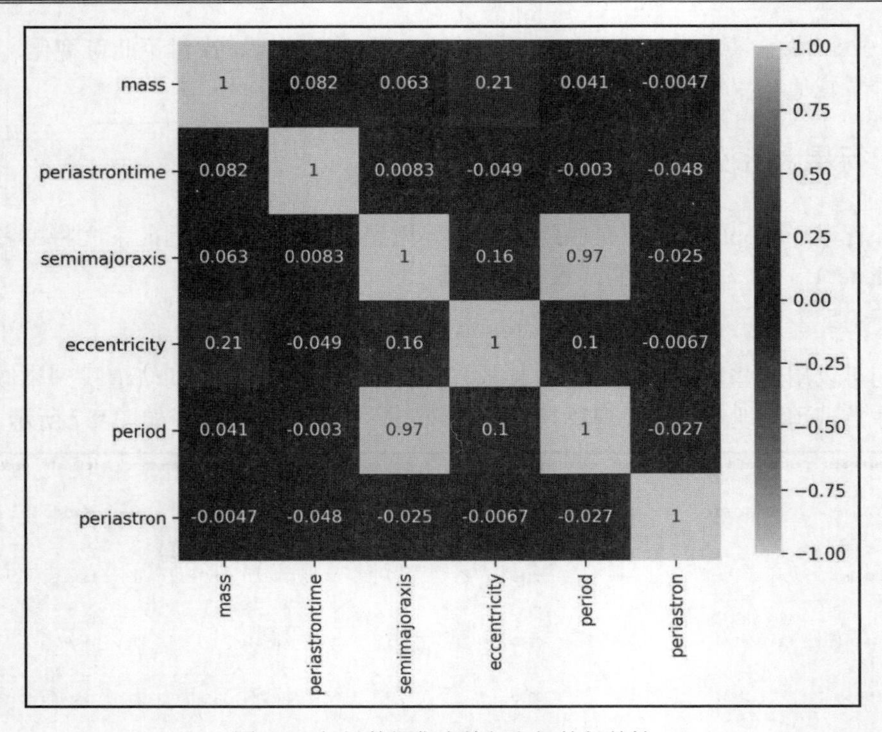

图 9.8　行星数据集中特征之间的相关性

Eccentricity	Orbit Shape
0	Circular
(0, 1)	Elliptical
1	Parabolic
> 1	Hyperbolic

图 9.9　理解偏心率

现在来看看我们拥有的轨道是什么形状的：

```
>>> planets.eccentricity.min(), planets.eccentricity.max()
(0.0, 0.956)         # 圆形和椭圆形偏心
>>> planets.eccentricity.hist()
>>> plt.xlabel('eccentricity')
>>> plt.ylabel('frequency')
>>> plt.title('Orbit Eccentricities')
```

如图 9.10 所示，看起来几乎所有的东西都是一个椭圆，这正是我们所期望的，因为这些是行星。

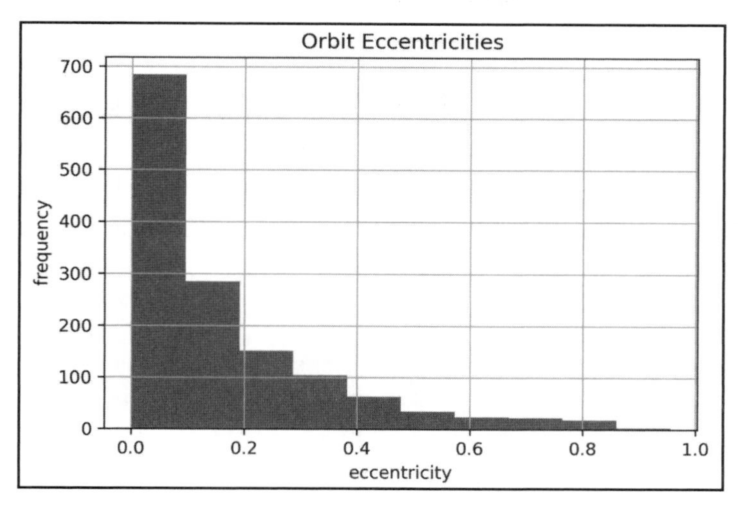

图 9.10　轨道偏心率分布

椭圆是一个细长的圆，有两个轴：长轴和短轴（分别代表最长和最短的轴）。半长轴是长轴的一半。与圆相比，轴类似于直径，穿过整个形状，而半轴类似于半径，是直径的一半。图 9.11 显示了行星围绕一颗恒星运行的情况(恒星恰好位于其椭圆轨道中心)。由于来自其他物体的重力，实际上，恒星可以位于轨道路径内的任何位置。

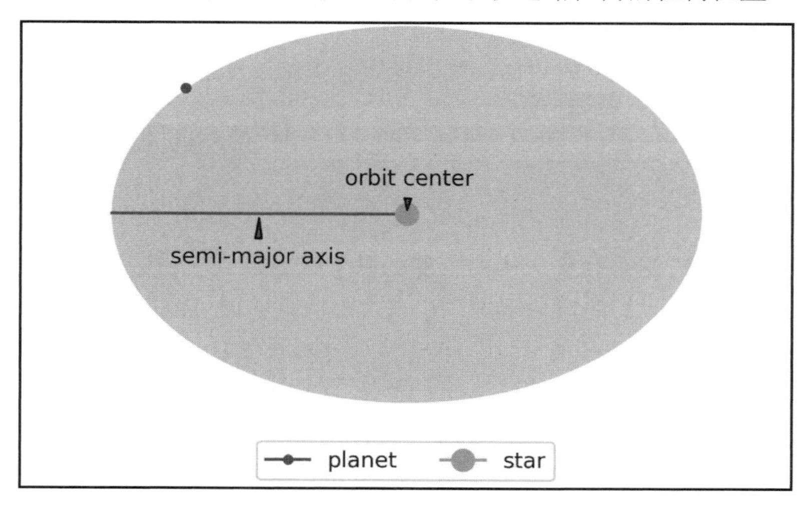

图 9.11　理解半长轴

原　文	译　文
orbit center	椭圆中心
semi-major axis	半长轴
planet	行星
star	恒星

在理解了这些列的含义之后，即可执行一些探索性数据分析。这些数据不像葡萄酒数据那样干净——毕竟葡萄酒是可以伸手触摸到的，测量其数据肯定要容易得多。

尽管知道大部分 period（周期）值，但我们只有一小部分行星的 eccentricity（偏心率）、semimajoraxis（半长轴）或 mass（质量）数据：

```
>>> planets[[
...     'period', 'eccentricity', 'semimajoraxis', 'mass'
... ]].info()
<class 'pandas.core.frame.DataFrame'>
RangeIndex: 4094 entries, 0 to 4093
Data columns (total 4 columns):
#    Column         Non-Null Count  Dtype
---  ------         --------------  -----
0    period         3930 non-null   float64
1    eccentricity   1388 non-null   float64
2    semimajoraxis  1704 non-null   float64
3    mass           1659 non-null   float64
dtypes: float64(4)
memory usage: 128.1 KB
```

如果删除其中任何列为空的数据，则只能留下大约 30%的数据：

```
>>> planets[[
...     'period', 'eccentricity', 'semimajoraxis', 'mass'
... ]].dropna().shape
(1222, 4)
```

如果要寻找一种方法来预测一年的长度，以了解更多关于它们之间的关系，则不必担心缺失的数据。对于我们的模型来说，在该阶段估算数据可能会更糟。

在上面 info()的结果中可以看到，所有内容都至少正确编码为十进制（float64）。当然，还可以检查是否需要进行一些缩放（如果模型对数量级差异敏感，则该操作很有必要）：

```
>>> planets[[
...     'period', 'eccentricity', 'semimajoraxis', 'mass'
... ]].describe()
```

如图 9.12 所示，本示例中的数据肯定需要进行一些缩放，因为 period 列中的值比其他值大得多。

	period	eccentricity	semimajoraxis	mass
count	3930.000000	1388.000000	1704.000000	1659.000000
mean	524.084969	0.159016	5.837964	2.702061
std	7087.428665	0.185041	110.668743	8.526177
min	0.090706	0.000000	0.004420	0.000008
25%	4.552475	0.013000	0.051575	0.085000
50%	12.364638	0.100000	0.140900	0.830000
75%	46.793136	0.230000	1.190000	2.440000
max	320000.000000	0.956000	3500.000000	263.000000

图 9.12　行星数据集的汇总统计数据

我们还可以查看一些散点图。请注意，行星所属的组有一个 list 列——这些组包括 Solar System（太阳系）、Kepler Object's of Interest（开普勒天体）和 Controversial（有异议的）等。我们可以看看 period（以及与恒星的距离）是否会影响这一点：

```
>>> sns.scatterplot(
...     x=planets.semimajoraxis, y=planets.period,
...     hue=planets.list, alpha=0.5
... )
>>> plt.title('period vs. semimajoraxis')
>>> plt.legend(title='')
```

Controversial（有异议的）行星似乎遍布各处，并且具有更大的半长轴和周期。也许它们是有争议的，因为它们距离其恒星很远。图 9.13 显示了行星周期与半长轴散点图。

在图 9.13 中可以看到，period（周期）的比例使得行星很难分辨，因此可以尝试在 y 轴上进行对数变换，以在左下角的密集部分获得更清晰的分隔而不是聚成一团。这次我们只指出太阳系中的行星：

```
>>> fig, ax = plt.subplots(1, 1, figsize=(10, 10))
>>> in_solar_system = (planets.list == 'Solar System')\
...     .rename('in solar system?')
```

```
>>> sns.scatterplot(
...     x=planets.semimajoraxis, y=planets.period,
...     hue=in_solar_system, ax=ax
... )
>>> ax.set_yscale('log')
>>> solar_system = planets[planets.list == 'Solar System']
>>> for planet in solar_system.name:
...     data = solar_system.query(f'name == "{planet}"')
...     ax.annotate(
...         planet,
...         (data.semimajoraxis, data.period),
...         (7 + data.semimajoraxis, data.period),
...         arrowprops=dict(arrowstyle='->')
...     )
>>> ax.set_title('log(orbital period) vs. semi-major axis')
```

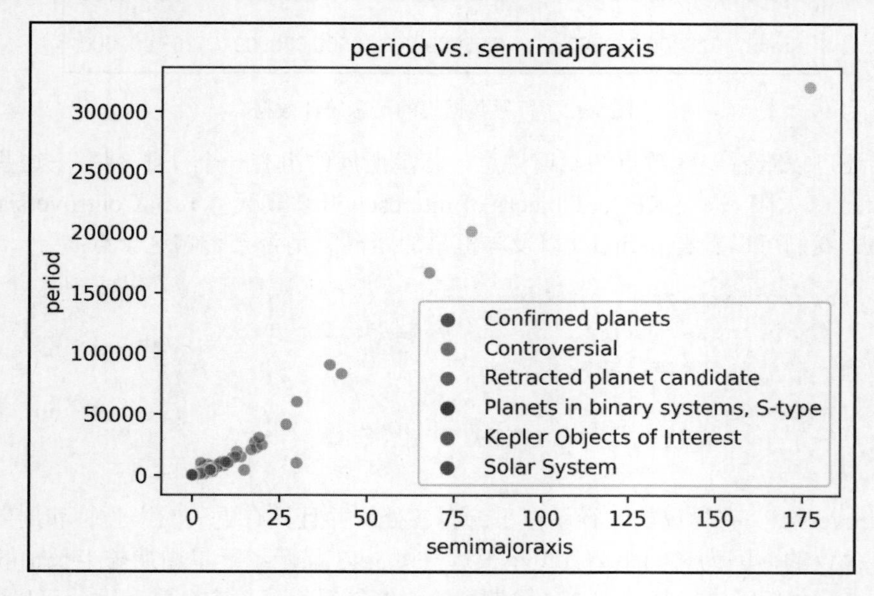

图 9.13　行星周期与半长轴

如图 9.14 所示，该绘图的左下角无疑藏着很多行星。现在可以看到，许多行星的年数比水星（Mercury）的 88 个地球日年要短。

在对将要处理的数据有了一些了解之后，接下来，看看如何预处理该数据以在机器学习模型中使用。

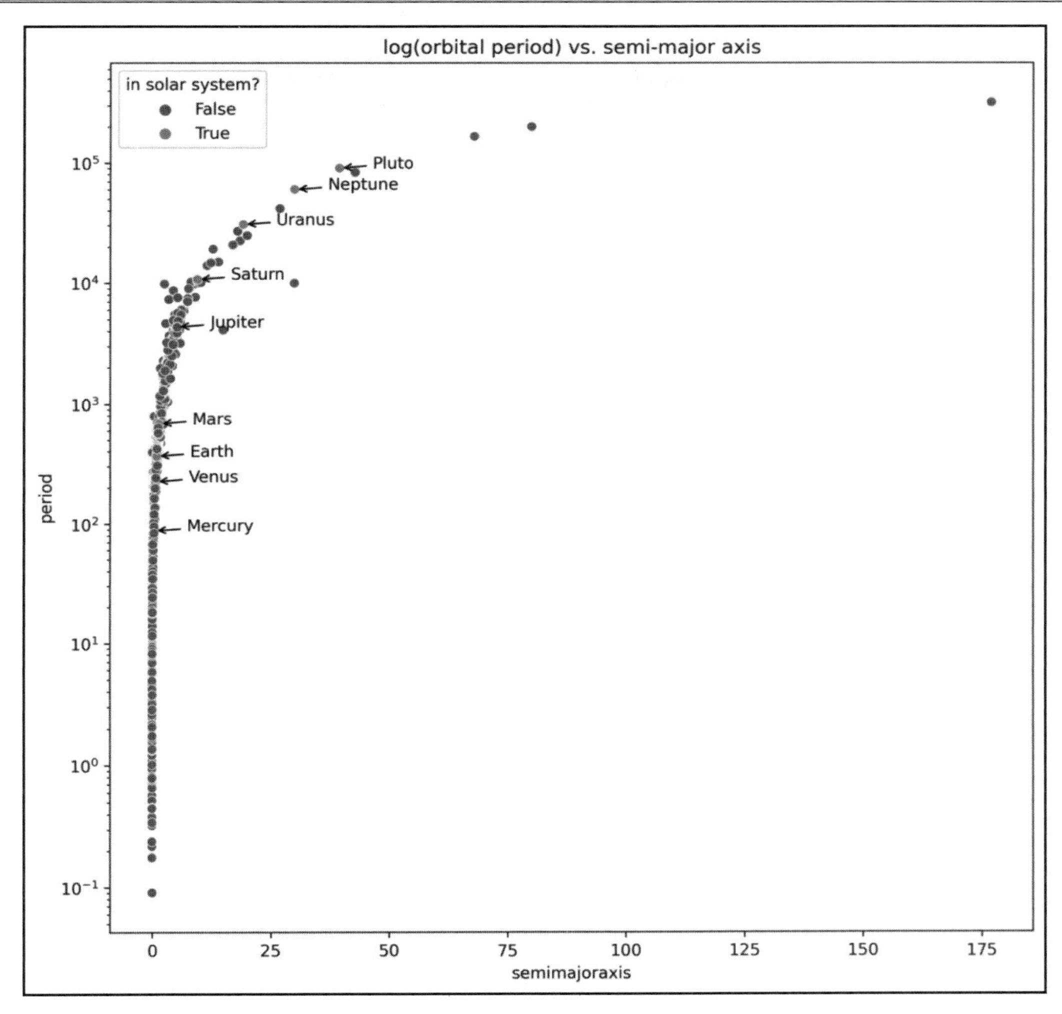

图 9.14　太阳系与系外行星的比较

9.4　预处理数据

本节将使用 preprocessing.ipynb 笔记本，然后返回用于探索性数据分析的笔记本。我们将从导入语句开始并读入数据：

```
>>> import numpy as np
>>> import pandas as pd
```

```
>>> planets = pd.read_csv('data/planets.csv')
>>> red_wine = pd.read_csv('data/winequality-red.csv')
>>> wine = pd.concat([
...     pd.read_csv(
...         'data/winequality-white.csv', sep=';'
...     ).assign(kind='white'),
...     red_wine.assign(kind='red')
... ])
```

机器学习模型遵循“垃圾进，垃圾出”的原则，意思是说如果数据不好（或不对），那么分析之后产生的结论也将是糟糕或无用的。因此，分析人员必须确保在最好的数据版本上训练模型（让它们学习）。

那么，什么样的数据才是最好的数据呢？这取决于我们选择的模型。例如，如果数据特征中尺度的差异很大，则对于使用距离度量计算相似观测值的模型来说，这样的数据就是垃圾数据，很容易混淆。

除此之外，数据缺失或无效也会造成问题，在送入训练阶段之前，必须决定是放弃它们还是填补数据。在将数据提供给模型以进行学习之前，我们对数据所执行的所有调整统称为预处理（preprocessing）。

9.4.1　训练和测试集

到目前为止，机器学习听起来还算简单——我们可以构建一个模型来学习如何执行任务，因此只要将拥有的所有数据都提供给它，它就能够很好地进行学习。但是，事情并没有你想象中的那么简单。如果为模型提供所有数据，则有可能过拟合（overfitting），这意味着它无法很好地泛化（generalize）到新数据点，因为它将拟合样本而不是总体。另外，如果不给它足够的数据，那么它就会欠拟合（underfitting），无法捕捉到数据中的底层信息。

提示：

当模型拟合数据中的随机性时，称为拟合数据中的噪声（noise）。

另一件需要考虑的事情是，如果我们使用所有数据来训练模型，那又该如何评估其性能呢？如果在用于训练的数据上测试它，那么将高估其性能的好坏，因为我们的模型在训练数据上总是表现得更好。

出于上述原因，我们需要将数据分成一个训练集（training set）和一个测试集（testing set）。为此，我们可以打乱（shuffle）DataFrame 并选择前 *x*%的行进行训练，其余的用于测试：

```
shuffled = \
    planets.reindex(np.random.permutation(planets.index))
train_end_index = int(np.ceil(shuffled.shape[0] * .75))
training = shuffled.iloc[:train_end_index,]
testing = shuffled.iloc[train_end_index:,]
```

这样的设计是有效的，但每次都要写很多代码。幸运的是，scikit-learn 在 model_selection 模块中提供了 train_test_split()函数，这是一个更加可靠、更易于使用的解决方案。它要求我们事先将输入数据（X）与输出数据（y）分开。

在本示例中，我们选择将 75%的数据用于训练集(X_train, y_train)，将 25%的数据用于测试集(X_test, y_test)。

此外，我们还将设置一个种子(random_state=0)以便此分割是可重现的：

```
>>> from sklearn.model_selection import train_test_split

>>> X = planets[['eccentricity', 'semimajoraxis', 'mass']]
>>> y = planets.period

>>> X_train, X_test, y_train, y_test = train_test_split(
...     X, y, test_size=0.25, random_state=0
... )
```

虽然对于“测试集的比例多大算是良好”这一问题没有具体的标准，但经验法则通常为数据的 10%～30%。如果没有太多的数据，则可以使用 10% 的下限作为测试集，以确保有足够的数据可供学习；相反，如果有大量数据，则可以考虑使用 30% 的上限作为测试集，这样不但可以防止过拟合，还可以为模型提供大量的数据来评估其性能。

请注意，这条经验法则并非铁律，因为使用的训练数据量的回报是递减的。换言之，如果有大量数据，则也可以考虑将不到 70% 的数据用于训练，因为大量数据的计算成本可能会显著增加，但是带来的却可能只是微不足道的改进，并且会增加过拟合的风险。

注意：

在构建需要调整的模型时，可以将数据拆分为训练集、验证集和测试集。第 10 章“做出更好的预测”将介绍验证集。

现在来看看训练集和测试集的维度。由于本示例使用了 3 个特征，即 eccentricity（偏心）、semimajoraxis（半长轴）和 mass（质量），因此 X_train 和 X_test 具有 3 列。y_train 和 y_test 集将各为一列。用于训练的 X 和 y 数据中的观察值数量将相等，测试集的情况也是如此：

```
>>> X.shape, y.shape                    # 原始数据
((4094, 3), (4094,))
>>> X_train.shape, y_train.shape    # 训练数据
((3070, 3), (3070,))
>>> X_test.shape, y_test.shape      # 测试数据
((1024, 3), (1024,))
```

X_train 和 X_test 将作为 DataFrame 返回，因为这是它们被传递的格式。如果直接在 NumPy 中处理数据，则返回的将是 NumPy 数组或 ndarrays。

现在让我们来看看 X_train DataFrame 的前 5 行。这里先不用担心 NaN 值，因为 9.4.4 节“估算”将讨论处理它们的不同方法：

```
>>> X_train.head()
      eccentricity  semimajoraxis  mass
1390           NaN            NaN   NaN
2837           NaN            NaN   NaN
3619           NaN         0.0701   NaN
1867           NaN            NaN   NaN
1869           NaN            NaN   NaN
```

y_train 和 y_test 都是 Series，因为这是传递给 train_test_split()函数的内容。如果传入了一个 NumPy 数组，则返回的就是 NumPy 数组。

y_train 和 y_test 中的行必须分别与 X_train 和 X_test 中的行对齐。我们可以通过查看 y_train 的前 5 行来确认这一点：

```
>>> y_train.head()
1390     1.434742
2837    51.079263
3619     7.171000
1867    51.111024
1869    62.869161
Name: period, dtype: float64
```

可以看到，一切都符合预期。

请注意，对于葡萄酒模型，需要使用分层抽样，这可以通过 train_test_split()来完成（在 stratify 参数中传递要分层的值）。9.7 节“分类”将详细讨论这一点。

接下来，我们将继续进行其余的预处理。

9.4.2　缩放和居中数据

前文已经看到，我们的 DataFrame 中有不同比例的列。如果要使用任何计算距离度

量的模型（如 k-means 或 k-NN），则需要进行相应的缩放。正如第 1 章“数据分析导论”中讨论的那样，我们有很多选择。例如，scikit-learn 在 preprocessing 模块中即提供了用于标准化（通过计算 *Z* 分数进行缩放）和 min-max 缩放（将数据归一化为[0, 1]范围内的数据）等的选项。

注意：

分析人员应该检查要构建的模型的要求，看看数据是否需要缩放。

对于标准缩放，可使用 StandardScaler 类。fit_transform()方法结合了 fit()和 transform()，fit()方法可计算出居中和缩放所需的均值和标准差，而 transform()方法则可以对数据应用转换操作。

请注意，在实例化 StandardScaler 对象时，我们可以通过将 False 传递给 with_mean 来选择不减去均值，将 False 传递给 with_std 来选择不除以标准差。默认情况下，这两个参数的值都是 True：

```
>>> from sklearn.preprocessing import StandardScaler

>>> standardized = StandardScaler().fit_transform(X_train)

# 检查某些非 NaN 值
>>> standardized[~np.isnan(standardized)][:30]
array([-5.43618156e-02, 1.43278593e+00, 1.95196592e+00,
        4.51498477e-03, -1.96265630e-01, 7.79591646e-02,
        ...,
       -2.25664815e-02, 9.91013258e-01, -7.48808523e-01,
       -4.99260165e-02, -8.59044215e-01, -5.49264158e-02])
```

转换之后，数据将采用科学记数法（scientific notation）。字符 e 后面的信息将指示小数点移动到哪里。对于+号，我们将小数点向右移动到指定的位数；对于−号，我们将小数点向左移动到指定的位数。因此，1.00e+00 相当于 1，2.89e−02 相当于 0.0289，2.89e+02 相当于 289。转换之后的行星数据大多为−3～3，因为现在一切都是 *Z* 分数。

其他缩放器可以使用相同的语法。例如，使用 MinMaxScaler 类将行星数据转换为范围[0, 1]中的值：

```
>>> from sklearn.preprocessing import MinMaxScaler

>>> normalized = MinMaxScaler().fit_transform(X_train)

# 检查某些非 NaN 值
>>> normalized[~np.isnan(normalized)][:30]
```

```
array([2.28055906e-05, 1.24474091e-01, 5.33472803e-01,
       1.71374569e-03, 1.83543340e-02, 1.77824268e-01,
       ...,
       9.35966714e-04, 9.56961137e-02, 2.09205021e-02,
       1.50201619e-04, 0.00000000e+00, 6.59028789e-06])
```

提示：

另一种选择是 RobustScaler 类，它可以使用中值和四分位距（IQR）对异常值进行可靠的缩放。本节使用的笔记本中就有一个这样的例子。

更多预处理类可以访问以下网址：

https://scikit-learn.org/stable/modules/classes.html#module-sklearn.preprocessing

9.4.3 编码数据

前文讨论的缩放器（scaler）解决了数字数据的预处理问题，但是，如何处理分类数据呢？可行的方法之一是将类别编码为整数值。

编码（encode）有若干个选项，具体取决于类别代表什么。如果我们的类别是二进制的（如 0/1、真/假、是/否），则可以将它们编码为两个选项的单列，其中 0 是一个选项，1 是另一个选项。使用 np.where()函数即可轻松地做到这一点。

让我们将葡萄酒数据的 kind 字段编码为 1 代表红色，0 代表白色：

```
>>> np.where(wine.kind == 'red', 1, 0)
array([0, 0, 0, ..., 1, 1, 1])
```

这实际上是一个列，指示葡萄酒是否是红色的。请记住，在创建 wine DataFrame 时，将红葡萄酒数据连接到白葡萄酒数据的底部，因此 np.where()函数将为前面白葡萄酒的数据行返回 0，为后面红葡萄酒的数据行返回 1。

提示：

我们还可以使用 scikit-learn 中的 LabelBinarizer 类对 kind 字段进行编码。请注意，如果我们的数据实际上是连续的，但是想将其视为二进制分类值，则可以使用 Binarizer 类并提供阈值或 pd.cut()/pd.qcut()。本节使用的笔记本中有这方面的示例。

如果类别是有序的，那么我们可能希望在这些列上使用序数编码（ordinal encoding），这将保留类别的顺序。例如，如果想将红葡萄酒分类为低、中或高质量，则可以分别将其编码为 0、1 和 2。这样做的好处是可以使用回归技术预测质量，或者可以将其作为模型中的一个特征来预测其他东西。该模型将能够利用高质量优于中质量，中质量优于低质量的事实。我们可以使用 LabelEncoder 类实现这一点。请注意，标签将根据字母顺序创建，因此，按字母顺序排列的第一个类别将为 0：

```
>>> from sklearn.preprocessing import LabelEncoder

>>> pd.Series(LabelEncoder().fit_transform(pd.cut(
...     red_wine.quality,
...     bins=[-1, 3, 6, 10],
...     labels=['0-3 (low)', '4-6 (med)', '7-10 (high)']
... ))).value_counts()
1    1372
2     217
0      10
dtype: int64
```

注意：

scikit-learn 提供了 OrdinalEncoder 类，但我们的数据格式不正确——它需要 2D 数据（如 DataFrame 或 ndarray 对象），而不是我们在这里使用的 1D Series 对象。此外，我们还需要确保类别的顺序正确。

当然，序数编码也可能会产生潜在的数据问题。在本示例中，如果高质量葡萄酒编码为 2，中等质量葡萄酒编码为 1，则模型可能会解释为 2 * med = high。这以隐含方式在不同的质量水平之间建立了关联，但这种关联其实是错误的。

或者，还有一种更安全的方法是执行独热编码（one-hot encoding）以创建两个新列，即 is_low 和 is_med，它们只取 0 或 1。使用这两个新列，即可自动知道葡萄酒质量是否为高（因为 is_low = is_med = 0）。这些被称为虚拟变量（dummy variable）或指标变量（indicator variable），它们用数字表示用于机器学习的组成员资格。

如果指标变量或虚拟变量的值为 1，则该行是组的成员。在葡萄酒质量类别示例中，如果 is_low 为 1，则该行是低质量组的成员。这可以通过 pd.get_dummies()函数和 drop_first 参数来实现。drop_first 参数将用于删除冗余列。

让我们使用独热编码对行星数据中的 list 列进行编码，因为类别没有固有的顺序。在进行任何转换之前，不妨先来看看数据中的列表：

```
>>> planets.list.value_counts()
Confirmed planets                    3972
Controversial                          97
Retracted planet candidate             11
Solar System                            9
Kepler Objects of Interest              4
```

```
Planets in binary systems, S-type                          1
Name: list, dtype: int64
```

如果想要在模型中包含行星列表，则可以使用 pd.get_dummies()函数创建虚拟变量：

```
>>> pd.get_dummies(planets.list).head()
```

这会将单个 Series 变成如图 9.15 所示的 DataFrame，其中虚拟变量是按照它们在数据中出现的顺序创建的。

	Confirmed planets	Controversial	Kepler Objects of Interest	Planets in binary systems, S-type	Retracted planet candidate	Solar System
0	1	0	0	0	0	0
1	1	0	0	0	0	0
2	1	0	0	0	0	0
3	1	0	0	0	0	0
4	0	1	0	0	0	0

图 9.15　独热编码

如前文所述，这些列中有一列是冗余的，因为其余列中的值可用于确定冗余列的值。某些模型可能会受到这些列之间的高相关性〔称为多重共线性（multicollinearity）〕的显著影响，因此应该通过传入 drop_first 参数删除一个冗余列：

```
>>> pd.get_dummies(planets.list, drop_first=True).head()
```

如图 9.16 所示，先前结果中的第一列（Confirmed planets）已被删除，但通过其他列仍然可以确定其值。

	Controversial	Kepler Objects of Interest	Planets in binary systems, S-type	Retracted planet candidate	Solar System
0	0	0	0	0	0
1	0	0	0	0	0
2	0	0	0	0	0
3	0	0	0	0	0
4	1	0	0	0	0

图 9.16　在独热编码后删除冗余列

请注意，我们可以通过在行星列表中使用 LabelBinarizer 类及其 fit_transform()方法获得类似的结果。这不会删除冗余特征，因此我们再次拥有属于已确认行星列表的第一个特征，在以下结果中以粗体显示：

```
>>> from sklearn.preprocessing import LabelBinarizer

>>> LabelBinarizer().fit_transform(planets.list)
array([[1, 0, 0, 0, 0, 0],
       [1, 0, 0, 0, 0, 0],
       [1, 0, 0, 0, 0, 0],
       ...,
       [1, 0, 0, 0, 0, 0],
       [1, 0, 0, 0, 0, 0],
       [1, 0, 0, 0, 0, 0]])
```

注意：

scikit-learn 提供了 OneHotEncoder 类，但我们的数据格式不正确——它期望数据以 2D 数组形式出现，而我们的 Series 只是 1D。9.4.5 节“附加转换器”将讨论一个如何使用它的示例。

9.4.4 估算

我们已经知道行星数据中有一些缺失值，所以不妨来讨论一些 scikit-learn 提供的处理选项，这可以在 impute 模块中找到：估算（impute）一个值（使用常量或汇总统计）、根据类似的观察值进行估算，并指出缺少的内容。

9.3 节“探索性数据分析”对行星数据运行了 dropna()以直接删除缺失值。假设不想删除它，则可以尝试估算它。在最后 5 行中有一些 semimajoraxis 缺失值：

```
>>> planets[['semimajoraxis', 'mass', 'eccentricity']].tail()
      semimajoraxis    mass  eccentricity
4089        0.08150  1.9000         0.000
4090        0.04421  0.7090         0.038
4091            NaN  0.3334         0.310
4092            NaN  0.4000         0.270
4093            NaN  0.4200         0.160
```

我们可以使用 SimpleImputer 类估算一个值，默认情况下这将是平均值：

```
>>> from sklearn.impute import SimpleImputer

>>> SimpleImputer().fit_transform(
...     planets[['semimajoraxis', 'mass', 'eccentricity']]
```

```
... )
array([[ 1.29       , 19.4       , 0.231     ],
       [ 1.54       , 11.2       , 0.08      ],
       [ 0.83       , 4.8        , 0.        ],
       ...,
       [ 5.83796389, 0.3334     , 0.31      ],
       [ 5.83796389, 0.4        , 0.27      ],
       [ 5.83796389, 0.42       , 0.16      ]])
```

在本示例中，平均值似乎不是一个好的策略，因为我们所知道的行星可能有一些共同点，而且诸如“行星属于哪个系统及其轨道”之类的东西可以很好地指示一些缺失的数据点。我们可以选择使用均值以外的方法提供 strategy 参数；目前，它可以是 median、most_frequent 或 constant（用 fill_value 指定值）。

这些值都不适合本示例，但是，scikit-learn 还提供了 KNNImputer 类，用于根据类似的观察结果估算缺失值。默认情况下，KNNImputer 类使用 5 个最近邻并运行 k-NN，第 10 章“做出更好的预测”将对此展开讨论：

```
>>> from sklearn.impute import KNNImputer

>>> KNNImputer().fit_transform(
...     planets[['semimajoraxis', 'mass', 'eccentricity']]
... )
array([[ 1.29       , 19.4       , 0.231     ],
       [ 1.54       , 11.2       , 0.08      ],
       [ 0.83       , 4.8        , 0.        ],
       ...,
       [ 0.404726   , 0.3334     , 0.31      ],
       [ 0.85486    , 0.4        , 0.27      ],
       [ 0.15324    , 0.42       , 0.16      ]])
```

可以看到，底部 3 行中的每一行现在都有一个为半长轴估算的唯一值。这是因为质量和偏心率被用来寻找类似的行星，从中推算半长轴。虽然这种方法肯定比对行星数据使用 SimpleImputer 类要好，但估算的值也未必可靠。

在某些情况下，我们可能更感兴趣的是记录缺失数据的位置并将其用作模型中的特征，而不是输入数据。这可以通过 MissingIndicator 类来实现：

```
>>> from sklearn.impute import MissingIndicator

>>> MissingIndicator().fit_transform(
...     planets[['semimajoraxis', 'mass', 'eccentricity']]
... )
```

```
array([[False, False, False],
       [False, False, False],
       [False, False, False],
       ...,
       [ True, False, False],
       [ True, False, False],
       [ True, False, False]])
```

接下来，我们将讨论最后一组预处理器，请注意，它们都有一个 fit_transform()方法，以及 fit()和 transform()方法。这个 API 设计决策使得弄清楚如何使用新类变得非常容易，这也是 scikit-learn 非常易用的原因之一——它非常一致。

9.4.5　附加转换器

如果我们不想缩放数据或对其进行编码，而是想运行数学运算，如取平方根或对数，那么该怎么办呢？preprocessing 模块也有一些用于此操作的类。虽然有一些类可执行特定转换，如 QuantileTransformer 类，但我们还是将注意力集中在 FunctionTransformer 类上，它允许提供一个任意函数来使用：

```
>>> from sklearn.preprocessing import FunctionTransformer

>>> FunctionTransformer(
...     np.abs, validate=True
... ).fit_transform(X_train.dropna())
array([[0.51  , 4.94  , 1.45  ],
       [0.17  , 0.64  , 0.85  ],
       [0.08  , 0.03727, 1.192  ],
       ...,
       [0.295  , 4.46  , 1.8  ],
       [0.34  , 0.0652  , 0.0087  ],
       [0.3  , 1.26  , 0.5  ]])
```

在这里，我们取了每个数字的绝对值。请注意 validate=True 参数，这样设置之后 FunctionTransformer 类就知道 scikit-learn 模型不会接收 NaN 值、无限值或缺失值，因此，如果取回这些值，那么它将抛出错误。出于这个原因，在这里还运行了 dropna()。

请注意，对于缩放、编码、估算和转换数据，我们传递的所有内容都进行了转换。如果有不同数据类型的特征，则可以使用 ColumnTransformer 类在一次调用中将转换映射到一列（或一组列）中：

```
>>> from sklearn.compose import ColumnTransformer
>>> from sklearn.impute import KNNImputer
```

```
>>> from sklearn.preprocessing import (
...     MinMaxScaler, StandardScaler
... )

>>> ColumnTransformer([
...     ('impute', KNNImputer(), [0]),
...     ('standard_scale', StandardScaler(), [1]),
...     ('min_max', MinMaxScaler(), [2])
... ]).fit_transform(X_train)[10:15]
array([[ 0.17        , -0.04747176,  0.0107594 ],
       [ 0.08        , -0.05475873,  0.01508851],
       [ 0.15585591  ,         nan,  0.13924042],
       [ 0.15585591  ,         nan,         nan],
       [ 0.          , -0.05475111,  0.00478471]])
```

还有 make_column_transformer()函数，该函数将为我们命名转换器。现在让我们创建一个 ColumnTransformer 对象，该对象将以不同的方式处理分类数据和数值数据：

```
>>> from sklearn.compose import make_column_transformer
>>> from sklearn.preprocessing import (
...     OneHotEncoder, StandardScaler
... )

>>> categorical = [
...     col for col in planets.columns
...     if col in [
...         'list', 'name', 'description',
...         'discoverymethod', 'lastupdate'
...     ]
... ]
>>> numeric = [
...     col for col in planets.columns
...     if col not in categorical
... ]
>>> make_column_transformer(
...     (StandardScaler(), numeric),
...     (OneHotEncoder(sparse=False), categorical)
... ).fit_transform(planets.dropna())
array([[ 3.09267587 , -0.2351423  , -0.40487424, ...,
         0.        ,  0.        ],
       [ 1.432445   , -0.24215395 , -0.28360905, ...,
         0.        ,  0.        ],
       [ 0.13665505 , -0.24208849, -0.62800218, ...,
```

```
        0.         ,  0.         ],
       ...,
      [-0.83289954 , -0.76197788  , -0.84918988, ...,
        1.         ,  0.         ],
      [ 0.25813535 ,  0.38683239  , -0.92873984, ...,
        0.         ,  0.         ],
      [-0.26827931 , -0.21657671  , -0.70076129, ...,
        0.         ,  1.         ]])
```

提示：

上述示例在实例化 OneHotEncoder 对象时传递了 sparse=False，以便可以看到结果。在实际操作中不需要这样做，因为 scikit-learn 模型知道如何处理 NumPy 稀疏矩阵。

9.4.6　构建数据管道

显然，预处理数据涉及很多步骤，并且需要以正确的顺序应用它们来处理训练和测试数据——这个过程相当枯燥无趣。值得庆幸的是，scikit-learn 提供了创建管道以简化预处理的功能，并可确保训练集和测试集得到相同的处理。这可以防止出现问题，例如使用所有数据计算平均值以对其进行标准化，然后将其拆分为训练集和测试集，这将创建一个看起来比实际表现更好的模型。

注意：

当来自训练集外部的信息（例如使用完整数据集计算标准化的均值）用于训练模型时，称为数据泄露（data leakage）。打个比方，训练模型就好像是摸底考试，在摸底考试之前，教师将题型和范围先告诉学生，这就是“数据泄露”。数据泄露的结果是学生在摸底考试时的成绩很好，但是到真正大考时结果却未必如此。同样地，训练模型时如果出现了数据泄露，则该模型在现有数据集上的性能指标会很高，但在预测未见数据时的表现却不一定好。

在构建第一个模型之前，需要了解管道，因为它可以确保模型构建正确。管道可以包含所有预处理步骤和模型本身。制作管道就像定义步骤并命名它们一样简单：

```
>>> from sklearn.pipeline import Pipeline
>>> from sklearn.preprocessing import StandardScaler
>>> from sklearn.linear_model import LinearRegression

>>> Pipeline([
...     ('scale', StandardScaler()), ('lr', LinearRegression())
```

```
... ])
Pipeline(steps=[('scale', StandardScaler()),
                ('lr', LinearRegression())])
```

管道并不限于和模型一起使用——它也可以在其他 scikit-learn 对象中使用，例如 ColumnTransformer 对象。这使得我们可以先使用 k-NN 对半长轴数据（索引 0 处的列）进行估算，然后对结果进行标准化，最后将其作为管道的一部分，这为构建模型的方式提供了极大的灵活性：

```
>>> from sklearn.compose import ColumnTransformer
>>> from sklearn.impute import KNNImputer
>>> from sklearn.pipeline import Pipeline
>>> from sklearn.preprocessing import (
...     MinMaxScaler, StandardScaler
... )

>>> ColumnTransformer([
...     ('impute', Pipeline([
...         ('impute', KNNImputer()),
...         ('scale', StandardScaler())
...     ]), [0]),
...     ('standard_scale', StandardScaler(), [1]),
...     ('min_max', MinMaxScaler(), [2])
... ]).fit_transform(X_train)[10:15]
array([[ 0.13531604    ,  -0.04747176 ,  0.0107594 ] ,
       [-0.7257111     ,  -0.05475873 ,  0.01508851] ,
       [ 0.            ,          nan ,  0.13924042] ,
       [ 0.            ,          nan ,         nan],
       [-1.49106856    ,  -0.05475111 ,  0.00478471  ]])
```

就像 ColumnTransformer 类一样，也有一个函数可以为我们制作管道，而无须命名步骤。让我们创建另一个管道，但这次将使用 make_pipeline()函数：

```
>>> from sklearn.pipeline import make_pipeline

>>> make_pipeline(StandardScaler(), LinearRegression())
Pipeline(steps=[('standardscaler', StandardScaler()),
                ('linearregression', LinearRegression())])
```

可以看到，这些步骤已自动命名为类名的小写版本。正如我们在第 10 章“做出更好的预测”中将看到的，命名步骤将使按名称优化模型参数变得更容易。

scikit-learn API 的一致性也允许我们使用这个管道来拟合模型，并使用相同的对象进行预测，这在 9.5 节“聚类”中将会看到。

9.5 聚　类

使用聚类可以将数据点划分为组，这些组包含相似的点。组也可以称为聚类或簇（cluster）。

聚类通常用于推荐系统和市场细分等任务。例如，假设我们在一家在线零售商店工作，并希望对网站用户进行细分以进行更有针对性的营销工作；我们可以收集有关在网站上花费的时间、页面访问量、查看的产品、购买的产品等数据，然后可以使用无监督聚类算法找到具有相似行为的用户组；如果分成 3 个组，则可以根据每个组的行为来为每个组提供标签，如图 9.17 所示。

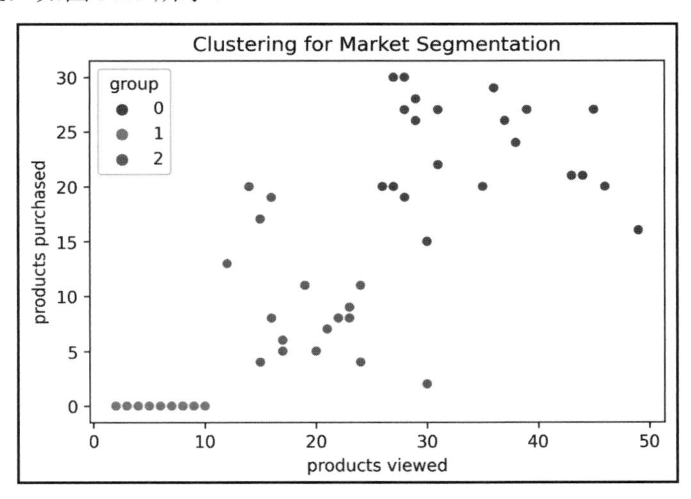

图 9.17　将网站用户分为 3 组

我们由于可以将聚类用于无监督学习，因此还需要对已创建的组做出解释，然后尝试为每个组派生一个有意义的名称。在图 9.17 中，聚类算法识别出了散点图的 3 个聚类，这可以做出以下解释。

- 常客（第 0 组）：购买很多产品并浏览很多产品。
- 偶然客户（第 1 组）：进行了一些购买，但少于常客。
- 浏览者（第 2 组）：访问网站，但没有购买任何东西。

一旦识别出了这些群体，营销团队就可以针对每个群体进行不同的营销活动。很明显，常客会经常光顾，所以常客需要维护好。同时，营销团队可以通过更好地利用营销预算将偶然客户转换为常客，或将浏览者转换为偶然客户。

注意：

决定要创建的组的数量可以清楚地影响以后如何解释组，这意味着它不是一个微不足道的决定。在尝试猜测分组的数量之前，我们至少应该可视化数据并获得一些关于它的领域知识。

或者，我们如果知道用于训练的某些数据的组标签，则可以按有监督的方式使用聚类。例如，第 8 章“基于规则的异常检测”就收集了有关登录活动的数据，但是其中有一些攻击者活动的示例，因此我们可以为所有活动收集这些数据点，然后使用聚类算法将其分配给有效用户组或攻击者组。我们由于已经有标签，因此可以调整输入变量，以实现将这些组与其真实组对齐的最佳聚类算法。

9.5.1　k 均值

scikit-learn 提供的聚类算法可在以下 cluster 模块文档中找到：

https://scikit-learn.org/stable/modules/classes.html#module-sklearn.cluster

我们将讨论 k 均值（k-means）算法，它使用某个数据点作为组的质心（centroid），也就是中心点，然后以迭代方式将近距离的点分配给该组，按这种方式形成 k 个组。

由于该模型使用的是距离计算，因此我们必须事先了解比例对结果的影响，然后决定缩放哪些列（如果有必要的话）。

注意：

有许多方法都可以测量空间中点之间的距离。一般来说，欧几里得距离或直线距离是默认值；当然，还有另一个常见的距离是曼哈顿距离（Manhattan distance），它可以被认为是城市街区距离。

当使用周期的对数标度绘制所有行星的周期与半长轴的关系时，即可看到行星沿着弧线很好地分隔开。接下来，我们将使用 k 均值算法找到沿该弧具有相似轨道的行星群。

9.5.2　按轨道特征对行星进行分组

正如我们在 9.4 节“预处理数据”中所讨论的，我们可以构建一个管道来缩放数据，然后对数据进行建模。在本示例中，我们的模型将是一个 KMeans 对象，它构成了 8 个聚类（对应太阳系中的行星数量——抱歉，冥王星）。由于 k 均值算法随机选择其起始质心，这意味着除非指定种子，否则可能会得到不同的聚类结果。因此，我们还需要提供 random_state = 0 以实现可重复性：

```
>>> from sklearn.cluster import KMeans
>>> from sklearn.pipeline import Pipeline
>>> from sklearn.preprocessing import StandardScaler

>>> kmeans_pipeline = Pipeline([
...     ('scale', StandardScaler()),
...     ('kmeans', KMeans(8, random_state=0))
... ])
```

提示：

太阳系一度被认为存在 9 颗行星，分别是水星、金星、地球、火星、木星、土星、天王星、海王星、冥王星，但在 2006 年，国际天文联合会投票决定把冥王星剔除太阳系行星行列，这主要有以下原因。

（1）冥王星的运行轨道不在黄道平面上。所谓黄道平面（ecliptic plane）就是太阳系中各大行星围绕太阳公转形成的一个平面，八大行星运行轨道均与这个平面平行。由于八大行星都位于黄道平面的横截面上，因此八大行星的运行轨道与黄道平面的倾斜角为 0°，而冥王星则不然，它与黄道平面有 17°的倾斜角。

（2）在冥王星和海王星中间有一个轨道共振，这个轨道共振可以让冥王星和海王星相互吸引旋转，就像地球和月球之间也存在轨道共振形成地月系，因此冥王星很有可能曾经是海王星的卫星。

在有了管道之后，即可将它拟合到所有数据上，因为我们并不试图预测任何事情，而是想要找到类似的行星：

```
>>> kmeans_data = planets[['semimajoraxis', 'period']].dropna()
>>> kmeans_pipeline.fit(kmeans_data)
Pipeline(steps=[('scale', StandardScaler()),
                ('kmeans', KMeans(random_state=0))])
```

一旦该模型拟合到数据，即可使用 predict()方法获取每个点的聚类标签（在之前使用的相同数据上）。现在来看看 k-means 识别出的聚类：

```
>>> fig, ax = plt.subplots(1, 1, figsize=(7, 7))
>>> sns.scatterplot(
...     x=kmeans_data.semimajoraxis,
...     y=kmeans_data.period,
...     hue=kmeans_pipeline.predict(kmeans_data),
...     ax=ax, palette='Accent'
... )
>>> ax.set_yscale('log')
>>> solar_system = planets[planets.list == 'Solar System']
>>> for planet in solar_system.name:
```

```
...     data = solar_system.query(f'name == "{planet}"')
...     ax.annotate(
...         planet,
...         (data.semimajoraxis, data.period),
...         (7 + data.semimajoraxis, data.period),
...         arrowprops=dict(arrowstyle='->')
...     )
>>> ax.get_legend().remove()
>>> ax.set_title('KMeans Clusters')
```

如图 9.18 所示，水星（Mercury）和金星（Venus）落在同一个聚类中，地球（Earth）和火星（Mars）在另一个聚类中。木星（Jupiter）、土星（Saturn）和天王星（Uranus）各自属于不同的聚类，而海王星（Neptune）和冥王星（Pluto）则属于同一个聚类。

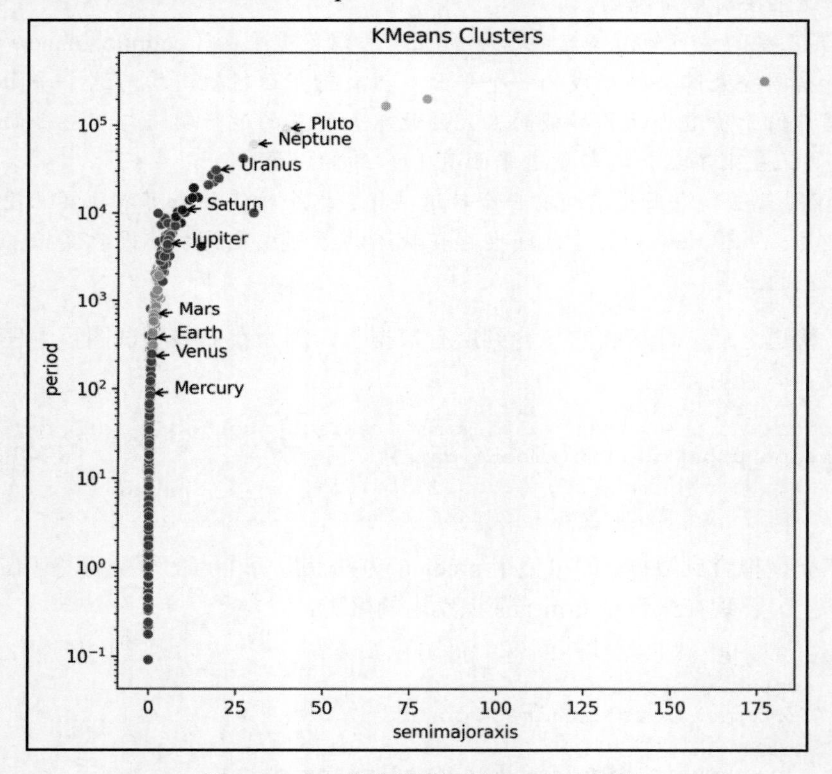

图 9.18　由 k 均值算法识别的 8 个行星群

在本示例中，我们随意挑选了 8 个聚类，因为这是太阳系中行星的数量。理想情况下，我们会对真正的分组有一些领域知识，或者需要选择一个特定的数字。例如：假设我们要将婚礼客人安排到 5 桌上，以便他们都相处融洽，那么这里的 *k* 便是 5；如果要在用户组上运行 3 个营销活动，则 *k* 为 3。

如果我们对数据中的组数没有直觉，则经验法则是尝试使用观察值数量的平方根，但是这会产生难以管理的聚类数量。因此，如果在数据上创建许多 k 均值模型而不需要太长时间，则可以使用肘点法。

9.5.3　使用肘点法确定 *k* 值

肘点法（elbow point method）涉及创建具有多个 *k* 值的多个模型，并绘制每个模型的惯量（inertia）与聚类数量的关系图。惯量指的是聚类内平方和（within-cluster sum of squares），我们希望最小化从数据点到其聚类中心距离的平方和，同时不创建太多聚类。

ml_utils.elbow_point 模块包含 elbow_point()函数，其用法如下：

```
import matplotlib.pyplot as plt

def elbow_point(data, pipeline, kmeans_step_name='kmeans',
                k_range=range(1, 11), ax=None):
    """
    绘制肘点图
    为 k 均值聚类找到合适的 k

    参数：
        - data：要使用的特征
        - pipeline：使用 KMeans 的 scikit-learn 管道
        - kmeans_step_name：管道中 KMeans 步骤的名称
        - k_range：尝试的 k 值
        - ax：要绘图的 Matplotlib Axes

    返回：
        Matplotlib Axes 对象
    """
    scores = []
    for k in k_range:
        pipeline.named_steps[kmeans_step_name].n_clusters = k
        pipeline.fit(data)

        # 分数是-1*inertia，所以要将它乘以-1
        scores.append(pipeline.score(data) * -1)

    if not ax:
        fig, ax = plt.subplots()

    ax.plot(k_range, scores, 'bo-')
```

```
    ax.set_xlabel('k')
    ax.set_ylabel('inertias')
    ax.set_title('Elbow Point Plot')

    return ax
```

使用肘点法为 *k* 查找一个合适的值：

```
>>> from ml_utils.elbow_point import elbow_point

>>> ax = elbow_point(
...     kmeans_data,
...     Pipeline([
...         ('scale', StandardScaler()),
...         ('kmeans', KMeans(random_state=0))
...     ])
... )
>>> ax.annotate(
...     'possible appropriate values for k', xy=(2, 900),
...     xytext=(2.5, 1500), arrowprops=dict(arrowstyle='->')
... )
>>> ax.annotate(
...     '', xy=(3, 3480), xytext=(4.4, 1450),
...     arrowprops=dict(arrowstyle='->')
... )
```

如图 9.19 所示，收益递减的点就是一个合适的 *k* 值，本示例中可能是 2 或 3。

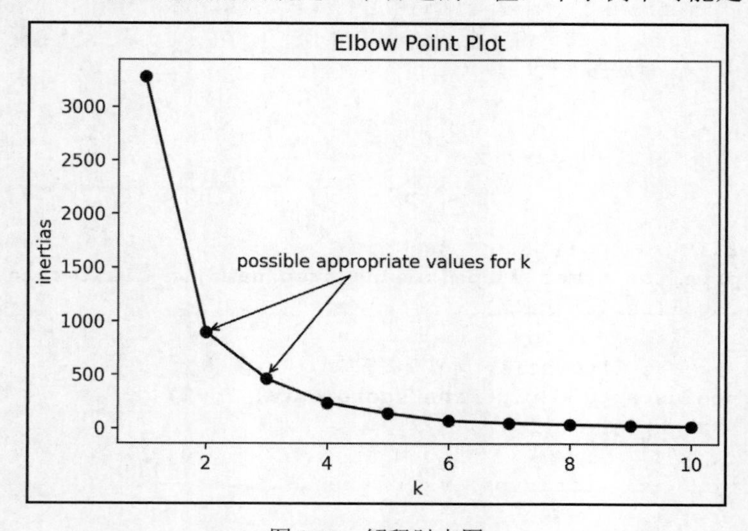

图 9.19　解释肘点图

如图 9.20 所示，如果仅创建两个聚类，则大部分行星会被分成一组（橙色），而第二组在右上角（蓝色），它们可能是异常值。

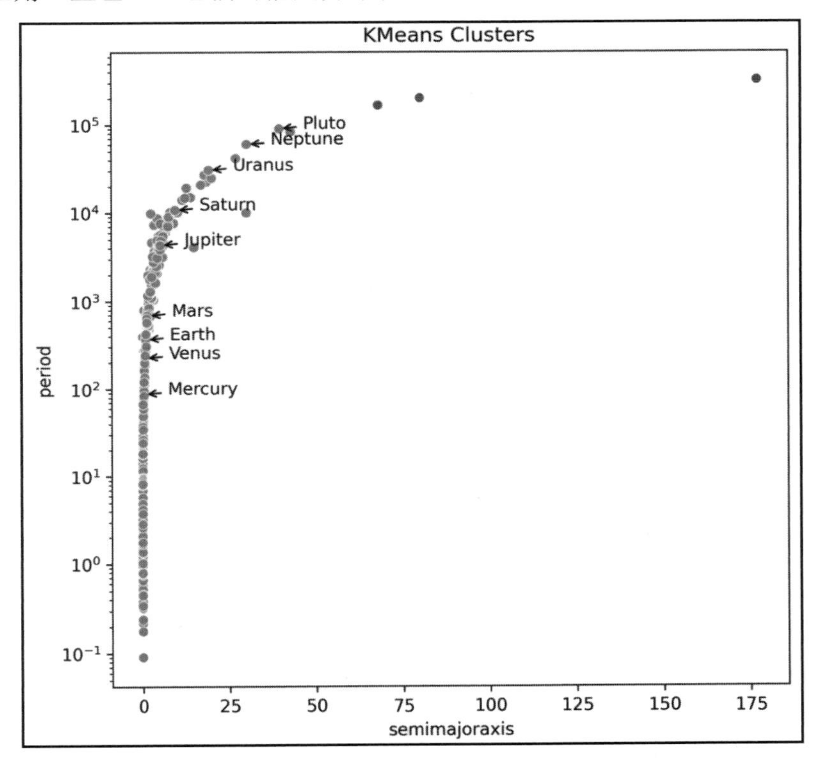

图 9.20　由 k 均值识别的两个行星聚类

请注意，虽然这可能是适当数量的聚类，但它并没有像之前的尝试那样揭示出太多信息。因此，如果想要知道与太阳系中的每个行星相似的行星，则可能还是需要使用更大的 k 值。

9.5.4　解释质心并可视化聚类空间

我们由于在聚类之前对数据进行了标准化，因此可以查看质心（centroid）或聚类中心，以查看成员最接近的 Z 分数。质心的位置将是聚类中的点的每个维度的平均值。我们可以使用模型的 cluster_centers_属性获取它。蓝色聚类的质心位于(18.9, 20.9)，它是(semi-major axis, period)格式的。请记住，这些是 Z 分数，因此与其他数据相差甚远。另外，橙色聚类以(−0.035,−0.038)为中心。

现在可以构建一个可视化，以显示缩放后的输入数据的质心位置和聚类距离空间（其中的点表示为其与聚类质心的距离）。

首先，在一幅大图中为小图设置一个布局：

```
>>> fig = plt.figure(figsize=(8, 6))
>>> outside = fig.add_axes([0.1, 0.1, 0.9, 0.9])
>>> inside = fig.add_axes([0.6, 0.2, 0.35, 0.35])
```

接下来，获取输入数据的缩放版本以及这些数据点与它们所属聚类的质心之间的距离。我们可以使用 transform()和 fit_transform()（fit()后面跟着 transform()）方法将输入数据转换为聚类距离空间。该操作返回的是 NumPy ndarrays，其中，外部数组中的每个值代表一个点的坐标：

```
>>> scaled = kmeans_pipeline_2.named_steps['scale']\
...     .fit_transform(kmeans_data)
>>> cluster_distances = kmeans_pipeline_2\
...     .fit_transform(kmeans_data)
```

我们由于知道外部数组中的每个数组都会将长半轴作为第一个条目，将周期作为第二个条目，因此可以使用[:,0]选择所有的长半轴值，使用[:,1]选择所有的周期值。这些将是散点图中的 x 和 y。

请注意，我们实际上不需要调用 predict()来获取数据的聚类标签，因为我们想要的是训练模型的数据的标签。这意味着可以使用 KMeans 对象的 labels_属性：

```
>>> for ax, data, title, axes_labels in zip(
...     [outside, inside], [scaled, cluster_distances],
...     ['Visualizing Clusters', 'Cluster Distance Space'],
...     ['standardized', 'distance to centroid']
... ):
...     sns.scatterplot(
...         x=data[:,0], y=data[:,1], ax=ax, alpha=0.75, s=100,
...         hue=kmeans_pipeline_2.named_steps['kmeans'].labels_
...     )
...
...     ax.get_legend().remove()
...     ax.set_title(title)
...     ax.set_xlabel(f'semimajoraxis ({axes_labels})')
...     ax.set_ylabel(f'period ({axes_labels})')
...     ax.set_ylim(-1, None)
```

最后，在外部绘图上标注质心的位置，它显示了已缩放的数据：

```
>>> cluster_centers = kmeans_pipeline_2\
...     .named_steps['kmeans'].cluster_centers_
>>> for color, centroid in zip(
...     ['blue', 'orange'], cluster_centers
... ):
...     outside.plot(*centroid, color=color, marker='x')
...     outside.annotate(
...         f'{color} center', xy=centroid,
...         xytext=centroid + [0, 5],
...         arrowprops=dict(arrowstyle='->')
...     )
```

在如图 9.21 所示的结果图中，可以轻松看到有 3 个蓝色的点与其余的点有很大不同，它们是第二个聚类的成员。

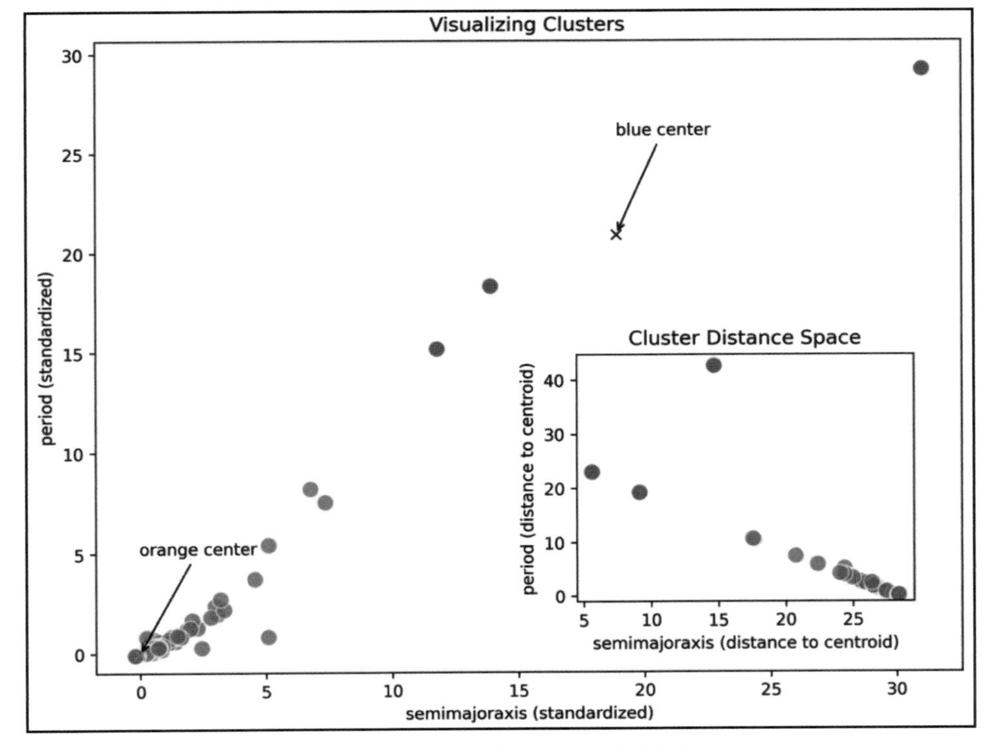

图 9.21　可视化聚类距离空间中的行星

到目前为止，我们一直在使用 transform()或组合方法，如 fit_predict()或 fit_transform()，但并非所有模型都支持这些方法。9.6 节“回归”和 9.7 节“分类”将看到一些略有不同的工作流程。

一般来说，大多数 scikit-learn 对象将支持如图 9.22 所示的方法，具体取决于它们的应用场景。

方　法	操　作	应　用
fit()	训练模型或预处理器	建模、预处理
transform()	将数据转换到新空间中	聚类、预处理
fit_transform()	先运行 fit()，然后运行 transform()	聚类、预处理
score()	使用默认评分方法评估模型	建模
predict()	使用模型预测给定输入的输出值	建模
fit_predict()	先运行 fit()，然后运行 predict()	建模
predict_proba()	和 predict()类似，但返回的是属于每个类的概率	分类

图 9.22　scikit-learn 模型 API 的一般性参考

我们现在已经构建了几个模型，可以进行下一步：量化它们的性能。

scikit-learn 中的 metrics 模块包含用于评估模型性能的各种指标（支持聚类、回归和分类任务）。其函数列表网址如下：

https://scikit-learn.org/stable/modules/classes.html#module-sklearn.metrics

接下来，让我们看看如何评估无监督聚类模型。

9.5.5　评估聚类结果

评估聚类结果最重要的标准是它们对我们要做的事情有用。例如，前文使用肘点法选择了一个合适的 *k* 值，但这个 *k* 值产生的结果还不如使用 8 个聚类的原始模型有用。话虽如此，在寻求量化性能时，我们还是需要选择与执行的学习类型相匹配的指标。

当已知数据的真实聚类时，我们可以检查聚类模型是否将某些点放在一个聚类中，就像它们在真实聚类中一样。模型给出的聚类标签可能与真实的不同——重要的是，真实聚类中的点在预测结果中也属于同一个聚类中。

一个比较知名的聚类评估指标是 Fowlkes-Mallows 指数（Fowlkes-Mallows index，FMI），该指标被定义为成对的准确率（precision）与召回率（recall）之间的几何平均值，我们将在 9.9 节“练习”中会看到它。

对于行星数据，我们执行了无监督聚类，因为没有每个数据点的标签，所以无法衡量模型对这些数据的性能如何。这意味着必须使用评估聚类本身各个方面的指标，例如它们相距多远，以及聚类中的点相距多远。我们可以比较多个指标以获得更全面的性能评估。

有一种这样的方法被称为轮廓系数（silhouette coefficient），它有助于量化聚类的分离度。轮廓系数旨在将某个数据点与自己的聚类的相似程度和与其他聚类的相似程度做比较。轮廓系数的计算方法是，将从给定聚类中的点与最近的不同聚类中的点之间的距离平均值（b）减去聚类中每两个点之间的距离平均值（a），然后除以二者中的最大值：

$$\frac{b-a}{\max(a,b)}$$

该指标返回[−1, 1]范围内的值，其中−1 是最糟糕的，表明聚类被错误分配，1 是最好的，说明聚类非常合理。接近 0 的值表示聚类有重叠，样本在两个聚类的边界上。这个数字越高，表明聚类定义得越好，各数据点的分离越有效：

```
>>> from sklearn.metrics import silhouette_score
>>> silhouette_score(
...     kmeans_data, kmeans_pipeline.predict(kmeans_data)
... )
0.7579771626036678
```

可以用来评估聚类结果的另一个分数是聚类内距离（within-cluster distance）与聚类间距离（between-cluster distance）的比率，称为 Davies-Bouldin 指数（Davies-Bouldin Index，DBI）。顾名思义，聚类内距离就是聚类中各点之间的距离，而聚类间距离则是不同聚类中点之间的距离。接近 0 的值表示聚类之间的分离效果更好：

```
>>> from sklearn.metrics import davies_bouldin_score
>>> davies_bouldin_score(
...     kmeans_data, kmeans_pipeline.predict(kmeans_data)
... )
0.4632311032231894
```

无监督聚类效果评估的最后一个指标是 Calinski-Harabasz（CH）分数，或方差比标准（variance ratio criterion），它是聚类内的离散度与聚类之间的离散度的比率。CH 越大，代表聚类自身越紧密，聚类与聚类之间越分散，即更优的聚类结果：

```
>>> from sklearn.metrics import calinski_harabasz_score
>>> calinski_harabasz_score(
...     kmeans_data, kmeans_pipeline.predict(kmeans_data)
... )
21207.276781867335
```

有关 scikit-learn（包括监督聚类）提供的聚类评估指标的完整列表，你可以访问以下网址：

https://scikit-learn.org/stable/modules/clustering.html#clustering-evaluation

9.6　回　归

在获得了行星数据集之后，我们想要预测行星年的长度，这是一个数值，因此我们将转向回归（regression）算法。如前文所述，回归是一种对自变量（即输入的 X 数据）——通常称为回归量（regressor）——和我们想要预测的因变量（即输出的 y 数据）之间关系的强度和幅度进行建模的技术。

9.6.1　线性回归

scikit-learn 提供了许多可以处理回归任务的算法（包括决策树和线性回归等），根据各种算法类别分布在不同的模块中。当然，一般来说，最好的起点是线性回归，它可以在 linear_model 模块中找到。在简单线性回归（simple linear regression）中，我们可以将数据拟合成如下形式的一条线：

$$y = \beta_0 + \beta_1 x + \varepsilon$$

其中，epsilon(ε)是误差项，而 betas（β）则是系数。

注意：

我们从模型中获得的系数是最小化成本函数（cost function）的系数，或者是观测值（y）与模型预测值（$\hat{y}$，发音为 y-hat，中文读作 y 帽）之间的误差。我们的模型提供了这些系数的估计值，我们可以将它们写为 $\hat{\beta}_i$（读作 beta-hat，中文读作 β 帽）。

当然，如果想对更多的关系建模，则需要使用多重线性回归（multiple linear regression，也称为多元线性回归），其中包含多个回归量：

$$y = \beta_0 + \beta_1 x_1 + \beta_2 x_2 + \cdots + \beta_n x_n + \varepsilon$$

scikit-learn 中的线性回归使用普通最小二乘法（ordinary least squares，OLS），它产生最小化平方误差总和（以 y 和 $\hat{y}$ 之间的距离衡量）的系数。我们可以使用封闭形式的解决方案找到这些系数，或者使用优化方法进行估计，以确定接下来要尝试的系数。

常见的优化方法如梯度下降（gradient descent），它使用了负梯度（即使用偏导数计算的最陡上升方向）。有关优化方法的更多信息，可参阅 9.10 节“延伸阅读”中提供的资料。此外，第 11 章“机器学习异常检测”将使用梯度下降算法。

注意：

线性回归对数据做出了一些假设，在选择使用这种技术时必须牢记这一点。它假设残差呈正态分布和同方差，并且不存在多重共线性（回归量之间的高相关性）。

我们现在已经对线性回归的工作原理有了一些了解，接下来可以建立一个模型来预测行星的轨道周期。

9.6.2　预测行星一年的长度

在构建模型之前，必须将用于预测的列（semimajoraxis、mass 和 eccentricity）与将要预测的列（period）隔离开：

```
>>> data = planets[
...     ['semimajoraxis', 'period', 'mass', 'eccentricity']
... ].dropna()
>>> X = data[['semimajoraxis', 'mass', 'eccentricity']]
>>> y = data.period
```

这是一个有监督学习任务。我们希望能够使用行星的半长轴、质量和轨道偏心率来预测一年的长度，并且在数据中已经包含了大多数行星的周期长度。

提示：

众所周知，在地球上，一年有 365 天。但是，在有些行星上，一年的时间要比地球上短得多，有些则要长得多。例如，同在太阳系中，距离太阳最近的水星上一年大约仅相当于地球上的 88 天，这还没有它一天的长度长——水星上的一天相当于地球上的 176 天，恰好是水星上一年时长的两倍，这是水星自转缓慢造成的结果。

在太阳系最远端的海王星，它和太阳之间的距离是日地距离的 30 倍，围绕太阳公转一周（一年）的时长相当于 165 个地球年。

现在可以按 75%/25%的比例拆分出训练集和测试集，以便可以评估该模型对年份长度的预测效果：

```
>>> from sklearn.model_selection import train_test_split
>>> X_train, X_test, y_train, y_test = train_test_split(
...     X, y, test_size=0.25, random_state=0
... )
```

一旦将数据拆分为训练集和测试集，就可以创建和拟合模型：

```
>>> from sklearn.linear_model import LinearRegression
>>> lm = LinearRegression().fit(X_train, y_train)
```

该拟合模型可用于检查估计系数，也可用于预测一组给定自变量的因变量值。接下来，我们将介绍这两个用例。

9.6.3 解释线性回归方程

从线性回归模型中导出的方程给出了量化变量之间关系的系数。如果要处理多个回归量，则在尝试解释这些系数时必须小心。在多重共线性的情况下，我们无法解释它们，因为无法通过让所有其他回归量保持不变来检查单个回归量的影响。

幸运的是，我们用于行星数据的回归量并不相关，这在 9.3 节“探索性数据分析”制作的相关矩阵热图（见图 9.8）中可以看到。因此，我们不妨从拟合的线性模型对象中获取截距（intercept）和系数（coefficient）：

```
# 获取截距
>>> lm.intercept_
-622.9909910671811

# 获取系数
>>> [(col, coef) for col, coef in
...      zip(X_train.columns, lm.coef_)]
[('semimajoraxis', 1880.4365990440929),
 ('mass', -90.18675916509196),
 ('eccentricity', -3201.078059333091)]
```

这为行星年长度的线性回归模型产生了以下公式：

$$\text{period} = -623 + 1880 \times \text{semimajoraxis} - 90.2 \times \text{mass} - 3201 \times \text{eccentricity}$$

为了更完整地解释这一点，需要了解上述公式中所有项的单位。

- period（周期，即一年的长度）：地球日。
- semimajoraxis（半长轴）：天文单位（Astronomical unit，AU）。
- mass（质量）：木星质量（行星质量除以木星质量）。
- eccentricity（偏心率）：N/A（不适用）。

提示：

一个天文单位（AU）是地球和太阳之间的平均距离，相当于 149597870700 米。

这个特定模型中的截距没有任何意义：如果这颗行星的半长轴为零，没有质量，并且具有完美的圆偏心率，那么按照上述公式，它的年长度将为−623 个地球日。但是，行星必须具有非负、非零周期，半长轴和质量，因此该截距显然没有意义。

当然，其他系数是可以解释的。该公式表示，在保持质量和偏心率不变的情况下，向半长轴距离增加一个额外的天文单位会使年长度增加 1880 个地球日。保持半长轴和偏心率不变，木星每增加一个质量，年长度就会减少 90.2 个地球日。

从完美的圆形轨道（eccentricity = 0）到接近抛物线的逃逸轨道（eccentricity = 1）将使年长度减少 3201 个地球日。请注意，这些是该术语的近似值，因为对于抛物线逃逸轨道，行星将永远不会返回，因此，该等式其实没有意义。

事实上，如果我们试图将该公式用于大于或等于 1 的偏心率，那么它只能是外推的，因为在训练数据中没有这样的值。这是外推容易出错的一个典型示例。

该公式告诉我们，偏心率越大，年份越短，但是偏心率一旦达到 1 以上，行星就永远不会回来（它们已经到达逃逸轨道），因此年份是无限的。

训练数据中的所有偏心率值都在[0, 1)范围内，因此可进行估算（使用训练范围内的数据预测周期值）。这意味着，我们只要想要预测的行星的偏心率也在[0, 1)范围内，就可以用这个模型进行预测。

9.6.4　做出预测

在了解了每个回归量的影响之后，我们可以使用模型预测测试集中行星一年的长度：

```
>>> preds = lm.predict(X_test)
```

我们通过绘制实际值和预测值进行可视化：

```
>>> fig, axes = plt.subplots(1, 1, figsize=(5, 3))
>>> axes.plot(
...     X_test.semimajoraxis, y_test, 'ob',
...     label='actuals', alpha=0.5
... )
>>> axes.plot(
...     X_test.semimajoraxis, preds, 'or',
...     label='predictions', alpha=0.5
... )
>>> axes.set(xlabel='semimajoraxis', ylabel='period')
>>> axes.legend()
>>> axes.set_title('Linear Regression Results')
```

如图 9.23 所示，预测值似乎非常接近实际值并遵循类似的模式。

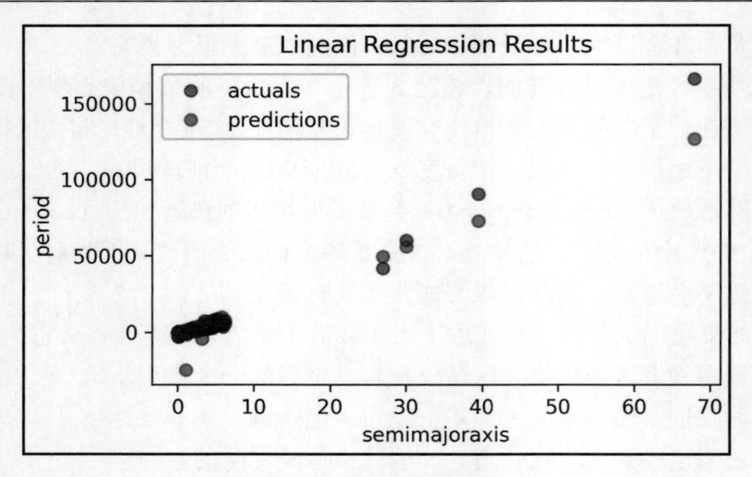

图 9.23　预测值与实际值

提示：

可以尝试仅使用 semimajoraxis 回归量运行此回归，这需要对数据进行一些重塑，但这也可以显示增加 eccentricity 和 mass 时的模型性能。在实践中，经常需要构建模型的多个版本才能找到一个令人满意的版本。

还可以检查它们的相关性，看看模型跟踪真实关系的效果如何：

```
>>> np.corrcoef(y_test, preds)[0][1]
0.9692104355988059
```

可以看到，我们的预测结果与实际值呈现强正相关性（相关系数为 0.97）。

9.6.5　评估回归结果

在评估回归模型时，我们感兴趣的是模型能够捕获到数据中的多少方差，以及预测的准确程度。可以结合使用指标和可视化效果来评估模型的各个方面。

每次使用线性回归时，都应该可视化残差（residual），或者实际值与模型预测结果之间的差异。在第 7 章“金融分析”中介绍过，残差应该为 0 且始终具有相等的方差，这称为同方差性（homoskedasticity）。可以使用核密度估计来评估残差是否以 0 为中心，并使用散点图查看它们是否同方差。

现在来看看 ml_utils.regression 中的效用函数，它将创建这些子图来检查残差：

```
import matplotlib.pyplot as plt
import numpy as np
```

```
def plot_residuals(y_test, preds):
    """
    对残差进行绘图以评估回归

    参数:
        - y_test: y 的真实值
        - preds: y 的预测值

    返回:
        残差散点图和残差 KDE 的子图
    """
    residuals = y_test - preds

    fig, axes = plt.subplots(1, 2, figsize=(15, 3))

    axes[0].scatter(np.arange(residuals.shape[0]), residuals)
    axes[0].set(xlabel='Observation', ylabel='Residual')
    residuals.plot(kind='kde', ax=axes[1])
    axes[1].set_xlabel('Residual')

    plt.suptitle('Residuals')
    return axes
```

现在来看看这个线性回归的残差：

```
>>> from ml_utils.regression import plot_residuals
>>> plot_residuals(y_test, preds)
```

如图 9.24 所示，看起来我们的预测结果没有模式（左侧子图），这很好；但是，它们并不完全以零为中心，并且分布具有负偏斜（右侧子图）。当预测的年份长度比实际值长时，会出现这些负残差。

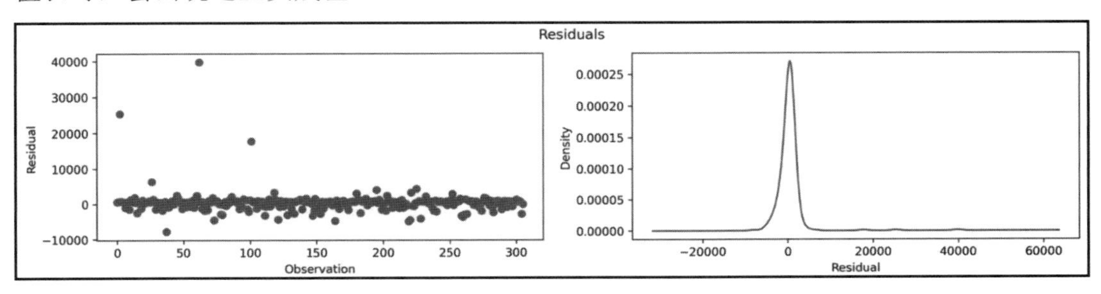

图 9.24　检查残差

提示：

如果在残差中找到模式，则说明数据不是线性的，而且残差可视化很可能有助于下一步操作。这可能意味着采用多项式回归或数据的对数变换等策略。

9.6.6　指标

除了检查残差，还可以计算指标来评估回归模型。

1．决定系数

也许最常见的是 R^2，也称为决定系数（coefficient of determination），它量化了可以从自变量中预测的因变量的方差比例。其计算公式为，从 1 中减去残差平方和（$SS_{residual}$）与总平方和（SS_{total}）的比率：

$$R^2 = 1 - \frac{SS_{residual}}{SS_{total}} = 1 - \frac{\sum_i (y_i - \hat{y}_i)^2}{\sum_i (y_i - \bar{y})^2}$$

提示：

Σ 表示总和，y 值的平均值表示为 $\bar{y}$（发音为 y-bar，中文读作 y 杠），预测用 $\hat{y}$ 表示。

该值将在[0, 1]范围内，其中值越高越好。scikit-learn 中 LinearRegression 类的对象使用 R^2 作为它们的评分方法。因此，可以简单地使用 score()方法执行计算：

```
>>> lm.score(X_test, y_test)
0.9209013475842684
```

还可以从 metrics 模块中获取 R^2：

```
>>> from sklearn.metrics import r2_score
>>> r2_score(y_test, preds)
0.9209013475842684
```

可以看到，该模型有一个非常好的 R^2 值。但是，请记住，影响周期的因素有很多，例如恒星和其他行星会对相关行星施加引力。尽管有这种抽象，我们的简化还是做得很好，因为行星的轨道周期在很大程度上取决于必须行进的距离，我们通过使用半长轴数据解释了这一点。

但是，R^2 也存在问题，我们可以继续添加回归量，这会使模型越来越复杂，同时也增加了 R^2。因此，需要一个惩罚模型复杂性的指标。为此，可使用校正 R^2（adjusted R^2），只有当添加的回归量对模型的改进超过偶然预期时，R^2 才会增加：

$$\text{Adjusted } R^2 = 1 - (1 - R^2) \times \frac{\text{n\_obs} - 1}{\text{n\_obs} - \text{n\_regressors} - 1}$$

遗憾的是，scikit-learn 没有提供这个指标，当然，我们自己就可以轻松实现它。ml_utils.regression 模块包含一个计算校正 R^2 的函数。具体如下：

```
from sklearn.metrics import r2_score

def adjusted_r2(model, X, y):
    """
    计算校正 R^2

    参数：
        - model: 使用 predict()方法的 Estimator 对象
        - X: 预测所用的值
        - y: 计算分数的真实值

    返回：
        校正 R^2 分数
    """
    r2 = r2_score(y, model.predict(X))
    n_obs, n_regressors = X.shape
    adj_r2 = \
        1 - (1 - r2) * (n_obs - 1)/(n_obs - n_regressors - 1)
    return adj_r2
```

校正 R^2 将始终低于 R^2。通过使用 adjusted_r2()函数，可以看到校正 R^2 略低于 R^2 值：

```
>>> from ml_utils.regression import adjusted_r2
>>> adjusted_r2(lm, X_test, y_test)
0.9201155993814631
```

遗憾的是，R^2（和校正 R^2）值并没有指示有关预测错误的任何信息，甚至连是否正确指定了模型也不知道。回想一下，第 1 章“数据分析导论”讨论了 Anscombe's Quartet 数据集的情况（详见 1.3.18“汇总统计的陷阱”），这 4 个不同的数据集具有相同的汇总统计信息和相关系数，它们在拟合线性回归线时也具有相同的 R^2（0.67），但其中一些却没有指示线性关系，如图 9.25 所示。

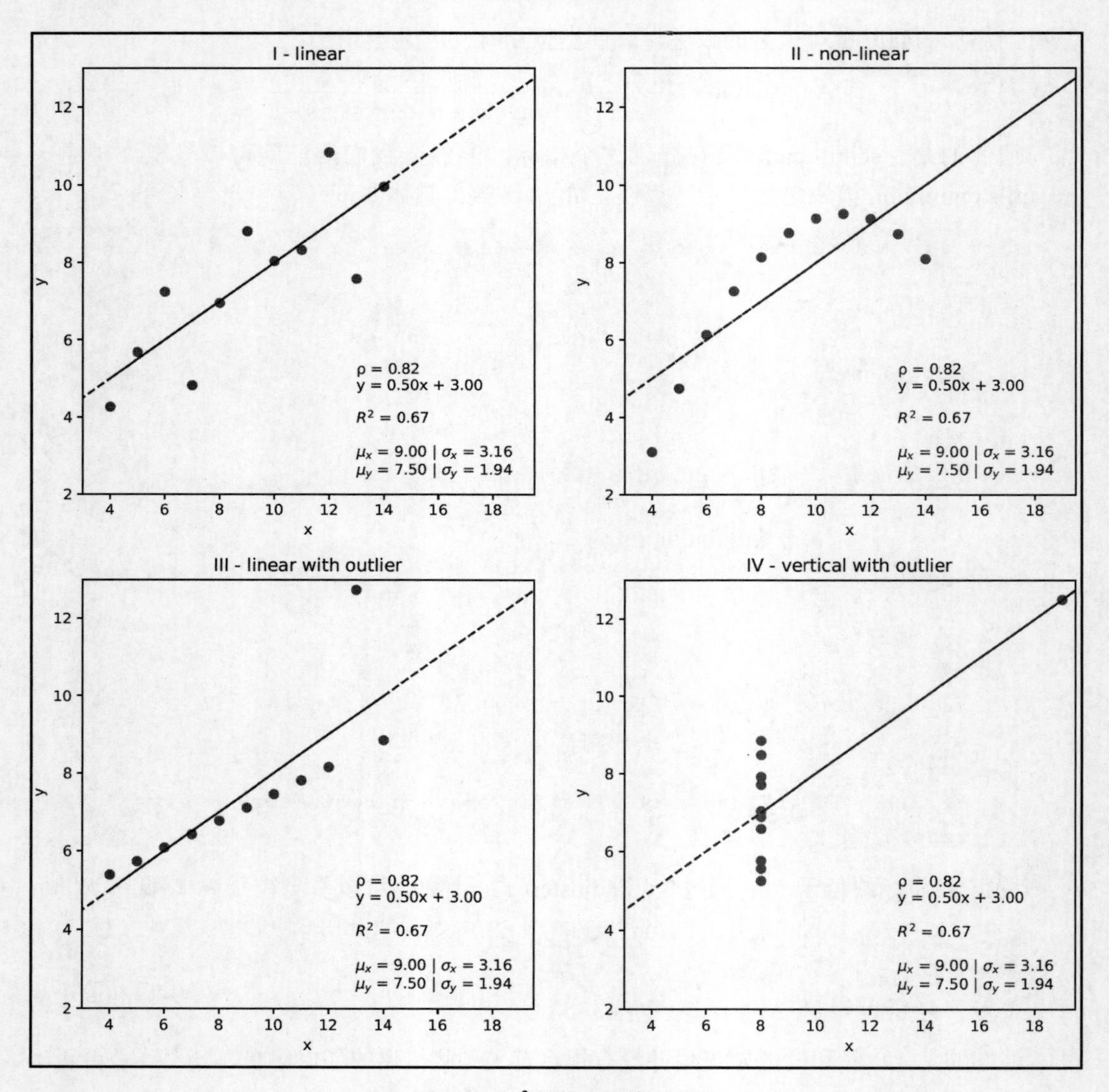

图 9.25　R^2 可能会产生误导

2．解释方差分数

scikit-learn 提供的另一个指标是解释方差分数（explained variance score），它可以指示模型解释的方差百分比。我们希望它尽可能接近 1：

$$\text{explained variance} = 1 - \frac{\text{var(residuals)}}{\text{var(actuals)}} = 1 - \frac{\text{var}(y - \hat{y})}{\text{var}(y)}$$

可以看到，我们的模型解释了 92%的方差：

```
>>> from sklearn.metrics import explained_variance_score
>>> explained_variance_score(y_test, preds)
0.9220144218429371
```

3．平均绝对误差

在评估回归模型时，并不仅限于查看方差。我们还可以查看误差本身的大小。本节讨论的其余指标都会和预测相同的测量单位（即地球日）产生误差，因此完全可以理解误差大小的含义。

平均绝对误差（mean absolute error，MAE）可指示模型在任一方向上的平均误差。值为 0～∞（无穷大），值越小越好：

$$\text{MAE} = \frac{\sum_i |y_i - \hat{y}_i|}{n}$$

通过使用 scikit-learn 函数，我们可以看到 MAE 是 1369 个地球日：

```
>>> from sklearn.metrics import mean_absolute_error
>>> mean_absolute_error(y_test, preds)
1369.441817073533
```

4．均方根误差

均方根误差（root mean squared error，RMSE）允许进一步惩罚糟糕的预测：

$$\text{RMSE} = \sqrt{\frac{\sum_i (y_i - \hat{y}_i)^2}{n}}$$

scikit-learn 提供了均方误差（mean squared error，MSE）的函数，它是上述公式中平方根内的部分。因此，我们只需取结果的平方根。当不希望出现大错误时，可使用此指标：

```
>>> from sklearn.metrics import mean_squared_error
>>> np.sqrt(mean_squared_error(y_test, preds))
3248.499961928374
```

5．中值绝对误差

所有这些基于均值的度量的替代方法是中值绝对误差（median absolute error），即残差的中值。这可以用于残差中有一些异常值的情况，可以对大部分错误进行更准确的描述。请注意，这比数据的平均绝对误差（MAE）小：

```
>>> from sklearn.metrics import median_absolute_error
>>> median_absolute_error(y_test, preds)
759.8613358335442
```

6. 均方对数误差

均方对数误差（mean squared logarithmic error，MSLE）使用 mean_squared_log_error()函数，该函数只能用于非负值。当预测结果是负值时，则无法使用该函数。例如，在上述示例中，当半长轴非常小（小于 1）时，就会出现负值预测，因为这是回归公式中唯一具有正系数的部分。如果半长轴不足以平衡公式的其余部分，则预测将为负值。

有关 scikit-learn 提供的回归指标的完整列表，你可以访问以下网址：

https://scikit-learn.org/stable/modules/classes.html#regression-metrics

9.7 分　类

分类的目标是确定如何使用一组离散标签标记数据。这听起来可能类似于有监督学习的聚类任务，当然，在这种情况下，我们并不关心组的成员在空间上有多近。相反，我们关心的是用正确的类标签对它们进行分类。例如，在第 8 章“基于规则的异常检测”中，当我们将 IP 地址分类为有效用户或攻击者时，我们并不关心 IP 地址聚类的定义是什么样的——我们只想找到攻击者。

与回归一样，scikit-learn 也为分类任务提供了许多算法。这些算法分布在各个模块中，但通常用于分类任务的是 Classifier，用于回归任务的则是 Regressor。

常见算法包括逻辑回归、支持向量机（support vector machine，SVM）、k-NN、决策树和随机森林等。接下来，我们将讨论逻辑回归。

9.7.1 逻辑回归

逻辑回归（logistic regression）是一种使用线性回归解决分类任务的方法。它使用逻辑 Sigmoid 函数返回可以映射到类标签的概率（概率值在[0, 1]范围内），如图 9.26 所示。

本示例将使用逻辑回归，将红葡萄酒分为优质（高质量）或劣质（低质量）葡萄酒，并根据其化学特性将葡萄酒分为红葡萄酒或白葡萄酒。

9.6 节“回归”使用了 scikit-learn 中的 linear_model 模块处理线性回归，就像线性回归问题一样，我们将使用有监督学习方法，因此我们必须将数据拆分为测试集和训练集。

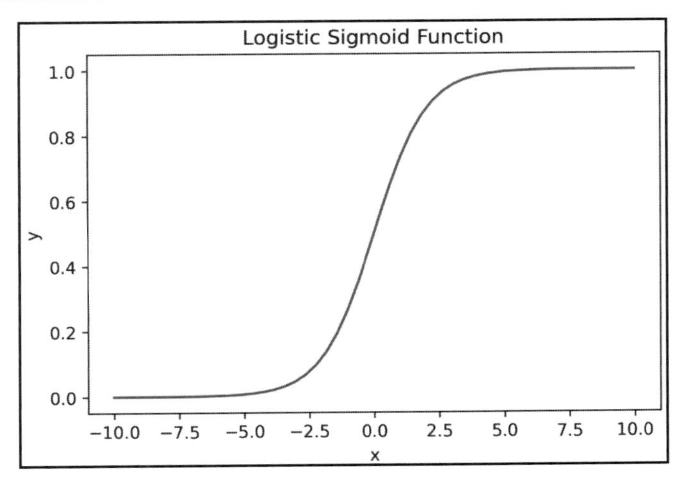

图 9.26　逻辑 Sigmoid 函数

提示：

虽然本节讨论的示例都是二元分类问题（即分为两类），但是 scikit-learn 也提供对多类问题的支持。构建多类模型的过程几乎与二元分类的情况相同，但可能需要传递一个额外的参数来让模型知道有两个以上的类。本章 9.9 节“练习”中将需要构建多类分类模型。

9.7.2　预测红酒质量

本章开头重新制作了 high_quality 列，但请记住，优质红酒的数量存在很大的不平衡。因此，在拆分数据时，我们可以按该列进行分层，获得分层随机样本，以确保训练集和测试集都保留数据中优质葡萄酒与劣质葡萄酒的比例（大约 14%为高质量）：

```
>>> from sklearn.model_selection import train_test_split

>>> red_y = red_wine.pop('high_quality')
>>> red_X = red_wine.drop(columns='quality')

>>> r_X_train, r_X_test, \
... r_y_train, r_y_test = train_test_split(
...     red_X, red_y, test_size=0.1, random_state=0,
...     stratify=red_y
... )
```

现在可以制作一个管道，我们首先标准化所有数据，然后构建逻辑回归。本示例将提供随机种子以便操作可重现（random_state=0），另外还设置了 class_weight='balanced' 以让 scikit-learn 计算类的权重，因为我们的数据是不平衡的：

```
>>> from sklearn.preprocessing import StandardScaler
>>> from sklearn.pipeline import Pipeline
>>> from sklearn.linear_model import LogisticRegression

>>> red_quality_lr = Pipeline([
...     ('scale', StandardScaler()),
...     ('lr', LogisticRegression(
...         class_weight='balanced', random_state=0
...     ))
... ])
```

类权重决定了模型因每个类的错误预测而受到的惩罚程度。通过选择平衡的权重，对较小类的错误预测将具有更大的权重，其中权重将与数据中类的频率成反比。这些权重用于正则化，第 10 章“做出更好的预测”将对此展开讨论。

有了管道之后，即可使用 fit()方法将其拟合到数据中：

```
>>> red_quality_lr.fit(r_X_train, r_y_train)
Pipeline(steps=[('scale', StandardScaler()),
                ('lr', LogisticRegression(
                    class_weight='balanced',
                    random_state=0))])
```

最后，我们可以使用经过训练的模型预测测试数据的红酒质量：

```
>>> quality_preds = red_quality_lr.predict(r_X_test)
```

提示：

scikit-learn 可以轻松地在模型之间切换，因为这些模型可以具有相同的方法，如 score()、fit()和 predict()。在某些情况下，我们还可以使用 predict_proba()计算概率，或使用 decision_function()评估点（使用模型推导出的公式而不是 predict()方法）。

在继续评估该模型的性能之前，让我们使用完整的葡萄酒数据集构建另一个分类模型。

9.7.3 通过化学性质确定葡萄酒类型

我们想知道是否可以仅根据化学性质来区分红葡萄酒和白葡萄酒。为了测试这一点，我们可以构建第二个逻辑回归模型，该模型将预测葡萄酒是红葡萄酒还是白葡萄酒。

首先，我们将数据分成测试集和训练集：

```
>>> from sklearn.model_selection import train_test_split

>>> wine_y = np.where(wine.kind == 'red', 1, 0)
>>> wine_X = wine.drop(columns=['quality', 'kind'])

>>> w_X_train, w_X_test, \
... w_y_train, w_y_test = train_test_split(
...     wine_X, wine_y, test_size=0.25,
...     random_state=0, stratify=wine_y
... )
```

我们将再次在管道中使用逻辑回归：

```
>>> from sklearn.linear_model import LogisticRegression
>>> from sklearn.pipeline import Pipeline
>>> from sklearn.preprocessing import StandardScaler

>>> white_or_red = Pipeline([
...     ('scale', StandardScaler()),
...     ('lr', LogisticRegression(random_state=0))
... ]).fit(w_X_train, w_y_train)
```

最后，我们将预测测试集中的每个观察值是哪一种葡萄酒，并保存预测结果：

```
>>> kind_preds = white_or_red.predict(w_X_test)
```

我们现在已经使用各自的测试集对两个逻辑回归模型进行了预测，接下来可以开始评估它们的性能。

9.7.4　评估分类结果

要评估分类模型的性能，可以查看模型对数据中每个类别的预测情况。

- 正类（positive class）是我们感兴趣的类。
- 所有其他类都被视为负类（negative class）。

例如，在红酒分类示例中，正类是高品质，负类是低品质。

尽管我们的问题只是一个二元分类问题，但接下来讨论的评估指标也可以扩展到多类分类问题。

9.7.5　混淆矩阵

正如我们在第 8 章“基于规则的异常检测”中所讨论的，分类问题可以通过使用混淆矩阵（confusion matrix）进行评估，它可以比较预测标签与实际标签，如图 9.27 所示。

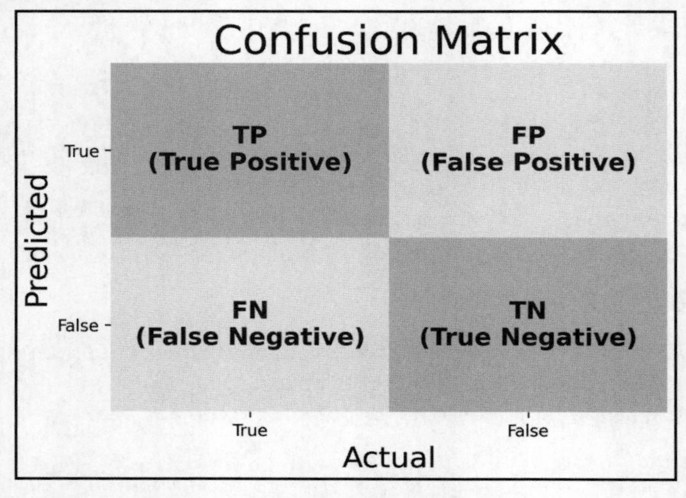

图 9.27　使用混淆矩阵评估分类结果

原　文	译　文	原　文	译　文
Confusion Matrix	混淆矩阵	FP(False Positive)	FP（假阳性）
Predicted	预测值	FN(False Negative)	FN（假阴性）
Actual	实际值	TN(True Negative)	TN（真阴性）
TP(True Positive)	TP（真阳性）		

每个预测可以是 4 种结果之一，具体取决于它与实际值的匹配程度。

- ❑ 真阳性（true positive，TP）：正确预测为正类。
- ❑ 真阴性（true negative，TN）：正确预测为不是正类。
- ❑ 假阳性（false positive，FP）：错误地预测为正类。
- ❑ 假阴性（false negative，FN）：错误地预测为不是正类。

注意：

假阳性（FP）也被称为“误报”，它是 I 类错误（type I error），而假阴性（FN）也被称为“漏报”，它是 II 类错误（type II error）。给定某个分类器，如果要努力减少误报，则也会相应地增加漏报。

scikit-learn 提供了 confusion_matrix()函数，可以将其与 Seaborn 的 heatmap()函数配对以可视化混淆矩阵。

在 ml_utils.classification 模块中，confusion_matrix_visual()函数负责执行该操作：

```
import matplotlib.pyplot as plt
import numpy as np
import seaborn as sns
from sklearn.metrics import confusion_matrix

def confusion_matrix_visual(y_true, y_pred, class_labels,
                            ormalize=False, flip=False,
                            x=None, title=None, **kwargs):
    """
    创建混淆矩阵热图

    参数:
        - y_test: y 的真实值
        - preds: y 的预测值
        - class_labels: 类标记的东西
        - normalize: 是否将值绘制为百分比
        - flip: 是否翻转混淆矩阵
                在处理带有标签 True 和 False 的二元分类时
                这有助于获得左上角 TP 和右下角 TN
        - ax: 要绘图的 Matplotlib Axes 对象
        - title: 混淆矩阵的标题
        - kwargs: 附加的关键字参数

    返回:
        Matplotlib Axes 对象
    """
    mat = confusion_matrix(y_true, y_pred)
    if normalize:
        fmt, mat = '.2%', mat / mat.sum()
    else:
        fmt = 'd'
    if flip:
        class_labels = class_labels[::-1]
        mat = np.flip(mat)

    axes = sns.heatmap(
        mat.T, square=True, annot=True, fmt=fmt,
        cbar=True, cmap=plt.cm.Blues, ax=ax, **kwargs
    )
    axes.set(xlabel='Actual', ylabel='Model Prediction')
    tick_marks = np.arange(len(class_labels)) + 0.5
    axes.set_xticks(tick_marks)
```

```
    axes.set_xticklabels(class_labels)
    axes.set_yticks(tick_marks)
    axes.set_yticklabels(class_labels, rotation=0)
    axes.set_title(title or 'Confusion Matrix')
    return axes
```

现在调用混淆矩阵可视化函数来看看每个分类模型的表现如何。首先，让我们看看模型对优质红葡萄酒的识别能力：

```
>>> from ml_utils.classification import confusion_matrix_visual
>>> confusion_matrix_visual(
...     r_y_test, quality_preds, ['low', 'high']
... )
```

使用混淆矩阵，可以看到模型漏报较多，如图 9.28 底部左下角所示。

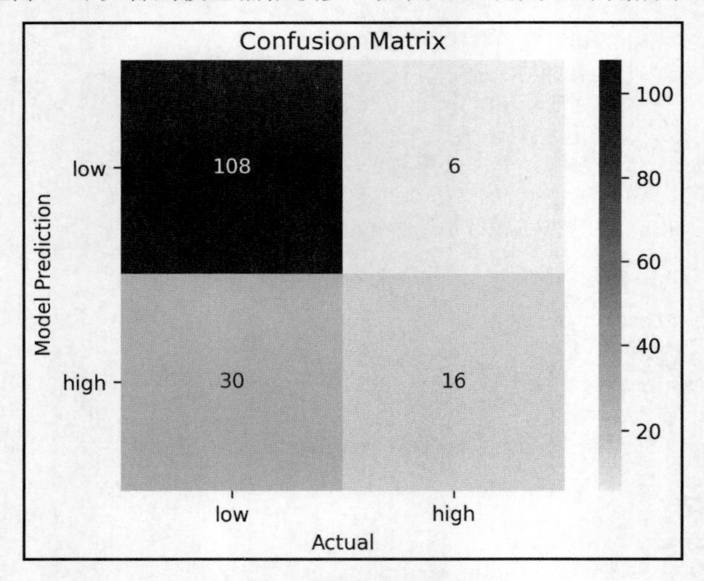

图 9.28　红酒质量模型的结果

现在来看看 white_or_red 模型对葡萄酒类型的预测效果如何：

```
>>> from ml_utils.classification import confusion_matrix_visual
>>> confusion_matrix_visual(
...     w_y_test, kind_preds, ['white', 'red']
... )
```

看起来这个模型的表现要好得多，只有非常少的错误预测，如图 9.29 所示。

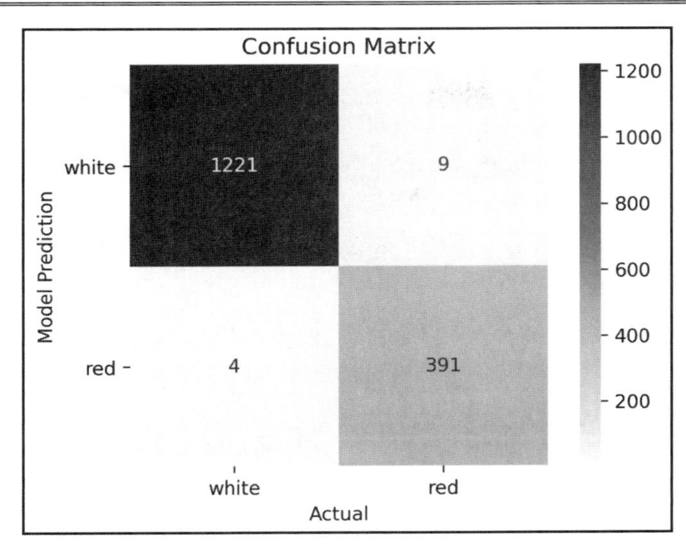

图 9.29　白葡萄酒或红葡萄酒模型的结果

在理解了混淆矩阵的组成之后，我们可以使用它来计算额外的性能指标。

9.7.6　分类指标

使用混淆矩阵中的值，我们可以计算指标来帮助评估分类器的性能。最佳指标将取决于我们构建模型的目标以及我们的类是否平衡。

分类指标中的公式来自我们从混淆矩阵中得到的数据，其中 TP 是真阳性的数量，TN 是真阴性的数量，FP 是假阳性的数量，FN 是假阴性的数量。

接下来，我们将介绍以下指标：

- 准确率和错误率。
- 精确率（查准率）和召回率（查全率）。
- *F* 分数。
- 敏感性和特异性。
- ROC 曲线。
- 精确率-召回率曲线。

9.7.7　准确率和错误率

当类的大小大致相等时，我们可以使用准确率（accuracy）指标，它可以提供正确分类值的百分比：

$$\text{accuracy} = \frac{\text{TP} + \text{TN}}{\text{TP} + \text{FP} + \text{TN} + \text{FN}}$$

sklearn.metrics 中的 accuracy_score()函数将根据公式计算准确率，当然，模型的 score()方法也可以提供准确率：

```
>>> red_quality_lr.score(r_X_test, r_y_test)
0.775
```

准确率由于是正确分类的百分比，因此也被称为成功率（success rate），相应地，错误率（error rate）就是出错的百分比，其计算方式如下：

$$\text{error rate} = 1 - \text{accuracy} = \frac{\text{FP} + \text{FN}}{\text{TP} + \text{FP} + \text{TN} + \text{FN}}$$

上述准确率分数告诉我们，有 77.5%红葡萄酒已经根据其质量正确分类。相反，zero_one_loss()函数可以提供错误分类值的百分比，对于红葡萄酒的质量模型，错误率的百分比为 22.5%：

```
>>> from sklearn.metrics import zero_one_loss
>>> zero_one_loss(r_y_test, quality_preds)
0.22499999999999998
```

请注意，虽然这二者都易于计算和理解，但它们需要一个阈值。默认情况下，这是 50%，但在使用 scikit-learn 中的 predict_proba()方法预测类别时，我们可以使用任何目标概率作为截止值。此外，在类别不平衡的情况下，准确率和错误率可能会产生误导。

9.7.8　精确率和召回率

当数据中出现类别不平衡（class imbalance）的情况时，准确率可能成为衡量模型性能的不可靠指标。以癌症诊断为例，如果数据中有 A 和 B 两个类，A 类为未患病的正常人，B 类为癌症患者，它们之间的比例是 99/1，其中癌症患者 B 类是正类，我们可以轻松地构建一个准确率为 99%的模型，因为只需要把所有人都归类于 A 类即可。

这个问题源于这样一个事实，即真阴性（TN）会非常大，并且也出现在分子中，它们会使结果看起来比实际更好。

但是，如果该模型对癌症诊断（识别 B 类）没有任何作用，那又何必费心构建它呢？因此，我们需要使用不同的指标来阻止这种行为。为此，我们可以使用精确率和召回率而不是准确率指标。

精确率（precision，也称为查准率）是真阳性与所有标记阳性的比率：

$$\text{precision} = \frac{\text{TP}}{\text{TP} + \text{FP}}$$

召回率（Recall，也称为查全率）提供了真阳性率（true positive rate，TPR），它是真阳性与所有实际阳性的比率：

$$\text{recall} = \frac{\text{TP}}{\text{TP} + \text{FN}}$$

在 A 类和 B 类之间按 99/1 划分的情况下，如果模型将所有内容归类为 A，那么它对于正类 B 的召回率为 0%，精确率则是未定义的（因为其值为 0/0）。

由此可见，在类别不平衡的情况下，精确率和召回率提供了一种更好的评估模型性能的方法。它们会清晰地告诉我们，该模型对我们的用例实际上毫无价值。

scikit-learn 提供了 classification_report()函数，它可以计算精确率和召回率。除了计算每个类别标签的这些指标，它还可以计算宏观平均值（macro average，指类别之间的未加权平均值）和加权平均值（weighted average，每个类别中的观察数加权之后的类别之间的平均值）。support（支持）列则使用已标记的数据指示属于每个类的观察值计数。

分类报告表明，我们的模型在发现低质量红葡萄酒方面表现良好，但在寻找优质红葡萄酒方面则表现不佳：

```
>>> from sklearn.metrics import classification_report
>>> print(classification_report(r_y_test, quality_preds))
              precision    recall  f1-score   support

           0       0.95      0.78      0.86       138
           1       0.35      0.73      0.47        22

    accuracy                           0.78       160
   macro avg       0.65      0.75      0.66       160
weighted avg       0.86      0.78      0.80       160
```

由于质量分数是非常主观的，并且不一定与化学性质相关，因此这个简单的模型表现不佳也就不足为奇了。另外，红葡萄酒和白葡萄酒的化学性质不同，因此该信息对 white_or_red 模型来说也许更有用。和我们预期的一样，基于 white_or_red 模型的混淆矩阵，其指标就很优秀：

```
>>> from sklearn.metrics import classification_report
>>> print(classification_report(w_y_test, kind_preds))
              precision    recall  f1-score   support

           0       0.99      1.00      0.99      1225
           1       0.99      0.98      0.98       400
```

```
    accuracy                           0.99      1625
   macro avg       0.99      0.99      0.99      1625
weighted avg       0.99      0.99      0.99      1625
```

就像准确率一样，精确率和召回率都很容易计算和理解，但需要阈值。此外，精确率和召回率各只考虑混淆矩阵的一半，如图 9.30 所示。

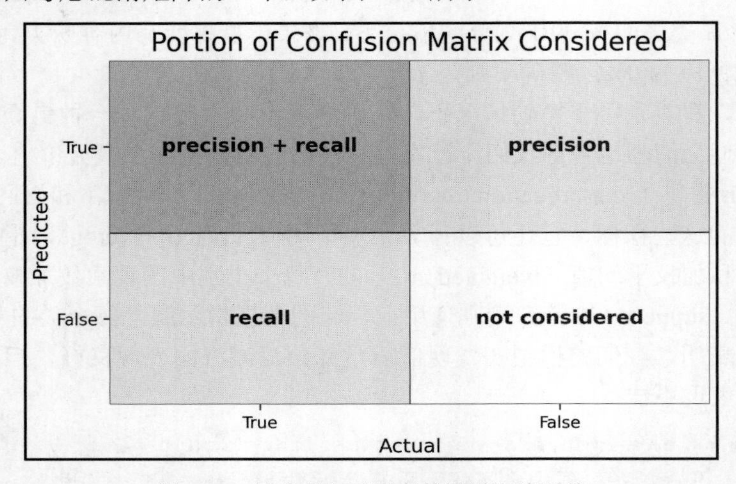

图 9.30　精确率和召回率的混淆矩阵覆盖

原　文	译　文
Portion of Confusion Matrix Considered	混淆矩阵考虑的部分
Predicted	预测值
Actual	实际值
precision + recall	精确率+召回率
not considered	未考虑

一般来说，在最大化召回率和最大化精确率之间需要进行一些权衡，我们必须决定哪个指标更重要。这种偏好可以使用 *F* 分数来量化。

9.7.9　*F* 分数

分类报告还包括 F_1 分数（F_1 score），这有助于使用精确率和召回率二者的调和平均值（harmonic mean）来平衡它们：

$$F_1 = 2 \times \frac{\text{precision} \times \text{recall}}{\text{precision} + \text{recall}} = \frac{2 \times \text{TP}}{2 \times \text{TP} + \text{FP} + \text{FN}}$$

注意：

调和平均值是算术平均值的倒数，与比率一起使用以获得更准确的平均值（与比率的算术平均值相比）。精确率和召回率都是[0, 1]范围内的比例，可以将其视为比率。

F_β（发音为 F-beta）分数，是 F 分数的更一般性的表述。通过改变 β 的值，可以给精确率加权（β 为 0～1）或给召回率加权（β 大于 1），其中，β 是召回率的价值高于精确度的倍数：

$$F_\beta = (1+\beta^2) \times \frac{\text{precision} \times \text{recall}}{\beta^2 \times \text{precision} + \text{recall}}$$

一些常用的 β 值如下。

- $F_{0.5}$ 分数：精确率的重要性是召回率的两倍。
- F_1 分数：谐波平均值（同等重要性）。
- F_2 分数：召回率的重要性是精确率的两倍。

F 分数也很容易计算并且依赖于阈值。当然，它没有考虑真阴性，并且由于精确率和召回率之间的权衡而难以优化。

请注意，当类的不平衡性较大时，我们通常更关心正确预测正类，这意味着可能对真正的负类不太感兴趣，因此使用忽略它们的指标不一定是问题。

提示：

计算精确率、召回率、F_1 分数和 F_β 分数的函数可以在 sklearn.metrics 模块中找到。

9.7.10　敏感性和特异性

沿着精确率和召回率权衡的路线，还有另一对指标也可用于说明在分类问题上实现的微妙平衡，这对指标就是敏感性和特异性。

仍以癌症诊断为例，精确率（即查准率）和召回率（即查全率）的定义如下。

- 精确率：在被诊断患有癌症的所有人中，多少人确实得了癌症？
- 召回率：在患有癌症的所有人中，多少人被诊断患有癌症？

而敏感性和特异性的定义则如下。

- 敏感性：在患有癌症的所有人中，诊断正确的人有多少？
- 特异性：在未患癌症的所有人中，诊断正确的人有多少？

由此可见，敏感性（sensitivity）其实就是我们之前讨论的召回率——前面已经介绍过，召回率就是真阳性率（true positive rate，TPR）。

但是，特异性（specificity）并不是精确率，而是真阴性率（true negative rate，TNR），

也就是真阴性占所有实际阴性的比例：

$$\text{specificity} = \frac{\text{TN}}{\text{TN} + \text{FP}}$$

特异性（真阴性率）和敏感性（真阳性率）合在一起考虑就是完整的混淆矩阵，如图 9.31 所示。

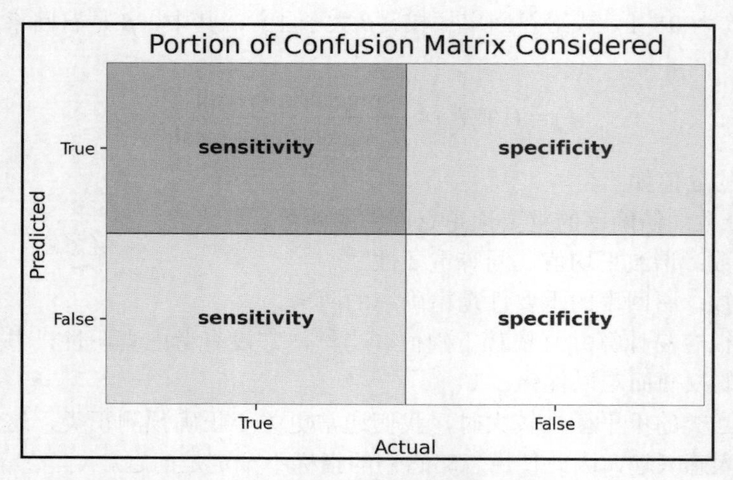

图 9.31　敏感性和特异性的混淆矩阵覆盖

原　文	译　文
Portion of Confusion Matrix Considered	混淆矩阵考虑的部分
Predicted	预测值
Actual	实际值
sensitivity	敏感性
specificity	特异性

我们希望最大限度地提高敏感性和特异性；但是，也可以通过减少将样本归类为正类的次数来轻松地最大化特异性，而这会降低敏感性。

scikit-learn 不提供特异性作为度量指标，它更喜欢使用精确率和召回率。当然，我们也可以通过编写一个函数或使用 scikit-learn 的 make_scorer()函数轻松实现该指标。在这里之所以要介绍它们是因为它们构成了敏感性-特异性图或 ROC 曲线的知识基础，这也是接下来我们将要讨论的主题。

9.7.11　ROC 曲线

除了使用指标评估分类问题，我们还可以转向可视化。通过绘制真阳性率（TPR，也就是敏感性）与假阳性率（FPR，假阳性率=1−特异性），即可得到接收者操作特征（receiver operating characteristic，ROC）曲线。这条曲线使我们能够可视化真阳性率和假阳性率之间的权衡。

我们可以确定一个能够接受的假阳性率（误报率），并使用它来找到一个阈值，以用作使用 scikit-learn 中的 predict_proba()方法预测具有概率的类时的截断值。

假设我们发现阈值为 60%，则需要 predict_proba()返回一个大于或等于 0.6 的值来预测正类（predict()使用 0.5 作为截断值）。

scikit-learn 的 roc_curve()函数可以计算 0～100%阈值下的假阳性率和真阳性率（使用模型确定的观测值属于给定类别的概率），然后我们可以进行绘图，目标是最大化曲线下的面积（area under the curve，AUC），它在[0, 1]的范围内。如果 AUC 的值低于 0.5，则表示该模型的性能还不如猜测（因为二元分类在猜测时无论如何都有 0.5 的概率），而优秀模型的分数则高于 0.8。

请注意，当提到 ROC 曲线下的面积时，AUC 也可以被写为 AUROC。AUROC 总结了模型跨阈值的性能。

图 9.32 显示了优秀 ROC 曲线的示例。虚线是随机猜测（无预测值），并被用作基线；任何低于该值的模型都被认为比猜测更糟糕。模型努力的方向是左上角。

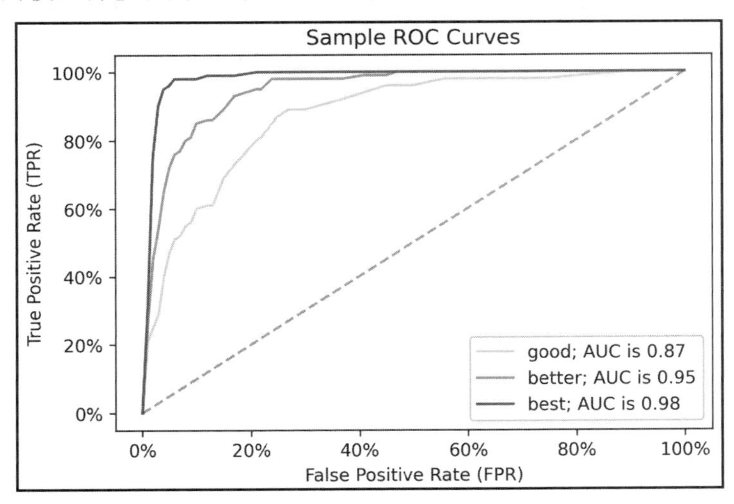

图 9.32　比较 ROC 曲线

ml_utils.classification 模块包含一个用于绘制 ROC 曲线的函数。其用法示例如下：

```
import matplotlib.pyplot as plt
from sklearn.metrics import auc, roc_curve
```

```
def plot_roc(y_test, preds, ax=None):
    """
    绘制 ROC 曲线以评估分类结果

    参数:
        - y_test: y 的真实值
        - preds: y 的预测值（概率）
        - ax: 要绘图的 Axes 对象

    返回:
        Matplotlib Axes 对象
    """
    if not ax:
        fig, ax = plt.subplots(1, 1)

    fpr, tpr, thresholds = roc_curve(y_test, preds)

    ax.plot(
        [0, 1], [0, 1], color='navy', lw=2,
        linestyle='--', label='baseline'
    )
    ax.plot(fpr, tpr, color='red', lw=2, label='model')

    ax.legend(loc='lower right')
    ax.set_title('ROC curve')
    ax.set_xlabel('False Positive Rate (FPR)')
    ax.set_ylabel('True Positive Rate (TPR)')

    ax.annotate(
        f'AUC: {auc(fpr, tpr):.2}', xy=(0.5, 0),
        horizontalalignment='center'
    )

    return ax
```

不难想象，我们的 white_or_red 模型将具有非常优秀的 ROC 曲线。现在让我们通过调用 plot_roc()函数来看看它是什么样的。

我们由于需要传递属于正类的每个条目的概率，因此可使用 predict_proba()方法而不是 predict()。这为我们提供了每个观察值属于每个类的概率。

在这里，对于 w_X_test 中的每一行，都有一个[P(white), P(red)]形式的 NumPy 数组。

因此，我们可以使用切片（[:,1]）来为 ROC 曲线选择葡萄酒为红色的概率：

```
>>> from ml_utils.classification import plot_roc
>>> plot_roc(
...     w_y_test, white_or_red.predict_proba(w_X_test)[:,1]
... )
```

正如我们所预期的那样，white_or_red 模型的 ROC 曲线非常优秀，AUC 甚至接近 1，如图 9.33 所示。

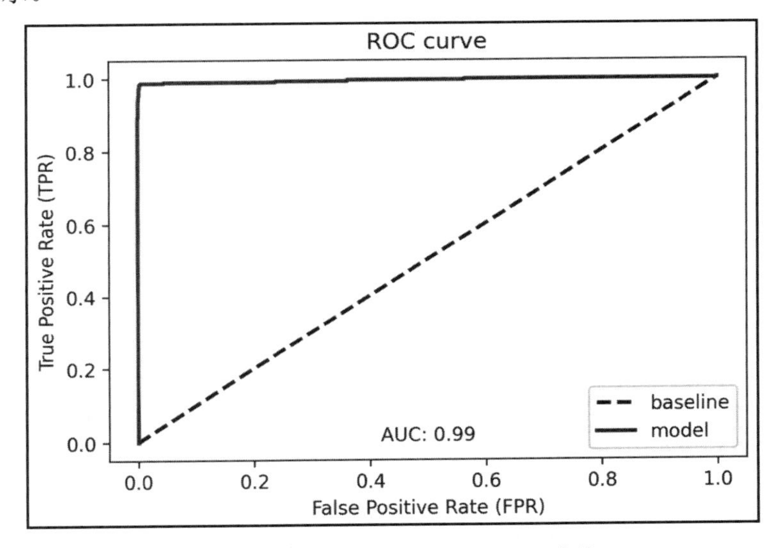

图 9.33　white_or_red 模型的 ROC 曲线

鉴于在前面查看的其他指标的结果，可以预料红酒质量预测模型的 ROC 曲线也会很好，但是应该不如 white_or_red 模型。现在让我们调用函数来看看红酒质量模型的 ROC 曲线是什么样的：

```
>>> from ml_utils.classification import plot_roc
>>> plot_roc(
...     r_y_test, red_quality_lr.predict_proba(r_X_test)[:,1]
... )
```

如图 9.34 所示，此 ROC 曲线果然不如 white_or_red 模型的 ROC 曲线。

红酒质量模型的 AUROC 是 0.85。但是，请注意，AUROC 在类别不平衡的情况下提供了乐观估计（因为它考虑了真阴性）。出于该原因，我们还应该看看精确率-召回率曲线。

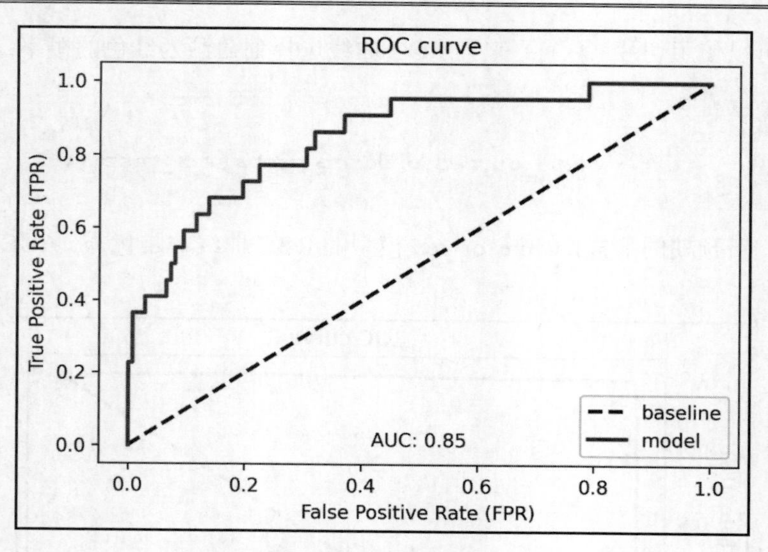

图 9.34　红酒质量模型的 ROC 曲线

9.7.12　精确率-召回率曲线

当面临类别不平衡时，我们可以使用精确率-召回率曲线（precision-recall curve，P-R 曲线）而不是 ROC 曲线。该曲线显示了在各种概率阈值下的准确率与召回率。基线是属于正类的数据百分比处的水平线。我们希望曲线高于这条线，精确率-召回率曲线下的面积（area under the precision-recall curve，AUPR）大于该百分比（越高越好）。

ml_utils.classification 模块包含 plot_pr_curve()函数，可用于绘制精确率-召回率曲线并提供 AUPR：

```
import matplotlib.pyplot as plt
from sklearn.metrics import (
    auc, average_precision_score, precision_recall_curve
)

def plot_pr_curve(y_test, preds, positive_class=1, ax=None):
    """
    绘制精确率-召回率曲线图已评估分类性能

    参数:
        - y_test: y 的真实值
        - preds: y 的预测值（概率）
        - positive_class: 数据中正类的标签
```

```
    - ax: 要绘图的 Matplotlib Axes 对象

返回：
    Matplotlib Axes 对象
"""
precision, recall, thresholds = \
    precision_recall_curve(y_test, preds)

if not ax:
    fig, ax = plt.subplots()

ax.axhline(
    sum(y_test == positive_class) / len(y_test),
    color='navy', lw=2, linestyle='--', label='baseline'
)
ax.plot(
    recall, precision, color='red', lw=2, label='model'
)
ax.legend()
ax.set_title(
    'Precision-recall curve\n'
    f"""AP: {average_precision_score(
        y_test, preds, pos_label=positive_class
    ):.2} | """
    f'AUC: {auc(recall, precision):.2}'
)
ax.set(xlabel='Recall', ylabel='Precision')
ax.set_xlim(-0.05, 1.05)
ax.set_ylim(-0.05, 1.05)

return ax
```

由于 scikit-learn 中 AUC 计算的实现使用了插值，可能会给出一个乐观的结果，因此我们的函数也计算了平均精确率（average precision，AP），它可以将精确率-召回率曲线总和计算为精确率分数（P_n）的加权平均值。权重派生自召回率变化（R_n）。这些值为 0～1，值越高越好：

$$AP = \sum_n (R_n - R_{n-1}) \times P_n$$

现在来看看红酒质量模型的精确率-召回率曲线：

```
>>> from ml_utils.classification import plot_pr_curve
>>> plot_pr_curve(
```

```
...     r_y_test, red_quality_lr.predict_proba(r_X_test)[:,1]
... )
```

如图 9.35 所示，红酒质量模型的性能优于随机猜测的基线；当然，我们在这里得到的性能读数似乎更符合在分类报告中看到的低迷性能。还可以看到，当召回率从 0.2 到 0.4 时，模型的精确率降低了很多。在这里，精确率和召回率之间的权衡很明显，因此，我们可能会选择优化一个。

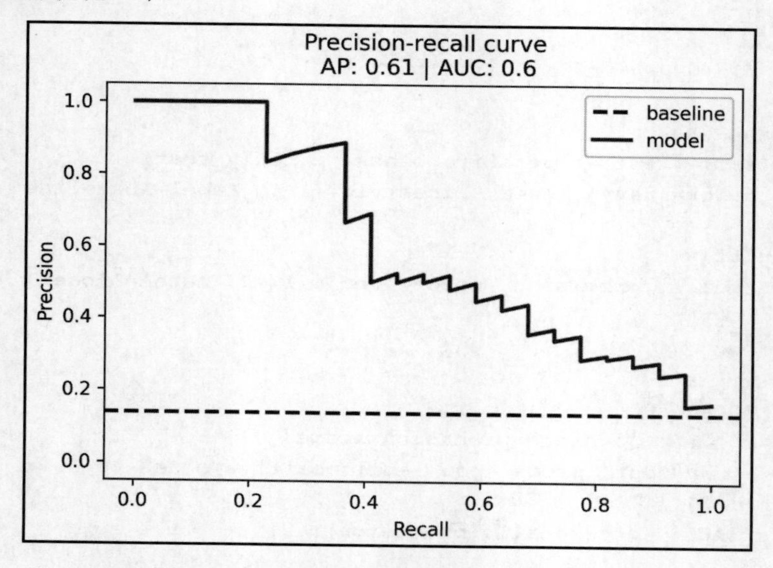

图 9.35　红酒质量模型的精确率召回率曲线

由于数据在优质（高质量）和劣质（低质量）红酒之间存在类别不平衡（仅不到 14% 是优质的），因此我们必须选择优化精确率还是召回率。

该选择取决于我们的任务目标。如果我们以生产优质葡萄酒而闻名，并且正在选择将哪些葡萄酒提供给评酒师进行品评，则希望确保选择最好的葡萄酒，宁愿错过好的葡萄酒（假阴性），也不愿让模型将低品质的葡萄酒分类为高质量的葡萄酒（假阳性），因为这样会玷污我们的名声。

但是，如果我们想从销售葡萄酒中获得最大利润，不想以与低品质葡萄酒相同的价格出售优质葡萄酒（假阴性），则可能更愿意高估一些劣质葡萄酒（假阳性）。

也就是说，我们可以很容易地将所有葡萄酒都归类为低质量，以免让人失望，或者归类为高质量，以最大限度地提高它们的销售利润。当然，这样的极端选择没什么意义。

很明显，我们需要在假阳性（误报）和假阴性（漏报）之间取得可接受的平衡。为此，我们需要基于目标的重要性来量化两个极端之间的权衡。然后，我们可以使用精确率-召回率曲线来找到满足精确率和召回率目标的阈值。第 11 章“机器学习异常检测”将通过一个示例来说明这一点。

现在来看白葡萄酒或红葡萄酒分类器的精确率-召回率曲线：

```
>>> from ml_utils.classification import plot_pr_curve
>>> plot_pr_curve(
...     w_y_test, white_or_red.predict_proba(w_X_test)[:,1]
... )
```

如图 9.36 所示，该曲线位于右上角。这意味着，该模型可以在实现高精确率的同时实现高召回率，该结果与前面几个指标的评估结果也是一致的。

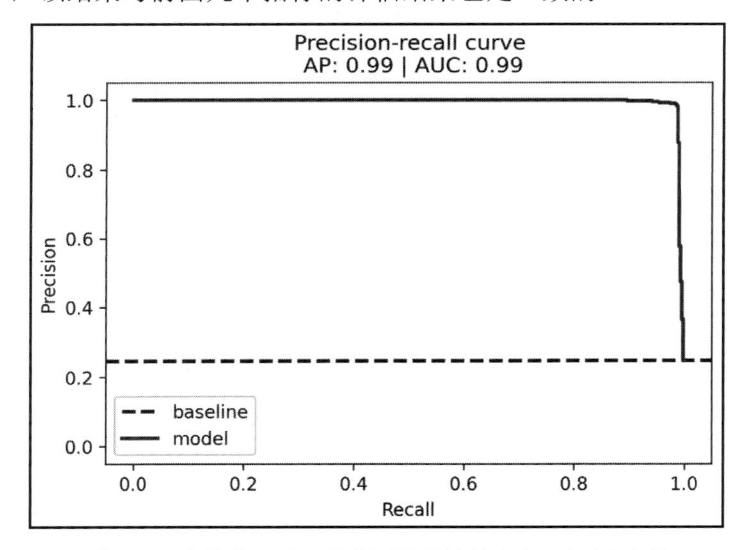

图 9.36　白葡萄酒或红葡萄酒模型的精确率-召回率曲线

正如我们在红酒质量模型中看到的那样，AUPR 在类别不平衡的情况下效果很好。但是，它无法跨数据集进行比较，计算成本高昂且难以优化。

请注意，这只是可以用来评估分类问题的指标的一个子集。scikit-learn 提供的所有分类指标都可在以下网址中找到：

https://scikit-learn.org/stable/modules/classes.html#classification-metrics

9.8　小　　结

本章介绍了 Python 中的机器学习。我们讨论了常用来描述学习类型和任务的术语。

然后，我们使用在本书中学到的技能来练习探索性数据分析（EDA），以了解葡萄酒和行星数据集。这给了我们一些关于想要构建什么样的模型的思路。在尝试构建模型之前，对数据进行彻底的探索是很有必要的。

接下来，我们探讨了如何准备用于机器学习模型的数据，并阐释了在建模之前将数据拆分为训练集和测试集的重要性。为了有效地准备数据，我们可以在 scikit-learn 中使用管道来打包从预处理到模型构建的所有内容。

本章使用了无监督学习的 k 均值算法根据行星的半长轴和周期对行星进行聚类，还讨论了如何使用肘点法找到合适的 k 值。然后，我们继续进行有监督学习，并制作了一个线性回归模型，以使用行星的半长轴、轨道偏心率和质量来预测行星的周期。我们还介绍了如何解释模型系数以及如何评估模型的预测性能。

最后，我们转向了分类算法以识别优质红葡萄酒（其类别不平衡），并尝试通过化学性质区分红葡萄酒和白葡萄酒。我们还讨论了如何评估分类模型的性能，这涉及准确率和错误率、精确率（查准率）和召回率（查全率）、F 分数、敏感性和特异性、ROC 曲线、精确率-召回率曲线（P-R 曲线）等指标。

重要的是要记住，机器学习模型需要对底层数据做出假设，虽然本章的目的并不是要讨论有关机器学习的数学知识，但我们应该确保理解违反这些假设会产生的后果。在实践中，构建模型时，应该对统计学和领域级专业知识有扎实的了解。

本章介绍了很多评估模型性能的指标，每个指标都有其优缺点。根据问题的不同，有些指标优于其他指标，所以必须注意为任务选择合适的指标。

在第 10 章“做出更好的预测”中，我们将学习如何调整模型以提高其性能，因此在继续第 10 章的学习之前，请务必完成本章练习。

9.9　练　　习

在 scikit-learn 中构建和评估机器学习模型，完成以下练习。

（1）构建聚类模型，根据化学性质区分红葡萄酒和白葡萄酒。

A．组合红葡萄酒和白葡萄酒数据集（分别为 data/winequality-red.csv 和 data/winequality-white.csv）并为葡萄酒种类（红葡萄酒或白葡萄酒）添加一列。

B．执行一些初始探索性数据分析。

C．构建并拟合一个管道来缩放数据，然后使用 k-means 聚类算法生成两个聚类。一定不要使用 quality 列。

D．使用 Fowlkes-Mallows 指数（通过 sklearn.metrics 中 fowlkes_mallows_score()函数）

来评估 k-means 模型区分红葡萄酒和白葡萄酒的能力。

E．找到每个聚类的中心。

（2）预测恒星温度。

A．使用 data/stars.csv 文件执行一些初始探索性数据分析，然后构建所有数值列的线性回归模型来预测恒星的温度。

B．在 75%的初始数据上训练模型。

C．计算模型的 R^2 和 RMSE 指标。

D．找出每个回归器的系数和线性回归方程的截距。

E．使用 ml_utils.regression 模块中的 plot_residuals()函数可视化残差。

（3）对年长度比地球短的行星进行分类。

A．使用 data/planets.csv 文件，以 eccentricity、semimajoraxis 和 mass 列作为回归量构建逻辑回归模型。你将需要创建一个新列以用于 y（比地球年短的行星年长度）。

B．找到准确率分数。

C．使用 scikit-learn 中的 category_report()函数查看每个类的精确率、召回率和 F_1 分数。

D．使用 ml_utils.classification 模块中的 plot_roc()函数绘制 ROC 曲线。

E．使用 ml_utils.classification 模块中的 confusion_matrix_visual()函数创建混淆矩阵。

（4）白葡萄酒品质的多级分类。

A．使用 data/winequality-white.csv 文件，对白葡萄酒数据执行一些初始探索性数据分析。一定要看看有多少葡萄酒具有给定的质量分数。

B．构建管道以标准化数据并拟合多类逻辑回归模型。将 multi_class='multinomial'和 max_iter=1000 传递给 LogisticRegression 构造函数。

C．查看模型的分类报告。

D．使用 ml_utils.classification 模块中的 confusion_matrix_visual()函数创建混淆矩阵。这将适用于多类分类问题。

E．扩展 plot_roc()函数以适用于多个类标签。为此，你需要为每个类别标签（此处为质量分数）创建 ROC 曲线，其中，真阳性正确预测该质量分数，而假阳性则预测任何其他质量分数。请注意，ml_utils 有一个可以执行该操作的函数，但请尝试构建你自己的实现。

F．通过遵循与上面的 E 部分类似的方法，扩展 plot_pr_curve()函数以适用于多个类标签。但是，绘制每个类自己的子图。请注意，ml_utils 有一个可以执行该操作的函数，但请尝试构建你自己的实现。

（5）我们可以很方便地查看 scikit-learn API，这意味着可以轻松地更改用于模型的算法。请使用支持向量机（support vector machine，SVM）算法而不是逻辑回归算法重建本章创建的红酒质量模型。虽然我们没有讨论这个模型，但是你应该已经可以在 scikit-learn 中使用它了。查看 9.10 节“延伸阅读”中提供的资料可以了解有关该算法的更多信息。

本练习的一些指导如下。

A．你需要使用 scikit-learn 中的 SVC（支持向量分类器）类，该类可在以下网址中找到：

https://scikit-learn.org/stable/modules/generated/sklearn.svm.SVC.html

B．使用 C=5 作为 SVC 构造函数的参数。

C．将 probability=True 传递给 SVC 构造函数，以便能够使用 predict_proba()方法。

D．首先使用 StandardScaler 类构建管道，然后使用 SVC 类。

E．请务必查看模型的分类报告、精确率-召回率曲线和混淆矩阵。

9.10 延伸阅读

查看以下资源以获取有关本章所涵盖主题的更多信息。

- A Beginner's Guide to Deep Reinforcement Learning（深度强化学习初学者指南）：

  https://pathmind.com/wiki/deep-reinforcement-learning

- An Introduction to Gradient Descent and Linear Regression（梯度下降和线性回归简介）：

  https://spin.atomicobject.com/2014/06/24/gradient-descent-linear-regression/

- Assumptions of Multiple Linear Regression（多元线性回归假设）：

  https://www.statisticssolutions.com/assumptions-of-multiple-linear-regression/

- Clustering（聚类）：

  https://scikit-learn.org/stable/modules/clustering.html

- Generalized Linear Models（广义线性模型）：

  https://scikit-learn.org/stable/modules/linear_model.html

- Guide to Interpretable Machine Learning – Techniques to dispel the black box myth of deep learning（可解释机器学习指南——消除深度学习黑匣子神话的技术）：

  https://towardsdatascience.com/guide-to-interpretable-machine-learning-d40e8a64b6cf

- In Depth: k-Means（k-Means 深入研究）：

  https://jakevdp.github.io/PythonDataScienceHandbook/05.11-k-means.html

- Interpretable Machine Learning – A Guide for Making Black Box Models Explainable（可解释的机器学习——使黑盒模型可解释的指南）：

  https://christophm.github.io/interpretable-ml-book/

- Interpretable Machine Learning – Extracting human understandable insights from any Machine Learning model（可解释的机器学习——从任何机器学习模型中提取人类可以理解的见解）：

  https://towardsdatascience.com/interpretable-machine-learning-1dec0f2f3e6b

- MAE and RMSE – Which Metric is Better?（MAE 和 RMSE——哪个指标更好？）：

  https://medium.com/human-in-a-machine-world/mae-and-rmse-which-metric-is-better-e60ac3bde13d

- Model evaluation: quantifying the quality of predictions（模型评估：量化预测的质量）：

  https://scikit-learn.org/stable/modules/model_evaluation.html

- Preprocessing data（预处理数据）：

  https://scikit-learn.org/stable/modules/preprocessing.html

- Scikit-learn Glossary of Common Terms and API Elements（scikit-learn 常用术语和 API 元素词汇表）：

  https://scikit-learn.org/stable/glossary.html#glossary

- Scikit-learn User Guide（scikit-learn 用户指南）：

  https://scikit-learn.org/stable/user_guide.html

- Seeing Theory Chapter 6: Regression Analysis（Seeing Theory 网站第 6 章：回归分析）：

https://seeing-theory.brown.edu/index.html#secondPage/chapter6

- Simple Beginner's Guide to Reinforcement Learning & its implementation（强化学习及其实现的初学者指南）：

  https://www.analyticsvidhya.com/blog/2017/01/introduction-to-reinforcement-learning-implementation/

- Support Vector Machine – Introduction to Machine Learning Algorithms（支持向量机——机器学习算法简介）：

  https://towardsdatascience.com/support-vector-machine-introduction-to-machine-learning-algorithms-934a444fca47

- The 5 Clustering Algorithms Data Scientists Need to Know（数据科学家需要知道的 5 种聚类算法）：

  https://comingdatascience.com/the-5-clustering-algorithms-data-scientist-need-to-know-a36d136ef68

第 10 章　做出更好的预测

第 9 章“Python 机器学习入门”介绍了如何构建和评估机器学习模型。但是，并没有涉及如果想要提高模型的表现，那么我们可以做些什么。当然，我们可以尝试不同的模型，看看它们是否表现得更好——除非出于法律原因或为了能够解释它的工作原理而要求我们使用特定的方法。总之，我们想要确保尽可能地使用模型的最佳版本，为此，我们需要讨论如何调整模型。

本章将介绍使用 scikit-learn 优化机器学习模型性能的技术，作为第 9 章“Python 机器学习入门”中内容的延续和深化。需要指出的是，模型的优化并没有什么“放之四海而皆准”的统一解决方案，你尽可以尝试自己所能想到的一切，以提高模型的预测价值，这正是建模的本质。

如果模型的预测效果较差，也不必气馁。你可以考虑收集的数据是否足以回答问题，以及所选择的算法是否适合现有任务等。一般来说，在构建机器学习模型时，主题专业知识将被证明是至关重要的，因为它可以帮助我们确定哪些数据点是相关的，并且也有助于利用收集到的变量之间的已知交互。

本章包含以下主题：

- 使用网格搜索调整超参数。
- 特征工程。
- 构建组合许多估计器的集成模型。
- 检查分类预测置信度。
- 解决类不平衡的问题。
- 用正则化惩罚高回归系数。

10.1　章 节 材 料

本章将使用 3 个数据集。前两个来自 P. Cortez、A. Cerdeira、F. Almeida、T. Matos 和 J. Reis 捐赠给加利福尼亚大学尔湾分校（University of California，Irvine）机器学习数据存储库的葡萄酒质量数据，其中包含有关各种葡萄酒样品的化学特性的信息，以及由葡萄酒专家小组进行的盲品质量评级。

加利福尼亚大学尔湾分校（UCI）机器学习数据存储库的网址如下：

http://archive.ics.uci.edu/ml/index.php

这两个数据集文件也可在本书配套的 GitHub 存储库中找到，其网址如下：

https://github.com/stefmolin/Hands-On-Data-Analysis-with-Pandas-2nd-edition/tree/master/ch_10

在 ch_10 下的 data/文件夹中，分别包含了红葡萄酒数据 winequality-red.csv 和白葡萄酒数据 winequality-white.csv。

第三个数据集是使用 Open Exoplanet Catalog 数据库收集的，该数据库的网址如下：

https://github.com/OpenExoplanetCatalogue/open_exoplanet_catalogue/

该数据库以类似于 HTML 的可扩展标记语言格式提供数据。解析后的数据文件可以在 data/planets.csv 文件中找到。

本章练习还使用了第 9 章“Python 机器学习入门”中恒星的温度数据，该数据可以在 data/stars.csv 文件中找到。

以下是数据源的参考链接。

- Open Exoplanet Catalogue database（Open Exoplanet Catalogue 数据库）：

  https://github.com/OpenExoplanetCatalogue/open_exoplanet_catalogue/#data-structure

- P. Cortez, A. Cerdeira, F. Almeida, T. Matos and J. Reis. Modeling wine preferences by data mining from physicochemical properties. In Decision Support Systems, Elsevier, 47(4):547-553, 2009. 可访问以下网址：

  http://archive.ics.uci.edu/ml/datasets/Wine+Quality

- Dua, D. and Karra Taniskidou, E. (2017). UCI Machine Learning Repository [http://archive.ics.uci.edu/ml/index.php]. Irvine, CA: University of California, School of Information and Computer Science.

本章笔记本分配如下：

- 使用 planets_ml.ipynb 笔记本构建回归模型以预测行星的年份长度（以地球日为单位）。
- 使用 wine.ipynb 笔记本根据化学特性将葡萄酒分为红葡萄酒或白葡萄酒。
- 使用 red_wine.ipynb 笔记本预测红葡萄酒的质量。

在开始之前，编写导入语句并读入数据：

```
>>> %matplotlib inline
>>> import matplotlib.pyplot as plt
>>> import numpy as np
>>> import pandas as pd
>>> import seaborn as sns

>>> planets = pd.read_csv('data/planets.csv')
>>> red_wine = pd.read_csv('data/winequality-red.csv')
>>> white_wine = \
...     pd.read_csv('data/winequality-white.csv', sep=';')
>>> wine = pd.concat([
...     white_wine.assign(kind='white'),
...     red_wine.assign(kind='red')
... ])
>>> red_wine['high_quality'] = pd.cut(
...     red_wine.quality, bins=[0, 6, 10], labels=[0, 1]
... )
```

此外，我们还需要为红葡萄酒质量预测模型、按化学性质对葡萄酒进行分类的模型和行星预测模型创建训练集和测试集：

```
>>> from sklearn.model_selection import train_test_split

>>> red_y = red_wine.pop('high_quality')
>>> red_X = red_wine.drop(columns='quality')
>>> r_X_train, r_X_test, \
... r_y_train, r_y_test = train_test_split(
...     red_X, red_y, test_size=0.1, random_state=0,
...     stratify=red_y
... )

>>> wine_y = np.where(wine.kind == 'red', 1, 0)
>>> wine_X = wine.drop(columns=['quality', 'kind'])
>>> w_X_train, w_X_test, \
... w_y_train, w_y_test = train_test_split(
...     wine_X, wine_y, test_size=0.25,
...     random_state=0, stratify=wine_y
... )

>>> data = planets[
...     ['semimajoraxis', 'period', 'mass', 'eccentricity']
... ].dropna()
>>> planets_X = data[
```

```
...     ['semimajoraxis', 'mass', 'eccentricity']
... ]
>>> planets_y = data.period
>>> pl_X_train, pl_X_test, \
... pl_y_train, pl_y_test = train_test_split(
...     planets_X, planets_y, test_size=0.25, random_state=0
... )
```

注意：

请记住，我们将使用专用笔记本（每个笔记本使用相应的数据集），因此虽然上述设置代码在同一个代码块中包含了多个数据集，但这只是为了方便，请确保使用与相关数据对应的笔记本。

10.2　使用网格搜索调整超参数

你应该已经注意到，我们可以在实例化模型类时为其提供各种参数。这些模型参数并非源自数据本身，被称为超参数（hyperparameter）。例如，正则化项（详见 10.6 节“正则化”）和权重就是超参数。

模型调整（model tuning）的过程，就是通过调整这些超参数来优化模型性能的过程。

如何才能选择最佳值来优化模型的性能呢？一种方法是使用称为网格搜索（grid search）的技术来调整这些超参数。网格搜索允许我们定义搜索空间并测试该空间中超参数的所有组合，保留导致最佳模型的那些。我们定义的评分标准将决定最佳模型。

10.2.1　拆分验证集

第 9 章“Python 机器学习入门”讨论了肘点方法，用于在 k-means 聚类算法中找到 *k* 的合适值。采用类似的可视方法，我们也可以为超参数找到最佳值。这涉及将训练数据拆分为训练集（training set）和验证集（validation set）。我们需要保存测试集（test set）用于模型的最终评估，因此在搜索超参数的最佳值时，我们可以使用验证集来测试每个模型。

强调一下，验证集和测试集并不相同——它们必须是不相交的数据集。这种拆分可以通过 train_test_split()来完成。

以下将使用红酒质量数据集：

```
>>> from sklearn.model_selection import train_test_split
```

```
>>> r_X_train_new, r_X_validate,\
... r_y_train_new, r_y_validate = train_test_split(
...     r_X_train, r_y_train, test_size=0.3,
...     random_state=0, stratify=r_y_train
... )
```

然后，可以为要测试的所有超参数值多次构建模型，并根据相对于机器学习任务来说最重要的指标对它们进行评分。

让我们尝试为 C 找到一个合适的值（这个 C 即正则化强度的倒数），它决定了逻辑回归的惩罚项的权重。10.6 节“正则化”将对此展开更深入的讨论，目前我们可以调整这个超参数以减少过拟合：

```
>>> from sklearn.linear_model import LogisticRegression
>>> from sklearn.metrics import f1_score
>>> from sklearn.pipeline import Pipeline
>>> from sklearn.preprocessing import MinMaxScaler

# 为C尝试从10^-1 到10^1 的10个值
>>> inv_regularization_strengths = \
...     np.logspace(-1, 1, num=10)
>>> scores = []

>>> for inv_reg_strength in inv_regularization_strengths:
...     pipeline = Pipeline([
...         ('scale', MinMaxScaler()),
...         ('lr', LogisticRegression(
...             class_weight='balanced', random_state=0,
...             C=inv_reg_strength
...         ))
...     ]).fit(r_X_train_new, r_y_train_new)
...     scores.append(f1_score(
...         pipeline.predict(r_X_validate), r_y_validate
...     ))
```

提示：

上述示例使用了 np.logspace()获取尝试使用的 C 值范围。

为了使用该函数，我们提供了开始和停止指数以使用一个基数（默认为 10）。所以 np.logspace(-1, 1, num=10)给出了 10^{-1}～10^{1} 的 10 个均匀间隔的数字。

然后按以下方式绘图：

```
>>> plt.plot(inv_regularization_strengths, scores, 'o-')
>>> plt.xscale('log')
>>> plt.xlabel('inverse of regularization strength (C)')
>>> plt.ylabel(r'$F_1$ score')
>>> plt.title(
...     r'$F_1$ score vs. '
...     'Inverse of Regularization Strength'
... )
```

使用结果图，即可选择最大化性能的值，如图 10.1 所示。

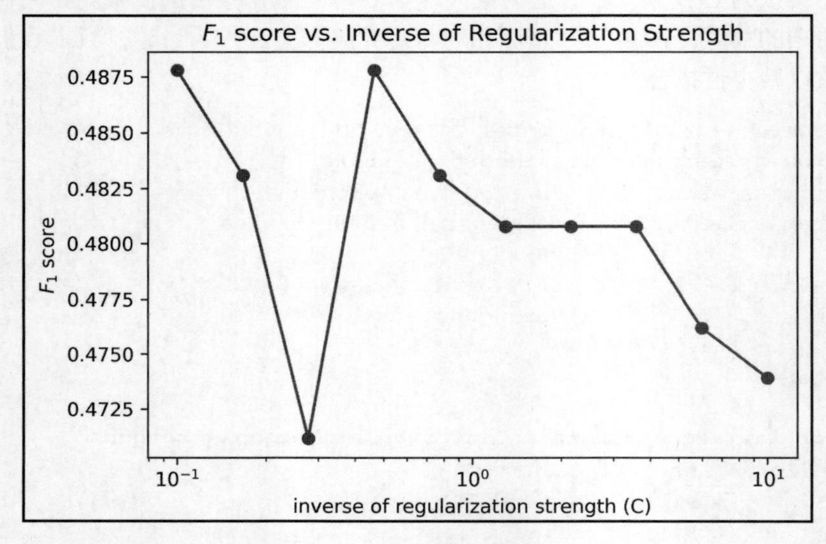

图 10.1　搜索最佳超参数

10.2.2　使用交叉验证

scikit-learn 在 model_selection 模块中提供了 GridSearchCV 类，以便更轻松地执行这种详尽的搜索。以 CV 结尾的类利用了交叉验证（cross-validation），这意味着它们将训练数据划分为子集，其中一些将作为对模型评分的验证集（在模型拟合之前不需要测试数据）。

一种常见的交叉验证方法是 k 折交叉验证（k-fold cross-validation），它将训练数据分成 k 个子集，并将训练模型 k 次，每次留下一个子集用作验证集。该模型的分数将是 k 个验证集的平均值。我们最初的尝试是 1 折交叉验证。当 $k = 3$ 时，该过程如图 10.2 所示。

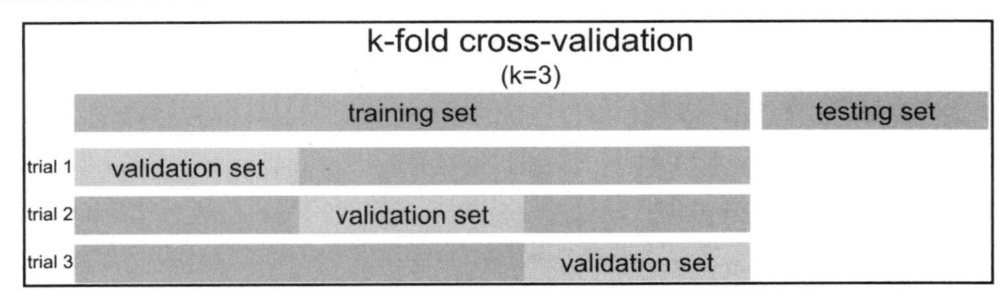

图 10.2　理解 k 折交叉验证

原　　文	译　　文
k-fold cross-validation	k 折交叉验证
training set	训练集
testing set	测试集
validation set	验证集

在处理分类问题时，scikit-learn 将实现分层 k 折交叉验证。这确保了属于每个类别的样本的百分比将在各折中获得保留。如果没有分层，则在某些验证集中可能会看到给定类的不成比例的低（或高）数量，这可能会扭曲结果。

GridSearchCV 使用交叉验证在搜索空间中找到最佳超参数，而无须使用测试数据。请记住，测试数据不应以任何方式影响训练过程——无论是在训练模型时还是在调整超参数时——否则，模型将会出现泛化问题。

模型的泛化（generalizing）能力是指机器学习算法对新鲜样本的适应能力。良好的模型需要学习到隐含在数据背后的规律，对具有同一规律的学习集以外的数据，经过训练的网络也能给出合适的输出，该能力即称为泛化能力。

模型就像学生一样，每天做各种练习题，优秀的学生能够举一反三、学以致用，这样在面对新题时也能从容应对，而成绩差的同学，则出现了泛化问题，这有 3 种可能：一是泛化能力弱，做了很多题，始终掌握不了规律，这种情况称为欠拟合；二是只会死记硬背，生搬硬套，所以面对新题就无能为力，这种情况称为过拟合；三是完全无法学习，考试全靠瞎蒙，这种情况称作不收敛。

为了使用 GridSearchCV，我们需要提供一个模型（或管道）和一个搜索空间，这将是一个字典，将要调整的超参数（按名称）映射到要尝试的值列表中。或者，我们可以提供要使用的评分指标，以及与交叉验证一起使用的折叠数。我们可以通过在超参数名称前面加上该步骤的名称，后跟两个下画线来调整管道中的任何步骤。例如，如果我们有一个名为 lr 的逻辑回归步骤并且想要调整 C，则可以使用 lr__C 作为搜索空间字典中的键。请注意，如果我们的模型有任何预处理步骤，则必须使用管道。

可以使用 GridSearchCV 进行红酒质量逻辑回归，搜索是否用截距和正则化强度的倒数（C）的最佳值来拟合模型。我们将使用 F_1 分数宏观平均值作为评分指标。

请注意，由于 API 的一致性，GridSearchCV 可用于使用与底层模型相同的方法进行评分、拟合和预测。默认情况下，网格搜索将串行运行，但 GridSearchCV 能够并行执行多个搜索，因此大大加快了此过程：

```
>>> from sklearn.linear_model import LogisticRegression
>>> from sklearn.model_selection import GridSearchCV
>>> from sklearn.pipeline import Pipeline
>>> from sklearn.preprocessing import MinMaxScaler

>>> pipeline = Pipeline([
...     ('scale', MinMaxScaler()),
...     ('lr', LogisticRegression(class_weight='balanced',
...                               random_state=0))
... ])

>>> search_space = {
...     'lr__C': np.logspace(-1, 1, num=10),
...     'lr__fit_intercept': [True, False]
... }

>>> lr_grid = GridSearchCV(
...     pipeline, search_space, scoring='f1_macro', cv=5
... ).fit(r_X_train, r_y_train)
```

网格搜索完成后，可以使用 best_params_ 属性从搜索空间中分离出最佳超参数。请注意，此结果与 1 折交叉验证尝试不同，因为每个折叠都已被平均在一起以找到整体最佳超参数，而不是仅使用单个折叠：

```
# 搜索空间中 C 和 fit_intercept 的最佳值
>>> lr_grid.best_params_
{'lr__C': 3.593813663804626, 'lr__fit_intercept': True}
```

提示：

我们还可以使用 best_estimator_ 属性从网格搜索中检索管道的最佳版本。如果想要查看最佳估计器（模型）的分数，可以从 best_score_ 属性中获取它；请注意，这将是使用 scoring 参数指定的分数。

F_1 分数宏观平均值现在高于第 9 章“Python 机器学习入门”中获得的分数：

```
>>> from sklearn.metrics import classification_report
>>> print(classification_report(
...     r_y_test, lr_grid.predict(r_X_test)
... ))
              precision    recall  f1-score   support

           0       0.94      0.80      0.87       138
           1       0.36      0.68      0.47        22

    accuracy       0.79       160
   macro avg       0.65      0.74      0.67       160
weighted avg       0.86      0.79      0.81       160
```

请注意，cv 参数不必是一个整数。

以下网址提供了拆分器（splitter）类：

https://scikit-learn.org/stable/modules/classes.html#splitter-classes

如果不想使用默认 k 折方法（用于回归）或分层 k 折方法（用于分类），则可以使用上述网址提供的拆分器类之一。

例如，在处理时间序列时，我们可以使用 TimeSeriesSplit 作为交叉验证对象，以处理连续样本并避免混洗。

scikit-learn 展示了交叉验证类的比较，其网址如下：

https://scikit-learn.org/stable/auto_examples/model_selection/plot_cv_indices.html

10.2.3　使用 RepeatedStratifiedKFold

现在让我们在红酒质量模型上测试 RepeatedStratifiedKFold，而不是默认的 StratifiedKFold，默认情况下会重复分层 k 折交叉验证 10 次。我们要做的就是将第一个 GridSearchCV 示例中作为 cv 传入的内容更改为 RepeatedStratifiedKFold 对象。

请注意，尽管使用相同的管道、搜索空间和评分指标，但我们有不同的 best_params_ 值，因为交叉验证过程发生了变化：

```
>>> from sklearn.model_selection import RepeatedStratifiedKFold

>>> lr_grid = GridSearchCV(
...     pipeline, search_space, scoring='f1_macro',
```

```
...     cv=RepeatedStratifiedKFold(random_state=0)
... ).fit(r_X_train, r_y_train)

>>> print('Best parameters (CV score=%.2f):\n %s' % (
...     lr_grid.best_score_, lr_grid.best_params_
... )) # f1 宏观分数
Best parameters (CV score=0.69):
    {'lr__C': 5.994842503189409, 'lr__fit_intercept': True}
```

除了交叉验证，GridSearchCV 还允许使用 scoring 参数指定想要优化的指标。这可以是分数名称的字符串（如上述代码块中的 scoring='f1_macro'），前提是它位于以下网址的列表中：

https://scikit-learn.org/stable/modules/model_evaluation.html#common-cases-predefined-values

如果你要评分的指标名称不在上述列表中，则可以传递函数本身或使用 sklearn.metrics 中的 make_scorer()函数创建自己的函数，甚至可以为网格搜索提供一个评分函数字典（以{name: function}的形式），前提是将其名称传递给 refit 参数来指定想要使用哪个函数进行优化。因此，我们可以使用网格搜索来找到有助于最大化性能指标的超参数。

注意：

训练模型所需的时间也应该是我们评估和优化的对象。如果要花费两倍的训练时间来获得更多正确的分类，则可能并不值得。

如果有一个名为 grid 的 GridSearchCV 对象，则可以通过运行 grid.cv_results_['mean_fit_time']来查看平均拟合时间。

我们可以使用 GridSearchCV 为管道中的任何步骤搜索最佳参数。

例如，我们可以将网格搜索与行星数据的预处理和线性回归管道一起使用（类似于在第 9 章“Python 机器学习入门”中对行星的年长度的建模），同时最小化平均绝对误差（mean absolute error，MAE）而不是默认的 R^2：

```
>>> from sklearn.linear_model import LinearRegression
>>> from sklearn.metrics import \
...     make_scorer, mean_squared_error
>>> from sklearn.model_selection import GridSearchCV
>>> from sklearn.pipeline import Pipeline
>>> from sklearn.preprocessing import StandardScaler

>>> model_pipeline = Pipeline([
```

```
...     ('scale', StandardScaler()),
...     ('lr', LinearRegression())
... ])

>>> search_space = {
...     'scale__with_mean': [True, False],
...     'scale__with_std': [True, False],
...     'lr__fit_intercept': [True, False],
...     'lr__normalize': [True, False]
... }

>>> grid = GridSearchCV(
...     model_pipeline, search_space, cv=5,
...     scoring={
...         'r_squared': 'r2',
...         'mse': 'neg_mean_squared_error',
...         'mae': 'neg_mean_absolute_error',
...         'rmse': make_scorer(
...             lambda x, y: \
...                 -np.sqrt(mean_squared_error(x, y))
...         )
...     }, refit='mae'
... ).fit(pl_X_train, pl_y_train)
```

请注意，除 R^2 外，其他所有指标使用的都是负数。这是因为 GridSearchCV 将尝试最大化分数，而我们希望最小化误差。

现在让我们检查此网格中缩放和线性回归的最佳参数：

```
>>> print('Best parameters (CV score=%.2f):\n%s' % (
...     grid.best_score_, grid.best_params_
... )) # MAE 分数 * -1
Best parameters (CV score=-1215.99):
{'lr__fit_intercept': False, 'lr__normalize': True,
 'scale__with_mean': False, 'scale__with_std': True}
```

调整之后的模型的平均绝对误差（MAE）比在第 9 章“Python 机器学习入门”中得到的 MAE 小 120 多个地球日：

```
>>> from sklearn.metrics import mean_absolute_error
>>> mean_absolute_error(pl_y_test, grid.predict(pl_X_test))
1248.3690943844194
```

需要注意的是，虽然模型训练速度可能很快，但我们不应该创建一个很大的、细粒度的搜索空间；实际上，最好从几个不同的展开值开始，然后检查结果以查看哪些区域需要进行更深入的搜索。

例如，假设要调整 C 超参数。在第一遍中，我们可以查看 np.logspace(-1, 1)的结果。如果看到 C 的最佳值位于范围的任一端，即可查看高于/低于该值的值。如果最佳值在该范围内，则可查看它周围的几个值。这个过程可以反复执行，直至看不到额外的改进。

或者，我们也可以使用 RandomizedSearchCV，它将在搜索空间中尝试 10 个随机组合（默认情况下）并找到最佳 estimator（模型）。可以用 n_iter 参数改变这个数字。

注意：

由于调整超参数的过程需要多次训练模型，因此必须考虑模型的时间复杂度。需要很长时间训练的模型与交叉验证一起使用时，成本可能非常高昂，这可能会导致我们缩小搜索空间。

10.3 特征工程

在尝试提高性能时，我们也可能会考虑通过特征工程（feature engineering）的过程为模型提供最佳特征。所谓特征，就是模型的输入。9.4 节“预处理数据”介绍了缩放、编码和估算数据时的特征转换（feature transformation）。

遗憾的是，特征转换可能会使要在模型中使用的数据中的某些元素失灵，如特定特征均值的未缩放值。对于这种情况，我们可以用该值创建一个新的特征。在特征构建（feature construction）——有时称为特征创建（feature creation）——期间可添加此新特征。

特征选择（feature selection）是确定在哪些特征上训练模型的过程。这可以手动完成，也可以通过其他过程完成，如机器学习。在为模型选择特征时，我们希望特征对因变量有影响，而不会不必要地增加问题的复杂性。

使用许多特征构建的模型会增加复杂性，但遗憾的是，它更倾向于拟合噪声，因为数据在高维的空间中通常是稀疏的，这被称为维度灾难（curse of dimensionality）。当模型学习了训练数据中的噪声时，将很难泛化到未见数据，这被称为过拟合（overfitting）。通过限制模型使用的特征数量，特征选择可以帮助解决过拟合问题。

特征提取（feature extraction）是解决维度灾难的另一种方式。在特征提取期间，可以通过变换来构造特征组合，以此降低数据的维数。这些新特征可以用来代替原来的特征，从而降低问题的维度，该过程被称为降维（dimensionality reduction），它还包括找到一定数量的分量（少于原始分量）的技术，这些分量可以解释数据中的大部分差异。

特征提取常用于图像识别问题，因为任务的维数是图像中像素的总数。例如，网站上的方形广告为 350×350 像素（这是最常见的尺寸之一），因此使用该尺寸图像的图像识别任务有 350×350 = 122500 维数。

提示：

完整的探索性数据分析和领域知识是特征工程的必要条件。

特征工程是本书的重要主题；当然，由于它是一个更高级的主题，因此本节将只能讨论其中一些技术。10.9 节“延伸阅读”提供了有关该主题的更多资料，其中还涉及使用机器学习算法进行特征学习等。

10.3.1　交互项和多项式特征

9.4 节“预处理数据”讨论了虚拟变量的使用，当然，我们仅仅考虑了该变量本身的影响。在试图使用化学特性预测红葡萄酒质量的模型中，我们将分别考虑每个特性。但是，重要的是要考虑这些属性之间的相互作用是否有影响。也许当 citric acid（柠檬酸）和 fixed acidity（固定酸度）都很高或都很低时，葡萄酒的质量与它们一个高和一个低时的质量不同。为了捕捉该效果，需要添加一个交互项（interaction term），这将是特征的乘积。

通过特征构建来增加模型中某个特征的效果，这也是我们感兴趣的；我们可以通过添加由该特征构成的多项式特征（polynomial feature）来实现这一点。这涉及添加更高阶的原始特征，因此可以在模型中包含 citric acid（柠檬酸）、citric acid^2、citric acid^3 等。

提示：

我们可以通过使用交互项和多项式特征来泛化线性模型，因为它们允许我们对非线性项的线性关系进行建模。由于线性模型在存在多个或非线性决策边界（分隔类别的表面或超表面）时往往表现不佳，因此这种方式可以提高模型的性能。

scikit-learn 在 processing 模块中提供了 PolynomialFeatures 类，可用于轻松地创建交互项和多项式特征。这在构建具有分类和连续特征的模型时会派上用场。

通过仅指定阶数（degree），我们可以获得小于或等于阶数的特征的每个组合。阶数高会大大增加模型的复杂度，并可能导致过拟合。

如果使用 degree=2，则可以将 citric acid（柠檬酸）和 fixed acidity（固定酸度）变成如下形式，其中 1 是可以在模型中被用作截距项的偏置项：

$$1 + \text{citric acid} + \text{fixed acidity} + \text{citric acid}^2 + \text{citric acid} \times \text{fixed acidity} + \text{fixed acidity}^2$$

通过在 PolynomialFeatures 对象上调用 fit_transform()方法，我们可以生成以下特征：

```
>>> from sklearn.preprocessing import PolynomialFeatures

>>> PolynomialFeatures(degree=2).fit_transform(
...     r_X_train[['citric acid', 'fixed acidity']]
... )

array([[1.000e+00, 5.500e-01, 9.900e+00, 3.025e-01,
        5.445e+00, 9.801e+01],
       [1.000e+00, 4.600e-01, 7.400e+00, 2.116e-01,
        3.404e+00, 5.476e+01],
       [1.000e+00, 4.100e-01, 8.900e+00, 1.681e-01,
        3.649e+00, 7.921e+01],
       ...,
       [1.000e+00, 1.200e-01, 7.000e+00, 1.440e-02,
        8.400e-01, 4.900e+01],
       [1.000e+00, 3.100e-01, 7.600e+00, 9.610e-02,
        2.356e+00, 5.776e+01],
       [1.000e+00, 2.600e-01, 7.700e+00, 6.760e-02,
        2.002e+00, 5.929e+01]])
```

现在来仔细看看上一个代码块中数组的第一行（已经以粗体突出显示），以了解这些值的由来，如图 10.3 所示。

term	*bias*	*citric acid*	*fixed acidity*	*citric acid*^{2}	*citric acid* × *fixed acidity*	*fixed acidity*^{2}
value	1.000e+00	5.500e-01	9.900e+00	3.025e-01	5.445e+00	9.801e+01

图 10.3　检查交互项和创建的多项式特征

如果仅对交互变量（citric acid×fixed acidity）感兴趣，则可以指定 interaction_only=True。在本示例中，我们也不想要偏置项，因此可指定 include_bias=False。这将为我们提供原始变量及其交互项：

```
>>> PolynomialFeatures(
...     degree=2, include_bias=False, interaction_only=True
... ).fit_transform(
...     r_X_train[['citric acid', 'fixed acidity']]
... )
array([[0.55 , 9.9 , 5.445],
```

```
       [0.46 , 7.4 , 3.404],
       [0.41 , 8.9 , 3.649],
       ...,
       [0.12 , 7. , 0.84 ],
       [0.31 , 7.6 , 2.356],
       [0.26 , 7.7 , 2.002]])
```

我们可以将这些多项式特征添加到管道中：

```
>>> from sklearn.linear_model import LogisticRegression
>>> from sklearn.model_selection import GridSearchCV
>>> from sklearn.pipeline import Pipeline
>>> from sklearn.preprocessing import (
...     MinMaxScaler, PolynomialFeatures
... )

>>> pipeline = Pipeline([
...     ('poly', PolynomialFeatures(degree=2)),
...     ('scale', MinMaxScaler()),
...     ('lr', LogisticRegression(
...         class_weight='balanced', random_state=0
...     ))
... ]).fit(r_X_train, r_y_train)
```

请注意，此模型比第 9 章“Python 机器学习入门”中使用的添加额外项的模型效果要稍好一些：

```
>>> from sklearn.metrics import classification_report

>>> preds = pipeline.predict(r_X_test)
>>> print(classification_report(r_y_test, preds))
              precision    recall  f1-score   support
           0       0.95      0.79      0.86       138
           1       0.36      0.73      0.48        22

    accuracy                           0.78       160
   macro avg       0.65      0.76      0.67       160
weighted avg       0.87      0.78      0.81       160
```

添加多项式特征和交互项会增加数据的维度，可能并不是我们想要的。有时，我们不是要寻求创建更多特征，而是寻找合并它们并降低数据维度的方法。

10.3.2 降维

降维（dimensionality reduction）减少了训练模型的特征数量，这样做是为了在不牺牲太多性能的情况下降低训练模型的计算复杂度。我们可以选择在特征的子集上进行训练（即特征选择）；当然，我们如果认为这些特征有价值（尽管很小），则可以寻找方法从其中提取需要的信息。

特征选择的一种常见策略是丢弃具有低方差的特征。这些特征带来的信息量并不大，因为它们在整个数据中的值大多相同。

scikit-learn 提供了 VarianceThreshold 类，用于根据最小方差阈值进行特征选择。默认情况下，它将丢弃任何具有零方差的特征；当然，我们可以提供自己的阈值。

现在让我们对模型进行特征选择，该模型可根据化学成分预测葡萄酒是红葡萄酒还是白葡萄酒。我们由于没有包含零方差的特征，因此将选择保留方差大于 0.01 的特征：

```
>>> from sklearn.feature_selection import VarianceThreshold
>>> from sklearn.linear_model import LogisticRegression
>>> from sklearn.pipeline import Pipeline
>>> from sklearn.preprocessing import StandardScaler

>>> white_or_red_min_var = Pipeline([
...     ('feature_selection',
...      VarianceThreshold(threshold=0.01)),
...     ('scale', StandardScaler()),
...     ('lr', LogisticRegression(random_state=0))
... ]).fit(w_X_train, w_y_train)
```

这删除了两个低方差的特征。我们可以使用 VarianceThreshold 对象的 get_support() 方法返回的布尔掩码获取它们的名称，该方法可指示保留的特征：

```
>>> w_X_train.columns[
...     ~white_or_red_min_var.named_steps[
...         'feature_selection'
...     ].get_support()
... ]
Index(['chlorides', 'density'], dtype='object')
```

虽然仅使用了 11 个特征中的 9 个，但是模型的性能并没有受到太大影响：

```
>>> from sklearn.metrics import classification_report
>>> print(classification_report(
```

```
...     w_y_test, white_or_red_min_var.predict(w_X_test)
... ))
              precision    recall  f1-score   support

           0       0.98      0.99      0.99      1225
           1       0.98      0.95      0.96       400

    accuracy                           0.98      1625
   macro avg       0.98      0.97      0.97      1625
weighted avg       0.98      0.98      0.98      1625
```

提示：

在以下网址中可以查看 feature_selection 模块中的其他特征选择选项。

https://scikit-learn.org/stable/modules/classes.html#module-sklearn.feature_selection

我们如果相信所有特征都有其价值，则可以决定使用特征提取而不是完全丢弃它们。主成分分析（principal component analysis，PCA）可以通过将高维数据投影到低维中进行特征提取，从而降低维数。在返回结果中，我们得到了最大化解释方差的 n 个分量。这对于数据的比例将很敏感，因此需要事先做一些预处理。

现在来看看 ml_utils.pca 模块中的 pca_scatter()函数。当我们将数据削减为二维时，该函数可帮助进行可视化：

```
import matplotlib.pyplot as plt
from sklearn.decomposition import PCA
from sklearn.pipeline import Pipeline
from sklearn.preprocessing import MinMaxScaler

def pca_scatter(X, labels, cbar_label, cmap='brg'):
    """
    从 X 的两个 PCA 分量中创建一个二维散点图

    参数：
        - X: PCA 的 X 数据
        - labels: y 值
        - cbar_label: 颜色条的标签
        - cmap: 要使用的颜色表的名称

    返回：
        Matplotlib Axes 对象
    """
    pca = Pipeline([
```

```
        ('scale', MinMaxScaler()),
        ('pca', PCA(2, random_state=0))
    ]).fit(X)
    data, classes = pca.transform(X), np.unique(labels)

    ax = plt.scatter(
        data[:, 0], data[:, 1],
        c=labels, edgecolor='none', alpha=0.5,
        cmap=plt.cm.get_cmap(cmap, classes.shape[0])
    )

    plt.xlabel('component 1')
    plt.ylabel('component 2')

    cbar = plt.colorbar()
    cbar.set_label(cbar_label)
    cbar.set_ticks(classes)

    plt.legend([
        'explained variance\n'
        'comp. 1: {:.3}\ncomp. 2: {:.3}'.format(
            *pca.named_steps['pca'].explained_variance_ratio_
        )
    ])
    return ax
```

现在仅用两个 PCA 分量可视化葡萄酒数据，看看是否有办法将红葡萄酒与白葡萄酒分离开：

```
>>> from ml_utils.pca import pca_scatter

>>> pca_scatter(wine_X, wine_y, 'wine is red?')
>>> plt.title('Wine Kind PCA (2 components)')
```

如图 10.4 所示，大多数红葡萄酒在上面呈亮绿色的点团中，而白葡萄酒则在下面的蓝色点团中。视觉上，我们可以看到如何将它们分开，但仍然有一些重叠部分。

提示：

PCA 分量将是线性不相关的，因为它们是通过正交变换（垂直扩展到更高维度）获得的。线性回归假设回归量（输入数据）不相关，因此这有助于解决多重共线性问题。

请注意图 10.4 的图例中每个分量的解释方差（explained variance）——这些分量解释

了葡萄酒数据中超过 50%的方差。

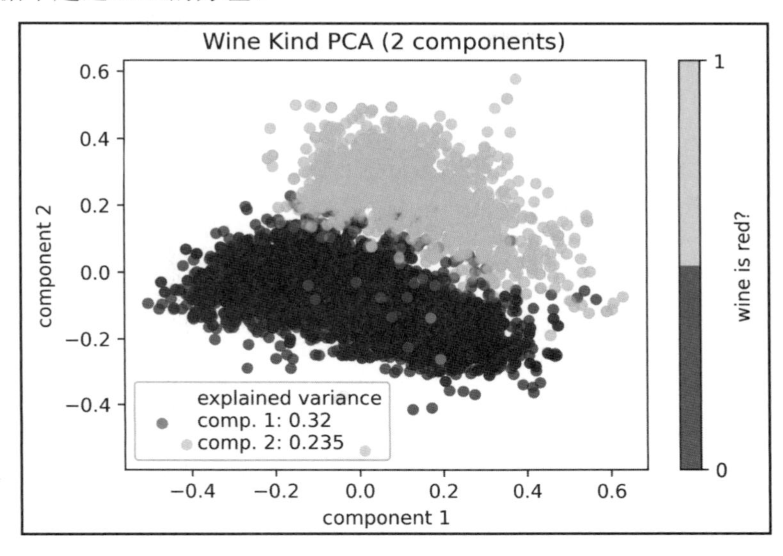

图 10.4　使用两个 PCA 分量按类型区分葡萄酒

现在再来看看使用 3 个维度是否可以改善分离情况。ml_utils.pca 模块中的 pca_scatter_3d()函数可使用 mpl_toolkits，它与 Matplotlib 一起用于 3D 可视化：

```
import matplotlib.pyplot as plt
from mpl_toolkits.mplot3d import Axes3D
from sklearn.decomposition import PCA
from sklearn.pipeline import Pipeline
from sklearn.preprocessing import MinMaxScaler

def pca_scatter_3d(X, labels, cbar_label, cmap='brg',
                   elev=10, azim=15):
    """
    从 X 的 3 个 PCA 分量中创建一个 3D 散点图

    参数：
        - X: PCA 的 X 数据
        - labels: y 值
        - cbar_label: 颜色条的标签
        - cmap: 要使用的颜色表的名称
        - elev: 绘图的海拔（elevation）高度
        - azim: xy 平面上的方位角（azimuth angle）
              （绕 z 轴旋转）
```

```
    返回：
        Matplotlib Axes 对象
    """
    pca = Pipeline([
        ('scale', MinMaxScaler()),
        ('pca', PCA(3, random_state=0))
    ]).fit(X)
    data, classes = pca.transform(X), np.unique(labels)

    fig = plt.figure()
    ax = fig.add_subplot(111, projection='3d')

    p = ax.scatter3D(
        data[:, 0], data[:, 1], data[:, 2],
        alpha=0.5, c=labels,
        cmap=plt.cm.get_cmap(cmap, classes.shape[0])
    )

    ax.view_init(elev=elev, azim=azim)

    ax.set_xlabel('component 1')
    ax.set_ylabel('component 2')
    ax.set_zlabel('component 3')

    cbar = fig.colorbar(p, pad=0.1)
    cbar.set_ticks(classes)
    cbar.set_label(cbar_label)

    plt.legend([
        'explained variance\ncomp. 1: {:.3}\n'
        'comp. 2: {:.3}\ncomp. 3: {:.3}'.format(
            *pca.named_steps['pca'].explained_variance_ratio_
        )
    ])

    return ax
```

现在再次对葡萄酒数据使用 3D 可视化功能，看看使用 3 个 PCA 分量是否更容易区分白葡萄酒和红葡萄酒：

```
>>> from ml_utils.pca import pca_scatter_3d
```

```
>>> pca_scatter_3d(
...     wine_X, wine_y, 'wine is red?', elev=20, azim=-10
... )
>>> plt.suptitle('Wine Type PCA (3 components)')
```

如图 10.5 所示，通过这种方式可以更好地划分红葡萄酒和白葡萄酒，当然，仍然有些点是错误的。

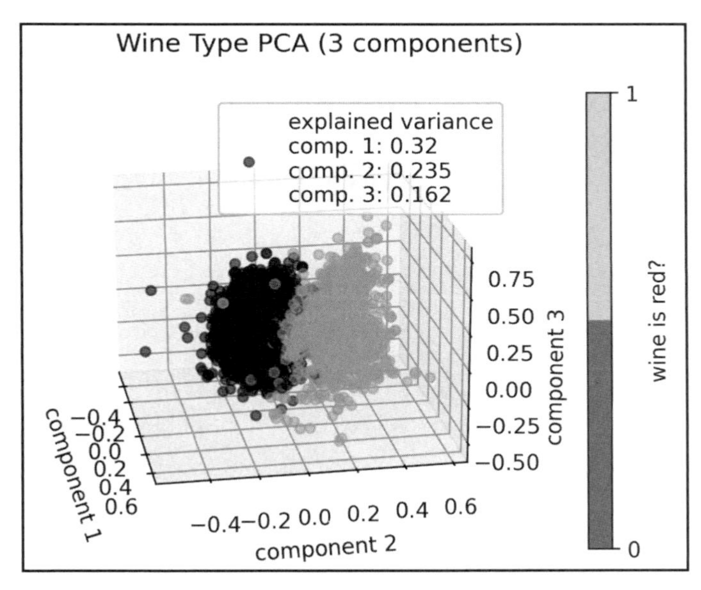

图 10.5　使用 3 个 PCA 分量按类型区分葡萄酒

注意：

主成分分析（PCA）执行线性降维。要为非线性降维执行流形学习，可以使用 t-SNE 和 Isomap 算法。

可以使用 ml_utils.pca 模块中的 pca_explained_variance_plot()函数，将累积解释方差可视化为 PCA 分量数量的函数：

```
import matplotlib.pyplot as plt
import numpy as np

def pca_explained_variance_plot(pca_model, ax=None):
    """
    绘制 PCA 分量的累积解释方差
```

```
    参数:
        - pca_model: 已经拟合的 PCA 模型
        - ax: 要绘图的 Matplotlib Axes 对象

    返回:
        Matplotlib Axes 对象
    """
    if not ax:
        fig, ax = plt.subplots()

    ax.plot(
        np.append(
            0, pca_model.explained_variance_ratio_.cumsum()
        ), 'o-'
    )

    ax.set_title(
        'Total Explained Variance Ratio for PCA Components'
    )
    ax.set_xlabel('PCA components used')
    ax.set_ylabel('cumulative explained variance ratio')

    return ax
```

我们可以将管道的 PCA 部分传递给该函数，以查看累积解释方差：

```
>>> from sklearn.decomposition import PCA
>>> from sklearn.pipeline import Pipeline
>>> from sklearn.preprocessing import MinMaxScaler
>>> from ml_utils.pca import pca_explained_variance_plot

>>> pipeline = Pipeline([
...     ('normalize', MinMaxScaler()),
...     ('pca', PCA(8, random_state=0))
... ]).fit(w_X_train, w_y_train)

>>> pca_explained_variance_plot(pipeline.named_steps['pca'])
```

前 4 个 PCA 分量解释了大约 80%的方差，如图 10.6 所示。

我们还可以使用肘点法为要使用的 PCA 分量的数量找到一个合适的值，就像在第 9 章“Python 机器学习入门”中使用 k-means 算法时所做的那样。

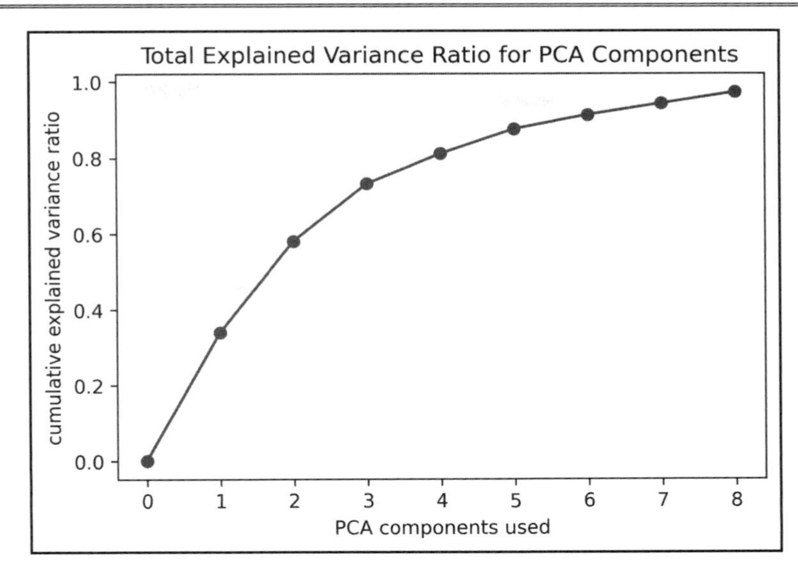

图 10.6　所用 PCA 分量的解释方差

为此，我们需要制作一个碎石图（scree plot，也称为陡坡图），显示每个分量的解释方差。ml_utils.pca 模块具有用于创建此可视化的 pca_scree_plot()函数：

```
import matplotlib.pyplot as plt
import numpy as np

def pca_scree_plot(pca_model, ax=None):
    """
    绘制每个连续 PCA 分量的解释方差

    参数：
        - pca_model：已经拟合的 PCA 模型
        - ax：要绘图的 Matplotlib Axes 对象

    返回：
        Matplotlib Axes 对象
    """
    if not ax:
        fig, ax = plt.subplots()

    values = pca_model.explained_variance_
    ax.plot(np.arange(1, values.size + 1), values, 'o-')
    ax.set_title('Scree Plot for PCA Components')
```

```
    ax.set_xlabel('component')
    ax.set_ylabel('explained variance')
    return ax
```

我们可以将管道的 PCA 部分传递给该函数，以便查看每个 PCA 分量解释的方差：

```
>>> from sklearn.decomposition import PCA
>>> from sklearn.pipeline import Pipeline
>>> from sklearn.preprocessing import MinMaxScaler
>>> from ml_utils.pca import pca_scree_plot

>>> pipeline = Pipeline([
...     ('normalize', MinMaxScaler()),
...     ('pca', PCA(8, random_state=0))
... ]).fit(w_X_train, w_y_train)
>>> pca_scree_plot(pipeline.named_steps['pca'])
```

如图 10.7 所示，该碎石图告诉我们只要尝试 4 个 PCA 分量即可，因为在该分量之后收益递减。

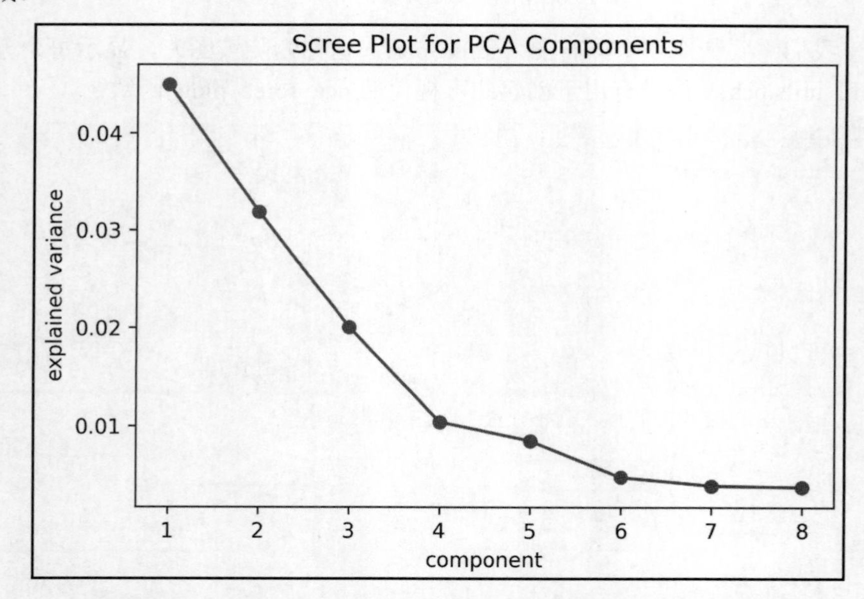

图 10.7　在第 4 个 PCA 分量之后，每个额外的 PCA 分量的收益递减

我们可以在称为元学习（meta-learning）的过程中基于这 4 个 PCA 特征构建模型，其中，管道中的最后一个模型是根据不同模型的输出（而不是原始数据本身）进行训练的：

```
>>> from sklearn.decomposition import PCA
>>> from sklearn.pipeline import Pipeline
>>> from sklearn.preprocessing import MinMaxScaler
>>> from sklearn.linear_model import LogisticRegression

>>> pipeline = Pipeline([
...     ('normalize', MinMaxScaler()),
...     ('pca', PCA(4, random_state=0)),
...     ('lr', LogisticRegression(
...         class_weight='balanced', random_state=0
...     ))
... ]).fit(w_X_train, w_y_train)
```

新模型的性能几乎与使用 11 个特征的原始逻辑回归一样好，但是它却只有用 PCA 制作的 4 个特征：

```
>>> from sklearn.metrics import classification_report

>>> preds = pipeline.predict(w_X_test)
>>> print(classification_report(w_y_test, preds))
              precision    recall  f1-score   support

           0       0.99      0.99      0.99      1225
           1       0.96      0.96      0.96       400

    accuracy                           0.98      1625
   macro avg       0.98      0.98      0.98      1625
weighted avg       0.98      0.98      0.98      1625
```

在执行降维之后，我们不再拥有开始时的所有特征——毕竟减少特征数量才是重点。当然，我们也可能希望对特征子集采用不同的特征工程技术，为此，我们需要了解特征联合（feature union）。

10.3.3　特征联合

除了选择特征的子集，我们可能还想基于来自各种来源（如 PCA）的特征构建模型。出于该目的，scikit-learn 在管道模块中提供了 FeatureUnion 类。当我们将其与管道结合时，允许一次执行多种特征工程技术（如特征提取和特征转换）。

创建 FeatureUnion 对象就像创建管道一样，但不是按顺序传递步骤，而是传递要进行的转换。这将在结果中并排堆叠。让我们使用交互项的特征联合并选择方差大于 0.01

的特征来预测红酒质量：

```
>>> from sklearn.feature_selection import VarianceThreshold
>>> from sklearn.pipeline import FeatureUnion, Pipeline
>>> from sklearn.preprocessing import (
...     MinMaxScaler, PolynomialFeatures
... )

>>> from sklearn.linear_model import LogisticRegression
>>> combined_features = FeatureUnion([
...     ('variance', VarianceThreshold(threshold=0.01)),
...     ('poly', PolynomialFeatures(
...         degree=2, include_bias=False, interaction_only=True
...     ))
... ])

>>> pipeline = Pipeline([
...     ('normalize', MinMaxScaler()),
...     ('feature_union', combined_features),
...     ('lr', LogisticRegression(
...         class_weight='balanced', random_state=0
...     ))
... ]).fit(r_X_train, r_y_train)
```

为了说明发生的转换，我们检查 FeatureUnion 对象转换后红葡萄酒质量数据训练集中的第一行。我们由于看到方差阈值导致 9 个特征，因此知道它们是结果 NumPy 数组中的前 9 个条目，其余的是交互项：

```
>>> pipeline.named_steps['feature_union']\
...     .transform(r_X_train)[0]
array([9.900000e+00, 3.500000e-01, 5.500000e-01, 5.000000e+00,
       1.400000e+01, 9.971000e-01, 3.260000e+00, 1.060000e+01,
       9.900000e+00, 3.500000e-01, 5.500000e-01, 2.100000e+00,
       6.200000e-02, 5.000000e+00, 1.400000e+01, 9.971000e-01,
       ...,
       3.455600e+01, 8.374000e+00])
```

再来查看分类报告，可以看到在 F_1 分数上获得了边际提升：

```
>>> from sklearn.metrics import classification_report

>>> preds = pipeline.predict(r_X_test)
>>> print(classification_report(r_y_test, preds))
```

```
              precision    recall  f1-score   support

           0       0.94      0.80      0.87       138
           1       0.36      0.68      0.47        22

    accuracy                           0.79       160
   macro avg       0.65      0.74      0.67       160
weighted avg       0.86      0.79      0.81       160
```

在本示例中，我们选择了方差大于 0.01 的特征，这基于一种假设：如果特征中不包含大量不同的值，那么它的作用就可能很小。你如果不想做出这种假设，则可以使用机器学习模型来帮助确定哪些特征是重要的。

10.3.4　特征重要性

决策树（decision tree）可以按递归方式拆分数据，决定每次拆分时使用哪些特征。它们是贪婪学习器（greedy learner），这意味着它们每次都在寻找最大的拆分；在查看树的输出时，这不一定是最佳分割。

注意：

所谓学习器（learner），其实就是指机器学习模型。

我们可以使用决策树来衡量特征重要性（feature importance），它将决定树如何在决策节点上拆分数据。这些特征重要性可以帮助决定特征选择。

请注意，特征重要性总和为 1，值越高越好。

现在使用决策树来看看如何在化学层级上区分红葡萄酒和白葡萄酒：

```
>>> from sklearn.tree import DecisionTreeClassifier

>>> dt = DecisionTreeClassifier(random_state=0).fit(
...     w_X_train, w_y_train
... )

>>> pd.DataFrame([(col, coef) for col, coef in zip(
...     w_X_train.columns, dt.feature_importances_
... )], columns=['feature', 'importance']
... ).set_index('feature').sort_values(
...     'importance', ascending=False
... ).T
```

这表明，区分红葡萄酒和白葡萄酒最重要的化学性质是 total sulfur dioxide（总二氧化硫）和 chlorides（氯化物），如图 10.8 所示。

feature	total sulfur dioxide	chlorides	density	volatile acidity	sulphates	pH	residual sugar	alcohol	fixed acidity	citric acid	free sulfur dioxide
importance	0.687236	0.210241	0.050201	0.016196	0.012143	0.01143	0.005513	0.005074	0.001811	0.000113	0.000042

图 10.8 每种化学性质在预测葡萄酒类型中的重要性

提示：

按照"特征重要性"的指示使用最重要的特征，我们可以尝试构建一个更简单的模型（使用更少的特征）。如果可能，最好在不牺牲太多性能的情况下简化模型。有关示例，请参阅 wine.ipynb 笔记本。

如果训练另一个最大深度为 2 的决策树，则可以可视化树的顶部（如果不限制深度，那么它会因为太大而无法可视化）：

```
>>> from sklearn.tree import export_graphviz
>>> import graphviz

>>> graphviz.Source(export_graphviz(
...     DecisionTreeClassifier(
...         max_depth=2, random_state=0
...     ).fit(w_X_train, w_y_train),
...     feature_names=w_X_train.columns
... ))
```

注意：

要可视化树，需要安装 Graphviz 软件。该软件的下载网址如下：

https://graphviz.gitlab.io/download/

其安装指南网址如下：

https://graphviz.readthedocs.io/en/stable/manual.html#installation

请注意，安装后需要重新启动内核，否则可以将 out_file='tree.dot'传递给 export_graphviz()函数，然后从命令行运行以下命令以生成 PNG 文件：

```
dot -T png tree.dot -o tree.png
```

此外，scikit-learn 还提供了一个使用 plot_tree()函数的替代方案，这需要用到 Matplotlib。本节笔记本提供了这方面的示例。

这会产生如图 10.9 所示的树，它首先拆分 total sulfur dioxide（总二氧化硫），这是具有最高的特征重要性的特征，然后是第二级的 chlorides（氯化物）。每个节点的信息告诉我们拆分的标准（第一行）、成本函数的值（gini）、该节点的样本数（samples）以及该节点每个类的样本数（value）。

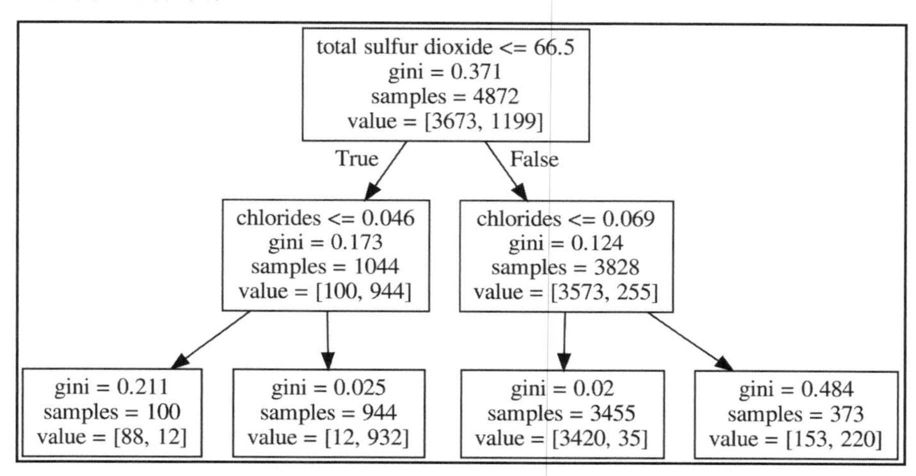

图 10.9　基于化学特性预测葡萄酒类型的决策树

我们还可以将决策树应用于回归问题。现在让我们使用 DecisionTreeRegressor 类找出行星数据的特征重要性：

```
>>> from sklearn.tree import DecisionTreeRegressor

>>> dt = DecisionTreeRegressor(random_state=0).fit(
...     pl_X_train, pl_y_train
... )
>>> [(col, coef) for col, coef in zip(
...     pl_X_train.columns, dt.feature_importances_
... )]
[('semimajoraxis', 0.9969449557611615),
 ('mass', 0.0015380986260574154),
 ('eccentricity', 0.0015169456127809738)]
```

基本上，半长轴是我们已经知道的周期长度的主要决定因素，但是，如果可视化该树，则可以看得更清晰。如图 10.10 所示，前 4 个拆分都是基于半长轴的。

决策树可以在增长到最大深度后进行修剪（prune），或者在训练之前提供最大深度，以限制增长，从而避免过拟合。

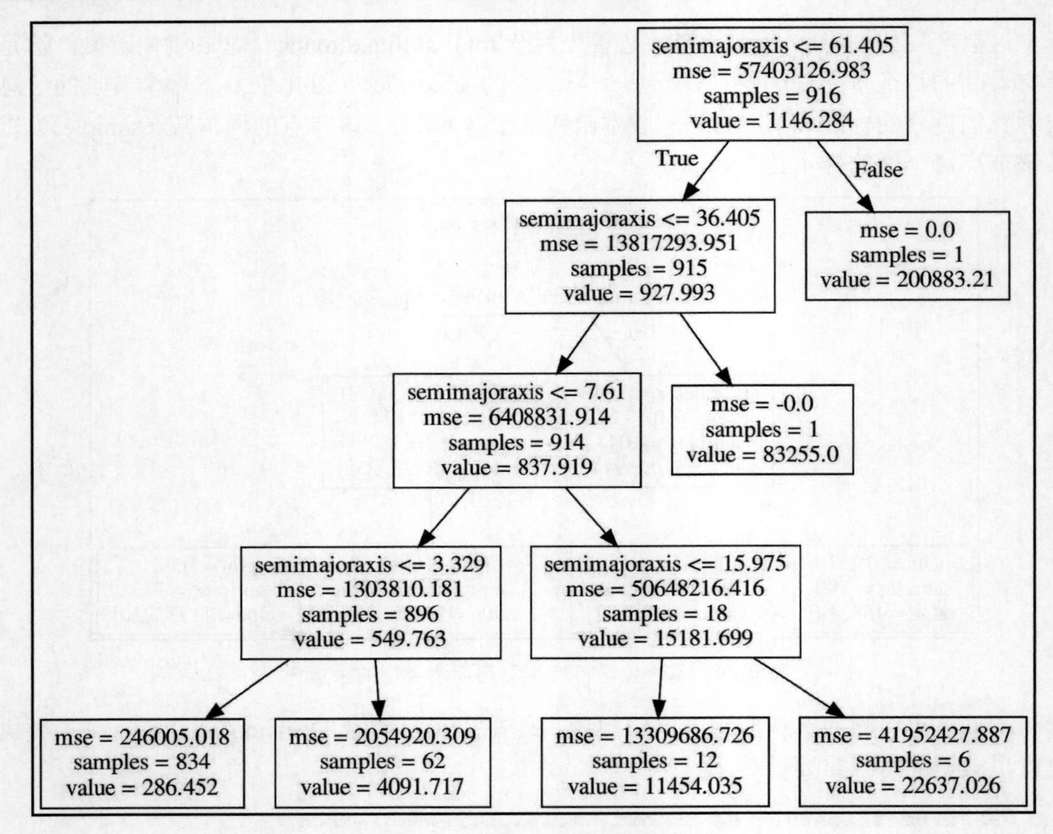

图 10.10　预测行星周期的决策树

scikit-learn 文档提供了在使用决策树时解决过拟合和其他潜在问题的技巧。其网址如下：

https://scikit-learn.org/stable/modules/tree.html#tips-on-practical-use

接下来，让我们看看集成方法。

10.4　集 成 方 法

集成方法（ensemble method）可以结合许多模型（通常是弱模型），以创建一个更强的模型，该模型将最小化观察值和预测值之间的平均误差〔也就是偏差（bias）〕，或提高它对未见数据的泛化能力〔也就是最小化方差（variance）〕。我们必须在可能会增加方差的复杂模型（因为它们倾向于过拟合）和可能具有高偏差的简单模型（因为它们倾向于欠拟合）之间取得平衡。这被称为偏差-方差权衡（bias-variance trade-off），如图 10.11 所示。

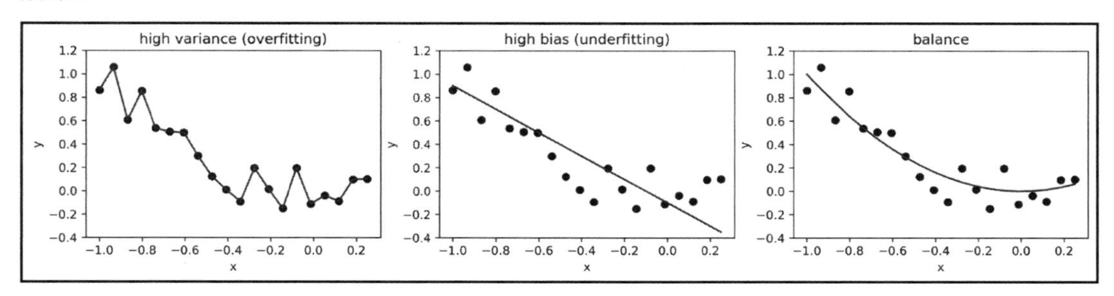

图 10.11　偏差-方差权衡

集成方法可以分为 3 类：提升（boosting）、装袋（bagging）和堆叠（stacking）。

- boosting 可以训练许多弱学习器（weak learner），它们从彼此的错误中学习以减少偏差，从而成为一个强学习器（stronger learner）。

  boosting 算法的工作原理是：首先从训练集中用初始权重训练出一个弱学习器 1，根据弱学习器的学习误差率表现来更新训练样本的权重，使得之前弱学习器 1 学习误差率高的训练样本点的权重变高，使得这些误差率高的点在后面的弱学习器 2 中得到更多的重视，然后基于调整权重后的训练集来训练弱学习器 2（就好像教师在第一次摸底考试之后，将学生容易出错的题作为重点，进行第二次摸底考试），如此重复，直到弱学习器数达到事先指定的数目 n，最终将这 n 个弱学习器通过集合策略进行整合，得到最终的强学习器。

  boosting 系列算法里最著名算法主要有 AdaBoost 算法和提升树（boosting tree）系列算法。提升树系列算法里面应用最广泛的是梯度提升树（gradient boosting tree）。

- bagging 可以使用自举聚合（bootstrap aggregation）在数据的自举样本（bootstrap sample）上训练许多模型，并将结果聚合在一起以减少方差。

  bagging 的个体弱学习器的训练集是通过随机采样得到的。通过 3 次随机采样，可以得到 3 个采样集，对于这 3 个采样集，可以分别独立训练出 3 个弱学习器，再对这 3 个弱学习器通过集合策略来得到最终的强学习器。

  由此可见，bagging 的算法原理和 boosting 有一个很大的区别，它的弱学习器之间没有依赖关系，可以并行生成。

  bagging 算法在聚合时使用投票进行分类，使用平均值进行回归。还可以将许多不同的模型类型与投票结合在一起。随机森林（random forest，RF）是 bagging

的一个扩展变体。它在以决策树作为基学习器构建 bagging 集成的基础上，进一步在决策树的训练过程中引入了随机属性选择。

- stacking 是一种集成技术，可以使用一些模型的输出作为其他模型的输入，以此组合许多不同的模型类型，这样做是为了改进预测能力。

  stacking 算法分为两层，第一层用不同的算法形成 *n* 个弱分类器，同时产生一个与原数据集大小相同的新数据集，利用这个新数据集和一个新算法即可构成第二层的分类器。

  stacking 就像是 bagging 的升级版，bagging 中聚合各个基础分类器时使用的是相同权重，而 stacking 中则不同，stacking 中第二层学习的过程就是为了寻找合适的权重或者合适的组合方式。10.3.2 节“降维”将 PCA 和逻辑回归结合起来时，实际上就是一个堆叠的示例。

综上所述，boosting 算法在减小偏差方面效果明显，bagging 算法重在减小方差，而 stacking 算法则可以提高预测能力。

10.4.1　随机森林

决策树有过拟合的趋势，特别是在没有对它们可以增长的范围设置限制的情况下（使用 max_depth 和 min_samples_leaf 参数可进行该设置）。

我们可以使用随机森林算法解决过拟合的问题，如前文所述，这是一种（bagging）算法，它将使用数据的自举样本并行训练许多决策树并聚合输出。此外，我们还可以选择使用 oob_score 参数对每棵树进行评分，这包括不在自举样本中的袋外样本（out-of-bag sample）。袋外样本约占 1/3。

注意：

min_samples_leaf 参数要求在树的最终节点（或叶子）上有最少数量的样本，这可以防止树拟合，直到它们在每片叶子上只有一个观察值。

每棵树还将获得特征的一个子集（随机特征选择），默认为特征数量（max_features 参数）的平方根，这可以帮助解决维度灾难的问题。当然，其后果就是，随机森林不像组成它的决策树那样容易被解释。

此外，我们还可以从随机森林中提取特征重要性，就像使用决策树时的操作一样。

现在，我们使用 ensemble 模块中的 RandomForestClassifier 类构建一个随机森林（其中包含 n_estimators 树），以对优质红酒进行分类：

```
>>> from sklearn.ensemble import RandomForestClassifier
>>> from sklearn.model_selection import GridSearchCV

>>> rf = RandomForestClassifier(
...     n_estimators=100, random_state=0
... )

>>> search_space = {
...     'max_depth': [4, 8],          # 使树保持很小
...     'min_samples_leaf': [4, 6]
... }

>>> rf_grid = GridSearchCV(
...     rf, search_space, cv=5, scoring='precision'
... ).fit(r_X_train, r_y_train)

>>> rf_grid.score(r_X_test, r_y_test)
0.6
```

可以看到，使用随机森林时获得的精确率已经比在第 9 章“Python 机器学习入门”中获得的 0.35 要好得多。随机森林对异常值具有鲁棒性，并且能够对非线性决策边界进行建模以分离类别，这可以解释这种显著改进的部分原因。

10.4.2　梯度提升

boosting 旨在改进以前模型的错误。这样做的方法之一是朝着模型损失函数的最陡峭减少的方向移动。由于梯度（gradient，即导数的多变量泛化）是最陡上升的方向，这可以通过计算负梯度来完成，它会产生最快下降的方向，这意味着从当前结果来看损失函数的最佳改进。这种技术被称为梯度下降（gradient descent）。

注意：

尽管梯度下降听起来很棒，但它也存在一些潜在的问题，有可能最终达到局部最小值（即成本函数某个区域的最小值），此时算法会停止，认为获得了最优解，但实际上并没有，因为我们想要的是全局最小值（即整个区域的最小值）。

scikit-learn 的 ensemble 模块提供 GradientBoostingClassifier 和 GradientBoostingRegressor 类，用于使用决策树进行梯度提升。这些树将通过梯度下降提高它们的性能。

请注意，与随机森林相比，梯度提升树对噪声大的训练数据更敏感。此外，我们还

必须考虑串行构建所有树所需的额外时间，这与随机森林的并行训练不同。

让我们使用网格搜索和梯度提升来训练另一个用于对红酒质量数据进行分类的模型。除了为 max_depth 和 min_samples_leaf 参数寻找最佳值，我们还可以为 learning_rate 参数寻找一个合适的值，它决定了每棵树在最终估计器中的贡献：

```
>>> from sklearn.ensemble import GradientBoostingClassifier
>>> from sklearn.model_selection import GridSearchCV

>>> gb = GradientBoostingClassifier(
...     n_estimators=100, random_state=0
... )

>>> search_space = {
...     'max_depth': [4, 8], # keep trees small
...     'min_samples_leaf': [4, 6],
...     'learning_rate': [0.1, 0.5, 1]
... }

>>> gb_grid = GridSearchCV(
...     gb, search_space, cv=5, scoring='f1_macro'
... ).fit(r_X_train, r_y_train)
```

可以看到，使用梯度提升获得的 F_1 宏观分数比第 9 章“Python 机器学习入门”中使用逻辑回归获得的 0.66 更好：

```
>>> gb_grid.score(r_X_test, r_y_test)
0.7226024272287617
```

由此可见，装袋法（随机森林）和提升法（梯度提升）都提供了比逻辑回归模型更好的性能；当然，我们可能会发现，模型并不总是一致的，可以通过在做出最终预测之前让模型投票来进一步提高性能。

10.4.3 投票

在尝试不同的分类模型时，使用 Cohen's kappa 分数衡量它们的一致性可能会很有趣。我们可以使用 sklearn.metrics 模块中的 cohen_kappa_score()函数来做到这一点。分数范围从完全不同意（-1）到完全同意（1）。

boosting 和 bagging 预测具有高度的一致性：

```
>>> from sklearn.metrics import cohen_kappa_score
```

```
>>> cohen_kappa_score(
...     rf_grid.predict(r_X_test), gb_grid.predict(r_X_test)
... )
0.7185929648241206
```

有时，我们无法找到适用于所有数据的单一模型，因此可能想找到一种方法，将各种模型的意见结合起来做出最终决策。scikit-learn 提供了 VotingClassifier 类，用于在分类任务上聚合模型的意见。

我们有选项可以指定投票类型，其中，hard 选项表示按多数规则，soft 选项将预测模型中概率总和最高的类别。

现在来看一个具体示例，使用本章中的 3 个估计器（模型）——逻辑回归、随机森林和梯度提升——为每种投票类型创建一个分类器。由于将运行 fit()，因此可以从每个网格搜索中传入最佳估计器（best_estimator_）。这避免了不必要地再次运行每个网格搜索，也可以更快地训练模型：

```
>>> from sklearn.ensemble import VotingClassifier

>>> majority_rules = VotingClassifier(
...     [('lr', lr_grid.best_estimator_),
...      ('rf', rf_grid.best_estimator_),
...      ('gb', gb_grid.best_estimator_)],
...     voting='hard'
... ).fit(r_X_train, r_y_train)

>>> max_probabilities = VotingClassifier(
...     [('lr', lr_grid.best_estimator_),
...      ('rf', rf_grid.best_estimator_),
...      ('gb', gb_grid.best_estimator_)],
...     voting='soft'
... ).fit(r_X_train, r_y_train)
```

majority_rules 分类器需要 3 个模型中的两个（至少）同意，而 max_probabilities 分类器则让每个模型对其预测概率进行投票。我们可以使用 classification_report()函数衡量它们在测试数据上的表现，这告诉我们，就精确率而言，majority_rules 比 max_probabilities 好一点。二者都比我们尝试过的其他模型更好：

```
>>> from sklearn.metrics import classification_report

>>> print(classification_report(
...     r_y_test, majority_rules.predict(r_X_test)
```

```
... ))
              precision    recall  f1-score   support

           0       0.92      0.95      0.93       138
           1       0.59      0.45      0.51        22

    accuracy                           0.88       160
   macro avg       0.75      0.70      0.72       160
weighted avg       0.87      0.88      0.87       160
>>> print(classification_report(
...     r_y_test, max_probabilities.predict(r_X_test)
... ))
              precision    recall  f1-score   support

           0       0.92      0.93      0.92       138
           1       0.52      0.50      0.51        22

    accuracy                           0.87       160
   macro avg       0.72      0.71      0.72       160
weighted avg       0.87      0.87      0.87       160
```

VotingClassifier 类的另一个重要选项是 weights 参数，它可以让我们在投票时或多或少地强调某些估计量。例如，如果将 weights=[1, 2, 2]传递给 majority_rules，则会给随机森林和梯度提升估计器所做的预测赋予额外的权重。为了确定应该给予哪些模型额外的权重（如果有必要的话），可以查看单独的性能和预测置信度。

10.4.4 检查分类预测置信度

如前文所述，当我们知道模型的优缺点时，可以采用策略尝试提高性能。例如，假设有两个模型来执行分类任务，但它们很可能不会在所有方面都达成一致，而且我们知道一个模型在极端情况下表现更好，而另一个模型在更常见的情况下表现更好。在这种情况下，我们可以使用投票分类器提高性能。但是，如何知道模型在不同情况下的表现呢？

通过查看模型预测某个观察值属于给定类别的概率，可以深入了解模型在正确和错误时的可信度。我们可以使用 Pandas 数据整理技能来快速完成这项工作。

现在来看看第 9 章“Python 机器学习入门”中的原始 white_or_red 模型对其预测结果的信心：

```
>>> prediction_probabilities = pd.DataFrame(
...     white_or_red.predict_proba(w_X_test),
```

```
...     columns=['prob_white', 'prob_red']
... ).assign(
...     is_red=w_y_test == 1,
...     pred_white=lambda x: x.prob_white >= 0.5,
...     pred_red=lambda x: np.invert(x.pred_white),
...     correct=lambda x: (np.invert(x.is_red) & x.pred_white)
...                       | (x.is_red & x.pred_red)
... )
```

提示：

我们可以使用 predict_proba()方法而不是 predict()来调整模型预测的概率阈值。这将为我们提供观察值属于每个类的概率。然后，我们可以将其与自定义阈值进行比较。例如，可以使用 75%：

```
white_or_red.predict_proba(w_X_test)[:,1] >= .75
```

识别此阈值的方式之一是确定我们认为合适的假阳性率（误报率），然后使用来自 sklearn.metrics 模块中 roc_curve()函数的数据找到导致该假阳性率的阈值。

另一种方式是沿着精确率-召回率曲线找到一个满意的点，然后从 precision_recall_curve()函数中获得阈值。第 11 章“机器学习异常检测”将讨论该示例。

现在我们使用 seaborn 绘制一个图形，以显示模型正确与错误时的预测概率分布。displot()函数可以轻松地绘制叠加在直方图上的核密度估计（kernel density estimate，KDE）。在这里，我们还将添加一个地毯图（rug plot），其绘图方式比较简单，即原原本本地将变量出现的位置绘制在相应坐标轴上，同时忽略出现次数的影响：

```
>>> g = sns.displot(
...     data=prediction_probabilities, x='prob_red',
...     rug=True, kde=True, bins=20, col='correct',
...     facet_kws={'sharey': True}
... )
>>> g.set_axis_labels('probability wine is red', None)
>>> plt.suptitle('Prediction Confidence', y=1.05)
```

正确预测结果的 KDE 是双峰的，模式接近 0 和接近 1，这意味着模型在正确时非常有信心，因为它在大多数情况下是正确的，这意味着它通常非常有信心。

正确预测 KDE 在 0 处的峰值远高于 1 处的峰值，因为数据中的白葡萄酒比红葡萄酒多得多。可以看到，KDE 尽可能地显示了小于 0 和大于 1 的概率。出于这个原因，我们添加了直方图来确认我们看到的形状是有意义的。

正确预测的直方图在分布的中间没有太多内容，因此我们还绘制了地毯图以更好地查看预测了哪些概率。

不正确的预测虽然没有很多数据点，但它似乎无处不在，因为当模型出错时，它会被愚弄得非常糟糕，如图 10.12 所示。

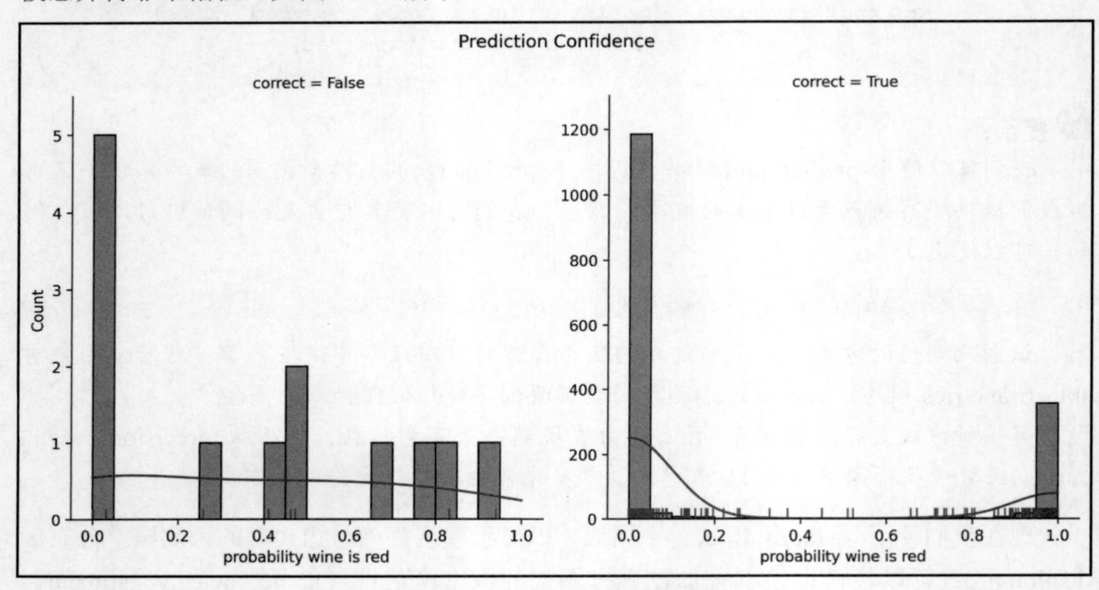

图 10.12　模型正确与错误时的预测置信度

该结果告诉我们，需要研究被错误分类的葡萄酒的化学特性。它们可能是异常值，这就是它们愚弄模型的原因。

在 9.3 节“探索性数据分析”中，图 9.6 显示了在化学层面上红葡萄酒和白葡萄酒的比较，现在我们可以修改葡萄酒类型的箱形图，看看是否有任何异常值。

首先，分离出错误分类的葡萄酒的化学特性：

```
>>> incorrect = w_X_test.assign(is_red=w_y_test).iloc[
...     prediction_probabilities.query('not correct').index
... ]
```

然后，在 Axes 对象上添加一些对 scatter()的调用，以在之前的箱线图中标记这些酒：

```
>>> import math

>>> chemical_properties = [col for col in wine.columns
...                        if col not in ['quality', 'kind']]
```

```
>>> melted = \
...     wine.drop(columns='quality').melt(id_vars=['kind'])

>>> fig, axes = plt.subplots(
...     math.ceil(len(chemical_properties) / 4), 4,
...     figsize=(15, 10)
... )
>>> axes = axes.flatten()

>>> for prop, ax in zip(chemical_properties, axes):
...     sns.boxplot(
...         data=melted[melted.variable.isin([prop])],
...         x='variable', y='value', hue='kind', ax=ax,
...         palette={'white': 'lightyellow', 'red': 'orchid'},
...         saturation=0.5, fliersize=2
...     ).set_xlabel('')
...     for _, wrong in incorrect.iterrows():
...         # _是收集我们不会使用的信息的约定
...         x_coord = -0.2 if not wrong['is_red'] else 0.2
...         ax.scatter(
...             x_coord, wrong[prop], marker='x',
...             color='red', s=50
...         )

>>> for ax in axes[len(chemical_properties):]:
...     ax.remove()

>>> plt.suptitle(
...     'Comparing Chemical Properties of Red and White Wines'
...     '\n(classification errors are red x\'s)'
... )
>>> plt.tight_layout() # 清除布局
```

如图 10.13 所示，这将导致每个错误分类的葡萄酒都标有红色 X。在每个子图中，左侧箱线图中的点是白葡萄酒，右侧箱线图中的点是红葡萄酒。似乎其中一些可能是某些特征的异常值，如 residual sugar（残糖）或 sulfur dioxide（二氧化硫）含量高的红葡萄酒，以及 volatile acidity（挥发性酸度）高的白葡萄酒。

尽管数据中的白葡萄酒多于红葡萄酒，但我们的模型能够很好地区分它们。当然，情况并非总是如此。有时，为了提高模型的性能，我们还是需要解决类不平衡的问题。

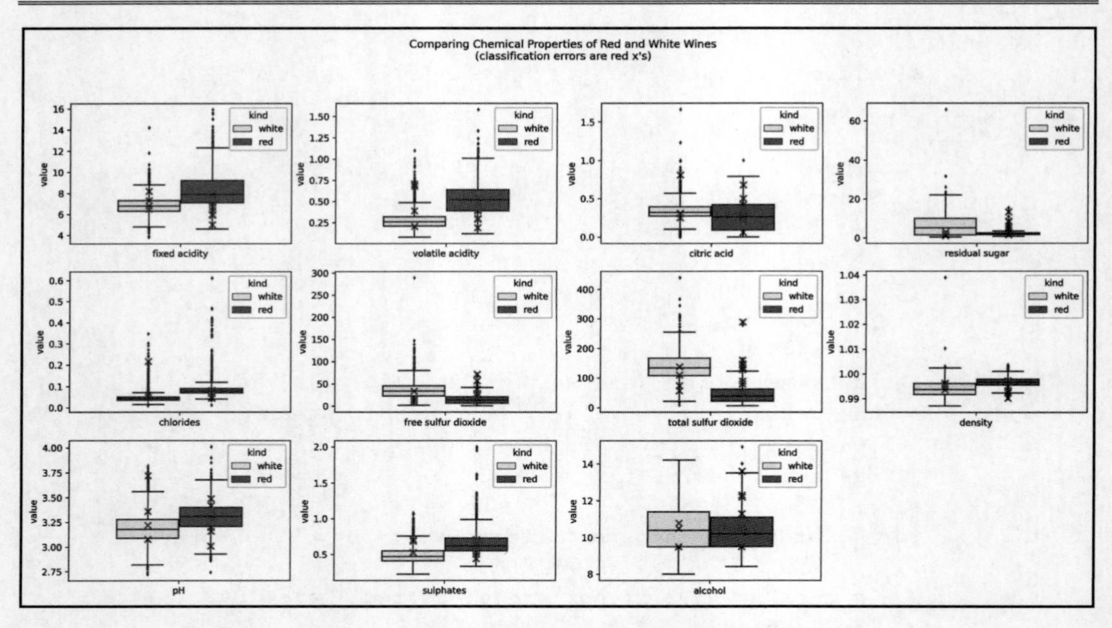

图 10.13　检查不正确的预测结果是否是异常值

10.5　解决类不平衡的问题

当面临数据中的类不平衡时，我们可能希望在围绕训练数据构建模型之前尝试平衡训练数据。为此，可使用以下不平衡采样技术之一：

- 对少数类进行过采样。
- 对多数类进行欠采样。

在过采样（over-sampling）的情况下，可以从少数类（minority class）中选取更大的比例，以便更接近多数类（majority class）的数量；这可能涉及一种技术，如自举或生成类似于现有数据中的值的新数据（这可以使用机器学习算法，如最近邻算法）。

另外，欠采样（under-sampling）将通过减少从多数类中获取的数量来减少整体数据。究竟是使用过采样还是欠采样，这取决于开始使用的数据量，在某些情况下，可能还取决于计算的成本。

在实践中，可以先尝试使用类别不平衡的数据构建模型，然后尝试上述技术中的任何一种。重要的是不要过早地尝试优化。我们有一个基线来比较不平衡采样。

注意：

如果数据中的少数类不能真正代表总体中存在的全部范围，则会出现巨大的性能问题。因此，我们首先应该知道收集数据的方法，并在进行建模之前仔细评估。如果不小心的话，则很容易构建一个无法泛化到新数据的模型，无论如何处理类不平衡都无济于事。

在探索任何不平衡采样技术之前，让我们使用 k-最近邻（k-nearest neighbor，k-NN）分类创建一个基线模型，它将根据数据的 *n* 维空间中的 *k* 个最近邻观察值的类别对观察值进行分类（我们的红酒质量数据是 11 维的）。

出于比较目的，我们将在本节所有模型中都使用相同数量的邻居；当然，采样技术有可能导致不同的值性能更好。我们将使用 5 个邻居：

```
>>> from sklearn.neighbors import KNeighborsClassifier
>>> knn = KNeighborsClassifier(n_neighbors=5).fit(
...     r_X_train, r_y_train
... )
>>> knn_preds = knn.predict(r_X_test)
```

k-NN 模型的训练速度很快，因为它是一个惰性学习器（lazy learner）——在分类时进行计算。重要的是要记住模型训练和做出预测所花费的时间，因为这决定了我们可以在实践中使用哪些模型。性能虽然稍好，但需要两倍时间来训练或预测的模型可能并不值得。随着数据维度的增加，k-NN 模型将变得越来越不可行。

我们可以使用%%timeit 魔法命令来估计训练平均需要多长时间。请注意，这将多次训练模型，因此，对计算量大的模型计时可能并不是最佳策略：

```
>>> %%timeit
>>> from sklearn.neighbors import KNeighborsClassifier
>>> knn = KNeighborsClassifier(n_neighbors=5).fit(
...     r_X_train, r_y_train
... )
3.24 ms ± 599 µs per loop
(mean ± std. dev. of 7 runs, 100 loops each)
```

让我们将该结果与训练支持向量机（support vector machine，SVM）进行比较，后者可将数据投影到更高的维度中以找到分离类的超平面（hyperplane）。超平面是平面的 *n* 维等价物，就像平面是线的二维等价物一样。

SVM 通常对异常值具有鲁棒性，并且可以对非线性决策边界进行建模。当然，SVM 很快就会变慢，所以这是一个很好的对比：

```
>>> %%timeit
>>> from sklearn.svm import SVC
```

```
>>> svc = SVC(gamma='auto').fit(r_X_train, r_y_train)
153 ms ± 6.7 ms per loop
(mean ± std. dev. of 7 runs, 1 loop each)
```

现在我们已经有了基线模型并理解了它的工作原理，下面可以来看看基线 k-NN 模型的执行方式和结果：

```
>>> from sklearn.metrics import classification_report
>>> print(classification_report(r_y_test, knn_preds))
              precision    recall  f1-score   support

           0       0.91      0.93      0.92       138
           1       0.50      0.41      0.45        22

    accuracy                           0.86       160
   macro avg       0.70      0.67      0.69       160
weighted avg       0.85      0.86      0.86       160
```

有了这个性能基准，即可准备尝试不平衡采样。

我们将使用 scikit-learn 社区提供的 imblearn 包。imblearn 包可以使用各种策略提供过采样和欠采样的实现，并且与 scikit-learn 一样易于使用，因为它们都遵循相同的 API 约定。在以下文档中可以找到其说明：

https://balanced-learn.readthedocs.io/en/stable/api.html

10.5.1　欠采样

如前文所述，欠采样会减少可用于训练模型的数据量，这意味着我们需要有足够的数据，并且削减一些数据也不会影响训练的结果。

现在让我们看看对红酒质量数据进行欠采样时会发生什么，因为该数据集的数据其实并不算太多。

使用 imblearn 的 RandomUnderSampler 类对训练集中的低质量红酒进行随机欠采样：

```
>>> from imblearn.under_sampling import RandomUnderSampler

>>> X_train_undersampled, y_train_undersampled = \
...     RandomUnderSampler(random_state=0)\
...         .fit_resample(r_X_train, r_y_train)
```

在红酒质量数据中，之前只有 14%的训练数据是优质红酒，而现在该数据达到 50%；但是，请注意，这是以 1049 个训练样本的削减（超过训练数据的一半）为代价的：

```
# 之前
>>> r_y_train.value_counts()
0    1244
1     195
Name: high_quality, dtype: int64

# 之后
>>> pd.Series(y_train_undersampled).value_counts().sort_index()
0    195
1    195
dtype: int64
```

使用欠采样数据拟合模型，这与之前的操作没有什么不同：

```
>>> from sklearn.neighbors import KNeighborsClassifier

>>> knn_undersampled = KNeighborsClassifier(n_neighbors=5)\
...     .fit(X_train_undersampled, y_train_undersampled)
>>> knn_undersampled_preds = knn_undersampled.predict(r_X_test)
```

使用分类报告，可以看到欠采样带来的绝对不是改进：

```
>>> from sklearn.metrics import classification_report

>>> print(
...     classification_report(r_y_test, knn_undersampled_preds)
... )
              precision    recall  f1-score   support

           0       0.93      0.65      0.77       138
           1       0.24      0.68      0.35        22

    accuracy                           0.66       160
   macro avg       0.58      0.67      0.56       160
weighted avg       0.83      0.66      0.71       160
```

从上述结果可以看到，在数据有限的情况下，欠采样根本不可行。在本示例中，我们丢失了本已经很少的数据的一半以上。模型需要大量数据来学习，所以，接下来我们尝试对少数类进行过采样。

10.5.2　过采样

很明显，对于较小的数据集，欠采样是没有好处的。反过来，我们可以尝试对少数类（在本示例中为高品质红酒）进行过采样。我们将不使用 RandomOverSampler 类进行随机过采样，而是使用合成少数过采样技术（synthetic minority over-sampling technology，SMOTE）来创建新（合成）红酒，这类似于使用 k-NN 算法获得的高质量红酒。

这实际上基于一个很大的假设，即我们收集的有关红葡萄酒化学特性的数据确实会影响葡萄酒的质量评级。

注意：

imblearn 中的 SMOTE 实现来源于以下论文：

N. V. Chawla, K. W. Bowyer, L. O.Hall, W. P. Kegelmeyer, SMOTE: *synthetic minority over-sampling technique*, *Journal of Artificial Intelligence Research*, 321- 357, 2002，其获取网址如下：

https://arxiv.org/pdf/1106.1813.pdf

现在可以使用 SMOTE 和 5 个最近邻居对训练数据中的优质（高品质）红酒进行过采样：

```
>>> from imblearn.over_sampling import SMOTE

>>> X_train_oversampled, y_train_oversampled = SMOTE(
...     k_neighbors=5, random_state=0
... ).fit_resample(r_X_train, r_y_train)
```

由于使用了过采样技术，因此现在我们拥有比以前更多的数据，额外获得了 1049 个优质红酒样本：

```
# 之前
>>> r_y_train.value_counts()
0    1244
1     195
Name: high_quality, dtype: int64

# 之后
>>> pd.Series(y_train_oversampled).value_counts().sort_index()
0    1244
1    1244
dtype: int64
```

再次拟合 k-NN 模型，这次使用过采样数据：

```
>>> from sklearn.neighbors import KNeighborsClassifier
```

```
>>> knn_oversampled = KNeighborsClassifier(n_neighbors=5)\
...     .fit(X_train_oversampled, y_train_oversampled)

>>> knn_oversampled_preds = knn_oversampled.predict(r_X_test)
```

过采样的表现比欠采样好得多，但除非我们希望最大限度地提高召回率，否则最好坚持使用 k-NN 的原始策略：

```
>>> from sklearn.metrics import classification_report

>>> print(
...     classification_report(r_y_test, knn_oversampled_preds)
... )
              precision    recall  f1-score   support
           0       0.96      0.78      0.86       138
           1       0.37      0.82      0.51        22

    accuracy                           0.78       160
   macro avg       0.67      0.80      0.68       160
weighted avg       0.88      0.78      0.81       160
```

请注意，由于 SMOTE 创建的是合成数据，因此我们必须仔细考虑这可能对模型产生的副作用。如果不能假设给定类的所有值都代表了总体的全范围，并且这不会随着时间的推移而改变，那么我们就不能指望 SMOTE 运行良好。

10.6　正　则　化

在处理回归时，可以考虑在回归方程中添加一个惩罚项，通过惩罚模型系数的某些决定来减少过拟合，这被称为正则化（regularization）。

我们要寻找的是能够最小化这个惩罚项的系数。这个思路是将那些对减少模型误差贡献不大的特征的系数缩小到零。一些常见的技术是岭回归、LASSO 回归和弹性网络回归，后者结合了 LASSO 和岭惩罚项。需要注意的是，由于这些技术依赖于系数的大小，因此应事先缩放数据。

岭回归（ridge regression），也称为 L2 正则化（L2 regularization），通过将系数的平方和添加到成本函数（拟合时回归看起来最小）中来惩罚高系数（$\hat{\beta}$），其惩罚项计算如下：

$$\text{L2 penalty} = \lambda \sum_j \hat{\beta}_j^2$$

该惩罚项也由 λ（lambda）加权，它表示惩罚的大小。当它为零时，则获得的是和以前一样的普通最小二乘（ordinary least squares，OLS）回归。

注意：

还记得 LogisticRegression 类中的 C 参数吗？默认情况下，LogisticRegression 类将使用 L2 惩罚项，其中 C 为 $1/\lambda$。当然，它也支持 L1，但仅限于某些求解器。

LASSO 回归（LASSO regression）中的 LASSO 是最小绝对值收敛和选择算子（least absolute shrinkage and selection operator）的首字母缩写，它也被称为 L1 正则化（L1 regularization），通过将系数的绝对值之和添加到成本函数中，驱动系数为零。这比 L2 正则化更稳健可靠，因为它对极值不太敏感：

$$\text{L1 penalty} = \lambda \sum_j \left|\hat{\beta}_j\right|$$

由于 LASSO 将回归中某些特征的系数驱动为零（它们对模型没什么贡献），因此也可以说它执行的是特征选择。

注意：

L1 和 L2 惩罚也被称为 L1 和 L2 范数（norm），它是向量在[0, ∞)范围内的数学变换，并分别写为 $\left\|\hat{\beta}\right\|_1$ 和 $\left\|\hat{\beta}\right\|_1^2$。

弹性网络回归（elastic net regression）将 LASSO 和岭惩罚项组合到以下惩罚项中，可以用 α 调整惩罚的强度（λ）和惩罚的百分比：

$$\text{elastic net penalty} = \lambda\left(\frac{1-\alpha}{2}\sum_j \hat{\beta}_j^2 + \alpha\sum_j\left|\hat{\beta}_j\right|\right)$$

scikit-learn 分别使用 Ridge、Lasso 和 ElasticNet 类实现了岭回归、LASSO 回归和弹性网络回归，它们的使用方式与 LinearRegression 类相同。它们都有一个 CV 版本（RidgeCV、LassoCV 和 ElasticNetCV），具有内置的交叉验证功能。

使用这些模型的所有默认值，可以发现 LASSO 回归在使用行星数据预测一年的长度方面表现最佳（以地球日为单位）：

```
>>> from sklearn.linear_model import Ridge, Lasso, ElasticNet

>>> ridge, lasso, elastic = Ridge(), Lasso(), ElasticNet()

>>> for model in [ridge, lasso, elastic]:
...     model.fit(pl_X_train, pl_y_train)
...     print(
```

```
...         f'{model.__class__.__name__}: ' # 获取模型名称
...         f'{model.score(pl_X_test, pl_y_test):.4}'
...     )
Ridge: 0.9206
Lasso: 0.9208
ElasticNet: 0.9047
```

请注意，这些 scikit-learn 类有一个 alpha 参数，它指的是上述公式中的 λ（而不是 α）。对于 ElasticNet，公式中的 α 对应的是 l1_ratio 参数，默认为 50% LASSO。在实践中，这两个超参数都是通过交叉验证确定的。

10.7 小　　结

本章讨论了可以用来提高模型性能的各种技术。我们介绍了如何使用网格搜索在搜索空间中找到最佳超参数，以及如何使用通过 GridSearchCV 选择的评分指标来调整模型。这意味着我们不必接受模型的 score()方法中的默认值，而是可以根据需要对其进行自定义。

在有关特征工程的讨论中，我们介绍了如何使用主成分分析（PCA）和特征选择等技术来降低数据的维数。我们研究了如何使用 PolynomialFeatures 类向具有分类和数值特征的模型添加交互项，然后还研究了如何使用 FeatureUnion 类通过转换后的特征来扩充训练数据。此外，我们还介绍了决策树如何使用特征重要性帮助识别数据中的哪些特征对分类或回归任务的贡献最大。这让我们看到了二氧化硫和氯化物在化学层面上对于区分红葡萄酒和白葡萄酒的重要性，以及行星的半长轴在确定一年的长度（周期）方面的重要性。

本章深入研究了随机森林、梯度提升和投票分类器，讨论了集成方法以及它们如何通过装袋、提升和投票策略来解决偏差-方差权衡。

本章还讨论了如何使用 Cohen’s kappa 分数衡量分类器之间的一致性，这使得我们可以检查 white_or_red 葡萄酒分类器对其正确和不正确预测的置信度。

在理解了有关模型性能的原理之后，即可尝试通过适当的集成方法对其进行改进，以利用其优势并减轻其劣势。

我们学习了如何使用 imblearn 包解决类不平衡问题。通过实现过采样和欠采样策略，也许可以提高预测红酒质量分数的能力。在该示例中，我们接触了 k-NN 算法和小数据集建模的问题。

最后，我们学习了如何使用正则化惩罚高系数并通过回归减少过拟合，这包括使用岭回归（L2 范数）、LASSO 回归（L1 范数）和弹性网络回归（L1 和 L2 的组合）。请记住，LASSO 经常被用作特征选择方法，因为它可以驱动系数为零。

在第 11 章“机器学习异常检测”中，我们将重新审视模拟登录尝试数据并使用机器学习来检测异常情况。我们还将讨论如何在实践中应用无监督和有监督学习。

10.8 练　　习

完成以下练习以掌握本章所讨论的技术。请务必查阅本书附录中的“机器学习工作流程”部分，以了解构建模型的过程。

（1）用弹性网络线性回归预测恒星温度。

A．使用 data/stars.csv 文件，构建管道以使用 MinMaxScaler 对象对数据进行标准化，然后使用所有数字列运行弹性网络线性回归来预测恒星的温度。

B．在管道上运行网格搜索，以在你选择的搜索空间中找到弹性网络的 alpha、l1_ratio 和 fit_intercept 的最佳值。

C．在 75%的初始数据上训练模型。

D．计算模型的 R^2。

E．找出每个回归器的系数和截距。

F．使用 ml_utils.regression 模块中的 plot_residuals()函数可视化残差。

（2）使用支持向量机和特征联合对白葡萄酒质量进行多类分类，如下所示。

A．使用 data/winequality-white.csv 文件，构建一个管道来标准化数据，然后在交互项和你从 sklearn.feature_selection 模块中选择的特征选择方法之间创建一个特征联合，然后是一个 SVM（使用 SVC 类）。

B．使用 85%的数据在你的管道上运行网格搜索，以在你选择的搜索空间中使用 scoring='f1_macro'找到 include_bias 参数（PolynomialFeatures）和 C 参数（SVC）的最佳值。

C．查看模型的分类报告。

D．使用 ml_utils.classification 模块中的 confusion_matrix_visual()函数创建一个混淆矩阵。

E．使用 ml_utils.classification 模块中的 plot_multiclass_pr_curve()函数绘制多类数据的精确率-召回率曲线。

（3）使用 k-NN 和过采样技术对白葡萄酒质量进行多类分类，如下所示。

A．使用 data/winequality-white.csv 文件，并使用训练集中 85%的数据创建测试集和训练集。按 quality 分层。

B．通过 imblearn 使用 RandomOverSampler 类对少数质量分数进行过采样。

C．构建管道以标准化数据并运行 k-NN。

D．使用你选择的搜索空间上的过采样数据在你的管道上运行网格搜索，使用 scoring='f1_macro'找到 k-NN 算法的 n_neighbors 参数的最佳值。

E．查看模型的分类报告。

F．使用 ml_utils.classification 模块中的 confusion_matrix_visual()函数创建一个混淆矩阵。

G．使用 ml_utils.classification 模块中的 plot_multiclass_pr_curve()函数绘制多类数据的精确率-召回率曲线。

（4）葡萄酒类型（红葡萄酒或白葡萄酒）可以帮助确定质量分数吗？

A．使用 data/winequality-white.csv 和 data/winequality-red.csv 文件，创建一个包含连接数据的 DataFrame 和一列，指示数据属于哪种葡萄酒类型（红葡萄酒或白葡萄酒）。

B．使用训练集中 75%的数据创建测试和训练集。按 quality 分层。

C．使用 ColumnTransformer 对象构建管道以标准化数字数据，同时对葡萄酒类型列进行独热编码（例如 is_red 和 is_white，每个都有二进制值），然后训练随机森林。

D．使用你选择的搜索空间在你的管道上运行网格搜索，使用 scoring='f1_macro'找到随机森林 max_depth 参数的最佳值。

E．从随机森林中查看特征重要性。

F．查看模型的分类报告。

G. 使用 ml_utils.classification 模块中的 plot_multiclass_roc()函数绘制多类数据的 ROC 曲线。

H．使用 ml_utils.classification 模块中的 confusion_matrix_visual()函数创建一个混淆矩阵。

（5）通过执行以下步骤，使用多数规则投票制作多类分类器，以预测葡萄酒质量。

A．使用 data/winequality-white.csv 和 data/winequality-red.csv 文件，创建一个包含连接数据的 DataFrame 和一列，指示数据属于哪种葡萄酒类型（红葡萄酒或白葡萄酒）。

B．使用训练集中 75%的数据创建测试集和训练集。按 quality 分层。

C．为以下每个模型构建管道：随机森林、梯度提升、k-NN、逻辑回归和朴素贝叶斯（GaussianNB）。管道应该使用 ColumnTransformer 对象来标准化数字数据，同时对葡萄酒类型列进行独热编码（例如 is_red 和 is_white，每个都有二进制值），然后构建模型。请注意，第 11 章“机器学习异常检测”将详细讨论朴素贝叶斯。

D．在除朴素贝叶斯之外的每个管道上运行网格搜索（只需在其上运行 fit()），在你选择的搜索空间上使用 scoring='f1_macro'找到以下最佳值。

a）随机森林：max_depth。

b）梯度提升：max_depth。

c）k-NN：n_neighbors。

d）逻辑回归：C。

E．使用 scikit-learn 的 metrics 模块中的 cohen_kappa_score()函数找出每对两个模型之间的一致性水平。请注意，你可以使用 Python 标准库 itertools 模块中的 combinations()函数轻松地获得二者的所有组合。

F．使用多数规则（voting='hard'）构建的 5 个模型构建一个投票分类器，并将朴素贝叶斯模型的权重设置为其他模型的一半。

G．查看模型的分类报告。

H．使用 ml_utils.classification 模块中的 confusion_matrix_visual()函数创建一个混淆矩阵。

10.9　延伸阅读

查看以下资源以获取有关本章所涵盖主题的更多信息。

- A Gentle Introduction to the Gradient Boosting Algorithm for Machine Learning（机器学习梯度提升算法的简要介绍）：

  https://machinelearningmastery.com/gentle-introduction-gradient-boosting-algorithm-machine-learning/

- A Kaggler's Guide to Model Stacking in Practice（Kaggler 的模型堆叠实践指南）：

  https://datasciblog.github.io/2016/12/27/a-kagglers-guide-to-model-stacking-in-practice/

- Choosing the right estimator（选择正确的估算器）：

  https://scikit-learn.org/stable/tutorial/machine_learning_map/index.html

- Cross-validation: evaluating estimator performance（交叉验证：评估 estimator 性能）：

  https://scikit-learn.org/stable/modules/cross_validation.html

- Decision Trees in Machine Learning（机器学习中的决策树）：

  https://towardsdatascience.com/decision-trees-in-machine-learning-641b9c4e8052

- Ensemble Learning to Improve Machine Learning Results（集成学习以改进机器学

习结果）：

https://blog.statsbot.co/ensemble-learning-d1dcd548e936

- Ensemble Methods（集成方法）：

  https://scikit-learn.org/stable/modules/ensemble.html

- Feature Engineering Made Easy（简单易行特征工程）：

  https://www.packtpub.com/big-data-and-business-intelligence/feature-engineering-made-easy

- Feature Selection（特征选择）：

  https://scikit-learn.org/stable/modules/feature_selection.html#feature-selection

- Gradient Boosting vs Random Forest（梯度提升与随机森林）：

  https://medium.com/@aravanshad/gradient-boosting-versus-random-forest-cfa3fa8f0d80

- Hyperparameter Optimization in Machine Learning（机器学习中的超参数优化）：

  https://www.datacamp.com/community/tutorials/parameter-optimization-machine-learning-models

- L1 Norms versus L2 Norms（L1 范数与 L2 范数）：

  https://www.kaggle.com/residentmario/l1-norms-versus-l2-norms

- Modern Machine Learning Algorithms: Strengths and Weaknesses（现代机器学习算法：优势和劣势）：

  https://elitedatascience.com/machine-learning-algorithms

- Principal component analysis（主成分分析）：

  https://en.wikipedia.org/wiki/Principal_component_analysis

- Regularization in Machine Learning（机器学习中的正则化）：

  https://towardsdatascience.com/regularization-in-machine-learning-76441ddcf99a

- The Elements of Statistical Learning（统计学习要素）：

  https://web.stanford.edu/~hastie/ElemStatLearn/

第 11 章　机器学习异常检测

本章将重新审视第 8 章“基于规则的异常检测”中登录尝试的异常检测示例。假设我们在一家网络初创公司工作，该公司于 2018 年年初推出了其 Web 应用程序。该 Web 应用程序自推出以来一直在收集所有登录尝试的日志事件。我们知道进行尝试的 IP 地址、尝试的结果、尝试的时间以及输入的用户名，但我们不知道的是该尝试是由有效用户之一执行的还是由恶意用户实施的攻击。

我们的公司一直在扩张，并且由于数据泄露似乎每天都在新闻中出现，因此公司成立了一个信息安全部门来监控流量。公司 CEO 看到了我们基于规则来识别黑客的方法（详见第 8 章“基于规则的异常检测”），并对我们的计划很感兴趣，但希望我们使用超越规则和阈值的方法来完成如此重要的任务。我们的任务是开发一个机器学习模型，用于检测 Web 应用程序上的登录尝试异常。

由于这将需要大量数据，因此我们可以访问 2018 年 1 月 1 日至 2018 年 12 月 31 日的所有日志。此外，新成立的安全运营中心（security operation center，SOC）现在将审核所有这些流量，将根据调查显示哪些时间范围内包含恶意用户。由于安全运营中心成员是主题专家，因此这些数据对我们来说非常有价值。我们将能够使用他们提供的标记数据来构建监督学习模型以备将来使用；但是，他们需要一些时间来筛选所有流量，所以我们应该从一些无监督学习开始，直到他们为我们准备好标记。

本章包含以下主题：

- 探索模拟的登录尝试数据。
- 利用无监督学习执行异常检测。
- 实现有监督学习的异常检测方法。
- 将反馈循环与在线学习相结合。

11.1　章节材料

本章材料可在以下网址找到：

https://github.com/stefmolin/Hands-On-Data-Analysis-with-Pandas-2nd-edition/tree/master/ch_11

本章将重新审视尝试登录数据，但是 simulate.py 脚本已更新为允许额外的命令行参数。这次我们不会运行模拟，但请务必查看该脚本并检查在 0-simulating_the_data.ipynb 笔记本中生成数据文件和为本章创建数据库所遵循的过程。user_data/目录包含用于此模拟的文件，但本章不会直接使用它们。

本章使用的模拟日志数据可以在 logs/目录中找到。logs_2018.csv 和 hackers_2018.csv 文件分别是 2018 年所有模拟的登录尝试日志和黑客活动记录。带有 hackers 前缀的文件被视为我们将从安全运营中心接收到的标记数据，因此我们刚开始时会假装没有这些文件。名称中带有 2019 而不是 2018 的文件是模拟 2019 年第一季度的数据，而不包含全年。

此外，CSV 文件已被写入 logs.db SQLite 数据库中。

- logs 表包含来自 logs_2018.csv 和 logs_2019.csv 的数据。
- attacks 表包含来自 hackers_2018.csv 和 hackers_2019.csv 的数据。

模拟的参数每个月都不同，而且在大多数月份，黑客会针对他们尝试登录的每个用户名更改其 IP 地址。这将使我们在第 8 章“基于规则的异常检测”中的方法变得无用，因为我们寻找的是具有多次尝试和高失败率的 IP 地址。如果黑客现在改变了他们的 IP 地址，则我们将不会获得很多与他们相关的尝试记录，因此我们无法使用该策略标记它们，必须找到另一种方法来解决此问题。

图 11.1 显示了模拟参数。

	Jan 2018	Feb 2018	Mar 2018	Apr 2018	May 2018	Jun 2018	Jul 2018	Aug 2018	Sep 2018	Oct 2018	Nov 2018	Dec 2018	Jan 2019	Feb 2019	Mar 2019
Probability of attack in a given hour	1.00%	0.50%	0.10%	1.00%	0.01%	0.05%	1.00%	0.50%	0.50%	0.20%	0.70%	1.00%	0.80%	0.20%	1.00%
Probability of trying entire user base	50%	25%	10%	65%	5%	5%	15%	10%	10%	12%	17%	88%	8%	18%	18%
Vary IP addresses?	Yes	Yes	Yes	Yes	Yes	Yes	Yes	Yes	No	No	Yes	Yes	Yes	Yes	Yes

图 11.1 模拟参数

注意：

merge_logs.py 文件包含的 Python 代码可以合并来自每个单独模拟的日志，run_simulations.sh 包含用于运行整个过程的 Bash 脚本。提供这些文件只是为了示例的完整性，但实际上我们并不需要使用它们（也不需要考虑 Bash 的问题）。

本章的工作流程已分为多个笔记本，所有笔记本前面都有一个数字，表示它们的顺序。在获得标记数据之前，我们将在 1-EDA_unlabeled_data.ipynb 笔记本中进行一些探索性数据分析，然后在 2-unsupervised_anomaly_detection.ipynb 笔记本中尝试执行一些无监督学习的异常检测方法。我们一旦有了标记数据，就可以在 3-EDA_labeled_data.ipynb 笔记本中执行一些额外的探索性数据分析，然后在 4-supervised_anomaly_detection.ipynb 笔记本中执行有监督学习方法。最后，我们将使用 5-online_learning.ipynb 笔记本来讨论在线学习。

11.2　探索模拟登录尝试数据

如前文所述，刚开始的时候我们假装还没有标记数据，但这不妨碍对数据进行检查，看看是否有一些突出的东西。该数据与第 8 章“基于规则的异常检测”中的数据不同。黑客在这个模拟中更聪明——他们并不总是尝试尽可能多的用户或每次都坚持使用相同的 IP 地址。让我们看看是否可以通过在 1-EDA_unlabeled_data.ipynb 笔记本中执行一些探索性数据分析来提出一些有助于异常检测的功能。

和以前一样，我们可以从导入语句开始。这些语句对于所有笔记本都是相同的，因此仅在本节显示一次：

```
>>> %matplotlib inline
>>> import matplotlib.pyplot as plt
>>> import numpy as np
>>> import pandas as pd
>>> import seaborn as sns
```

接下来，从 SQLite 数据库的 logs 表中读入 2018 年的日志：

```
>>> import sqlite3

>>> with sqlite3.connect('logs/logs.db') as conn:
...     logs_2018 = pd.read_sql(
...         """
...         SELECT *
...         FROM logs
...         WHERE
...             datetime BETWEEN "2018-01-01" AND "2019-01-01";
...         """,
...         conn, parse_dates=['datetime'],
...         index_col='datetime'
...     )
```

提示：

如果 SQLAlchemy 包安装在工作环境中，则在调用 pd.read_sql()时，我们可以为连接数据库提供统一资源标识符（uniform resource identifier，URI），这省去了 with 语句的需要。在本示例中，该 URI 将是 sqlite:///logs/logs.db，其中，sqlite 是方言（dialect），logs/logs.db 是文件的路径。请注意，该行中有 3 个/字符。

SQLAlchemy 包网址如下：

https://www.sqlalchemy.org/

我们获得的数据如图 11.2 所示。

	source_ip	username	success	failure_reason
datetime				
2018-01-01 00:05:32.988414	223.178.55.3	djones	1	None
2018-01-01 00:08:00.343636	223.178.55.3	djones	0	error_wrong_password
2018-01-01 00:08:01.343636	223.178.55.3	djones	1	None
2018-01-01 01:06:59.640823	208.101.11.88	wbrown	1	None
2018-01-01 02:40:47.769630	11.76.99.35	tkim	1	None

图 11.2　2018 年的登录尝试日志

除了 success 列，我们的数据类型将与第 8 章“基于规则的异常检测”中的相同。SQLite 不支持布尔值，因此在将数据写入数据库中时，该列被转换为其原始形式的二进制表示（存储为整数）：

```
>>> logs_2018.dtypes
source_ip          object
username           object
success             int64
failure_reason     object
dtype: object
```

注意：

我们在这里使用 SQLite 数据库，因为 Python 标准库已经提供了建立连接的方法（sqlite3）。如果想要使用其他类型的数据库，如 MySQL 或 PostgreSQL，则需要安装 SQLAlchemy（以及可能的附加包，具体取决于数据库方言）。关于更多细节内容，你可以访问以下网址：

https://pandas.pydata.org/pandas-docs/stable/user_guide/io.html#sql-queries

查看 11.8 节“延伸阅读”提供的资料可获取 SQLAlchemy 教程。

使用 info()方法，我们可以看到 failure_reason 是唯一具有空值的列。当登录尝试成功时，该列的值即为空。在构建模型时，我们还应该注意数据的内存使用情况。一些模型需要增加数据的维度，这可能会很快变得太大而无法保存在内存中：

```
>>> logs_2018.info()
<class 'pandas.core.frame.DataFrame'>
DatetimeIndex: 38700 entries,
2018-01-01 00:05:32.988414 to 2018-12-31 23:29:42.482166
Data columns (total 4 columns):
 #   Column          Non-Null Count  Dtype
---  ------          --------------  -----
 0   source_ip       38700 non-null  object
 1   username        38700 non-null  object
 2   success         38700 non-null  int64
 3   failure_reason  11368 non-null  object
dtypes: int64(1), object(3)
memory usage: 1.5+ MB
```

运行 describe() 方法之后可见，失败的最常见原因是提供了错误的密码。我们还可以看到，尝试的唯一用户名数量（1797）远远超过用户群中的用户数量（133），表明存在一些可疑活动。最频繁的 IP 地址进行了 314 次尝试，但由于这甚至不到每天一次（请记住，我们正在查看的是 2018 年全年的数据），因此无法做出任何假设：

```
>>> logs_2018.describe(include='all')
            source_ip username       success        failure_reason
count           38700    38700  38700.000000                 11368
unique           4956     1797           NaN                     3
top    168.123.156.81   wlopez           NaN  error_wrong_password
freq              314      387           NaN                  6646
mean              NaN      NaN      0.706253                   NaN
std               NaN      NaN      0.455483                   NaN
min               NaN      NaN      0.000000                   NaN
25%               NaN      NaN      0.000000                   NaN
50%               NaN      NaN      1.000000                   NaN
75%               NaN      NaN      1.000000                   NaN
max               NaN      NaN      1.000000                   NaN
```

我们可以查看每个 IP 地址尝试登录的唯一用户名，就像在第 8 章“基于规则的异常检测”中一样，它显示大多数 IP 地址有好几个用户名：

```
>>> logs_2018.groupby('source_ip')\
...     .agg(dict(username='nunique'))\
```

```
...     .username.describe()
Count    4956.000000
mean        1.146287
std         1.916782
min         1.000000
25%         1.000000
50%         1.000000
75%         1.000000
Max       129.000000
Name: username, dtype: float64
```

现在来计算每个 IP 地址的指标：

```
>>> pivot = logs_2018.pivot_table(
...     values='success', index='source_ip',
...     columns=logs_2018.failure_reason.fillna('success'),
...     aggfunc='count', fill_value=0
... )
>>> pivot.insert(0, 'attempts', pivot.sum(axis=1))
>>> pivot = pivot\
...     .sort_values('attempts', ascending=False)\
...     .assign(
...         success_rate=lambda x: x.success / x.attempts,
...         error_rate=lambda x: 1 - x.success_rate
...     )
>>> pivot.head()
```

如图 11.3 所示，尝试次数最多的前 5 个 IP 地址似乎都是有效用户，因为它们的 success_rate（成功率）相对较高。

failure_reason	attempts	error_account_locked	error_wrong_password	error_wrong_username	success	success_rate	error_rate
source_ip							
168.123.156.81	314	0	37	0	277	0.882166	0.117834
24.112.17.125	309	0	37	0	272	0.880259	0.119741
16.118.156.50	289	0	41	1	247	0.854671	0.145329
25.246.225.197	267	0	43	0	224	0.838951	0.161049
30.67.241.95	265	0	37	0	228	0.860377	0.139623

图 11.3　每个 IP 地址的指标

现在使用这个 DataFrame 绘制登录成功与每个 IP 地址的尝试次数，看看是否存在我们可以利用的模式来区分有效活动和恶意活动：

```
>>> pivot.plot(
...     kind='scatter', x='attempts', y='success',
...     title='successes vs. attempts by IP address',
...     alpha=0.25
... )
```

如图 11.4 所示，底部似乎有一些散落的点，但请注意轴上的刻度并没有完全对齐。大多数点都沿着一条线，这条线略小于登录尝试与登录成功的 1∶1 关系。本章的模拟数据比我们在第 8 章“基于规则的异常检测”中使用的模拟数据更真实，因此如果将图 8.11 与图 11.4 进行比较，即可观察到，在这里将有效活动与恶意活动区分开来要困难得多。

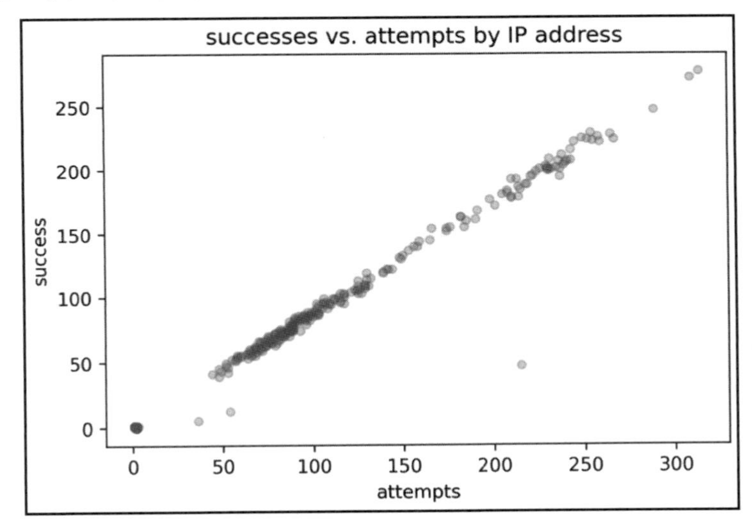

图 11.4　每个 IP 地址登录成功与尝试的散点图

请记住，这是一个二元分类问题，因此可以找到一种方法来区分有效用户和攻击者登录活动。我们想要构建一个模型，该模型将学习一些决策边界，将有效用户与攻击者区分开来。由于有效用户正确输入密码的概率更高，因此与攻击者相比，其登录尝试和登录成功之间的关系将更接近于 1∶1。因此，想象中的分离边界应如图 11.5 所示。

现在的问题是，这两个群体中的哪一个是攻击者？如果数据中有更多的 IP 地址是攻击者（因为他们会为尝试的每个用户名使用不同的 IP 地址），那么有效用户反而可能会被视为异常值（outlier），而攻击者将被视为箱线图中的内部值（inlier）。

我们可以创建一个箱形图来看看是否发生了这种情况：

```
>>> pivot[['attempts', 'success']].plot(
...     kind='box', subplots=True, figsize=(10, 3),
```

```
...     title='stats per IP address'
... )
```

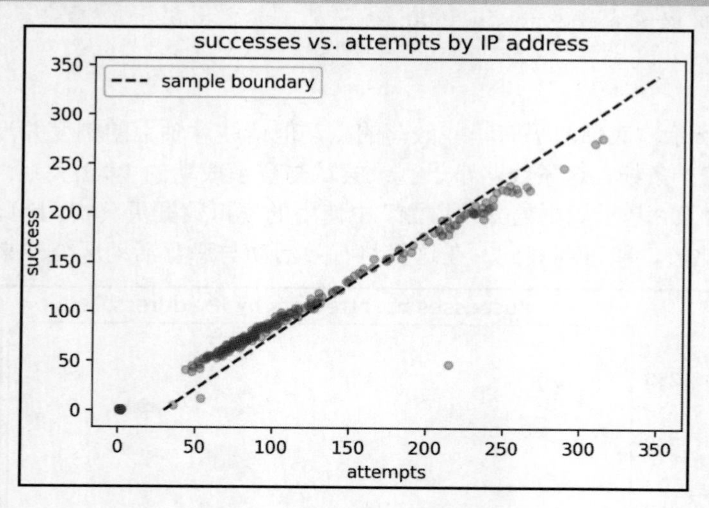

图 11.5　一个可能的决策边界

事实上，这似乎就是正在发生的事情。有效用户比攻击者的成功率更高，因为他们只使用 1～3 个不同的 IP 地址，如图 11.6 所示。

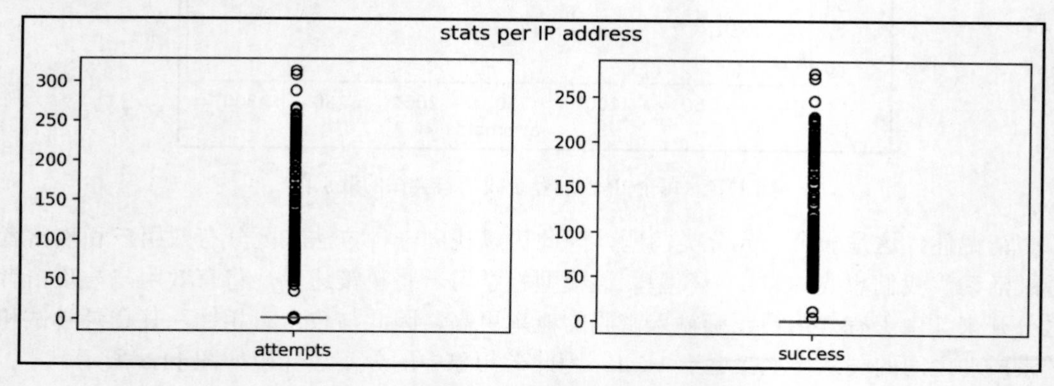

图 11.6　使用每个 IP 地址的指标寻找异常值

显然，像这样查看数据并没有太大的帮助，所以我们可以看看更小的粒度是否能更好一些。现在可视化 2018 年 1 月的登录尝试分布、用户名数量和每个 IP 地址的失败次数（按分钟粒度进行解析）：

```
>>> from matplotlib.ticker import MultipleLocator
```

```
>>> ax = logs_2018.loc['2018-01'].assign(
...     failures=lambda x: 1 - x.success
... ).groupby('source_ip').resample('1min').agg({
...     'username': 'nunique',
...     'success': 'sum',
...     'failures': 'sum'
... }).assign(
...     attempts=lambda x: x.success + x.failures
... ).dropna().query('attempts > 0').reset_index().plot(
...     y=['attempts', 'username', 'failures'], kind='hist',
...     subplots=True, layout=(1, 3), figsize=(20, 3),
...     title='January 2018 distributions of minutely stats'
...           'by IP address'
... )
>>> for axes in ax.flatten():
...     axes.xaxis.set_major_locator(MultipleLocator(1))
```

看起来大多数 IP 地址只有一个关联的用户名；当然，也有一些 IP 地址有多次尝试失败的记录，如图 11.7 所示。

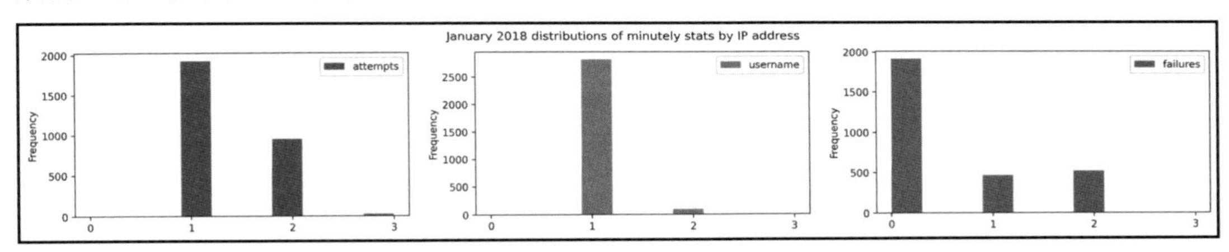

图 11.7　每个 IP 地址每分钟的指标分布

也许唯一用户名和登录失败的组合会带来一些有益的发现，并且这样的组合不要求 IP 地址不变。让我们可视化 2018 年每分钟失败的用户名数量：

```
>>> logs_2018.loc['2018'].assign(
...     failures=lambda x: 1 - x.success
... ).query('failures > 0').resample('1min').agg(
...     {'username': 'nunique', 'failures': 'sum'}
... ).dropna().rename(
...     columns={'username': 'usernames_with_failures'}
... ).usernames_with_failures.plot(
...     title='usernames with failures per minute in 2018',
...     figsize=(15, 3)
... ).set_ylabel('usernames with failures')
```

这看起来很有启发意义，我们绝对应该调查登录失败的用户名峰值，因为这可能是网站出现了问题，也可能是恶意的，如图 11.8 所示。

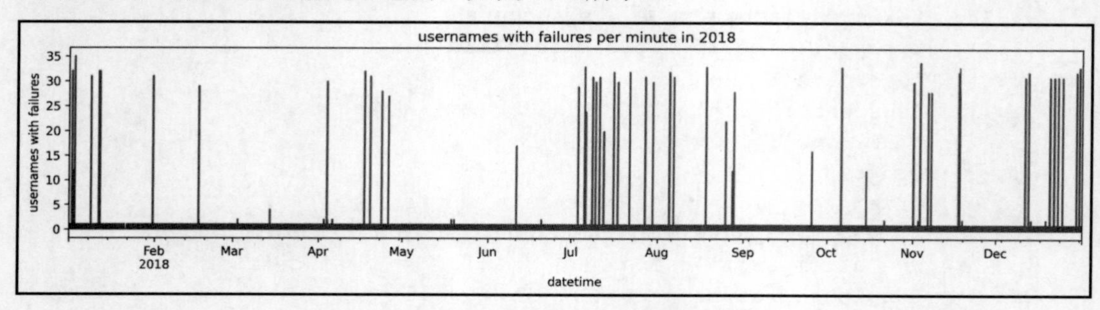

图 11.8　按时间推移的登录失败的用户名

在对数据进行彻底探索后，即可知道在构建机器学习模型时可以使用哪些特征。由于目前还没有标记数据，因此接下来我们将尝试构建一些无监督学习模型。

11.3　利用无监督学习执行异常检测

如果黑客的攻击行为很明显并且与有效用户不同，那么无监督学习的方法可能会非常有效。如果没有标记数据，或者如果标记数据难以收集或不能保证代表我们希望标记的全谱，那么无监督学习是很好的起点。请注意，在大多数情况下，我们都不会有标记数据，因此熟悉一些无监督方法至关重要。

在之前的探索性数据分析中，我们已经将在给定分钟内登录尝试失败的用户名数量确定为异常检测的一项特征。因此，现在可以使用该特征作为起点，测试一些无监督学习的异常检测算法。

scikit-learn 提供了这样一些算法。本节将研究隔离森林和局部异常因子。11.7 节“练习”还使用了第三种方法，即一类支持向量机（support vector machine，SVM）。

在尝试使用这些方法之前，我们还需要准备训练数据。由于安全运营中心将首先发送 2018 年 1 月的标记数据，因此我们将仅使用 2018 年 1 月的逐分钟数据作为无监督学习的模型。我们的特征包括星期几（独热编码）、一天中的小时（独热编码）以及失败的用户名数量。如有必要，请参阅 9.4.3 节“编码数据”，以了解有关独热编码的知识。

现在我们使用 2-unsupervised_anomaly_detection.ipynb 笔记本，并编写一个实用函数来轻松地获取这些数据：

```
>>> def get_X(log, day):
...     """
```

```
...     获取可用于 X 的数据
...
...     参数：
...         - log: 登录日志 DataFrame
...         - day: 日期或单个值
...           可以用作 datetime 索引切片
...
...     返回：
...         pandas.DataFrame 对象
...     """
...     return pd.get_dummies(
...         log.loc[day].assign(
...             failures=lambda x: 1 - x.success
...         ).query('failures > 0').resample('1min').agg(
...             {'username': 'nunique', 'failures': 'sum'}
...         ).dropna().rename(
...             columns={'username': 'usernames_with_failures'}
...         ).assign(
...             day_of_week=lambda x: x.index.dayofweek,
...             hour=lambda x: x.index.hour
...         ).drop(columns=['failures']),
...         columns=['day_of_week', 'hour']
...     )
```

现在，我们可以获取 1 月数据并将其存储在 X 中：

```
>>> X = get_X(logs_2018, '2018-01')
>>> X.columns
Index(['usernames_with_failures', 'day_of_week_0',
       'day_of_week_1', 'day_of_week_2', 'day_of_week_3',
       'day_of_week_4', 'day_of_week_5', 'day_of_week_6',
       'hour_0', 'hour_1', ..., 'hour_22', 'hour_23'],
      dtype='object')
```

11.3.1　隔离森林

隔离森林（isolation forest，也称为孤立森林）算法使用拆分技术将异常值与其余数据隔离，因此，它可以用于异常检测。在底层，隔离森林实际上是一个随机森林，可对随机选择的特征进行拆分，并选择该特征在其最大值和最小值之间的随机值以进行拆分。请注意，此范围来自树中该节点的特征范围，而不是起始数据。

森林中的一棵树看起来如图 11.9 所示。

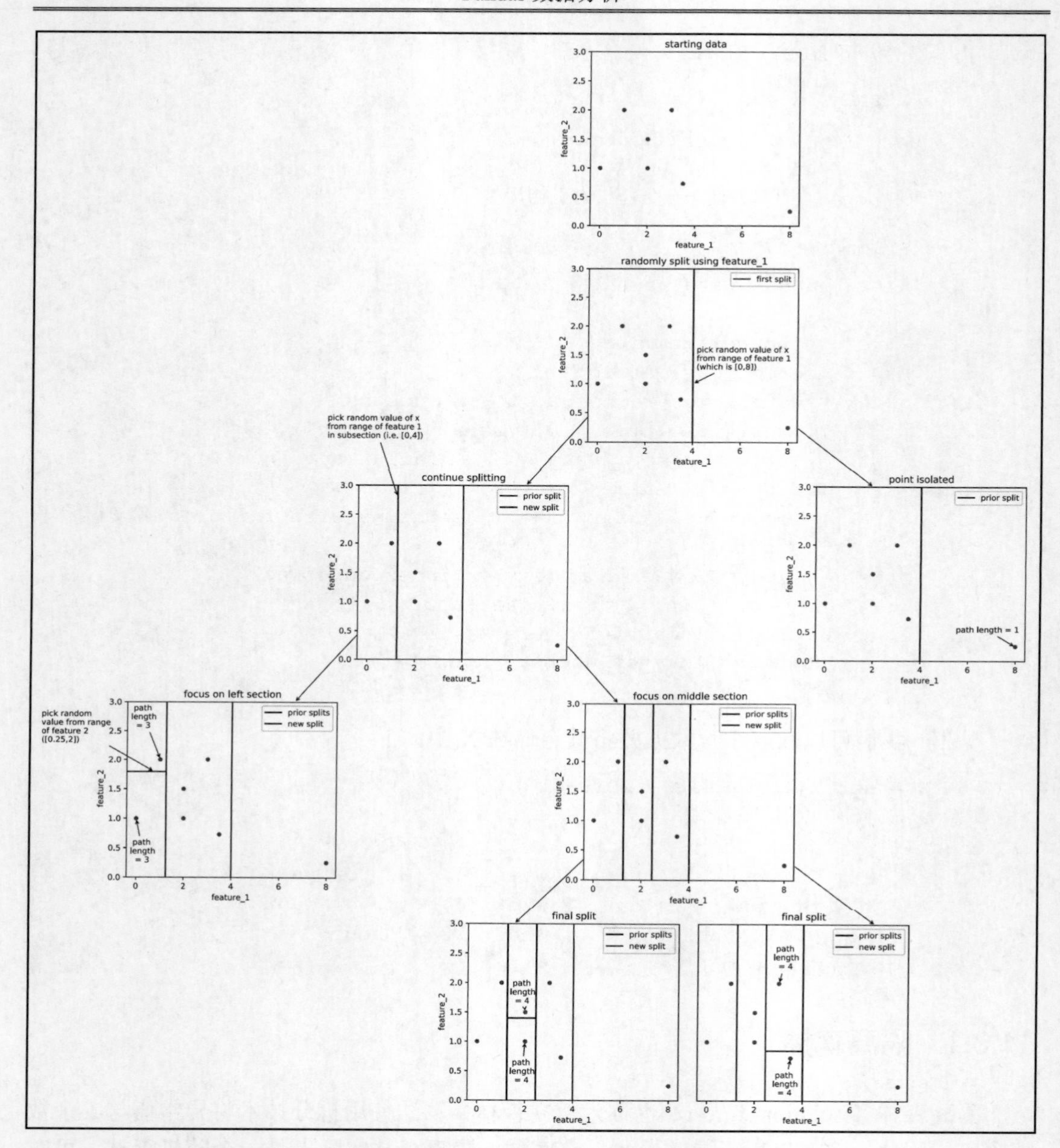

图 11.9　隔离森林中一棵树的示例

从森林中每棵树的顶部到包含给定点的叶子必须经过的平均路径长度可用于将某个点评分为异常值或内部值。异常值的路径要短得多，因为它们将是拆分的给定一侧的少数几个点之一，并且与其他点的共同点较少。相反，具有许多共同维度的点将需要更多的拆分才能分开。

注意：

有关此算法的更多信息，你可以访问以下网址：

https://scikitlearn.org/stable/modules/outlier_detection.html#isolation-forest

现在我们使用管道来实现一个隔离森林，首先对数据进行标准化：

```
>>> from sklearn.ensemble import IsolationForest
>>> from sklearn.pipeline import Pipeline
>>> from sklearn.preprocessing import StandardScaler

>>> iso_forest_pipeline = Pipeline([
...     ('scale', StandardScaler()),
...     ('iforest', IsolationForest(
...         random_state=0, contamination=0.05
...     ))
... ]).fit(X)
```

我们必须指定预计有多少数据是异常值（contamination），本示例估计为 5%，这将很难选择，因为我们没有标记数据。有一个 auto 选项可以为我们确定一个值，但在本示例中，它不会给出任何异常值，因此很明显该选项不是我们想要的。在实践中，我们可以对数据进行统计分析以确定初始值或咨询领域专家。

predict()方法可用于检查每个数据点是否为异常值。如果点是内部点或异常点，则在 scikit-learn 中实现的异常检测算法通常分别返回 1 或−1：

```
>>> isolation_forest_preds = iso_forest_pipeline.predict(X)
>>> pd.Series(np.where(
...     isolation_forest_preds == -1, 'outlier', 'inlier'
... )).value_counts()
inlier      42556
outlier      2001
dtype: int64
```

由于目前还没有标记数据，因此只能稍后回来评估它。接下来，我们看看本章将讨论的第二种无监督学习算法。

11.3.2　局部异常因子

虽然内部点通常位于数据集的密集区域（此处为 32 维），但异常值往往位于更稀疏、更孤立的区域，相邻点很少。局部异常值因子（local outlier factor，LOF）算法可寻找这些稀疏的区域以识别异常值，它将根据每个点周围的密度与其最近邻居的密度之比对所有点进行评分。被认为是正常的点将具有与其邻居相似的密度，那些附近没有其他点的数据点将被视为异常值。

注意：

有关此算法的更多信息，你可以访问以下网址：

https://scikitlearn.org/stable/modules/outlier_detection.html#local-outlier-factor

现在我们构建另一个管道，但将隔离森林换成 LOF。请注意，我们必须猜测 n_neighbors 参数的最佳值，因为如果没有标记数据，GridSearchCV 就没有什么可对模型进行评分的。我们可使用该参数的默认值，即 20：

```
>>> from sklearn.neighbors import LocalOutlierFactor
>>> from sklearn.pipeline import Pipeline
>>> from sklearn.preprocessing import StandardScaler

>>> lof_pipeline = Pipeline([
...     ('scale', StandardScaler()),
...     ('lof', LocalOutlierFactor())
... ]).fit(X)
```

现在来看看这次有多少异常值。LOF 没有 predict()方法，因此我们必须检查 LOF 对象的 negative_outlier_factor_属性以查看拟合的每个数据点的分数：

```
>>> lof_preds = lof_pipeline.named_steps['lof']\
...     .negative_outlier_factor_
>>> lof_preds
array([-1.33898756e+10, -1.00000000e+00, -1.00000000e+00, ...,
       -1.00000000e+00, -1.00000000e+00, -1.11582297e+10])
```

LOF 和隔离森林之间还有另一个区别：negative_outlier_factor_属性的值不是严格的−1 或 1。事实上，它们可以是任何数字——看看上述结果中的第一个值和最后一个值，你会看到它们小于−1。这意味着不能使用隔离森林中的方法来计算内部点和异常点。相反，我们需要将 negative_outlier_factor_属性与 LOF 模型的 offset_属性进行比较，它告诉我们在训练期间由 LOF 模型确定的截止值（使用 contamination 参数）：

```
>>> pd.Series(np.where(
...     lof_preds < lof_pipeline.named_steps['lof'].offset_,
...     'outlier', 'inlier'
```

```
... )).value_counts()
inlier      44248
outlier       309
dtype: int64
```

现在我们有了两个无监督学习模型，需要比较它们，看看哪个模型的效果更好。

11.3.3　比较模型

局部异常因子（LOF）指示的异常值比隔离森林少，但它们甚至可能彼此不一致。正如在第 10 章“做出更好的预测”中所看到的，我们可以使用 sklearn.metrics 中的 cohen_kappa_score()函数来检查它们的一致性程度：

```
>>> from sklearn.metrics import cohen_kappa_score

>>> is_lof_outlier = np.where(
...     lof_preds < lof_pipeline.named_steps['lof'].offset_,
...     'outlier', 'inlier'
... )
>>> is_iso_outlier = np.where(
...     isolation_forest_preds == -1, 'outlier', 'inlier'
... )

>>> cohen_kappa_score(is_lof_outlier, is_iso_outlier)
0.25862517997335677
```

可以看到，它们的一致性水平较低，这表明哪些数据点是异常的并不是很明显。当然，如果没有标记数据，我们真的无法判断哪个模型更好。

在这种情况下，我们需要与结果的使用者合作，以确定哪个模型为他们提供了最有用的数据。值得庆幸的是，安全运营中心刚刚发送来 2018 年 1 月的标记数据，因此我们可以确定哪个模型更好，并让他们先暂时使用该模型，直到我们准备好有监督学习模型。

首先，我们将读取他们写入数据库 attacks 表中的标记数据，并添加一些列指示攻击开始的时间、持续时间和结束时间：

```
>>> with sqlite3.connect('logs/logs.db') as conn:
...     hackers_jan_2018 = pd.read_sql(
...         """
...         SELECT *
...         FROM attacks
...         WHERE start BETWEEN "2018-01-01" AND "2018-02-01";
...         """, conn, parse_dates=['start', 'end']
```

```
...     ).assign(
...         duration=lambda x: x.end - x.start,
...         start_floor=lambda x: x.start.dt.floor('min'),
...         end_ceil=lambda x: x.end.dt.ceil('min')
...     )
>>> hackers_jan_2018.shape
(7, 6)
```

请注意，安全运营中心只有一个 IP 地址用于每次攻击所涉及的 IP 地址，因此我们不再依赖它是一件好事。反过来说，安全运营中心希望我们告诉他们在哪一刻有可疑活动，以便他们可以进一步调查。另请注意，虽然攻击时间很快，持续时间很短，但分钟粒度的数据意味着每次攻击都会触发许多警报。

图 11.10 显示了已标记数据。

	start	end	source_ip	duration	start_floor	end_ceil
0	2018-01-02 02:31:43.326264	2018-01-02 02:35:16.326264	102.139.159.128	0 days 00:03:33	2018-01-02 02:31:00	2018-01-02 02:36:00
1	2018-01-02 20:14:02.279476	2018-01-02 20:14:28.279476	119.218.239.234	0 days 00:00:26	2018-01-02 20:14:00	2018-01-02 20:15:00
2	2018-01-03 01:25:48.667114	2018-01-03 01:29:13.667114	151.93.164.203	0 days 00:03:25	2018-01-03 01:25:00	2018-01-03 01:30:00
3	2018-01-08 21:41:43.985324	2018-01-08 21:45:56.985324	226.98.192.152	0 days 00:04:13	2018-01-08 21:41:00	2018-01-08 21:46:00
4	2018-01-11 17:38:30.974748	2018-01-11 17:42:33.974748	23.81.78.129	0 days 00:04:03	2018-01-11 17:38:00	2018-01-11 17:43:00
5	2018-01-12 03:32:20.284167	2018-01-12 03:36:29.284167	74.90.28.4	0 days 00:04:09	2018-01-12 03:32:00	2018-01-12 03:37:00
6	2018-01-31 07:39:17.514901	2018-01-31 07:43:29.514901	236.174.156.247	0 days 00:04:12	2018-01-31 07:39:00	2018-01-31 07:44:00

图 11.10　用于评估模型的标记数据

使用 start_floor 和 end_ceil 列，可以创建一个日期时间范围，并可以检查标记为异常值的数据是否在该范围内。为此，可使用以下函数：

```
>>> def get_y(datetimes, hackers, resolution='1min'):
...     """
...     获取可用于 y 的数据
...     （无论黑客是否在此期间尝试登录）
...
...     参数：
...         - datetimes: 查验黑客的日期时间
...         - hackers: 指示黑客开始和停止的 DataFrame
...         - resolution: datetime 的粒度
...                       默认为 1 分钟
...
...     返回：
...         Booleans 的 pandas.Series
```

```
...     """
...     date_ranges = hackers.apply(
...         lambda x: pd.date_range(
...             x.start_floor, x.end_ceil, freq=resolution
...         ),
...         axis=1
...     )
...     dates = pd.Series(dtype='object')
...     for date_range in date_ranges:
...         dates = pd.concat([dates, date_range.to_series()])
...     return datetimes.isin(dates)
```

让我们找出 X 数据中发生黑客活动的日期时间：

```
>>> is_hacker = \
...     get_y(X.reset_index().datetime, hackers_jan_2018)
```

现在我们拥有制作分类报告和混淆矩阵所需的一切。由于需要大量传递 is_hacker Series，因此这里仅制作部分报告（partial）：

```
>>> from functools import partial
>>> from sklearn.metrics import classification_report
>>> from ml_utils.classification import confusion_matrix_visual

>>> report = partial(classification_report, is_hacker)
>>> conf_matrix = partial(
...     confusion_matrix_visual, is_hacker,
...     class_labels=[False, True]
... )
```

让我们从分类报告开始，它表明隔离森林在召回率方面要好得多：

```
>>> iso_forest_predicts_hacker = isolation_forest_preds == - 1
>>> print(report(iso_forest_predicts_hacker)) # 隔离森林
              precision    recall  f1-score   support

       False       1.00      0.96      0.98     44519
        True       0.02      0.82      0.03        38

    accuracy                           0.96     44557
   macro avg       0.51      0.89      0.50     44557
weighted avg       1.00      0.96      0.98     44557

>>> lof_predicts_hacker = \
```

```
...     lof_preds < lof_pipeline.named_steps['lof'].offset_
>>> print(report(lof_predicts_hacker)) # 局部异常因子（LOF）
              precision    recall  f1-score   support

       False       1.00      0.99      1.00     44519
        True       0.03      0.26      0.06        38

    accuracy                           0.99     44557
   macro avg       0.52      0.63      0.53     44557
weighted avg       1.00      0.99      1.00     44557
```

为了更好地理解分类报告中的结果，我们可以为无监督学习方法创建混淆矩阵，并将它们并排放置以进行比较：

```
>>> fig, axes = plt.subplots(1, 2, figsize=(15, 5))

>>> conf_matrix(
...     iso_forest_predicts_hacker,
...     ax=axes[0], title='Isolation Forest'
... )

>>> conf_matrix(
...     lof_predicts_hacker,
...     ax=axes[1], title='Local Outlier Factor'
... )
```

与局部异常因子（LOF）相比，隔离森林具有更多的真阳性和更多的假阳性，但它具有较少的假阴性，如图 11.11 所示。

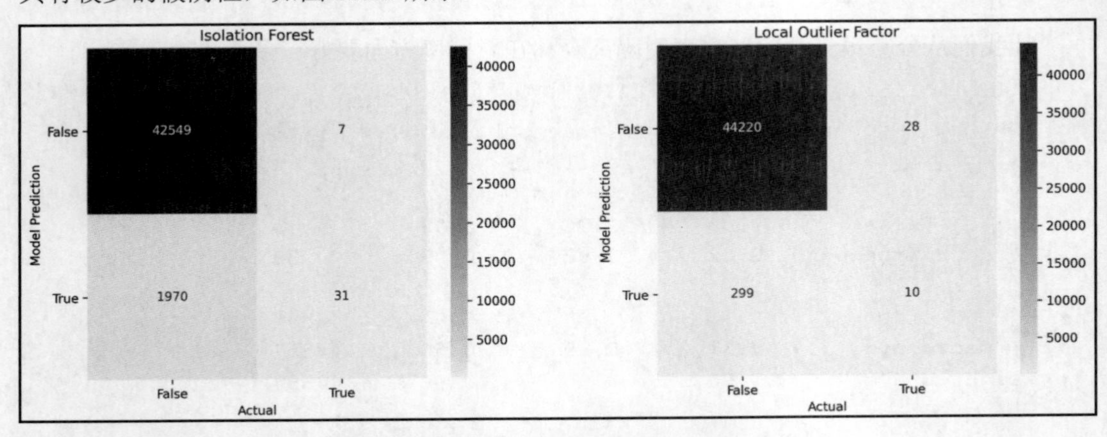

图 11.11　无监督学习模型的混淆矩阵

安全运营中心告诉我们，假阴性比假阳性的成本高得多。但是，他们还是希望我们控制假阳性（误报），以避免过多的误报使团队陷入困境。

这意味着，作为性能指标，召回率〔真阳性率（TPR）〕比精确率更有价值。安全运营中心希望我们达到的第一个目标是，召回率至少 70%。

由于我们有一个非常大的类别不平衡，因此误报率〔假阳性率（FPR）〕在本示例中提供不了太多信息。

你应该还记得，FPR 是假阳性除以假阳性和真阴性之和：

FPR=FP/(FP+TN)

相对于正常登录，攻击者毕竟是少数，因此，数据中将有大量的真阴性，这意味着 FPR 无论如何都会保持在非常低的水平。因此，安全运营中心要求的第二个指标是，精确率要达到 85%或以上。

隔离森林模型在召回率指标上超过了安全运营中心给定的目标，但是精确率太低。由于我们能够获得一些标记数据，因此现在可以使用监督学习来找到包含可疑活动的分钟时间（请注意，情况并非总是如此）。接下来，让我们看看是否可以使用这些额外信息来更准确地找到感兴趣的分钟时间。

11.4　实现有监督学习的异常检测

安全运营中心已经完成对 2018 年数据的标记，因此我们应该重新执行探索性数据分析，以确保在分钟粒度上查看登录失败的用户名数量将数据分开。

此探索性数据分析位于 3-EDA_labeled_data.ipynb 笔记本中。经过一些数据整理后，可创建以下散点图，这表明该策略似乎确实将可疑活动分开了，如图 11.12 所示。

在 4-supervised_anomaly_detection.ipynb 笔记本中，我们将创建一些监督模型。这次需要读入 2018 年的所有标注数据。请注意，这里省略了读入日志的代码，因为它与 11.3 节“利用无监督学习执行异常检测”中的读入代码相同：

```
>>> with sqlite3.connect('logs/logs.db') as conn:
...     hackers_2018 = pd.read_sql(
...         """
...         SELECT *
...         FROM attacks
...         WHERE start BETWEEN "2018-01-01" AND "2019-01-01";
...         """, conn, parse_dates=['start', 'end']
...     ).assign(
...         duration=lambda x: x.end - x.start,
```

```
...         start_floor=lambda x: x.start.dt.floor('min'),
...         end_ceil=lambda x: x.end.dt.ceil('min')
...     )
```

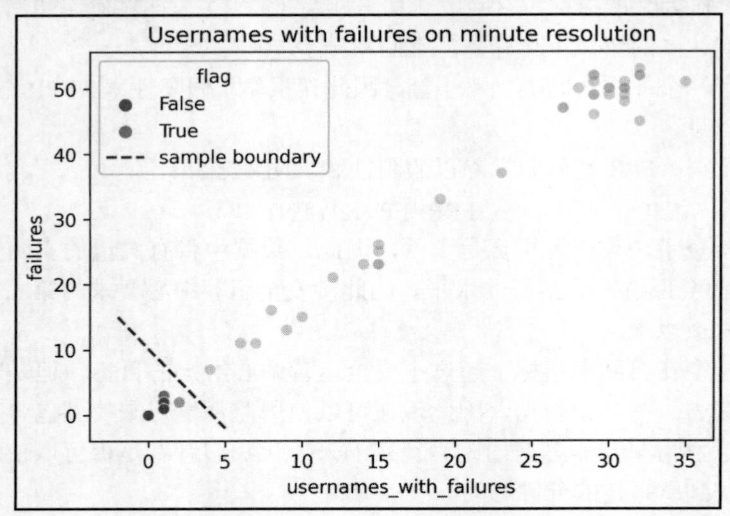

图 11.12　确认我们的特征可以帮助形成决策边界

当然，在构建模型之前，可创建一个新函数，该函数将同时创建 X 和 y。get_X_y()函数将使用之前创建的 get_X()和 get_y()函数，返回 X 和 y：

```
>>> def get_X_y(log, day, hackers):
...     """
...     获取 X、y 数据以构建模型
...
...     参数:
...         - log: 日志 DataFrame
...         - day: 日期或单个值
...                可以用作 datetime 索引切片
...         - hackers: 指示黑客开始和停止的 DataFrame
...
...     返回:
...         X、y 元组，其中，X 是 pandas.DataFrame 对象
...         y 是 pandas.Series 对象
...     """
...     X = get_X(log, day)
...     y = get_y(X.reset_index().datetime, hackers)
...     return X, y
```

现在，让我们使用新函数制作训练集和测试集，训练集包含 2018 年 1 月的数据，测试集则使用的是 2018 年 2 月的数据：

```
>>> X_train, y_train = \
...     get_X_y(logs_2018, '2018-01', hackers_2018)
>>> X_test, y_test = \
...     get_X_y(logs_2018, '2018-02', hackers_2018)
```

注意：

虽然数据中的类非常不平衡（攻击者毕竟是少数），但我们并没有立即平衡训练集。在没有过早优化的情况下试用模型至关重要。我们如果构建模型并看到它受到类不平衡的影响，那么可以尝试这些技术。

请记住，对过采样/欠采样技术要非常谨慎，因为我们对数据的某些假设并不总是合适的，甚至可能是不切实际的。以 10.5.2 节“过采样”中介绍的合成少数过采样技术（synthetic minority over-sampling technology，SMOTE）为例，如果将它应用于本示例，则需要假设所有未来的攻击者都采用与现有数据中的攻击类似的方式，但实际上，新生代的黑客可能会采用更不容易发现的攻击模式。

现在，我们使用这些数据构建一些有监督学习的异常检测模型。请记住，安全运营中心给出的性能要求是，召回率至少为 70%，精确率为 85%或更高，因此我们将使用这些指标来评估有监督学习模型。

11.4.1　基线模型

我们要执行的第一步是构建一些基线模型，这样才能知道新的机器学习算法是否比一些更简单的模型性能更好，并且更具有预测价值。

我们将构建两个这样的模型：

- 虚拟分类器，基于数据中的分层预测标签。
- 朴素贝叶斯模型，利用贝叶斯定理预测标签。

11.4.2　虚拟分类器

虚拟分类器（dummy classifier）将为我们提供一个模型，该模型等效于在 ROC 曲线上绘制的基线。显然，其结果会很糟糕，我们永远不会使用这个分类器进行实际预测；相反，我们的目的是使用它来查看正在构建的模型是否比随机猜测策略更好。scikit-learn 正是为此在 dummy 模块中提供了 DummyClassifier 类。

使用 strategy 参数，我们可以指定虚拟分类器如何进行预测。一些有趣的选项如下。

- uniform：分类器每次都会猜测观察值是否属于黑客攻击。
- most_frequent：分类器将始终预测最频繁的标签，在本示例中，这将导致永远不会将任何观察值标记为恶意。这虽然可以实现高准确率，但没什么用，因为少数类才是我们感兴趣的类（正类）。
- stratified：分类器将使用来自训练数据的类分布并通过其猜测保持该比率。

让我们用 stratified 策略构建一个虚拟分类器：

```
>>> from sklearn.dummy import DummyClassifier

>>> dummy_model = DummyClassifier(
...     strategy='stratified', random_state=0
... ).fit(X_train, y_train)
>>> dummy_preds = dummy_model.predict(X_test)
```

现在我们有了第一个基线模型，我们可以测量它的性能以进行比较。我们将同时使用 ROC 曲线和精确率-召回率曲线，以显示在类不平衡情况下 ROC 曲线的性能评估。同样地，这里将仅制作部分报告：

```
>>> from functools import partial
>>> from sklearn.metrics import classification_report
>>> from ml_utils.classification import (
...     confusion_matrix_visual, plot_pr_curve, plot_roc
... )

>>> report = partial(classification_report, y_test)
>>> roc = partial(plot_roc, y_test)
>>> pr_curve = partial(plot_pr_curve, y_test)
>>> conf_matrix = partial(
...     confusion_matrix_visual, y_test,
...     class_labels=[False, True]
... )
```

回想一下，在第 9 章“Python 机器学习入门”中已经讨论过，ROC 曲线的对角线就是虚拟模型的随机猜测结果。如果新模型的表现不比这条线好，则该模型就没有预测价值。刚刚创建的虚拟模型就相当于这条线。

现在让我们使用子图可视化基线 ROC 曲线、精确率-召回率曲线和混淆矩阵：

```
>>> fig, axes = plt.subplots(1, 3, figsize=(20, 5))
>>> roc(dummy_model.predict_proba(X_test)[:,1], ax=axes[0])
>>> conf_matrix(dummy_preds, ax=axes[1])
```

```
>>> pr_curve(
...     dummy_model.predict_proba(X_test)[:,1], ax=axes[2]
... )
>>> plt.suptitle('Dummy Classifier with Stratified Strategy')
```

虚拟分类器无法标记任何攻击者。ROC 曲线（TPR 与 FPR）表明虚拟模型没有预测价值。如图 11.13 所示，曲线下面积（area under the curve，AUC）为 0.5。精确率-召回率曲线下的面积几乎为零。

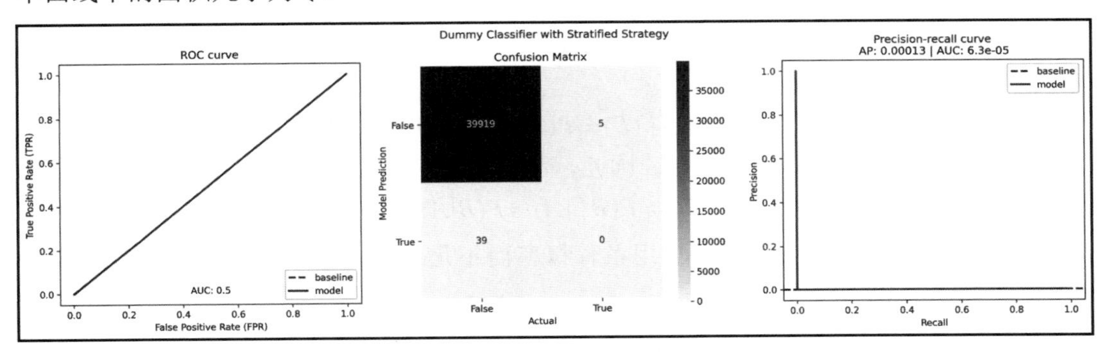

图 11.13　使用虚拟分类器的基线

由于数据的类别非常不平衡，分层随机猜测策略应该在少数类别上表现得非常糟糕，而在多数类别上表现得非常好。我们可以通过检查分类报告来观察这一点：

```
>>> print(report(dummy_preds))
              precision    recall  f1-score   support

       False       1.00      1.00      1.00     39958
        True       0.00      0.00      0.00         5

    accuracy                           1.00     39963
   macro avg       0.50      0.50      0.50     39963
weighted avg       1.00      1.00      1.00     39963
```

11.4.3　朴素贝叶斯

现在要构建的基线模型是一个朴素贝叶斯分类器（Naïve Bayes classifier）。在讨论该模型之前，需要介绍一些概率的概念。

第一个是条件概率（conditional probability）。当处理 A 和 B 两个事件时，在事件 B 已经发生的给定情况下，事件 A 发生的概率就是条件概率，记为 $P(A|B)$。

当事件 A 和 B 是独立的时，意味着 B 的发生不会告诉我们关于 A 发生的任何信息，在这种情况下，$P(A|B)=P(A)$。反过来也是一样，即 $P(B|A)=P(B)$。

换句话说，如果事件 A 与 B 是相互独立的，则 A 在 B 这个前提下的条件概率就是 A 自身的概率，同样，B 在 A 的前提下的条件概率就是 B 自身的概率。

条件概率被定义为 A 和 B 发生的联合概率（joint probability），即这些事件的交集，记为 $P(A\cap B)$ 除以 B 发生的概率（假设它不为零）：

$$P(A\,|\,B)=\frac{P(A\cap B)}{P(B)},\ \text{如果}\ P(B)\neq 0$$

该公式可以重新排列如下：

$$P(A\cap B)=P(A\,|\,B)\times P(B)$$

$A\cap B$ 的联合概率等价于 $B\cap A$。因此，可得到以下公式：

$$P(A\cap B)=P(B\cap A)=P(B|A)\times P(A)$$

然后可以改变第一个公式以使用条件概率而不是联合概率。这给出了贝叶斯定理（Bayes's theorem）：

$$P(A\,|\,B)=\frac{P(B|A)\times P(A)}{P(B)}$$

当使用上述公式时，$P(A)$被称为先验概率（prior probability），或事件 A 将发生的初始置信度。在考虑到事件 B 发生后，这个初始信心得到更新，这表示为 $P(A|B)$，并被称为后验概率（posterior probability）。

在给定事件 A 发生的情况下，事件 B 发生的可能性是 $P(B|A)$。事件 B 的发生对观察事件 A 的信心的支持如下：

$$\frac{P(B|A)}{P(B)}$$

现在来看一个示例，假设正在构建一个垃圾邮件（spam）过滤器，我们发现 10%的电子邮件是垃圾邮件。这个 10%就是先验概率，可记为 P(spam)。

如果刚刚收到的电子邮件中包含单词 free，我们想要知道它是垃圾邮件的概率，则记为 P(spam|free)。

为了找到该概率，我们需要知道在电子邮件是垃圾邮件的情况下，单词 free 出现在电子邮件中的概率，即 P(free|spam)，以及单词 free 在电子邮件中的概率，即 P(free)。

假设我们已经知道 12%的电子邮件包含 free 一词，而 20%被确定为垃圾邮件的电子邮件中包含 free 一词。将所有这些已知值代入之前的公式中，即可计算出，一旦我们知道某封电子邮件包含 free 一词，我们认为它是垃圾邮件的可能性就会从 10% 增加到

16.7%，这就是后验概率：

$$P(\text{spam} \mid \text{free}) = \frac{P(\text{free} \mid \text{spam}) \times P(\text{spam})}{P(\text{free})} = \frac{0.20 \times 0.10}{0.12} \approx 16.7\%$$

贝叶斯定理可以应用于一种称为朴素贝叶斯（Naïve Bayes）的分类器。根据我们对数据的假设，我们得到朴素贝叶斯分类器家族的不同成员。这些模型的训练速度非常快，因为它们对每对 X 特征的条件独立性进行了简化假设，给出了 y 变量（这意味着 $P(x_i|y,x_1\cdots,x_n)$等价于 $P(x_i|y)$）。它们之所以被称为朴素的，是因为这个假设通常是不正确的。当然，这些分类器在构建垃圾邮件过滤器时工作得还不错。

假设我们还在电子邮件中发现了多个美元符号和单词 prescription，并且想知道它是垃圾邮件的概率。虽然其中一些特征可能相互依赖，但朴素贝叶斯模型会将它们视为条件独立的。这意味着现在的后验概率公式计算如下：

$$P(\text{spam} \mid \text{free}, \$\$\$, \text{prescription}) = \frac{P(\text{free} \mid \text{spam}) \times P(\$\$\$ \mid \text{spam}) \times P(\text{prescription} \mid \text{spam}) \times P(\text{spam})}{P(\text{free}) \times P(\$\$\$) \times P(\text{prescription})}$$

假设已知 5%的垃圾邮件包含多个美元符号，55%的垃圾邮件包含 prescription 一词，25%的电子邮件包含多个美元符号，并且 2%的电子邮件中包含 prescription 一词。这意味着当某电子邮件包含单词 free、prescription 和多个美元符号时，我们认为它是垃圾邮件的信心从 10%增加到 91.7%：

$$P(\text{spam} \mid \text{free}, \$\$\$, \text{prescription}) = \frac{0.20 \times 0.05 \times 0.55 \times 0.10}{0.12 \times 0.25 \times 0.02} \approx 91.7\%$$

在理解了算法的基础知识之后，现在可以构建一个朴素贝叶斯分类器。

请注意，scikit-learn 提供了各种朴素贝叶斯分类器，这些分类器因特征可能性的假设分布而异——特征可能性的假设被定义为 $P(x_i|y, x_1\cdots, x_n)$。本节将使用假设它们呈正态分布的版本 GaussianNB：

```
>>> from sklearn.naive_bayes import GaussianNB
>>> from sklearn.pipeline import Pipeline
>>> from sklearn.preprocessing import StandardScaler

>>> nb_pipeline = Pipeline([
...     ('scale', StandardScaler()),
...     ('nb', GaussianNB())
... ]).fit(X_train, y_train)
>>> nb_preds = nb_pipeline.predict(X_test)
```

我们可以从模型中检索类先验，在本示例中，它告诉我们，一分钟内包含正常活动的先验概率为 99.91%，包含异常活动的先验概率为 0.09%：

```
>>> nb_pipeline.named_steps['nb'].class_prior_
array([9.99147160e-01, 8.52840182e-04])
```

朴素贝叶斯是一个很好的基线模型，因为不需要调整任何超参数，而且训练速度很快。让我们看看它在测试数据上的表现（2018 年 2 月）：

```
>>> fig, axes = plt.subplots(1, 3, figsize=(20, 5))
>>> roc(nb_pipeline.predict_proba(X_test)[:,1], ax=axes[0])
>>> conf_matrix(nb_preds, ax=axes[1])
>>> pr_curve(
...     nb_pipeline.predict_proba(X_test)[:,1], ax=axes[2]
... )
>>> plt.suptitle('Naive Bayes Classifier')
```

朴素贝叶斯分类器找到所有 5 个攻击者，并且在 ROC 曲线和精确率-召回率曲线中都高于基线（虚线），这意味着该模型具有一定的预测价值，如图 11.14 所示。

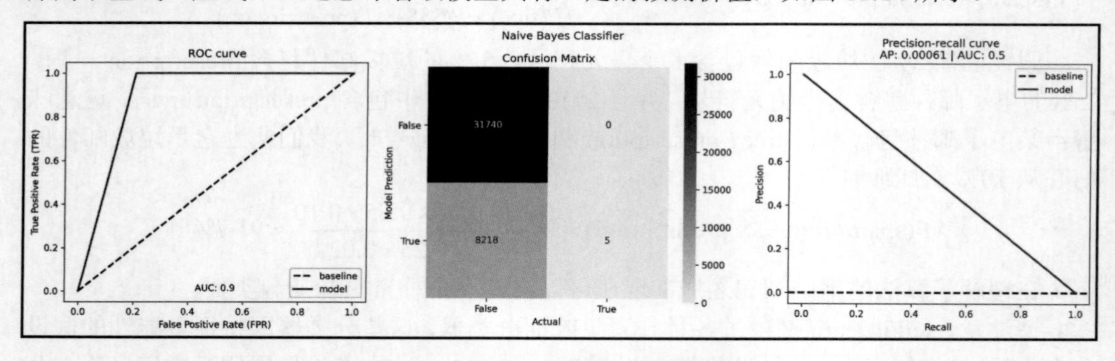

图 11.14　朴素贝叶斯分类器的性能

遗憾的是，我们触发了大量的误报（8218）。在 2 月份，每 1644 个被分类为攻击的活动中大约有 1 个确实是攻击。这会使得安全运营中心对这些分类结果不感冒，他们可能会选择始终忽略分类结果，因为这也太不准确了，所以错过了一个真正的问题。这种权衡可以在分类报告的指标中体现：

```
>>> print(report(nb_preds))
              precision    recall  f1-score   support

       False       1.00      0.79      0.89     39958
        True       0.00      1.00      0.00         5

    accuracy                           0.79     39963
   macro avg       0.50      0.90      0.44     39963
weighted avg       1.00      0.79      0.89     39963
```

虽然朴素贝叶斯分类器优于虚拟分类器，但它仍不能满足安全运营中心的要求。目标类的精确度舍入为零，因为它出现了太多的误报。召回率高于精确度，因为该模型在假阴性方面比假阳性更好（因为它的辨别力不是很强）。这使得 F_1 分数为零。

接下来，让我们尝试击败这些基线模型。

11.4.4 逻辑回归

由于逻辑回归是另一个简单的模型，因此接下来我们进行尝试。第 9 章“Python 机器学习入门”使用了逻辑回归解决分类问题，所以我们已经知道了它的工作原理。此外，我们还将和第 10 章“做出更好的预测”中的操作一样，使用网格搜索在目标搜索空间中找到正则化超参数的合适值，使用 recall_macro 进行评分。

请记住，与假阴性相关的成本很高，因此我们将重点放在召回率上。_macro 后缀表示我们想要平均正类和负类之间的召回率，而不是从整体上看（因为本示例中的数据存在很大的类不平衡情况）。

提示：

如果确切地知道召回率对我们来说比精确率更有价值，则可以使用 sklearn.metrics 中的 make_scorer()函数制作的自定义评分器替换它。本节使用的笔记本中就有这样一个示例。

使用网格搜索时，可能会在每次迭代时输出来自 scikit-learn 的警告。因此，为了避免滚动浏览所有这些信息，可以使用%%capture 魔法命令来捕获本应输出的所有内容，保持笔记本的干净：

```
>>> %%capture
>>> from sklearn.linear_model import LogisticRegression
>>> from sklearn.model_selection import GridSearchCV
>>> from sklearn.pipeline import Pipeline
>>> from sklearn.preprocessing import StandardScaler

>>> lr_pipeline = Pipeline([
...     ('scale', StandardScaler()),
...     ('lr', LogisticRegression(random_state=0))
... ])

>>> search_space = {'lr__C': [0.1, 0.5, 1, 2]}

>>> lr_grid = GridSearchCV(
...     lr_pipeline, search_space, scoring='recall_macro', cv=5
```

```
... ).fit(X_train, y_train)

>>> lr_preds = lr_grid.predict(X_test)
```

提示：

使用%%capture 时，默认情况下将捕获所有错误和输出。我们可以选择编写--no-stderr 以仅隐藏错误，或编写--no-stdout 以仅隐藏输出。这些选项在%%capture 之后，如%%capture --no-stderr。

如果想要隐藏特定的错误，可以改用 warnings 模块。

例如，在从 warnings 模块中导入 filterwarnings 之后，即可运行以下命令来忽略未来弃用的警告：

```
filterwarnings('ignore',
               category=DeprecationWarning)
```

现在我们已经训练了逻辑回归模型，可以检查其性能：

```
>>> fig, axes = plt.subplots(1, 3, figsize=(20, 5))
>>> roc(lr_grid.predict_proba(X_test)[:,1], ax=axes[0])
>>> conf_matrix(lr_preds, ax=axes[1])
>>> pr_curve(lr_grid.predict_proba(X_test)[:,1], ax=axes[2])
>>> plt.suptitle('Logistic Regression Classifier')
```

该模型没有误报，并且比基线好得多。如图 11.15 所示，ROC 曲线明显更靠近左上角，精确率-召回率曲线也靠近右上角。ROC 曲线显示该模型的性能较为乐观。

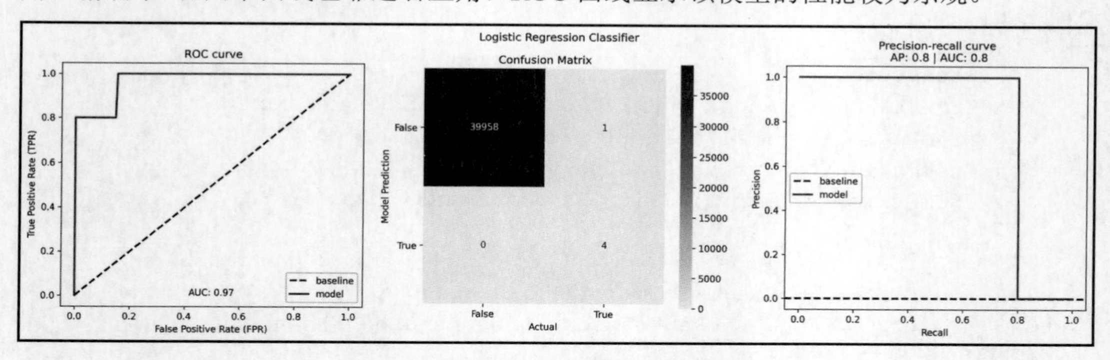

图 11.15　逻辑回归模型的性能

该模型符合安全运营中心的要求。其召回率至少为 70%，准确率至少为 85%：

```
>>> print(report(lr_preds))
              precision    recall  f1-score   support
```

```
       False       1.00      1.00      1.00     39958
        True       1.00      0.80      0.89         5

    accuracy                           1.00     39963
   macro avg       1.00      0.90      0.94     39963
weighted avg       1.00      1.00      1.00     39963
```

安全运营中心为我们提供了 2019 年 1 月和 2 月的数据，他们希望我们更新模型。遗憾的是，我们的模型已经过训练，因此只能选择从头开始重建模型或忽略这些新数据。理想情况下，我们会构建一个带有反馈循环的模型来合并这些（和未来的）新数据。接下来，我们将讨论如何做到这一点。

11.5　将反馈循环与在线学习相结合

到目前为止，我们构建的模型存在一些大问题。与我们在第 9 章“Python 机器学习入门”和第 10 章“做出更好的预测”中使用的数据不同，我们不能指望攻击者的行为会随着时间的推移而保持静态不变（实际上，随着黑客采用技术的进步，黑客攻击行为的特征也会发生变化）。此外，我们可以在内存中保存的数据量也是有限制的，这限制了可以训练模型的数据量。因此，本节将构建一个在线学习模型来标记分钟粒度的登录失败的用户名异常值。

在线学习（online learning）模型可以不断更新（通过流传输近乎实时更新或批量更新），这使我们能够从新数据中学习，然后将其删除（以保留内存空间）。

此外，该模型还可以随时间演变并适应数据底层分布的变化。我们还将在模型学习时为其提供反馈，以便能够确保它随着时间的推移对黑客行为的变化保持稳定可靠的辨识能力，这称为主动学习（active learning）。

当然，并非 scikit-learn 中的所有模型都支持这种行为。因此，我们仅限于提供 partial_fit()方法的模型（即不需要使用新数据从头开始训练的模型）。

提示：

scikit-learn 将实现 partial_fit() 方法的模型称为增量学习器（incremental learner）。有关增量学习更多信息（包括哪些模型支持该功能），你可以在以下网址中找到：

https://scikit-learn.org/stable/computing/scaling_strategies.html#incrementallearning

我们的数据目前是按分钟粒度收集然后传递给模型的，因此这将是批量学习，而不是流式传输。当然，如果要将其投入生产环境中，则在必要时可以按每分钟更新模型。

11.5.1 创建 PartialFitPipeline 子类

在第 9 章“Python 机器学习入门”中已经介绍过，Pipeline 类简化了机器学习过程，但遗憾的是，它无法与 partial_fit()方法一起使用。为了解决这个问题，我们可以创建自己的 PartialFitPipeline 类，它是 Pipeline 类的子类，但支持调用 partial_fit()。PartialFitPipeline 类位于 ml_utils.partial_fit_pipeline 模块中。

我们可以简单地从 sklearn.pipeline.Pipeline 中继承并定义一个新方法 partial_fit()，它将在除最后一步之外的所有步骤上调用 fit_transform()，在最后一步调用 partial_fit()：

```
from sklearn.pipeline import Pipeline

class PartialFitPipeline(Pipeline):
    """
    sklearn.pipeline.Pipeline 的子类
    支持 partial_fit() 方法
    """

    def partial_fit(self, X, y):
        """
        在管道中使用时
        为在线学习评估器运行 partial_fit()
        """
        # 除最后一步之外的所有步骤
        for _, step in self.steps[:-1]: # (name, object) tuples
            X = step.fit_transform(X)

        # 从元组位置 1 处为 partial_fit() 抓取对象
        self.steps[-1][1].partial_fit(X, y)

        return self
```

现在我们已经有了 PartialFitPipeline 类，剩下的最后一部分就是选择一个能够进行在线学习的模型。

11.5.2 随机梯度下降分类器

如前文所述，我们的逻辑回归模型表现良好——它满足了安全运营中心召回率和准确率的要求。但是，LogisticRegression 类不支持在线学习，因为它用于计算系数的方法是一个封闭形式的解决方案。因此，我们可以选择使用优化算法（如梯度下降）来确定系数，这将能够进行在线学习。

我们可以使用 SGDClassifier 类训练一个新的逻辑回归模型，而不是使用不同的增量学习器。SGDClassifier 类使用随机梯度下降（stochastic gradient descent，SGD）来优化我们选择的损失函数。对于本示例，我们可以使用 log 损失，它为我们提供了一个逻辑回归，其中使用了随机梯度下降算法找到系数。

标准的梯度下降优化可查看所有样本或批次以估计梯度，而随机梯度下降则是通过随机选择样本来降低计算成本的。模型从每个样本中学习多少由学习率（learning rate）决定，早期更新比晚期更新的影响更大。随机梯度下降的单次迭代执行如下。

（1）打乱混洗（shuffle）训练数据。

（2）对于训练数据中的每个样本，估计梯度并根据学习率确定的强度递减更新模型。

（3）重复步骤（2），直到使用完所有样本。

在机器学习中，通常使用时期（epoch，也称为时代）来指代完整训练集被使用的次数。我们刚刚概述的随机梯度下降过程是针对单个时期的。当训练多个时期时，将对所需的时期数重复上述步骤，每次从停止的地方继续。

注意：

这里有必要对上述术语做一些简单解释。假设训练数据集合 T 包含 N 个样本，将数据集划分为 B 个块，则每一块称为一个最小批（mini-batch），每个 mini-batch 的大小称为批大小（batch size），在计算上就是 N/B。

利用随机梯度下降算法训练网络参数时，运行完一个 mini-batch 称为一步（step）或一次迭代（iteration），一步完成后计算该步的梯度并对参数更新一次，运行完所有 mini-batch 则称为一个时期，此时参数更新了 B 次。

在理解了随机梯度下降的工作原理之后，即可开始构建模型。图 11.16 显示了将模型提交给安全运营中心之前应遵循的流程。

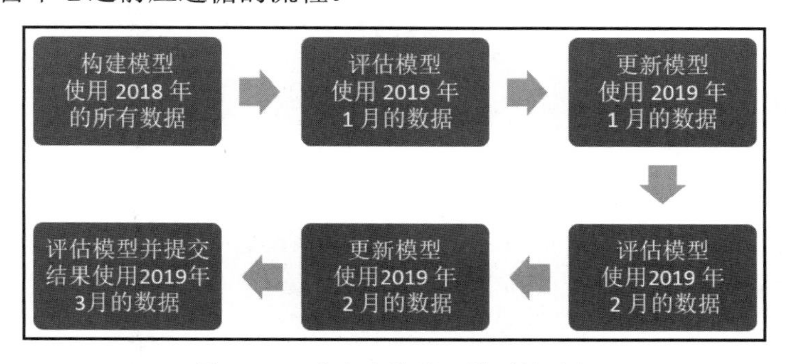

图 11.16　准备在线学习模型的过程

现在让我们使用 5-online_learning.ipynb 笔记本构建在线学习模型。

11.5.3 构建初始模型

首先，使用 get_X_y()函数获取 X 和 y 训练数据（使用 2018 年全年数据）：

```
>>> X_2018, y_2018 = get_X_y(logs_2018, '2018',hackers_2018)
```

由于我们将批量更新此模型，因此测试集将始终是用于当前预测的数据。在执行此操作之后，它将成为训练集并用于更新模型。

现在可以在 2018 年的标记数据上训练已构建的初始模型。

请注意，PartialFitPipeline 对象的创建方式与创建 Pipeline 对象的方式相同：

```
>>> from sklearn.linear_model import SGDClassifier
>>> from sklearn.preprocessing import StandardScaler
>>> from ml_utils.partial_fit_pipeline import \
...     PartialFitPipeline

>>> model = PartialFitPipeline([
...     ('scale', StandardScaler()),
...     ('sgd', SGDClassifier(
...         random_state=10, max_iter=1000,
...         tol=1e-3, loss='log', average=1000,
...         learning_rate='adaptive', eta0=0.01
...     ))
... ]).fit(X_2018, y_2018)
```

我们的管道将首先标准化数据，然后将其传递给模型。开始时可使用 fit()方法构建模型，这样将获得一个良好的起点，后期可以使用 partial_fit()进行更新。

max_iter 参数定义了训练的时期数。tol 参数代表的是公差（tolerance），指定何时停止迭代。当目前迭代的损失大于前一次损失减去公差（或者已经达到 max_iter 迭代次数）时，就会停止迭代。

上述代码还指定了 loss='log'来使用逻辑回归；当然，损失函数还有许多其他选项，包括线性 SVM 的默认值 hinge。

在本示例中，我们还为 average 参数传递了一个值，告诉 SGDClassifier 对象在看到 1000 个样本后将系数存储为结果的平均值。请注意，此参数是可选的，默认情况下不会计算。

检查这些系数的方法如下：

```
>>> [(col, coef) for col, coef in
...     zip(X_2018.columns, model.named_steps['sgd'].coef_[0])]
```

```
[('usernames_with_failures', 0.9415581997027198),
 ('day_of_week_0', 0.05040751530926895),
 ...,
 ('hour_23', -0.0217672653233003)]
```

最后，传入 eta0=0.01 作为起始学习率，并指定 learning_rate='adaptive'，这意味着仅在给定数量的连续时期之后仍无法通过公差定义改善损失时才调整学习率。这个时期数由 n_iter_no_change 参数定义，它将是 5（默认值），因为我们没有明确设置它。

11.5.4　评估模型

现在，我们由于已经标记了 2019 年 1 月和 2 月的数据，因此可以评估模型每个月的表现。首先，我们从数据库中读入 2019 年的数据：

```
>>> with sqlite3.connect('logs/logs.db') as conn:
...     logs_2019 = pd.read_sql(
...         """
...         SELECT *
...         FROM logs
...         WHERE
...             datetime BETWEEN "2019-01-01" AND "2020-01-01";
...         """,
...         conn, parse_dates=['datetime'],
...         index_col='datetime'
...     )
...     hackers_2019 = pd.read_sql(
...         """
...         SELECT *
...         FROM attacks
...         WHERE start BETWEEN "2019-01-01" AND "2020-01-01";
...         """,
...         conn, parse_dates=['start', 'end']
...     ).assign(
...         start_floor=lambda x: x.start.dt.floor('min'),
...         end_ceil=lambda x: x.end.dt.ceil('min')
...     )
```

接下来，隔离 2019 年 1 月的数据：

```
>>> X_jan, y_jan = get_X_y(logs_2019, '2019-01',hackers_2019)
```

分类报告表明该模型性能不错，但对正类的召回率低于我们的目标：

```
>>> from sklearn.metrics import classification_report
>>> print(classification_report(y_jan, model.predict(X_jan)))
              precision    recall  f1-score   support

       False       1.00      1.00      1.00     44559
        True       1.00      0.64      0.78        44

    accuracy                           1.00     44603
   macro avg       1.00      0.82      0.89     44603
weighted avg       1.00      1.00      1.00     44603
```

请记住，安全运营中心已指定我们必须实现至少 70%的召回率（TPR）和至少 85%的精确率。所以，现在让我们编写一个函数，以显示 ROC 曲线、混淆矩阵和精确率-召回率曲线，并指示需要进入的区域以及当前所在的位置：

```
>>> from ml_utils.classification import (
...     confusion_matrix_visual, plot_pr_curve, plot_roc
... )

>>> def plot_performance(model, X, y, threshold=None,
...                      title=None, show_target=True):
...     """
...     绘制 ROC 曲线、混淆矩阵和精确率-召回率曲线
...
...     参数:
...         - model: 用于预测的模型对象
...         - X: 为预测传入的特征
...         - y: 评估预测的实际值
...         - threshold: 预测概率时使用的值
...         - title: 子图的标题
...         - show_target: 是否显示目标区域
...
...     返回:
...         Matplotlib Axes 对象
...     """
...     fig, axes = plt.subplots(1, 3, figsize=(20, 5))
...     # 绘制每个可视化图形
...     plot_roc(y, model.predict_proba(X)[:,1], ax=axes[0])
...     confusion_matrix_visual(
...         y,
...         model.predict_proba(X)[:,1] >= (threshold or 0.5),
...         class_labels=[False, True], ax=axes[1]
...     )
```

```
...     plot_pr_curve(
...         y, model.predict_proba(X)[:,1], ax=axes[2]
...     )
...
...     # 如果需要，显示目标区域
...     if show_target:
...         axes[0]\
...             .axvspan(0, 0.1, color='lightgreen', alpha=0.5)
...         axes[0]\
...             .axhspan(0.7, 1, color='lightgreen', alpha=0.5)
...         axes[0].annotate(
...             'region with acceptable\nFPR and TPR',
...             xy=(0.1, 0.7), xytext=(0.17, 0.65),
...             arrowprops=dict(arrowstyle='->')
...         )
...
...         axes[2]\
...             .axvspan(0.7, 1, color='lightgreen', alpha=0.5)
...         axes[2].axhspan(
...             0.85, 1, color='lightgreen', alpha=0.5
...         )
...         axes[2].annotate(
...             'region with acceptable\nprecision and recall',
...             xy=(0.7, 0.85), xytext=(0.3, 0.6),
...             arrowprops=dict(arrowstyle='->')
...         )
...
...         # 标记当前性能
...         tn, fn, fp, tp = \
...             [int(x.get_text()) for x in axes[1].texts]
...         precision, recall = tp / (tp + fp), tp / (tp + fn)
...         fpr = fp / (fp + tn)
...
...         prefix = 'current performance' if not threshold \
...                 else f'chosen threshold: {threshold:.2%}'
...         axes[0].annotate(
...             f'{prefix}\n- FPR={fpr:.2%}'
...             f'\n- TPR={recall:.2%}',
...             xy=(fpr, recall), xytext=(0.05, 0.45),
...             arrowprops=dict(arrowstyle='->')
...         )
...         axes[2].annotate(
```

```
...                f'{prefix}\n- precision={precision:.2%}'
...                f'\n- recall={recall:.2%}',
...                xy=(recall, precision), xytext=(0.2, 0.85),
...                arrowprops=dict(arrowstyle='->')
...            )
...
...        if title: # 如果指定则显示标题
...            plt.suptitle(title)
...
...        return axes
```

现在，调用该函数来看看结果：

```
>>> axes = plot_performance(
...     model, X_jan, y_jan,
...     title='Stochastic Gradient Descent Classifier '
...           '(Tested on January 2019 Data)'
... )
```

如图 11.17 所示，我们目前没有满足安全运营中心的要求，性能表现不在目标区域。

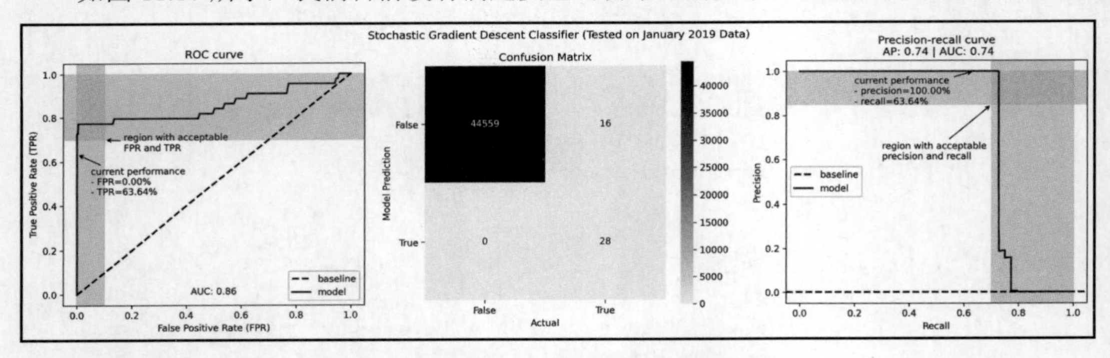

图 11.17　具有默认阈值的模型性能

我们获得的召回率（TPR）为 63.64%，未达到 70%或更高的目标。默认情况下，当我们使用 predict()方法时，概率阈值为 50%。如果我们的目标是特定的精确率/召回率（即 TPR/FPR）区域，则可能必须更改阈值并使用 predict_proba()获得所需的性能。

ml_utils.classification 模块包含 find_threshold_roc()函数和 find_threshold_pr()函数，这将帮助我们分别沿着 ROC 曲线或精确率-召回率曲线选择一个阈值。由于我们的目标是特定的精确率/召回率区域，因此将使用 find_threshold_pr()函数。该函数也使用 scikit-learn 中的 precision_recall_curve()函数，但不绘制由此产生的精确率和召回率数据，可以使用它来选择符合我们标准的阈值：

```
from sklearn.metrics import precision_recall_curve

def find_threshold_pr(y_test, y_preds, *, min_precision,
                      min_recall):
    """
    根据最小可接受精确率和最小可接受召回率
    找到与 predict_proba() 一起使用的阈值以进行分类

    参数:
        - y_test: 实际标签
        - y_preds: 预测的标签
        - min_precision: 最小可接受精确率
        - min_recall: 最小可接受召回率

    返回:
        符合标准的阈值
    """
    precision, recall, thresholds = \
        precision_recall_curve(y_test, y_preds)

    # 精确率和召回率在绘图的末尾有一个额外的值
    # 需要删除以制作掩码
    return thresholds[
        (precision[:-1] >= min_precision) &
        (recall[:-1] >= min_recall)
    ]
```

注意:

该笔记本还显示了为 TPR/FPR 目标寻找阈值的示例。当前的目标精确率/召回率恰好与目标 TPR（召回率）至少为 70%和 FPR 至多为 10%的阈值相同。

我们现在可使用该函数查找满足安全运营中心要求的阈值。我们取落入目标区域的概率的最大值来选择最不敏感的候选阈值:

```
>>> from ml_utils.classification import find_threshold_pr
>>> threshold = find_threshold_pr(
...     y_jan, model.predict_proba(X_jan)[:,1],
...     min_precision=0.85, min_recall=0.7
... ).max()
>>> threshold
0.0051533333839830974
```

这个结果告诉我们，如果我们标记的结果中有 0.52%的机会属于正类，即可达到所需的精确率和召回率。毫无疑问，这似乎是一个非常低的概率，或者模型自身也不确定，但我们可以这样想：如果模型认为登录活动有哪怕一点点的可疑，我们也想要知道。

我们现在来看看使用此阈值的性能如何：

```
>>> axes = plot_performance(
...     model, X_jan, y_jan, threshold=threshold,
...     title= 'Stochastic Gradient Descent Classifier '
...            '(Tested on January 2019 Data)'
... )
```

该阈值使我们的召回率为 70.45%，这满足了安全运营中心的要求，而精确率也在可接受的范围内，如图 11.18 所示。

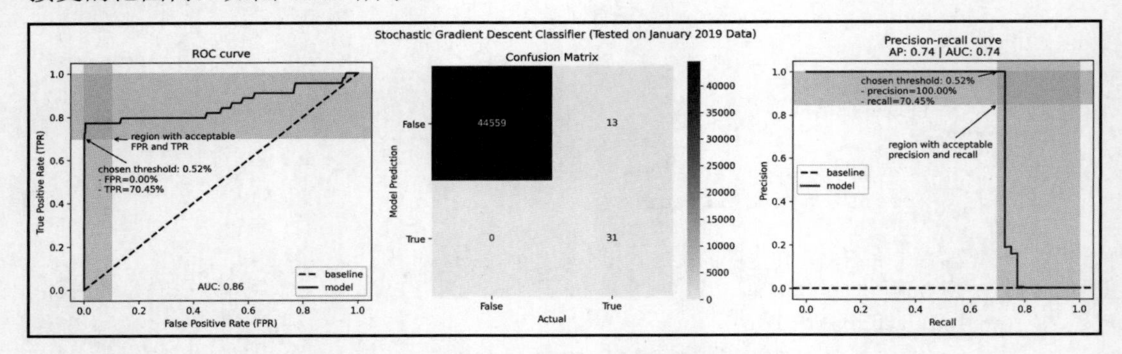

图 11.18　使用自定义阈值的模型性能

使用自定义阈值，我们正确识别了另外 3 种情况，减少了假阴性（假阴性对于安全运营中心来说成本是非常高昂的）。在本示例中，这种改进并不是以额外的误报为代价的，但请记住，在减少假阴性（II 类错误，也称为“漏报”）和减少假阳性（I 类错误，也称为“误报”）之间通常需要权衡。

在某些情况下，我们对 I 类错误的容忍度非常低（FPR 必须非常小），而在其他情况下，我们更关心找到所有正例（TPR 必须很高）。例如，在信息安全方面，我们对漏报的容忍度很低，因为它们的成本非常高昂，因此本示例将只能使用自定义阈值。

注意：

有时，安全运营中心提出的模型性能要求可能是不可行的。在这种情况下，与安全运营中心保持开放的沟通渠道以解释问题并在必要时讨论放宽标准非常重要。

11.5.5　更新模型

持续更新将有助于模型适应黑客行为随时间的变化。我们现在已经评估了 2019 年 1

月份的预测，并可以使用它们来更新模型。为此，我们可使用 partial_fit()方法和 2019 年 1 月的标记数据，这将对 1 月的数据运行一个时期：

```
>>> model.partial_fit(X_jan, y_jan)
```

模型现已更新，因此我们可以在 2019 年 2 月份的数据上测试其性能。为此，我们需要先抓取 2 月份的数据：

```
>>> X_feb, y_feb = get_X_y(logs_2019, '2019-02',hackers_2019)
```

虽然 2 月的攻击较少，但召回率反而更高（80%）：

```
>>> print(classification_report(
...     y_feb, model.predict_proba(X_feb)[:,1] >= threshold
... ))
              precision    recall  f1-score   support

       False       1.00      1.00      1.00     40248
        True       1.00      0.80      0.89        10

    accuracy                           1.00     40258
   macro avg       1.00      0.90      0.94     40258
weighted avg       1.00      1.00      1.00     40258
```

现在来看看 2019 年 2 月份的性能绘图：

```
>>> axes = plot_performance(
...     model, X_feb, y_feb, threshold=threshold,
...     title='Stochastic Gradient Descent Classifier '
...           '(Tested on February 2019 Data)'
... )
```

如图 11.19 所示，精确率-召回率曲线下的面积增加了，并且更多的曲线位于目标区域中。

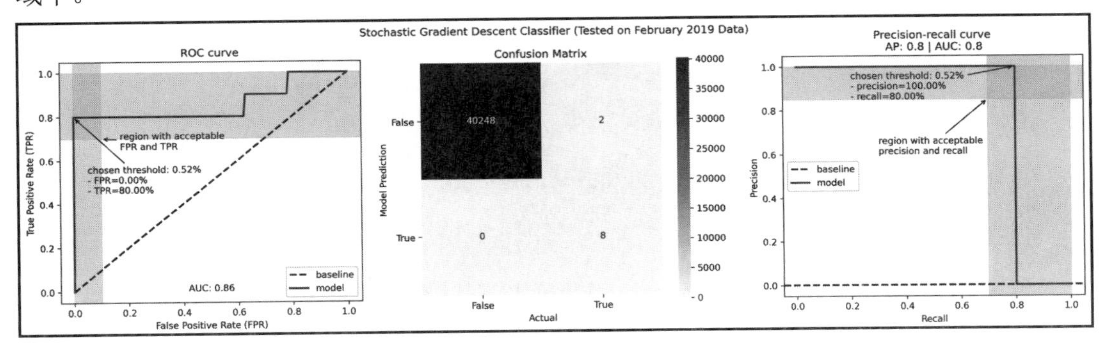

图 11.19　经过一次更新后的模型性能

11.5.6 提交结果

安全运营中心已经完成了 2019 年 3 月份数据的收集，他们希望模型能够反馈 2 月份的预测，然后对 3 月份的数据进行预测以供他们审核。安全运营中心将使用分类报告、ROC 曲线、混淆矩阵和精确率-召回率曲线来评估我们的模型在 3 月份的每一分钟的性能。因此，现在需要测试我们的模型。

首先，需要为 2 月份的数据更新模型：

```
>>> model.partial_fit(X_feb, y_feb)
```

接下来，获取 3 月份的数据并使用 0.52%的阈值进行预测：

```
>>> X_march, y_march = \
...     get_X_y(logs_2019, '2019-03', hackers_2019)
>>> march_2019_preds = \
...     model.predict_proba(X_march)[:,1] >= threshold
```

从分类报告来看，结果还不错。我们有 76%的召回率、88%的精确率和较为可靠的 F_1 分数：

```
>>> from sklearn.metrics import classification_report
>>> print(classification_report(y_march, march_2019_preds))
              precision    recall  f1-score   support

       False       1.00      1.00      1.00     44154
        True       0.88      0.76      0.81        29

    accuracy                           1.00     44183
   macro avg       0.94      0.88      0.91     44183
weighted avg       1.00      1.00      1.00     44183
```

现在绘图看看结果：

```
>>> axes = plot_performance(
...     model, X_march, y_march, threshold=threshold,
...     title='Stochastic Gradient Descent Classifier '
...           '(Tested on March 2019 Data)'
... )
```

现在 ROC 曲线的 AUC 要略高一些，而精确率-召回率曲线的 AUC 则下降了，如图 11.20 所示。

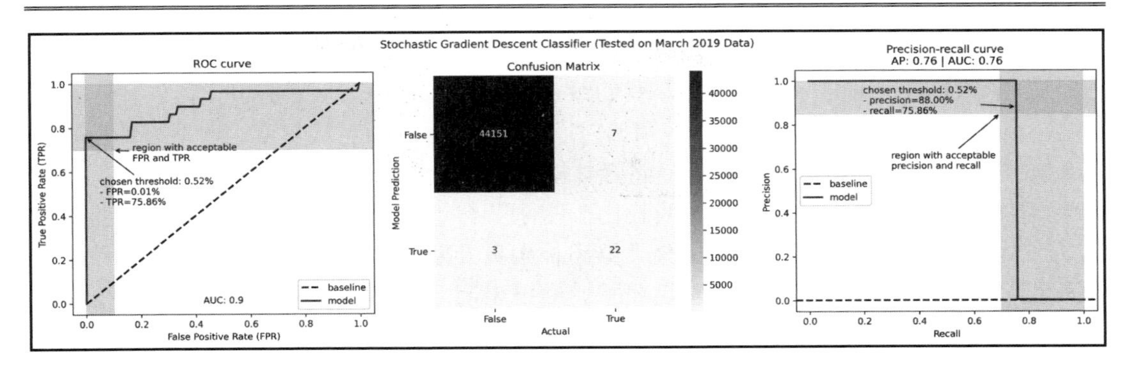

图 11.20　两次更新后的模型性能

11.5.7　进一步改进

安全运营中心对我们的模型很满意，现在希望该模型每分钟提供一次预测。他们还承诺在一小时内提供反馈。限于篇幅，我们不会在此处完成此请求的实现，但将简要讨论如何进行此操作。

我们此前使用了批处理方式按每个月的频率更新模型，但是，为了向安全运营中心提供他们想要的东西，我们需要通过执行以下操作来缩短反馈循环。

- 按每分钟频率在模型上运行 predict_proba()并将预测结果发送给安全运营中心。这将需要建立一个过程，将日志数据按每分钟一次传递给预处理函数，然后传递给模型本身。
- 通过商定的媒介将结果交付给安全运营中心。
- 按每小时频率从安全运营中心接收反馈，然后通过 partial_fit()更新模型（这需要确定如何共享信息）。

在完成上述操作后，剩下的就是将模型投入生产环境，并确定每一方都要负责满足的更新和预测频率。

11.6　小　　结

实际上，检测攻击者并不容易，因为现实生活中的黑客比模拟中的黑客要精明得多，攻击的频率也低得多，这造成了巨大的类不平衡。

想要构建能够捕获所有攻击的机器学习模型是不可能的，因此，与具有领域知识的人合作非常重要。领域专家可以帮助我们真正理解数据及其特性，从而尽可能构建更合理的模型，获得额外的性能提升。因此，我们无论在机器学习方面变得多么有经验，都不应该拒绝经常处理相关数据者的帮助。

在等待主题专家的标记数据时，我们最初的异常检测尝试是无监督学习的。本章使用了 scikit-learn 中的局部异常因子（LOF）和隔离森林。一旦从安全运营中心那里收到标记数据和性能要求，就可以确定隔离森林模型更适合我们的数据。

当然，我们并没有就此止步。我们由于刚刚获得了标记数据，因此尝试了有监督学习方法。本章介绍了如何使用虚拟分类器和朴素贝叶斯构建基线模型。然后重新使用了逻辑回归算法，看看它是否可以满足要求。结果表明，逻辑回归模型表现良好。但是，由于它使用了封闭形式的解决方案来找到系数，因此我们无法在不从头开始重新训练模型的情况下纳入反馈循环。

这种限制导致我们必须构建一个不断更新的在线学习模型。我们首先需要创建一个子类以允许管道使用 partial_fit()方法，然后使用随机梯度下降（SGD）分类（指定逻辑回归）。我们能够一次训练一整年的数据，然后在收到新的标记数据时更新模型。这使得模型能够随着时间的推移适应特征分布的变化。

第 12 章“未来之路”将复习本书内容，并介绍用于查找数据以及在 Python 中使用数据的其他资源。

11.7　练　　习

完成以下练习，掌握机器学习工作流程，并了解一些额外的异常检测策略。

（1）在分类问题中，如果只有一种类型的样本，或虽然有两种类型的样本，但其中一类样本的数目远少于另一类样本的数目（例如，本章讨论的登录问题就是如此，黑客攻击行为远少于正常登录行为），如果此时采用二分类器，则训练集中正类和负类样本不均衡，可能造成分类器过于偏向数目多的样本类别，使得训练出来的模型有很大的偏差，这时可以考虑使用一类 SVM（one-class SVM）进行分类。

一类 SVM 是另一种可用于无监督异常值检测的模型。使用包含 StandardScaler 对象后跟 OneClassSVM 对象的管道，可构建具有默认参数的一类 SVM。

使用 2018 年 1 月的数据训练模型，就像对隔离森林算法所做的一样。对相同的数据进行预测。计算此模型识别的内部点和异常点的数量。

（2）使用 2018 年的分钟粒度数据，用 StandardScaler 对象对数据进行标准化后，构建一个包含两个聚类的 k-means 模型。使用 SQLite 数据库（logs/logs.db）的 attacks 表中的标记数据，查看该模型是否获得了良好的 Fowlkes-Mallows 分数（使用 sklearn.metrics 中的 fowlkes_mallows_score()函数）。

（3）评估用于监督学习异常检测的随机森林分类器的性能。将 n_estimators 设置为 100，余下的采用默认值，包括预测阈值。在 2018 年 1 月数据上进行训练，然后在 2018 年 2 月数据上进行测试。

（4）GridSearchCV 类中没有 partial_fit()方法。因此，可以将 GridSearchCV 类的 fit()方法与具有 partial_fit()方法（或 PartialFitPipeline 对象）的模型一起使用，以在搜索空间中找到最佳超参数。然后，可以从网格搜索（best_estimator_）中获取最佳模型并对其使用 partial_fit()。尝试使用 sklearn.linear_model 模块中的 PassiveAggressiveClassifier 类和 PartialFitPipeline 对象。

这种在线学习分类器在做出正确预测时是被动的，但在做出错误预测时会积极纠正自己。不要担心选择自定义阈值。

请务必遵循以下步骤。

A．使用 2018 年 1 月的数据运行网格搜索以进行初始训练。

B．使用 best_estimator_属性获取调整后的模型。

C．使用 2018 年 2 月的数据评估最佳估计器。

D．使用 2018 年 2 月的数据更新模型。

E．使用 2018 年 3 月至 6 月的数据评估最终模型。

11.8 延伸阅读

查看以下资源以获取有关本章所涵盖主题的更多信息。

- Deploying scikit-learn Models at Scale（大规模部署 scikit-learn 模型）：

  https://towardsdatascience.com/deploying-scikit-learn-models-at-scale-f632f86477b8

- Local Outlier Factor for Anomaly Detection（异常检测的局部异常因子）：

  https://towardsdatascience.com/local-outlier-factor-for-anomaly-detection-cc0c770d2ebe

- Model Persistence (from the scikit-learn user guide)（模型持久性）（来自 scikit-learn 用户指南）：

  https://scikit-learn.org/stable/modules/model_persistence.html

- Novelty and Outlier Detection (from the scikit-learn user guide)（新颖性和异常值检测）（来自 scikit-learn 用户指南）：

https://scikit-learn.org/stable/modules/outlier_detection.html

- Naive Bayes (from the scikit-learn user guide)（朴素贝叶斯）（来自 scikit-learn 用户指南）：

  https://scikit-learn.org/stable/modules/naive_bayes.html

- Outlier Detection with Isolation Forest（使用隔离森林进行异常值检测）：

  https://towardsdatascience.com/outlier-detection-with-isolation-forest-3d190448d45e

- Passive Aggressive Algorithm (video explanation)（被动攻击算法）（视频解释）：

  https://www.youtube.com/watch?v=uxGDwyPWNkU

- Python Context Managers and the "with" Statement（Python 上下文管理器和 with 语句）：

  https://blog.ramosly.com/python-context-managers-and-the-with-statement-8f53d4d9f87

- Seeing Theory – Chapter 5, Bayesian Inference（Seeing Theory——第 5 章，贝叶斯推理）：

  https://seeing-theory.brown.edu/index.html#secondPage/chapter5

- SQLAlchemy — Python Tutorial（SQLAlchemy——Python 教程）：

  https://towardsdatascience.com/sqlalchemy-python-tutorial-79a577141a91

- Stochastic Gradient Descent (from the scikit-learn user guide)（随机梯度下降）（来自 scikit-learn 用户指南）：

  https://scikit-learn.org/stable/modules/sgd.html

- Strategies to scale computationally: bigger data (from the scikit-learn user guide)（计算上的缩放策略：更大的数据）（来自 scikit-learn 用户指南）：

  https://scikit-learn.org/stable/computing/scaling_strategy.html

- Unfair Coin Bayesian Simulation（不公平硬币贝叶斯模拟）：

  https://github.com/xofbd/unfair-coin-bayes

第 5 篇

其他资源

本篇将回顾本书讨论的所有内容，并提供一些额外的书籍、网络资源和文档，你可以通过它们进一步深入研究各种数据科学主题并练习你掌握的技能。

本篇包括以下一章：

- 第 12 章，未来之路

第 12 章　未 来 之 路

本书提供了很多材料，并演示了大量操作，相信你现在已经可以使用 Python 执行数据分析和机器学习任务。我们介绍了描述性统计和推论统计方面的知识，并设置了 Python 数据科学环境，然后还介绍了 Pandas 应用的基础知识以及如何将数据导入 Python 中。有了这些知识，我们就能够通过 API 从网页中提取数据，或通过读取文件和查询数据库来获取数据以进行分析。

收集数据后，我们介绍了如何进行数据整理以清洗数据，并将其转换为可用格式。接下来，我们还介绍了如何处理时间序列以及如何组合不同来源的数据并对其进行聚合。我们一旦很好地处理了数据整理任务，就可以转向可视化，并使用 Pandas、Matplotlib 和 Seaborn 创建各种绘图类型，我们还介绍了如何进行自定义绘图。

以此为基础，我们演示了如何分析比特币和 FAANG 股票数据，并讨论了如何检测黑客登录攻击。此外，我们还学习了如何构建自己的 Python 包、编写自己的类和模拟数据。

本书还介绍了如何使用 scikit-learn 执行机器学习任务。我们讨论了如何构建模型管道，包括从数据预处理到模型拟合的整个过程。之后，我们还讨论了如何评估模型的性能，以及如何尝试提高它们的性能。

最后，我们深入探讨了检测黑客登录攻击的机器学习模型。

现在你已经获得了所有这些知识，并了解了相应的操作，重要的是要多多练习，以真正掌握和理解它们。因此，本章提供以下资源以使你能继续数据科学之旅：

- 用于查找各种主题数据的资源。
- 练习处理数据的网站和服务。
- 可提高你的 Python 技能的编码挑战和教育内容。

12.1　数 据 资 源

俗话说，“熟能生巧”，和其他技术一样，为了娴熟掌握数据分析技能，你需要多加练习，这意味着需要找到数据来练习。数据集没有好坏之分，只有你是否感兴趣，或者是否掌握了相关领域的知识。例如，如果你缺乏股票交易的基础知识，那么对你来说，进行证券数据的分析可能就非常困难。因此，每个人都应该找到他有兴趣探索且熟悉领域的数据。虽然本节提供的材料并不全面，但它包含来自各种主题的数据资源，希望每个人都能找到他想要使用的东西。

提示：

你如果不确定要查找什么样的数据，则可以搜索自己感兴趣的主题，并收集有关此主题的数据。

12.1.1 Python 包

Seaborn 和 scikit-learn 都提供了内置的示例数据集，你可以使用这些数据集，以便对本书讨论的操作进行更多练习并尝试新技术。这些数据集通常非常干净，因此易于使用。你一旦对自己的技术充满信心，就可以继续使用下文提到的其他资源来查找数据，这些资源将更能代表真实世界的数据。

12.1.2 Seaborn

Seaborn 提供了 load_dataset()函数，它可以从一个小型 Seaborn 数据 GitHub 存储库的 CSV 文件中读取数据，这些数据集是在 Seaborn 文档中使用的数据集，因此重要的是要记住它们可能会发生变化。

可以通过以下网址直接从 GitHub 存储库中获取 Seaborn 数据：

https://github.com/mwaskom/seaborn-data

12.1.3 scikit-learn

scikit-learn 包含一个 datasets 模块，可用于生成随机数据集以测试算法或导入机器学习社区中流行的某些数据集。请务必查看文档以获取更多信息。

- 为机器学习任务生成的随机数据集：

  https://scikit-learn.org/stable/modules/classes.html#samples-generator

- 支持载入的数据集：

  https://scikit-learn.org/stable/modules/classes.html#loaders

sklearn.datasets 模块还包含 fetch_openml()函数，它将按名称从 OpenML 中获取数据集，其中包含许多用于机器学习的免费数据集。OpenML 网址如下：

https://www.openml.org/

12.2 搜 索 数 据

可以使用以下网址来搜索有关各种主题的数据。

- 数据中心：

  https://datahub.io/search

- 谷歌数据集搜索：

  https://datasetsearch.research.google.com/

- 亚马逊 Web 服务上的开放数据：

  https://registry.opendata.aws/

- OpenML：

  https://www.openml.org

- 斯坦福大学收集的数据集 SNAP 库：

  https://snap.stanford.edu/data/index.html

- 加利福尼亚大学尔湾分校（UCI）机器学习存储库：

  http://archive.ics.uci.edu/ml/index.php

12.3 API

我们已经讨论了使用应用程序编程接口（API）收集数据的好处，以下是一些用于收集你可能感兴趣的数据的 API。

- Facebook API：

  https://developers.facebook.com/docs/graph-api

- NOAA 气候数据 API：

  https://www.ncdc.noaa.gov/cdo-web/webservices/v2

- 纽约时报 API：

  https://developer.nytimes.com/

- OpenWeatherMap API：

  https://openweathermap.org/api

- Twitter API：

  https://developer.twitter.com/en/docs

- 美国地质调查局地震 API：

  https://earthquake.usgs.gov/fdsnws/event/1/

12.4　网　　站

本节包含可通过网站访问的各种主题的选定数据资源。获取用于分析的数据可能很简单，只要下载 CSV 文件即可，也可能需要使用 Pandas 解析 HTML。如果你必须使用抓取页面的技术，则请确保你没有违反该网站的使用条款。

12.4.1　金融

本书多次使用了金融市场数据。如果你对进一步的金融分析感兴趣，则除了在本书第 7 章“金融分析”中使用的 pandas_datareader 包，还可以查阅以下资源。

- 谷歌财经：

  https://google.com/finance

- 纳斯达克股票历史价格：

  https://www.nasdaq.com/market-activity/quotes/historical

- Quandl 金融数据平台：

  https://www.quandl.com

- 雅虎财经：

  https://finance.yahoo.com

12.4.2 官方数据

官方数据通常向公众开放。以下资源包含一些官方提供的数据。

- 欧盟开放数据：

  http://data.europa.eu/euodp/en/data

- 美国宇航局：

  https://nasa.github.io/data-nasa-gov-frontpage/

- 纽约市数据：

  https://opendata.cityofnewyork.us/data/

- 英国政府数据：

  https://data.gov.uk/

- 联合国数据：

  http://data.un.org/

- 美国人口普查数据：

  https://census.gov/data.html

- 美国政府数据：

  https://www.data.gov/

12.4.3 健康与经济

以下网站提供了来自世界各地的经济、医疗和社会数据。

- Gapminder 可视化数据：

  https://www.gapminder.org/data/

- 健康数据：

  https://healthdata.gov/search/type/dataset

- 世界卫生组织：

https://www.who.int/data/gho

以下是有关新冠疫情大流行数据的其他资源。

- 美国新冠疫情（COVID-19）数据（来自纽约时报）：

  https://github.com/nytimes/covid-19-data

- 约翰霍普金斯大学系统科学与工程中心（Center for Systems Science and Engineering，CSSE）的新冠疫情数据存储库：

  https://github.com/CSSEGISandData/COVID-19

- 欧盟疾控中心（European Centre for Disease Prevention and Control，ECDC）新冠疫情大数据：

  https://www.ecdc.europa.eu/en/covid-19-pandemic

- 开放新冠疫情数据集：

  https://researchdata.wisc.edu/open-covid-19-datasets/

12.4.4 社交网络

对于那些对基于文本的数据或图形数据感兴趣的人，可查看社交网络上的以下资源。

- Twitter 数据资源列表：

  https://github.com/shaypal5/awesome-twitter-data

- 社交网络数据：

  https://snap.stanford.edu/data/ego-Facebook.html

12.4.5 运动

体育爱好者可查看以下网站，这些网站可能提供了有关你喜爱的球员的统计数据的数据库和网页。

- 棒球数据库：

  http://www.seanlahman.com/baseball-archive/statistics/

- 棒球运动员统计数据：

  https://www.baseball-reference.com/players/

- 篮球运动员统计数据：

  https://www.basketball-reference.com/players/

- 足球（美国）球员统计数据：

  https://www.pro-football-reference.com/players/

- 足球统计数据：

  https://www.whoscored.com/Statistics

- 曲棍球运动员统计数据：

  https://www.hockey-reference.com/players/

12.4.6　杂项

以下资源的主题各不相同，也许有你感兴趣的东西。

- 亚马逊评论数据：

  https://snap.stanford.edu/data/web-Amazon.html

- 从维基百科中提取的数据：

  https://wiki.dbpedia.org/develop/datasets

- 谷歌趋势：

  https://trends.google.com/trends/

- 来自 MovieLens 的电影：

  https://grouplens.org/datasets/movielens/

- Yahoo Webscope（数据集参考库）：

  https://webscope.sandbox.yahoo.com/

12.5　练习使用数据

本书使用了来自不同来源的各种数据集，并按照分步说明进行了处理。不过，你的练习不应仅止于此。本节将专门介绍一些练习资源，这些资源可用于继续学习，并最终为预定义问题构建模型。

12.5.1 Kaggle

Kaggle 是一个流行的数据科学竞赛平台，它提供了丰富的学习数据科学的内容，包括社区成员共享的探索数据集以及公司发布的各种竞赛，其网址如下：

https://www.kaggle.com/

你也许听说过 Netflix 推荐系统方面的竞赛，其网址如下：

https://www.kaggle.com/netflix-inc/netflix-prize-data

在 Kaggle 平台上，企业和研究者可发布数据和问题，并提供奖金给能解决问题的人。在该平台上会有很多数据分析方面的人才进行竞赛，以产生最好的模型来解决问题。因此，Kaggle 平台是你练习机器学习技能的好地方，也是你证明自己的好方式。

注意：

Kaggle 并不是唯一可以参加数据科学竞赛的地方。以下网址列出了其他一些平台：

https://towardsdatascience.com/top-competitive-data-science-platforms-other-than-kaggle-2995e9dad93c

12.5.2 DataCamp

DataCamp 虽然不是完全免费的，但提供了各种 Python 数据科学课程。这些课程包括教学视频和填空编码练习题，以帮助你更好地理解主题。DataCamp 的网址如下：

https://www.datacamp.com/

12.6 Python 练习

在本书中可以看到，Python 数据处理不仅仅涉及 Pandas、Matplotlib 和 NumPy，你如果拥有强大的 Python 技能，则可以使用 Flask 构建 Web 应用程序，发出 API 请求，高效地迭代组合或排列，并找到加速代码的方法。虽然本书没有直接讨论如何练习这些技能，但能够像程序员一样思考总是好的。以下提供了一些免费资源，可用于练习 Python

编码技能。

- HackerRank：

  https://www.hackerrank.com

- Codewars：

  https://www.codewars.com

- LeetCode：

  https://www.leetcode.com

- CodinGame：

  https://www.codingame.com

虽然不是免费的，但 Python Morsels 提供了每周 Python 练习，以帮助你学习编写更多 Python 风格代码并更熟悉 Python 标准库。练习的难度各不相同，但可以根据需要设置为更高或更低的难度。Python Morsels 的网址如下：

https://www.pythonmorsels.com/

另一个很棒的资源是 Pramp，它可以让你练习与随机分配的小伙伴进行编程面试。你的小伙伴会用一个随机问题面试你，并评估你的面试方式、你的代码以及你自己的解释。30 分钟后，轮到你面试你的小伙伴。Pramp 的网址如下：

https://www.pramp.com

可汗学院（KhanAcademy）是学习更多学科知识的好地方。如果你想了解计算机科学算法或机器学习算法背后的一些数学知识（如线性代数和微积分），那么这是一个很好的起点。可汗学院的网址如下：

https://www.khanacademy.org/

LinkedIn Learning 提供了许多关于广泛主题的视频课程，包括 Python、数据科学和机器学习。新用户可免费试用一个月。LinkedIn Learning 的网址如下：

https://www.linkedin.com/learning/

你可以考虑学习 Python 3 标准库课程，以提高自己的 Python 技能。标准库的可靠命令可帮助我们编写更简洁高效的代码。Python 3 标准库课程的网址如下：

https://www.linkedin.com/learning/learning-the-python-3-standard-library

12.7　小　　结

本章提供了许多资源网站，在其中可以找到众多主题的数据集。此外，你还可以在这些网站上观看教程、练习机器学习算法，并提高你的 Python 编程技能。

主动学习前沿技术和保持旺盛的好奇心都很重要，因此，无论感兴趣的主题是什么，都可以寻找相关数据并进行自己的分析。

感谢你阅读本书！希望你能像这两个数据分析大熊猫（pandas）一样从中受益。

12.8　练　　习

本章中的练习是开放式的，它没有固定的解。旨在为你提供一些思路，以便你可以自己开始。

（1）参加 Kaggle 平台上的泰坦尼克号挑战，练习机器学习分类。该挑战网址如下：

https://www.kaggle.com/c/titanic

（2）参加 Kaggle 平台上的房价挑战，练习机器学习回归技术。该挑战网址如下：

https://www.kaggle.com/c/house-prices-advanced-regression-techniques

（3）对你感兴趣的事物进行分析。一些有趣的想法包括以下内容。

A．预测 Instagram 上的点赞数：

https://towardsdatascience.com/predict-the-number-of-likes-on-instagram-a7ec5c020203

B．分析新泽西州公交列车的延误情况：

https://medium.com/@pranavbadami/how-data-can-help-fix-nj-transit-c0d15c0660fe

C．使用可视化解决数据科学问题：

https://comingdatascience.com/solving-a-data-science-challenge-the-visual-way-355cfabcb1c5

（4）完成 12.6 节“Python 练习”中任意一个站点的 5 个挑战。例如，你可以尝试以下挑战。

A．找到数组中两数字和作为指定和：

https://leetcode.com/problems/two-sum/

B．验证信用卡号：

https://www.hackerrank.com/challenges/validating-credit-card-number/problem

12.9　延伸阅读

你可以查阅以下博客和文章以了解 Python 和数据科学的最新动态。

- Armin Ronacher（Flask 的作者）的博客：

  http://lucumr.pocoo.org/

- Data Science Central（数据科学中心）：

  http://www.datasciencecentral.com/

- Medium 上的数据科学主题：

  https://medium.com/topic/data-science

- Kaggle 博客：

  https://medium.com/kaggle-blog

- KD Nuggets：

http://www.kdnuggets.com/websites/blogs.html

- Medium 上的机器学习主题：

  https://medium.com/topic/machine-learning

- Planet Python（Python 主题汇）：

  https://planetpython.org/

- Medium 上的编程主题：

  https://medium.com/topic/programming

- Python Tips（Python 提示）：

  http://book.pythontips.com/en/latest/index.html

- Python 3 Module of the Week（Python 3 模块系列文章）：

  https://pymotw.com/3/

- Towards Data Science（走向数据科学）：

  https://towardsdatascience.com/

- Trey Hunner（Python Morsels 的创建者）的博客：

  https://treyhunner.com/blog/archives/

以下资源包含如何构建自定义 scikit-learn 类的信息。

- Building scikit-learn transformers（构建 scikit-learn 转换器）：

  https://dreisbach.us/articles/building-scikit-learn-compatible-transformers/

- Creating your own estimator in scikit-learn（在 scikit-learn 中创建你自己的估算器）：

  http://danielhnyk.cz/creating-your-own-estimator-scikit-learn/

- Scikit-learn BaseEstimator：

  https://scikit-learn.org/stable/modules/generated/sklearn.base.BaseEstimator.html

- Scikit-learn rolling your own estimator（滚动你自己的 scikit-learn 估算器）：

  https://scikit-learn.org/stable/developers/develop.html#developing-scikit-learn-estimators

- Scikit-learn TransformerMixin：

  https://scikit-learn.org/stable/modules/generated/sklearn.base.TransformerMixin.html#sklearn.base.TransformerMixin

以下网址提供了 Python 数据科学编程速查表。

- Jupyter Notebook Cheat Sheet（Jupyter Notebook 速查表）：

  https://s3.amazonaws.com/assets.datacamp.com/blog_assets/Jupyter_Notebook_Cheat_Sheet.pdf

- Jupyter Notebook Keyboard Shortcuts（Jupyter Notebook 快捷键）：

  https://www.cheatography.com/weidadeyue/cheat-sheets/jupyter-notebook/pdf_bw/

- Matplotlib Cheat Sheet（Matplotlib 速查表）：

  https://s3.amazonaws.com/assets.datacamp.com/blog_assets/Python_Matplotlib_Cheat_Sheet.pdf

- NumPy Cheat Sheet（NumPy 速查表）：

  https://s3.amazonaws.com/assets.datacamp.com/blog_assets/Numpy_Python_Cheat_Sheet.pdf

- Pandas Cheat Sheet（Pandas 速查表）：

  http://pandas.pydata.org/Pandas_Cheat_Sheet.pdf

- Scikit-Learn Cheat Sheet（scikit-learn 速查表）：

  https://s3.amazonaws.com/assets.datacamp.com/blog_assets/Scikit_Learn_Cheat_Sheet_Python.pdf

以下网址提供了机器学习算法、数学、概率和统计的速查表。

- Calculus Cheat Sheet（微积分速查表）：

  https://ml-cheatsheet.readthedocs.io/en/latest/calculus.html

- Linear Algebra in 4 Pages（4 页线性代数）：

  https://minireference.com/static/tutorials/linear_algebra_in_4_pages.pdf

- Probability and Statistics Cheat Sheet（概率和统计速查表）：

  http://web.mit.edu/~csvoss/Public/usabo/stats_handout.pdf

- 15 Statistical Hypothesis Tests in Python (Cheat Sheet)（15 个 Python 统计假设检验）（速查表）：

  https://machinelearningmastery.com/statistical-hypothesis-tests-in-python-cheat-sheet/

有关机器学习算法、线性代数、微积分、概率和统计的其他资源，可参考以下资源。

- An Interactive Guide to the Fourier Transform（傅立叶变换交互式指南）：

  https://betterexplained.com/articles/an-interactive-guide-to-the-fourier-transform/

- Introduction to Probability（概率介绍）：

  https://www.amazon.com/Introduction-Probability-Chapman-Statistical-Science/dp/1138369918

- An Introduction to Statistical Learning（统计学习简介）：

  https://www.statlearning.com/

- Fourier Transforms (scipy.fft)（傅立叶变换）（scipy.fft）：

  https://docs.scipy.org/doc/scipy/reference/tutorial/fft.html

- Find likeliest periodicity for time series with numpy's Fourier Transform?（如何用 NumPy 的傅立叶变换找出时间序列最可能的周期？）：

  https://stackoverflow.com/questions/44803225/find-likeliest-periodicity-for-time-series-with-numpys-fourier-transform

- Numerical Computing is Fun（数值计算很有趣）：

  https://github.com/eka-foundation/numerical-computing-is-fun

- Probabilistic Programming and Bayesian Methods for Hackers（黑客的概率编程和贝叶斯方法）：

  https://github.com/CamDavidsonPilon/Probabilistic-Programming-and-Bayesian-Methods-for-Hackers

- Seeing Theory：A visual introduction to probability and statistics（Seeing Theory：概率和统计的直观介绍）：

  https://seeing-theory.brown.edu/index.html

- Think Stats: Exploratory Data Analysis in Python（Think Stats：Python 中的探索性数据分析）：

  http://greenteapress.com/thinkstats2/html/index.html

有关 Python 和编程的其他阅读材料如下。

- Defining Custom Magics (IPython)（定义自定义魔法）（IPython）：

  https://ipython.readthedocs.io/en/stable/config/custommagics.html

- Flask Tutorial: Build Web Applications in Python（Flask 教程：用 Python 构建 Web 应用程序）：

  https://flask.palletsprojects.com/en/1.1.x/tutorial/

- IPython Tutorial（IPython 教程）：

  https://ipython.readthedocs.io/en/stable/interactive/

- Programming Best Practices（编程最佳实践）：

  https://thefullstack.xyz/dry-yagni-kiss-tdd-soc-bdfu

相关的 MOOC 和视频如下。

- Advanced Optimization（高级优化）：

  https://online-learning.harvard.edu/course/advanced-optimization

- Linear Algebra – Foundations to Frontiers（线性代数——前沿基础）：

  https://www.edx.org/course/linear-algebra-foundations-to-frontiers

- Machine Learning（机器学习）：

  https://www.coursera.org/learn/machine-learning

- Mathematics for Machine Learning（与机器学习相关的数学）：

  https://www.coursera.org/specializations/mathematics-machine-learning

- Statistics 110（统计 110 课程）：

  https://www.youtube.com/playlist?list=PL2SOU6wwxB0uwwH80KTQ6ht66KWxbzTIo

- Statistical Learning（统计学习）：

  https://online.stanford.edu/courses/sohs-ystatslearning-statistical-learning

以下书籍有助于获得 Python 语言许多不同方面的经验。

- Automate the Boring Stuff with Python（用 Python 自动化无聊的东西）：

  https://automattheboringstuff.com/

- Learn Python 3 the Hard Way（Python 3 学习苦旅）：

  https://learnpythonthehardway.org/python3/preface.html

Python 机器学习书籍和训练资源。

- Hands-on Machine Learning with Scikit-Learn and TensorFlow Jupyter Notebooks（使用 scikit-learn 和 TensorFlow Jupyter Notebook 进行机器学习实践）：

  https://github.com/ageron/handson-ml

- Introduction to Machine Learning with Python: A Guide for Data Scientists（Python 机器学习介绍：数据科学家指南）：

  https://www.amazon.com/Introduction-Machine-Learning-Python-Scientists/dp/1449369413

- ML training repositories from scikit-learn core developer（来自 scikit-learn 核心开发人员的机器学习训练存储库）：

  https://github.com/amueller?tab=repositories&q=ml-training&type=&language=&sort=

- Python Machine Learning – Third Edition（Python 机器学习第 3 版）：

  https://www.packtpub.com/product/python-machine-learning-third-edition/9781789955750

以下资源介绍了机器学习模型中的偏见和公平的概念，以及减轻偏见的工具。

- AI Fairness 360 工具包（IBM）：

  https://developer.ibm.com/technologies/artificial-intelligence/projects/ai-fairness-360/

- Weapons of Math Destruction（数学杀伤性武器）：

  https://www.amazon.com/Weapons-Math-Destruction-Increases-Inequality/dp/0553418815

- What-If Tool（假设分析工具）（Google）：

  https://pair-code.github.io/what-if-tool/

交互式和动画可视化入门的资源如下。

- Getting Started with Holoviews（Holoviews 入门）：

  https://coderzcolumn.com/tutorials/data-science/getting-started-with-holoviews-basic-plotting

- How to Create Animated Graphs in Python（如何在 Python 中创建动画图形）：

  https://towardsdatascience.com/how-to-create-animated-graphs-in-python-bb619cc2dec1

- Interactive Data Visualization in Python with Bokeh（使用 Bokeh 在 Python 中进行交互式数据可视化）：

  https://realpython.com/python-data-visualization-bokeh/

- PyViz Tutorial（PyViz 教程）：

  https://pyviz.org/tutorials/index.html

练 习 答 案

本书每章练习的答案可以在以下文件夹中找到。

https://github.com/stefmolin/Hands-On-Data-Analysis-with-Pandas-2nd-edition/tree/master/solutions

附录 A

数据分析工作流程

图 A.1 描绘了从数据收集、预处理到得出结论，再到决定后续步骤的通用数据分析工作流程。

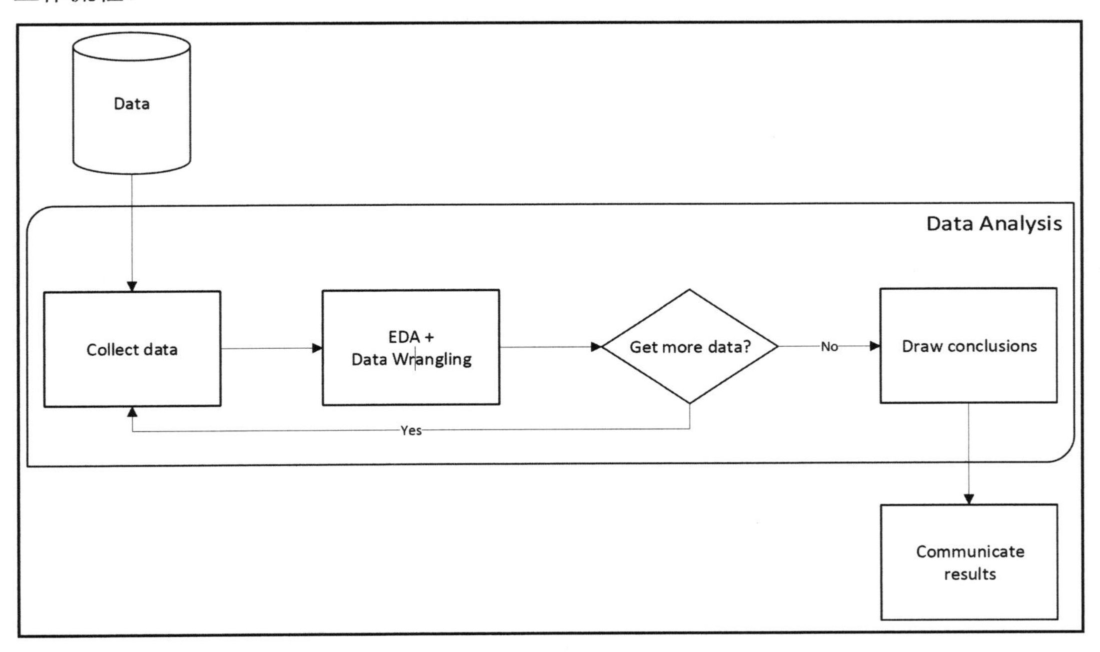

图 A.1　通用数据分析工作流程

原　　文	译　　文
Data	数据
Collect data	收集数据
EDA+Data Wrangling	探索性数据分析+数据整理
Get more data?	是否需要获取更多数据？
Yes	是
No	否

续表

原　　文	译　　文
Draw conclusions	得出结论
Communicate results	对结果进行沟通
Data Analysis	数据分析

选择合适的可视化结果

创建数据可视化时，选择合适的绘图类型至关重要。图 A.2 显示了如何选择合适的可视化结果。

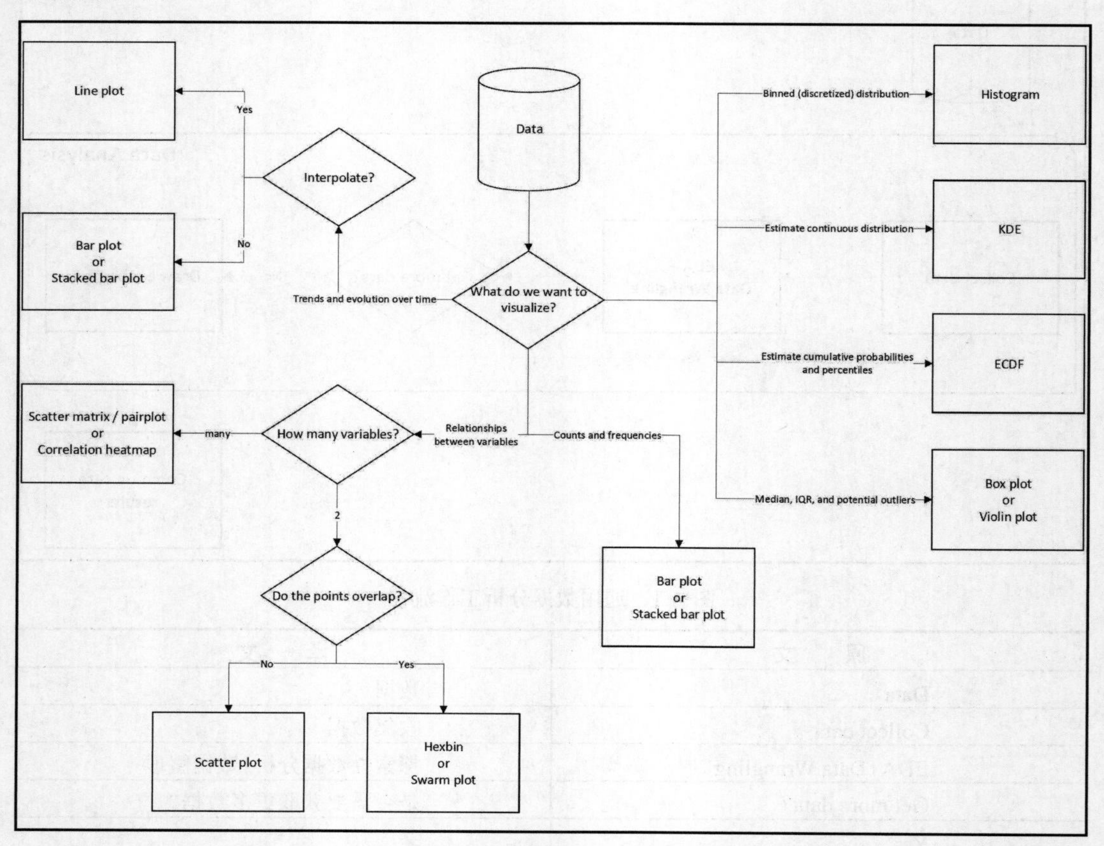

图 A.2　选择合适的可视化流程图

原　　文	译　　文
Line plot	线形图
Bar plot or Stacked bar plot	条形图或堆积条形图
Yes	是
No	否
Interpolate?	是否需要插值?
Trends and evolution over time	随着时间的推移而出现的趋势和演变
Data	数据
What do we want to visualize?	想要可视化的内容
Binned (discretized) distribution	分箱（离散化）分布
Histogram	直方图
Estimate continuous distribution	估计连续分布
KDE	核密度估计
Estimate cumulative probabilities and percentiles	估计累积概率和百分位数
ECDF	经验累积分布函数
Median, IQR, and potential outliers	中值、四分位距和潜在异常值
Box plot or Violin plot	箱形图或小提琴图
Relationships between variables	变量之间的关系
How many variables?	有多少个变量?
many	许多
Scatter matrix / pairplot or Correlation heatmap	散点图矩阵/配对图或相关性热图
Do the points overlap?	点是否重叠?
Scatter plot	散点图
Hexbin or Swarm plot	Hexbin 或群图
Counts and frequencies	计数和频率
Bar plot or Stacked bar plot	条形图或堆积条形图

机器学习工作流程

图 A.3 总结了从数据收集、数据分析到训练和评估模型以构建机器学习模型的工作流程。

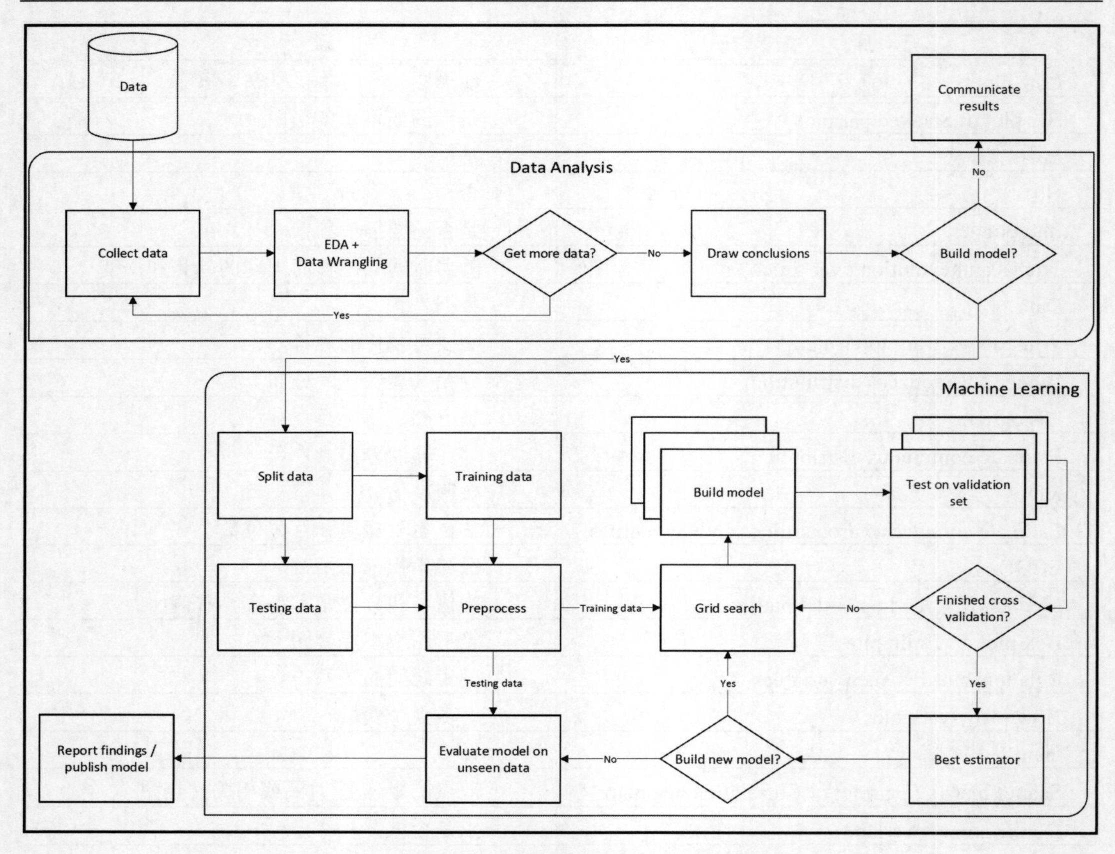

图 A.3　构建机器学习模型的过程概述

原　　文	译　　文
Data	数据
Collect data	收集数据
EDA+Data Wrangling	探索性数据分析+数据整理
Get more data?	是否需要获取更多数据?
Yes	是
No	否
Draw conclusions	得出结论
Communicate results	对结果进行沟通
Data Analysis	数据分析
Build model?	构建模型?
Machine Learning	机器学习

续表

原　　文	译　　文
Split data	拆分数据
Training data	训练数据
Testing data	测试数据
Preprocess	预处理
Training data	训练数据
Grid search	网格搜索
Build model	构建模型
Test on validation set	在验证集上测试
Finished cross validation?	是否完成交叉验证？
Best estimator	最佳估算器
Build new model?	是否需要构建新模型？
Evaluate model on unseen data	在未见数据上评估模型
Report findings / publish model	报告发现结果/发布模型